Communication Systems Principles Using MATLAB

通信系统

使用MATLAB分析与实现

[澳] 约翰·W. 莱斯（John W. Leis）◎著
徐争光　黑晓军　杨彩虹◎译

清華大学出版社
北京

北京市版权局著作权合同登记号　图字：01-2020-1099

内容简介

本书介绍了通信系统中的基本概念和常用技术，包括传输介质特性、调制解调原理、常用网络协议和信源/信道编码等基础理论，并精心编写了MATLAB仿真示例。其中，第1章介绍并回顾一些关于信号的基本思想和处理方法，是全书的理论基础；第2章介绍物理传输介质特性，涵盖有线系统、无线/射频系统以及光纤系统；第3章介绍调制和解调理论，从非常基础的幅度调制开始，扩展到正交调制，最后引出正交频分复用和扩频的概念；第4章重点介绍互联网的一些重要概念和算法，包括包路由、TCP/IP、拥塞控制、错误检查和数据分组从源到目的的路由算法；第5章重点介绍信源编码，解释量化(标量和矢量)的思想，以及熵编码的理论；第6章围绕信道编码和安全性这一重要主题，介绍经典的循环冗余校验和汉明码，以及常见的密钥分配和公钥方法。

本书适合已具备MATLAB基本知识的通信工程等专业方向的本科生和研究生用作相关课程的参考书或补充教材，也可供相关专业的教师和工程技术人员参考使用。

Communication Systems Principles Using MATLAB
John W. Leis
ISBN: 9781119470670

图书在版编目(CIP)数据

通信系统：使用MATLAB分析与实现/(澳)约翰·W.莱斯(John W. Leis)著；徐争光，黑晓军，杨彩虹译.—北京：清华大学出版社，2021.2（2024.6重印）
(清华开发者书库)
书名原文：Communication Systems Principles Using MATLAB
ISBN 978-7-302-56304-4

Ⅰ.①通…　Ⅱ.①约…　②徐…　③黑…　④杨…　Ⅲ.①Matlab软件　Ⅳ.①TP317

中国版本图书馆CIP数据核字(2020)第156495号

责任编辑：盛东亮　吴彤云
封面设计：李召霞
责任校对：时翠兰
责任印制：丛怀宇

出版发行：清华大学出版社
网　　址：https://www.tup.com.cn, https://www.wqxuetang.com
地　　址：北京清华大学学研大厦A座　　**邮　　编**：100084
社 总 机：010-83470000　　**邮　　购**：010-62786544
投稿与读者服务：010-62776969，c-service@tup.tsinghua.edu.cn
质量反馈：010-62772015，zhiliang@tup.tsinghua.edu.cn
课件下载：https://www.tup.com.cn，010-83470236
印 装 者：三河市君旺印务有限公司
经　　销：全国新华书店
开　　本：203mm×260mm　　**印　张**：25.5　　**字　　数**：689千字
版　　次：2021年4月第1版　　**印　　次**：2024年6月第4次印刷
印　　数：3001～3500
定　　价：95.00元

产品编号：083482-01

译者序

FOREWORD

随着人类步入信息化社会，通信网络全面渗透到人们的日常生活中，人们实现了随时随地进行信息交互的愿望。可以说，现在人们的生活已经完全离不开通信了，通信系统也已经成为现代社会的“命脉”。

虽然人们在日常通信过程中，并不需要了解通信系统的底层是如何实现的，但是对于通信专业的本科生，掌握通信系统的基本构成原理，进而具备搭建一个简单通信系统的能力，是一个基本的要求。虽然国内已经出版了许多“通信原理”方面的优秀教材，但是这些教材往往重点介绍通信系统的数学原理，却忽略了通信系统具体的实现方法。John W. Leis 撰写的《通信系统——使用 MATLAB 分析与实现》(*Communication Systems Principles Using MATLAB*)这本著作正好弥补了这一不足之处。该书不仅深入浅出地介绍了传输介质特性、调制解调原理、常用网络协议和信源/信道编码等基础理论，还精心编写了 MATLAB 仿真示例，鼓励学生自己动手编写 MATLAB 代码，来验证书中所讲授的理论知识。这种“做中学”(Learn-by-Doing)的讲授方式，在教会学生理论知识的同时，也锻炼了学生的动手能力。

本书覆盖了通信系统的方方面面，从物理层到网络层，从调制到编码。本着“术业有专攻”的原则，全书的翻译由徐争光、黑晓军和杨彩虹 3 人共同完成。本书第 3 章 3.1～3.8 节由杨彩虹翻译，第 4 章由黑晓军翻译，其他章节由徐争光翻译，全书由徐争光审校。参与本书译校工作的还有研究生陈婉、陈娟和曹璐。清华大学出版社的编辑团队为本书的后期制作做了大量的文字校对工作。在此，对所有为本书的出版提供帮助的人们表示诚挚的感谢！

由于译者水平有限，翻译的过程也是不断学习的过程，译文中可能存在不妥之处，敬请读者不吝指正。

译　者

2021 年 4 月

于华中科技大学

序

FOREWORD

近年来，电信技术的成熟度显著提高，同时全面渗透到人们的日常生活中，这样的事情在历史上可能从来没有出现过。无论是在何处，电信系统与随时可用的可编程设备相结合，为曾经被分割的通信方式实现互联互通，提供了无限的可能性。

那么，在仅仅几个学期的学习中，高等院校的学生是如何处理这些复杂问题的呢？人类的学习方式没有实质上的改变，但是获得知识和状态理解的手段已经发生改变，即通过实验、技巧和代码，创造属于我们自己的系统。本书提出的一个有价值的方法是，通过动手、实验和纠正错误，改变我们的思维模式。虽然关于这个主题有许多优秀参考文献，但它们对入门者来说可能比较晦涩和难以理解。

本书的目的并不是简单地罗列每种当前的或新兴的技术。相反，本书旨在阐述这些技术背后的方法和思想，即为什么要这样做，而不仅是如何做。

在这个背景下，本书涵盖了电信领域的许多基本主题，但不需要读者掌握大量的相关性并不是很强的理论。本书可以用于一个学期开设的若干课程，包括如下主题：无线电和无线调制、接收和传输、有线网络和光纤通信。本书也包括了分组网络和 TCP/IP、数字信源和信道编码以及数据加密的基础。本书的重点是理解，而不是拾人牙慧。数字通信是通过分组交换网络的覆盖解决的，其中包含许多基本概念，如通过简单、具体和直观的例子引入最短路径路由。高级电信主题包括用于无线调制的 OFDM 技术和用于数据加密的公钥交换算法。

建议读者运行书中给出的示例，本书使用 MATLAB 作为许多基本思想的演示工具，每章的代码示例都是文本的组成部分，而不是集中放在文末。由于 MATLAB 被电信工程师广泛使用，在学习电信系统各个方面的同时，可以顺便掌握许多 MATLAB 的实用技能。

除了编码和实验方法，本书在适当的地方还提供了许多实际的例子。在需要的时候，本书会给出基础理论，同时每章开始有一个序言部分，用于提醒读者有用的背景知识，这些背景知识在理解相应章节中提出的理论和概念时可能会用到。

深入浅出的理论解释会面临许多挑战，需要为之付出巨大的努力。但是，多年来，这个目标也是我编写这本书的动力，并发展出“做中学”的概念。我希望读者会发现“做中学”对自己的学习同样有激励作用，也有助于理解现代通信系统的能力和潜力。

如果阅读和学习这本书对你来说不是一件厌烦的事，而是学习更多知识的动力和灵感的来源，那么我的目的就达到了。

John W. Leis

致谢

ACKNOWLEDGEMENT

任何像这样大规模的工作，都有许多人直接或间接地做出了贡献，尽管有些人甚至没有意识到。

我要感谢 Derek Wilson 教授对我的项目的不懈热情，我们的许多讨论形成了本书使用的核心方法，从一开始的含糊不清，到后来形成了“做中学”的自主学习方式，希望这个方法将有助于其他人。

感谢 Athanassios Thanos Skodras 教授对手稿准备的关键工作提出的友好和积极的建议，也感谢远方的朋友和同事 Tadeusz Wysocki 教授多年来在电信领域各方面的支持，他谦逊的作风无法掩盖他的知识和成就。

我早年的导师 Bruce Varnes，他的技术能力一直都是我灵感的源泉。

我的“信号处理、通信和控制”课程的学生，你们对我的帮助远远超出了你们的想象，你们经常提供关键的见解，解释一个问题为什么应该用某种方式来处理。学生的名字太多了，无法一一提及，但他们的批判性见解和问题有助于提高我的注意力和写作能力。

感谢 Wiley 的专业编辑 Brett Kurzman，他对这个项目有着浓厚的兴趣，在需要的时候从来不吝惜帮助，帮助我完成了本书的出版。

最后，对于那些间接影响着这项工作的人——我的父母 Harold 和 Rosalie，没有谁比他们付出更多，他们激励我通过学习达到能力的巅峰。你从哪里来并不重要，重要的是你做了什么以及如何对待别人。奉献精神和努力工作能够克服任何物质和思想上的障碍。

John W. Leis

前言

PREFACE

电信包含许多分支学科，对其中任何特定领域的讨论必须在广度和深度之间进行平衡。本书旨在提供一个技术性的概述，内容覆盖从物理层（电信号、无线信号、光信号的编码）到现实世界信息的表达（图像、声音），讨论数据的点对点传输，最后讨论如何对信息进行编码，确保其安全传输。

除第1章外，本书大多数章节可以单独学习，或者用于特定课程。每章开头都有一个预备知识小节，其中回顾了一些以前可能学过的重要概念，着重将它们置于电信的背景下重新阐述。

第1章（信号与系统）介绍并回顾了一些关于信号的基本思想，阐述信号是信息的载体，重点介绍信号的处理方法，这些方法对于创建诸如调制器之类的电信子系统非常重要，同时介绍如何用简单的功能块搭建复杂系统的方法。

第2章（有线、无线和光学系统）涵盖了电信信号的物理传输——通过铜缆或同轴电缆等有线系统、无线或射频系统以及光纤系统。每个系统是分别讨论的，都涵盖了诸如信号衰减等相通的部分，重点是从成本、复杂度、干扰、传输和吞吐量方面理解每种方法背后的思想及其优缺点。无线传输的部分涵盖传输、接收、天线和其他相关问题，如传播和衍射。无线信号传播的可视化通过MATLAB代码显示，读者可以自行尝试实验。

第3章（调制与解调）解释了信号是如何编码或调制的。本章从非常基础的信号类型开始，如幅度调制，进而扩展到其他类型的调制方式，引出新的技术，如正交频分复用和扩频的概念。数字线路编码也包含在内。第3章还介绍了同步，包括锁相环和科斯塔斯环。IQ调制和解调的概念也在本章进行讲解，因为它是许多数字调制理论的基础。MATLAB示例贯穿本章始终，包括在OFDM中使用的傅里叶变换，以满足高水平学生的需求。

第4章（互联网协议和包传输算法）建立在物理信号已经被发送和接收的假设基础上，但是实用的系统还需要更高层次的功能，这是由分组交换网络提供的。本章介绍了互联网的一些重要原理，包括包路由、TCP/IP、拥塞控制、错误检查和数据包从源到目的的路由，对分组路由和最短路径确定算法进行了说明，并以使用面向对象原理的MATLAB代码为例说明了这些概念。

第5章（量化与编码）转向信号的编码表示方法。本章解释了量化（标量和矢量）的思想，以及熵和数据编码的理论。为了说明霍夫曼编码树的设计，在MATLAB中使用面向对象结构解释无损编码。本章介绍的数字编码算法包括用于图像编码的离散余弦变换和用于语音编码的线性预测编码方法。

第6章（数据传输与完整性）是对第5章的扩展，以解决数据完整性、加密和安全性这一重要问题。本章介绍了经典的错误检测算法，如用于错误检测的校验和及循环冗余校验，以及用于错误校正的汉明码。在数据安全方面，用数值示例说明密钥分配和公钥方法，同时解释加密背后的数学原理，并用代码实例研究其计算局限性。在必要的情况下，本章都提供了MATLAB示例。

阅读一个主题是一回事，真正理解它又是一回事。因此，每章结尾的习题都有助于加强对本章涵盖概念的理解，它们不同程度地要求概念解释、数学推导或代码编写。教师可使用解决方案手册，其中包括完整的解决方案以及必要的 MATLAB 代码。此外，教师还可使用配套课件和书中的 MATLAB 代码。

为了更好地运用这本书，建议学习本书中包含的 MATLAB 代码例程。

虽然 MATLAB 中有的工具箱需要单独购买，但是本书中的例程只需要安装 MATLAB 内核就可以运行。本书中的所有代码例程都在 MATLAB R2017a 和 R2017b 版本下开发和测试。关于 MATLAB 的产品信息，可以联系 MathWorks 公司进行咨询。

教学资源

TEACHING RESOURCE

教学课件

http://bcs.wiley.com/he-bcs/Books?action=resource&bcsId=11252&itemId=1119470676&resourceId=44605

程序代码

http://bcs.wiley.com/he-bcs/Books?action=resource&bcsId=11252&itemId=1119470676&resourceId=44606

习题解答

http://bcs.wiley.com/he-bcs/Books?action=resource&bcsId=11252&itemId=1119470676&resourceId=44607

注：上述网址为 Wiley 公司官方网站本书配套教辅资源唯一获取地址；所有配套教辅资源仅提供给教师使用(需要在 Wiley 网站上注册相应的教师信息)。

目录

CONTENTS

第1章 信号与系统

CHAPTER 1

1.1 本章目标

学习完本章，读者应该：

(1) 能够将数学原理应用到信号波形的分析中；

(2) 熟知电信领域中一些重要的术语和定义，如电压测量中的均方根和功率测量中的分贝；

(3) 理解信号时域与频域的关系，对频率选择性滤波器的工作原理有一个基本的理解；

(4) 能够确定创建复杂系统所需的通用构建模块；

(5) 理解最大化功率传输中阻抗匹配的原因；

(6) 理解电信系统设计中噪声的重要性，能够计算噪声对系统性能的影响。

1.2 内容介绍

信号通常是一个电信号，本质上是一个时变的量，但是它也可以是其他容易改变或调制的量，如无线信号功率或光(光线)信号功率。信号将信息从通信信道的一端(发送或发射端)传输到接收端。在设计一个电信发射机或接收机时，为了达到设计需求，可以对信号进行很多处理，其中包括一些基本处理和更多的复杂处理。例如，调制一段模拟语音信号使它能够在自由空间中传输，或者编码一组数字比特序列使它能够在导线上传输，这些都涉及信号处理。

按照某种已知模式随时间变化的电压定义为波形，承载了信息的波形是时间的函数。下面将介绍几种波形处理方法。

1.3 信号和相移

在许多通信系统中，需要将信号延迟一定的量。如果这种延迟与信号频率有关，那么它与信号周期的比值为一个恒定常数。在这种情况下，描述这种延迟最好不用时间，而是用 360°或 2π 等相位角度。与延迟一样，信号超前也是有用的，它使信号相对于参考信号提前出现。这与我们的直观感受有点不同，因为我们毕竟不可能知道信号未来某一时刻的值。但是，考虑到信号是重复出现的(或者在观察到的时间内重复出现)，那么超前一个周期的 1/4 或者说超前 90°等价于延迟 270°(90°−360°=−270°)。

为了观察相位超前和延迟的影响，图 1.1 给出了对于正弦信号和余弦信号的处理结果。图 1.1(a)

给出了正弦信号波形，以及对应的延迟信号（在时间上后移）和超前信号（在时间上前移），相应表达式如下。

$$x(t)=\sin\omega t$$

$$x(t)=\sin\left(\omega t-\frac{\pi}{2}\right)$$

$$x(t)=\sin\left(\omega t+\frac{\pi}{2}\right)$$

下面来看余弦信号。图 1.1(b)分别给出了余弦原始信号、延迟（或滞后）信号和超前信号，其表达式如下。

$$x(t)=\cos\omega t$$

$$x(t)=\cos\left(\omega t-\frac{\pi}{2}\right)$$

$$x(t)=\cos\left(\omega t+\frac{\pi}{2}\right)$$

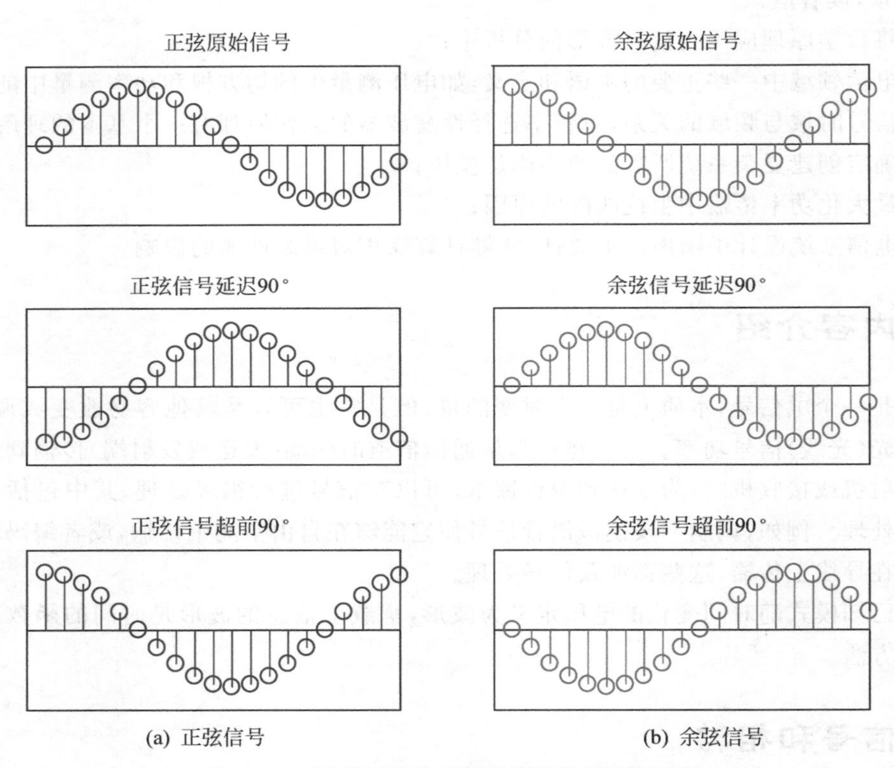

图 1.1　正弦信号和余弦信号的相位超前和延迟

注：每个图显示了 $x(t)$ 的幅度随时间 t 变化情况。

1.4　系统构建模块

电信系统可以通过一些基本构建模块来理解和分析。复杂的系统可以由简单的模块搭建组成，每个简单的模块实现一个特定的功能。本节首先介绍一些简单的系统模块，然后再来看一些复杂的模块。

1.4.1　基本构建模块

根据需求，模块可以划分为很多类型，但是存在一些基本构建模块，如图1.2所示。通用的输入/输出模块(Input/Output Block)含有一个输入 $x(t)$ 和一个输出 $y(t)$，输入信号波形在通过模块后以某种方式发生改变。信号的改变可能比较简单，如输入波形 $x(t)$ 乘以一个常量得到输出波形 $y(t)=Ax(t)$。然而，信号的改变也可能比较复杂，如引入一个相位延迟。信号源用来表示波形的来源——在这个例子中，波形是一个频率为 ω_o 的正弦波。加法/减法模块作用于两个输入信号，产生一个输出信号，在每个时刻 t 产生输出 $y(t)=x_1(t)\pm x_2(t)$。

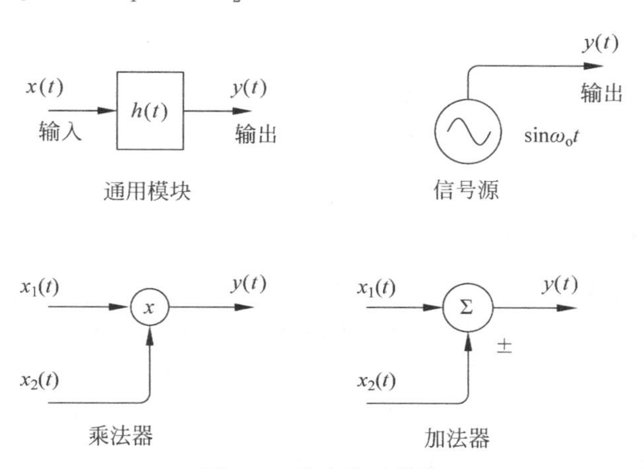

图1.2　基本构建模块

这些基本模块是常见的通用函数，可以组合起来构建复杂的系统。图1.3展示了两个系统模块的级联。假设每个模块都是一个简单的乘法器，也就是说，输出等于输入乘以一个增益因子。令 $h_1(t)$ 的增益为 G_1，$h_2(t)$ 的增益为 G_2，那么从输入到输出的总增益为 $G=G_1G_2$。

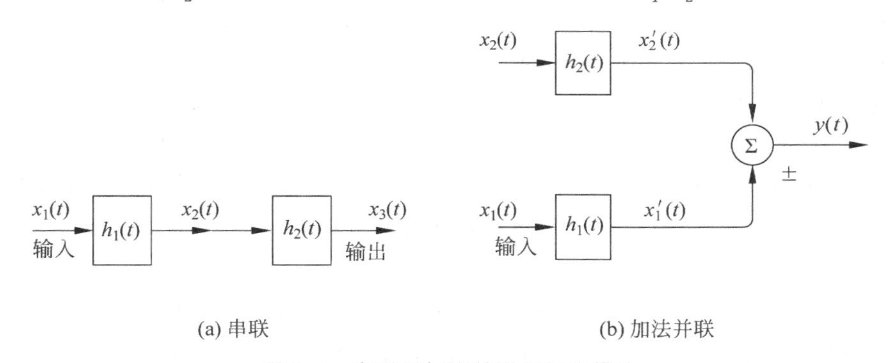

图1.3　串联和加法并联的级联模块

如何利用基本模块构造一个复杂系统，可以参考图1.3(b)。图中的方框是简单的乘法增益，其中 $h_1(t)=G_1$，$h_2(t)=G_2$，于是总体输出为 $y(t)=G_1x_1(t)+G_2x_2(t)$。

1.4.2　相移模块

在1.3节中，讨论过波形相移的概念。开发电路或设计算法实现波形的相位改变是可行的，而且相位改变在电信系统中用途广泛。因此,相移模块是很常用的。通常,±90°相移是必需的。当然,π/2rad的相位角等价于90°。如图1.4所示,+90°表示相位超前90°;类似地,-90°表示相位延迟90°。

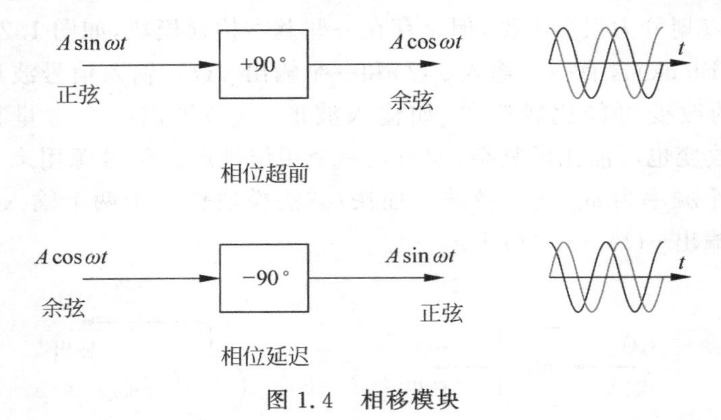

图1.4 相移模块

1.4.3 线性和非线性模块

下面仔细考查信号通过系统时发生的事情。首先以简单的直流电压为例,图1.5展示了电压的一种传输特性,它将输入电压映射为一个相应的输出电压。两个输入值相差δx,相应的输出值相差δy,于是输出变化量(Change)是输入变化量的函数,称为系统增益(Gain)。

假设一个系统的线性传输特性是零偏移的,也就是说它通过原点(0,0),输入一个正弦信号时,输出$y(t)$是输入$x(t)$的线性函数,这里用一个常数α来表示。那么有

$$y(t)=\alpha x(t) \tag{1.1}$$

当输入$x(t)=A\sin\omega t$时,输出为

$$y(t)=\alpha A\sin\omega t \tag{1.2}$$

可见,输出的变化量简单地正比于输入。

这个线性的例子是理想化的。实际上,当一个电路工作在电压的最大值和最小值附近时,它的特性不是简单线性的。通常,输出是受限或饱和的——在幅度较大时,输出并不随输入正比增加。图1.6描述了一个简单的非线性例子(非线性映射可能还有其他形式)。在这个例子中,输入和输出的关系不是简单的常数比例关系,虽然当输入限制在一定范围内,其特性可以很好地近似为线性。

具体来说,假设用一个二次型表示这个特性,引入一个线性的乘性系数α和一个正比于输入的平方的系数β(β较小)。当输入$x(t)$是一个正弦函数时,输出可以写成

$$\begin{aligned}y(t)&=\alpha x(t)+\beta x^2(t)\\&=\alpha A\sin\omega t+\beta A^2\sin^2\omega t\end{aligned} \tag{1.3}$$

这个表达式很直观,但是其中的正弦平方项代表什么呢?使用三角函数公式

$$\cos(a+b)=\cos a\cos b-\sin a\sin b \tag{1.4}$$

$$\cos(a-b)=\cos a\cos b+\sin a\sin b \tag{1.5}$$

用式(1.5)减去式(1.4),然后令$b=a$,可以得到

$$\sin a\sin b=\frac{1}{2}[\cos(a-b)-\cos(a+b)]$$

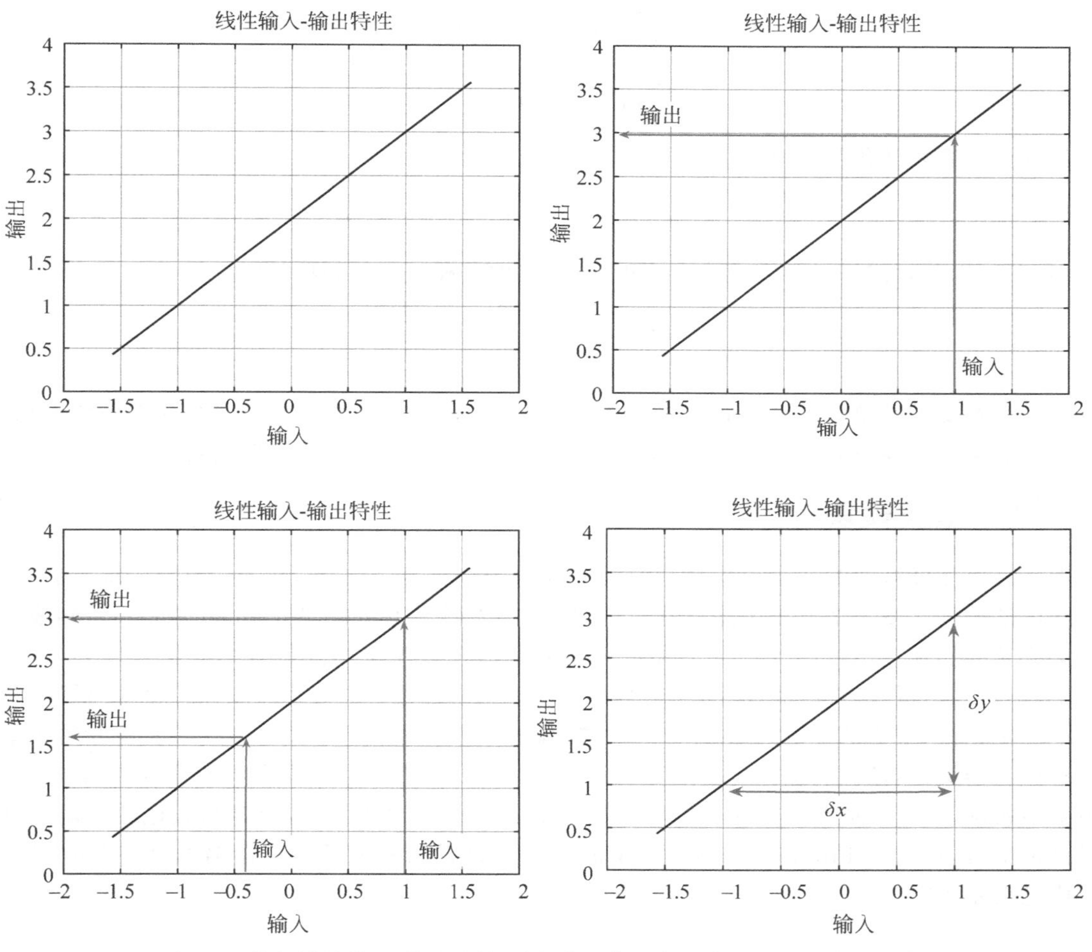

图 1.5 线性模块输入-输出映射示例(常系数或直流偏置可以为零或非零)

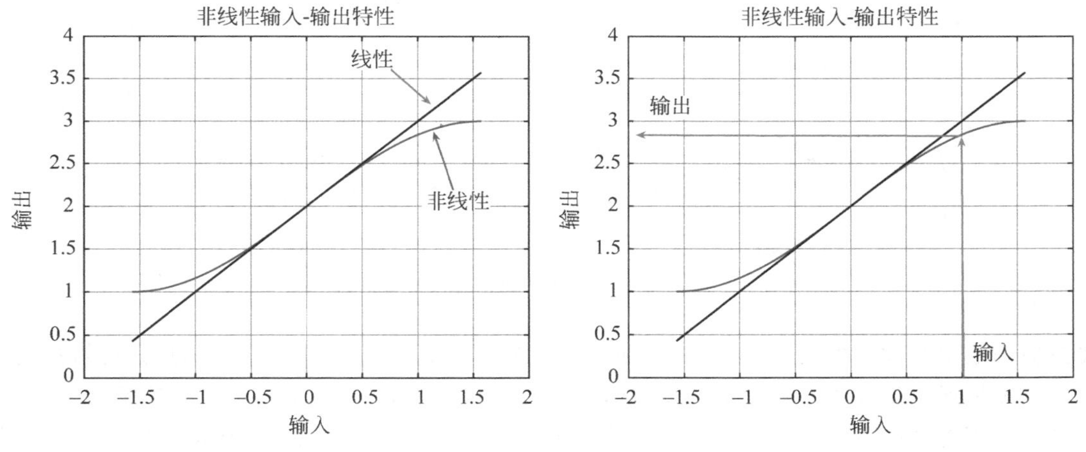

图 1.6 非线性模块输入-输出映射示例

$$\sin^2 a = \frac{1}{2}[\cos(a-a) - \cos(a+a)] \\ = \frac{1}{2}(1-\cos 2a) \tag{1.6}$$

应用这个关系式并化简，输出可以写成

$$y(t) = \alpha A\sin\omega t + \frac{1}{2}\beta A^2(1-\cos 2\omega t) \tag{1.7}$$

式(1.7)可以分解成一个常数项或直流项、一个线性项和一个倍频项，即

$$y(t) = \overbrace{\alpha A\sin\omega t}^{\text{线性项}} + \overbrace{\frac{1}{2}\beta A^2}^{\text{常数项}} - \overbrace{\frac{1}{2}\beta A^2\cos 2\omega t}^{\text{倍频项}} \tag{1.8}$$

这是一个重要的结论：一个系统的非线性特性会改变输出的频率成分。一个线性系统的输出频率成分与输入频率成分完全相同。因此，一个非线性系统可能会产生相关的其他谐波成分。

1.4.4 滤波模块

频率选择性滤波模块是一个更加复杂的模块，也称为滤波器。通常，在一个电信系统中会用到许多不同用途的滤波器。图 1.7 给出了滤波器常见的形式。每个方框中间的正弦波(带和不带画线)表示滤波器的频率选择操作。不带画线的波形和带画线的波形按顺序从高到低排列表示从高频到低频。输入/输出波形对表示低频、中频和高频，输出端每个波形的幅度也一并在图中给出。例如，低通滤波器方框包含两个正弦波，下面那个表示较低的频率，较高的频率被划掉了，因此只留下了较低的频率成分。对于每种滤波器类型，输入和输出的波形示例都绘制出来了。例如，考虑带通滤波器，较低的频率在通过滤波器后被削弱了(幅度减小)，中间的频率以不变的幅度通过滤波器，同时高频也被削弱了，因此称为带通滤波器(Bandpass Filter)。高通和带阻滤波器也是采用相似的方式命名的，它们的工作方式在图 1.7 中已展示出来。

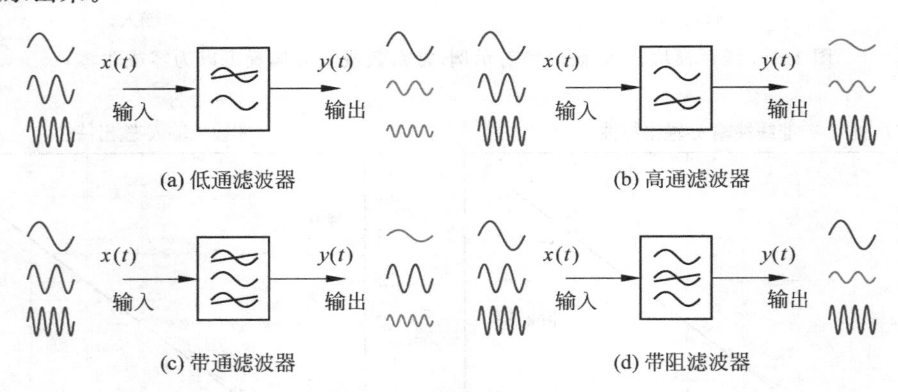

图 1.7 若干重要的滤波器模块及其时间响应示例

要更精确地定义滤波器的工作方式，必须定义一个或多个截止频率。对于低通滤波器，只说波形中的低频成分无损通过滤波器是不够的，必须确定一个边界，称为截止频率 ω_c。输入频率低于 ω_c 的波形可以通过，(在理想情况下)高于 ω_c 的频率被完全滤除了。从数学角度来说，低频成分通过滤波器时乘以 1，而高频成分则乘以 0。

通用滤波器的工作原理可以从频域上解释，如图 1.8 所示。以低通滤波器为例进行说明。这种滤

波器理论上应该能够使从零频率(直流)到截止频率的所有频率都通过。理想情况下,通带(Passband)的增益应该为1,阻带(Stopband)的增益为0。现实中,有几个缺点使这种情况难以实现。滤波器的阶数(Order)决定了系统响应从一个增益到另一个增益的变化速度。滤波器的阶数还决定了电子滤波器的部件数量和数字处理滤波器的运算次数。

低阶滤波器(见图1.8(a))比高阶滤波器(见图1.8(b))过渡要慢。在任何给定的设计中,都必须在便宜的低阶滤波器(从通带到阻带的过渡缓慢)与更贵的高阶滤波器之间权衡。

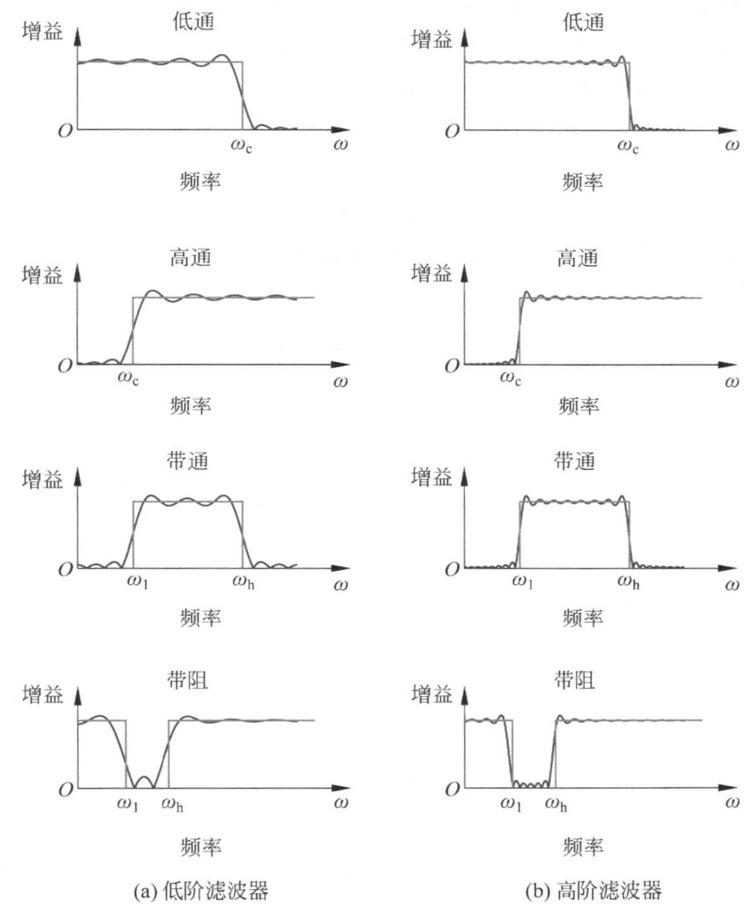

图1.8 主要滤波器类型:低通、高通、带通、带阻

低通滤波器通常用于去除信号中的噪声成分。当然,如果噪声存在于一个较大的频带内,滤波器仅能够去除或削弱位于它的阻带内的噪声成分。如果有效信号频带内含有噪声,一个简单的滤波器无法把想要的信号单独提取出来。

一种简单的情况可以用图1.8中的高通滤波器来描述。高通滤波器让高于截止频率的成分通过。混合高通和低通的特性,产生了带通或带阻滤波器。这些滤波器在电信系统中有不同的用途。例如,带阻滤波器可以用于滤除特定频率的干扰,带通滤波器可以让某些特定的频率成分通过(如一个或一组通道)。

1.5 波形的积分和微分

本节描述了两种基本数学运算对应的信号处理方式：积分和微分。首先来看积分(Integration)，从信号角度来说，它表示一段时间内波形的累积或求和。相反地，微分(Differentiation)本质上表示电压波形随时间变化的速率。下面要解释二者是可逆的。这可以帮助理解后面章节中讲述的通信信号处理方法。函数用时间 t 描述，因为这是处理时变信号时最常用的表达式。

图 1.9 展示了曲线 $f(t)$ 上两个相邻点围成的面积(积分)和斜率(微分)的计算过程。在某个时刻 t，函数值为 $f(t)$，在一个小的时间增量 δt 之后，函数值为 $f(t+\delta t)$。两个相邻点的围成面积或者说一个小的面积增量可以用宽度为 δt、高度为 $f(t)$ 的矩形面积近似。即小的面积增量 δA 为

$$\delta A \approx f(t)\delta t \tag{1.9}$$

通常认为，如果考虑如图 1.9 所示的小三角形面积，这个近似可能会更加准确。这个额外的面积是小三角形的面积，即 $\delta t \cdot \delta f/2$，该面积会随着时间增量的变小($\delta t \to 0$)而迅速消失。这是因为它不是一个无穷小量 δt，而是两个无穷小量 δt 和 δf 的乘积。

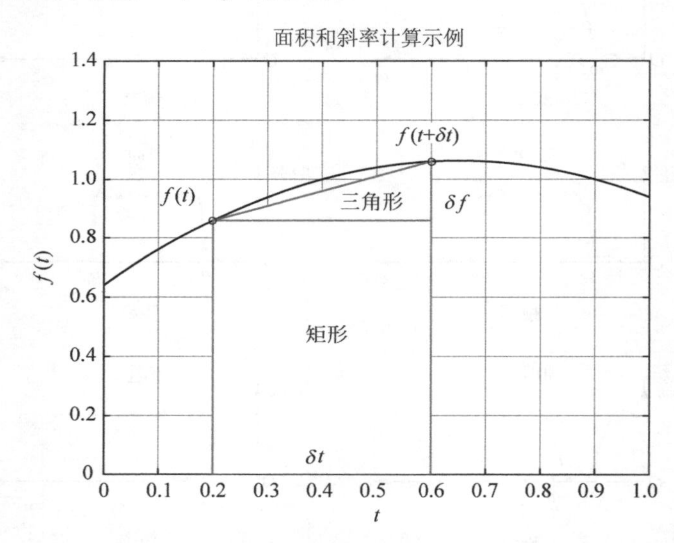

图 1.9 在一个小的时间增量 δt 上采用矩形计算面积，采用三角形计算曲线斜率

类似地，在点$(t,f(t))$上的斜率为 $\delta f/\delta t$。这是一个瞬时斜率或导数，它随着 t 变化，因为 $f(t)$在变化。这个斜率可以用三角形的斜率来近似，它在 δt 的时间范围内从 $f(t)$变到 $f(t+\delta t)$。所以，斜率表示为

$$\frac{\delta f}{\delta t} \approx \frac{f(t+\delta t)-f(t)}{\delta t} \tag{1.10}$$

导数或曲线切线的斜率计算是一个逐点计算的过程，因为斜率随着 $f(t)$和 t 值发生变化(除非函数值保持常数的变化率，此时是一个恒定的斜率)。积分或面积取决于面积计算时 t 的范围，因为积分是一个连续函数，它可以从函数的左边一直积分到函数的右边。图 1.10(a)展示了一个函数，图 1.10(b)展示了该函数从原点到 $t=a$ 的积分(值得注意的是，绘制的曲线是从 $t=0$ 开始的，但是并不意味着所有情况都必须如此)。在图 1.10(c)中，把区域扩大到 $t=b$，这种情况本质上没什么不同，只是在水平线

$f(t)=0$ 下面的面积是负值。虽然"负面积"的概念在实际中并不存在，但是它是一个有用的概念。在这个例子中，正面积加上负面积得到最终的面积。最后，图 1.10(d)解释了从 $t=a$ 到 $t=b$ 的面积是从 $t=0$ 到 $t=b$ 的面积减去从 $t=0$ 到 $t=a$ 的面积。数学上，可以写成

$$\int_a^b f(t)\mathrm{d}t = F(b) - F(a) \tag{1.11}$$

这里 $F(\cdot)$表示到这一点的累积面积，称为定积分——一种在有限或已知区间内的积分或面积计算[①]。

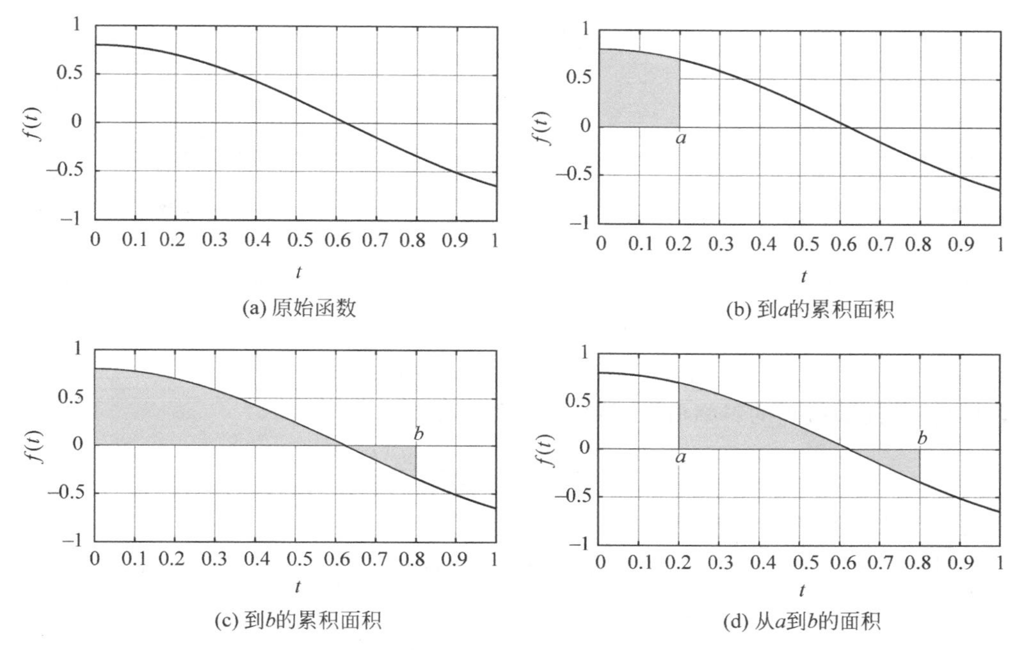

(a) 原始函数　(b) 到a的累积面积　(c) 到b的累积面积　(d) 从a到b的面积

图 1.10　函数 $f(t)$和 3 种情况下的累积面积

这个面积可以用宽度为 δt 的连续竖条来近似，把这些竖条加起来就可以得到要求的面积。原理如图 1.11 所示，图中分割成了几个竖条。使用 $F(t)$作为曲线 $f(t)$下方的累积面积函数，考虑从 t 到 $t+\delta t$ 曲线下方的面积，这里 δt 表示一小段时间。这段时间中面积的改变量为

$$\delta A = F(t+\delta t) - F(t) \tag{1.12}$$

此外，面积的改变量可以用高度为 $f(t)$，宽度为 δt 的矩形来近似，于是

$$\delta A = f(t)\delta t \tag{1.13}$$

令面积改变量 δA 相等，则

$$f(t)\delta t = F(t+\delta t) - F(t) \tag{1.14}$$

$$f(t) = \frac{F(t+\delta t) - F(t)}{\delta t} \tag{1.15}$$

这个方程与前面提到的斜率的定义相同。现在，可以看出 $F(t)$是 $f(t)$的积分或者说 $f(t)$下方的面积，而 $F(t)$的斜率恰好等于 $f(t)$。也就是说，一个函数积分后再微分等于它自身。这是第一个重要结论。

---

① 积分符号来自 18 世纪的长"s"，所以能看出它与"求和"的联系。

下面利用将曲线 $f(t)$ 划分为连续竖条的方法计算累积面积。如图 1.12 所示，可以绘制 $f(t)$ 的导数 $g(t)=f'(t)$ 来取代简单的 $f(t)$，并标记从起点 t_0 到终点 t_8 的竖条面积。

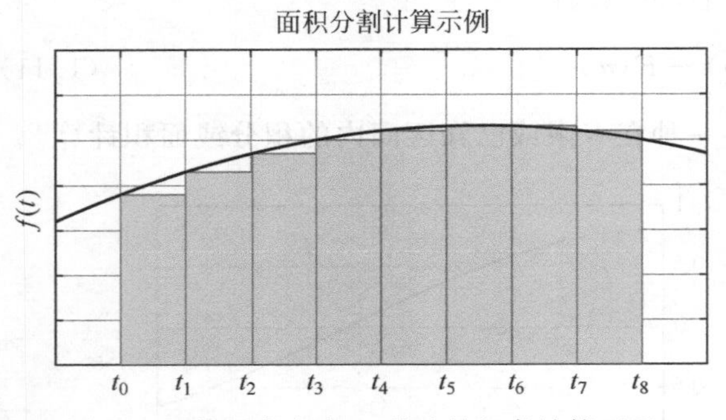

图 1.11 使用宽度为 δt 的连续竖条计算面积

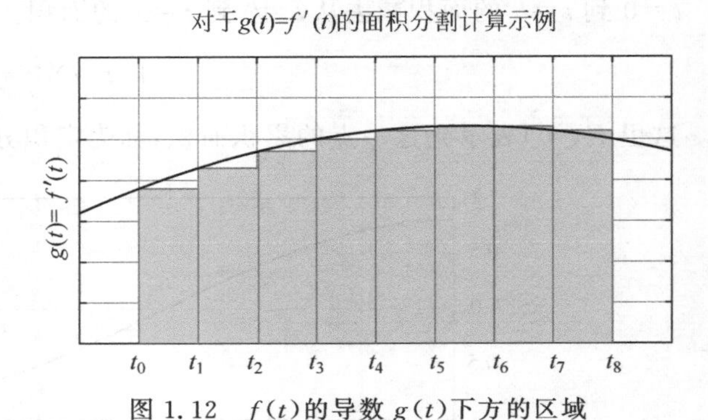

图 1.12 $f(t)$ 的导数 $g(t)$ 下方的区域

在曲线 $f'(t)$（定义为 $f(t)$ 的导数）下方的累积面积（称为 $A(t)$）是所有矩形面积之和，也就是

$$A(t)=\delta t f'(t_0)+\delta t f'(t_1)+\cdots+\delta t f'(t_{n-1}) \tag{1.16}$$

$$=\delta t[f'(t_0)+f'(t_1)+\cdots+f'(t_{n-1})] \tag{1.17}$$

现在，可以使用前面得到的斜率概念，将导数近似表示为

$$f'(t)=\frac{f(t+\delta t)-f(t)}{\delta t} \tag{1.18}$$

将式(1.18)代入所有导数项中，得到

$$A(t)=\delta t\left\{\left[\frac{f(t_0+\delta t)-f(t_0)}{\delta t}\right]+\left[\frac{f(t_1+\delta t)-f(t_1)}{\delta t}\right]+\cdots+\left[\frac{f(t_{n-1}+\delta t)-f(t_{n-1})}{\delta t}\right]\right\} \tag{1.19}$$

利用每一个 $t_k+\delta t$ 恰好等于下一个点 t_{k+1} 的事实（如 $t_1=t_0+\delta t$，$t_2=t_1+\delta t$），可以消去 δt，得到简化的表达式为

$$A(t)=\{[f(t_1)-f(t_0)]+[f(t_2)-f(t_1)]+\cdots+[f(t_n)-f(t_{n-1})]\} \tag{1.20}$$

仔细观察，可以发现有些项可以消掉，如在第一个方括号中的 $f(t_1)$，减去第二个方括号中的相同项。消除所有相同项，只留下第一项 $f(t_0)$ 和最后一项 $f(t_n)$，得到

$$A(t)=f(t_n)-f(t_0) \tag{1.21}$$

于是，曲线 $f'(t)$ 下方的面积实际上等于原始的 $f(t)$。也就是说，斜率曲线下方的面积等于原始函数在端点（右手边）的值减去起始面积。减去起始面积很容易理解，因为它是“到 b 的累积面积减去到 a 的累积面积”，正如前面得到的。因此，第二个重要结论是导数的积分等于原始函数。

通过下面的示意图能够一眼看出微分和积分的关系。图 1.13(a)给出了一个函数曲线，图 1.13(b)给出了该函数的积分；如果从这个积分（面积）函数出发（见图 1.14(a)），可以得到它的导数（见图 1.14(b)），最终回到了最开始的原始函数。这个过程是可逆的：使用图 1.14(a)函数的导数可以得到图 1.14(b)；这又对应了图 1.13(a)的函数，对它积分后又重新得到了原始函数。因此，积分和微分是相互可逆的。必须小心地对待积分函数，因为它是面积累积，它最左边的起始点可能从 0 开始，也可能不从 0 开始。

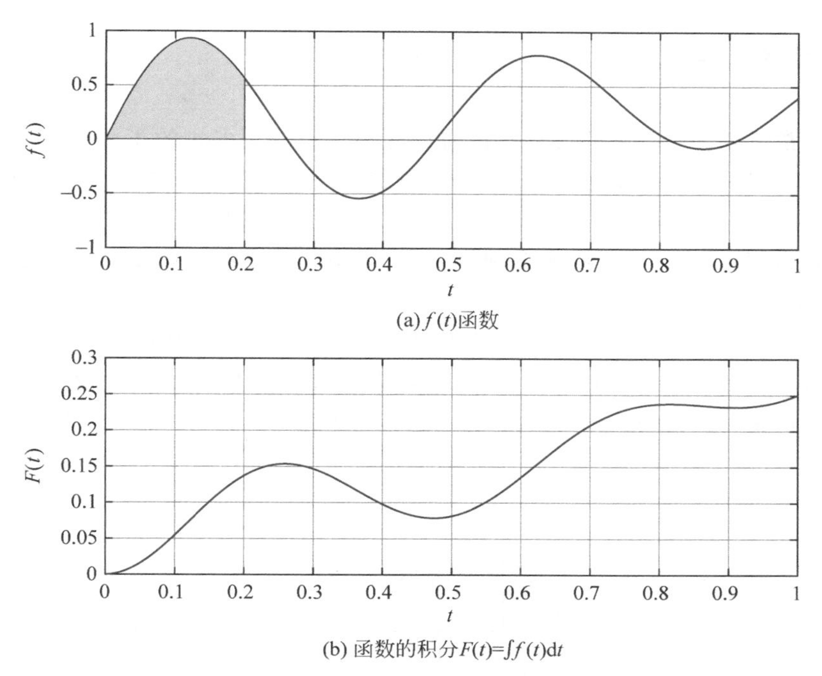

图 1.13　$f(t)$下方的累积面积

注：$F(t)$的每个点表示到对应 t 值阴影部分的面积(这里阴影部分对应 $t=0.2$)。当 $f(t)$变成负值时,面积会减小。

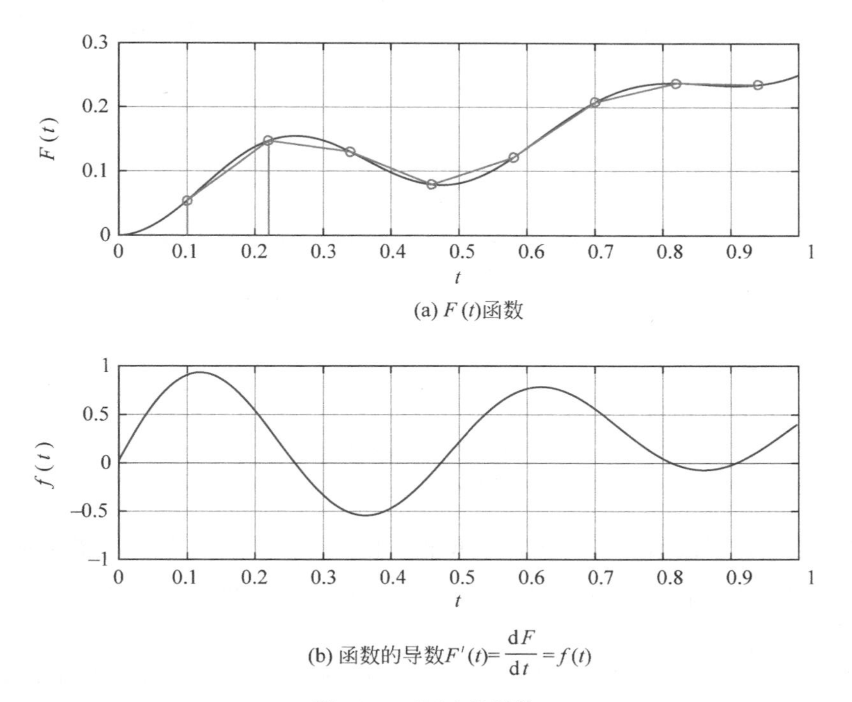

图 1.14　$F(t)$的导数

注：导数可以通过如图(a)所示的直线斜率来近似,图中为了便于说明,把直线距离拉大了。

1.6 产生信号

通信系统中经常需要各种类型的波形。目前有许多已经使用多年的正弦信号产生方案，它们有各自的优缺点。这些方案只生成一个频率是不够的，还需要产生多个频率（也就是说，支持频率调谐）。波形频谱也需要尽量纯净，即应该尽量接近理想的正弦函数。一个相对简单的方法是产生一个能够在较大范围内可调谐的频率，称为直接频率合成（Direct Digital Synthesizer，DDS），其工作原理最早由Tierney等（1971）提出。

实时计算高频正弦信号的采样点通常是行不通的。但是，可以提前算好这些值，然后把它们保存在一个表格（查找表）中。图1.15说明了如何利用查找表（Lookup Table，LUT）索引采样点。事实上，表格通过相位值进行检索，检索结果是该相位上的幅度值。因此，只需要一个数字计数器步进地读取表格中的值，如图1.16所示。

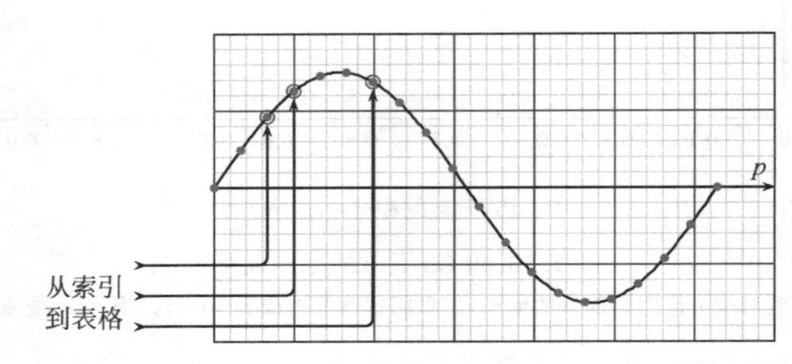

图1.15 使用索引 p 检索表格中的值从而产生正弦信号

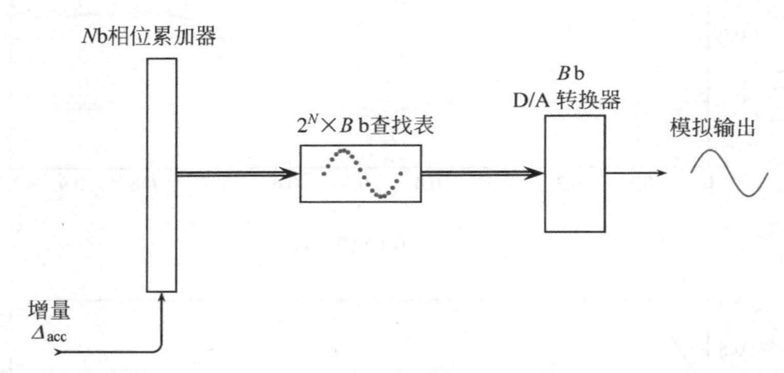

图1.16 使用查找表产生波形

注：连续的数字（二进制）步长用于索引表格，模拟/数字（D/A）转换器将采样值转换成电压值。

波形中点的个数决定了波形的精度和频率调谐步长的分辨率。这个分辨率为时钟频率 f_{clk} 除以点数 2^N，N 为地址计数器的位数。所以，需要一个长度为 2^N 的表格。因此，更精细的频率调谐步长意味着 N 需要足够大。

为了减小查找表，一个折中方案是采用一个长度较小的表格，它通过相位地址计数器的高 P 位进行检索，如图1.17所示。为了计算波形的下一个点，产生波形的每个点都要加上一个相位增量 Δ_{acc}。小的 Δ_{acc} 意味着相位变化更慢，结果是波形频率较低；相反，大的 Δ_{acc} 意味着相位变化更快，产生频率更高的波形。使用小的查找表意味着波形精度的损失，如图1.18所示，图中相位累加器的总字长 $N=14$b。

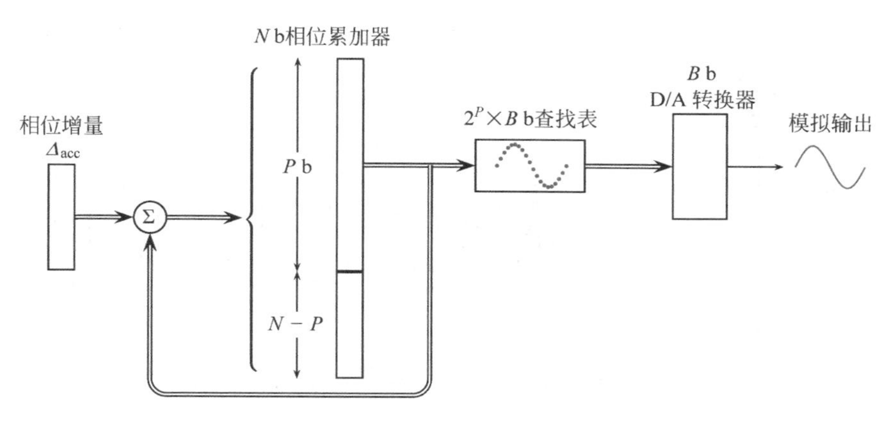

图 1.17　使用简化查找表的直接数字合成

注：采样点产生的频率为 f_s，对于每个产生的采样点，相位步长 Δ_{acc} 被加入当前索引 p，从而在查找表中确定下一个采样值。

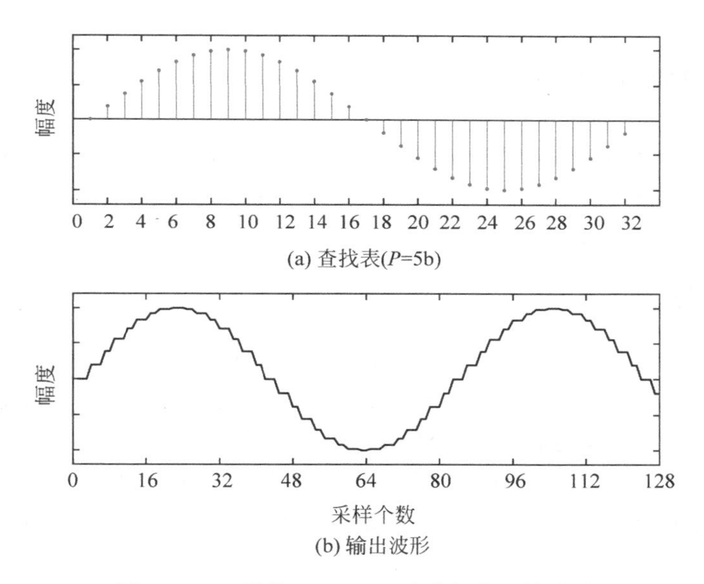

图 1.18　以增量 $\Delta_{acc}=200$ 为步长产生的波形

这里有个有趣的问题：如果相位增量步长 Δ_{acc} 是 2 的整数次方，那么在到达查找表的末尾后，计数器会回到相同的起始位置。输出信号频谱的唯一问题是会产生一定的谐波，这些谐波不随时间发生变化。但是，如果到达查找表末尾后，步长的增加使指针回到了一个不同的起始位置，那么波形的下一个周期会从一个稍微不同的地方开始。这意味着输出波形会产生一点抖动，频谱上会包含额外的相位噪声成分，如图 1.19 所示。

DDS 结构通过使用不同的索引指针产生不同的信号波形。例如，可以通过把表格中的指针偏移 1/4 个循环周期产生正弦和余弦信号。频率和相位也可以通过改变索引指针的相对位置来改变，这一点在产生调制信号中是很有用的(将在第 3 章中讨论)。

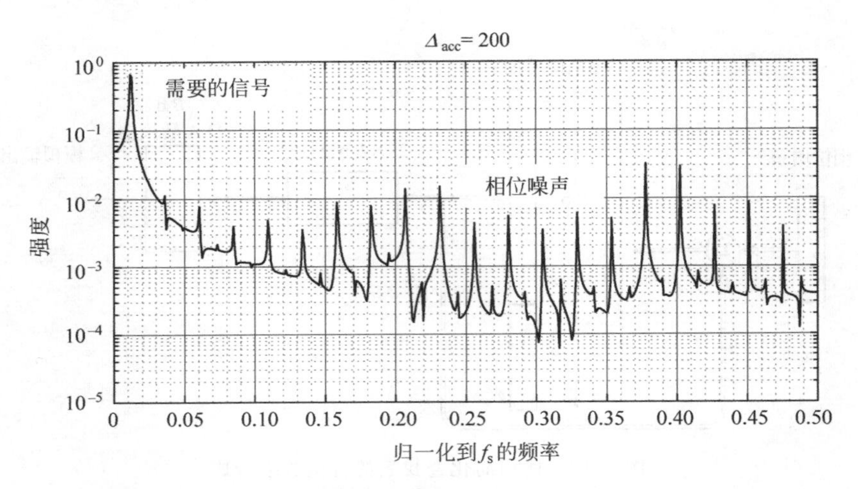

图 1.19 波形的频谱显示各个信号分量的强度

注：理想情况下，信号应该只有一个分量，但是步进方法产生了其他较弱的杂散成分。这里的纵坐标是对数，不是线性的。

1.7 测量和传输功率

本节讨论信号传输功率和电路阻抗。电信系统中，功率是很重要的概念，因为搞清楚发射信号需要多少功率是非常重要的，信号能传多远与功率密切相关。电路阻抗是讨论功率和信息传输时经常会遇到的问题，描述了电流在传输中被“阻碍”的程度。

1.7.1 均方根

在正弦信号方程 $x(t)=A\sin(\omega t+\varphi)$ 中，正弦信号的幅度直接由因子 A 决定。但是，并非所有信号都是纯粹的正弦信号。因此，有必要定义一种功率，它不依赖于具体的信号波形形状。

一种最常见的方式是计算均方根(Root Mean Square，RMS)，它表示信号平方后取结果的均值或平均数。因此，需要在一个归一化的时间间隔内测量功率。最后，为了“去掉”平方运算，取平方根。图 1.20 以正弦波为例从图形上解释了这种运算。第一步是取波形的平方，它意味着负值被转换为正值，因为负数的平方是正数。

第二步是把所有平方值加起来，如图 1.21 所示。图中用独立的竖条或波形采样点表示这些值，实际上，波形并非不连续。然后除以平均时间。在图 1.21 中只有一个周期的波形。如果需要，也可以用两个或更多个周期的波形，只是求和的结果会相应地变大，通过除以采样点数(离散情况)或全部时间(连续情况)，可以实现归一化。最后，计算结果的平方根得到 RMS 值。

现已能根据已知信号在数学上计算 RMS。以简单而常用的正弦波为例，为了计算，令周期为

$$\tau=\frac{2\pi}{\omega_o} \tag{1.22}$$

这里的 ω_o 是角频率。把频率 f 转换成角频率 ω，采用公式 $\omega=2\pi f$，f 的单位是 Hz 或每秒周期数，ω 的单位是 rad/s。正弦波的方程为

$$x(t)=A\sin\omega t \tag{1.23}$$

取平方，得到

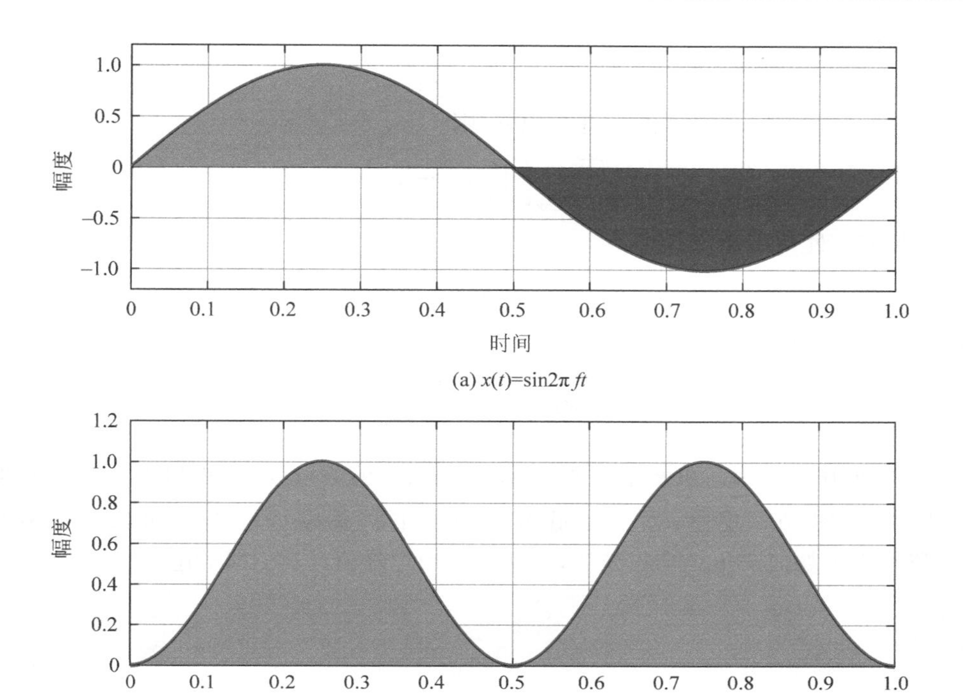

(a) $x(t)=\sin 2\pi ft$

(b) $x^2(t)=\sin^2 2\pi ft$

图 1.20 计算 RMS 值的图形化说明

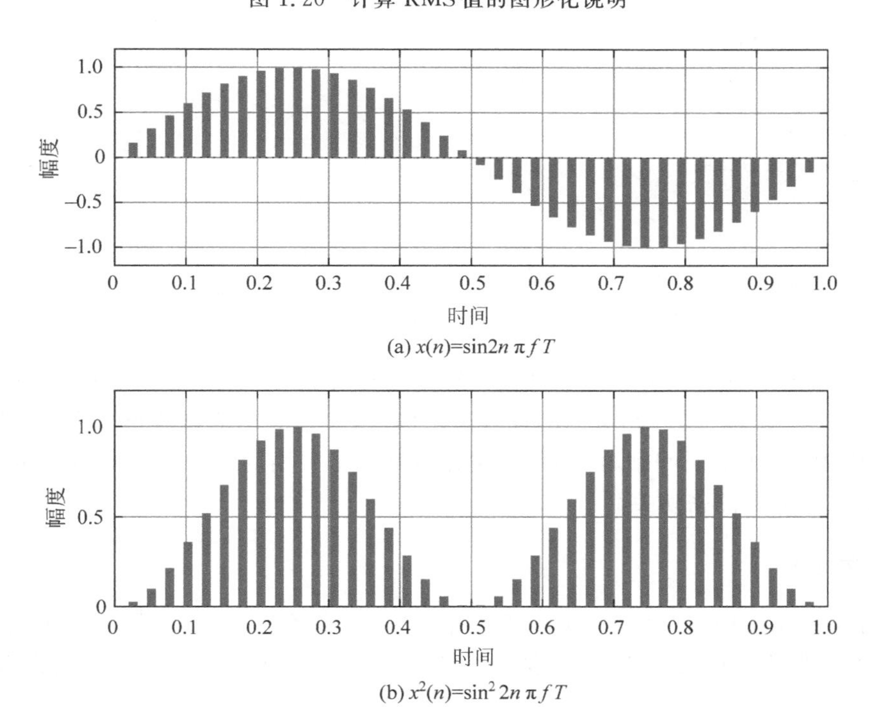

(a) $x(n)=\sin 2n\pi fT$

(b) $x^2(n)=\sin^2 2n\pi fT$

图 1.21 把 RMS 想象为对一系列竖条的计算

注：每个竖条对应波形在相应点的幅度，相邻采样点之间的周期为 T，索引为 n，因此代入时间为 $t=nT$。

$$x^2(t)=A^2\sin^2\omega t \tag{1.24}$$

为计算周期 τ 上的平方均值,对平方波形进行积分,则

$$\overline{x^2}=\frac{1}{\tau}\int_0^\tau A^2\sin^2\omega t\,\mathrm{d}t \tag{1.25}$$

计算这个积分,得到正弦波的平方均值为

$$\overline{x^2}=\frac{A^2}{2} \tag{1.26}$$

RMS 是式(1.26)的平方根,即

$$\mathrm{RMS}[x(t)]=\frac{A}{\sqrt{2}} \tag{1.27}$$

这是一个非常通用的结果。可知正弦波的 RMS 值为峰值除以$\sqrt{2}$(或近似 1.4)。等价地,峰值乘以$1/\sqrt{2}\approx0.7$ 得到 RMS 值。反之,如果知道 RMS 值,把它乘以$\sqrt{2}\approx1.4$ 可以得到峰值。下面的 MATLAB 代码给出了如何产生一个正弦波,以及如何通过峰值计算 RMS 值。

```
% 波形参数
dt = 0.01;
tmax = 2;
t = 0:dt:tmax;
f = 2;

% 产生信号
x = 1 * sin(2 * pi * f * t);
plot(t,x);

% 计算信号的 RMS 值
sqrt((sum(x. * x) * dt)/tmax)

% 已知的系数
1/sqrt(2)
ans =
    0.7071
```

那么,RMS 值有什么用?虽然通过正弦波计算了幅度及 RMS 值的数学表达式,但是这个方法可以用于任意波形,由此可知信号传输功率的测量方法。例如,如果简单地对波形取平均,那么正弦波的平均结果就是 0(因为它是关于时间轴对称的)。这并不是一个有用的结果。下面将揭示 RMS 值与另外一个量——分贝(Decibel)的密切关系。

1.7.2 分贝

分贝(dB)在电信系统中经常用到,并且可以用于不同的场合。首先,分贝可用于表示信号的功率,在这种方式下,它类似于前面提到的 RMS 值;其次,分贝可用来测量一个通信处理模块(如放大器)的增益或损耗。

分贝的第一个应用是表示功率,或者更准确地说,表示相对于某个参考值的功率。用分贝表示的相对功率计算式为

$$P_{\mathrm{dB}}=10\lg\left(\frac{P}{P_{\mathrm{ref}}}\right) \tag{1.28}$$

其中，P_{ref} 为参考功率。关于这个公式，有几点需要说明。首先，它不是衡量绝对功率，而是相对于某个参考功率的相对功率。其次，采用基于 10 的对数来计算分贝，相对功率通常是一个标准量，常用标准符号来表示。例如，dBW 表示参考功率 P_{ref} 为 1W，而 dBm 表示参考功率为 1mW，或者说 1×10^{-3}W。

如果不加负载，功率没有实际的意义。负载必须有一定的阻抗。假设有一个简单的 50Ω 电阻负载，功率可表示为 $P=IV$，由欧姆定律 $V=IR$，可得 $P=V^2/R$。对于 1mW 的功率，则有

$$P=\frac{V^2}{R}$$

所以

$$\begin{aligned}V&=\sqrt{PR}\\&=\sqrt{1\mathrm{mW}\times50\Omega}\\&=\sqrt{0.05}\\&=0.2236\mathrm{V}\approx223\mathrm{mV}\end{aligned} \tag{1.29}$$

这是在负载电阻上产生给定功率所需要的电压值。注意，这里的电压值是 RMS，不是幅度值。

分贝的第二个常见应用是测量系统增益。也就是说，给定一个输入功率 P_{in} 和相应的输出功率 P_{out}，以 dB 为单位的功率增益定义为

$$G_{\mathrm{dB}}=10\lg\left(\frac{P_{\mathrm{out}}}{P_{\mathrm{in}}}\right) \tag{1.30}$$

基本公式是类似的，计算功率比例的对数后乘以 10。前面例子中的参考功率现在变成了输入功率，这不是没有道理的，因为现在考虑的“参考”是系统输入。

假设系统功率增益为 2，也就是说，输出功率是输入功率的 2 倍。以 dB 为单位的功率增益为

$$\begin{aligned}G_{\mathrm{dB}}&=10\lg2\\&\approx3\mathrm{dB}\end{aligned} \tag{1.31}$$

现在假设另一个系统的功率增益为 1/2，在这种情况下，以 dB 为单位的功率增益为

$$\begin{aligned}G_{\mathrm{dB}}&=10\lg\frac{1}{2}\\&\approx-3\mathrm{dB}\end{aligned} \tag{1.32}$$

注意到这两个值有相同的绝对值，但是一正一负。由此可知分贝的一个有用性质：功率增加会得到一个正的分贝数；功率减小会得到一个负的分贝数。那么输入和输出功率相同，$P_{\mathrm{out}}=P_{\mathrm{in}}$ 的情况呢？不难知道，这是 0dB 的情况。

分贝的一个常见用途是表示电路或系统的电压增益，而不是功率增益。假设有两个功率流 P_{out} 和 P_{in}，它们分别驱动一个负载电阻 R。通过 $P=V^2/R$ 得到输入和输出的电压值，注意到 $\log x^a=a\log x$，分贝比例变成了

$$\begin{aligned}G_{\mathrm{dB}}&=10\lg\left(\frac{P_{\mathrm{out}}}{P_{\mathrm{in}}}\right)\\&=20\lg\left(\frac{V_{\mathrm{out}}}{V_{\mathrm{in}}}\right)\end{aligned} \tag{1.33}$$

于是，得到了一个 20×（×表示倍数）的乘性因子，而不是 10×。

最好能记住几个常见的分贝值。最常见的是 2 倍功率比值，3dB 近似对应 2 倍功率比值，即

$$3\text{dB} \approx 10\lg 2$$

3dB 的精确数值是 3.0103，但是在大多数应用场合，整数 3 已经足够。类似地，有

$$2\text{dB} \approx 10\lg 1.6$$

$$4\text{dB} \approx 10\lg 2.5$$

由这些值可以导出许多其他的分贝值，如

$$6\text{dB} = 3\text{dB} + 3\text{dB}$$

所以

$$\begin{aligned} 6\text{dB} &\rightarrow 2 \times 2 \\ &= 4 \times \end{aligned}$$

因此比例为 4。对数的加法对应乘法，减法对应除法，又如

$$1\text{dB} = 4\text{dB} - 3\text{dB}$$

所以

$$\begin{aligned} 1\text{dB} &\rightarrow \frac{2.5}{2} \\ &= 1.25 \times \end{aligned}$$

最后，值得注意的是，dB 用于表示差的时候代表比例，不是一个归一化的功率。例如，两个参考量为 1mW 的功率值之差为

$$4\text{dBm} - 3\text{dBm} = 1\text{dB}$$

两个功率值(单位为 dBm)的差是一个比例，用 dB 表示。记住，因为使用了对数函数，一个看起来很小的数，如功率损耗 20dB，实际上表示 99%的功率损耗。

1.7.3 最大传输功率

当信号通过天线接收时，信号可能是极其微弱的。因此，我们不想在天线到接收机的传输中损耗任何信号。类似地，发射机连接到天线，理想情况下传输功率应该最大化，不应该在传输线上有损耗。这该怎么实现呢？

为了说明原理，以图 1.22 所示的简单电路为例，问题可以描述为：负载阻抗 R_L 取何值时，最大的功率能够传输到这个负载上？这里假定源有一个固定阻抗 R_S(即源内阻)，实际上它包括了电压源自身的内部阻抗或驱动电路的等价阻抗。

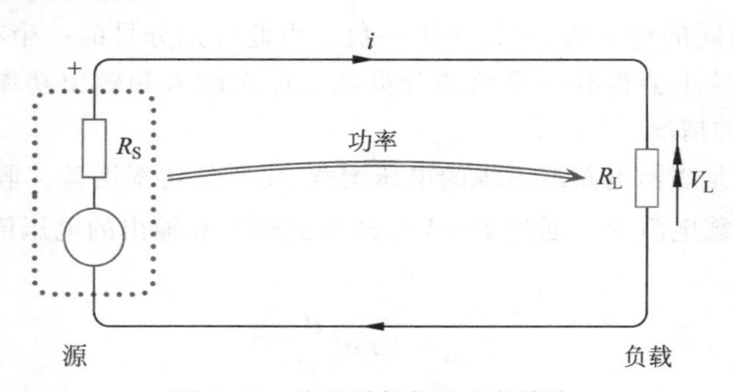

图 1.22 从源到负载的功率传输

注：源内阻 R_S 通常很小，是功率源所固有的。通过调整负载阻抗 R_L 最大化功率传输。

对一个只包含电阻的简单电路，可以写出基本的方程来描述其工作原理。等价的级联阻抗为

$$R_{eq}=R_S+R_L \tag{1.34}$$

应用欧姆定律可以得到

$$V_S=iR_{eq}=i(R_S+R_L)$$

$$i=\frac{V_S}{R_S+R_L}$$

负载电压和电流分别为

$$V_L=iR_L$$

$$i=\frac{V_L}{R_L} \tag{1.35}$$

于是，消耗在负载上的功率为

$$P_L=iV_L=i^2R_L=\frac{V_S^2}{(R_S+R_L)^2}R_L \tag{1.36}$$

一个基于电压、电流和功率的基本方程的场景仿真可以帮助理解这个理论。使用如下的MATLAB代码，可以计算出随负载阻抗变化的功率值，如图1.23所示。

```
% 仿真参数
Vsrc = 1;
Rsrc = 0.8;

% 负载阻抗范围
Rload = linspace(0, 4, 1000);

% 列方程
Req = Rsrc + Rload;
i = Vsrc./Req;
Pload = (i.* i).* Rload;

% 画图
plot(Rload, Pload);
xlabel('负载阻抗')
ylabel('传输功率')
```

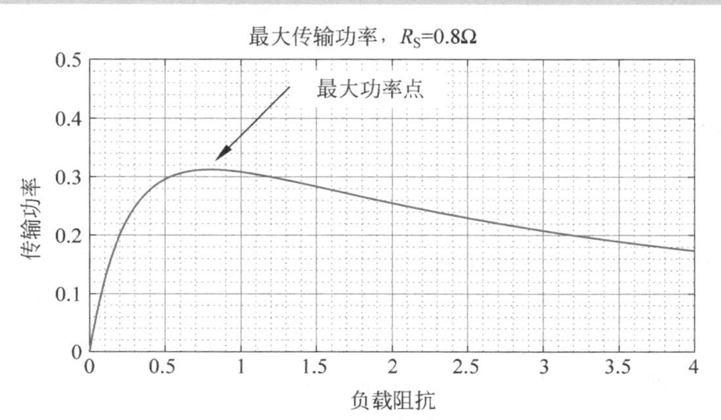

图1.23 传输到负载上的功率随负载阻抗的变化趋势

注：图中有一个传输功率的最大值，它出现在负载阻抗准确匹配源阻抗的时候。

从图1.23可以看到功率传输存在一个最大值。为什么？当负载阻抗很大时，通过它的电流会变小，而阻抗上的电压会变大。当负载阻抗很小时，通过它的电流会变大，但是阻抗上的电压会变小。因为负载上消耗的功率取决于电压和电流，显然这些因素会相互影响。

怎么具体分析呢？需要找出能够取到最大 P_L 的 R_L 值。功率计算式为

$$\begin{aligned} P_L &= \frac{V_S^2}{(R_S+R_L)^2}R_L \\ &= \frac{V_S^2}{R_S^2+2R_SR_L+R_L^2}R_L \\ &= \frac{V_S^2}{R_S^2/R_L+2R_S+R_L} \end{aligned} \tag{1.37}$$

考虑到分母取极小值时，功率达到最大，定义一个辅助函数并使它最大化，即

$$f(R_L)=R_S^2/R_L+2R_S+R_L$$

$$\frac{\mathrm{d}f}{\mathrm{d}R_L}=-\frac{R_S^2}{R_L^2}+0+1 \tag{1.38}$$

令式(1.38)取值为0，则得到 $R_L=R_S$，于是得出的结论是：当负载阻抗等于源内阻时，消耗在负载上的功率达到最大值。同理，消耗(传输)的功率达到最大值时，源内阻等于负载阻抗。

在一个通信系统中，天线(负载)由源和传输线供能。因此，线阻(实际上，阻抗与一定的频率有关)必须与源和负载阻抗相匹配。

注意到，最大功率传输不等于最大效率。定义效率 η 为传输到负载上的功率与总的消耗功率的比值，即

$$\begin{aligned} \eta &= \frac{i^2R_L}{i^2R_S+i^2R_L} \\ &= \frac{R_L}{R_S+R_L} \\ &= \frac{1}{1+R_S/R_L} \end{aligned} \tag{1.39}$$

如果源内阻为0(即 $R_S=0$)，效率可以达到100%，这是不现实的。但是，对于给定的非零阻抗，如果设定$R_S=R_L$，那么效率只有50%。

1.8 系统噪声

任何实际的系统都会受到外部噪声的影响。噪声可能来自设备辐射的能量，如无线电或无线通信设备，也可能来自附近的电子设备的辐射干扰。例如，电子计算机和开关电源，它们的辐射干扰是工作时必然的结果。噪声也有来自自然界的，如宇宙背景辐射噪声和导体中电子的热运动噪声。本节简单概述系统噪声处理中常见的一些重要概念。

无线电和电子设备发展的历程中，一个关键论断是噪声会存在于一切温度高于绝对零度的阻抗中。约翰逊(Johnson，1928)被认为是最早用实验方式研究这种现象的人，后来其研究被奈奎斯特(Nyquist，1928)进一步解释。因此，热噪声通常被称为约翰逊噪声或约翰逊-奈奎斯特噪声。另一个关键论断是

电流正比于温度的平方根。因此,负载上的噪声功率为

$$\mathcal{N}=kTB \tag{1.40}$$

其中,T 为绝对温度(单位为 K),B 为被测量系统的带宽,k 为玻尔兹曼常数,$k\approx 1.38\times 10^{-23}$J/K。重要的是,这个论断显示,噪声功率取决于温度,而不是阻抗。此外,因为特定应用中的带宽通常不能提前知道,噪声功率通常表达为单位带宽的功率,或者 dBm/Hz。按照这个思路,噪声电压的单位为 V/$\sqrt{\text{Hz}}$。

系统中的噪声量通常不是单独考虑的,而是相对于有效信号的大小,因为信息是由有效信号传输的。因此,信噪比(Signal-to-Noise Ratio,SNR)定义为信号功率除以噪声功率,即

$$\frac{S}{N}=\frac{P_{\text{signal}}}{P_{\text{noise}}} \tag{1.41}$$

SNR 通常表示为一个分贝值,即

$$\text{SNR}_{\text{dB}}=10\lg\left(\frac{P_{\text{signal}}}{P_{\text{noise}}}\right)\text{dB} \tag{1.42}$$

电信系统由许多构建模块组成,如放大器、滤波器和调制器。在模拟语音系统中,噪声过大会导致语音失真;在数字系统中,噪声过大会导致误码率提高。极端情况下,误码率超过了最大容忍门限,数字系统可能不能工作。因此,有必要考虑热噪声对某个模块的影响及对若干模块级联的最终影响。这通过噪声因子或噪声比例来描述。噪声因子(或噪声比例)被定义为设备输入端的信噪比除以设备输出端的信噪比。假设模块中包含放大器,且模块带宽不是一个限制因素,单位噪声比例(噪声比例为 1)意味着模块中没有引入噪声,同时,大于 1 的噪声比例意味着在输出端有更多的噪声(或者说特定成分减小了信噪比)。

通常,噪声值用分贝来表示,可以由噪声比例(F)导出,即

$$F_{\text{dB}}=10\lg F \tag{1.43}$$

使用噪声值的概念,在分析模块级设计时一个重要的步骤是弗里斯噪声方程,它由弗里斯(Friis,1944)首先提出,具体细节可以参阅相关教科书,如 Haykin 和 Moher 于 2009 年编写的 *Communications Systems*。为了说明基本思路,以图 1.24 所示的系统模块为例,它实现了一个信号放大功能,放大倍数为 G_1。左边的输入设备可能是一个天线或其他接收机,如光学传感器。因为任何系统模块都会在整个系统设计中引入噪声,所以有必要对加入的噪声进行量化。

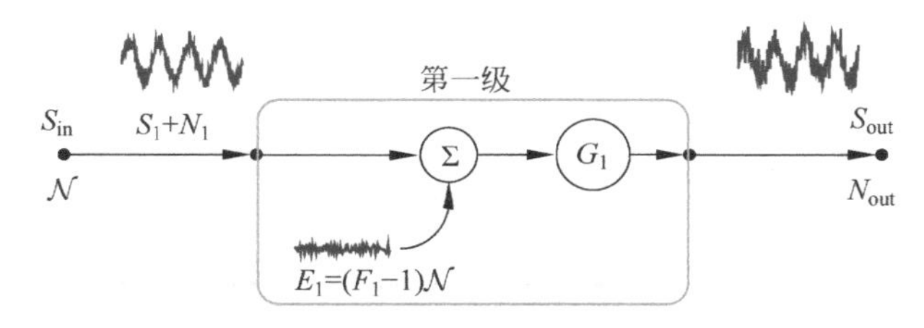

图 1.24 系统噪声传输建模

注:第一个模块输入端的噪声为$\mathcal{N}=N_1$,当后续模块加入时,这个噪声作为“噪声参考”,E_1 为这一级引入的附加噪声。

图 1.24 中输入信号为 S_{in} 和热噪声$\mathcal{N}$。假定噪声是加性的,那么模块输入的信号为 S_1+N_1。假设系统增益大于 1 且系统带宽能够让信号无损通过。

在这种情况下,想知道该系统对信噪比的影响程度。为此,定义噪声因子 F,用于描述当信号通过系统模块时加入的噪声大小,F 为输入端信噪比与输出端信噪比的比值,即

$$F=\frac{S_{\text{in}}/N_{\text{in}}}{S_{\text{out}}/N_{\text{out}}} \tag{1.44}$$

参考图 1.24,输出信号是输入信号乘以模块增益,可表示为 $S_{\text{out}}=G_1S_1$。假设噪声是加性的,因此输入噪声也乘以系统增益。但是,模块本身也会引入自身的噪声,于是可以写成

$$N_2=F_1G_1N_1 \tag{1.45}$$

其中,F_1 为一个大于 1 的系数。如果 $F_1=1$,它就是一个理想模块,没有引入额外的噪声。因此,可以计算噪声比例为

$$\begin{aligned}R&=\frac{S_{\text{in}}/N_{\text{in}}}{S_{\text{out}}/N_{\text{out}}}\\&=\left(\frac{S_1}{N_1}\right)\left(\frac{F_1G_1N_1}{G_1S_1}\right)\\&=F_1\end{aligned} \tag{1.46}$$

于是,噪声值实际上等于噪声比例,为输入信噪比除以输出信噪比。

在实际应用中,需要考虑级联模块的输出噪声与输入噪声的关系。为了跟踪这种噪声,将其记作 $\mathcal{N}$,在输入端,噪声 $\mathcal{N}=N_1$。根据图 1.24 将输出端的噪声写为

$$N_2=G_1[\overbrace{(F_1-1)\mathcal{N}}^{\text{附加噪声}}+\mathcal{N}] \tag{1.47}$$

这个结论在分析两个系统进行级联的情况时是有用的,如图 1.25 所示。第二级输入的噪声为第一级输入噪声乘以增益因子,再加上系统本身引入的噪声,表达式为

$$\begin{aligned}N_3&=F_1G_1G_2\mathcal{N}+G_2(F_2-1)\mathcal{N}\\&=G_2[F_1G_1\mathcal{N}+(F_2-1)\mathcal{N}]\end{aligned} \tag{1.48}$$

因此,总噪声值(或噪声比例)为

$$\begin{aligned}F_{12}&=\left(\frac{S_1}{N_1}\right)\left(\frac{N_3}{S_3}\right)\\&=\left(\frac{S_1}{\mathcal{N}}\right)\left\{\frac{G_2[F_1G_1\mathcal{N}+(F_2-1)\mathcal{N}]}{G_1G_2S_1}\right\}\\&=F_1+\frac{F_2-1}{G_1}\end{aligned} \tag{1.49}$$

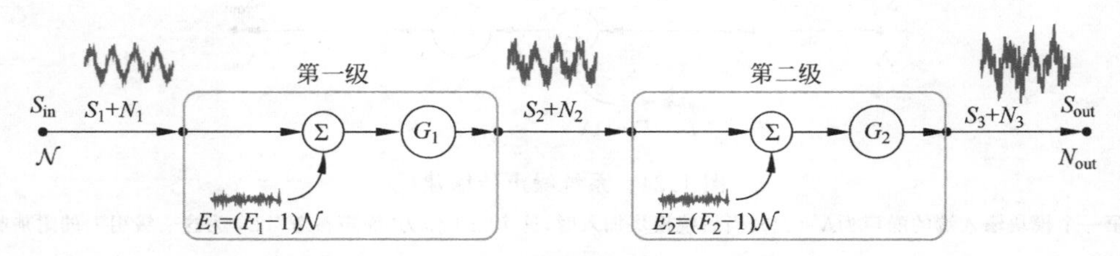

图 1.25 分析两个系统进行级联的情况

注:E 表示假定噪声,其参考是第一级输入噪声,表示为 $\mathcal{N}$。

这个结果的意义在于多级系统的第一级贡献的噪声值贯穿于整个系统,后面各级贡献的噪声值要除以增益,在这种情况下,第二级的贡献为 (F_2-1) 除以前一级的增益因子 G_1。

这个结论可以外推到任意多级系统级联,总体噪声值的弗里斯方程可以写成

$$F=F_1+\frac{F_2-1}{G_1}+\frac{F_3-1}{G_1G_2}+\cdots+\frac{F_n-1}{G_1G_2\cdots G_n} \tag{1.50}$$

因此，尽量在第一级削弱噪声是非常有意义的。此外，在第一级采用高增益有助于减小后续各级的噪声影响。

1.9　本章小结

下面是本章的要点：

- 波形的时间演化量描述；
- 信号的频率成分描述以及这些成分是如何被滤波影响的；
- 对波形应用的平滑、乘法和相移操作；
- 任意频率波形产生的方法——DDS；
- 功率传输的重要性，阻抗匹配和电信系统设计中的噪声；
- 热噪声和系统模块级联后噪声的描述方法。

习题 1

1.1　分贝通过 $10\lg(P_{out}/P_{in})$来计算。利用 $P=V^2/R$，并假设 V_{out} 为输出端电压，V_{in} 为输入端电压，两端的阻抗都为 $R\Omega$。证明分贝的等价计算式是 $20\lg(V_{out}/V_{in})$。

1.2　一个射频谱分析仪的输入参数是：输入阻抗为 50Ω，最大输入功率为 +10dBm。那么它的最大输入电压是多少？

1.3　一根铜传输线在信号为 1V RMS 的情况下，噪声为 1mV RMS，此时信噪比是多少？

1.4　确定图 1.26 中的信号参数(幅度、相位和频率)。

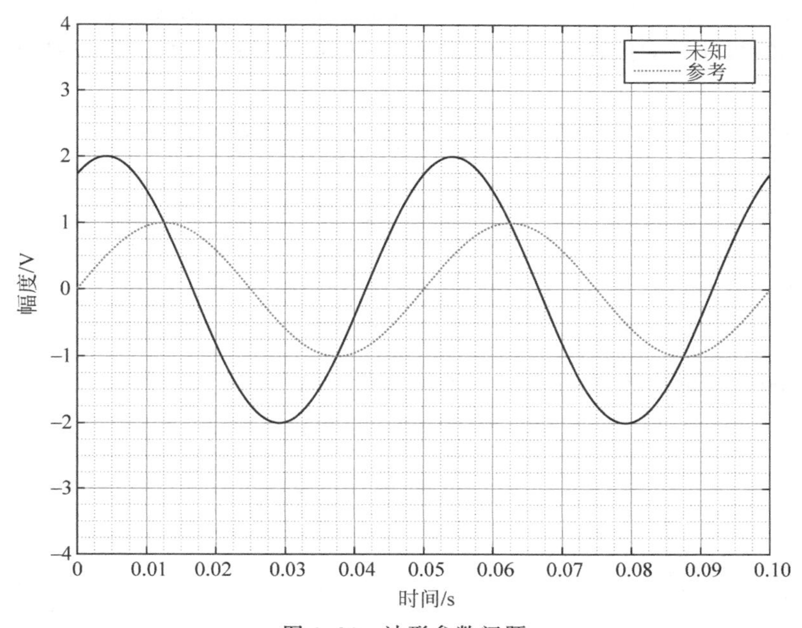

图 1.26　波形参数问题

1.5 给定一个信号的数学表达式 $x(t)=A\sin\omega t$。首先证明在周期 $\tau=2\pi/\omega$ 内的均方值是 $\overline{x^2}(t)=A^2/2$；再证明均方根值是 $A/\sqrt{2}$。提示：算术均值实际上是一个平均值，因此可以对信号一个周期内的平方值积分，可能会用到三角函数公式 $\sin^2\theta=(1/2)(1-\cos2\theta)$。

1.6 给定一个信号方程和系统传输函数，计算线性和非线性系统的输出。

(1) 假定系统传输函数为 $y(t)=\alpha x(t)$，证明输入为 $x(t)=A\sin\omega t$ 时，输出为 $y(t)=\alpha A\sin\omega t$。这个系统是线性的吗？

(2) 假定系统传输函数为 $y(t)=\alpha x(t)+\beta x^2(t)$，证明输入为 $x(t)=A\sin\omega t$ 时，输出可以表示为常数(或直流)项、同频项和倍频项之和。这个系统是线性的吗？提示：可能会用到三角函数公式 $\sin^2\theta=(1/2)(1-\cos2\theta)$。

(3) 从上面的结果中，能推断出对于三次方形式的传输函数，如 $y(t)=\gamma x^3(t)$，会发生什么情况吗？

1.7 系统可以由基本构建模块来定义。

(1) 给定两个如图 1.3(a)所示的串联模块，若每个模块的增益都用分贝来表示，总增益是多少？

(2) 如果模块是通过并联方式连接的，相同的规律还发挥作用吗？为什么？

1.8 分贝(dB)和比例的对应关系近似如下：

$$2\text{dB}\approx 1.6\times$$
$$3\text{dB}\approx 2\times$$
$$4\text{dB}\approx 2.5\times$$

(1) 解释为什么分贝值以相同的增量(1dB)变大时，比例值却以不同的增量值变大(0.4 和 0.5)。

(2) 画出 r 和 $10\lg r$ 的关系曲线，横坐标范围从 $r=0.1$ 到 $r=10$，步长为 0.1。解释曲线形状。

(3) 画出 r 和 $10\lg r$ 的关系曲线，横坐标范围从 $r=10$ 到 $r=100$，步长为 1。解释曲线形状。比较这两条曲线，并解释它们的形状和纵坐标的值。

1.9 电信系统中的很多应用需要处理极大或极小的信号，或者说变化范围很大的值。在这些情况下，对数尺度比常见的线性尺度更有效，一个例子是功率测量中的分贝值。假设某系统的频率响应函数为 $g(f)=1/(f+1)$。

(1) 解释下面的 MATLAB 代码方法的缺点，并建议一种更好的方法。

```
f = 0.01:1:100;
g = 1./(f + 1);
plot(f, g, 's - ');
set(gca, 'xscale', 'log');
grid('on');
```

(2) 注意到频率按 10 的指数值，指数从 −2 到 2，将 MATLAB 代码修改为

```
r = - 2:0.04:2;
f = 10.^r;
g = 1./(f + 1);
plot(f, g, 's - ');
set(gca, 'xscale', 'log');
grid('on');
```

为什么这种方式得到的是间隔均匀的数据点，使图像更好看？

(3) 探讨 MATLAB 函数 linspace()和 logspace()的差异，并简单地说明它们的功能。

1.10　一个放大器的信噪比为 50dB，噪声值为 3dB，试确定其输出信噪比。

1.11　讨论如图 1.25 所示的两个级联系统的扩展情况，并得出级联噪声值的表达式。

(1) 画出这个系统的模块框图，标出"有用"信号和不需要的噪声信号。

(2) 证明 3 个级联系统的噪声因子的数学表达式为

$$F = F_1 + \frac{F_2 - 1}{G_1} + \frac{F_3 - 1}{G_1 G_2}$$

第 2 章

CHAPTER 2

有线、无线和光学系统

2.1 本章目标

学习完本章,读者应该:

(1) 熟悉采用有线电缆、无线和光纤传输的电信系统的基本原理,并能掌握每种方法的要点;

(2) 理解频率和带宽对电信系统的重要性;

(3) 熟悉用于同步的各种数字线路码,并能解释它们的用途;

(4) 能够解释输电线路的性质以及驻波产生的原因;

(5) 理解无线电波传播的原理,能够解释天线发射和接收信号的方法;

(6) 能够解释光通信的原理,包括光的产生、光纤传输、接收和同步;

(7) 能够将无线电波传播和光传播的知识应用于传输系统损耗的计算中。

2.2 内容介绍

如第 1 章所述,波形是一个幅度随时间变化的信号。物理信号可以是电压、光或电磁(Electromagnetic,EM)波。本章讨论信号在物理层面的传输——传输线上的电压、在大气或太空传播的无线电波以及光纤中传播的光波。在这些概念中,有一些重复的部分,如损耗或衰减的概念。损耗是指信号电平的大小在传输时会逐渐减小,这同样适用于使用铜缆或其他电缆的拖曳系统、使用无线电信号的无线系统和光纤传输。虽然产生损耗的原因各不相同,但信号电平的损耗是所有电信系统中经常遇到的问题,设计者必须很好地理解。

2.3 预备知识

电信系统广泛使用重复的信号,这意味着一个基本的信号形状或图形会反复出现,并根据要传输的信息有规律地变化。正是这些变化,将信息从一个地点传递到另一个地点。这些变化随着时间的推移而发生,它们的重复性导致许多其他周期信号成分作为副产品产生。分析这些信号成分,对于理解信息的传输方式和确定信息传输速度的限制因素至关重要。

2.3.1 波形已知的信号的频率成分

假设一个波形每隔时间 τ 重复,则 τ 称为波形的周期。数学上可以表示为

$$x(t)=x(t+\tau) \tag{2.1}$$

这样的波形可以分解出基本频率成分(Frequency Components),其中最低频率成分称为基波(Fundamental),较高频率成分称为泛音(Overtones)。泛音通常是基波频率的倍数,二者同时存在。基波的整数倍频率成分称为谐波(Harmonic),通常表示为 $f,2f,3f,\cdots$,以指出是基波频率(f)的多少倍。基波定义为一次谐波,因为它实际上是基波的第一个整数倍成分。对于 f_oHz 或 $\omega_o$rad/s 的基频,有以下关系。

$$\omega_o=2\pi f_o \tag{2.2}$$

$$\tau=\frac{1}{f_o} \tag{2.3}$$

$$\omega_o=\frac{2\pi}{\tau} \tag{2.4}$$

式(2.2)给出了如何将频率转换为角频率;式(2.3)说明周期 τ 与频率 f_o 互为倒数;式(2.4)描述了角频率和周期的关系。第 k 次谐波可以用角频率表示为 $\omega_k=k\omega_o$,或者用频率表示为 $f_k=kf_o$,其中 $k=0,1,2,\cdots$。关键问题是,如何确定一个波形存在哪些频率。傅里叶定理指出,任何周期函数 $x(t)$都可以分解为由正弦函数和余弦函数构成的无穷级数,即

$$\begin{aligned}x(t)&=a_0+a_1\cos\omega_o t+a_2\cos2\omega_o t+a_3\cos3\omega_o t+\cdots+\\&\quad b_1\sin\omega_o t+b_2\sin2\omega_o t+b_3\sin3\omega_o t+\cdots\\&=a_0+\sum_{k=1}^{\infty}(a_k\cos k\omega_o t+b_k\sin k\omega_o t)\end{aligned} \tag{2.5}$$

其中,频率表示为 $k\omega_o$ 的形式,k 为整数。第一个分量 a_0 实际上是 $a_0\cos k\omega_o t$ 在 $k=0$ 时的特殊情况,它实际上是平均值。在输入波形的一个周期内求解下面的方程,可以确定系数 a_k 和 b_k 的值,如下所示。

$$a_0=\frac{1}{\tau}\int_0^{\tau}x(t)\mathrm{d}t \tag{2.6}$$

$$a_k=\frac{2}{\tau}\int_0^{\tau}x(t)\cos k\omega_o t\,\mathrm{d}t \tag{2.7}$$

$$b_k=\frac{2}{\tau}\int_0^{\tau}x(t)\sin k\omega_o t\,\mathrm{d}t \tag{2.8}$$

积分范围为一个周期,可以为 $0\sim\tau$ 或 $-\tau/2\sim+\tau/2$,它们都包含了波形的一个周期,但是积分的起始点不同(因此,积分结束点也不同)。

为了说明傅里叶级数的应用,以一个周期 $\tau=1$s 且峰值为 ±1(也就是 $A=1$)的方波为例,如图 2.1 所示。方波在 $t=0$ 到 $t=\tau/2$ 时幅度为 $+A$,在 $t=\tau/2$ 到 $t=\tau$ 时幅度为 $-A$。

由式(2.6)得到系数 a_0 为

$$\begin{aligned}a_0&=\frac{1}{\tau}\int_0^{\tau}x(t)\mathrm{d}t\\&=\frac{1}{\tau}\int_0^{\frac{\tau}{2}}A\,\mathrm{d}t+\frac{1}{\tau}\int_{\frac{\tau}{2}}^{\tau}(-A)\mathrm{d}t\end{aligned} \tag{2.9}$$

可以得到 $a_0=0$,这是符合直观的。由式(2.9)可知积分求出面积再除以周期,得到平均值,通过分析可以得出其值为 0。系数 a_k 可以由式(2.7)得到。

$$\begin{aligned}a_k&=\frac{2}{\tau}\int_0^{\tau}x(t)\cos k\omega_o t\,\mathrm{d}t\\&=\frac{2}{\tau}\int_0^{\frac{\tau}{2}}A\cos k\omega_o t\,\mathrm{d}t+\frac{2}{\tau}\int_{\frac{\tau}{2}}^{\tau}(-A)\cos k\omega_o t\,\mathrm{d}t\end{aligned}$$

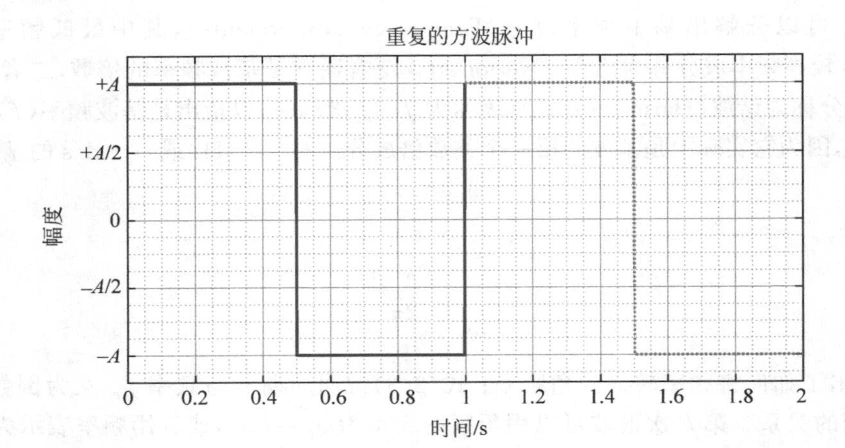

图 2.1 周期为 $\tau=1$s 方波脉冲

$$=\frac{2A}{\tau}\frac{1}{k\omega_o}\sin k\omega_o t\Big|_{t=0}^{t=\frac{\tau}{2}}-\frac{2A}{\tau}\frac{1}{k\omega_o}\sin k\omega_o t\Big|_{t=\frac{\tau}{2}}^{t=\tau} \tag{2.10}$$

这个结果也为 0，可知该波形中没有余弦分量。最后，系数 b_k 可由式(2.8)得到，等价于

$$b_k=\frac{2A}{k\pi}(1-\cos k\pi) \tag{2.11}$$

当 k 为偶数(2,4,6,…)时，$\cos k\pi=1$，此时 $b_k=0$。当 k 为奇数(1,3,5,…)时，$\cos k\pi=-1$，则式(2.11)化简为

$$b_k=\frac{4A}{k\pi},\quad k=1,3,5,\cdots \tag{2.12}$$

将式(2.11)代入式(2.5)中，得到完整的傅里叶级数表达式为

$$x(t)=\frac{4A}{\pi}\Big(\overbrace{1\sin\omega_o t}^{k=1}+\overbrace{\frac{1}{3}\sin 3\omega_o t}^{k=3}+\overbrace{\frac{1}{5}\sin 5\omega_o t}^{k=5}+\cdots\Big) \tag{2.13}$$

如图 2.2 所示，方波可以由奇数谐波的正弦波来表示。第一个正弦波的周期(频率)与原始信号相同，但是幅度为 $4/\pi\approx1.3$。第二个正弦波的频率是原始信号的 3 倍，但是幅度缩小为 $4/\pi\times1/3\approx0.4$。必须把所有这些正弦波叠加起来才能得到原始信号。但是从图 2.2 可以看出，只需 3 个正弦波分量就可重建出与原始波形很接近的信号。

2.3.2 被测信号的频谱

2.3.1 节介绍了波形已知的前提下，如何计算一个周期信号的傅里叶分量。但是如果只有测量得到的波形，并不知道具体的表达式，该如何处理呢？在这种情况下，有必要测量或采样不同时间段的波形，并进行傅里叶变换。

由于傅里叶级数使用了正弦和余弦项，可以用复数把它们合并起来。复数的一个基本性质是 $e^{j\theta}=\cos\theta+j\sin\theta$，于是傅里叶变换可以定义为

$$X(\Omega)=\int_{-\infty}^{+\infty}x(t)e^{-j\Omega t}dt \tag{2.14}$$

这可以用软件进行计算，但是在实际情况中无穷的积分范围会带来一些问题，因为无法采集一个时间无限长的信号，也无法在负无穷大时开始采集信号，所以必须在已知时间内测量到合理数量的信号。

由于减少了测量信号的时间，降低了频率分辨率，导致最后结果中产生了物理上并不存在的虚假成分。

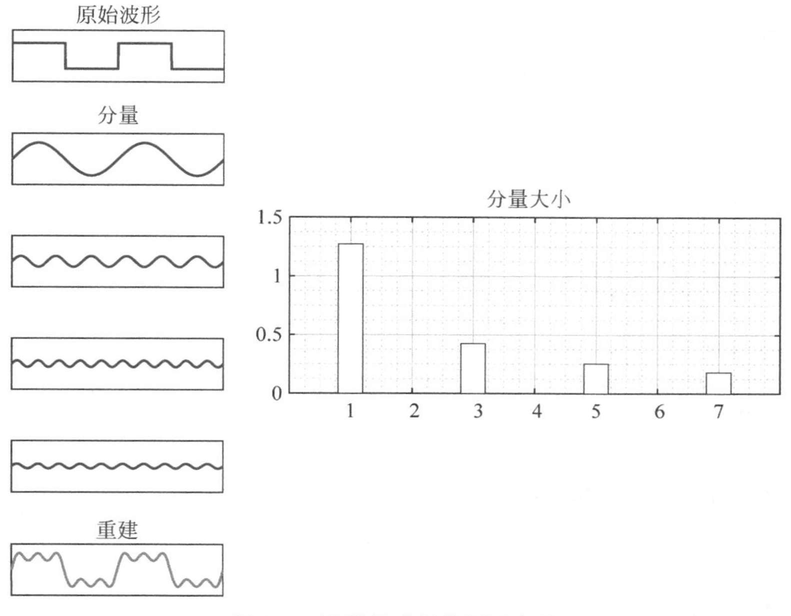

图 2.2　用傅里叶级数逼近方波

注：图中给出了真实波形的傅里叶逼近结果，但由于分量个数有限，并不是完美的近似。

缓解这个问题的一种方法是，取一定数量的样本并乘以一个逐渐减小的平滑函数。最常用的是汉明窗，M 个采样点的表达式为

$$w_n=\begin{cases}0.54-0.46\cos\dfrac{2n\pi}{M}, & 0\leqslant n\leqslant M\\ 0, & \text{其他}\end{cases} \tag{2.15}$$

下面的 MATLAB 代码实现了傅里叶变换，可用于窗函数存在或不存在的情况。输入为正弦波时，可以从图 2.3 中看到算法的结果以及窗函数的效果。未加窗的正弦波在真实信号频率的两侧产生许多旁瓣，使用窗函数减少了这些不需要的旁瓣，但这是以频谱中的谱峰略展宽为代价的。谱峰展宽意味着无法判断出精确的频率。

```
function [Xm, faxis, xtw] = CalcFourierSpectrum(xt, tmax, fmax, UseWindow)
    % --------------------------------------------------------------------
    dt = tmax/(length(xt) - 1);
    t = 0:dt:tmax;
    % --------------------------------------------------------------------
    xtw = xt;
    if( UseWindow )
        % 窗
        fw = 1/(2 * tmax);
        % 汉明窗
        fw = 1/(tmax);
        w = 0.54 - 0.46 * cos(2 * pi * t/tmax);
        xtw = xt. * w;
    end
```

```
    %连续频率范围
    OmegaMax = 2 * pi * fmax;
    dOmega = OmegaMax * .001;
    % -----------------------------------------------------------------------
    fvec = [];
    Xmvals = [];

    p = 1;
    for Omega = 0:dOmega:OmegaMax

        coswave = cos(Omega * t);
        sinwave = - sin(Omega * t);

        % 通过数值积分进行傅里叶变换
        Xreal = sum(xtw. * coswave * dt);
        Ximag = sum(xtw. * sinwave * dt);
        mag = sqrt(Xreal * Xreal + Ximag * Ximag);

        % 频率单位化为 Hz,幅度除以最大时间
        fHz = Omega/(2 * pi);
        mag = 2 * mag/tmax;

        % 保存频率与幅度
        faxis(p) = fHz;
        Xm(p) = mag;
        p = p + 1;
    end
    % -----------------------------------------------------------------------
end
```

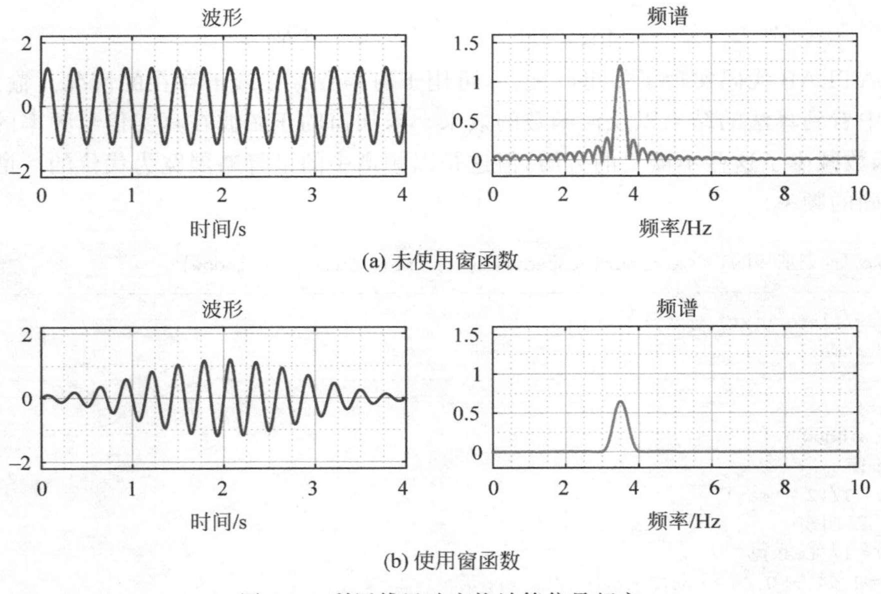

图 2.3 利用傅里叶变换计算信号频率

注：使用窗函数让信号逐渐变小，从而得到了一个更平滑的图像，但是会降低分辨率。

图 2.4 展示了存在两个正弦分量的情况。很明显，频谱图可以显示出两个基本的频率成分，它们在测量的时间波形中并不明显，但是在频谱图中可以很明显地看出来。

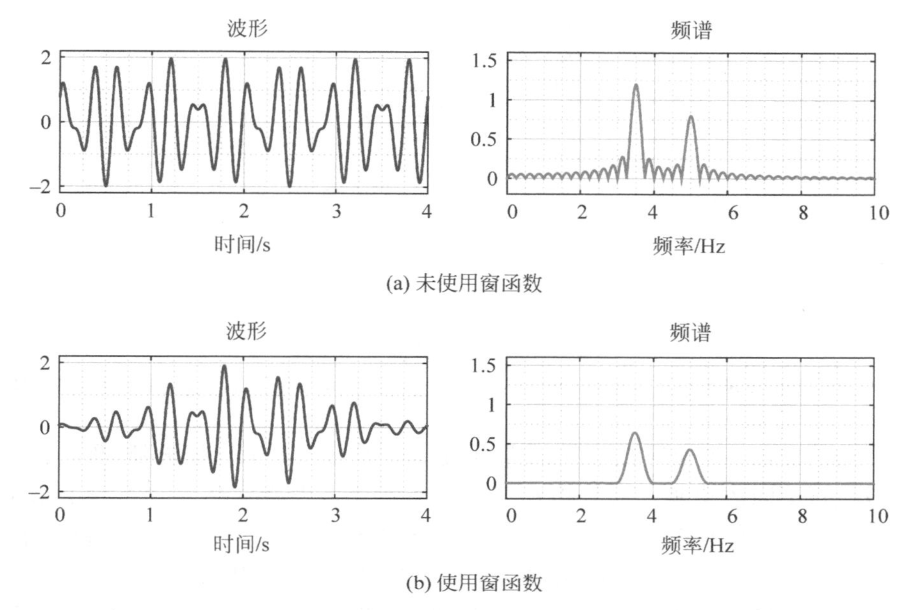

图 2.4　利用傅里叶变换计算两个潜在正弦信号的频率(可以得出两个频率成分)

现在有两个有用的分析工具：一是傅里叶级数，它给出了有关周期信号的信息；二是傅里叶变换，它能够确定信号存在哪些频率成分。更重要的是，对于数字通信信号，由其傅里叶级数可知，矩形脉冲序列具有幅度逐渐减小的奇次谐波。在傅里叶变换中，测量的时间越长，获得的频率分辨率就越高，但是为了得到一个更加清晰的、没有杂散点的频谱图，可能需要一个幅度逐渐减小的窗函数。

2.3.3　测量实际频谱

前面讨论了如何通过一个方程或采样数据计算频谱。如果可以对信号进行数字采样，那么信号的傅里叶变换提供了一种确定频谱的方法。另一种计算更高(无线电)频率的方法是扫频分析，使用专用仪器——频谱分析仪(Spectrum Analyzer)。其基本思想是确定窄带内的功率电平，然后将频带中心向上移动一点并重复测量，直到扫描到所需的频率范围为止。

该系统所需的主要功能模块如图 2.5 所示。理论上，需要一个带通滤波器，扫过所需的频率范围并测量信号平均功率。但是，在实际应用中，由于滤波器通带的相对频率范围有限，很难产生可调谐的带通滤波器。例如，一个信号以 1GHz 的频率为中心，频带宽度为 100kHz，它们的相对比例为 10^4，这是一个非常大的范围，设计起来很不切实际。一个可行的解决办法是用混合装置替换可调谐带通滤波器，它实现了相同的目标(即可调谐带通滤波)，但是使用了不同的方法。

在图 2.5 中，锯齿波信号的电压与分析频率成比例，振荡器根据锯齿波的电压产生一个正弦信号，其频率与所需分析的频率相匹配，称为压控振荡器(Voltage-Controlled Oscillator，VCO)。如果使用直接数字合成(DDS)技术(见 1.6 节)实现，称为数字控制振荡器(Numerically Controlled Oscillator，NCO)。混频器/带通模块将输入信号与振荡器产生的特定频率相乘，把频率分量向下移动到零的中心，但保持其相对频率间隔和功率水平不变，具体在后面的章节中介绍。然后，低通滤波器滤除混频产生的高频分量。接下来是另一个低通滤波器,对带通滤波的结果进行平均。频谱图结果显示了功率(垂直方向)与频率(水平方向)的关系。

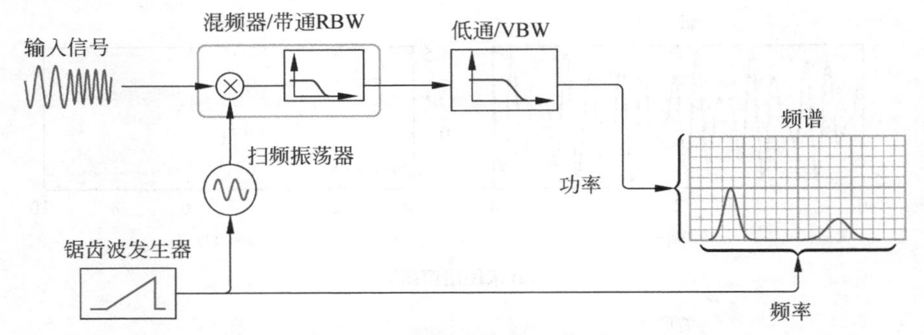

图 2.5 频谱分析仪的工作原理

注:分辨率带宽(RBW)滤波器由混频器(乘法器和低通滤波器)实现,在所需范围内扫描;视频带宽(VBW)滤波器使显示结果更加平滑。

因此,有两个滤波阶段:带通滤波阶段(实际上是一个乘法器和低通滤波器,称为混频器)和低通滤波阶段,每个阶段执行不同的功能。图 2.6(a)显示了带通滤波器带宽相对较宽时的结果,共分为 4 个阶段。阶段(1)显示了 4 个感兴趣的信号,以及一直存在的低电平噪声;阶段(2)显示了带通滤波器频率响应与输入信号频谱的乘积,只有当通频带从左向右移动时,才会依次显示快照;阶段(3)显示了累积结果,此时通频带扫过了整个感兴趣的频率范围;最后,阶段(4)显示了阶段(3)的平滑结果。可以看出,宽带滤波器无法区分接近的谱峰,此时需要一个窄带滤波器。

第一个滤波器(对应阶段(2)和阶段(3))决定分辨率带宽(Resolution Bandwidth, RBW),它控制频率分辨率和扫频所需的时间。第二个低通滤波器(对应阶段(4))决定视频带宽(Video Bandwidth, VBW),它控制频谱的相对平滑度。

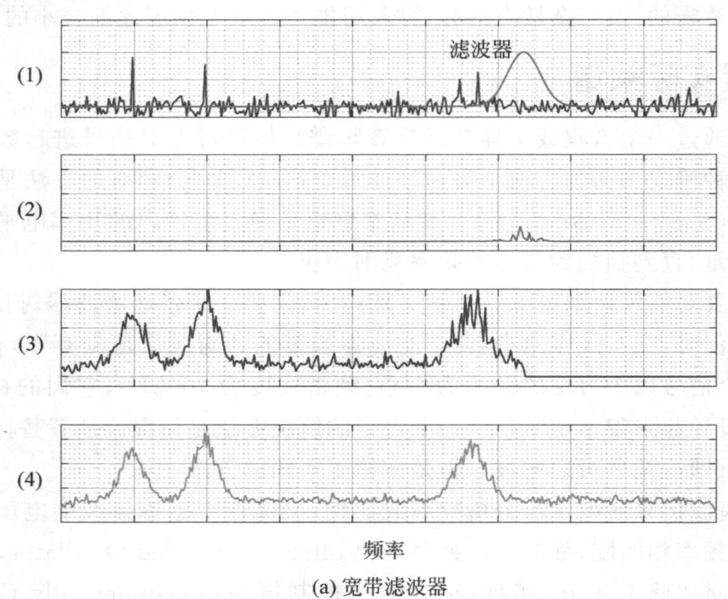

(a) 宽带滤波器

图 2.6 宽窗口和窄窗口频谱分析

注:可以依次看到输入信号和 RBW 带通滤波器(1)、带通滤波信号(2)、扫描过程中累积的带通滤波信号(3)和 VBW 低通滤波后的最终结果(4)。输入中的两个较近峰值可以通过较窄的滤波器来分辨。

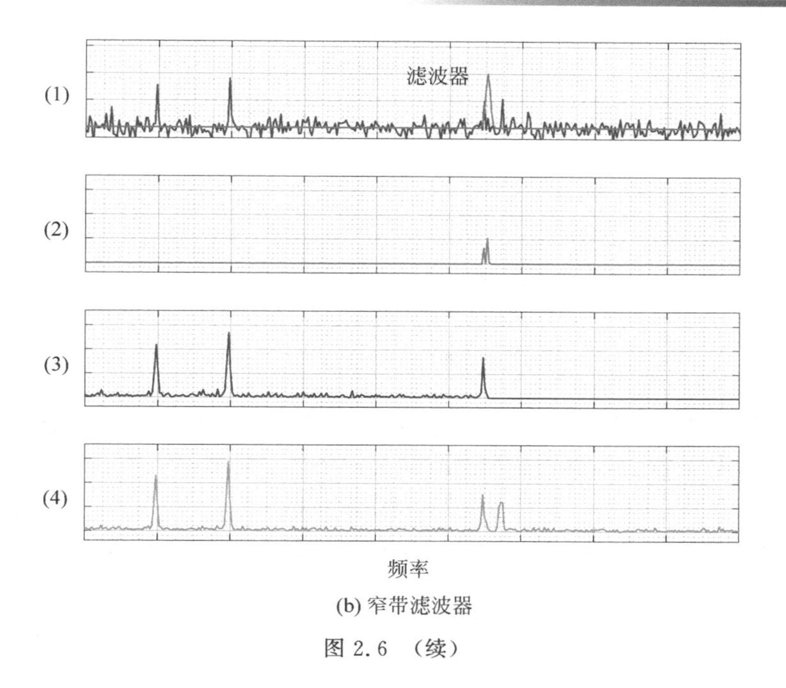

(b) 窄带滤波器

图 2.6 （续）

使用窄带带通滤波器，可以成功解析较高频率的两个峰值，如图 2.6(b)所示。然而，因为滤波器带宽很小，所以需要更长的时间来扫描所需的频率范围。因此，更高的精度要以更长的测量时间为代价。

图 2.7 所示为频谱分析仪对于正弦波的实测结果。从图 2.7 中可见，较窄的 RBW 为单音信号提供了一个更加清晰的单峰。当带宽从 30kHz 降低到 10kHz，最后降低到 1kHz 时，平均本底噪声降低。这是因为当滤波器带宽较窄时，接收到的噪声较小。VBW 滤波器虽然不能提供更好的频率定义，也不

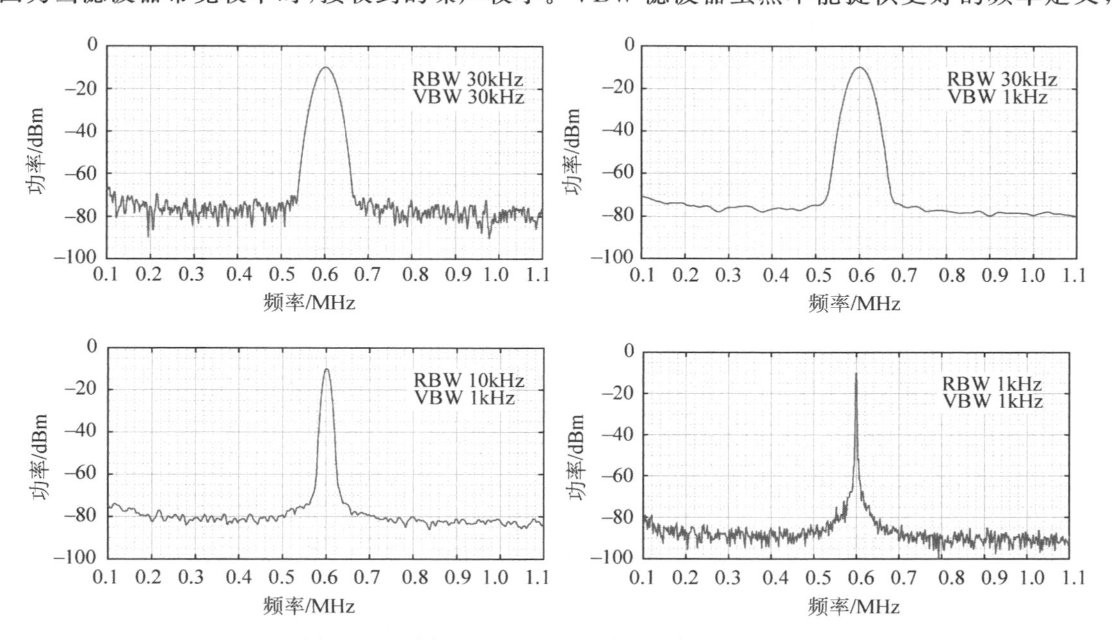

图 2.7 不同 VBW 和 RBW 时正弦波的实测频谱

注：较窄的 RBW 具有更好的信号分辨率和更低的本底噪声，但需要更多的时间来扫描频段；较低的 VBW 使显示结果更加平滑，但本底噪声不变。

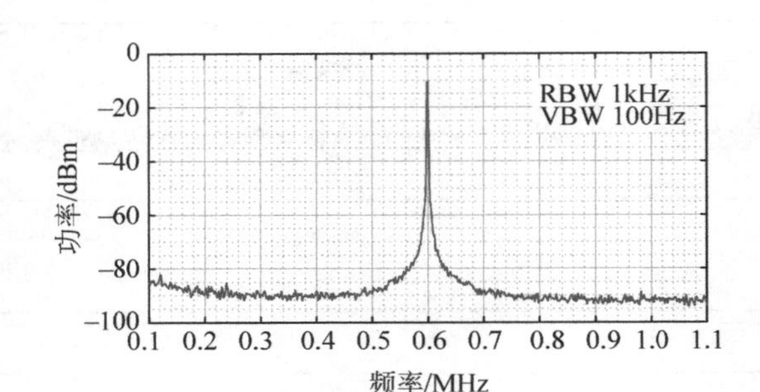

图 2.7 （续）

会降低本底噪声，但是它可以消除噪声的随机性，得到一个“更清晰”的图像。这两个设置是相互关联的，如前所述，窄的 RBW 带宽需要更长的扫描时间。图 2.7 是对频率为 600kHz 且峰峰值为 200mV 的信号的测量结果，这等价于－10dBm 的信号加到 50Ω 的负载上。

图 2.8 所示为在更大频率范围内输入 200kHz 信号的情况。对于正弦波输入，可以看到在二次和三次谐波处各有一个额外的杂散谱峰，这实际上是信号发生器的缺陷造成的。图 2.8 还显示了方波信号的频谱，正如前面提到的，奇数次谐波的幅度以连续比值(1/3，1/5，1/9，…)的形式衰减。

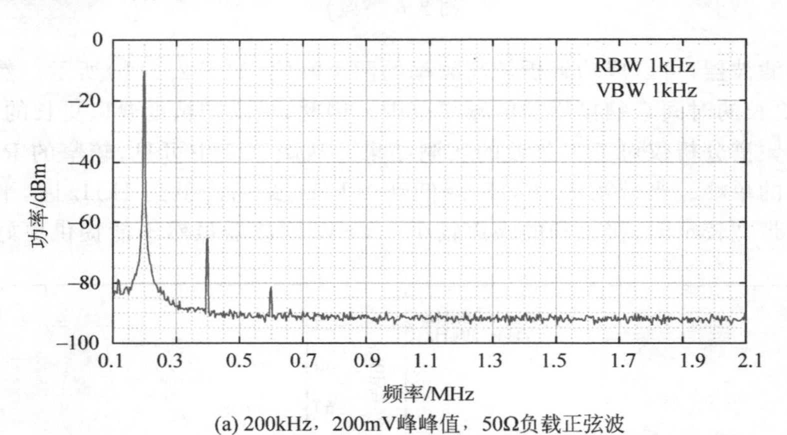

(a) 200kHz，200mV峰峰值，50Ω负载正弦波

RBW 1kHz
VBW 1kHz
功率/dBm
0
−20
−40
−60
−80
−100
0.1 0.3 0.5 0.7 0.9 1.1 1.3 1.5 1.7 1.9 2.1
频率/MHz

(b) 200kHz，200mV峰峰值，50Ω负载方波

图 2.8 正弦波和方波的测量频谱对比

2.4　有线通信

本节介绍基带(Baseband)通信的方法,这种方法通常用于有线连接。但所讨论的原理并不局限于具有物理布线连接的系统,其中许多概念和原理也适用于无线和光纤系统。

2.4.1　布线注意事项

当一个电信号通过一对电缆在任何距离上传输时,在电缆输出端产生的信号决定了它能够传递多少信息。由于电缆本身的非理想性,信号在传输过程中可能会发生衰减。它可能会受到外部干扰的破坏,因为任何电缆都像天线一样,可以接收外来信号。并且,最重要的是,电信号沿电缆传播的方式会影响有多少信号被反射回来,而反射信号会破坏原有信号传输。所有这些因素都会降低接收机的信号质量,在数字传输中会限制最大可传输的比特率。

在许多性能要求不高的情况下,可以简单地使用两根电缆,一根作零电压基准(有时称为接地),另一根用于信号电压电缆。然而,如图 2.9 所示,简单地将电缆拧在一起,可以在一定程度上减少干扰量,这是因为任何外部噪声(可能来自附近的线路)都会大致相等地耦合到两根电缆中。但是这还不够,想要获得更好的性能,还需要使用差分信号或平衡操作模式。

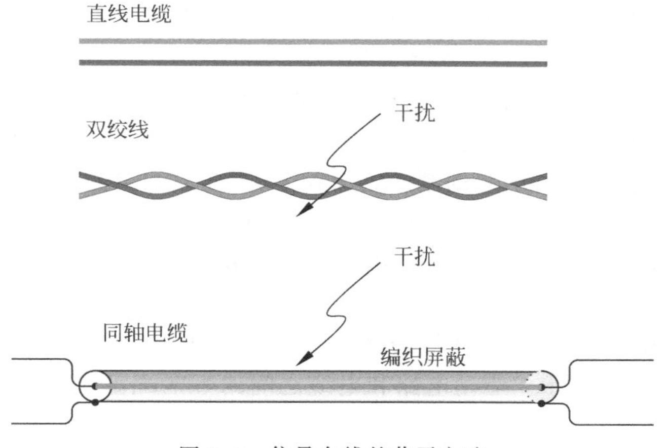

图 2.9　信号布线的若干方法

注:双绞线有助于提高抗噪声能力,广泛应用于实际以太网数据电缆中。同轴电缆适用于高频信号,如天线的连接。不要将同轴电缆与屏蔽电缆混淆,屏蔽电缆由两根或多根带有单独外屏蔽导体的导线组成,外屏蔽导体不接入电路。

图 2.10 说明了差分信号的概念。在图 2.10(a)中,第一根电缆中的信号电压以第二根电缆中的电压信号为参考电压或零电压传输,所示信号是简单的数字信号,包括两个电压电平。现在假设一个短暂的干扰脉冲影响其中一根电缆,如图 2.10(b)所示,该感应电压峰值可能超过二进制(1 和 0)判决的门限阈值,从而导致数据传输错误。然而,考虑使用差分电压系统的情况,如图 2.10(c)所示,一根电缆带正电压,另一根电缆带负电压,两根电缆彼此相反,接收器检测两个电压之间的差值(Difference),而不是一根电缆的对地电压。叠加在两根电缆上的电压尖峰噪声不会导致电压差的变化。因此,差分布线不受噪声影响,尤其是配置为双绞线时,还减少了对相邻电缆的干扰[称为串扰(Crosstalk)],因为任何共模信号都同时叠加在两根电缆上。

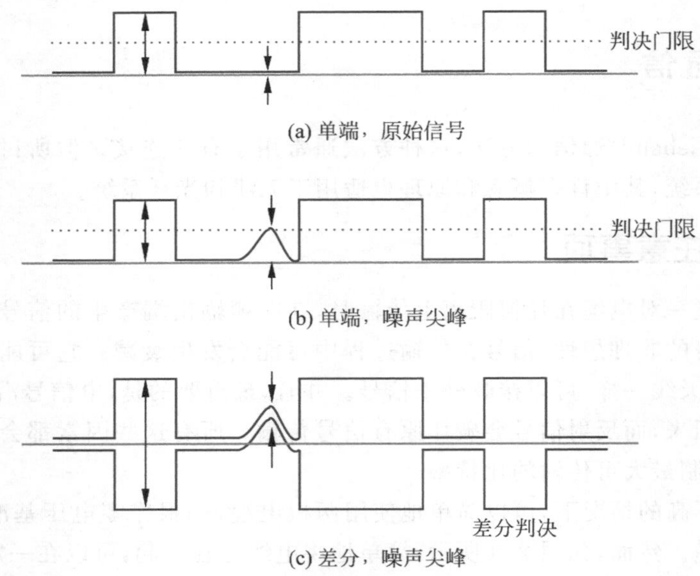

图 2.10 通常采用差分或平衡信号进行传输

注：这里显示了受尖峰噪声影响的数字脉冲，可见差分电压驱动是有效的，两根电缆的噪声大致相等，如双绞线。

差分信号会给发射机带来一些额外的麻烦，因为需要一个电路对称地驱动这两根电缆。接收机需要一个电路来检测这种差异，而不仅仅是参考接地。

下面以图 2.9 中的同轴电缆作为参考，这种类型的电缆由中心芯线和编织屏蔽层组成。在同轴电缆中，中心芯线和屏蔽层的间距保持不变，以保证沿电缆长度具有相同的电气性能。屏蔽层实际上起到了防止外部干扰的作用，然而，这种电缆的制造更加复杂，因此成本更高。需要注意的是，单芯、双芯甚至四芯电缆都有屏蔽层，但是与同轴电缆不同。同轴电缆的制造具有精确的几何结构和间距，以保持沿电缆长度的电气特性不变；多芯屏蔽电缆通常用于仪表应用中，需要传输的是微小的电压，但信号传输速率通常不高。

同轴电缆始终具有额定阻抗，为了获得最佳的性能，该阻抗必须与驱动电缆和接收机的电路相匹配。特性阻抗通常用符号 Z_0 表示。驱动电路和电缆之间的不匹配可能会导致信号电压降低，同时对外部噪声的敏感度相应增加。

最常见的同轴电缆分类称为 RG，最初指的是无线电测量仪(Radio Gage)。RG58 电缆的阻抗为 50Ω，通常用于实验室中；RG59 电缆的阻抗为 75Ω，常用于视频设备，它的直径(5mm)和 RG58 差不多；RG6 电缆的阻抗也为 75Ω，但采用的是实心芯，因此这种较粗(直径 7mm)的电缆就没有那么灵活了，但对于甚高频信号具有优越的传输特性。

2.4.2 脉冲整形

在传输数字数据时，需要传输脉冲来表示二进制的 1 和 0，这可以简单地通过使用正电压和负电压来实现。理想情况下，这些 1 和 0 将尽可能快地传输，这意味着连续脉冲之间的间隔应尽可能短，物理布线本身限制了这一最大速率。通过一次传输多个比特，而不仅仅是传输一个比特，可以极大地改进这种二进制数据传输方法。在基带传输中，最简单的方法是使用多个电压电平同时对多个比特进行编码。那么，首先要解决的问题是，当传输线上有一系列脉冲时会发生什么？脉冲发射到电缆时可能是方形的，但在传输过程中会失真。在接收端，脉冲可能是圆形的，各个脉冲的开始和结束不再清晰。

图 2.11(a)显示了要传输的比特流,1 和 0 是串行传输的,编码为$+V$和$-V$。接收机将电压流解码成比特,这涉及电压的门限信息和定时信息,用于决定何时应用何种门限进行判决。如果其中任何一个(定时或门限)是错误的,接收机将对比特 1 或 0 做出错误的判决。

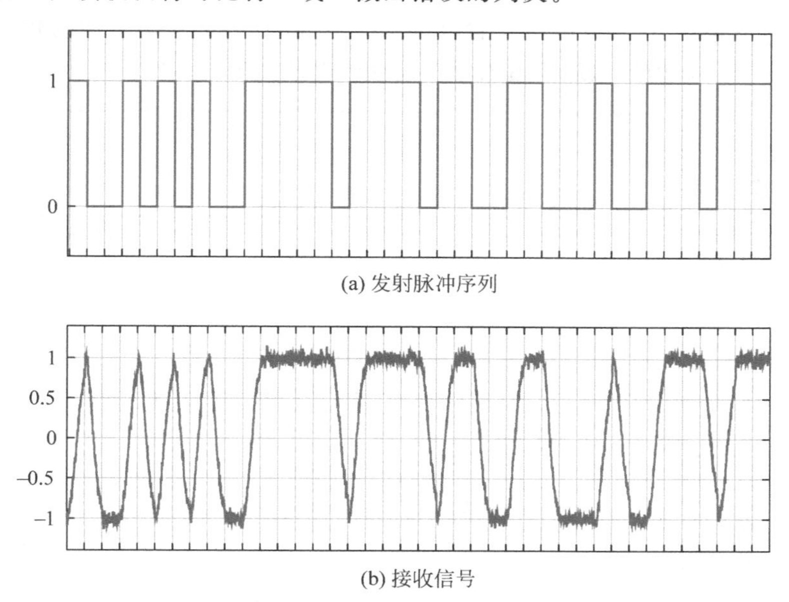

(a) 发射脉冲序列

(b) 接收信号

图 2.11 发射脉冲序列和相应的接收信号

注:电缆失真和外部干扰共同降低了信号质量。

在图 2.11(b)中,电压波形有两种明显的失真:一是电压上叠加了噪声,如果该噪声足够大,则可能导致做出错误的判决;二是电压上升不是瞬时完成的。如果希望提高比特率,每秒必须传输更多的比特。图 2.11(b)表明,在某些电压边缘处,如在后一位比特编码前,前一位比特的电压还没有上升到足够的高度。

对于有线和光学系统,一种有用的绘图方法是在接收随机比特时同步显示波形,称为眼图,其结果如图 2.12 所示。其中,信道失真的影响看起来更加明显,通过“眼开度”可以方便地看出信道质量。

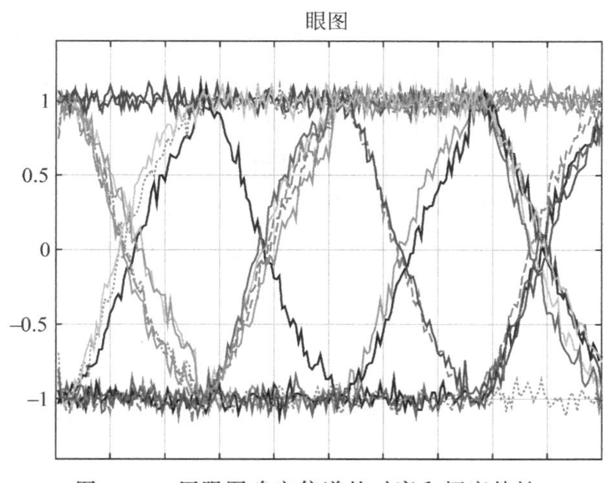

图 2.12 用眼图确定信道的时序和幅度特性

为了理解实际信道的作用机制，在图 2.13(a)中可以看到一些正脉冲和负脉冲，图 2.13(b)显示了信道响应，这是一个简单的二阶响应。很明显，短而尖的脉冲已经变成了长且缓慢衰减的脉冲。然而，接收机仍然可以通过脉冲间隔 τ 进行采样来解码电压信号。虽然可以用正确的时间间隔进行采样，但是一旦开始采样的位置错误，后面采样的位置就都错了。因此，为了确定脉冲的相位，需要知道定时信息。此外，还需要一个阈值，因为通过信道的信号幅度会以某个未知的比例减小。

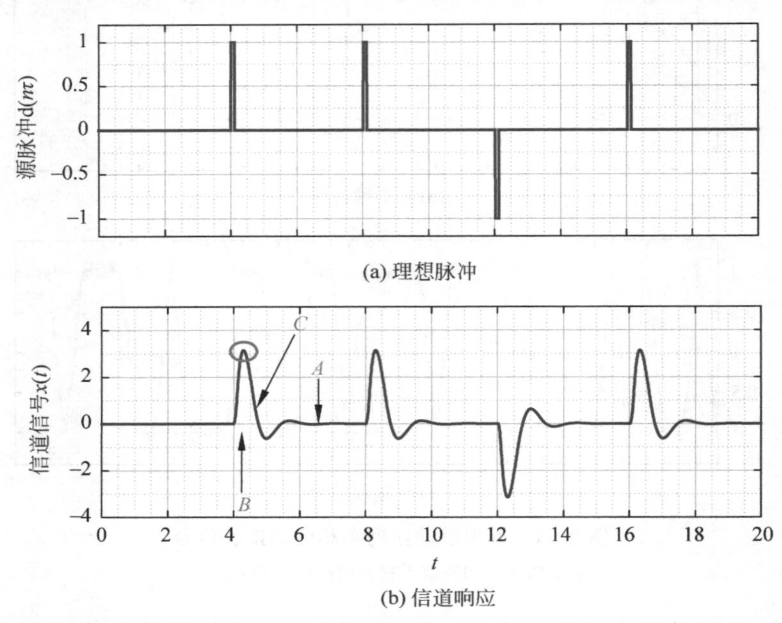

(a) 理想脉冲

(b) 信道响应

图 2.13　理想脉冲及其接收时的形状

注：较小的脉冲间隔意味着前一个脉冲波形可能都会干扰后面的脉冲。

现在考虑提高脉冲速率，如图 2.13(b)所示，最早可能想要引入一个新的脉冲(对于下一个数据位)，可以是在 A 点，即先前的脉冲已经衰减的地方。不知道需要多长时间脉冲才能衰减，这是一个有点悲观的评估。如果接收机在 B 点对波形的峰值进行采样，那么等待脉冲消失似乎是必要的。在 $t=8$ 之前引入第二个脉冲可能会使该处脉冲波形的幅度失真，并可能导致错误的 1/0 判决。但是，假设现在让第二个脉冲的峰值出现在 C 点处，在 C 点第一个脉冲的幅度恰好为零，因此它不会干扰第二个脉冲在该时刻的幅度，这意味着可以以更高的速率发送脉冲，而不必要求在发送新脉冲之前的每个脉冲都消失。如果要成功使用这种方法，控制时序是至关重要的。

由于电缆的特性，当前一个脉冲恰好为零时，可以引入一个新的脉冲，因此，需要在传输之前预先设定脉冲形状。如果使用一个特定的波形模板“形状”，该波形(方便地)具有与希望发送数据的速率相对应的过零点，而不是一个短而尖的脉冲，会发生什么呢？这种脉冲如图 2.14 所示，通常称为 sinc 函数。它可以定义为

$$h(t)=\frac{\sin(\pi t/\tau)}{\pi t/\tau} \tag{2.16}$$

式(2.16)表明，这是一个正弦波(时间的函数)除以一个与时间成比例的项。重要的是，对于这个函数，常数 τ 是过零点的间距，如图 2.14 所示。

这个函数看起来好像可以满足数据传输的要求：这是一个过零点在合适位置的平滑函数。对于要

传输的每个比特，将 sinc 函数平移到 $t=0$，并使峰值为 +1 或 −1。下一个比特可以在时间 $t=\tau$ 时传输，只要定时是精确的，脉冲波形继续在零附近振荡不影响 $t=2\tau, 3\tau, \cdots$ 的后续比特传输。

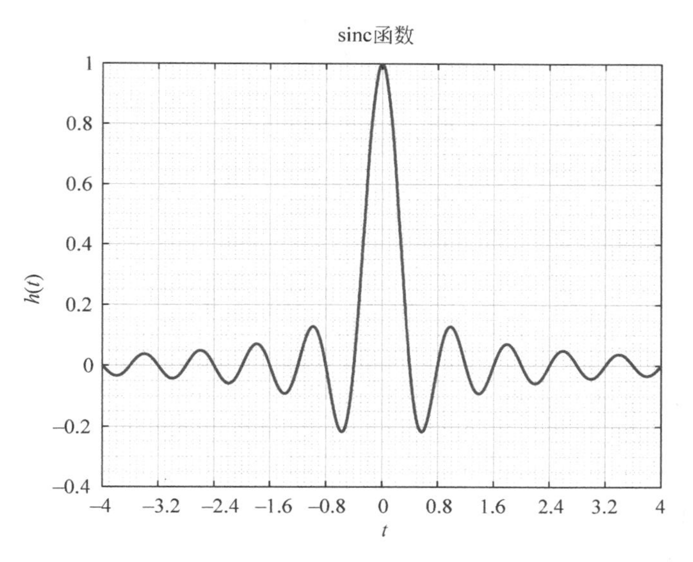

图 2.14　以零为中心的 sinc 函数（$\tau=0.4$）

Woodward 等(1952)介绍了 sinc 函数，可应用于许多数字传输和脉冲整形问题中。请注意，该文献对 sinc 函数有两个定义，一个是 $\mathrm{sinc}(x)=(\sin x)/x$，另一个是 $\mathrm{sinc}(x)=(\sin \pi x)/\pi x$，因此采用任意一个定义时都必须留意。

下面的 MATLAB 代码说明了如何产生 sinc 函数的样本。

```
N = 1024 * 4;
Tmax = 10;

% 请注意,此处用到了"负"时间
dt = Tmax/((N - 1)/2);
t = - Tmax:dt:Tmax;

% 过零时间
tau = 0.4;

% sinc 函数
hsinc = sin(pi * t/tau + eps)./(pi * t/tau + eps);
plot(t, hsinc);
xlabel('time');
ylabel('amplitude');
```

然而，这个基本想法有一定局限性，需要进行一定修改。首先，该函数在正负时间轴上延伸，这可以通过简单地加入延迟来解决，稍微延迟脉冲的起始位置。其次，函数在时间上是无限延伸的，但是由于振幅衰减相当快，可以截断 sinc 函数（图 2.14 中截止位置为 $t=\pm 4$）。

在频域中，该脉冲在 1.25Hz 的频率之内具有恒定的能量，恰好等于 $1/2\tau$，因为基频正弦波的周期为 2τ。在频域中，这种“门型”响应表示为

$$H(\omega)=\begin{cases}K, & -\frac{\omega_b}{2}\leqslant\omega\leqslant\frac{\omega_b}{2}\\0, & \text{其他}\end{cases} \tag{2.17}$$

其中，频率范围为$\pm\omega_b/2$。由于$\omega=2\pi f$，$f=1/\tau$，有

$$\begin{aligned}\frac{\omega_b}{2}&=\pi f_b\\&=\frac{\pi}{\tau}\end{aligned} \tag{2.18}$$

因此，可以把频域限制改写为

$$H(\omega)=\begin{cases}K, & -\frac{\pi}{\tau}\leqslant\omega\leqslant\frac{\pi}{\tau}\\0, & \text{其他}\end{cases} \tag{2.19}$$

令$K=1$，则通带内的增益为单位常数，其傅里叶反变换为

$$h(t)=\frac{1}{2\pi}\int_{-\infty}^{\infty}H(\omega)e^{j\omega t}d\omega \tag{2.20}$$

当$H(\omega)=1$时，它变成

$$\begin{aligned}h(t)&=\frac{1}{2\pi}\int_{-\pi/\tau}^{+\pi/\tau}1e^{j\omega t}d\omega\\&=\frac{1}{j2\pi t}e^{j\omega t}\Big|_{\omega=-\pi/\tau}^{\omega=\pi/\tau}\\&=\frac{1}{j2\pi t}(e^{j\frac{\pi t}{\tau}}-e^{-j\frac{\pi t}{\tau}})\\&=\frac{1}{j2\pi t}\times 2j\sin\left(\frac{\pi t}{\tau}\right)\\&=\frac{1}{\pi t}\sin\left(\frac{\pi t}{\tau}\right)\\&=\frac{1}{\pi t}\frac{\sin(\pi t/\tau)}{(\pi t/\tau)}(\pi t/\tau)\\&=\frac{1}{\tau}\operatorname{sinc}\frac{\pi t}{\tau}\end{aligned} \tag{2.21}$$

故时域冲激响应为

$$h(t)=\frac{1}{\tau}\operatorname{sinc}\frac{\pi t}{\tau} \tag{2.22}$$

最后，请注意，如果希望$h(t)$在$t=nT$时刻不改变样本值，增益应该为1。但是，式(2.22)中的$h(t)$有一个系数$1/\tau$，很明显，需要一个增益τ来实现这一点，因此，频域增益也是τ。

现在能够将这些想法扩展到更实际的脉冲(一个不会延伸到无限时间的脉冲)，同时保持周期过零特性，这对于避免一个脉冲干扰另一个脉冲至关重要，这种干扰称为码间干扰(Inter-Symbol Interference，ISI)。

图2.15显示了理想脉冲整形滤波器所需的时域响应(类似sinc函数，但衰减至零)，以及相应的频率响应。如果将时间响应逐渐减小到零，会得到更平滑的频率响应。在图2.15中，频率响应从A逐渐减小到B，这将产生一个类似sinc函数的时间函数，但不会扩展到无穷远。

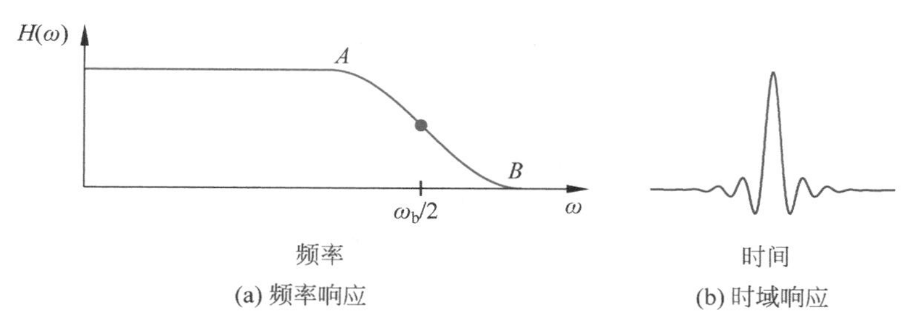

图 2.15　升余弦脉冲的频率响应和相应的时域响应脉冲波形

那么频率响应应该采取什么形式呢？需要定义频率响应，再使用傅里叶变换确定相应的时间函数。首先是对频率响应进行镜像处理，如图 2.16 所示，这样就将频率范围扩展到正负域，从而可以计算双边积分。

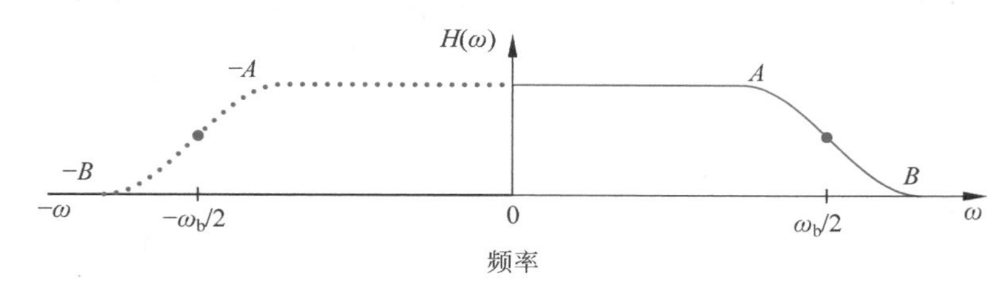

图 2.16　通过升余弦脉冲的频率响应以确定时域中所需的波形

为了解决时间响应逐渐变小的问题，通常引入滚降系数 $\beta(0<\beta<1)$，它本质上是一个“渐缩系数”。根据图 2.16，滚降以 $\omega_b/2=\pi/\tau$ 为中心。在 A 点，频率为 $(1-\beta)\omega_b/2=(1-\beta)\pi/\tau$。类似地，在 B 点，频率为 $(1+\beta)\omega_b/2=(1+\beta)\pi/\tau$。两者相差 $\Delta=2\pi\beta/\tau$。

在区域 $0\rightarrow A$ 中，增益为 1，所以 $H_{0A}(\omega)=1$。在区域 $A\rightarrow B$，使增益从 1 到 0 平滑减小，为了便于实现，采用 $1/2(1+\cos x)$ 的形式，其中 x 从 0 到 π。实际上，这只是一个“肩膀”滚降，使用了余弦函数。

接下来需要计算 $H_{AB}(\omega)$ 的精确形式。与 A 相关的频率为 $(\omega-A)$，并按 Δ 进行缩放，以获得从 0 到 1 的量。然后，乘以 π 得到一个适合余弦函数的范围。最后，+1 和 1/2 的缩放是因为需要函数值从 1 变到 0，而余弦函数在这个范围内是从 +1 到 −1，因此余弦部分为

$$\cos\left(\frac{\omega-A}{\Delta}\right)\pi=\cos(\omega-A)\frac{\pi}{\Delta} \tag{2.23}$$

由此得到的频率响应为

$$H_{AB}(\omega)=\frac{1}{2}\left[1+\cos(\omega-A)\frac{\pi}{\Delta}\right] \tag{2.24}$$

为了将其从频域转换到时域，需要进行傅里叶反变换，即

$$h(t)=\frac{1}{2\pi}\int_{-\infty}^{\infty}H(\omega)\,\mathrm{e}^{\mathrm{j}\omega t}\,\mathrm{d}\omega \tag{2.25}$$

为了计算这种特定情况下的傅里叶反变换，可以做一些简化。首先，响应函数关于纵轴对称，因此它是一个偶函数，傅里叶反变换可以简化为

$$h(t)=2\times\frac{1}{2\pi}\int_{0}^{\infty}H(\omega)\cos\omega t\,\mathrm{d}\omega$$

$$=\frac{1}{\pi}\int_{0}^{\infty}H(\omega)\cos\omega t\,\mathrm{d}\omega \tag{2.26}$$

对于 0 到 A 区域，$H(\omega)=1$，因此

$$\begin{aligned}h_{0A}(t)&=\frac{1}{\pi}\int_{0}^{A}1\cos\omega t\,\mathrm{d}\omega\\&=\frac{1}{\pi t}\sin\omega t\Big|_{\omega=0}^{\omega=A}\\&=\frac{1}{\pi t}\sin At\end{aligned} \tag{2.27}$$

对于 A 到 B 区域，$H(\omega)$是逐渐减小的余弦函数，因此

$$h_{AB}(t)=\frac{1}{\pi}\int_{A}^{B}\frac{1}{2}\left[1+\cos(\omega-A)\frac{\pi}{\Delta}\right]\cos\omega t\,\mathrm{d}\omega \tag{2.28}$$

结合这些积分，最终得到时域响应，必须按比例缩小 $1/\tau$，使时域增益为 1。频率响应的最终结果为

$$H(\omega)=\begin{cases}\tau, & 0\leqslant\omega\leqslant(1-\beta)\dfrac{\pi}{\tau}\\ \dfrac{\tau}{2}\left[1+\cos\left(\dfrac{\tau}{2\beta}\left(\omega-(1-\beta)\dfrac{\pi}{\tau}\right)\right)\right], & (1-\beta)\dfrac{\pi}{\tau}\leqslant\omega\leqslant(1+\beta)\dfrac{\pi}{\tau}\\ 0, & \omega\geqslant(1+\beta)\dfrac{\pi}{\tau}\end{cases} \tag{2.29}$$

对应的升余弦滤波器的时间响应为

$$h(t)=\frac{\cos\pi\beta t/\tau}{1-(2\beta t/\tau)^2}\operatorname{sinc}\left(\frac{\pi t}{\tau}\right) \tag{2.30}$$

其中，$\operatorname{sinc}(x)=\sin x/x$。时间和频率响应如图 2.17 所示，可以看到频域中更尖锐的截止（减小 β）导致时域中的函数更加剧烈地振荡。

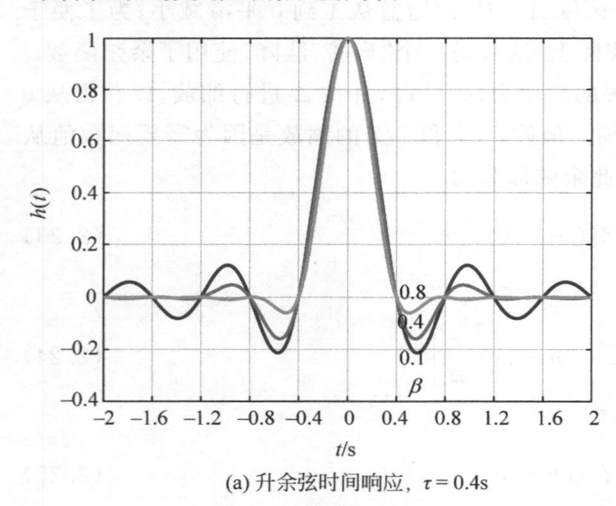

(a) 升余弦时间响应，τ = 0.4s

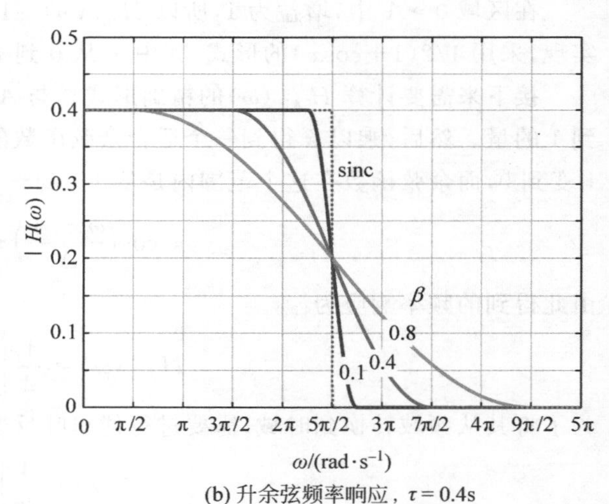

(b) 升余弦频率响应，τ = 0.4s

图 2.17 时域中升余弦脉冲参数的变化和相应的频率滚降

事实上，如果将 $\beta=0$ 代入，冲激响应将恢复为前面讨论的 sinc 函数。相反，当 β 接近 1 时，频率滚降要慢得多，时间脉冲衰减得更快，这允许设计者根据给定信道的带宽定制适当的时域响应。

2.4.3　线路编码和同步

通过铜缆或光缆传输数字数据流需要某种同步方法。发送方在某个时间输出电压或光强，并期望接收方能够推断出发送的是 1 还是 0，这又取决于以下几个因素。

(1) 光强(光纤传输)或电压水平(电缆传输)是否已经减弱或被噪声破坏。

(2) 接收端采样的精确性：从哪里开始采样输入的信号，以及比特之间的预期(实际)时间间隔。

本节将介绍一些常见的线路编码的工作原理，并非旨在对当前所有线路编码方法进行详尽的总结，而是概述关键要求以及如何用一些更为人熟知的方法解决这些问题。

图 2.18 说明了定时不正确时可能出现的一些问题——导致波形采样太早或太晚。在定时正确的情况下，接收机知道准确的采样时间。在如图 2.18 所示的定时滞后的情况下，仍然可以做出正确的判决，尽管这显然取决于所选择的中点阈值。类似地，在定时超前的情况下，采样点相对于阈值的相对位置可能导致错误的 0/1 判决。实际上，问题比这里指出的要严重得多，因为随着时间的推移和大量的比特传输，相对偏移只会变得更严重。例如，每比特间隔只有 0.1%的定时滞后可能看起来很小，但是在相同的误差累积超过 500b 之后，最后一个比特可能会出现 50%的定时误差。因此，迫切需要以某种方式来确认所做的定时决策是否正确。这样的系统还应该对极端情况具有鲁棒性，如全 1 或全 0 的长时间传输。接收机还需要确定波形上的哪些点是起始点，如果在二进制数据流的开头，定时位置就处于比特边缘，那么后续每个比特都可能被错误地接收。

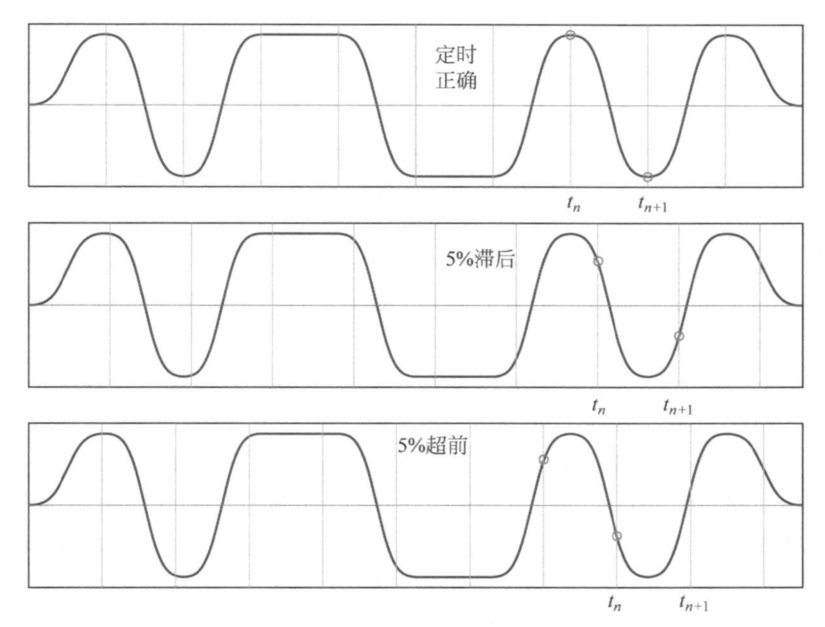

图 2.18　波形超前或滞后采样的影响

注：接收机的定时位置不正确，会导致采样时刻相对于发射机是错误的，得到不正确的采样值。

针对特定的传输媒介，还需要考虑其他因素。例如，以太网等布线常常捆绑在一起，会导致一对信号的电磁干扰影响其他信号对，称为串扰。靠提高电压电平(或功率)抵抗干扰通常不是一种好的选择，因为这种方法会给其他电缆对带来更大的干扰。

为了解决定时和同步问题，基带数据传输中经常采用线路编码(Line Code)方法。在基带传输中，数据被直接编码为一组幅度电平,而不是在正弦载波上调制。不同的线路编码适合不同的目的和操作考虑因素。线路编码方法如图 2.19 所示。双相符号编码(Biphase Mark Encoding)方法使用的编码规则是:在每个比特的开始位置总是存在极性反转,同时 0 编码无中间位转换,1 编码有中间位转换。这在物理布线反向时具有优势,因为由此产生的极性反转不会影响位判决。

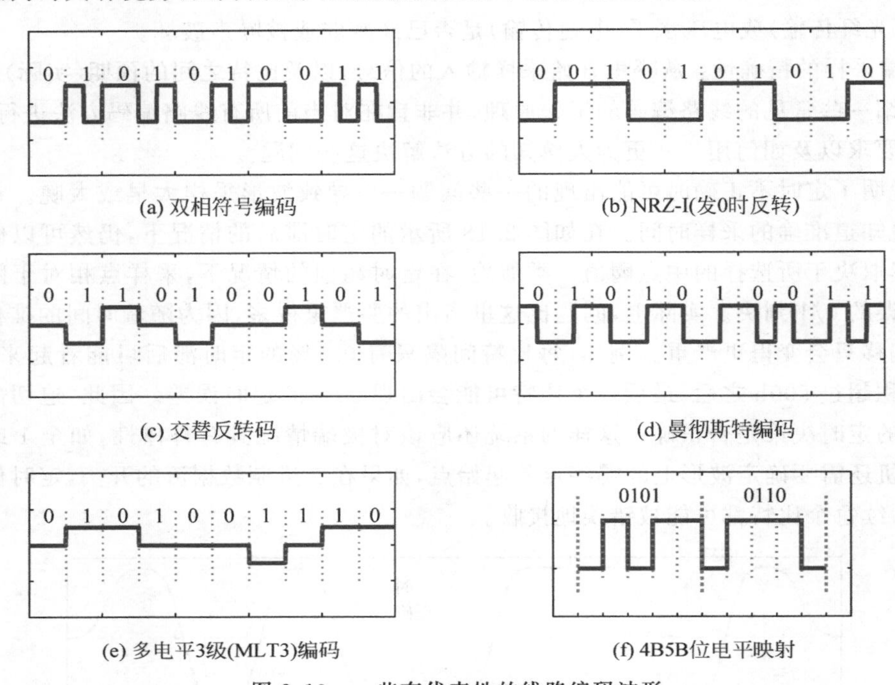

(a) 双相符号编码　(b) NRZ-I(发0时反转)

(c) 交替反转码　(d) 曼彻斯特编码

(e) 多电平3级(MLT3)编码　(f) 4B5B位电平映射

图 2.19　一些有代表性的线路编码波形

注:编码方法必须在最小带宽和接收机同步之间取得平衡,这里的 NRZ-I 约定发 0 时反转,通常在 USB 中使用。

两种相关的方法是不归零反相编码(Nonreturn to Zero-Inverse,NRZ-I)和交替反转码(Alternate Mark Inversion, AMI)。NRZ-I 在发 0 时反转波形,当然也可以定义为发 1 时反转。AMI 需要 3 个不同的电平,并且 AMI 编码规定每个 1 比特相对于前一个 1 比特的电平反转,这样做可以更容易地检测到违反编码规则的情况,即不应该出现两个连续的正脉冲,也不应该出现两个连续的负脉冲。

曼彻斯特编码(Manchester Encoding)是一种广泛应用于速率为 10Mbps[①] 以太网非屏蔽双绞线(Unshielded Twisted,UTP)中的编码方法,它属于双相编码方法的范畴,本质上是一种相位调制。对于 10Mbps 的有线以太网,每个比特(或定时间隔)的编码规则是:比特 0 编码为从高电平到低电平(H→L)的跳变,比特 1 编码为低电平到高电平(L→H)的跳变。当然,这种规定也可以反过来,通常只给出其中一种定义。Forster(2000)讨论了可能出现的混淆。在实际应用中,发射和接收电缆采用差分电压传输,从而获得更强的抗噪能力,因为任何外部噪声耦合到一对导线中会同时影响这两根线,其结果是差值基本不受影响。

采用廉价的 UTP 布线的以太网有许多缺点。铜缆的相互缠绕以及在给定长度内缠绕的次数,对噪声抑制非常重要。UTP 以太网电缆根据其类别或 CAT 编号进行分类。例如,CAT-3 的带宽为 16MHz,而 CAT-5 的带宽扩展到了 100MHz。在 UTP 铜缆上最常见的以太网规格分别是 10Base-T 和

① bps 意为 bit per second,即“比特每秒”。

100Base-TX，速率分别为10Mbps和100Mbps。

因为布线必须适应必要的带宽，所以给定调制方案的频谱也很重要。此外，在传输高频信号时，传输线会变成天线辐射功率。如果比特1只对应一个正电压，比特0只对应一个负电压，那么线路上出现的最高频率将来自交替的比特流(101010…)。长串的1(或0)可能会使接收机错过一个或多个位间隔，从而导致错误的判决。在10Mbps曼彻斯特编码中，可以看到在每个比特的中间有一个电压跳变。此外，跳变的方向明确地将比特位定义为0或1，这解决了正确解码和正确同步的问题。然而，这种编码规则意味着在10MHz频率时的辐射功率可能很大。

图2.20显示了随机二进制长数据序列采用这些编码方法产生的频谱。最坏的频率场景来自交替的1/0序列，在比特率的一半处有一个强分量，后面的谐波幅度逐渐较小。为了将比特率增加到100Mbps(如以太网中所使用的)，仅采用这些编码是不可能的，除非使用带宽更宽的电缆，并且在100MHz附近还有辐射。因此，需要采用两种编码方法的结合。首先，采用一种称为MLT3的多电平方案[见图2.19(e)]，使用3个电压电平，其原理是：发0时无电压变化，发1时强制转换到下一个电压电平(依次为$-A$，0和$+A$，其中A是电平幅度)。

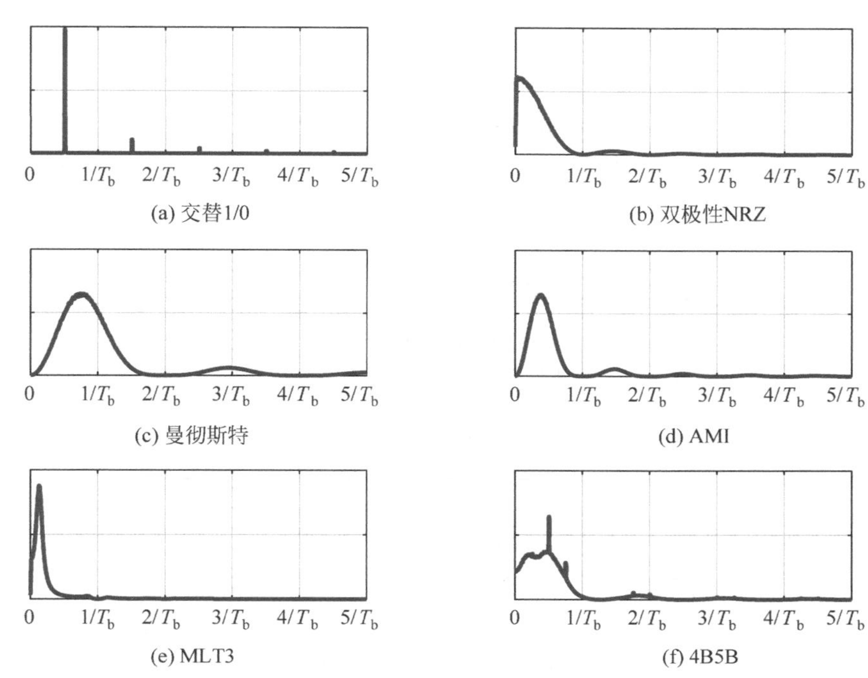

图2.20 一些常见线路码的频谱

注：图中所示的交替1/0频谱仅供参考，它的主要频谱成分在比特率对应频率的一半处，离散谐波的功率电平依次降低。

这种编码的优点是减少了频率成分，因为发0时不需要任何电压跳变。糟糕的情况是连续输入1，将导致电压波形为0，+1，0，−1，0，…这实际上是输入比特率的1/4。对于100Mbps的输入速率，这种方案将产生25MHz的基频，可能导致接收器失去同步。这个问题可以通过使用4B5B的后续编码方法来解决。4B5B编码是将每个块的4个输入位编码为5个输出位，以便仔细选择输出位来进行优化，然后将25MHz的最坏情况略微上调至25×(5/4)=31.25MHz。千兆以太网必须进一步突破这些限制，它使用四对线，采用五电平幅度编码，称为PAM5(脉冲幅度调制，4+1电平)。4个电平允许一次编码2b(00，01，10，11)，然后通过使用外推版本的4B5B(称为8B10B)实现同步。

实际采样波形如图 2.21 所示。10Mbps 的信号使用差分电压传输的曼彻斯特编码：当 V^+ 电压增大时，V^- 电压以镜像方式减小。100Mbps 以太网波形采用了 MLT3 编码，具有 3 个不同电压电平，波形的平滑体现了相对于理论波形的失真。

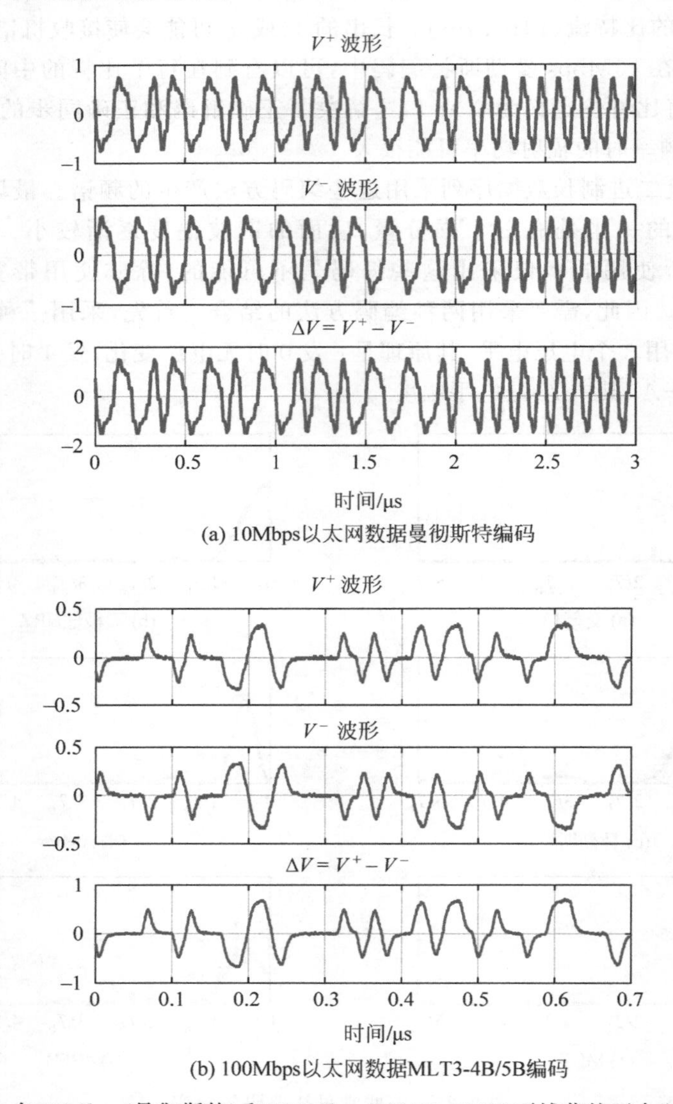

图 2.21 在 10Mbps(曼彻斯特)和 100Mbps(MLT3-4B5B)下捕获的两个以太网波形

2.4.4 扰码和同步

在数字传输的应用中，需要使用二进制数据的扰码。由于终端用户可以在给定的时间间隔内发送任意数据，或者实际上根本没有数据，因此必须发送连续的 1 或 0 比特流，或者重复发送特定的数据。从多个角度来看，这是不可取的，因为恒定值会使接收机的同步更加困难，直流电压可能会在传输线路上产生漂移，也可能会在某些特定频率范围引起附近电缆的射频干扰(Radio-Frequency Interference，RFI)。

位扰码器有助于减小这些问题的影响，它们被广泛使用的原因与 2.4.3 节描述的线路编码类似。尽管线路编码比二进制数字(一对多的映射)引入了更多的电压电平，但是在二进制序列上使用扰码器是一对一的映射(输出位数通常等于输入位数)。当然，还需要一个匹配的解扰码器。需要指出的是，在这种意义上的扰码并不会对数据本身产生任何加密，尽管类似的电路结构出现在数据扰码器和各种类型的数字加密系统中。

图 2.22 描述了一个简单的扰码器。它由一组一位存储元件 D 组成移位寄存器。然后，这些比特位被有选择地反馈到异或(Exclusive OR，XOR)门，具体的位选择由连接寄存器 C 确定。在寄存器 C 的各比特位中，取 1 表示异或计算中使用来自 D 的位，取 0 表示不使用 D 中相应的位。在每一个时钟时刻，移位寄存器形成一个新的二进制数 $D_3D_2D_1D_0$，反馈回来的最左边的位由图 2.22 所示的异或运算形成。如果异或门的两个输入位不相同，则输出为 1；如果相同，则输出为 0。

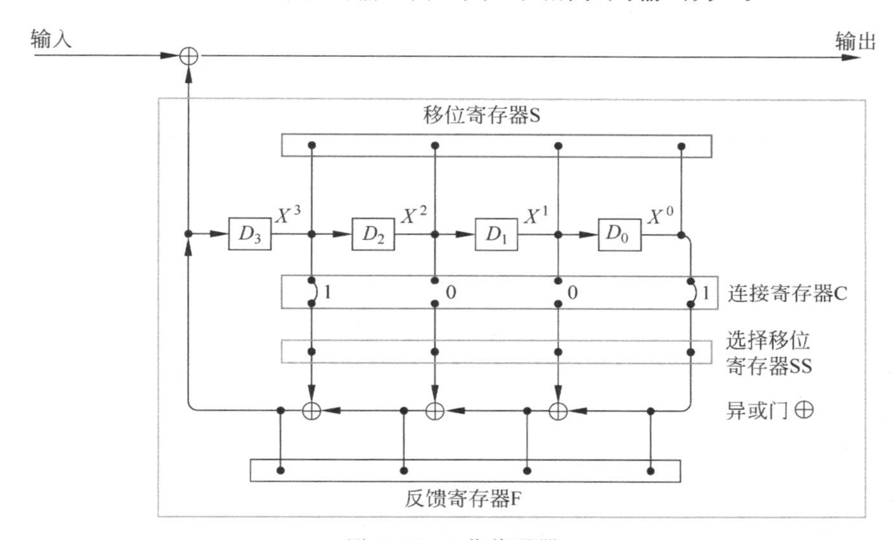

图 2.22　4 位扰码器

注：每个块的操作如图 2.23 所示，如果任意一个输入(但不是两个)为 1，则异或(XOR)运算(⊕)输出为 1。实际应用中使用的位比图示更多。

这形成了一个伪随机数模式，称为伪噪声(Pseudo-Noise，PN)序列。该序列不是真正随机的，因为它在很多个(一般是很大的)移位时钟脉冲之后重复。反馈位本身(F 的最左位)形成一个伪随机二进制序列(Pseudo-Random Binary Sequence，PRBS)。

图 2.23 以寄存器 R_n 中包含的 4 位示意值为例，说明了所需的反转、移位、与、或和异或运算。R_n 最右边的位是最低有效位(Least Significant Bit，LSB)，R_n 最左边的位是最高有效位(Most Significant Bit，MSB)。移位运算符每一步将每个位向左(或向右)移动(移位)一个位置，这由同步时钟控制。反转运算符将 0 转换为 1，将 1 转换为 0。逻辑与运算符只有在两个输入都为 1 时才会输出为 1，否则输出为 0。如果输入中的一个(或两个)为 1，那么逻辑或运算符输出为 1，否则输出为 0。如果任一输入(但不是两个)为 1，则异或运算输出为 1。

利用这些定义和 4 位扰码器的示意图，可以建立控制移位和反馈阶段的方程。再回到图 2.22，可以将用于选择特定位位置的掩码寄存器 M、移位反馈 SS 以及从最低有效位(LSB)开始的反馈本身定义为

$$\begin{array}{lll} R_0 & & 1000 \\ R_1 & = \overrightarrow{R_0} & 0100 \\ R_2 & = \overrightarrow{R_1} & 0010 \\ R_3 & = \overrightarrow{R_2} & 0001 \end{array}$$

右移

$$\begin{array}{lll} R_0 & & 0001 \\ R_1 & = \overleftarrow{R_0} & 0010 \\ R_2 & = \overleftarrow{R_1} & 0100 \\ R_3 & = \overleftarrow{R_2} & 1000 \end{array}$$

左移

$$\begin{array}{ll} R_0 & 1001 \\ \hline \overline{R_0} & 0110 \end{array}$$

反转(非)

$$\begin{array}{ll} R_0 & 1001 \\ R_1 & 0101 \\ \hline R_0 \cdot R_1 & 0001 \end{array}$$

逻辑与

$$\begin{array}{ll} R_0 & 1001 \\ R_1 & 0101 \\ \hline R_0 | R_1 & 1101 \end{array}$$

逻辑或

$$\begin{array}{ll} R_0 & 1001 \\ R_1 & 0101 \\ \hline R_0 \oplus R_1 & 1100 \end{array}$$

逻辑异或

图 2.23　实现扰码器所需的二进制操作(注意各种不同情况下使用的数学运算符)

$$\begin{aligned} \mathrm{M} &= 0001 \\ \mathrm{SS} &= \mathrm{S} \cdot \mathrm{C} \\ \mathrm{F} &= \mathrm{SS} \cdot \mathrm{M} \end{aligned}$$

对于一个给定的移位,必须计算最左边的反馈位。为此,从右往左移动掩码 M,并对反馈位进行异或运算形成输出位。

$$\begin{aligned} \mathrm{M} &= \overleftarrow{\mathrm{M}} \\ \mathrm{SS} &= \mathrm{S} \cdot \mathrm{C} \\ \mathrm{F} &= \mathrm{F} \mid [(\overleftarrow{\mathrm{F}} \oplus \mathrm{SS}) \cdot \mathrm{M}] \\ \mathrm{S} &= \overleftarrow{\mathrm{S}} \end{aligned}$$

输出序列如图 2.24 所示。然后,输入数据与反馈 PRBS 输出位进行异或,形成到下一传输级的最终输出。

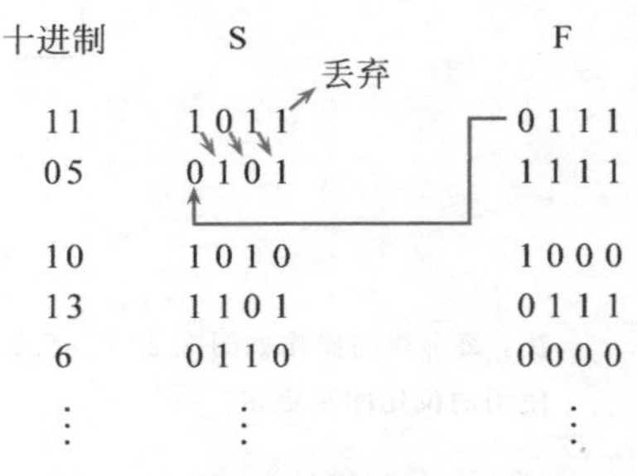

图 2.24　反馈寄存器的分步操作

扰码器可以用软件来实现,但是比直接在硬件中实现更冗长。为了帮助理解整个操作,下面的代码展示了如何创建一个简单的 B 位反馈移位寄存器,直接实现了前面给出的方程。uint8 数据类型形成一个 8b 整数,对于这个简单的 4 位示例(没有使用高 4 位)就足够了。使用 bitshift(reg,1)左移一位,使用 bitshift(reg,−1)右移一位。函数 bitand()、bitor()和 bitxor()分别执行与、或和异或运算。

```
B = 4; % 移位寄存器位数
sregin = uint8(11);                  % 移位寄存器种子,十进制 11,即二进制 1011
creg = uint8(09);                    % 连接寄存器,十进制 9,即二进制 1001
MSBmask = uint8(08);                 % 二进制 1000
LSBmask = uint8(01);                 % 二进制 0001

sreg = uint8(sregin);
fprintf(1, 'start: sreg = %s (%d)\n', dec2bin(sreg, B), sreg);

ssave = [];
NS = 20;

for t = 1:NS
```

```
        ssave = [ssave sreg];

        % 选择移位寄存器最右边的位
        M = LSBmask;
        ssreg = bitand( bitand(sreg, creg), M);
        freg = ssreg;

        for b = 2:B
            M = bitshift(M, 1);
            ssreg = bitand(sreg, creg);

            tmpreg = bitxor( bitshift(freg,1), ssreg );
            tmpreg = bitand(tmpreg, M);

            freg = bitor(freg, tmpreg);
        end

        % 主移位寄存器右移,在 MSBmask 指示的位上进行 OR 运算
        sreg = bitor(bitshift(sreg, -1), bitand(freg, MSBmask));

        fprintf(1, 'after: sreg = %s (%d)\n', dec2bin(sreg, B), sreg);
    end
    fprintf(1, 'Sequence: (%d terms) ', NS);
    fprintf(1, 'seed %s connection %s\n', dec2bin(sregin, B), dec2bin(creg, B));
    fprintf(1, '%d ', ssave);
    fprintf(1, '\n');
```

解扰码器可以用完全相同的方法实现。首先构造反馈移位寄存器，具有相同的反馈抽头，并同时开始相同的副本，将在寄存器 S 和反馈位 F 中产生相同的值序列。此外，重复第二次异或运算(这一次是扰码的位流与接收机的 F 寄存器 MSB 进行异或)，将按顺序恢复原始位值。

移位寄存器 S 必须用起始点或种子初始化。对于二进制种子 1011 和二进制连接矢量 1001，产生的序列为

11 5 10 13 6 3 9 4 2 1 8 12 14 15 7 11 5 10 13 6 …

请注意：一段时间后序列会重复出现。为了说明这一点，使用相同的连接并将起始种子更改为 0110，发现生成的序列为

6 3 9 4 2 1 8 12 14 15 7 11 5 10 13 6 3 9 4 2 …

这是一个具有不同起始点的相同序列，这一事实对于发射机和接收机的同步非常重要。

同步问题是非常重要的，鉴于上述情况，发射机和接收机需要有相同的起始点并且从相同的位开始。如图 2.25 所示，如果初始种子加载不正确，则会产生如图 2.26(a)所示的二进制输出结果，由于数据位不断被错误地解扰码，这种情况无法校正。然而，如果种子是正确的，即使在传输路径发生一连串错误，如图 2.26(b)所示，当错误在系统中传播过去后，解码的比特流能够正确恢复出来。

图 2.27 显示了一个有趣的变化，称为自同步扰码器(Self-Synchronizing Scrambler)。唯一真正的变化是改变了反馈路径，使移位寄存器的输入来自输出比特流，而不是移位寄存器本身。使用图 2.28 所示的解扰码器(本质上与扰码器相同)会产生一些有趣的结果。如图 2.29 所示，即使从错误的种子开始，输出也会很快锁定到正确的序列。实际上，通过移位寄存器传播后，不正确的数据会被移出系统。但是，该方案有一个缺点，就是错误比非自同步方案传播得更远。

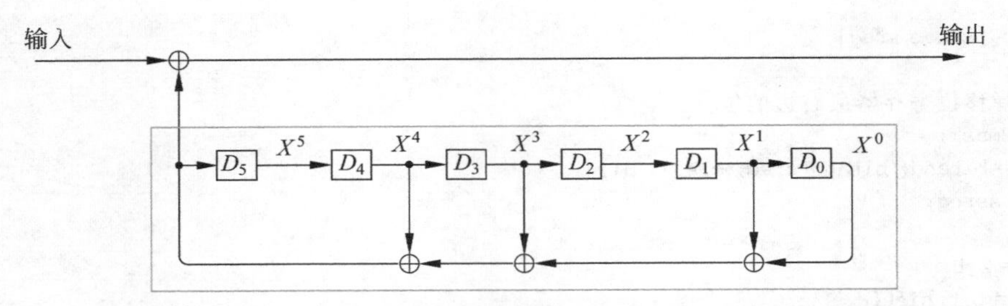

图 2.25　基于反馈移位寄存器的稍长扰码器(解扰码器完全相同)

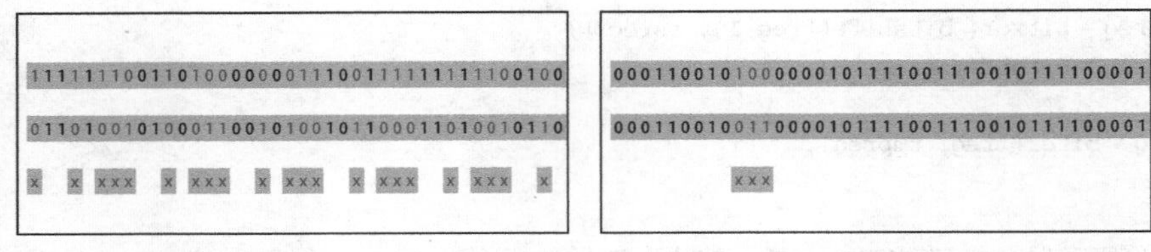

(a) 初始种子错误　　(b) 短传输突发错误

图 2.26　反馈移位寄存器扰码器序列错误

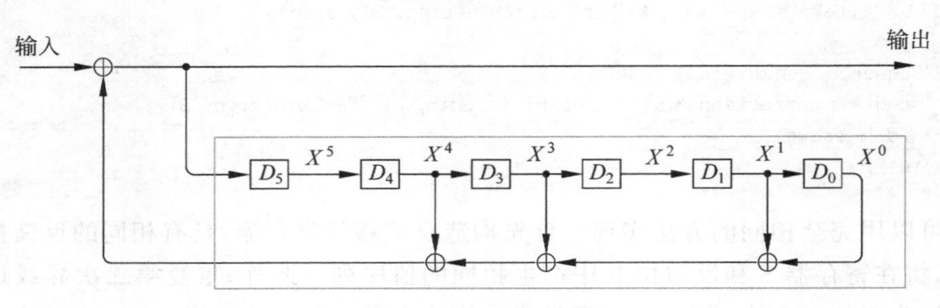

图 2.27　自同步扰码器

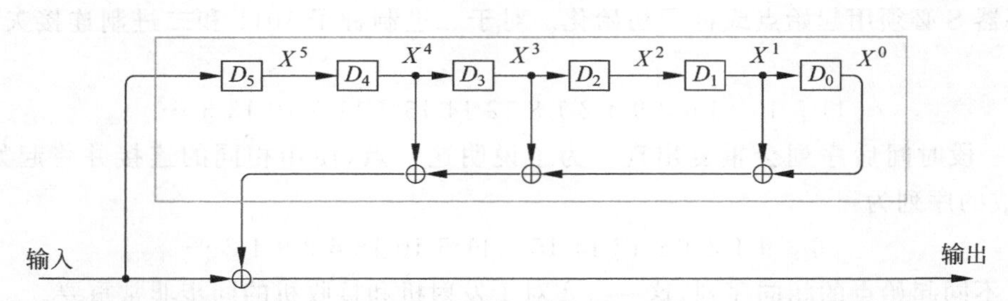

图 2.28　自同步解扰码器(遵循与自同步扰码器类似的布局)

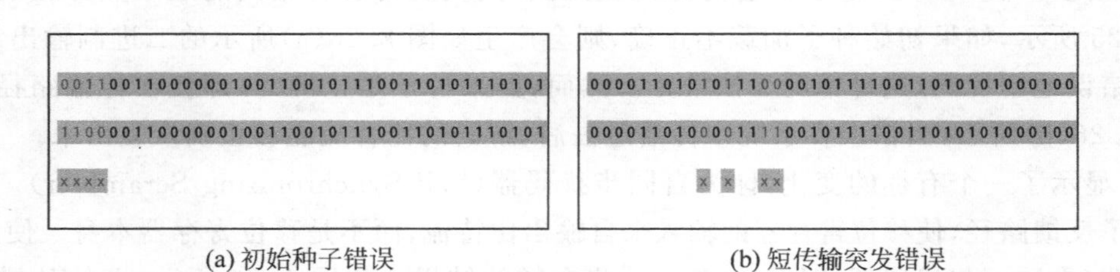

(a) 初始种子错误　　(b) 短传输突发错误

图 2.29　自同步扰码器错误

很明显，每种方案都有优缺点。在这两种情况下，必须仔细选择反馈抽头；否则，该序列将在短时间后重复。正确选择移位寄存器中给定位置的反馈抽头将产生所谓的最大长度序列（Maximal-Length Sequence）。

2.4.5 脉冲反射

由1和0组成的数字数据通过一组幅度电平进行传输。本节将研究当脉冲被发送到长电缆时会发生什么。发出的电压脉冲可能会被反射回来，从而破坏向前传播的波形。通过遵循一些简单的准则，可以消除或至少大大缓解这个问题。这对于设计可靠、高速的数据通信系统非常重要。除了简单的反向之外，这种处理只考虑不改变输入相位的终端阻抗。这意味着阻抗是纯电阻，与输入脉冲频率无关。

图2.30给出了一个实验装置，用于帮助解释线路反射原理。实验装置有一个电压源，该电压源能够提供持续一段时间的正电压脉冲。注意，该模型包括串联电阻 Z_s，它的值非常重要。

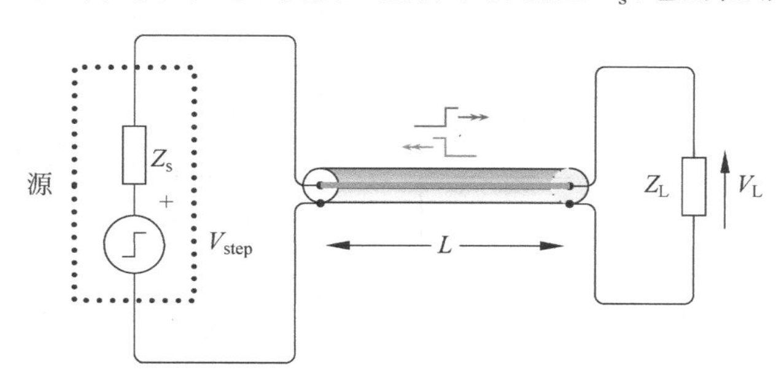

图2.30　在传输线上进行反射测试的实验装置

为了确定一些实际参数，实验采用一种长度 $L=30\text{m}$ 的普通同轴电缆 RG-58U。选择合适的长度，使传播时间是可测量的。在射频（Radio Frequency，RF）中，假定电缆的特征阻抗与实际频率无关，通常用 Z_0 表示。RG-58U 电缆的特征阻抗 $Z_0=50\Omega$，电缆的物理结构使传播速度约为 $2\times10^8\text{m/s}$（约为光速的2/3），源阻抗设为 $Z_s=50\Omega$，目的是改变负载阻抗 Z_L，以观察对脉冲传播的影响。

考虑两种极端情况：电缆终端负载短路和开路，分别对应 $Z_L=0$ 和 $Z_L=\infty$。图2.31显示了每种情况的理论结果，包括前向脉冲和反射脉冲，这有助于理解物理系统。当然，在真正的电缆中，不可能单独测量这些脉冲，只能测量两者之和。

输入脉冲的幅度为2V，持续时间为500ns（从 $t=100\text{ns}$ 到 $t=600\text{ns}$），选择的时间比从电缆一端传输到另一端并返回的预期传播时间长。最初，当脉冲上升时，可以看到由源阻抗和电缆阻抗组成的分压器，因为它们相等，所以只测量输入电压阶跃的一半，即2V输入脉冲只产生1V的响应。

首先考虑负载短路情况，$Z_L=0$，如图2.31(a)所示。由于速度 v 等于距离除以时间（即 $v=d/t$），因此在电缆上所需的传输时间为 $t=d/v=30/(2\times10^8)=150\text{ns}$。这是一个单程时间，即脉冲前沿从源到负载终端所需的时间。由于电压是在源处测量的，因此反射脉冲的边缘在300ns之后出现。正向上升从 $t=100\text{ns}$ 开始，反射发生在 $t=100+300=400\text{ns}$。注意，反射脉冲是返回到源的负脉冲。

在源处测量的结果是电压先上升再下降。在这种情况下，前向电压等于反射电压，它们抵消了一段时间，最终结果为零，但这只存在于一定的时间内。当输入脉冲被移走，并且反射脉冲仍然在返回时，在电缆输入端会测量到一个负电压。

对于图2.31(b)所示的开路情况，考虑时序因素是相似的，但是反射电压是正的。正反射的结果是在前向脉冲和反射脉冲叠加的时间内，电缆输入端的测量电压上升到输入电压的两倍。

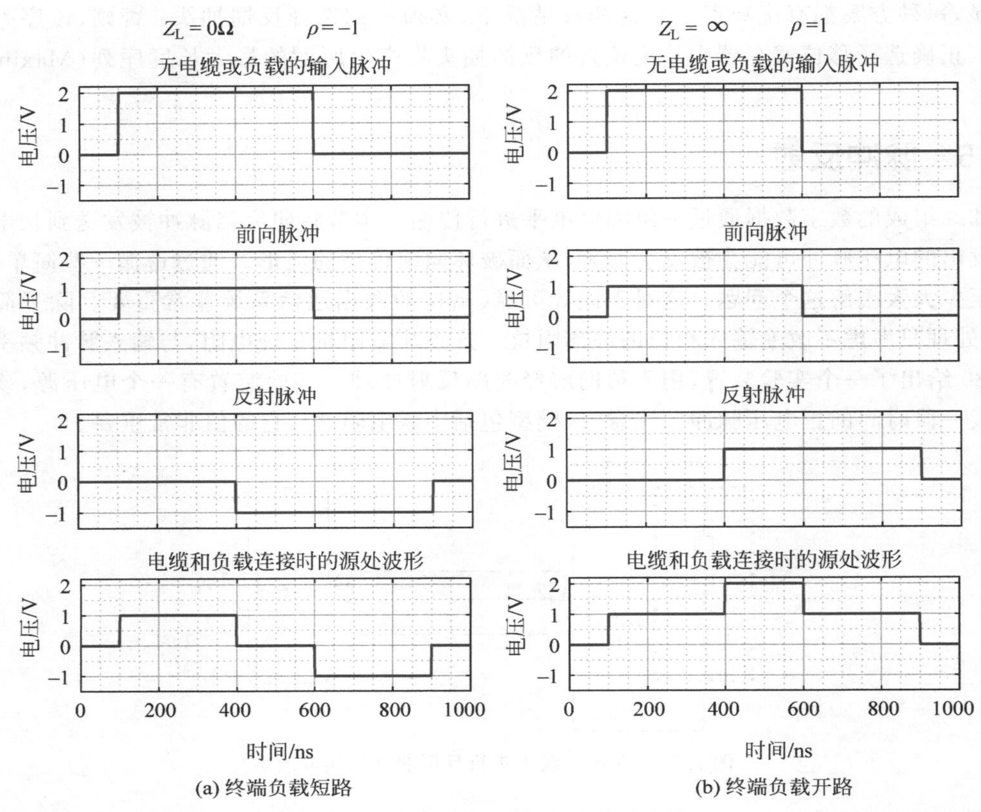

图 2.31 终端负载短路和开路的脉冲反射

注：电缆长度为 30m，反射系数 ρ 决定了电缆末端反射量与入射波的比例。

反射量由终端阻抗和传输线阻抗共同决定，其原理如图 2.32 所示，其中长传输线阻抗为 Z_o，终端负载阻抗为 Z_L。在开关被合上的瞬间，电流脉冲将通过导线，产生一个可测量的电压。此时，时间间隔非常短(纳秒量级或更短)，传输线路相对较长(米量级或更长)。根据标准的直流或稳态交流分析，显然只是将电路看作一个分压器，可得输出电压为 $V_{out}=Z_L/(Z_L+Z_o)V_{in}$。但是在达到稳态条件之前会发生什么呢？当前脉冲必须行进一定距离，从而产生一个沿线路传输的可测量电压脉冲。

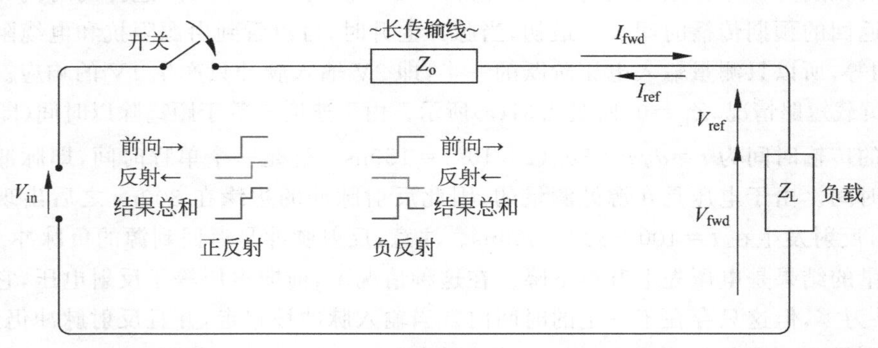

图 2.32 一条长传输线开关合上瞬间的波形

当脉冲到达终端时，一些能量可能被反射回源。如果是正脉冲被反射回来，那么前向和反射波形的总和产生两步上升，如图 2.32 所示。如果是负脉冲被反射回来，那么得到的波形由正脉冲和负脉冲组成。前向脉冲和反射脉冲之间的时间间隔由传播时间决定。

是什么决定了反射脉冲是正的还是负的呢？在开关接通的瞬间，前向电压和电流的关系为

$$V_{\mathrm{fwd}} = I_{\mathrm{fwd}} Z_{\mathrm{o}} \tag{2.31}$$

反射电压和电流的关系为

$$V_{\mathrm{fwd}} + V_{\mathrm{ref}} = (I_{\mathrm{fwd}} - I_{\mathrm{ref}}) Z_{\mathrm{L}} \tag{2.32}$$

注意电流的负号，因为它是沿反方向流动的，如图 2.32 所示。可知负载阻抗为

$$\begin{aligned} Z_{\mathrm{L}} &= \frac{V_{\mathrm{fwd}} + V_{\mathrm{ref}}}{I_{\mathrm{fwd}} - I_{\mathrm{ref}}} \\ &= \frac{V_{\mathrm{fwd}}(1 + V_{\mathrm{ref}}/V_{\mathrm{fwd}})}{I_{\mathrm{fwd}}(1 - I_{\mathrm{ref}}/I_{\mathrm{fwd}})} \\ &= \left(\frac{V_{\mathrm{ref}}}{I_{\mathrm{fwd}}}\right)\left(\frac{1 + V_{\mathrm{ref}}/V_{\mathrm{fwd}}}{1 - I_{\mathrm{ref}}/I_{\mathrm{fwd}}}\right) \end{aligned} \tag{2.33}$$

反射系数(Reflection Coefficient)ρ 定义为反射与前向电压(或电流)的比值，即

$$\begin{aligned} \rho &= \frac{V_{\mathrm{ref}}}{V_{\mathrm{fwd}}} \\ &= \frac{I_{\mathrm{ref}}}{I_{\mathrm{fwd}}} \end{aligned} \tag{2.34}$$

将式(2.34)中的 ρ 和式(2.31)中的 Z_{o} 代入式(2.33)，则负载阻抗可以表示为

$$Z_{\mathrm{L}} = Z_{\mathrm{o}}\left(\frac{1+\rho}{1-\rho}\right)$$

进行代数变换得到

$$\rho = \frac{Z_{\mathrm{L}} - Z_{\mathrm{o}}}{Z_{\mathrm{L}} + Z_{\mathrm{o}}} \tag{2.35}$$

这个结果非常重要，它将传输线的反射量与终端阻抗联系起来，于是反射量可以被精确计算出来。

在工程中使用式(2.35)，可以解释图 2.31 所示的结果。回到 $Z_{\mathrm{L}} = 0\Omega$ 的短路情况，可得

$$\begin{aligned} V_{\mathrm{ref}} &= \left(\frac{0-50}{0+50}\right) V_{\mathrm{fwd}} \\ &= -1 \times V_{\mathrm{fwd}} \end{aligned} \tag{2.36}$$

这也解释了为什么当反射脉冲到达源处时，最终结果为零——两个电压正好抵消。对于开路情况，$Z_{\mathrm{L}} = \infty$，可得

$$\begin{aligned} V_{\mathrm{ref}} &= \left(\frac{\infty - 50}{\infty + 50}\right) V_{\mathrm{fwd}} \\ &= \left(\frac{1 - 50/\infty}{1 + 50/\infty}\right) V_{\mathrm{fwd}} \\ &= +1 \times V_{\mathrm{fwd}} \end{aligned} \tag{2.37}$$

导致反射脉冲返回时电压达到峰值。

现在考虑另外两种情况，如图 2.33 所示。在 $Z_{\mathrm{L}} = 25\Omega$ 的情况下，负载阻抗是特征阻抗的 1/2，反

射电压为

$$V_{\text{ref}}=\left(\frac{25-50}{25+50}\right)V_{\text{fwd}}$$

$$=\frac{-1}{3}\times V_{\text{fwd}} \tag{2.38}$$

因此，反射系数为$-1/3$，所以幅度的1/3被反射回来，但极性相反。在$Z_{\text{L}}=100\Omega$的情况下，负载阻抗是特征阻抗的2倍，经过类似的计算，反射电压为

$$V_{\text{ref}}=\left(\frac{100-50}{100+50}\right)V_{\text{fwd}}$$

$$=\frac{+1}{3}\times V_{\text{fwd}} \tag{2.39}$$

此时，反射系数为$+1/3$。与式(2.38)相比，比例是相同的，但极性是相反的。

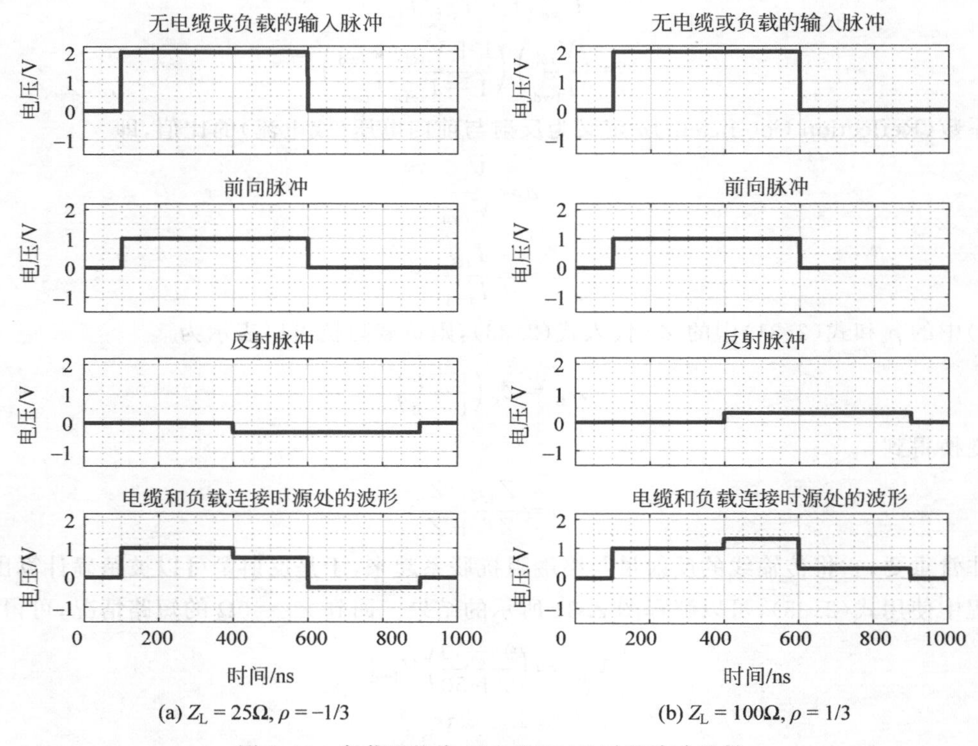

图2.33　负载阻抗为25Ω和100Ω时的脉冲反射

对于每种情况，都有一个反射。这就得出了一个有趣的推论：如果可以消除反射，则前向脉冲能够持续而不发生改变。但是，怎样才能实现零反射呢？如果负载阻抗等于电缆阻抗，即$Z_{\text{L}}=Z_{\text{o}}$，计算结果为

$$V_{\text{ref}}=\left(\frac{50-50}{50+50}\right)V_{\text{fwd}}$$

$$=0\times V_{\text{fwd}} \tag{2.40}$$

这就达到了理想的情况，反射为零，因此没有失真。

那么这个模型在真实情况下是怎样的呢？图2.34测量了驱动15m长电缆的源电压，并显示了驱

动源脉冲。以负载短路为例，电压峰值存在于 $t=200\text{ns}$ 到 $t=350\text{ns}$，共 150ns。由于 $v=d/t$，单程时间为 $t=d/v=15/(2\times10^8)=75\text{ns}$。

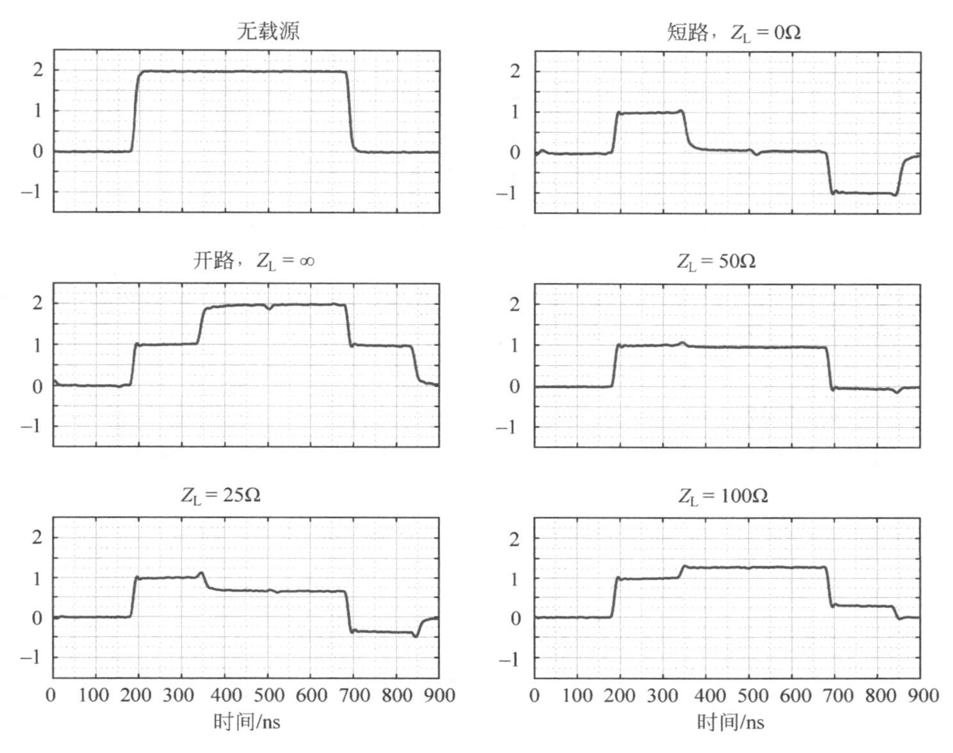

图 2.34 驱动 15m 长电缆的源电压脉冲($Z_s=50\Omega, Z_o=50\Omega$)

当输入电压阶跃消失时，在源处观察到电压下降甚至可能变为负值。其他情况($Z_L=0, Z_L=\infty, Z_L=Z_o, Z_L=Z_o/2, Z_L=2Z_o$)也可以用前面模拟情况的理论来解释。当然，不同之处在于，实际情况中无法从物理上分离前向脉冲和反射脉冲，因为它们在传输线上同时存在。此外，在真实的实验中可能会观察到一些缺陷：上升速度不是无限快，当然阻抗也不完全匹配，只是尽可能接近。

可以合理地假设，当反射脉冲返回到源时，这种反射可能会再次发生。这就是为什么源阻抗和负载阻抗都必须与电缆阻抗相匹配。

2.4.6 传输线的特征阻抗

传输线(无论是双绞线、同轴电缆还是其他电缆)对通过它的电流都呈现一定的阻抗。如 2.4.5 节所述，该阻抗可以用来计算波形的反射量，如果想把最大功率从源传输到负载，这又是一个非常重要的量。如何确定传输线的阻抗呢？这似乎取决于传输线的长度。但实际上，令人意想不到的结论是，阻抗在很大程度上与长度无关。

为了推导传输线模型，参考图 2.35 的电路模型，其中存在一个输入，它通过线路连接到负载阻抗 Z_o 时，会“看到”某个阻抗。在图 2.35 中，我们考虑了传输线的几个特征参数。由于传输线是一长段平行导体，会存在一定的并联电容，用 C_p 表示；由于任何传输线都有电感，使用串联电感 L_s 表示；还会有一个小的串联电阻，表示电流路径中的损耗；用 R_s 表示；最后，导线之间可能存在非常小的电导，用并联电阻 R_p 表示。在实践中，串联电阻可能非常小，因此可以忽略它(相当于 $R_s=0$)，并联电导也会很小，相当于非常高的并联电阻，理想情况下为无穷大($R_p=\infty$)，也可以忽略。

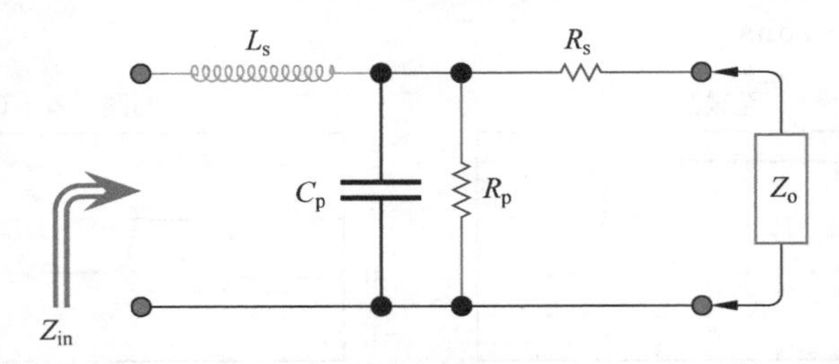

图 2.35 短电缆的电气模型(由串联电感和电阻以及并联电容和电阻组成)

剩下的电感和电容虽然很小，但在较高频率下不能忽略，它们的比值是很重要的，因为是一个比值，在数学上不能忽略任何一个量。电感限制了线路中电流的变化率 di/dt，而电容则限制了电压的变化率 dv/dt。

通常情况下，电感的阻抗为 $\omega L=2\pi fL$，电容的阻抗为 $1/\omega C=1/2\pi fC$，显然都与频率有关。因此，如果忽略串联电阻和并联电阻(分别为零和无穷大)，就得到了如图 2.36 所示的简化模型。真实的电缆可以建模为许多这样的电缆连接在一起，如图 2.37 所示。当然，究竟有多少段，需要具体问题具体分析。

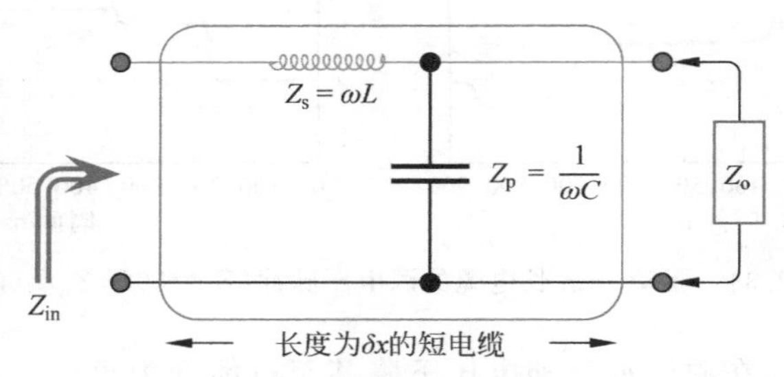

图 2.36 电缆阻抗的简化情况

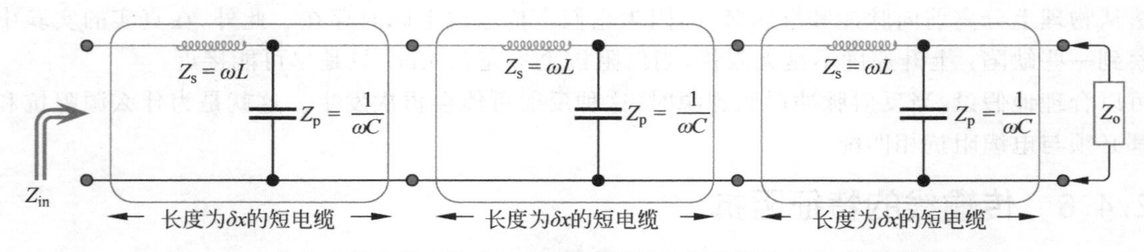

图 2.37 将几个短电缆串联在一起(其中每段电缆分别使用电感/电容模型)

假设没有并联电容，只有串联电感，如图 2.38(a)所示，那么随着线路越来越长，阻抗会越来越大。但是，如果假设没有串联电感，只有并联电容，如图 2.38(b)所示，那么随着线路越来越长，越来越多的电流被分流回来，阻抗将越来越小。所以，串联电感和并联电容在实际情况中往往会互相抵消。

由于传输线的长度是任意的，需要用单位长度的值来替换电感和电容的实际值，分别为 L H/m 和 CF/m。对于长度为 δx 的短电缆，串联和并联阻抗分别为 $Z_s=\omega L\delta x$ 和 $Z_p=1/\omega C\delta x$。

从左侧看以 Z_o 为终端的传输线，可以看到阻抗 Z_s、Z_p 和 Z_o 的串/并联组合。由于希望将其“视为”特征阻抗 Z_o，因此可以将 Z_o 等价为串/并联组合

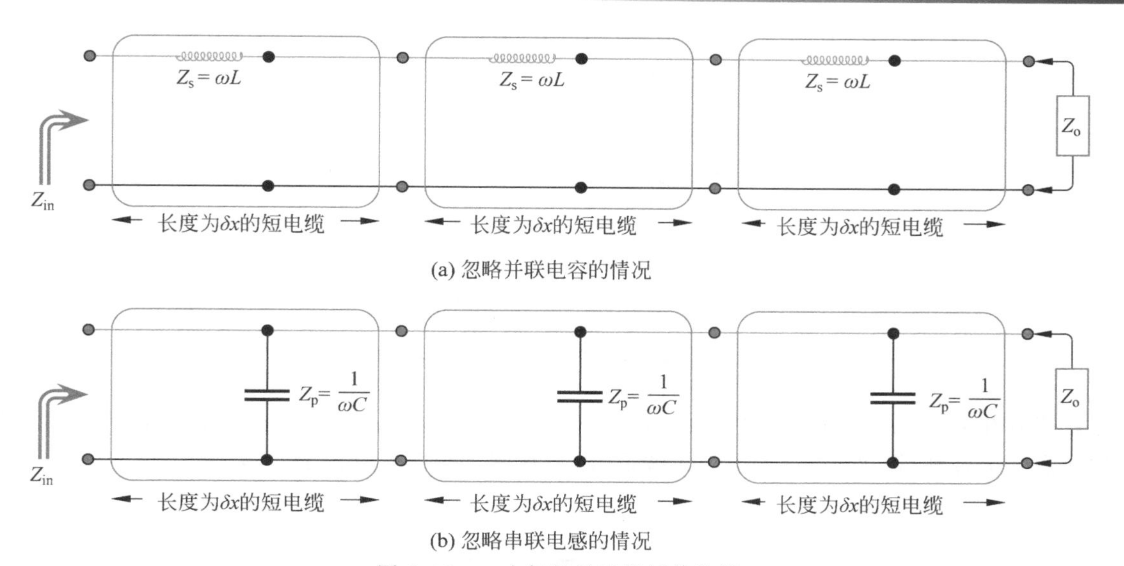

图 2.38　一个假想的无损耗传输线

注：假设没有并联电容，只有串联电感，那么串联电感就会累加起来；假设没有串联电感，只有并联电容，那么并联电容就会累加起来。

$$Z_o = Z_s + \left(\frac{Z_p Z_o}{Z_p + Z_o}\right)$$

$$Z_p Z_o + Z_o^2 = Z_p Z_s + Z_o Z_s + Z_p Z_o$$

$$Z_o^2 = \omega L \cancelto{0}{\delta x} Z_o + \frac{\omega L \cancel{\delta x}}{\omega C \cancel{\delta x}} \tag{2.41}$$

将电缆细分为更短的长度时，$\delta x \to 0$，第一项就没有了。此外，ω 和 δx 在第二项都相互抵消了，最后剩下

$$Z_o = \sqrt{\frac{L}{C}} \tag{2.42}$$

其意义如下：一是特征阻抗与长度无关，因为长度项没有了；二是特征阻抗与频率无关，因为频率项也被抵消了。因此，特征阻抗仅取决于电感与电容的比值。对于给定长度的传输线，二者都是常数，因此得出了一个重要的结论：传输线的特征阻抗与长度无关。

2.4.7　传输线的波动方程

沿传输线传播的波形是时间 t 的函数，也是测量的特定位置到源的距离 x 的函数。由于信号源描述为 $A\sin\omega t$，所以可以断言，如果忽略任何损失，波形在任意一点 $y(x,t)$ 的幅度是具有延迟因子的源信号。该延迟只是波形相位的负向变化，相位延迟为

$$\beta = \frac{2\pi}{\lambda} \tag{2.43}$$

单位为弧度/米(rad/m)。沿传输线观察到的波形如图 2.39 所示，随着时间的推移，波形的传播用点表示。因此，源信号 $A\sin\omega t$ 延迟的相位角等于由距离产生的相位延迟加上相位随时间的改变量。

$$\text{由距离产生的相位延迟} = \beta x \tag{2.44}$$

$$\text{相位超前量} = \omega t \tag{2.45}$$

同时考虑时间 t 和距离 x，波动方程可以修改为

$$y(x,t) = A\sin(\omega t - \beta x) \tag{2.46}$$

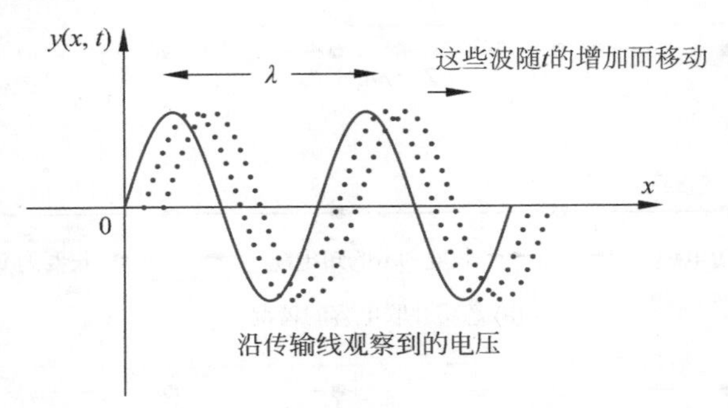

图 2.39　沿传输线传播的波(实际上是随时间延迟的)

这意味着在 $t=0$ 或 ωt 是 2π 的整数倍时,方程变为 $-A\sin\beta x$,即负正弦波,这可能会令人困惑。为了从物理意义上理解,图 2.40 显示了输入波形,以及观察到的向右移动的行波。

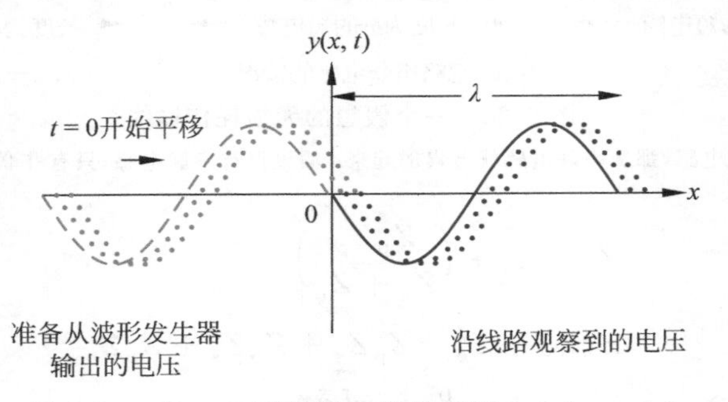

图 2.40　在 $t=0$ 时刻沿 x 轴的波形 $A\sin(\omega t-\beta x)$

如果倾向于建模为沿线路从 $t=0$ 开始的正向正弦波,则可以将式(2.46)写成

$$y(x,t)=A\sin(\beta x-\omega t) \tag{2.47}$$

如图 2.41 所示,可以看到,正的正弦波最初下降为负,对应于方程中的 $-\omega t$ 项。

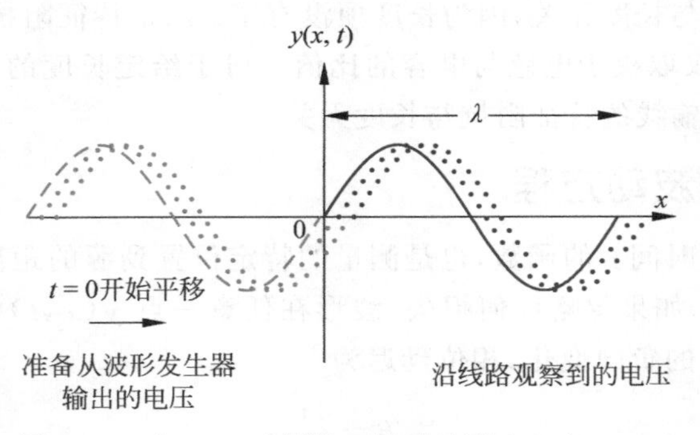

图 2.41　在 $t=0$ 时刻沿 x 轴的波形 $A\sin(\beta x-\omega t)$

那么哪种形式是正确的呢?只要在使用时保持一致性,两者都可以使用。与所有数学模型一样,它取决于假设,在本例中,波形发生器启动的时刻决定了 $t=0$ 时的情况。更重要的是,传输线负载端的反射波将返回,并根据反射系数进行相加或相减,给出总的观测振幅。反射波形总是以前向波形为参考,但是前向波形的相位或起始点是任意的。同样,如果在计算反射波的相对相位时使用了一致的定义形式,那么将这些波定义为余弦而不是正弦也同样有效。

2.4.8　驻波

2.4.5 节讨论了发射到传输线中的脉冲，并且证明了负载的反射会传播回来，并影响靠近源处（实际上是沿着传输线的任何地方）观察到的最终电压波形。从逻辑上，可以推广到连续的正弦波形（而不是离散的脉冲）。

在传输线的给定点上，可以测量频率为 $\omega=2\pi f$ 的电压，该电压随 ωt 的变化而变化。但是，假设现在沿着传输线观察，这可以想象为沿传输线以不同的间隔用探针同时进行大量测量，每个探头测量特定位置（或远离源的长度）的特定电压。这个电压是否会随着时间的推移而变化呢？

当电波向前行进并到达负载时，它将被反射，如图 2.42 所示。向前行进的波（前向波，通常显示为从左向右移动）最终遇到负载。在负载上，功率可能被完全吸收，但这仅发生在匹配的负载上，如 2.4.5 节所述。通常，有些波被反射，振幅相同或减小，可能具有相位变化，相位变化实际上可能意味着波的极性相反，反射波返回到源处（在图中从右向左），这样增加或削弱了前向波。假设输入端的波形是连续的（也就是说，不是脉冲或脉冲串），则返回的波形也将是连续的。因此，可以看到沿着线路的电压模式，这种模式取决于前向波和反射波如何相加，它们如何精确相加取决于反射波相对于前向波的振幅和相位。

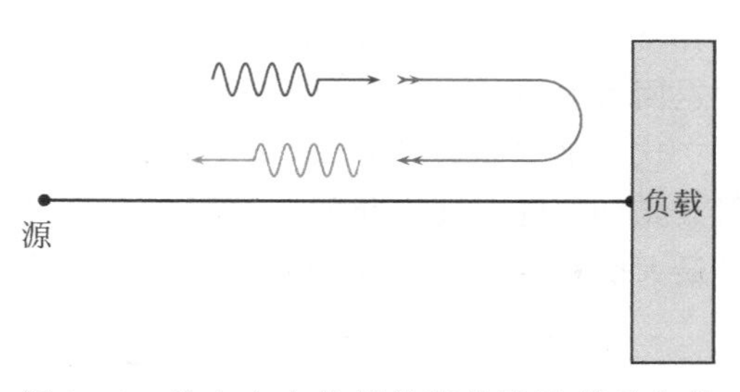

图 2.42　从左向右传播的简单波及其反向传播的反射波（在传输线上任何一点观察到的总波形是这两者的总和）

简言之，可以说反射特性，即振幅的变化（增益/衰减）和相位的变化（相对于频率的时移），决定了沿线路观察到的模式。

图 2.43 显示了沿 1m 长传输线传播的连续正弦波。源在左边，负载在右边。前向波形[见图 2.43(a)]到达负载并被反射，如图 2.43(b)所示。然而，随着时间的推移，如果输入是连续的，测量仪器将记录前向和反射波形的总和，如图 2.43(c)所示。最终波形中的若干快照如图 2.43(d)所示，类似

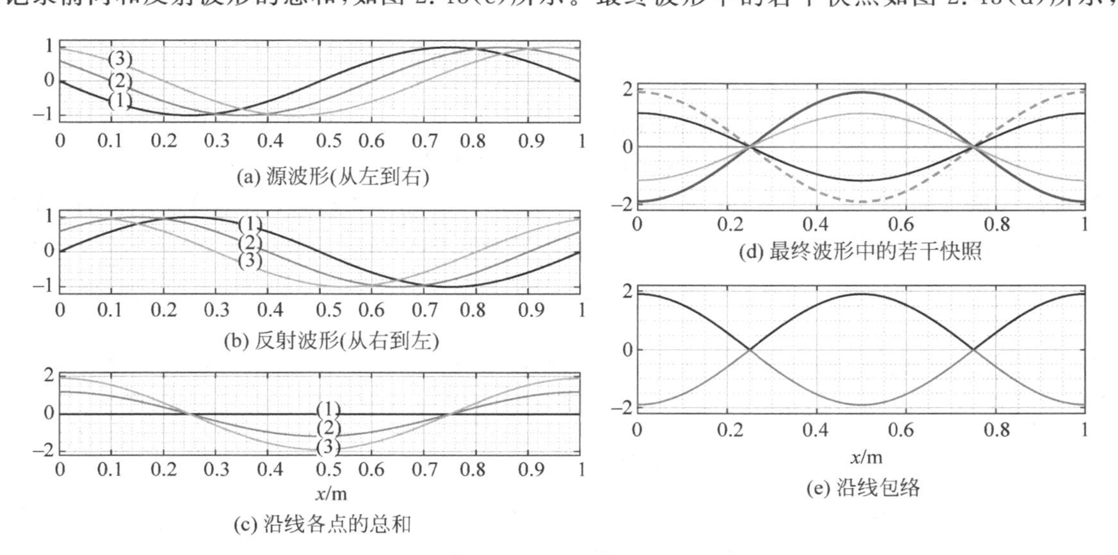

图 2.43　当反射具有单位增益和零相移时形成的驻波

于另一个正弦波,只是定义在距离上而不是时间上,该波形的最大和最小幅度如图 2.43(e)所示。有趣的结果是,观察到的正弦波(仍在随频率 ω 振荡)幅度根据测量的位置而变化。在某些点上,振荡的幅度很大,但在某些点上幅度为零。也就是说,在这些位置没有电压波形(具体在图中 $x=0.25$ 和 $x=0.75$ 的位置)。

这些最大值和最小值的包络(Envelope)是很重要的。如图 2.43 所示,反射波形振幅与输入波形相等,并且相对于入射波没有相位变化。从早期的脉冲实验中,可以推断出负载阻抗 Z_L 是无穷大的,反射系数为 $\rho=+1$,产生无损耗反射。最大幅度是在负载处观测到的,是输入电压的 2 倍。对于所示波形,频率为 $f=1$,速度为 $v=1$,因此波长 $\lambda=1$。观察到最小幅度(在本例中为零)出现在距离负载端(右边)$d=\lambda/4$ 处,最大幅度出现在距离负载 $d=\lambda/2$ 处。最大值和最小值出现的位置与波长有关,当从负载返回源时,在固定间隔处有多个最大值和最小值。

这种情况是终端开路,相反的情况是终端短路,图 2.44 说明了终端短路情况下连续的前向波和反射波是如何随时间变化的。与图 2.43 相比,一个明显的区别是波形幅度最大值和最小值的位置不同,但是最大值和最小值的相对位置是相同的,最大值(最小值)之间相隔 $\lambda/2$,最大值和最小值的间隔为 $\lambda/4$。

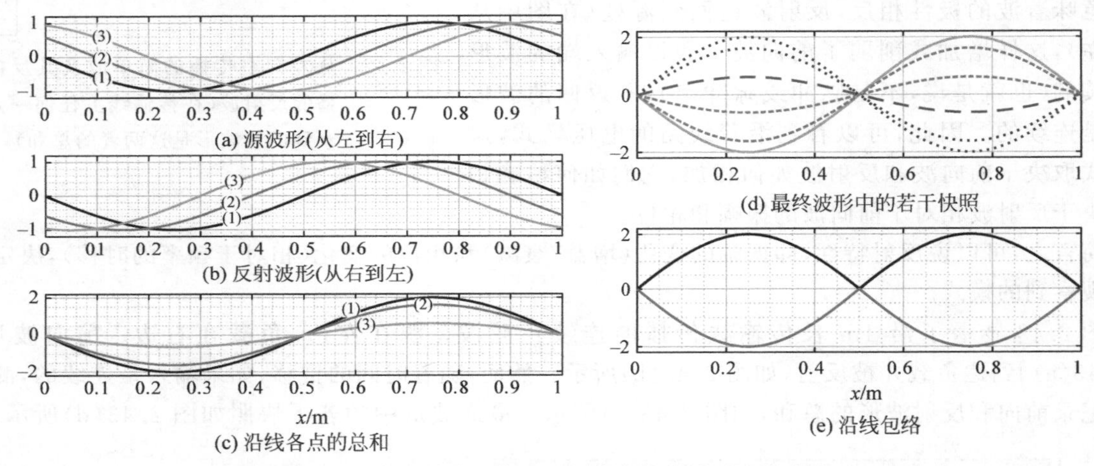

图 2.44 当反射增益为 1 且相移为 180°时形成的驻波

当不是 100%反射时,会出现其他有趣的情况。图 2.45 显示了两种情况,反射系数分别为 $\rho=0.5$ 和 $\rho=0.2$,相位分别为 180°和 0°。与前面的区别是幅度最小值不是零,而是某个更大的值。在这种情况下,波形沿线路移动,称为行波(Traveling Wave)。当沿着线路观察时,波形是静止的,因此称为驻波(Standing Wave),幅度最大值与最小值之比称为电压驻波比(Voltage Standing Wave Ratio,VSWR)。

$$\mathrm{VSWR}=\frac{V_{\max}}{V_{\min}} \tag{2.48}$$

如果最小值为零,那么 VSWR 将为无穷大。根据图 2.45 进行推断,当反射系数降至零时,最大值与最小值之比接近 1(因为它们相等),因此电压驻波比也可以与反射系数 ρ 联系起来,即

$$\mathrm{VSWR}=\frac{1+|\rho|}{1-|\rho|} \tag{2.49}$$

注意式(2.49)中绝对值的用法。使用这个公式重新考虑前面分析的结果。如果 $\rho=0$,那么 VSWR 为 1,也就是说没有发生反射。如果发生 100%反射,则 $\rho=1$,VSWR 为无穷大。这提供了一个实用的方法来确定负载是否匹配——可以测量 $\lambda/4$ 整数倍处的波形幅度并计算 VSWR。

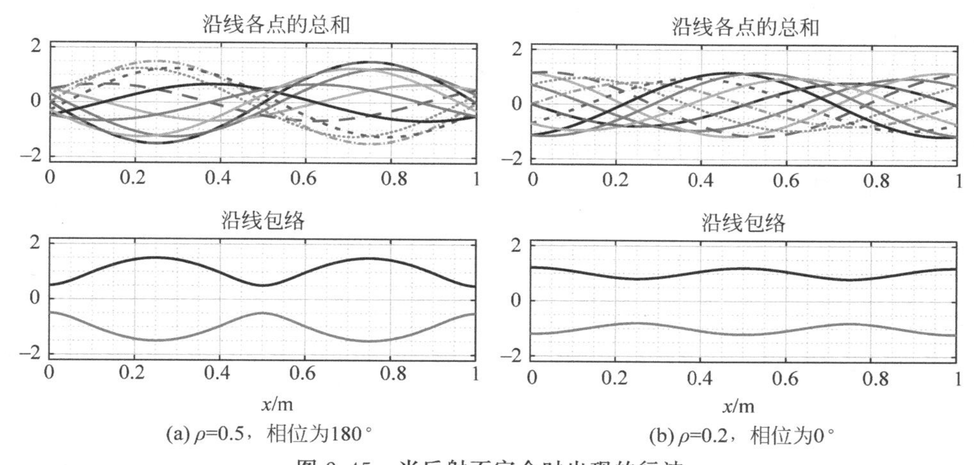

(a) ρ=0.5，相位为180° (b) ρ=0.2，相位为0°

图 2.45 当反射不完全时出现的行波

注：根据由此产生的所有波的包络，可以确定电压驻波比。

更进一步，可以将式(2.35)中的 ρ 代入式(2.49)，式(2.35)将阻抗与反射系数联系起来，式(2.49)将反射系数与电压驻波比联系起来，从而在数学上将 VSWR 与特征阻抗和负载阻抗联系起来。一个小问题是，由于式(2.49)使用的是反射系数的绝对值，因此需要分别处理正负两种情况。

首先，对于正 ρ，有

$$\begin{aligned}\mathrm{VSWR}&=\frac{1+|\rho|}{1-|\rho|}\\&=\frac{1+\rho}{1-\rho}\\&=\frac{1+(Z_\mathrm{L}-Z_\mathrm{o})/(Z_\mathrm{L}+Z_\mathrm{o})}{1-(Z_\mathrm{L}-Z_\mathrm{o})/(Z_\mathrm{L}+Z_\mathrm{o})}\\&=\frac{Z_\mathrm{L}}{Z_\mathrm{o}}\end{aligned}\tag{2.50}$$

请注意，如果 $Z_\mathrm{L}>Z_\mathrm{o}$，那么 ρ 是正的，VSWR>1，因为 VSWR 定义为最大值与最小值的比值，它必须是大于或等于 1 的。

对于负 ρ，有

$$\begin{aligned}\mathrm{VSWR}&=\frac{1+|\rho|}{1-|\rho|}\\&=\frac{1-\rho}{1+\rho}\\&=\frac{1-(Z_\mathrm{L}-Z_\mathrm{o})/(Z_\mathrm{L}+Z_\mathrm{o})}{1+(Z_\mathrm{L}-Z_\mathrm{o})/(Z_\mathrm{L}+Z_\mathrm{o})}\\&=\frac{Z_\mathrm{o}}{Z_\mathrm{L}}\end{aligned}\tag{2.51}$$

请注意，如果 $Z_\mathrm{L}<Z_\mathrm{o}$，那么 ρ 是负的，但是 VSWR 仍然大于 1。式(2.50)和式(2.51)表明，对于 $Z_\mathrm{L}=Z_\mathrm{o}$ 的匹配负载情况，VSWR=1，与预期一致。

在没有反射的情况下，$\rho=0$，于是有

$$\mathrm{VSWR}=\frac{1+0}{1-0}=1\tag{2.52}$$

这意味着 $V_{max}=V_{min}$，并且

$$\frac{Z_L-Z_o}{Z_L+Z_o}=0 \tag{2.53}$$

由此可以推导出 $Z_L=Z_o$，负载阻抗等于特征阻抗。

对于 $\rho=-1$ 的情况，有

$$\begin{aligned}\text{VSWR}&=\frac{1+|\rho|}{1-|\rho|}\\&=\frac{1+1}{1-1}\\&\to\infty\end{aligned} \tag{2.54}$$

就阻抗而言

$$\begin{aligned}\frac{Z_L-Z_o}{Z_L+Z_o}&=-1\\Z_L-Z_o&=-Z_L-Z_o\\Z_L&=0\end{aligned} \tag{2.55}$$

也就是说，传输线接入了短路负载。

对于 $\rho=+1$，有

$$\begin{aligned}\text{VSWR}&=\frac{1+|\rho|}{1-|\rho|}\\&=\frac{1+1}{1-1}\\&\to\infty\end{aligned} \tag{2.56}$$

因为可能的代数解 $Z_o=0$ 是不实际的，也不能求解 Z_L，为了确定负载阻抗，必须进行一些不同的处理，即

$$\begin{aligned}\frac{Z_L-Z_o}{Z_L+Z_o}&=1\\\frac{1-Z_o/Z_L}{1+Z_o/Z_L}&=1\\Z_L&\to\infty\end{aligned} \tag{2.57}$$

也就是说，负载实际上是开路。

回到通过反射形成驻波的问题，波动方程需要考虑沿传输线的距离 x。由于波形传播需要时间，这个距离会影响沿线路上任意给定位置的波形。

令前向波峰值幅度为 A_f，反射波峰值幅度为 A_r，可以绘制出振幅在某一时刻的矢量图，如图 2.46 所示。角度 θ 由反射相位 φ 和波形向前传播再反向传播回来的时间延迟组成，这个延迟为 $2\beta d$，其中 d 为从负载返回的距离。将几何知识应用于图 2.46，得到距离 $d_1=A_r\cos\theta$ 和 $d_2=A_r\sin\theta$，其中 $\theta=2\beta d+\varphi$。它们的合成幅度 R 计算如下。

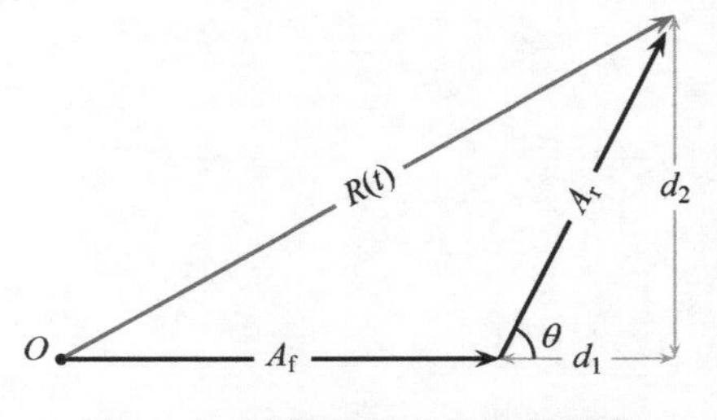

图 2.46 计算给定点的反射幅度

$$\begin{aligned}R^2&=[A_f+A_r\cos(2\beta d+\varphi)]^2+[A_r\sin(2\beta d+\varphi)]^2\\&=A_f^2+2A_fA_r\cos(2\beta d+\varphi)+A_r^2\cos^2(2\beta d+\varphi)+A_r^2\sin^2(2\beta d+\varphi)\end{aligned}$$

$$=A_\mathrm{f}^2+A_\mathrm{r}^2+2A_\mathrm{f}A_\mathrm{r}\cos(2\beta d+\varphi)$$

$$=A_\mathrm{f}^2\left[1+\left(\frac{A_\mathrm{r}}{A_\mathrm{f}}\right)^2+2\left(\frac{A_\mathrm{r}}{A_\mathrm{f}}\right)\cos(2\beta d+\varphi)\right]$$

$$R=A_\mathrm{f}\sqrt{1+\left(\frac{A_\mathrm{r}}{A_\mathrm{f}}\right)^2+2\left(\frac{A_\mathrm{r}}{A_\mathrm{f}}\right)\cos(2\beta d+\varphi)} \tag{2.58}$$

代入 $\rho=A_\mathrm{r}/A_\mathrm{f}$，可得

$$R=A_\mathrm{f}\sqrt{\rho^2+2\rho\cos(2\beta d+\varphi)+1} \tag{2.59}$$

根据反射系数 ρ、反射相位 φ 和到负载的距离 d，得出一种绘制 VSWR 包络的方法，如图 2.47 和图 2.48 所示。请注意，这些距离是反向解读的，因为横轴是到负载的距离，可以看出最大值/最小值出现在 $\lambda/4$ 的整数倍处。

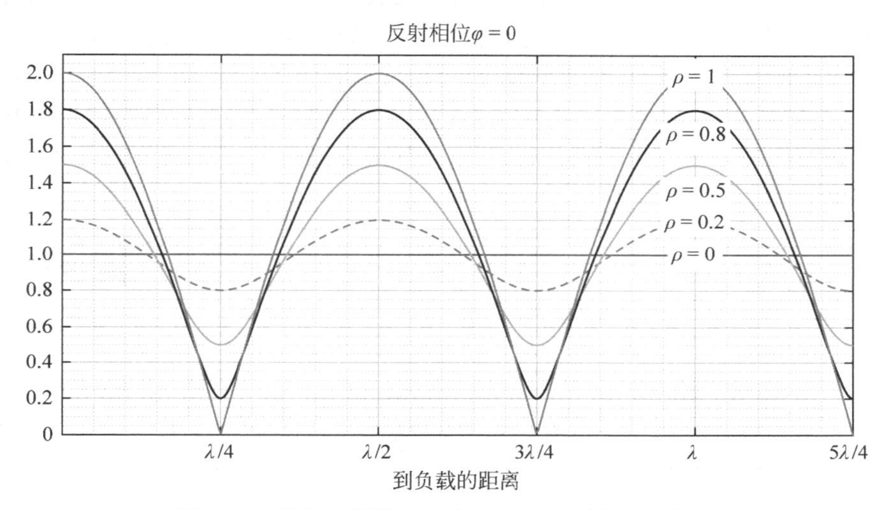

图 2.47 同相反射情况下由 VSWR 计算的包络幅度

注：按照惯例，刻度是颠倒的，显示从负载返回的距离。

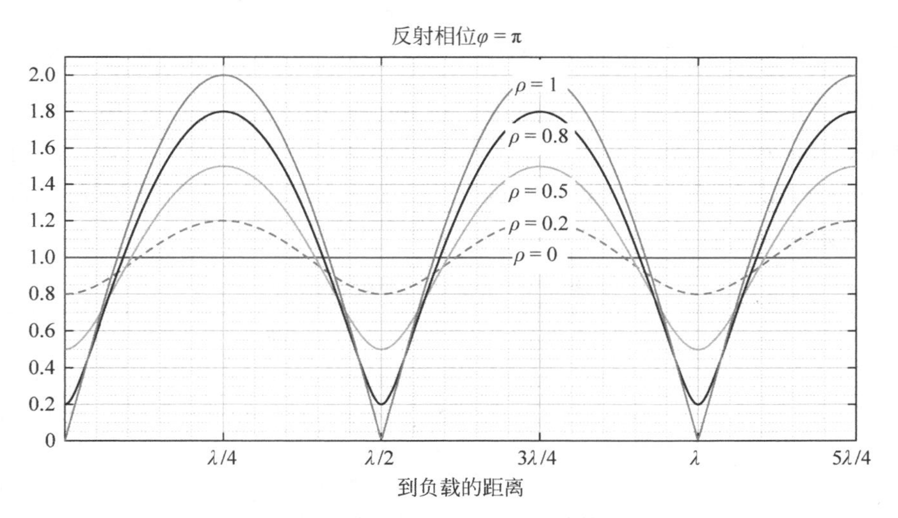

图 2.48 反相反射情况下由 VSWR 计算的包络幅度

注：距离刻度同样表示从负载返回的距离。

2.5 无线电和无线

无线信号通常在射频(RF)的频带中传输,射频是电磁频谱的一部分。不同频率的无线电信号的传播特性(如何传播与发散),从射频频谱的低段到高段有很大的不同。本节将介绍射频相关的关键概念,讨论通信系统在特定应用中如何选择最合适的射频频率。

2.5.1 射频频谱

电磁波通过空气甚至真空传播,有时使用自由空间(Free Space)一词强调不需要电缆或光纤。电磁波是无线电通信的基础,包括无线电广播和电视广播、无线遥控遥测、蓝牙、WiFi 以及卫星传输等各种应用。电磁波的特征在于传播波的频率或(等效的)波长。频率和波长的范围及它们与可见光光谱的关系如图 2.49 所示。通常,同类的频谱具有相似的传播特性,因此,为了使传输频率与预期应用相匹配,需要了解不同频带的特性。例如,在甚低频中,电磁波向多个方向传播;而在甚高频中,往往是视线传播。大气会影响电磁波传播,特别是上层大气的电离层可以阻止、衍射(弯曲)或反射某些频率。对于某些频带,这种影响取决于一天中的不同时间,甚至可能取决于太阳活动(太阳黑子和太阳耀斑)。

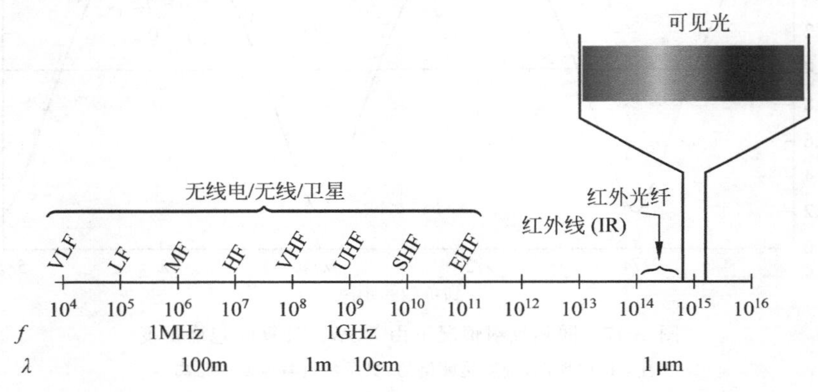

图 2.49 电信系统中重要的电磁频谱

注:展示了无线电、无线和卫星系统使用的频率范围。在极高频下,红外线(Infrared Radiation,IR)用于光纤,频率更高的是可见光谱。

电磁光谱的可见光波长范围为 620nm(红)到 380nm(紫)(NASA,n. d.)。图 2.49 对无线和红外线(IR)波段的相对位置进行了说明。表 2.1 显示了电气和电子工程师协会(Institute of Electrical and Electronics Engineers,IEEE)命名的射频频段标准(IEEE,1997a)。当谈到射频频段时,了解这些缩写是很有用的。标准微波波段的进一步分解如表 2.2 所示(IEEE,1997b)。

表 2.1 射频(RF)频段名称

频 段	缩 写	描 述	频率范围
特低频	ULF	Ultra Low Frequency	<3Hz
极低频	ELF	Extremely Low Frequency	3Hz～3kHz
甚低频	VLF	Very Low Frequency	3～30kHz
低频	LF	Low Frequency	30～300kHz
中频	MF	Medium Frequency	300kHz～3MHz

续表

频　段	缩　写	描　述	频率范围
高频	HF	High Frequency	3～30MHz
甚高频	VHF	Very High Frequency	30～300MHz
特高频	UHF	Ultra High Frequency	300MHz～3GHz
超高频	SHF	Super High Frequency	3～30GHz
极高频	EHF	Extremely High Frequency	30～300GHz
亚毫米	—	Submillimeter	300GHz～3THz

注：VLF～SHF 为地球(地表)常用的频率范围。

表 2.2　微波波段名称

波段名称	频率范围/GHz	波段名称	频率范围/GHz
L	1～2	K	18～27
S	2～4	Ka	27～40
C	4～8	V	40～75
X	8～12	mm	100～300
Ku	12～18		

注：世界各地存在一些差异，也经常遇到一些非标准术语。

2.5.2　无线电传播

图 2.49 中的比例不是线性的，而是对数的。也就是说，频率增量不是通过加法向上移动，而是将每个增量乘以一个因子(在这种情况下，因子为 10)。无线信号可以在很宽的范围内产生(从千赫兹到吉赫兹)，对应于 $10^9/10^3=10^6$ 或更大的比例范围。虽然电信系统的某些方面(如调制)在这个范围内大致相似，但在其他方面(如天线设计)从低频到高频有很大不同。

不同频段的实际使用由许多因素决定。频谱的较低段直到兆赫兹区域，主要以地球上的表面波形式传播，而在特高频及以上的更高频率的趋向于视线传播。此外，大气中水蒸气的衰减、障碍物周围和大气层上层的衍射(弯曲)以及自然环境(如海水)和人为障碍物的反射，可能对某些频段具有重要影响。

在无线电技术发展的早期，传播(而不是调制)是首要考虑因素(Barclay，1995)，因为产生特定频率的能力有限，接收就更加困难了。因此，开/关型信号检测(Detection)开始使用(至今仍在使用)。最早的无线电发射机(如火花发射机)能在很宽的频率范围内产生电磁能量，每单位带宽产生的功率非常小，因此效率非常低，反过来又严重限制了无线信号能够被可靠接收的范围。后来，由于需要由多个用户共享公共无线电频谱，需要对产生的射频信号进行更多的控制，并且诸如国际电信联盟(International Telecommunication Union，ITU)等各种组织发展起来，开始管理频谱。就最大带宽和允许的辐射功率电平而言，国家监管机构在确定各国可接受的射频使用方面也发挥了重要作用。

此外，方向性也很重要，一些应用需要全方向(全方位)覆盖，而其他应用(如点对点链路)需要高度定向传输，以最大限度地减少信号浪费。而且，射频信道带宽与中心频率的关系意味着在较高频率下可以使用更大的带宽。最后，天线的物理尺寸通常是一个重要的考虑因素，因为谐振天线的最佳尺寸与波长成正比。对于移动通信，更高的频率和更短的波长(对应小尺寸天线)是首选，典型的频段和常见用途如下。

1. 甚低频(VLF)和低频(LF)

可以穿透海水传播的甚低频和低频频段,可用于地下、海底、洲际无线电传输和船对岸通信。该区域的带宽有限,大气噪声很大,需要非常大的天线结构(Barclay,2003)。

2. 中频(MF)

中频频段的特征是地面波的传播频率高达约30MHz(ITU,n. d.),并能在白天实现区域覆盖,通常在夜间可能有更远的传输距离(Barclay,2003)。

3. 高频(HP)

高频频段的特征是传输距离非常远(包括大陆和洲际),这可能是由于地球大气层(主要是电离层)的反射和衍射造成的。天线尺寸虽然仍然很大,但是相对于前面的频率,开始变得更易于管理。

4. 甚高频(VHF)

甚高频频段应用非常广泛,它用于陆地和海洋通信、应急通信和无线电导航,天线尺寸达到米级,使其更适合固定安装。在这个频率范围内,波的衍射和反射可能会带来问题。

5. 特高频(UHF)

由于现在的发射机和接收机系统能够处理以前不容易实现的频率,特高频频段得到了更广泛的利用。它通常用于电视、移动无线电(如短程应急服务和蜂窝移动电话)。有限的覆盖范围会在农村地区出现问题,但在移动通信的情况下,这实际上可能是一个优势,因为移动通信需要在较小的传输区域或单元之间重复使用频率。波的衍射和障碍物(包括建筑物)的反射在这些频率下变得更加明显。

6. 超高频(SHF)

卫星通信采用超高频,但10GHz以上的水蒸气造成的衰减(损耗)是一个重大问题(Barclay,2003)。

因此,主要结论是:使用的特定频段,首先取决于所需的传播特性(短距离或长距离),其次取决于天线的尺寸(较小的天线用于较短的波长),最后取决于可用的调制技术。

2.5.3 视距传输因素

本节重点介绍无线电波的视距传输原理,掌握该原理有助于理解为什么用于覆盖大面积的发射机(通常是无线电/电视发射机或移动通信基站)必须安装在离地面很高的地方。这不仅仅是为了超越建筑物和山脉,还考虑了地球表面的曲率因素。

图2.50是一个简化的横截面视图,显示了从信号塔上擦过地球的切线(地平线),其中假设地球是一个具有恒定半径的球体,没有山丘或山谷等表面特征。该图不是按比例绘制的,因为R为地球的半径,h_{tx}为发射机的高度。如果按比例绘制,后者将微不足道。为了确定最大传输距离d_{tx},在G处建立直角三角形方程如下。

$$R^2+d_{tx}^2=(R+h_{tx})^2$$
$$=R^2+2Rh_{tx}+h_{tx}^2$$
$$\not{R}^2+d_{tx}^2=\not{R}^2+2Rh_{tx}+h_{tx}^2$$
$$d_{tx}=2\sqrt{2Rh_{tx}+h_{tx}^2} \tag{2.60}$$

由于地球半径远大于发射机的高度($R \gg h_{tx}$),因此根号内第二项h_{tx}^2可以忽略,得到

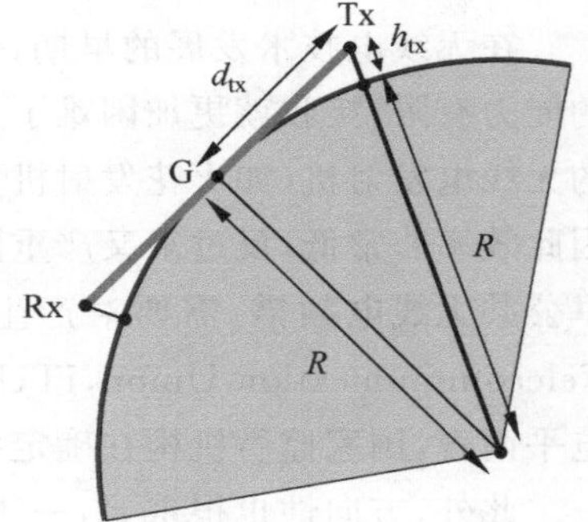

图2.50 没有表面特征的球形地球的无线电地平线计算

注:最大传输距离d_{tx}由发射机的高度h_{tx}和地球的平均半径R决定(图中未按比例绘制)。

$$d_{tx} \approx \sqrt{2Rh_{tx}} \tag{2.61}$$

显然以米(m)为单位测量塔高 h_{tx} 更方便，但最终的距离 d_{tx} 是以千米(km)为单位，使用这些标度，并将地球半径近似为 $R \approx 6370\text{km}$，可得

$$d_{tx} \approx \sqrt{2 \times 6370 \times \frac{h_{tx}}{1000}}$$

$$d_{tx} \approx 3.6\sqrt{h_{tx}} \tag{2.62}$$

因为可能存在地面传播以及衍射效应，并且由于这是一个非常粗略的初始近似值，实际距离略大于此，从而得到一个一般的近似表达式如下。

$$d_{tx} \approx 4\sqrt{h_{tx}} \tag{2.63}$$

例如，天线高度为 9m，视线距离约为 12km。注意，由于 $\sqrt{h}$ 项，塔高加倍不会使距离加倍。如果需要两个塔，可以用类似的方式计算高度 h_{rx} 所增加的距离 d_{rx}，总距离为

$$d = d_{tx} + d_{rx}$$

$$d \approx 4\sqrt{h_{tx}} + 4\sqrt{h_{rx}} \tag{2.64}$$

最后，如果发射机和接收机高度相等，则总距离为 $d = d_{tx} + d_{rx} \approx 8\sqrt{h_{tx}}$。值得重申的是，这只是一个近似值，但它确实为合理预测视距传输系统的传播范围提供了指导。显然，发射天线的位置和高度在实际中都是重要的考虑因素。

2.5.4　电波反射

假设现在有一个无线电波在某个表面(如地面或海水)反射，或者在一个建筑物反射，如图 2.51 所示。如果路径差为半波长的倍数，那么可能存在增强(有效路径差为波长的倍数)或抵消(有效路径差为半波长的奇数倍)。注意，在计算有效路径差时，还必须考虑 R 点的反射相位。

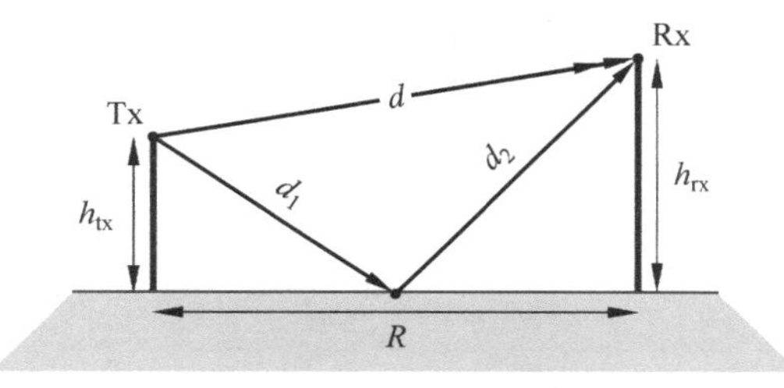

图 2.51　计算无线电波反射的简化模型

注：直接路径 d 不同于通过反射的路径 $d_1 + d_2$，因此，如果信号在反射时没有衰减，则接收端的信号强度可能会改变。

总路程的差为

$$\Delta d = (d_1 + d_2) - d \tag{2.65}$$

在图 2.51 中，将 h_{tx} 移动到接收端，形成一个直角三角形，可得

$$d^2 = R^2 + (h_{tx} - h_{rx})^2$$

$$= R^2 \left[1 + \frac{(h_{tx} - h_{rx})^2}{R^2}\right]$$

$$d=R\sqrt{1+\frac{(h_{tx}-h_{rx})^2}{R^2}} \tag{2.66}$$

此时，可以应用数学近似表达式，对于小的 x 值，$\sqrt{1+x}\approx 1+x/2$。因为 $R\gg h_{tx}-h_{rx}$，所以 $x=[(h_{tx}-h_{rx})/R]^2$ 很小，因此这里使用该近似是合理的，可得

$$d\approx R\left[1+\frac{(h_{tx}-h_{rx})^2}{2R^2}\right] \tag{2.67}$$

再次利用图 2.51，将 h_{rx} 映射到地平面以下，形成另一个直角三角形，此时 d_1 和 d_2 形成一条直线，可得

$$\begin{aligned}(d_1+d_2)^2&=R^2+(h_{tx}+h_{rx})^2\\&=R^2\left[1+\frac{(h_{tx}+h_{rx})^2}{R^2}\right]\end{aligned}$$

$$d_1+d_2=R\sqrt{1+\frac{(h_{tx}+h_{rx})^2}{R^2}} \tag{2.68}$$

与式(2.66)类似，再次应用 x 较小时的近似表达式，得到

$$d_1+d_2\approx R\left[1+\frac{(h_{tx}+h_{rx})^2}{2R^2}\right] \tag{2.69}$$

将 d 和 d_1+d_2 的近似值代入路径差方程，结果为

$$\begin{aligned}\Delta d&=(d_1+d_2)-d\\&\approx R\left[1+\frac{(h_{tx}+h_{rx})^2}{2R^2}\right]-R\left[1+\frac{(h_{tx}-h_{rx})^2}{2R^2}\right]\\&=R\left[\frac{(h_{tx}+h_{rx})^2-(h_{tx}-h_{rx})^2}{2R^2}\right]\\&=\frac{2h_{tx}h_{rx}}{R}\end{aligned} \tag{2.70}$$

相位差是路径差乘以相位常数 $2\pi/\lambda$，可得

$$\varphi=\frac{2\pi}{\lambda}\Delta d \tag{2.71}$$

如果 Δd 和 λ 的大小相当，则相位差是 2π 附近的分数。该结果表明，发射天线或接收天线的高度相对于波长 λ，即使是很小的变化(导致 Δd 的变化)，也可能导致相位变化，从而增强或抵消接收波形。

2.5.5 电波衍射

和反射一样，无线电波在某些情况下可能会发生衍射(Diffraction)。惠更斯原理有助于理解波的衍射现象。

如图 2.52 所示，池塘中的水波试图穿过一个开口或小孔，水波向障碍物移动，并在障碍物存在的地方停止，但穿过开口的部分会发生什么呢？这些波直接通过，但也形成小的“子波”继续传播。最终，这些较小的子波相互干涉。根据惠更斯—菲涅耳原理，波前的每个点都作为一个新的波源。图 2.53 描述了多个波前源相互作用时的现象。根据波前到达任何给定位置的相对相位，观察到的振幅可能增大或减小，相对相位差是由于不同的行进距离产生的。

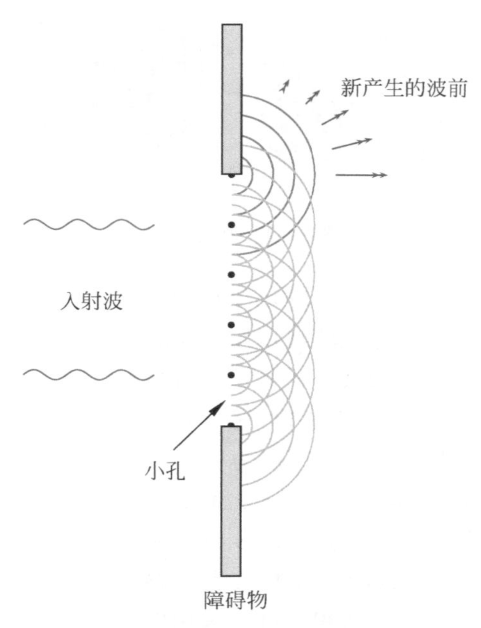

图 2.52 遇到带有开口的障碍物的波

注：波经过的每个点都可以认为是新的波前源，它们互相干涉，这就产生了衍射现象。

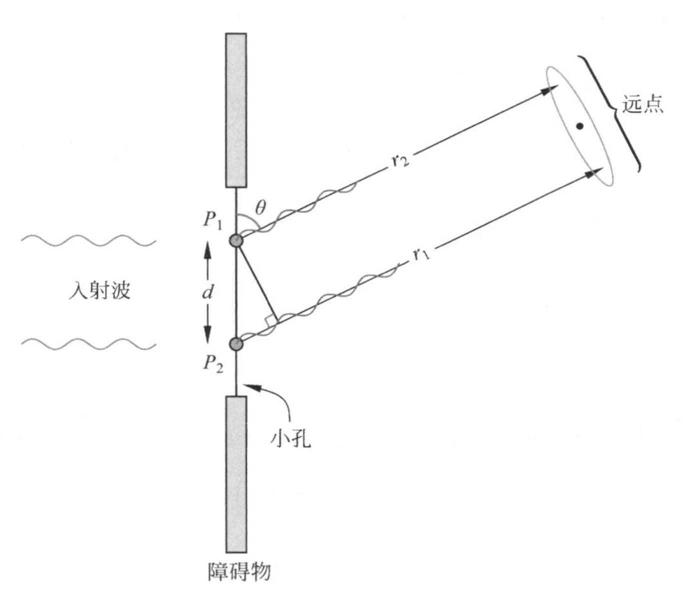

图 2.53 仅考虑两点情况下的路径模型

注：两点的入射波到达观测者时近似于来自一个点，路径差产生的相位差会导致波的干涉，波长 λ 与孔径 d 的相对大小关系显然是非常重要的。

将不同的子波组合在一起，如图 2.54 所示。如果没有衍射，那么紧挨在障碍物之后但不在小孔直线路径上的接收机，应该根本不会接收到任何信号。然而，实际观察到的现象并非如此。如图 2.54 所示，随着波前的扩展，假设惠更斯原理适用，那么在“阴影”区域将接收到一些信号。

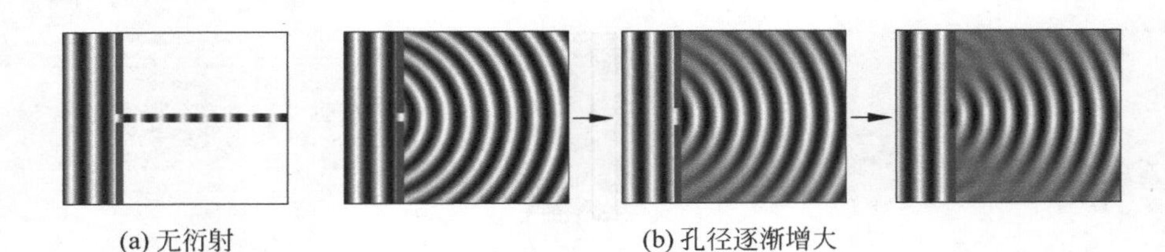

(a) 无衍射　　(b) 孔径逐渐增大

图 2.54　孔径衍射

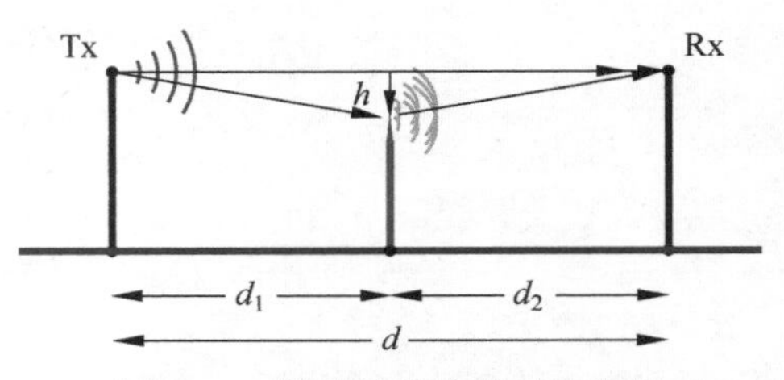

图 2.55　视距传输中的刀口衍射和产生的菲涅耳区

在规划发射机和接收机之间的路径时，衍射是经常用到的概念。如果有一个障碍物不在直线传播范围内，而是靠近传播路径，那么就会产生衍射效应。图 2.55 显示了刀口衍射发生的情况。在路径中间的障碍物会产生衍射，这意味着向接收机传播的波会有一些增强或抵消。当这成为一个问题时，需要估计 h 的值，正如预期的那样，它与波长 λ 有关。

和反射一样，相对于波长的路径差是关键参数。在图 2.55 中，路径差可以计算为衍射导致的路径减去直接路径 d。利用一条边长为 h 的直角三角形，路程差可以采用以下方式计算。

$$\begin{aligned}\Delta d &= \left(\sqrt{d_1^2+h^2}+\sqrt{d_2^2+h^2}\right)-(d_1+d_2)\\ &= \left[d_1\sqrt{1+\left(\frac{h}{d_1}\right)^2}+d_2\sqrt{1+\left(\frac{h}{d_2}\right)^2}\right]-(d_1+d_2)\end{aligned} \tag{2.72}$$

再次利用近似关系 $\sqrt{1+x}\approx 1+x/2$，先令 $x=(h/d_1)^2$，然后令 $x=(h/d_2)^2$，得到

$$\begin{aligned}\Delta d &= \left\{d_1\left[1+\frac{1}{2}\left(\frac{h}{d_1}\right)^2\right]+d_2\left[1+\frac{1}{2}\left(\frac{h}{d_2}\right)^2\right]\right\}-(d_1+d_2)\\ &= \frac{h^2}{2d_1}+\frac{h^2}{2d_2}\\ &= \left(\frac{h^2}{2}\right)\left(\frac{d_1+d_2}{d_1d_2}\right)\end{aligned} \tag{2.73}$$

这个路径差对应的相位差为 $(2\pi/\lambda)\Delta d$。如果相位差为 180°或 π，会产生抵消，即

$$\left(\frac{h^2}{2}\right)\left(\frac{d_1+d_2}{d_1d_2}\right)\left(\frac{2\pi}{\lambda}\right)=\pi \tag{2.74}$$

解得

$$h=\sqrt{\frac{d_1d_2\lambda}{d_1+d_2}} \tag{2.75}$$

如果衍射点在中间，则 $d_1=d_2$。将其近似为 $d_1=d_2\approx d/2$，于是

$$h=\frac{1}{2}\sqrt{\lambda d} \tag{2.76}$$

为了说明这一点，假设塔间距为 $d=1\text{km}$，工作频率为 $f=1800\text{MHz}$，则波长 $\lambda\approx 16\text{cm}$ 和 $h\approx 6.5\text{m}$。因此得出结论：在视线距离内的任何具有类似距离的物体都会引起无线电波的衍射，从而引起多径干

扰效应。

2.5.6 发射机或接收机运动情况下的无线电波

移动通信中的一个重要考虑因素是当发送方或接收方运动时产生的频移，其基本概念与频率的变化类似。当带有警报器的车辆向我们驶来或驶离时，可以观察到这种变化，表现为频率(或音高)要么增高(车辆向观测者移动)，要么降低(车辆远离观测者)。尽管本例中的波本质上是声压，但类似的概念也适用于其他频率，这称为多普勒效应，并在许多物理文献中讨论过(如 Giancoli，1984)。

在无线电系统中，这会导致接收机载波频率的微小偏移。由于载波的同步对大多数类型的接收机都至关重要，这可能导致潜在的问题。显然，无线电信号载波频率的相对频移与发送方(或接收方)的速度有关。由于无线电波以非常高但恒定的速度传播，因此必须推导出波长或频率的变化。

对于无线电波，自由空间中的速度 v 通常用光速 c 来表示。可以把空气近似为自由空间，速度的轻微降低可以忽略不计。通常，波长 λ 和频率 f 通过 $v=f\lambda$ 联系起来，频率的倒数是波的周期 τ，即 $f=1/\tau$。令多普勒频移波长为 $\tilde{\lambda}$，对应的频率为 $\tilde{f}$，在自由空间中，在时间间隔 τ 内行进的距离将为 $v\tau$。

第一种多普勒效应的情况如图 2.56(a)所示，其中接收机是静止的，源以速度 v_s 向接收机移动，波峰之间的距离为 $v\tau=\lambda$ 减去同一时间内行驶的距离 $v_s\tau$，因此，新的波长显然为

$$\begin{aligned}\tilde{\lambda}&=v\tau-v_s\tau\\&=(v-v_s)\left(\frac{1}{f}\right)\end{aligned}\tag{2.77}$$

由于 $f=v/\lambda$，可得

$$\begin{aligned}\tilde{f}&=v/\tilde{\lambda}\\&=\frac{v}{v-v_s}f\\&=\left(\frac{1}{1-v_s/v}\right)f\end{aligned}\tag{2.78}$$

如果接收机保持静止，但源以速度 v_s 离开接收机，则用 v_s 代替 $-v_s$，即

$$\tilde{f}=\left(\frac{1}{1+v_s/v}\right)f\tag{2.79}$$

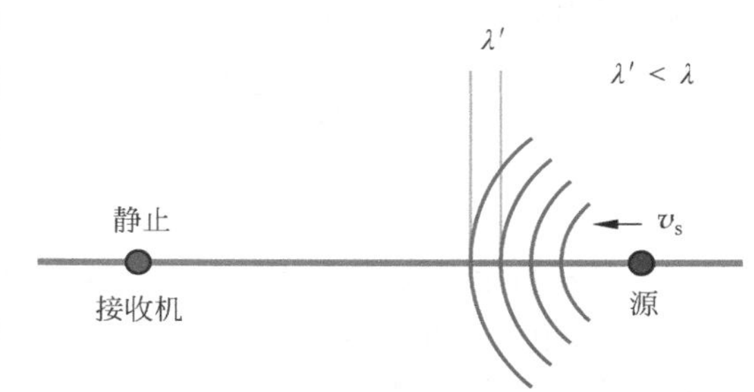

(a) 源移动的情况

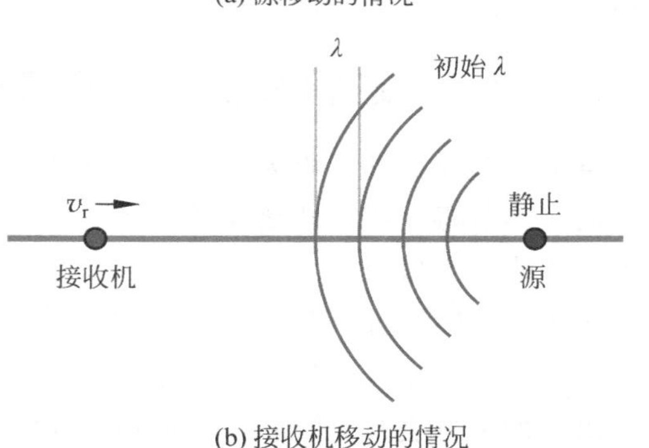

(b) 接收机移动的情况

图 2.56 源和接收机移动时的多普勒效应示例

另外一种情况为源静止而接收机运动，如图 2.56(b)所示。当源静止，接收机以速度 v_r 向源移动时，空间中的波长 λ 是不变的。然而，移动的接收机将在给定时间内看到更多的波峰，这意味着波的速度(显然)更快，所以新的波速为

$$\tilde{v}=v+v_r\tag{2.80}$$

由此可知，观测频率为

$$\tilde{f}=\frac{\tilde{v}}{\lambda}$$

$$=\frac{v+v_{\mathrm{r}}}{\lambda} \tag{2.81}$$

由于 $\lambda=v/f$，可得

$$\begin{aligned}\tilde{f}&=\frac{v+v_{\mathrm{r}}}{\lambda}\\&=\left(\frac{v+v_{\mathrm{r}}}{v}\right)f\\&=\left(1+\frac{v_{\mathrm{r}}}{v}\right)f\end{aligned} \tag{2.82}$$

最后一种情况是，源仍然是静止的，但是接收机正在以速度 v_{r} 远离源。同样，可以用 $-v_{\mathrm{r}}$ 代替 v_{r}，得到

$$\tilde{f}=\left(1-\frac{v_{\mathrm{r}}}{v}\right)f \tag{2.83}$$

这就给出了 4 个方程，能够涵盖所有的可能性。但是，如果采用如图 2.57 所示的向右速度为正（向左速度为负）的约定，这 4 种情况可以合并成一个公式，即

$$\begin{aligned}\tilde{f}&=\left(\frac{v+v_{\mathrm{r}}}{v+v_{\mathrm{s}}}\right)f\\&=\left(\frac{1+v_{\mathrm{r}}/v}{1+v_{\mathrm{s}}/v}\right)f\end{aligned} \tag{2.84}$$

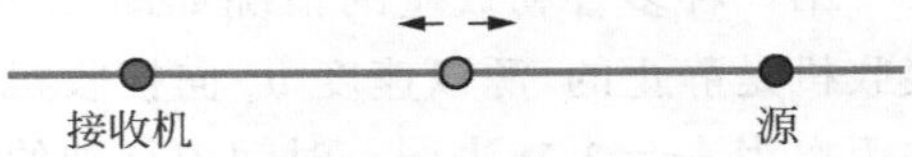

图 2.57　多普勒效应左/右的约定

考虑到相对于无线电波速度，任何车辆的相对速度都可能很小，可能会认为 v_{s}/v 和 v_{r}/v 可以忽略不计。然而，由于使用超高频率进行移动通信，车辆在行驶时可能产生不小的频率偏移。接收机以 100km/h 的速度行驶时，$v_{\mathrm{r}}\approx 25\mathrm{m/s}$，$v_{\mathrm{r}}/c\approx 10^{-7}$，这将导致 100Hz 量级的频率偏移，要求接收机锁相模块能够跟踪这种程度的变化。

2.5.7　发送和接收无线电信号

本节介绍发送和接收无线电信号的基本原理，其中许多方法都是相关的，并有一个共同的理论来支持它们。本节将介绍一些重要的天线类型，以及天线的工作原理，该领域的特定术语可以参考 IEEE 标准天线术语定义(IEEE,2013)。

一个重要的出发点是，对于给定的发射机功率 P_{t}，如果信号在所有方向上均匀辐射，那么单位面积上的总通量将分布在球体的面积 $4\pi r^2$ 上（r 为扩大球体的半径），因此通量与 $P_{\mathrm{t}}/4\pi r^2$ 成正比，功率随着距离 r 的平方衰减，然而，许多应用往往需要定向传输。此外，根据天线的设计，实际天线倾向于偏向某一个方向而不是其他方向。

在介绍基本概念之前，有必要研究一下最基本和使用最广泛的天线结构——偶极子(Dipole)。半波长偶极子(Half-Wave Dipole)结构如图 2.58 所示，它是从俯视角度看到的偶极子排列。如果偶极臂是水平的，那么发射的无线电信号称为水平极化，这意味着电场在水平方向上振荡，来自水和陆地的反射较少。垂直极化也是可能的，通常用于无线电和移动通信，并利用地波传播和地表反射。虽然从覆盖面更广的角度来看，这似乎是可取的，但是无线电信号的反射可能会带来问题。天线的方向（垂直或水平）表示使用的极化类型，接收机的天线必须与发射机的极化方向相匹配；否则接收到的信号将会大大衰减（理论上，根本不会感应到接收信号）。在某些情况下会使用圆极化（特别是在卫星链路上），电场的

极化随着它的运动而旋转。

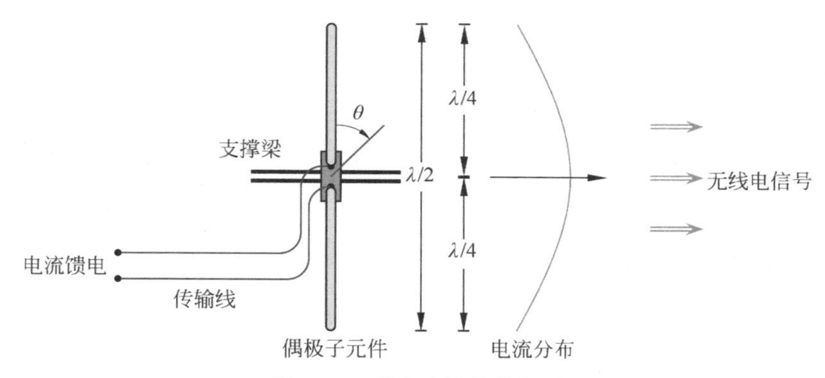

图 2.58　基本半波长偶极子

注：支撑梁与偶极子的每个臂电绝缘。注意，朝向接收机的角度 θ 是以偶极臂为起点测量的，因此最大强度或灵敏度的方向垂直于偶极臂($\theta=90°$)。偶极子的总长度为 L，在这种情况下，$L=\lambda/2$，因此，每个臂长为 $\lambda/4$。

从本质上讲，偶极子天线只不过是两个臂，通过电缆馈电从发射电子设备传输电流，以便被辐射出去。反过来，它可以用来接收无线电信号。显然，天线的目标是辐射尽可能多的功率。另外一个不太明显的方面是辐射的方向性，因为给定的应用可能旨在覆盖非常广的地理区域(如广播电视)，或者希望功率集中在一个非常窄的波束中(如点对点通信)。

在图 2.58 中，两个偶极子的总长度 L 为半波长，这并不是巧合。本质上，这是因为沿着偶极子的长度产生了驻波。开放式偶极子的每一端实际上都是开路，因此没有电流流动。然而，在馈电点(输入电缆连接到天线的地方)，期望电流达到最大。对于所使用的特定频率，借助 2.4.8 节讨论的机制，沿着偶极子的长度方向产生驻波。图 2.58 中还描绘了沿偶极子长度方向的电流分布。

如图 2.58 所示，通常从偶极臂测量角度 θ，最大辐射方向为 90°，但是偶极子周围的辐射模式是如何变化的呢？相对于发射机以某个角度旋转时，需要了解接收偶极子的灵敏度。为了分析这一点，引入相位常数 β(定义为每波长扫过的角度)，即

$$\beta=\frac{2\pi}{\lambda}\text{rad/m} \tag{2.85}$$

可知在角度 θ 处的场强 $E(\theta)$ 为(Kraus，1992；Guru，et al.，1998)

$$E(\theta)=K\,\frac{\cos(\beta(L/2)\cos\theta)-\cos\beta(L/2)}{\sin\theta} \tag{2.86}$$

其中，L 为偶极子总长度；K 为比例常数，为了研究辐射功率模式，可以忽略该常数(因为 K 不影响形状)。对于半波长偶极子，$L=\lambda/2$，其他长度的 L 值对应次优的辐射功率模式。

绘制功率 $P(\theta)=E^2(\theta)$，得到如图 2.59 所示的方向图。在图 2.59(a)中，绘制偶极子本身的位置是为了强调最大和最小辐射的方向，其中强度已经归一化了。从 $\theta=90°$以任意角度移动都会导致更小的辐射功率和更低的灵敏度。表征天线特征的一个重要参数是半功率波束宽度，即最大功率一半的角度。通常，这种功率方向图以分贝表示，如图 2.59(b)所示。图 2.59(a)和图 2.59(b)描绘的是同一个天线，只是标度不同。

最后，可以注意到，一半的天线功率指向天线的背面。如果天线的目标是达到一个广阔的地理区域，这是可取的。但是，如果天线的目标是把能量集中到一个特定的区域，那么这就意味着巨大的浪费。接收天线在与天线期望目标相反的方向上产生显著的灵敏度，可能会导致干扰增加(如反射)。

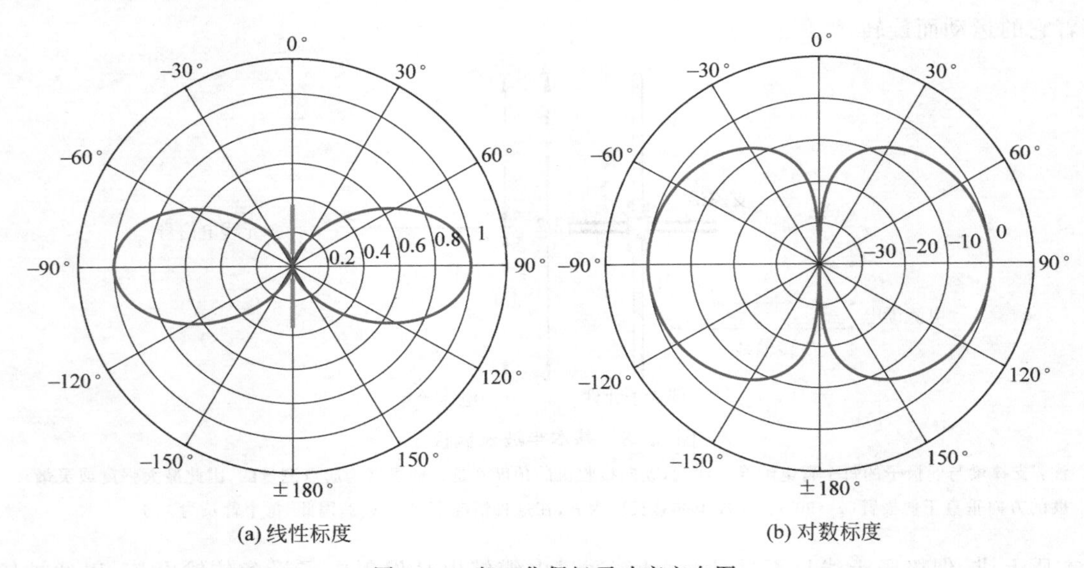

(a) 线性标度　　(b) 对数标度

图 2.59　归一化偶极子功率方向图

注：由方向图可以确定给定角度下的相对场强，或者说，接收天线对准发射机时的灵敏度。

为了进一步研究产生如图 2.59 所示的辐射方向图的原因，考虑图 2.60(a)所示的理论模型，其中包括一小块导体和空间中的某个远点 P。假设电流方程为 $\cos\omega t$，远点 P 处的电场 $E(\theta)$ 与元件中的电流 $I_{\circ}$ 成正比。对应于径向距离 r，远点 P 处的相位延迟等于相位常数 β 乘以距离 r，因此电场与 $I_{\circ}\cos(\omega t-\beta r)$ 成正比，其中包括相位延迟 βr 和导体元件中的电流 $I_{\circ}$。

假设辐射场向外传播时的场强与 r 成比例衰减。场由空间矢量组成，如图 2.60(b)所示。因此，当垂直分量继续向外传播时，位于 P 的接收天线接收的分量与 $\sin\theta$ 成正比。结合这些概念，得到电场强度的方程为

$$E_{\theta}=\frac{K}{r}I_{\circ}\cos(\omega t-\beta r)\sin\theta \tag{2.87}$$

注意，$\sin\theta$ 分量与前面所示的辐射场一致。当 $\theta=0$ 时，辐射场为零；当 $\theta=90°$时，辐射场最大。

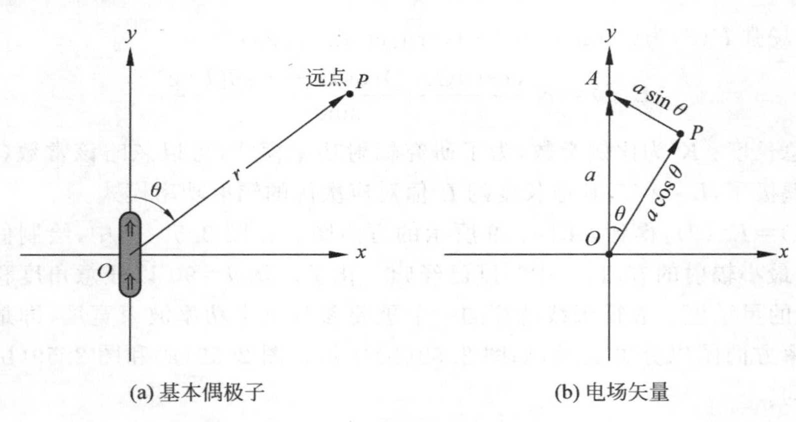

(a) 基本偶极子　　(b) 电场矢量

图 2.60　基本偶极子或赫兹偶极子模型

注：图(a)由假设的载流元件组成，它是更复杂天线类型建模的基础；图(b)表示电场矢量被分解成正交(垂直)分量。

理解半波长偶极子的下一步是把它看作多个基本偶极子(Elemental Dipoles)之和,如图 2.61 所示。可以通过对所有基本偶极子单个场的贡献求和来考虑任意给定点的场。参照图中的 P 点,假设该点在远场(Far Field),因此角度 θ 和 θ_o 大致相同。从源和偶极子的距离来看,场强衰减项中,$1/r$ 与 $1/r_o$ 大致相同;然而从相位差的角度来看,r 和 r_o 之间的差异不可忽略,因为它与波长相当,也与天线的尺寸相当。也就是说,βr_o 和 βr 之间的差异是很大的。

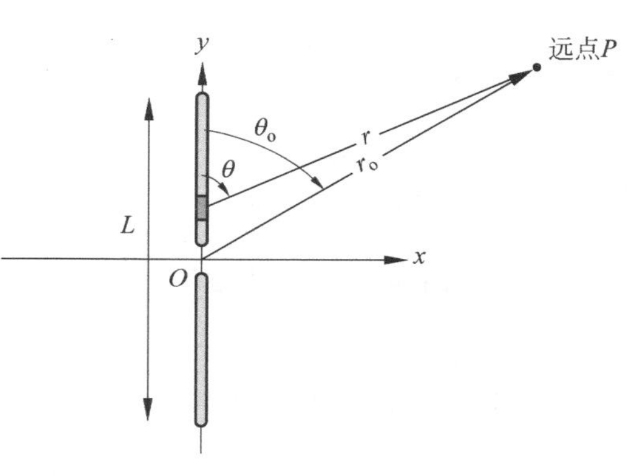

图 2.61 半波长偶极子模型

假设前面所述电流分布的数学模型为 $I_o \cos\pi y/L$,其中 y 为偶极子原点到单个基本偶极子位置的距离。许多文献都给出了该场的积分(Kraus,1992; Guru, et al.,1998),并得出了式(2.86)所示的场方程。

可以通过如下代码创建一个场强的数值估计。首先使用 meshgrid()函数创建一个(x,y)对的网格,然后计算矩阵 $\boldsymbol{P}(x,y)$中每个点的强度。偶极子位置的索引由变量名决定。

```
x = -2:0.1:2;
y = -2:0.1:2;
Nx = length(x);
Ny = length(y);

L = 0.1;                    % 用来仿真一个点源
L = 1.0;                    % 用来仿真更长的天线

[X, Y] = meshgrid(x, y);
id = find( (X == 0) & ((Y <= L/2) & (Y >= -L/2)) );

omega = 2 * pi;
dt = 0.01;
tmax = 4;

lam = 1;
beta = 2 * pi/lam;
```

设置初始值后,在空间(x, y)和时间 t 中迭代所有的点,得到场强 $I(x,y,t)$。下面的代码动态地计算电场强度,对于平面上的每个点,距离 $R(x,y)=\sqrt{x^2+y^2}$。场强 $I(x,y)$用式(2.87)计算。绘图前的相对标度只是用于产生可视化效果。

基本偶极子的典型场如图 2.62 所示,半波长偶极子的典型场如图 2.63 所示。请注意,为了便于参考,天线导体电流显示为图中的一部分,但它本身不是辐射场的一部分(只是为了指示位置和相对方向)。

```
for t = 0:dt:tmax
    Isum = zeros(Ny, Nx);
    Idip = zeros(Ny, Nx);

    for i = 1:length(id)
```

```
        xo = X(id(i));
        yo = Y(id(i));

        % 余弦电流分布
        Io = cos(pi * yo/L);

        % 用于L较小时的赫兹偶极子
        % Io = 4;

        % 保存此点的偶极子电流
        Idip(id(i)) = Io;

        dX = X - xo;
        dY = Y - yo;

        % 绘制与当前点的距离
        R = sqrt(dX.^2 + dY.^2);
        theta = atan2(dX, dY);
        I = Io * cos(omega * t - beta * R). * sin(theta);

        % 在偶极子本身的位置有R=0,会出现除零问题
        i = find( abs(R) < eps );
        R(i) = 1;
        I = I./R;
        Isum = Isum + I;
    end

    figure(1);
    set(gcf, 'position', [20 90 450 300]);
    meshc(X, Y, Idip);

    figure(2);
    set(gcf, 'position', [500 90 450 300]);
    IsumDisp = Isum * 1 + Idip * 40;
    mesh(X, Y, IsumDisp);
    set(gca, 'zlim', [ - 20 40]);

    figure(3);
    set(gcf, 'position', [1000 90 400 300]);
    IsumDisp = abs(Isum) * 10 + Idip * 200 + 80;
    image(IsumDisp);
    colormap(parula(255));
    axis('off');
    drawnow
    pause(0.05);
end
```

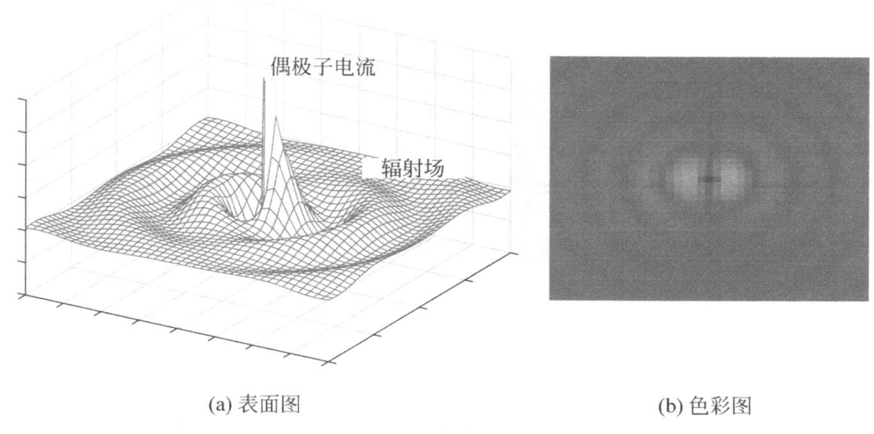

(a) 表面图　　(b) 色彩图

图 2.62　基本偶极子或赫兹偶极子的瞬间快照

注：图(a)将强度显示为高度；图(b)将强度显示为假彩色。

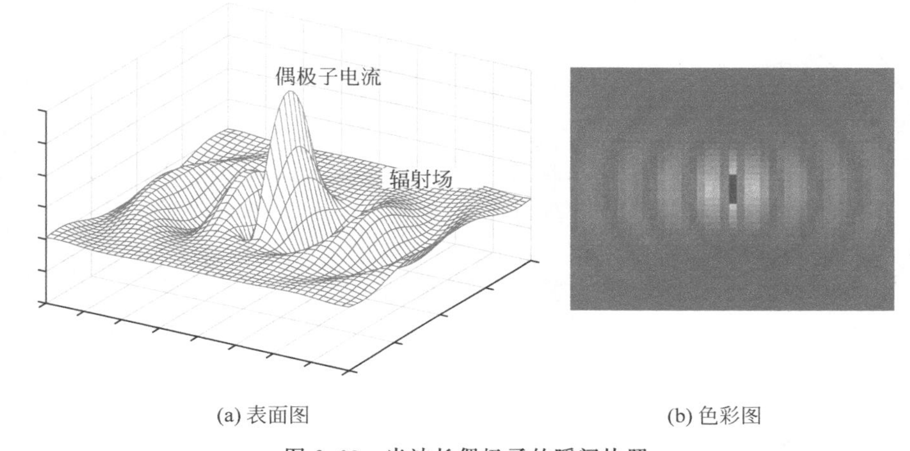

(a) 表面图　　(b) 色彩图

图 2.63　半波长偶极子的瞬间快照

注：半波长偶极子采用与基本偶极子相同的场强计算方法，只有导体电流分布发生了变化。图(a)将强度显示为高度；图(b)将强度显示为假彩色。

如上所述，基本偶极子在相反的方向对称地工作，但是对于许多实际应用，往往优先选择某一个方向。其中最著名的设计是八木天线(Yagi，1928；Pozar，1997)，如图 2.64 所示。它包括一个驱动偶极子元件，其他元件通过电场耦合，并没有直接连接。通常有一个反射器(Reflector)，用于反射入射能量，该反射器实际上可能是一个更精细的角反射器结构。导向器(Director)把能量引导到想要的方向，最少使用一个导向器，通常使用更多的导向器来增强方向性。反射器和导向器之间的距离至关重要，通常为 $\lambda/4$。

到目前为止，讨论主要集中在天线方向图的理论预测上。图 2.65 显示了半波长偶极子和八木天线在 2.4GHz 无线局域网下的实验测量结果。很明显，半波偶极子是非常对称的，与理论预测相同。八木天线方向性更强，也与预期相同。

目前讨论的天线本质上是调谐到一个特定的波长。因此，尽管可以接收到附近频率的信号，但它们与天线的耦合并不强。对于相对接近的频率，这在实践中不存在问题。然而，当接收大量频率间隔较大

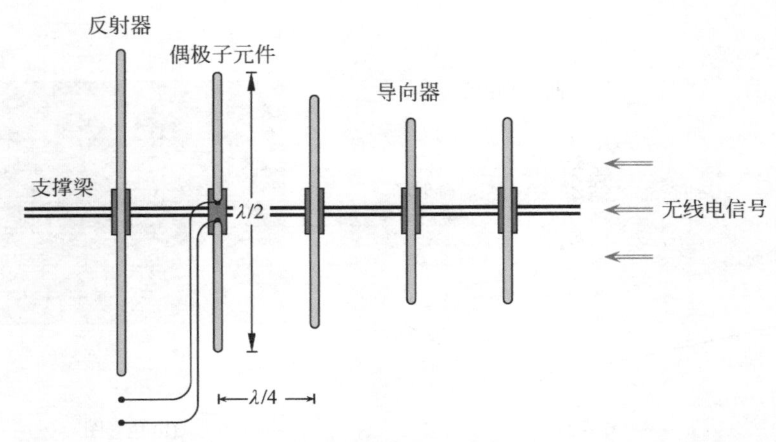

图 2.64　半波长偶极子、一个(或多个)导向器和反射器组合形成的八木天线

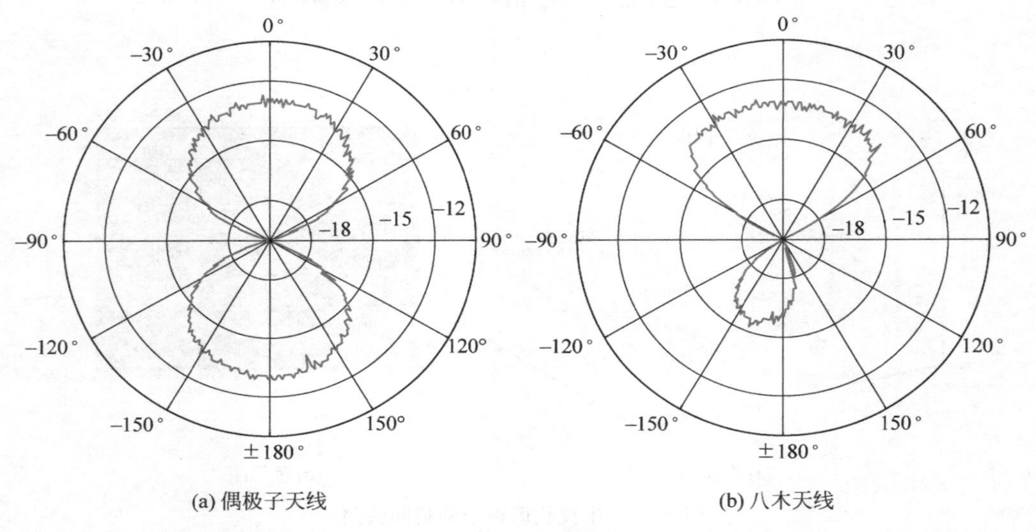

图 2.65　2.4GHz 无线局域网下的实验测量结果

的信号时，可以改进简单的偶极子或八木结构，通过使用对数周期结构来完成，该结构最初由 DuHamel 和 Isbell(1957)提出，对数周期偶极子阵列首次在 Isbell(1960)的论文中描述，并由 Carrel(1961)进行了分析。如图 2.66 所示，对数周期偶极子阵列具有几个关键的设计特征。首先，定义偶极子长度及其间距，即

$$\tan\frac{\alpha}{2}=\frac{L_1/2}{D_1} \tag{2.88}$$

$$\tan\frac{\alpha}{2}=\frac{L_2/2}{D_2} \tag{2.89}$$

因此

$$\frac{D_1}{D_2}=\frac{L_1}{L_2} \tag{2.90}$$

对于从最高频率(最短偶极子)到最低频率(最长偶极子)范围内的所有元件，重复这种模式。其次是驱

动偶极子以相位相反的方式互连，这种布置的思想是，对于给定的频带，只有一个偶极子处于共振状态，剩余的偶极子由于相位反转而成对地相互抵消。

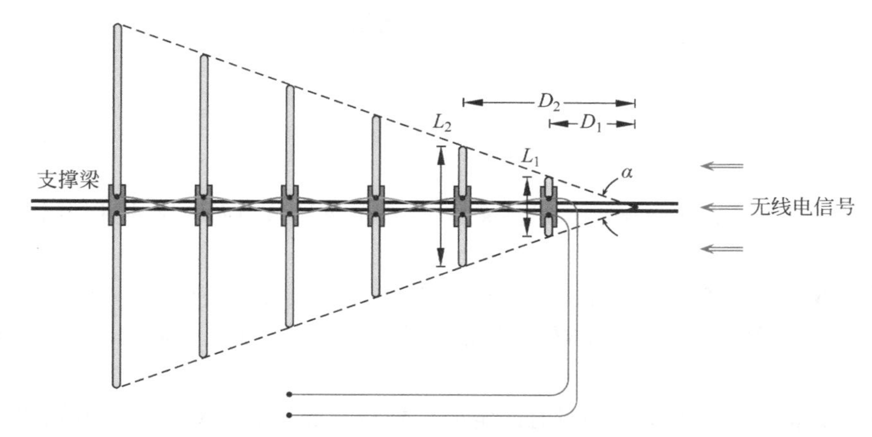

图 2.66 由多个半波长偶极子组成的对数周期天线

目前讨论的天线都具有较宽的辐射方向。然而，点对点天线，尤其是在微波频率下，往往需要精确定向的发射和接收装置。在这种情况下，抛物面反射器是很有用的。严格地说，抛物面反射器用于聚焦射频能量，而不是像偶极子那样将射频转换成电流。抛物面反射器只是简单地聚焦射频能量，如图 2.67 所示，入射光线 R 聚焦在点 F 上。抛物面的开口 D 和曲率 h 决定了反射器的形状，必须以适当的比例来设计。

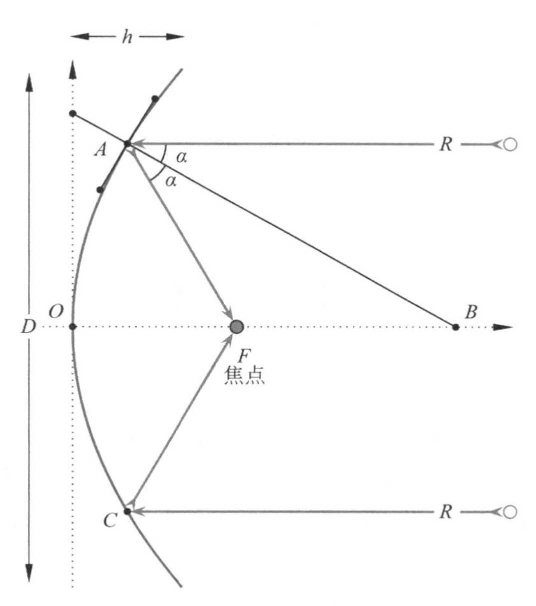

图 2.67 平行波遇到抛物面反射器时的焦点

注：A 处的切线产生相等的角度 α，不管来的是哪种水平波，焦点总是在 F 处。

抛物线定义为到坐标为$(f,0)$的焦点 F 与直线 $x=-f$ 等距的一组点。这意味着可以写出方程

$$x+f=\sqrt{(x-f)^2+y^2} \tag{2.91}$$

它可以简化为

$$y^2 = 4fx \tag{2.92}$$

参考图 2.67，$x=h$ 且 $y=D/2$ 的点满足式(2.92)，于是有

$$\left(\frac{D}{2}\right)^2 = 4fh$$

$$f = \frac{D^2}{16h} \tag{2.93}$$

因此，由开口 D 和高度 h 可以确定焦距。显然，这对于设计抛物面的尺寸，以及将接收元件放置在焦点上是至关重要的。

为什么抛物线聚焦在一个特定的点上？通过点 A 作一条与切线垂直的直线 AB，直线两边相同的角度 α 意味着：无论入射线 R 的垂点在哪里，都始终反射到相同的焦点。显然，这对于聚焦无线电波是至关重要的。

到目前为止讨论的所有天线类型都具有固定的传输或接收模式。对于固定几何形状的天线，改变方向需要移动天线，以便将波束方向旋转到所需的方向。但是还有另一种方法，可以在不移动天线的情况下控制波束。

图 2.68 绘制了两个理论上各向同性(全方向)的辐射元件，它们之间的距离为 d，沿着线 R_1 和 R_r 的相位差为 $d\cos\theta$。目的是调整馈送到 s_r(M 的右边)和 s_1(M 的左边)的信号的相位，使得某个方向角 θ 上的信号达到最大(或最小)。在这种布置中，有几个参数可以改变：辐射元件的数量、它们的相对间距、每个元件驱动电流的相对相位以及幅度。为了介绍电可控阵列的概念，下面只考虑两个具有相等电流幅度和对称相位的辐射元件。

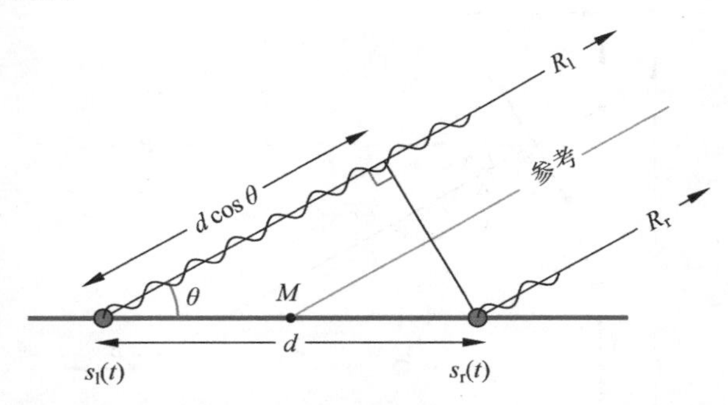

图 2.68　由两个理想源组成的天线阵列(接收机与入射信号成角度 θ)

对于对称阵列，令中点(此处无辐射源)的参考相位为零，可以简化理论推导。令馈电信号的基本形式为 $\cos\omega t$，即频率 $\omega=2\pi f$ 的余弦波。在这种情况下，对称性假设意味着左侧和右侧信号的相位大小相等但符号相反。为了模拟对称性，令左侧的信号为 $\cos(\omega t-\varphi)$，因此右侧变为 $\cos(\omega t+\varphi)$，相加的结果为

$$\begin{aligned} f(t,\varphi) &= \cos(\omega t - \varphi) + \cos(\omega t + \varphi) \\ &= (\cos\omega t\cos\varphi + \sin\omega t\sin\varphi) + (\cos\omega t\cos\varphi - \sin\omega t\sin\varphi) \\ &= (\cos\varphi + \cos\varphi)\cos\omega t + (\sin\varphi - \sin\varphi)\sin\omega t \\ &= 2\cos\varphi\cos\omega t \end{aligned} \tag{2.94}$$

该结果表明，对称相位正弦波之和是另一个振幅与 $\cos\varphi$ 成正比的正弦波。这意味着，通过每个元

件的驱动电子器件，改变每个元件的馈电电流的相对相位 φ，可以对产生的场进行控制。

回到天线阵列，使用中点 M 作为参考，$s_r(t)$的相位超前于中点 M，相对于中点行进的距离会减少 $\beta d/2\cos\theta$，从而导致相位超前。同理，$s_1(t)$处的信号将相对于中点 M 相位延迟 $-\beta d/2\cos\theta$。

此外，可以为每个元件提供相位对称的电流。如果馈电电流相位大小为 ψ，则总相位可以表示如下。

$$\varphi_r = \frac{\beta d}{2}\cos\theta + \psi \tag{2.95}$$

$$\varphi_1 = -\frac{\beta d}{2}\cos\theta - \psi \tag{2.96}$$

得到的场近似为

$$E(\theta) = K[I_o\cos(\omega t + \varphi_1) + I_o\cos(\omega t + \varphi_r)] \tag{2.97}$$

由于只关心相对于 θ 的模式，省略常数 K 和电流 I_o，下面给出相同电流振幅下的标准化辐射模式(给定角度 θ 的场)。

$$f(t,\theta) = \cos\left(\omega t - \frac{\beta d}{2}\cos\theta - \psi\right) + \cos\left(\omega t + \frac{\beta d}{2}\cos\theta + \psi\right) \tag{2.98}$$

这类似式(2.94)中余弦和的形式，因此简化为

$$f(t,\theta) = 2\cos\left(\frac{\beta d}{2}\cos\theta + \psi\right)\cos\omega t \tag{2.99}$$

去掉其中的 $\cos\omega t$ 项，得到振幅模式如下。

$$f(\theta) = \left|\cos\left(\frac{\beta d}{2}\cos\theta + \psi\right)\right| \tag{2.100}$$

其中省略了乘数 2，以便对模式进行归一化，并且只取幅度值(因为负振幅峰值与正振幅峰值相同)，以便确定峰值随入射角的变化。

现在剩下的就是选择辐射源间距 d 和输入电流的相对相位 ψ。通过设计，相位 ψ 可以很容易地设置为零、正(提前)或负(延迟)，并根据式(2.100)控制最终的场模式 $f(\theta)$。

对于一个具体的例子，假设间隔是半个波长($d=\lambda/2$)，馈电电流同相($\psi=0$)。于是，阵列模式可以简化为

$$\begin{aligned} f(\theta) &= \left|\cos\left(\frac{\beta d}{2}\cos\theta + \psi\right)\right| \\ &= \left|\cos\left(\frac{2\pi}{\lambda}\,\frac{\lambda}{2}\,\frac{1}{2}\cos\theta + 0\right)\right| \\ &= \left|\cos\left(\frac{\pi}{2}\cos\theta\right)\right| \end{aligned} \tag{2.101}$$

功率方向图 $P(\theta)=f^2(\theta)$如图 2.69(a)所示。峰值辐射的方向垂直于辐射源的轴，因为由物理距离引起的相位延迟为 $\beta d=(2\pi/\lambda)(\lambda/2)=\pi$。如果沿轴 $\theta=0$ 传播，这正好是波长的一半，因此会抵消。

接下来，假设距离保持为 $d=\lambda/2$，并且使馈电电流试图抵消所发现的半波长差。由这个 d 值产生的相位延迟仍然是沿轴的半波长，因此这意味着必须控制另一个半波长相位差。令 $\psi=\pi/2$，以便具有 $+90°$的超前相位和 $-90°$的滞后相位，这总共相当于 180°或半个波长。因此，阵列方向图可以简化为

$$f(\theta) = \left|\cos\left(\frac{\pi}{2}\cos\theta + \frac{\pi}{2}\right)\right| \tag{2.102}$$

这种方向图如图 2.69(b)所示，峰值辐射的方向沿着辐射源的轴。

对于两个以上的辐射(或接收)元件，当然也可以应用上述结论。将多个元件的不同馈电电流幅度与相位相结合，可以在产生信号方面提供很大的灵活性，这些信号在远场中叠加，从而控制产生的辐射方向图。

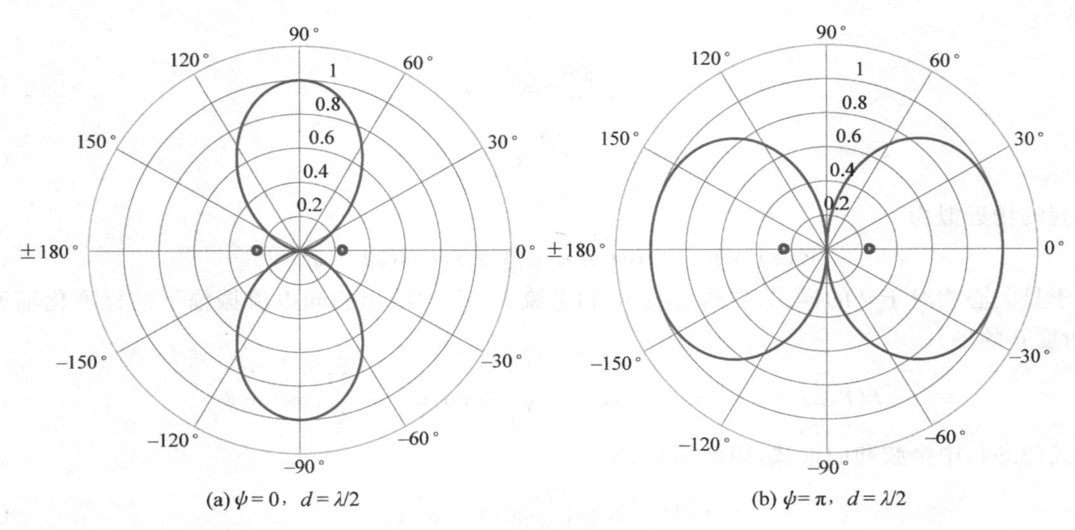

图 2.69 双元件阵列方向图

2.5.8 处理无线信号

发送无线电信号时，需要将基带信号转换到带通信道中。在实际应用中，通常首先将基带信号转换成中频(Intermediate Frequency，IF)信号。考虑到音频信号可以从几百赫兹扩展到几千赫兹，但是叠加了该音频的无线电信号可以是 100MHz 或更高的数量级，因此，需要从较低频率转换到较高频率，这涉及频率从每秒大约 10^3 个周期变化到 10^8 个，这是一个相当大的变化。当然，音频信号作为压力波在空气中传播，而无线电信号以电磁波的形式传播。接收无线电信号与上述过程相反——从射频转换到原始或基带频率范围。同样，在实际应用中，通常首先将接收的带通信号转换成中频信号。因此，需要的是发送信号时的上变频(Upconversion)和接收信号时的下变频(Downconversion)。

上变频和下变频机制基本相同，因此首先考虑射频信号需要恢复的情况。无线电信号接收的基本模型如图 2.70 所示。需要传输带宽为 ω_b 的带通信号，以载波频率 $\omega_1,\omega_2,\cdots$ 中的某一个频点为中心，也称为信道。接收无线电信号意味着选择特定的射频频带并将其转换回基带。发送过程本质上是相反的，即从基带到射频的转换。射频信号占用的实际带宽总是大于基带信号的宽度。

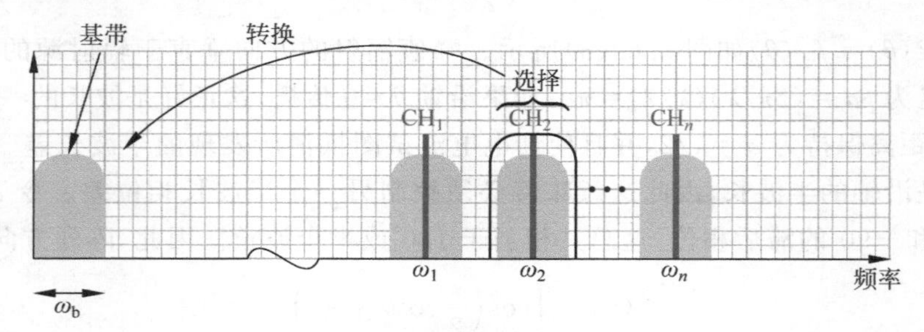

图 2.70 接收无线电信号的频带转换模型

射频信号的带宽通常大于基带带宽——具体取决于使用的调制类型。最简单的调制类型——幅度调制(Amplitude Modulation，AM)使用的带宽是基带信号的两倍。检查方案时，一个关键因素是一个信道不能干扰另一个信道，在两者之间也可能有一个小的未使用的信道空间(保护间隔)，因为用于分离信道的实际滤波器并不完美。

历史上，调谐射频(Tuned Radio Frequency，TRF)接收机是第一个使用的方案，这无疑是因为它是最直接的方法。如图 2.71 所示，这种方案实际上只是概念的直接实现，用一个可调谐滤波器选择感兴趣的特定频带或信道。尽管该方案很简单，但有一个明显的缺点，就是设计一个工作频率很高的带通滤波器是很困难的，使得该方案难以在实践中使用。图 2.70 中的中心频率 ω_n 比带宽 ω_b 高得多，比值 ω_n/ω_b 称为滤波器的 Q 因子，高 Q 滤波器在实践中很难实现。

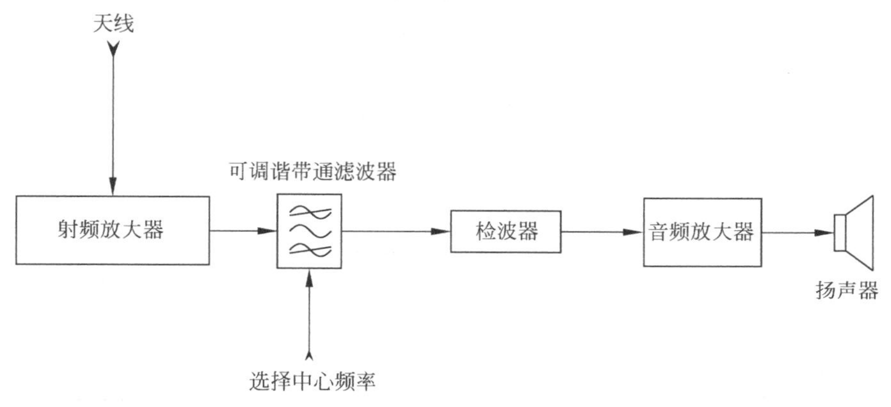

图 2.71 调谐射频接收机框图

注：调谐射频接收机本质上只是一个带通滤波器，后面跟着一个检波器。首先放大接收到的微弱射频信号，然后用滤波器选择感兴趣的特定频带，最初只是采用简单的"检波器"从滤波信号中提取信息信号，随后出现了更复杂的调制方案。

为了解决这个问题，最初的设计使用了多个滤波器。这意味着必须同时调整几组滤波器——这是一项非常困难的任务，需要熟练的操作员。因此，TRF 设计方案在高频率的射频系统中并不常用。

外差(Heterodyne)或混频方法的发明彻底改变了无线电路设计的思路。在外差接收机中，本地振荡器(Local Oscillator，LO)信号与输入无线电信号混频，该方案本质上是乘法和低通滤波操作，这有助于将频率降低到中频。这种方法有两个优点：第一，在特定频率下创建振荡器要比创建具有高 Q 因子的可调滤波器容易得多；第二，使用较低但不变的中频可以减少对后续阶段(放大、滤波、解调)的限制，因为它们都在固定的中频下工作。

这种方法的原理如图 2.72 所示，称为外差式或混频式接收机，它的提出通常归功于 Armstrong (1921)。使用本地振荡器(LO)将射频(RF)信号混频以产生中频(IF)信号，然后根据发射机使用的调制方法对其进行解调，最后一级是音频(Audio Frequency，AF)输出。对于强度变化的无线电信号，自动增益控制(Automatic Gain Control，AGC)通过反馈回路调整输出信号幅度，以保持恒定的输出。像许多发明一样，该方案也有其他平行的贡献者。连接到混频器的本地振荡器的频率调谐在 ω_{lo}，其频率等于本地振荡器和输入射频信号的差值，后续阶段都在中频下工作。由变化的信道条件所引起的信号强度变化，可以用一个反馈路径来补偿，这就是自动增益控制(AGC)。这样，各个中频模块可以联合处理，这种设计称为超外差接收机(Superheterodyne)，或者简称为超外差(Superhet)。

外差式接收机的频率分配如图 2.73 所示。在图 2.73 中，LO 在 RF 频率下方，感兴趣的频带上的整个信号被向下转换到IF频段，即频率差的频段。因此，在这种情况下，$\omega_{\text{if}}=\omega_{\text{rf}}-\omega_{\text{lo}}$，这种类型的转换称为低端注入；若LO的频率高于RF，则称为高端注入。

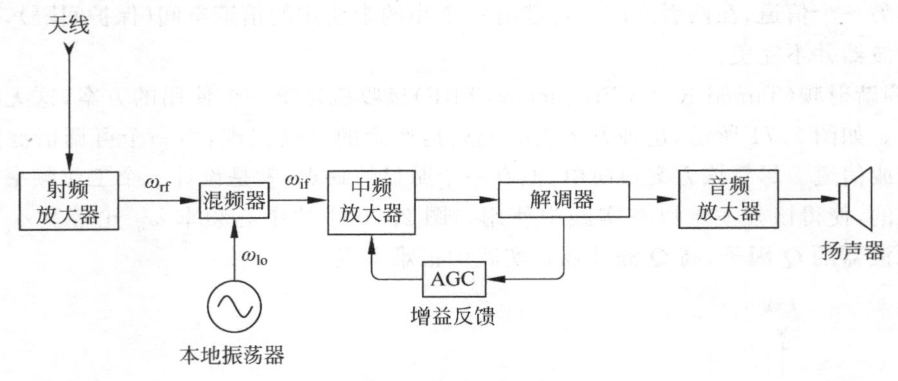

图 2.72 外差式接收机的基本原理

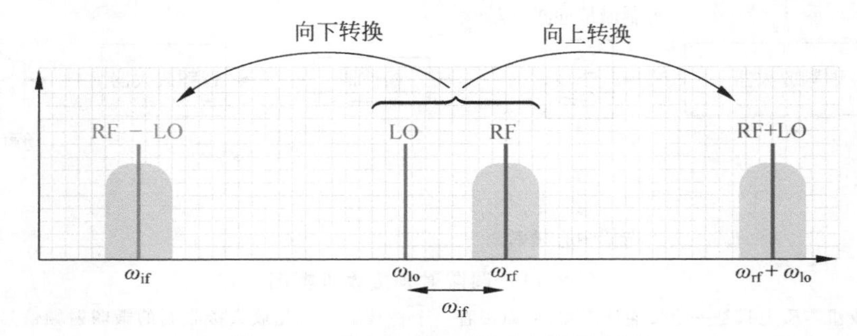

图 2.73 从RF到IF的下变频示意图

注：采用低端注入(LO低于RF)，产生了和频和差频。必须将LO调谐到低于所需的RF，二者的差值等于IF。

频率降低到较低的IF是通过混频(Mixing)实现的。混频器的原理如图2.74所示。用于下变频的信号混频器由振荡器、信号乘法器和后面的低通滤波器组成。乘法运算是下变频的关键，但也会产生更高的频率，因此需要一个低通滤波器。

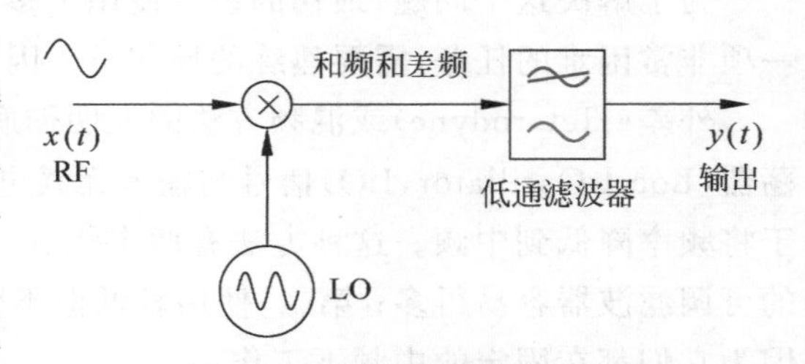

图 2.74 混频器的基本原理

为了理解混频如何作用于信号，考虑两个频率相近但不相同的信号波形，如图2.75(a)和图2.75(b)所示。两个波形相乘会产生图2.75(c)所示的信号，它由两个基本信号组成，一个频率较高，仔细观察就会发现这个频率实际上是两个输入频率之和，这个较高频率信号的包络对应的频率显然低得多，仔细观察就会发现这个频率是两个输入频率之差。

因此，可以说两个正弦信号的相乘产生了和频和差频。回到图2.73，可以看到，当RF信号与LO信号混频时，它会产生RF＋LO和RF－LO的信号。低通滤波器去除较高(和)频率分量，只留下低(差)频分量。

为了说明其工作原理，假设RF和LO信号分别定义为$A_{\text{rf}}\cos\omega_{\text{rf}}t$和$A_{\text{lo}}\cos\omega_{\text{lo}}t$。为了得到这两个波形乘积的公式，回想两个余弦函数乘积的展开式为

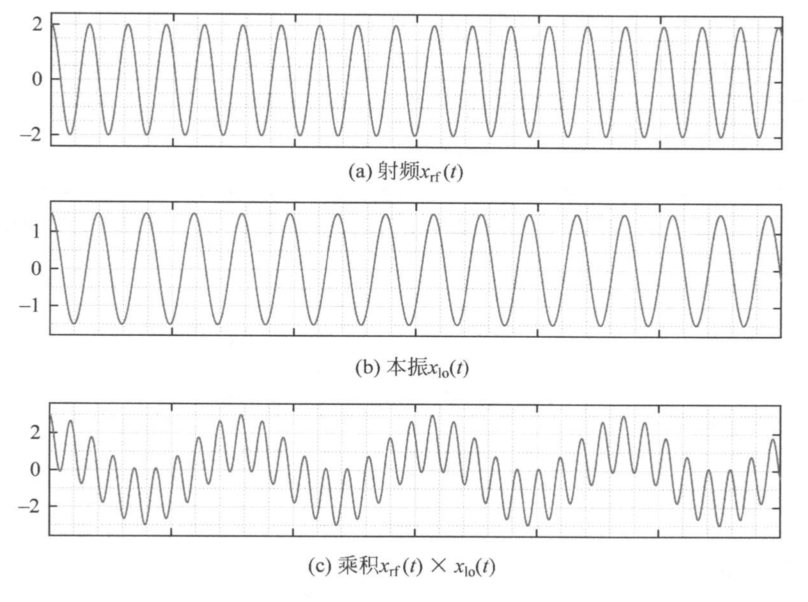

图 2.75　通过乘法转换产生的和频与差频示意图

$$\cos x\cos y=\frac{1}{2}[\cos(x+y)+\cos(x-y)] \tag{2.103}$$

把 x 替换为 $\omega_{rf}t$，y 替换为 $\omega_{lo}t$，可以得到

$$\begin{aligned}A_{rf}\cos\omega_{rf}t\times A_{lo}\cos\omega_{lo}t&=\frac{1}{2}A_{rf}A_{lo}[\cos(\omega_{rf}+\omega_{lo})t+\cos(\omega_{rf}-\omega_{lo})t]\\&=\frac{1}{2}A_{rf}A_{lo}\cos(\omega_{rf}\pm\omega_{lo})t\end{aligned} \tag{2.104}$$

这显然是和频与差频，保留差频会产生中频信号

$$\cos\omega_{if}t=\cos(\omega_{rf}-\omega_{lo})t \tag{2.105}$$

从这个推导中可以明显地看出

$$\omega_{if}=\omega_{rf}-\omega_{lo} \tag{2.106}$$

将该理论应用于具体的例子中。假设有一个混频器，其参数如图 2.76 所示。低通滤波器去除 190MHz 的和频，只留下 10MHz 的差频（中频）信号。

但是，假设在输入端有一个不需要的 RF 信号，其频率为 80MHz，这离所需的 100MHz 输入不远，图 2.77 说明了这种情况。

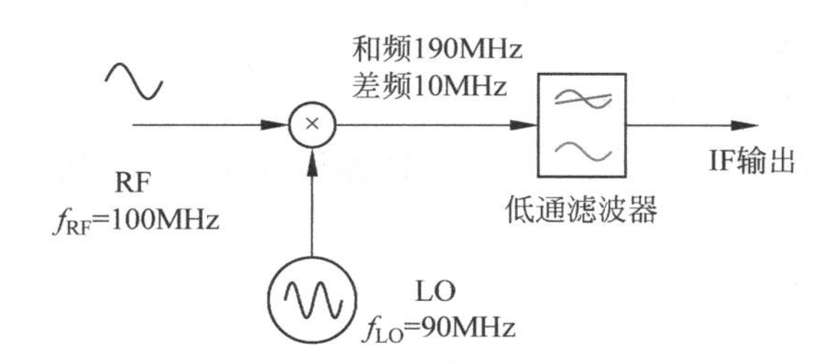

图 2.76　理想的下变频混频器示例

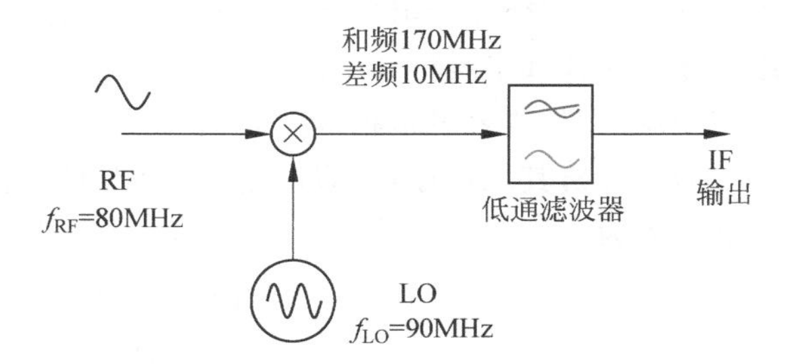

图 2.77　存在镜像频率的混频器示例

80MHz 的信号将与 LO 混频，分别产生 170MHz 和 10MHz 的和频和差频。170MHz 的成分不能通过滤波器，留下 10MHz 的 IF 通过。然而，80MHz 的信号并不是想要的频率（想要的是 100MHz 的信号）。因此，来自 80MHz 频带的无效频率成分将泄漏到 IF 并被处理，这个不需要的频率称为镜像频率（Image Frequency），必须将其去除（或至少最小化）。

考虑本例的图示，可以推断出这种情况发生在 LO 与 RF 的和或差等于 IF 的时候。在这种情况下，100－90＝90－80＝10。需要的 RF 频率和不需要的镜像频率之间的差值为 2IF，如图 2.78 所示。

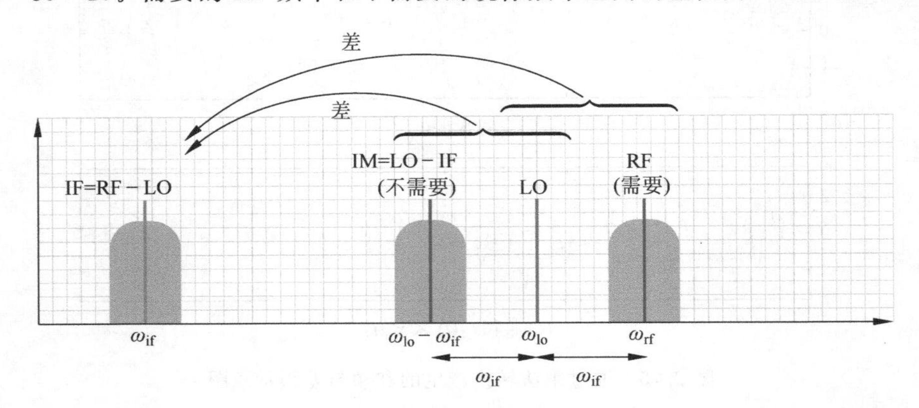

图 2.78 产生镜像信号的频域原理

注：本地振荡器（LO）和所需射频（RF）之间的间隔决定了镜像干扰频率存在的区域。

从数学上考虑这个问题，可以把输入的 RF 乘以 LO，然后将余弦的乘积转换成余弦的和，即

$$\begin{aligned}x_{\text{if}}(t)&=A_{\text{rf}}\cos\omega_{\text{rf}}t\cos\omega_{\text{lo}}t+A_{\text{im}}\cos\omega_{\text{im}}t\cos\omega_{\text{lo}}t\\&=\frac{A_{\text{rf}}}{2}\cos(\omega_{\text{rf}}+\omega_{\text{lo}})t+\frac{A_{\text{rf}}}{2}\cos(\omega_{\text{rf}}-\omega_{\text{lo}})t+\\&\quad\frac{A_{\text{im}}}{2}\cos(\omega_{\text{lo}}-\omega_{\text{im}})t+\frac{A_{\text{im}}}{2}\cos(\omega_{\text{lo}}+\omega_{\text{im}})t\end{aligned}\tag{2.107}$$

第一项（RF＋LO）频率相当高，不在 IF 通带内；同样，最后一项（LO＋IM）也远高于 IF。第二项（RF－LO）是需要的，它被转换成 IF。然而，第三项（LO－IM）也等于 IF，因此传到 IF 级。

解决镜像问题有几种策略。首先，可以采用随 LO 频率上下调节的宽带射频滤波器。由于射频滤波器的带宽是 IF 带宽的两倍，即可滤除镜像干扰信号，因此该滤波器的设计约束较少，容易构建。

另一种思路是增加 IF，从而使镜像频率距离更远。然而，这在某种程度上抵消了 IF 频率较低的优势。考虑到上述问题，一种改进方法是使用两个 IF 级，第一个具有较高的 IF，以确保镜像远离，第二个将较高的 IF 下变频为第二个较低的 IF。虽然这种方案在实践中被广泛使用，但也导致了更高的复杂度。还有一种基于哈特利调制器（Razavi，1998）的相位镜像抑制方法，如图 2.79 所示。该方法需要两个正交振荡器，或者说是相位差为 90°的振荡器。数学上，分别是同相（余弦）和正交（正弦）信号。

为了分析其工作原理，假设输入的 RF 信号包括需要的 RF 信号和不需要的镜像信号，图 2.79 所示的上分支为

$$\begin{aligned}x_{\text{rf}}(t)\cos\omega_{\text{lo}}t&=A_{\text{rf}}\cos\omega_{\text{rf}}t\cos\omega_{\text{lo}}t+A_{\text{im}}\cos\omega_{\text{im}}t\cos\omega_{\text{lo}}t\\&=\frac{A_{\text{rf}}}{2}[\cos(\omega_{\text{rf}}-\omega_{\text{lo}})t+\cos(\omega_{\text{rf}}+\omega_{\text{lo}})t]+\end{aligned}$$

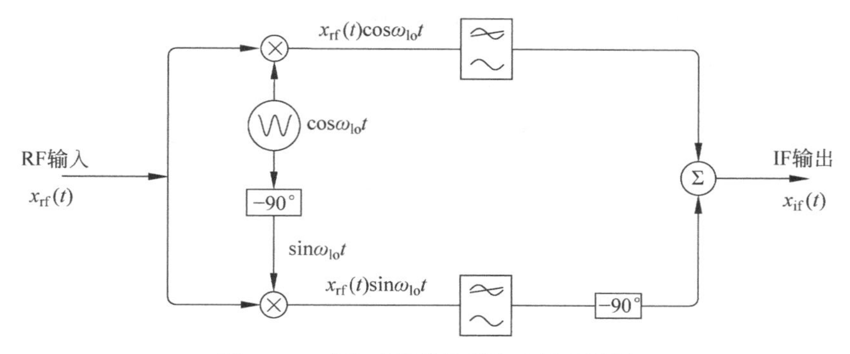

图 2.79　哈特利镜像抑制方法原理框图

注：该方法不依赖滤波滤除镜像，而是产生具有精确相位关系的两个波形（并不困难）以及对某一个波形进行相移（相对更难实现）。

$$\frac{A_{im}}{2}[\cos(\omega_{lo}+\omega_{im})t+\cos(\omega_{lo}-\omega_{im})t] \tag{2.108}$$

低通滤波后，得到上分支为

$$\frac{A_{rf}}{2}\cos(\omega_{rf}-\omega_{lo})t+\frac{A_{im}}{2}\cos(\omega_{lo}-\omega_{im})t \tag{2.109}$$

图 2.79 所示的下分支为

$$\begin{aligned} x_{rf}(t)\sin\omega_{lo}t &= A_{rf}\cos\omega_{rf}t\sin\omega_{lo}t+A_{im}\cos\omega_{im}t\sin\omega_{lo}t \\ &= \frac{A_{rf}}{2}[\sin(\omega_{rf}+\omega_{lo})t-\sin(\omega_{rf}-\omega_{lo})t]+ \\ &\quad \frac{A_{im}}{2}[\sin(\omega_{lo}+\omega_{im})t+\sin(\omega_{lo}-\omega_{im})t] \end{aligned} \tag{2.110}$$

低通滤波后，得到下分支为

$$-\frac{A_{rf}}{2}\sin(\omega_{rf}-\omega_{lo})t+\frac{A_{im}}{2}\sin(\omega_{lo}-\omega_{im})t \tag{2.111}$$

最后经过−90°相移，得到

$$\frac{A_{rf}}{2}\cos(\omega_{rf}-\omega_{lo})t-\frac{A_{im}}{2}\cos(\omega_{lo}-\omega_{im})t \tag{2.112}$$

将式(2.109)和式(2.112)中的信号相加，含有镜像$(A_{im}/2)\cos(\omega_{lo}-\omega_{im})t$ 的项相抵消，而涉及 RF 和 IF 的另一项相同，只剩下

$$x_{if}(t)=A_{rf}\cos(\omega_{rf}-\omega_{lo})t \tag{2.113}$$

因此，镜像信号被完全抑制，只留下所需的信号。该方案的缺点是需要两个锁相振荡器，以及其中一个信号乘积的精确相移−90°。如果不满足这些条件，镜像信号将不会完全抵消。

第三种方法是使用直接转换(Direct-Conversion)接收机，也称为零差(Homodyne)。考虑前面关于减少镜像信号的讨论，向 RF 方向增加 LO 意味着降低 IF。如果将 IF 降低到不存在的程度(即为零)，就不会有镜像。此时，IF 为零意味着感兴趣的信号集中在基带上，这样一来就失去了使用 IF 作为恒定中频的意义，这种方案称为零中频(Zero-IF)或直接转换接收机。

直接转换需要良好的线性性质和更多的高频处理，然而，它非常适合数字信号解调。图 2.80 显示了其基本原理，不是乘以一个 LO，而是两个 LO。振荡器的频率 ω_c 正好为载波频率，相移正好为 90°，

这称为相位正交(Phase Quadrature)或正交(Quadrature),并且可以容易地通过相移或数字方式延迟余弦信号来产生正弦信号。

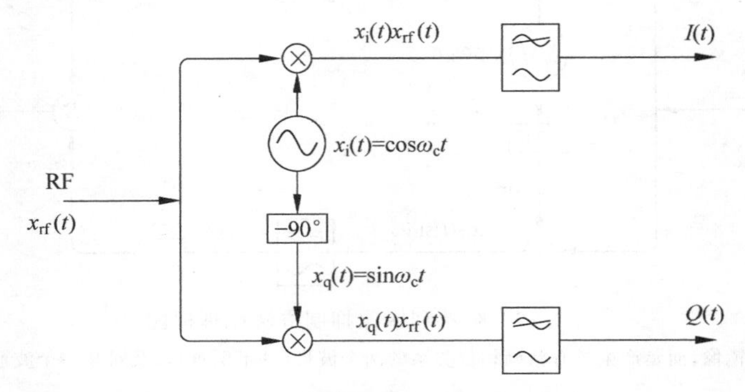

图 2.80 正交信号的直接下变频方案

其结果是有两个信号输出:同相分量 $I(t)$(与余弦分量相关)和正交分量 $Q(t)$(与正弦分量相关),然后直接解调下变频的 IQ 信号。对于数字信号传输,采用两路信号 I 和 Q,能够同时对大量数据位进行编码,从而大大提高了数字信号传输中的数据率,具体将在第 3 章中详细讨论。

2.5.9 互调

虽然信号的乘法在调制和解调中非常有用,但有时会在不希望的时候发生,因为现实世界中的设备不是完全线性的(1.4.3 节介绍了线性和非线性信号的概念)。这意味着对于给定的输入信号,理想情况下放大器产生的输出信号是输入信号乘以常数因子,但是实际的电子设备总是存在一定程度的非线性。

假设系统的输入为 $x(t)$,输出 $y(t)$ 为

$$\begin{aligned} y(t) &= G_1 x(t) + G_2 x^2(t) + G_3 x^3(t) \\ &= y_1(t) + y_2(t) + y_3(t) \end{aligned} \tag{2.114}$$

如果系统是纯线性的,那么只存在第一项,此时 $G_2 = G_3 = 0$,输出为 $y(t) = G_1 x(t)$,其中 G_1 为增益系数。但是,由于现实世界的不完美,假设 G_2 是一个很小但非零的值,G_3 是一个更小但仍然非零的值,在这种情况下,它们对信号输出有贡献。含有信号的平方或立方的情况下会发生什么呢? 令输入为两个正弦波之和,即

$$x(t) = A_1 \sin\omega_1 t + A_2 \sin\omega_2 t \tag{2.115}$$

输出为

$$\begin{aligned} y(t) = &G_1(A_1 \sin\omega_1 t + A_2 \sin\omega_2 t) + G_2(A_1 \sin\omega_1 t + A_2 \sin\omega_2 t)^2 + \\ &G_3(A_1 \sin\omega_1 t + A_2 \sin\omega_2 t)^3 \end{aligned} \tag{2.116}$$

线性输出(第一项)为

$$y_1(t) = G_1(A_1 \sin\omega_1 t + A_2 \sin\omega_2 t) \tag{2.117}$$

这与输入频率相同,正是所需要的。二阶非线性对输出的贡献为

$$y_2(t) = G_2(A_1 \sin\omega_1 t + A_2 \sin\omega_2 t)^2 \tag{2.118}$$

利用 $(a+b)^2 = a^2 + 2ab + b^2$,可改写为

$$y_2(t) = G_2(A_1^2 \sin^2\omega_1 t + 2A_1 A_2 \sin\omega_1 t \sin\omega_2 t + A_2^2 \sin^2\omega_2 t) \tag{2.119}$$

利用 $\sin x\sin y=[\cos(x-y)-\cos(x+y)]/2$ 和 $\sin^2 x=(1-\cos 2x)/2$，展开式(2.119)右侧得到

$$y_2(t)=\frac{G_2A_1^2}{2}(1-\cos 2\omega_1 t)+\frac{2G_2A_1A_2}{2}[\cos(\omega_1-\omega_2)t-\cos(\omega_1+\omega_2)t]+\frac{G_2A_2^2}{2}(1-\cos 2\omega_2 t) \tag{2.120}$$

因此，存在频率为 $2\omega_1$、$2\omega_2$ 和 $|\omega_1\pm\omega_2|$ 的分量。除了原始频率的谐波，在新频率 $|\omega_1\pm\omega_2|$ 处也存在分量，这造成了输出波形的失真。如果 G_2 很小，那么这些贡献将很小。

三阶非线性对输出的贡献为

$$y_3(t)=G_3(A_1\sin\omega_1 t+A_2\sin\omega_2 t)^3 \tag{2.121}$$

利用展开式 $(a+b)^3=a^3+3a^2b+3ab^2+b^3$，得出

$$y_3(t)=G_3(A_1^3\sin^3\omega_1 t+3A_1^2A_2\sin^2\omega_1 t\sin\omega_2 t+3A_1A_2^2\sin\omega_1 t\sin^2\omega_2 t+A_2^3\sin^3\omega_2 t) \tag{2.122}$$

为了确定存在哪些频率成分，显然有必要对 $\sin^2 x\sin y$ 和 $\sin^3 x$ 进行三角函数展开。通过合并同类项，可以发现存在许多频率分量，具体如下。

$$\sin^3\omega_1 t=\frac{3}{4}\sin\omega_1 t-\frac{1}{4}\sin 3\omega_1 t \tag{2.123}$$

$$\sin^2\omega_1 t\sin\omega_2 t=\frac{1}{2}\sin\omega_2 t-\frac{1}{4}\sin(2\omega_1+\omega_2)t+\frac{1}{4}\sin(2\omega_1-\omega_2)t \tag{2.124}$$

$$\sin\omega_1 t\sin^2\omega_2 t=\frac{1}{2}\sin\omega_1 t-\frac{1}{4}\sin(2\omega_2+\omega_1)t+\frac{1}{4}\sin(2\omega_2-\omega_1)t \tag{2.125}$$

考虑到负频率和正频率本质相同，出现的频率有 ω_1、ω_2、$|2\omega_1\pm\omega_2|$ 和 $|2\omega_2\pm\omega_1|$。其中最大的问题是 $2\omega_1-\omega_2$ 和 $2\omega_2-\omega_1$，因为它们不可避免地接近真实输入频率 ω_1 和 ω_2。

图 2.81 为放大器系统产生互调项的示意图。当只有线性项(纯线性放大器)时，这两个频率是输出中唯一存在的频率。平方项引入的其他频率成分是每个单独输入频率的两倍，以及输入频率的和。由于它们的频率要高得多，所以它们可能在感兴趣的带宽之外。然而，三阶(或三次)项在 $2\omega_1-\omega_2$ 和 $2\omega_2-\omega_1$ 处引入了新的频率分量，如果 ω_1 与 ω_2 相近，则产生的无效频率分量将非常接近期望分量。尽管无效分量很小，但它们并不为零。在有效频率范围内观察到的失真，幅度与三阶增益相当。

因此，即使每个单独频率的谐波处于更高的频率上，但同时产生的多个信号会产生多个和频与差频，这些频率可能位于给定系统的带宽内。

2.5.10　外部噪声

现实世界中的无线系统存在一些问题，如果要进行可靠的通信，必须克服这些问题。首先，在多用户场景中，使用相同 RF 频带的发射机会有相互干扰的问题。其次，必须考虑来自其他信号源的无意干扰。

为了更好地理解这一点，图 2.82 显示了在 2.4GHz 无线频带上捕获的 WiFi 信号。符合 IEEE 802.11 系列标准(IEEE，2012)的无线信号使用了几个信道。在这里，看到来自两个独立的发射机的信号：一个在附近，信号强度高得多；另一个在更远的地方。在本例中两者没有重叠，但是对于许多无线发射机，如果没有合理安排配置，总存在频谱重叠的可能性。另外，在本例中，可以看到微波炉辐射的无线信号。对于这种类型的发射机，干扰信号具有一定的宽带，而且有几个明显的峰值。这些峰值不是持续存在的，而是时有时无的。

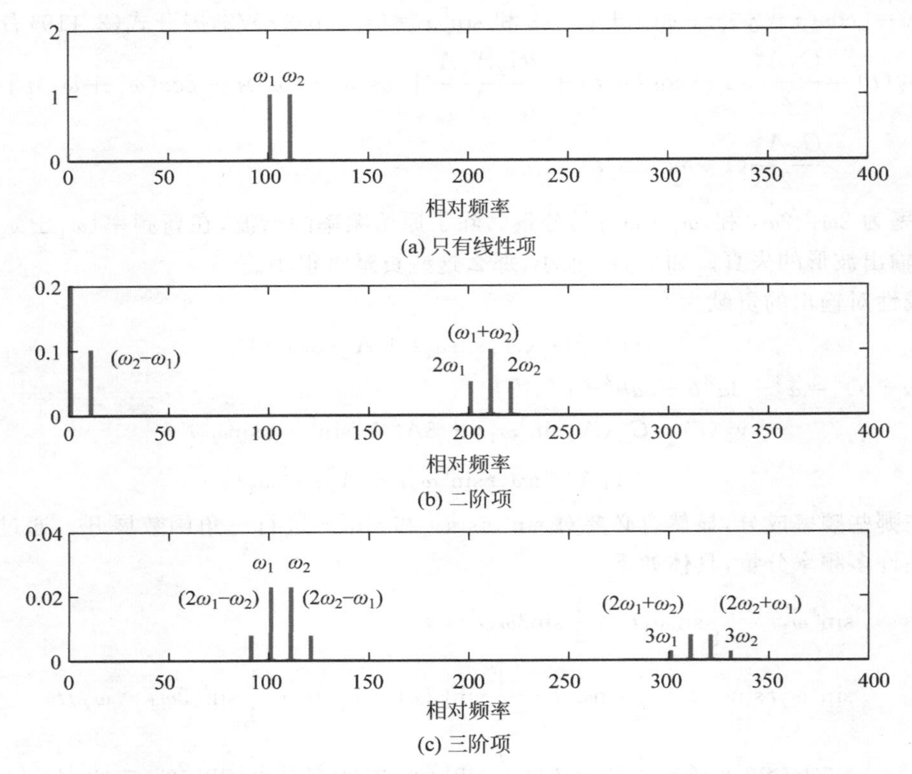

图 2.81　放大器系统中线性、二阶和三阶非线性产生互调项示意图

注：示例使用 $G_1=1, G_2=0.1, G_3=-0.01$。频率标度是相同的，但幅度标度是不相等的。

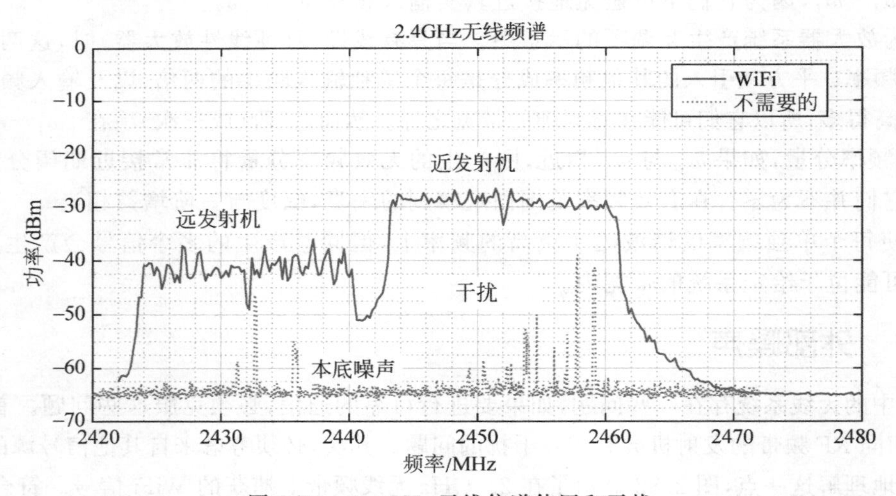

图 2.82　2.4GHz 无线信道使用和干扰

注：两个独立的 WiFi 网络可能相互干扰，也可能互不干扰。背景干扰可能存在较短或较长的时间，同时本底噪声始终存在。

无线系统必须能够应对这些不同类型的干扰。干扰可能是瞬时的（如微波炉）或半规则的（如另一个无线基站）。宽带噪声也存在，如图 2.82 所示的本底噪声（Noise Floor）。信道自适应方法，以及扩频和离散多音调制（见第 3 章），用于噪声较大的有线和无线环境，以实现高速数字传输。这些方案与各种信道编码和错误检测方法结合使用,用于减少传输错误的影响(见第 5 章)。

2.6 光传输

与电缆和无线传输一起,光纤构成了信号和数据传输的第三个基础。每一种方法都有特定的性质,使其更适合某些应用。对于光纤,主要的特性是能够提供非常高速的数据传输。但是伴随着这一优势而来的还有一些其他的实际问题,如缺乏移动性(相比于无线传输)和难以接入(相比于电缆)。本节介绍光纤中的关键概念,包括光纤、光源、光检测器以及典型光纤特性的测量。

2.6.1 光传输原理

虽然使用光作为信使的概念有很早的历史记录,但是现在使用玻璃光纤实现光通信通常可以追溯到 Kao 和 Hockham(1966),因为他们首先分析了技术指标,如光纤通信中信号在玻璃中的衰减。事实上,间接使用“玻璃管道”的历史可以追溯到更早的时期(Hecht,2004),同样,激光的发明和随后的发展(Hecht,2010)对光纤通信的实现至关重要。

在“玻璃管道”(光纤)中使用光通信的一些重要优点如下。

(1) 可以实现极高的数据速率(因为可用带宽大,远大于同轴电缆)。

(2) 抗串扰(包层内的光纤不易受到外部电磁辐射的影响)。

(3) 损耗非常低(因此能够实现远距离传输)。

与其他的通信方式一样,光通信需要 3 样东西:在某一特定频率(或波长)下的功率发射器;传输功率的方法;最后是将接收到的功率转换回电压的接收器。对于光纤,发射器通常是激光二极管(Laser Diode,LD),也称为二极管激光器,能够在红外(IR)区域发光。波导是一种非常灵活的玻璃纤维,接收器是光电二极管或类似的半导体检测器(对激光的 IR 发射波长具有一定的灵敏度)。光通信需要解决如下关键问题。

(1) 如何产生可控制的光功率来传送信息。

(2) 如何将发射的波长与波导相匹配,使得功率保持很长的距离。

(3) 如何检测接收到的光信号并将其转换为电压。

当然,如何调制光功率使接收机同步是另一个设计方面的问题。

目前的一个关键问题是,几乎所有实现的光纤系统都不使用可见光。相反,它们采用 IR 辐射,波长更长,人眼不可见。在可见光光谱中,在紫色的一端有较短的波长,它在棱镜中弯曲最大,波长约为 400nm(NASA,n. d.)。假设传播速度是光在真空中的速度($v=c\approx 3\times 10^{8}$ m/s),利用 $v=f\lambda$ 可知其频率约为 7.5×10^{14} Hz(或 750THz)。波长更短的辐射是人眼不可见的,称为紫外线(Ultraviolet)。在光谱的另一端,波长较长的红光在棱镜中弯曲最小,波长约为 650nm,相应的频率约为 460THz。波长更长的辐射也是人眼不可见的,被称为红外线。显然,这些频率远远高于前面遇到的无线电频率。

在红外区域内,有 3 个子区域,通常称为近红外、中红外和远红外。尽管这些区域边界的精确定义各不相同,但大致符合 ISO 20473 方案,其中近红外波长为 0.78~3μm,中红外波长为 3~50μm,远红外波长为 50~1000μm(ISO,2009)。目前的电信系统大多工作在 1310~1550nm,因此属于近红外区域,其主要原因是制造的玻璃纤维在该波段可以达到非常低的光损耗(衰减)。下面的讨论主要集中在近红外波段,然而,大多数基本原理(如反射和折射)同样适用于可见光。

如上所述，在特定波长下生产损耗非常低的光纤并不是全部要求。检测器的光谱灵敏度也必须与发射器波长有一个重叠区域，如图 2.83 所示，其中发射器和检测器仅部分重叠。由于重叠区域总是与发射器的峰值功率输出区域（或者说检测器的峰值灵敏度）不匹配，因此接收功率的降低不可避免。

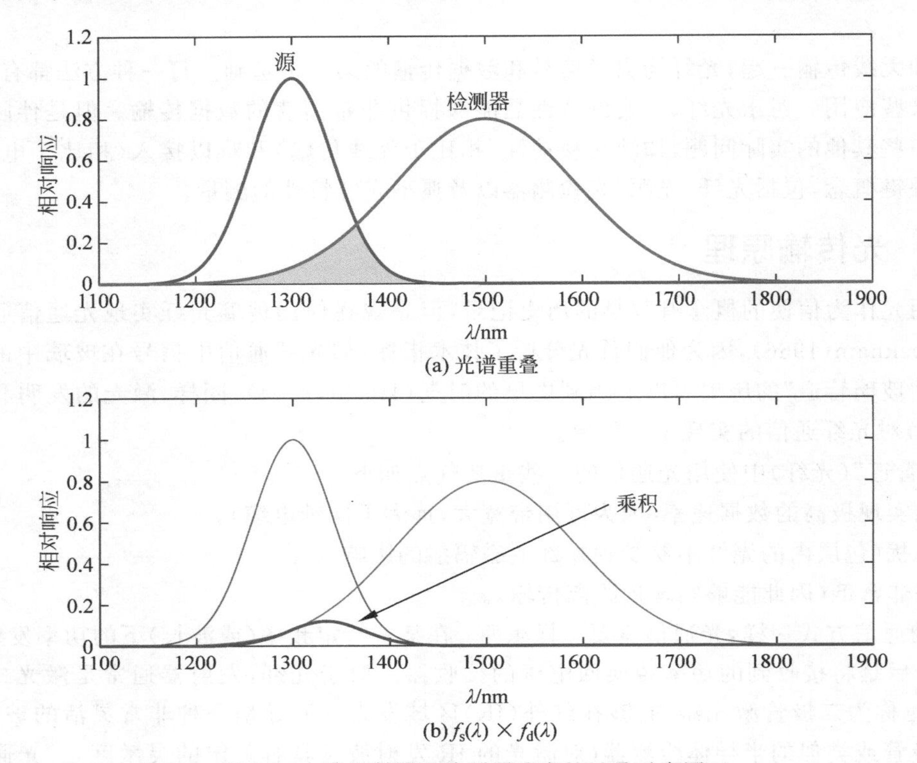

(a) 光谱重叠

(b) $f_s(\lambda)\times f_d(\lambda)$

图 2.83 光发射器和检测器响应的重叠示意图

注：光发射器和检测器响应的精确匹配几乎永远不可能实现，这导致检测器输出端的电信号较小，并且由于检测器带宽较宽而产生了额外的噪声。

2.6.2 光源

在光纤通信中，可以使用两种方法产生光源：发光二极管（Light-Emitting Diode，LED）和激光二极管（LD），后者有时也称为二极管激光器。LED 基于半导体效应产生光，由 PN 结（P 型/N 型）在一定范围的光波上发出辐射。对于发出可见光的 LED，可以大体上用其发光颜色来命名。LD 的工作原理与之类似，但是采用 PN 材料的结合形成光学谐振腔，该腔体产生相干光或同相光，其原理是受激辐射光放大（Light Amplification by Stimulated Emission of Radiation，LASER），简称激光。Hecht（2010）详细记录了激光的发展历史。Paschotta（2008）介绍了一些更技术性的方面，特别是对半导体激光器和光纤，提供了很好的参考。

LD 的一个重要特性是，光腔在某些特定波长下共振，其方式类似于 2.4.8 节讨论的驻波，如图 2.84 所示。激光器需要两个反射面，其中一个（图 2.84 中右侧）允许一小部分光穿透出去，中间的光腔包含光束本身，它夹在能量泵源之间。在最初的气体激光器中，这是一个非常明亮的闪光灯。在 LD 中，这是一个掺杂了适当元素的 PN 结，最终结果是产生一个驻波，如图 2.84 顶部所示。一个原子发射光子可能引发其他原子发射光子，从而导致级联效应。将光束控制在腔内，通过反射增强振幅，并以这种方式形成光学振荡器，产生相干辐射。LD 的温度很关键，通常由外部装置控制。此外，光输出必须由腔体面上的光电二极管装置检测，以便产生反馈来控制激光电流。对于低电流，LD 可以充当常规的 LED，产生非相干辐射；在激光阈值电流以上，则产生激光。但是，激光强度必须受到限制，否则激光结会迅速自我破坏。

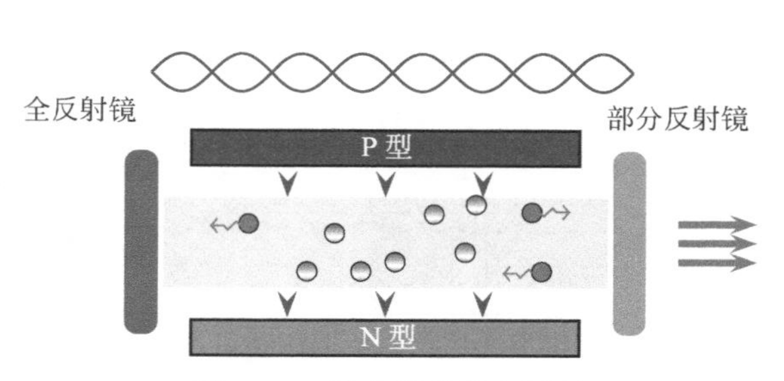

图 2.84 激光器的基本原理

注：外部能量由顶部和底部的 PN 结提供，刺激光子的级联发射。激光介质在规定的光波长上具有高增益，这样发射的受激辐射在空腔内来回反射形成驻波，同时释放一小部分提供激光输出。

在光纤通信系统的设计中，可以选择使用 LED 或 LD 作为光源，并且有一些重要的考虑因素。首先，LED 的制造难度较小，因此成本较低。然而，LED 的输出分布在很宽的角度上，而激光的控制更加严格。这并不是说激光束不发散，而是发散角很小。光学聚焦器件用于将红外辐射耦合到光纤中，而 LED 的一个显著缺点是可以耦合到光纤中的红外成分比例较低。

深入研究，还可以发现 LED 的其他一些缺点。检查两种光源的光输出时（见图 2.85），很明显可以发现它们是完全不同的。LED 的光功率分布在相对较大的波长范围内（约 50nm 或更大），而激光产生的线宽非常窄。很明显，对于给定的功率，在激光的较窄光谱范围内会产生更多的辐射。由于光波在穿过光纤结构时发生折射或弯曲，红外线在光纤中传播会产生微妙的变化。光纤本身有一个给定的折射率，这就减慢了辐射。重要的是，速度的降低取决于波长，因为折射率实际上不是恒定的，而是在某种程度上取决于辐射的波长。因此，一些较高或较低波长的能量将以不同的速度传输，从而导致到达接收器的时间不同，这种效应称为色散（Chromatic Dispersion）。色散导致方形脉冲在传输时逐渐变圆，不仅脉冲在时间上会分散，而且光接收器对较宽的波长范围很敏感，这限制了最大数据速率。考虑到这些因素，较窄的光谱宽度更加实用。

在图 2.85 所示的激光光谱中，显示了许多不同的激光谱线。事实上，这取决于所用激光器的类型，图 2.85(b) 所示为 Fabry-Pérot(FP) 激光器的光谱结构。另一种类型，分布式反馈（Distributed Feedback，DFB）激光器能够产生更窄的线宽，但是成本更高，且功率输出更低。这是因为 DFB 激光器采用了一种特殊的光栅，称为布拉格光栅，降低了二次辐射激光的峰值。

通过计算单个谱线的间距，可以获得一些有用的结论。假定激光腔中的光速为 v_c，令中心频率和波长分别为 f 和 λ，于是有 $v_c = f\lambda$，对于频率的变化 Δf 和波长的变化 $\Delta\lambda$，基本的频率—波长积规则仍然成立，所以有

$$v_c = (f + \Delta f)(\lambda + \Delta\lambda) \tag{2.126}$$

等价于（因为都等于 v）

$$\begin{aligned}
&(f + \Delta f)(\lambda + \Delta\lambda) = f\lambda \\
&\cancel{f\lambda} + f\Delta\lambda + \lambda\Delta f + \cancelto{0}{\Delta f\Delta\lambda} = \cancel{f\lambda} \\
&f\Delta\lambda = -\lambda\Delta f \\
&\frac{\Delta f}{f} = -\frac{\Delta\lambda}{\lambda}
\end{aligned} \tag{2.127}$$

对于较小的变化，因为 $\Delta f\Delta\lambda \ll f\lambda$，所以 $\Delta f\Delta\lambda \approx 0$。负号可以理解为这样一个事实：如果频率变化是正的，那么 Δf 是正的，但是波长必须减小，因此波长的变化 $\Delta\lambda$ 必须是负的（反之亦然）。

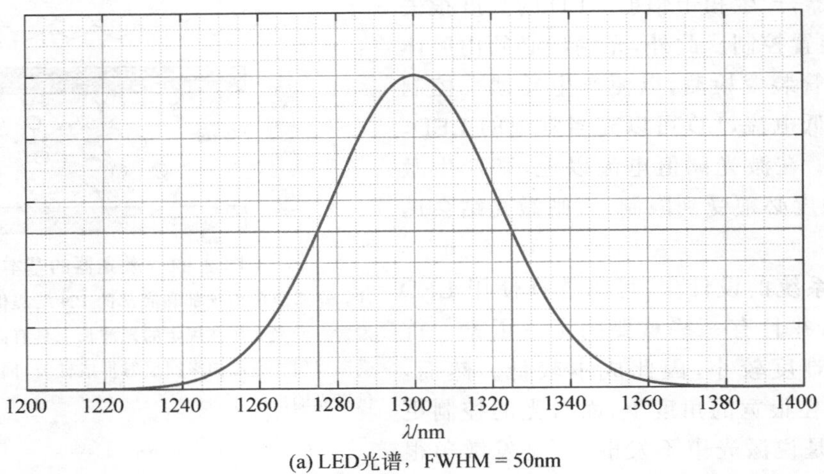

(a) LED光谱，FWHM = 50nm

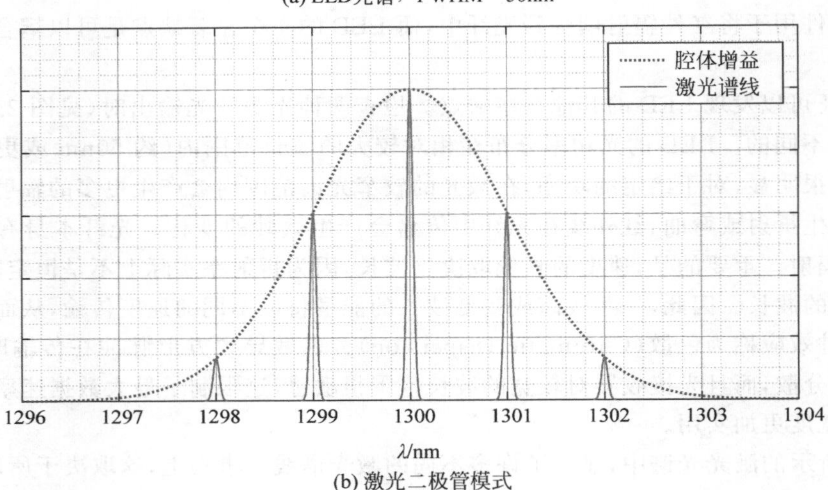

(b) 激光二极管模式

图 2.85　LED 和 Fabry-Pérot(FP)激光二极管的光谱示意图

注：LED 和 LD 的波长范围不同，图中显示的 1300nm 区域位于红外光谱中，肉眼不可见。

光速 c 和真空中的波长 λ_o 之间的关系为 $c=f\lambda_o$。假设光线进入其他介质(如玻璃或水)，频率不会改变，但波长变为新的值 λ，折射率 n 定义为 λ_o/λ 的值。在新介质中，令传播速度为 v，同样有 $v=f\lambda$，因此

$$\begin{aligned} n &= \frac{\lambda_o}{\lambda} \\ &= \frac{c/f}{v/f} \\ &= \frac{c}{v} \end{aligned} \tag{2.128}$$

所以折射率可以理解为真空中的光速与介质中的光速的比值。

在腔内，长度 L 必须是驻波半波长的整数倍，从而产生激光，因此

$$L = m\left(\frac{\lambda}{2}\right)$$

$$\lambda = \frac{2L}{m} \tag{2.129}$$

其中，m 是整数，再加上折射率 $n=c/v$，有

$$v = f\lambda$$

$$\frac{c}{n} = f\left(\frac{2L}{m}\right)$$

$$f = \frac{mc}{2nL} \tag{2.130}$$

令 m 为连续整数，频率变化 Δf 为

$$\Delta f = \frac{c}{2nL} \tag{2.131}$$

现在利用式(2.127)中的频率和波长之比，可得

$$\begin{aligned}\Delta\lambda &= -\Delta f\left(\frac{\lambda}{f}\right)\\ &= -\left(\frac{c}{2nL}\right)\left(\frac{\lambda}{c/\lambda}\right)\\ &= -\frac{\lambda^2}{2nL}\end{aligned} \tag{2.132}$$

在这种情况下，负号实际上并不重要，重点是变化的大小。举一个具体的例子，考虑中心波长为1300nm，腔内折射率为 $n=2.8$，腔长为0.3nm的激光器，于是有

$$\begin{aligned}\Delta\lambda &= \frac{\lambda^2}{2nL}\\ &= \frac{(1300\times 10^{-9})^2}{2\times 2.8\times(0.3\times 10^{-3})}\\ &\approx 1.0\text{nm}\end{aligned}$$

这就是相邻激光谱线之间的间距，如图2.85所示。

2.6.3　光纤

即使光纤不是完全直的，光线也能沿着光纤传播，一般的直觉告诉我们这是不可能的，其实关键在于要让光停留在光腔内。最初人们认为反射性外涂层可能会起作用，就像玻璃纤维外面的镜面一样。然而，实际上起作用的不是反射，而是折射。当光束从一个给定折射率的介质进入另一个具有不同折射率的介质时，就会发生折射。

常用的光纤有两种：单模光纤和多模光纤。模式是指光纤中的封装方法。单模光纤比多模光纤小得多。然而，即使是后者，按日常标准也相当小。实际光纤系统中使用的辐射位于光谱的红外区域，尽管通常将其称为“光”，但这并不是说它对人眼可见。事实上，这些红外线对眼睛是有危险的，在处理使用激光的光纤系统时必须小心。IEC 60825系列标准包含了常用的激光安全知识(IEC，2014)。

图2.86(a)所示为阶跃折射率多模玻璃光纤截面示意图。要注意的关键点是内芯被包裹在外包层内，并且内芯具有更高的折射率。实际上，根据光纤的安装环境(如建筑物中、地下或海底)，还需要几个

附加的物理保护层。图 2.86(b)所示的单模光纤的纤芯再次变小为 10μm。

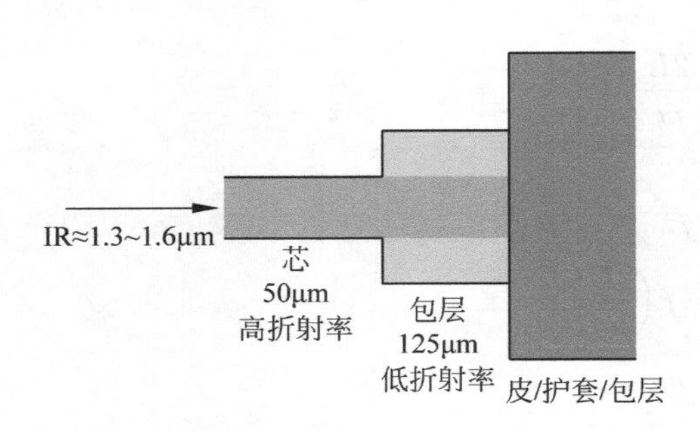

(a) 多模光纤截面

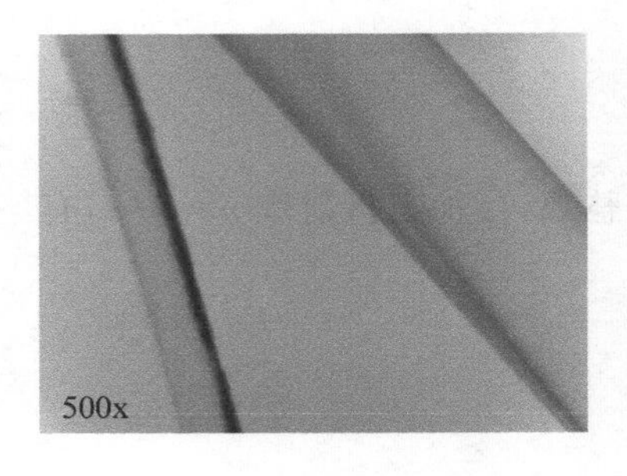

(b) 单模光纤与人类头发的对比

图 2.86 多模和单模光纤示意图

前面的讨论还没有揭示为什么不同的折射率可以包住光，以及为什么即使光纤在拐角处弯曲，仍然可以包住光。回想一下折射的定义，它以前被用来解释半导体激光器的工作特性。将一支铅笔放在一杯水中，它看起来并不直，这是折射造成的，因为光在不同介质中的传播速度不同。密度较大的介质(水)的折射率高于密度较小的介质(空气)的折射率。根据传播速度定义折射率，如式(2.128)所示，为了方便起见，在此重复给出折射率的计算式。

$$\text{折射率}\ n=\frac{\text{真空中的光速}\ c}{\text{介质中的光速}\ v} \tag{2.133}$$

在其他许多领域中，对一个量进行标准化时是除以已知标准，这与式(2.133)相反。也就是说，式(2.133)中的分子和分母会反过来。对于空气，n 非常接近 1；对于水，n 接近 4/3。因此，根据式(2.133)，水中的光速显然更低。为了完整起见，还应该指出，n 并不完全独立于波长 λ，而是随着波长略有变化，这一事实对于分析光纤的一些缺陷是很重要的。然而，在大多数情况下，对于给定的介质，n 是常数。

折射在解释光纤的工作原理时非常重要。图 2.87 说明了当平面波从一种折射率较低(记为 n_1)的介质(如空气)传播到折射率较高(记为 n_2)的介质时会发生的现象。波前的峰值可以想象成垂直于传播方向的条形柱。在点 A，一部分波进入了边界，在点 B，另一部分波在不同的点进入边界。由于图 2.87 下方的介质有较高的折射率，因此波速必须减慢，式(2.128)才能成立。进入边界的角度记为 θ_1，离开边界的角度记为 θ_2。请注意，这些角度一般是基于垂直于边界的法线来测量的，当光线进入折射率较高的介质时，会向法线靠近。

考虑由点 $AA'B$ 形成的三角形。在 A'处的角是直角(90°)，可以证明$\angle A'AB=\theta_1$。记 A 和 B 之间的距离为 L，可以将正弦写为

$$\sin\theta_1=\frac{A'B}{L} \tag{2.134}$$

类似地，对于$\angle ABB'$，有

$$\sin\theta_2=\frac{AB'}{L} \tag{2.135}$$

两个公式的 L 相等，可以推得

$$\frac{A'B}{\sin\theta_1}=\frac{AB'}{\sin\theta_2} \tag{2.136}$$

由于速度是距离随时间的变化量，即 $v=d/t$，在同一时间内(记为 t_o)，每个波传播的距离是相同

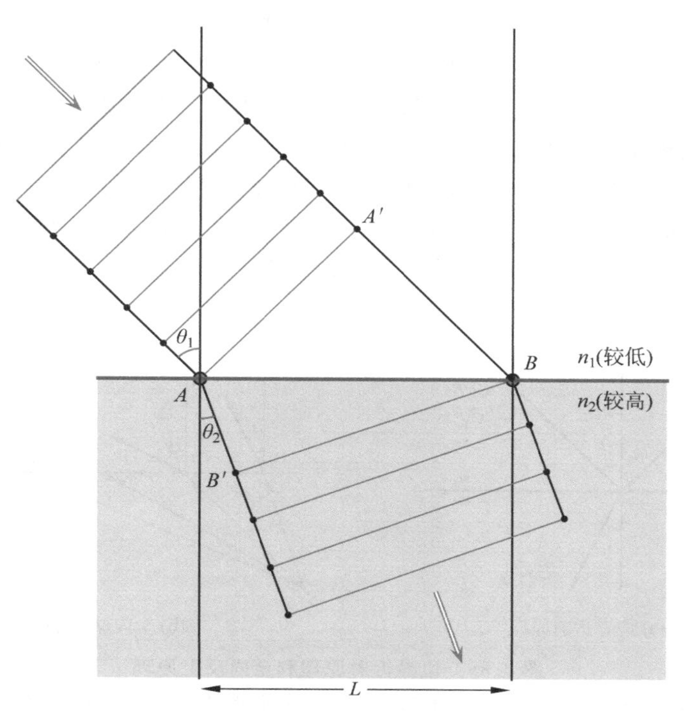

图 2.87 斯涅尔定律的推导示意图

的，因此每个波的速度可以表示为距离除以时间，即

$$v_1=\frac{A'B}{t_o}$$

$$v_2=\frac{AB'}{t_o}$$

最后，由每种介质的折射率可知

$$v_1=\frac{c}{n_1}$$

$$v_2=\frac{c}{n_2}$$

由上述公式可得

$$\frac{A'B}{\sin\theta_1}=\frac{AB'}{\sin\theta_2}$$

$$\frac{v_1t_o}{\sin\theta_1}=\frac{v_2t_o}{\sin\theta_2}$$

$$\frac{c/n_1}{\sin\theta_1}=\frac{c/n_2}{\sin\theta_2}$$

$$n_1\sin\theta_1=n_2\sin\theta_2 \tag{2.137}$$

最后得到的式(2.137)即被称为斯涅尔折射定律。在反射的情况下，适用的条件是 $\theta_1=\theta_2$(θ_2 是反射角)。但是，在穿过不同的介质时，就必须结合折射率，使用斯涅尔定律来分析。由式(2.137)可以推出，

对于给定的 θ_1，如果 $n_2>n_1$，那么可得 $\theta_2<\theta_1$，因此光线路径向法线“靠近”。

可以将这个概念应用于光纤的分析，如图 2.88 所示。图 2.88(a)显示了光线入射到边界时发生的反射和折射。但是在图 2.88(b)中将光源 S 移动到较高折射率的介质中，在这种情况下，光线从较高折射率介质传播到较低折射率介质中，因此折射光远离法线。从 P_1 移动到 P_2，角度 $\theta_2>\theta_1$。继续这个过程，随着光线从 S 向平行于介质的方向移动，θ_2 必然会增加，直到在 P_3 点折射波实际上已平行于边界，此时的入射角度称为临界角(Critical Angle)。令从 S 到 P_4 的入射角度变得更加平缓，可以看到光线实际上被反射回介质，没有折射发生，这形成了全内反射(Total Internal Reflection)。

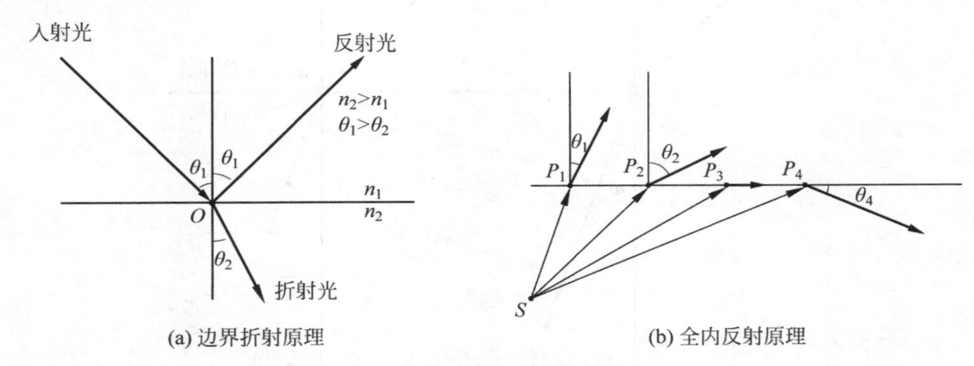

(a) 边界折射原理　　(b) 全内反射原理

图 2.88　边界折射原理和全内反射原理

注：只要外部材料具有更低的折射率，并且相对于纤芯轴线的入射角度足够平缓，从点 S 发出的光可以保留在有较高折射率的材料内部。

上述原理(斯涅尔定律和全内反射)帮助理解了光是如何被困在光纤中形成“光管道”。图 2.89 显示了一个折射率较高的纤芯被折射率稍低的包层包围的情况。光源(通常是激光)来自左侧，必须小心地耦合到光纤中。假设光穿过空气，折射率为 $n_{\text{air}}=1.0002\approx1$。可以想象，入射角 θ_e 起着非常重要的作用。

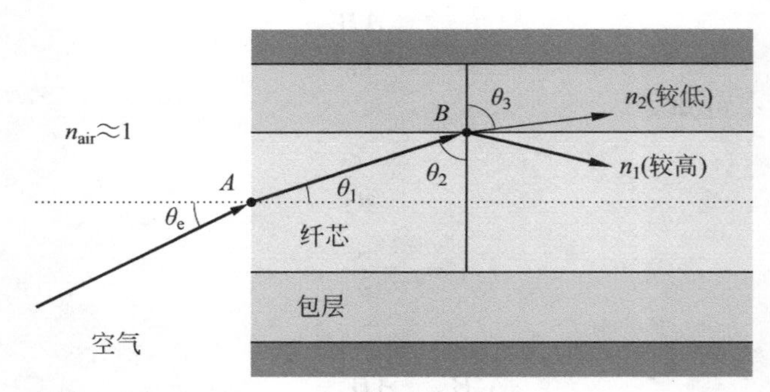

图 2.89　多模阶跃折射率光纤的光入射角和数值孔径示意图

在点 A，由斯涅尔定律可得

$$n_{\text{air}}\sin\theta_e=n_1\sin\theta_1 \tag{2.138}$$

由于 $n_{\text{air}}\approx1$，有

$$\sin\theta_e=n_1\sin\theta_1 \tag{2.139}$$

在点 B，有

$$n_1\sin\theta_2=n_2\sin\theta_3 \tag{2.140}$$

为了得到之前所述的全内反射，θ_3 必须接近 90°，因此 $\sin\theta_3=1$。于是

$$n_1\sin\theta_2 = n_2 \tag{2.141}$$

用光线的外部入射角 θ_e 来表示式(2.141)。使用三角形的内角和关系 $\theta_1+\theta_2=90°$，结合式(2.141)可得

$$n_1\sin(90° - \theta_1) = n_2$$

$$n_1\cos\theta_1 = n_2 \tag{2.142}$$

由于 $\cos^2\theta+\sin^2\theta=1$，将式(2.142)的两边平方可得

$$n_1^2\cos^2\theta_1 = n_2^2$$

$$n_1^2(1-\sin^2\theta_1) = n_2^2$$

$$n_1^2 - n_2^2 = n_1^2\sin^2\theta_1 \tag{2.143}$$

应用点 A 处的公式

$$\sin\theta_e = n_1\sin\theta_1$$

$$\sin^2\theta_e = n_1^2\sin^2\theta_1 \tag{2.144}$$

两式中 $n_1^2\sin^2\theta_1$ 相等，可得

$$n_1^2 - n_2^2 = \sin^2\theta_e$$

$$\sin\theta_e = \sqrt{n_1^2 - n_2^2} \tag{2.145}$$

式(2.145)即为数值孔径(Numerical Aperture)。为了让光无损地穿过光纤，入射光可以到达的最大角度是 θ_e。这又取决于纤芯和包层的折射率。此外，对于小角度，$\sin\theta\approx\theta$，因此有

$$\theta_e \approx \sqrt{n_1^2 - n_2^2} \tag{2.146}$$

这个结果还表明，纤芯的折射率 n_1 必须大于包层的折射率 n_2，数值上分析，这是因为数值孔径方程中出现了平方根。

最后，我们理解了光在腔中传播的原理是内核材料必须比外部包层具有更高的折射率。因此，包层对光的传播至关重要，而不仅仅是对纤芯的物理保护。

2.6.4　光纤损耗

部署光纤最重要的一个方面是考虑出现的损耗。光功率损失意味着接收到的信号小于最初发射到光纤中的信号，这可能会降低链路的有效比特率。损耗主要有两个来源：光纤本身和光纤的连接。

早期为商业用途制造的光纤的目标是损耗不超过 20dB/km(Henry，1985)。这仍然是一个非常高的损耗(20dB 的损耗相当大)，然而，这一障碍最终被克服，光纤损耗可以大大低于电缆的电损耗，如表 2.3 所示。由于光纤中的损耗主要是由与水有关的杂质造成的，因此有必要在水吸收波长下选择具有最小吸收(和最小损耗)的 IR 波段。尽管可以使用各种波长带，但最常用的波长范围是 1310nm、1550nm 和 1625nm。

表 2.3　传输介质综合比较

介　质	频率范围	衰　减
双绞线	1kHz～1MHz	5～150dB/km
同轴电缆	1MHz～1GHz	1～50dB/km
光纤	约 300THz	0.2～1dB/km

注：仅含典型数值。

事实上，只有相对较少的窄波长区域具有可接受的衰减率，约为 2dB/km 或更小（2dB 的损耗导致光功率剩余 2/3 左右）。光纤中的光损耗在很大程度上取决于所用的波长。光纤中微量的杂质，尤其是水，会导致损耗大大增加。

下面考虑一个数值示例。假设有一根光纤，损耗为 1dB/km，IR 激光器向其发射 1mW 的功率。首先将分贝转换成线性乘法增益。必须记住，损耗会导致信号衰减或减少，这种损耗在数学上是小于 1 的增益。因此，损耗必须写成负增益。由于增益用分贝可写为 10lg$G$，可得

$$\begin{aligned} G_{\mathrm{dB}} &= 10\lg G \\ -1 &= 10\lg G \\ -0.1 &= \lg G \\ G &= 10^{-0.1} \approx 0.80 \end{aligned} \tag{2.147}$$

所以接收功率为

$$\begin{aligned} P_{\mathrm{rx}} &= GP_{\mathrm{tx}} \\ &= 0.8 \times 1\mathrm{mW} \\ &= 0.8\mathrm{mW} \\ &= 800\mu\mathrm{W} \end{aligned} \tag{2.148}$$

一旦计算出一个光纤段的损耗，就可以将其扩展到多个互连的光纤。整个链路中的每一段都被连接起来，可以使用热（融合）拼接，或者使用光连接器连接。后者通常具有更高的损耗，将在下一节中介绍。假设传输线由 4 小段组成，如图 2.90 所示。

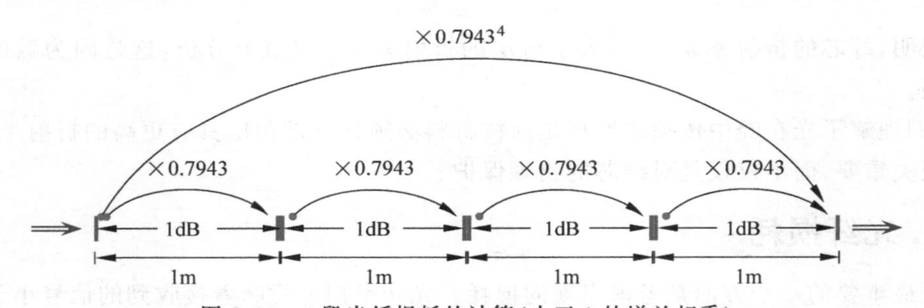

图 2.90　4 段光纤损耗的计算（小于 1 的增益相乘）

注：有一种等价的方法，可以在实践上更容易，即将分贝值相加。分贝值是负数，因为它们代表了损耗（小于 0dB）。

本例中的损耗为 1dB/m。为了将其转换为线性乘法增益，再次使用标准分贝关联衰减系数，将 −1dB 转换为大约 0.8 的增益。请注意，分贝增益还是负值，因为它是一种损耗与衰减。在两个 1m 的光纤段上，增益为 0.8×0.8。在 4 个分段上，增益为 $0.8^4 \approx 0.4$。

为了直接以 dB 为单位进行计算，可以认为总衰减是所有分贝衰减的总和。因此，在整个 4m 的长度上，4×1=4dB。所以增益为

$$\begin{aligned} -4 &= 10\lg G \\ -0.4 &= \lg G \\ G &= 10^{-0.4} \approx 0.4 \end{aligned}$$

因此，每段长度的分贝值是可加的。这种方法可以扩展到任意长度任意数量的光纤。此外，如果以 dB

为单位计算，各光纤段之间的连接器损耗很容易相加。图 2.91 显示了分贝增益（信号电平增加）和损耗（信号电平降低）的情况。

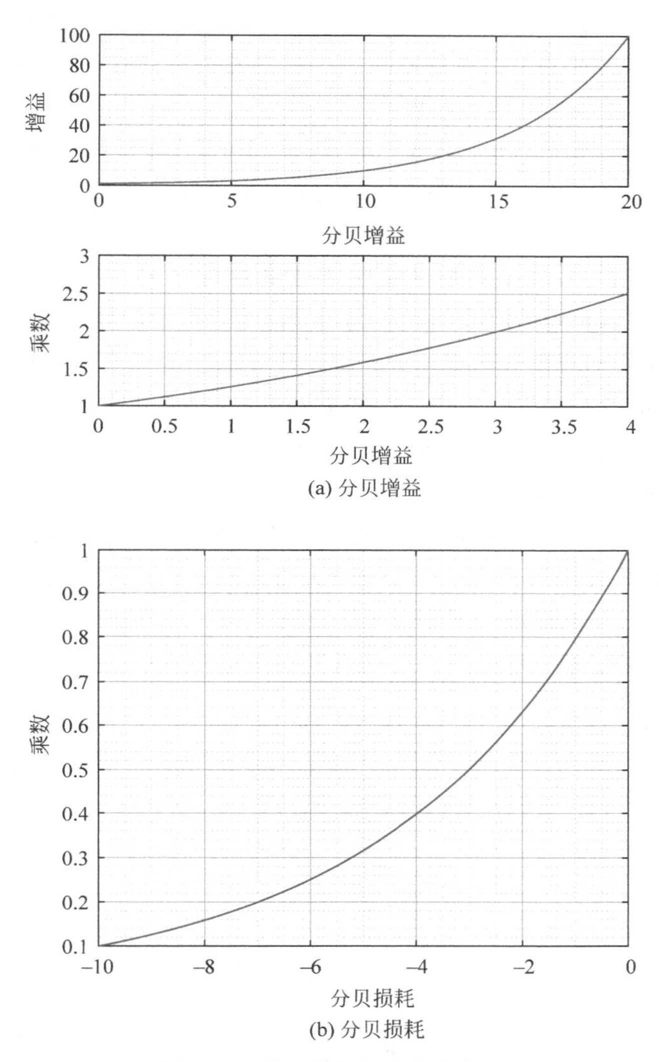

图 2.91　使用分贝标度的示意图

注：图(a)为增益大于 1（正分贝值），图(b)为损耗（增益小于 1 或负分贝值）。注意每种情况下 0dB、3dB 和 −3dB 的位置。

2.6.5　光传输测量

考虑了光纤损耗计算后，下面考虑如何实际测量光纤连接的性能。在光纤断裂或连接器出现故障的情况下，还希望能够定位光纤出现问题的位置。这一点尤其重要，因为光纤用于长距离传输，通常涉及地下布线。

一种广泛使用的方法是光时域反射仪（Optical Time-Domain Reflectometer，OTDR）。有趣的是，这项技术只需要接入光纤的一端，而不是像预期的那样接入两端（发送和接收）。顾名思义，该方法取决于光纤末端的反射。这种方法最初是为了定位光纤故障而提出的（Ueno，et al.，1976）。然而，OTDR

有更多的应用，它利用了光纤中原本存在的缺陷，即发生在光纤内部的极少量的背反射。

背散射的大小取决于光纤的长度以及由于光纤损耗而产生的衰减量。单位长度损耗是光纤的一个重要参数。自从提出了发射脉冲再接收测量的思路(Barnoski, et al., 1976; Barnoski, et al., 1977; Personick, 1977)，现在已经发展到可以使用便携式手持仪器进行这些测量，使用这些仪器需要一定程度的专业知识，用于调整测量参数并解释结果。

下面介绍 OTDR 的基本原理。由于背散射本身是很小的，在光纤的一端引入几十纳秒量级的短脉冲，再记录返回的信号并进行精确的定时测量。较大的反射意味着灾难性故障(如光纤断裂)，而较小的反射往往发生在连接器接口处，因为两根光纤接口的匹配总是不完美的。如果将折射率近似为 $n=1.5$，那么光纤内的传播速度相当于 10μs/km 的脉冲往返时间(即脉冲在 1km 的光纤往返需要 10μs)。为了达到这一水平的分辨率，必须以更短的时间间隔对返回的信号进行采样测量。

来自光纤内部的非常小的背散射也有助于确定光纤损耗。由于该信号非常小，通常使用多个分离的脉冲进行测量，然后对测量结果进行平均。其基本思想是：可重复信号的平均值在幅度上可以叠加，但是随机噪声幅度的平均值通常以 $1/\sqrt{N}$ 的比例衰减，其中 N 是平均次数。发射功率、激光脉冲宽度和分辨率参数之间需要进行折中选择。

图 2.92 显示了两个长光纤连接的 OTDR 测试实验结果。横坐标表示到 OTDR 激光源的距离。通常，向光纤中发射功率会有很大衰减。可以看到，第一个光纤段长度为 2km，它通过一个损耗为 0.4dB 的连接器连接到第二个光纤段。请注意初始线段的斜率，这显示了每千米衰减的分贝(dB/km)。再经过大约 2.2km 后，在第二根光纤的端口可以看到很大的背反射。最后，光纤的末端有一个很大的衰落，没有光反射，只有噪声。

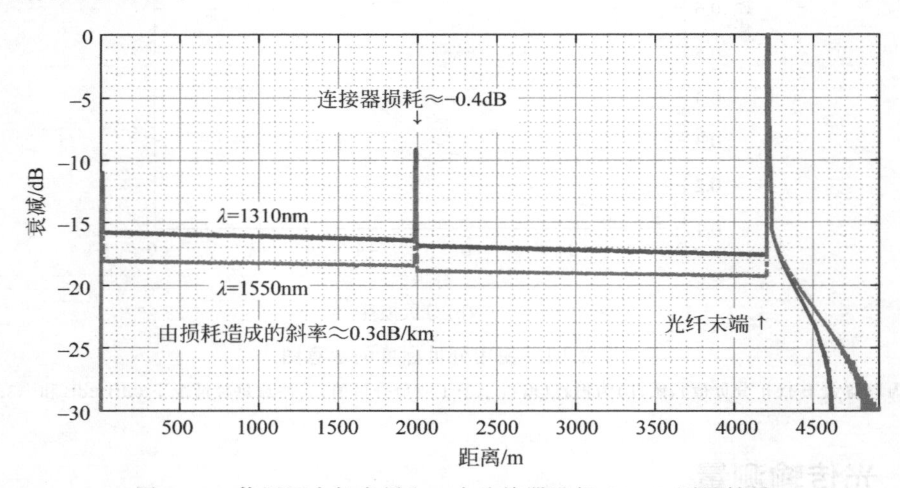

图 2.92 使用两个长光纤和一个连接器进行 OTDR 测试结果

注：光纤连接在大约 2km 处，光纤损耗可以由总体趋势线的斜率计算出来。还要注意不同波长具有不同的损耗特性。

图 2.93 显示了不同光纤布线的结果，在耦合处引入了几个急转弯，以说明小于推荐弯曲半径的弯曲效果。由于这些弯曲，在链路中引入了大约 0.4dB 的附加固定损耗。显然，这是不可取的。为了将引入这种损耗的可能性降至最低，光纤的正确布线是必要的，光纤的任何弯曲不能超过推荐的最小弯曲半径。

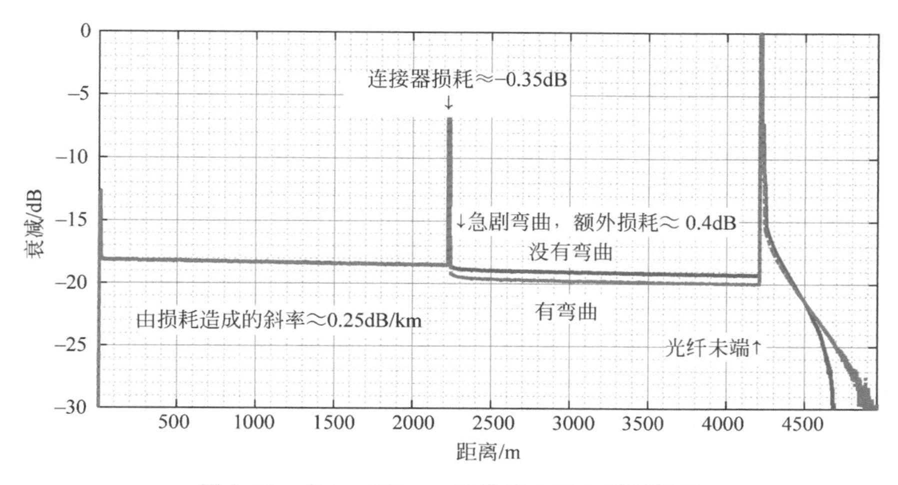

图 2.93 在 $\lambda=1550$nm 处进行 OTDR 测试结果

2.7 本章小结

本章涵盖了使用电缆、无线电和光纤远距离发送和接收信息的一些关键方法。下面是本章的要点。

- 数字脉冲传输：线路编码、同步和加扰；
- RF 原理：通过混频改变频率，RF 频带的定义及其在实践中的应用；
- 传输线：反射波和驻波；
- RF 传播和天线的基本原理；
- 光通信：光源、检测、光纤原理和光纤链路的设计与测试。

习题 2

2.1 无线局域网(Local Area Network，LAN)使用 2.4GHz 的频率，相应的波长是多少？

2.2 绘制式(2.15)所示的汉明窗方程。证明它是一个平滑的“逐渐变小”的函数，从 0.54−0.46＝0.08 开始，到 0.08 结束，峰值 $h=1$。

2.3 功率电平和电压幅度可以从频谱分析仪的显示器中获得。

(1) 在图 2.7 中，正弦波幅度的峰峰值为 200mV。证明这也对应于图 2.7 所示的−10.30dBm 的功率电平。

(2) 确定图 2.8 中谐波的绝对电压和相对电压，并与测得的−8.20dBm、−17.73dBm、−22.18dBm 和−25.10dBm 功率电平进行比较。

2.4 2.4.4 节中线性反馈移位寄存器的代码使用了二进制 1001 的反馈寄存器。使用此代码，如果反馈寄存器是二进制 1011，反馈会是什么？这意味着什么？

2.5 使用升余弦滤波器的频率响应(2.4.2 节)，计算式(2.27)和式(2.28)的积分，给出升余弦滤波器的时域冲激响应。

2.6 一个匹配的信号源向具有未知终端阻抗的同轴电缆发射脉冲。当信号源开路时，脉冲为 0～2V。信号源监控的波形如图 2.94 所示。

(1) 假设该特定电缆的传播速度为 2×10^8 m/s，确定线路长度。

(2) 确定终端阻抗与特征阻抗的比值。

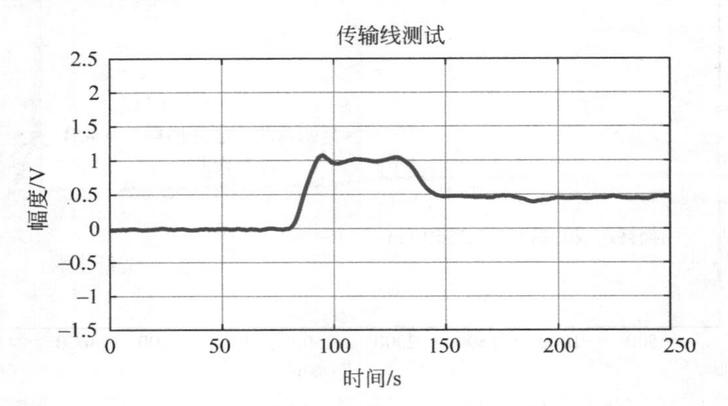

图 2.94 具有方形脉冲输入的传输线测试结果

2.7 图 2.95 所示的波形都是向同轴电缆中发射电压脉冲的结果。

(1) 解释每个阻抗的情况。

(2) 使用给定的终端阻抗，确定每种情况下的反射系数，计算预期电压电平，并与所示波形进行比较。

(3) 如何使用图中的测量值确定电缆长度。

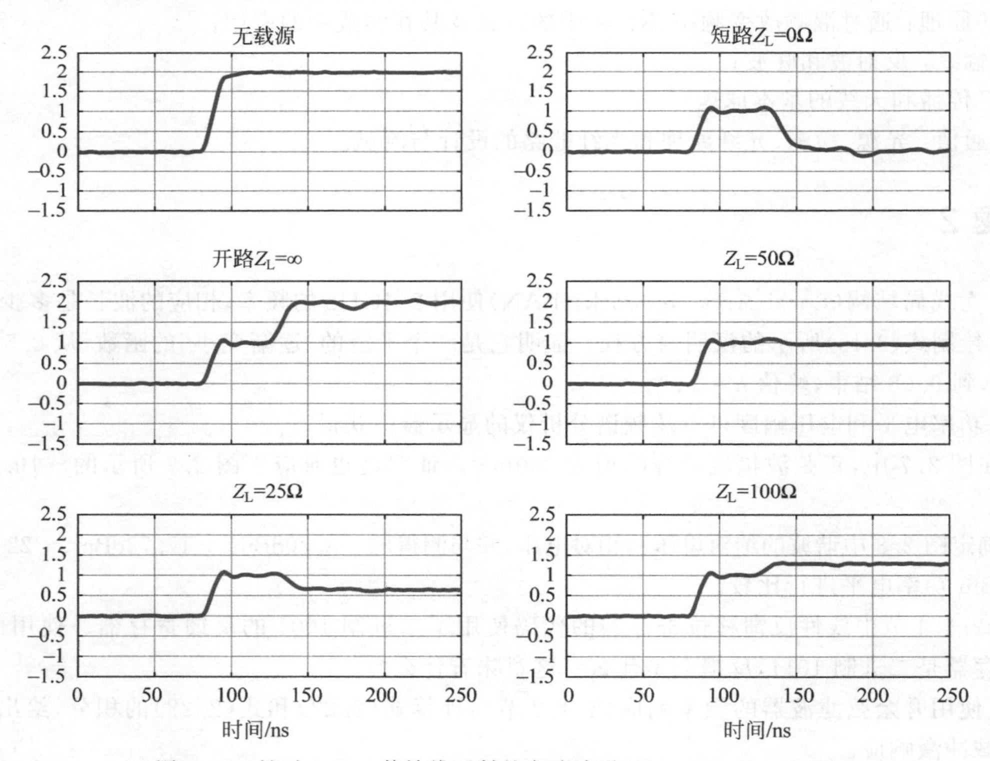

图 2.95 针对 4.2 m 传输线反射的实验波形($Z_s=50\Omega$，$Z_o=50\Omega$)

2.8　二项式近似表达式用于天线近似。当 $x \lessapprox 0.5$ 时，$(1+x)^a \approx 1+ax$。使用 MATLAB 绘制这两个函数，以确定这是否是合理的近似。

2.9　一个 1GHz 的无线电信号从静止的发射机发射到以 100km/h 移动的接收机。计算近似频移。

2.10　如图 2.69 所示，相控阵中的各向同性辐射源由相同的电流幅度和相等的相位进行馈电，同时相控阵具有 $d=\lambda$ 的间隔。产生的方向图是什么形状？

2.11　给定输入频率为 ω_{RF} 的 RF 信号和频率为 ω_{LO} 的本地振荡器，从数学上推导出理想混频器的输出信号频率。解释两个输出频率的意义。什么样的镜像频率会产生虚假的 IF 信号？

2.12　设计一个中频为 10.7MHz 的 FM 系统，假设希望在 88～108MHz 的 FM 波段调谐电台。

(1) 在频带的下端，为了让差频通过，如果要求本地振荡器(Local Oscillator，LO)频率高于 RF 频率，LO 需要怎样的频率？如果要求 LO 频率低于 RF 频率呢？

(2) 在频带的上端，为了让差频通过，如果要求本地振荡器(LO)频率高于 RF 频率，LO 需要怎样的频率？如果要求 LO 频率低于 RF 频率呢？

(3) 解释为什么相对频率范围不如工作在 540～1600kHz 频带且 IF 为 455kHz 的 AM 接收机那么大。

2.13　2.5.8 节显示本地振荡器(LO)的频率低于射频(RF)频率，这称为低端注入；也有可能是 LO 频率高于 RF 频率，这称为高端注入。

(1) 绘制一个类似于图 2.73 的图，以显示高端注入。

(2) 对于 10MHz 的 IF，为了接收 100MHz 的 RF 信号，需要什么样的 LO 频率？

(3) 对于这个 LO 频率和给定的 10MHz 的 IF，镜像频率会是多少？

2.14　2.4GHz 无线信道 1～13 的间隔为 5MHz，带宽为 20MHz(IEEE，2012)。信道 1 的中心频率为 2412MHz，由此可知信道 13 的中心频率为 2472MHz。图 2.82 中使用了哪两个信道？

2.15　光时域反射仪在表征光纤链路方面非常有用。它使用短激光脉冲完成此操作，然后测量终端反射和光纤内背散射的光量。

(1) 说明 5%的反射相当于约 −13dB 的损耗。

(2) 假设折射率 $n=1.5$，说明光纤中光脉冲的往返时间(Round-Trip Time，RTT)约为 10μs/km。

第3章 调制与解调

CHAPTER 3

3.1 本章目标

学习完本章，读者应该：

(1) 能够准确地解释多种常见调制方式及其变体；

(2) 能够解释调制的谱分布，并说明为什么不同调制会用于不同的领域；

(3) 能够画出模拟/数字调制器/解调器的结构图，并推导出它们适用的数学表达式；

(4) 能够利用数学方式解释调制器/解调器的工作原理。

3.2 内容介绍

如果一个模拟信号(如声信号)或数字信号要传输一段距离，那么它一定会经历某种形式的变换或调制，才能满足传输媒质的要求。这里的传输媒质可以是一个有线连接，或是一个无线链路，甚至是一个光传输系统。实际上，传输媒质是信息的承载者，为了传输信息，必须对波形的特征参数进行调制或变换。调制的逆变换是解调，它必定位于接收端。对于接收信号，必须对其进行变换以恢复出原始信号。事实上，由于系统的非线性效应和外部噪声的影响，精确的逆变换是不可能实现的。

没有任何一种单一的调制方法可以适用于所有的应用场景，主要原因在于载波的工作频率不同。例如，某射频(RF)载波工作于160MHz，而要传输的信号是一个理论上最高频率为16kHz的语音信号，两者频率相差10 000倍。将16kHz语音信号叠加到160MHz无线载波上的方法有很多种，但每种方法各有自己的优缺点。对于存在信道共享的场合，如带宽受限的无线系统，用户之间的干扰是必须考虑的。在数字传输系统中，数据传输速率通常(尽管不总是)是一个非常重要的参数指标。本章不仅讲述各种传输系统的调制，还讲述它的逆操作——解调。

为了建立调制的基本概念，用正弦函数方程表示希望传输的无线波形。

$$m(t)=A_m\sin(\omega_m t+\varphi_m) \tag{3.1}$$

这是一个单音信号，像语音和音乐这样的实信号是由许多个单音信号复合而成的。接收端通常希望恢复出频率为ω_m的正弦波，其幅度随时间变化。这种期望不局限于单个正弦波，而是信号中的所有正弦波都需要满足这种要求。对于一个频率为1000Hz的典型音频信号，角频率$\omega_m=2\pi\times1000\approx6280\text{rad/s}$。如果无线载波频率为100MHz，角频率$\omega_c=2\pi\times100\times10^6\text{rad/s}$，与上述音频信号的角频率相差巨大。所以这里的问题在于：如何将低频信号叠加到高频信号，以及如何从高频信号中恢复低频信号？由于

无线载波可以表示为

$$x_c(t) = A_c \sin(\omega_c t + \varphi_c) \tag{3.2}$$

所以对于载波信号的处理，主要有3种方式：根据输入信号 $m(t)$ 改变载波的幅度 A_c、频率 ω_c 和相位 φ_c。调制将待传输的信号 $m(t)$ 叠加到载波信号 $x_c(t)$ 上，构成一个新信号 $x_m(t)$。解调是调制的逆过程，它将信号 $m(t)$ 或近似 $m(t)$ 的信号从接收信号中恢复出来。

3.3 预备知识

对调制系统的理解，在很大程度上依赖于各种信号的表达式。这些信号的构成形式多种多样，主要利用三角函数将信号分解为正弦函数和余弦函数。本节将回顾在调制/解调功能中用到的一些数学概念。

3.3.1 三角函数

图3.1描述的是著名的三角函数：正弦函数、余弦函数和正切函数。在 $\triangle OAH$ 中，角度和长度之间的关系是固定的。对于角度 θ，已知 X 轴长度 x，Y 轴长度 y，以及到圆心的距离 r，可以定义正弦函数和余弦函数为

$$\sin\theta = \frac{y}{r}$$

$$\cos\theta = \frac{x}{r}$$

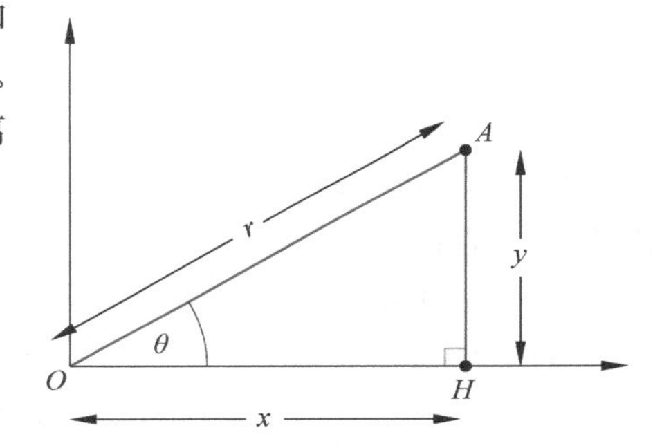

图3.1 三角函数的长度和角度

注：图中 $\theta < 90°$，但实际中的 θ 不受限制，可以是任意大小。

由定义式可得

$$y = r\sin\theta$$

$$x = r\cos\theta$$

由三角函数的毕达哥拉斯定理可知 $x^2 + y^2 = r^2$，结合上面的 x 和 y 可得

$$x^2 + y^2 = r^2$$

$$r^2\cos^\theta + r^2\sin^2\theta = r^2$$

$$\cos^2\theta + \sin^2\theta = 1$$

现在假设角 θ 不是由一个角而是由两个角组成。角 θ 的复合形式为 $\theta = \alpha + \beta$。则对于复合角有下列常用公式。

$$\sin(\alpha + \beta) = \sin\alpha\cos\beta + \cos\alpha\sin\beta \tag{3.3}$$

$$\sin(\alpha - \beta) = \sin\alpha\cos\beta - \cos\alpha\sin\beta \tag{3.4}$$

$$\cos(\alpha + \beta) = \cos\alpha\cos\beta - \sin\alpha\sin\beta \tag{3.5}$$

$$\cos(\alpha - \beta) = \cos\alpha\cos\beta + \sin\alpha\sin\beta \tag{3.6}$$

式(3.3)中的 $\sin(\alpha + \beta)$ 可以通过几何关系推导，这里不给出具体过程。可以用 $-\beta$ 代替 β 代入式(3.3)，得到式(3.4)的 $\sin(\alpha - \beta)$，其中 $\sin(-\beta) = -\sin\beta$，$\cos(-\beta) = \cos\beta$。用 $\alpha + \pi/2$ 代替 α 代入式(3.3)，并利用 $\sin(\pi/2 + \alpha + \beta) = \cos(\alpha + \beta)$，$\sin(\pi/2 + \alpha) = \cos\alpha$，得到式(3.5)。

如果将式(3.3)和式(3.4)相加，可得

$$\sin(\alpha+\beta)+\sin(\alpha-\beta)=2\sin\alpha\cos\beta \tag{3.7}$$

$$\sin\alpha\cos\beta=\frac{1}{2}[\sin(\alpha+\beta)+\sin(\alpha-\beta)] \tag{3.8}$$

将式(3.3)和式(3.4)相减，可得

$$\cos\alpha\sin\beta=\frac{1}{2}[\sin(\alpha+\beta)-\sin(\alpha-\beta)] \tag{3.9}$$

对式(3.5)和式(3.6)进行类似处理，依次可得

$$\cos\alpha\cos\beta=\frac{1}{2}[\cos(\alpha+\beta)+\cos(\alpha-\beta)] \tag{3.10}$$

$$\sin\alpha\sin\beta=\frac{1}{2}[\cos(\alpha-\beta)-\cos(\alpha+\beta)] \tag{3.11}$$

将 $\alpha=\beta=\theta$ 依次代入上述公式，则可以得到以下几个常用关系式。

$$\cos 2\theta=\cos^2\theta-\sin^2\theta \tag{3.12}$$

$$\sin^2\theta=\frac{1}{2}(1-\cos 2\theta) \tag{3.13}$$

$$\cos^2\theta=\frac{1}{2}(1+\cos 2\theta) \tag{3.14}$$

在分析和设计调制/解调器时，三角函数公式非常有用。一个频率为 ω rad/s(或 f Hz，$\omega=2\pi f$)的波形信号，表达式为 $\sin\omega t$ 或 $\cos\omega t$。用参数 ωt 替代 θ、α 和 β 这样的常数角度非常必要。由于乘积项 ωt 的结果为 ω rad/s×t s=ωt rad，这是一个正确的角度单位，所以这种替代是合理的。表 3.1 汇总了上述三角函数公式。

表 3.1 常用三角函数公式的汇总

三角函数公式	三角函数公式
$\sin(\alpha+\beta)=\sin\alpha\cos\beta+\cos\alpha\sin\beta$	$\sin\alpha\cos\beta=[\sin(\alpha+\beta)+\sin(\alpha-\beta)]/2$
$\sin(\alpha-\beta)=\sin\alpha\cos\beta-\cos\alpha\sin\beta$	$\cos\alpha\sin\beta=[\sin(\alpha+\beta)-\sin(\alpha-\beta)]/2$
$\cos(\alpha+\beta)=\cos\alpha\cos\beta-\sin\alpha\sin\beta$	$\sin 2\theta=2\sin\theta\cos\theta$
$\cos(\alpha-\beta)=\cos\alpha\cos\beta+\sin\alpha\sin\beta$	$\cos 2\theta=\cos^2\theta-\sin^2\theta$
$\sin\alpha\sin\beta=[\cos(\alpha-\beta)-\cos(\alpha+\beta)]/2$	$\sin^2\theta=(1-\cos 2\theta)/2$
$\cos\alpha\cos\beta=[\cos(\alpha-\beta)+\cos(\alpha+\beta)]/2$	$\cos^2\theta=(1+\cos 2\theta)/2$

3.3.2 复数

为了后续的理论学习，本节引入复数(Complex Number)的概念①，特别是傅里叶变换(详见 3.9.7 节)。由一个实部加虚部构成的复数是对三角函数的一种有益扩展。复数概念具有很多优点，如能够简洁地表示相移，在进行三角函数的乘法运算时计算复杂度更低。

尽管在其他领域使用的复数运算符是 i，但是本书使用的是 j。复数运算符 $j=\sqrt{-1}$，用于分隔一个复数的实部和虚部。看起来 j 似乎是一个随意的、毫无必要的定义，但是，考虑到最开始学习整数(1，2，3，…)的计数时，然后就有了符号 0；随后，为了解决像 4－6 这样的问题，引入了负数；紧接着，定义了

① 如果不学习傅里叶变换的理论部分，本节可以忽略。

像 1/2 和 2/3 这样的整分数，以及它们的加法和乘法规则；最后，引入位值(Place Value)的概念，定义了像 2.63 和 −3.98 这样的实数。

为了获得某些数学解，需要学习和使用一些特定构造，如一个负数乘以一个正数，结果为负数；但是一个负数乘以另外一个负数，结果为正数。在日常生活中不会用到复数，但如果希望解决像 $z^2=-1$ 这样的问题，那么复数是必要的，某些规则的应用也是如此。这种标记符号自然地遵循既定的代数规则，对其进行扩展得到 $\mathrm{j}^2=-1$，或等价的 $\mathrm{j}=\sqrt{-1}$。

为了介绍基本概念，从几何表示开始。如图 3.2 所示，复平面中的一个点可以表示为①

$$P=x+\mathrm{j}y \tag{3.15}$$

直角坐标下的 $x+\mathrm{j}y$ 也可以通过模和幅角的极坐标表示。使用几何学和三角函数，图 3.2 中的 r 和 θ 分别与长度和角度有关。

$$r=\sqrt{x^2+y^2} \tag{3.16}$$

$$\theta=\arctan\left(\frac{y}{x}\right) \tag{3.17}$$

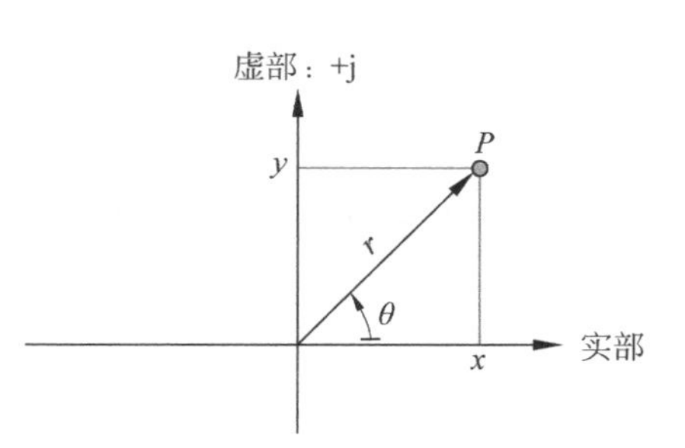

图 3.2　复数的定义

注：复平面中的一个点定义了余弦量(实部)和正弦量(虚部)，所以 $x+\mathrm{j}y=r\mathrm{e}^{\mathrm{j}\theta}$。

更进一步，复数欧拉表示法可以写成

$$r\mathrm{e}^{\mathrm{j}\theta}=r(\cos\theta+\mathrm{j}\sin\theta) \tag{3.18}$$

可以看到，使用指数表示法书写时，式(3.18)包含了实部($r\cos\theta$)和虚部($r\sin\theta$)。

综合上述概念，考虑到 $1\mathrm{j}=1\mathrm{e}^{\mathrm{j}\pi/2}$，将 $\theta=\pi/2$ 代入式(3.18)即可证明如下关系：$1\mathrm{e}^{\mathrm{j}\pi/2}=\cos(\pi/2)+\mathrm{j}\sin(\pi/2)=1\mathrm{j}$。此外，欧拉表示法被认为与几何表示法是一致的。当 $r\mathrm{e}^{\mathrm{j}\theta}$ 乘以 j 时，其结果为

$$r\mathrm{e}^{\mathrm{j}\theta}\times 1\mathrm{e}^{\mathrm{j}\pi/2}=r\mathrm{e}^{\mathrm{j}(\theta+\pi/2)} \tag{3.19}$$

这表明一个数乘以 j，使幅角发生逆时针旋转。

图 3.3 展示了一些具体的例子。设 $P=1+\mathrm{j}1$，依次展开计算，可得

$$\begin{aligned}(1+\mathrm{j}1)\times(2+\mathrm{j}0)&=2(1+\mathrm{j}1)+\mathrm{j}0(1+\mathrm{j}1)\\&=(2+\mathrm{j}2)\\(1+\mathrm{j}1)\times(0+\mathrm{j}1)&=0(1+\mathrm{j}1)+\mathrm{j}1(1+\mathrm{j}1)\\&=\mathrm{j}1+\mathrm{j}^2\\&=-1+\mathrm{j}1\\(1+\mathrm{j}1)\times(1+\mathrm{j}1)&=1(1+\mathrm{j}1)+\mathrm{j}1(1+\mathrm{j}1)\\&=(1+\mathrm{j}1)+(\mathrm{j}1+\mathrm{j}^2)\\&=(1+\mathrm{j}1)+(\mathrm{j}1-1)\\&=0+\mathrm{j}2\end{aligned}$$

图 3.3(a)中，复数 P 乘以一个常数，结果只改变了模的长度，而幅角不变。图 3.3(b)中，复数 P 乘以 j，结果是模的长度不变，而幅角逆时针旋转了 90°。图 3.3(c)中，复数 P 乘以(1+j1)，结果是前面两个例子的综合，不仅模的长度改变了，而且幅角也改变了，模的长度为 $\sqrt{2}\times\sqrt{2}=2$，幅角为 $\pi/4+\pi/4=\pi/2$。

---

① j 可以写在值的后面(如 5j 或 πj)，也可以在前面(如 j5 或 jπ)。

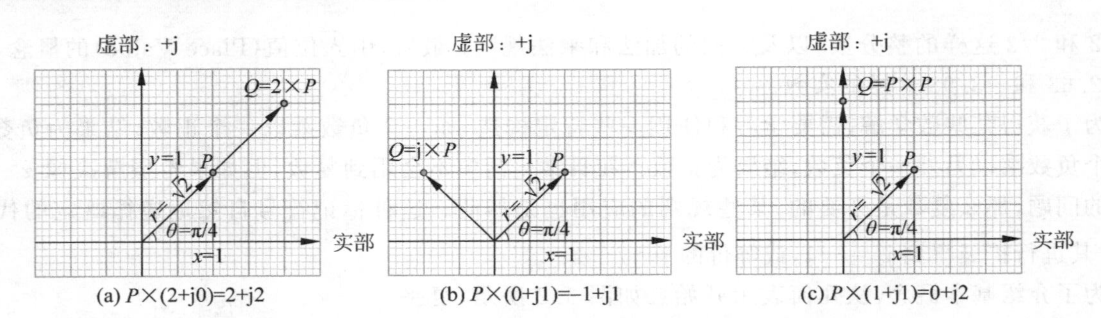

图 3.3　复数 $P=1+\mathrm{j}1$ 与另一个复数相乘的几何表示法

注意到 $P=(1+\mathrm{j}1)=\sqrt{2}\,\mathrm{e}^{\mathrm{j}\pi/4}$，可以使用极坐标重新计算前面 3 个例子。

$$
\begin{aligned}
\sqrt{2}\,\mathrm{e}^{\mathrm{j}\pi/4}\times 2\mathrm{e}^{\mathrm{j}0} &= 2\sqrt{2}\,\mathrm{e}^{\mathrm{j}\pi/4} \\
&= 2\sqrt{2}\left(\cos\frac{\pi}{4}+\mathrm{j}\sin\frac{\pi}{4}\right) \\
&= 2\sqrt{2}\left(\frac{1}{\sqrt{2}}+\mathrm{j}\frac{1}{\sqrt{2}}\right) \\
&= 2(1+\mathrm{j}1) \\
&= 2+\mathrm{j}2 \\
\sqrt{2}\,\mathrm{e}^{\mathrm{j}\pi/4}\times 1\mathrm{e}^{\mathrm{j}\pi/2} &= \sqrt{2}\,\mathrm{e}^{\mathrm{j}3\pi/4} \\
&= \sqrt{2}\left(\cos\frac{3\pi}{4}+\mathrm{j}\sin\frac{3\pi}{4}\right) \\
&= \sqrt{2}\left(-\frac{1}{\sqrt{2}}+\mathrm{j}\frac{1}{\sqrt{2}}\right) \\
&= -1+\mathrm{j}1 \\
\sqrt{2}\,\mathrm{e}^{\mathrm{j}\pi/4}\times\sqrt{2}\,\mathrm{e}^{\mathrm{j}\pi/4} &= (\sqrt{2})^2\,\mathrm{e}^{\mathrm{j}2\pi/4} \\
&= 2\mathrm{e}^{\mathrm{j}\pi/2} \\
&= 0+\mathrm{j}2
\end{aligned}
$$

3.4　调制的必要性

第 2 章介绍和分析了上变频/下变频的概念，其中上变频是将一个信号从低频转换为更高频率，下变频则相反。已发送的信号不但完成了频率转换，还需要在载波信号上叠加原始调制信号。这种处理过程被称为调制(Modulation)，在接收机中对应的是解调(Demodulation)。理想情况下，两者应该是完美的互逆操作：一个是正操作，另一个则是逆操作。调制和上/下变频是两种不同的操作，各自用于不同的目的，但两者共享了一个重要的概念：两个信号相乘以产生另一个信号，且乘积信号在频率上发生了变化。

上变频用于将一个较低频率的信号，通常是中频(IF)信号转移到射频(RF)频率上。而下变频则相反，用于接收机中。上/下变频的目的是让信号的大部分处理都集中在中频上，尤其是调制的过程。原因是在较低频率上构建电路和处理系统更容易，且成本更低。因此，就性能和成本而言，将高频信号尽可能地转化为较低频率信号是非常有益的。

图 3.4 描述了一个调制信号 $m(t)$和一个载波信号 $x_c(t)$。假设调制信号是一个余弦波

$$m(t)=A_m\cos\omega_m t \tag{3.20}$$

载波信号(其频率更高)为

$$x_c(t)=A_c\cos\omega_c t \tag{3.21}$$

两者相乘得

$$m(t)x_c(t)=A_mA_c\cos\omega_c t\cos\omega_m t$$

利用 $\cos\alpha\cos\beta$ 的三角函数展开式,乘积式可化简为

$$\begin{aligned} m(t)x_c(t) &= \frac{1}{2}A_mA_c[\cos(\omega_c+\omega_m)t+\cos(\omega_c-\omega_m)t] \\ &= \frac{1}{2}A_mA_c\cos(\omega_c\pm\omega_m)t \end{aligned} \tag{3.22}$$

需要注意的是,余弦函数的乘积现在变成了余弦频率的和与差,产生了新频率$(\omega_c+\omega_m)$和$(\omega_c-\omega_m)$,称为和频率与差频率。

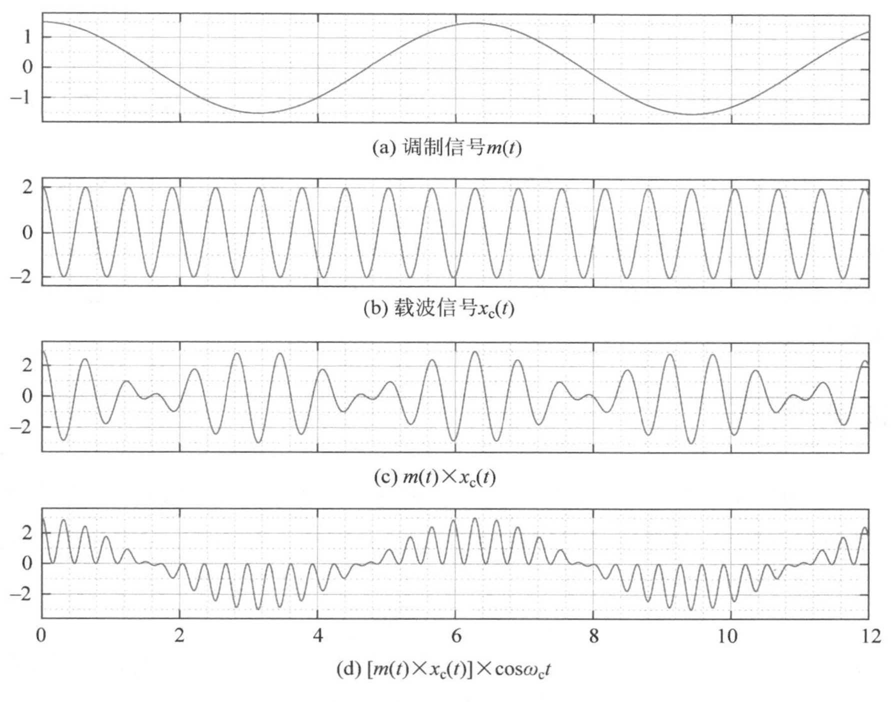

(a) 调制信号$m(t)$

(b) 载波信号$x_c(t)$

(c) $m(t)\times x_c(t)$

(d) $[m(t)\times x_c(t)]\times\cos\omega_c t$

图 3.4 调制信号 $m(t)$的频率搬移示意图

通过与高频信号 $x_c(t)$相乘,使一个较低频率信号 $m(t)$实现频率上移;再次相乘,可以实现信号频率的下移。图 3.4(d)所示的信号通过滤波去除高频分量,可以有效地保留信号包络,此包络就是原始信号 $m(t)$的波形。

图 3.4 描述了调制信号 $m(t)$、载波信号 $x_c(t)$以及两者的乘积信号。可以看到,低频信号有效地改变了高频信号的包络,这与信号间的相乘操作一致。已调信号(Modulated Signal)就是要发送的信号。

在接收机中,对于这类已调信号的解调,可以通过与载波相乘来实现。该载波由本地振荡器产生,

其频率与发射载波相同，这里假设已知载波的频率，但是载波幅度未知。一个更加微妙的问题是，事实上并不知道载波的准确频率，并且也不知道载波的相对相位（即接收信号相对于本地振荡器载波信号的相位）。这几个问题将在后续章节解决。

图 3.4(d)中的信号时域波形显示信号中含有高频分量。可以发现，如果移除高频分量，剩下的就是原始调制信号 $m(t)$。因此，频域信号可以用图 3.5 所示的谱线表示。图 3.5 中包含的信号分别是：频率为 ω_m 的调制信号、频率为 ω_c 的高频载波信号以及频率为$(\omega_c \pm \omega_m)$的两个信号，这两个信号称为边带(Sidebands)。上变频的过程为首先以零频率为中心创建一个负频率信号，然后将正、负频率信号向上进行频移，频率移动的距离等于载波频率。

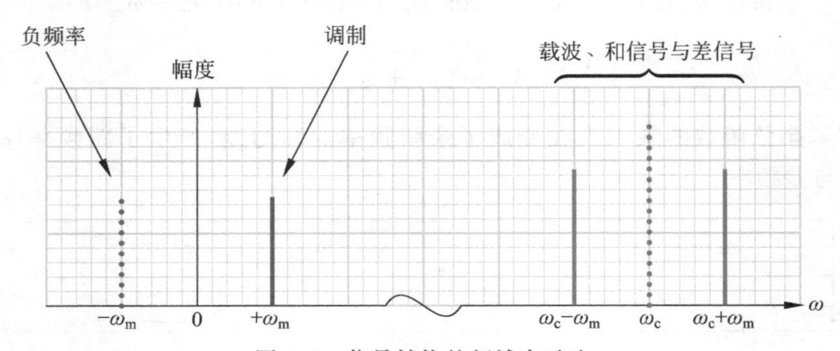

图 3.5 信号转换的频域表示法

注：想象频率 ω_m 存在一个对应的负频率 $-\omega_m$，则信号转换就是对 $+\omega_m$ 和 $-\omega_m$ 平移 ω_c。

在理解后续章节讨论的复杂调制方式时，这种可视化方法非常有帮助。现在出现了几个问题。这种简单的相乘处理是用于所有场景的最佳方案吗？在这里使用的“最佳”是什么意思？还有哪些关于本地载波产生的未解问题？

3.5 幅度调制

假设在传输中使用相乘处理方案，则需要采用某种方式以获得本地载波。获取本地载波的难度还是相当高的，在早期的方案中，载波本身是伴随边带$(\omega_c \pm \omega_m)$一起传输的，这种简单的调制方式称为幅度调制(AM)。设载波为余弦函数

$$x_c(t) = A_c \cos\omega_c t \tag{3.23}$$

可以通过改变载波的幅度大小实现信号调制。AM 是历史上研究的第一种调制方式，直到今天仍然被广泛使用。AM 也可以和其他先进调制方式联合使用，后续章节将谈到这些。老式电报信号中的开/关键控可以看作是最简单的 AM，因为调制开关打开时 $A_c = A_m$，调制开关关闭时 $A_c = 0$。请注意，可以很容易地将正弦函数用于开/关键控方式，虽然调制结果在数学上略有不同，但结论是一样的。

图 3.6 给出了一种 AM 的具体实现方案及其波形图。待传输的调制信号 $m(t)$理论上可以是任意信号，但为了便于分析，通常使用单音正弦信号作为调制信号。

调制后的已调信号数学表达式为

$$x_{AM}(t) = m(t)\cos\omega_c t + A_c \cos\omega_c t \tag{3.24}$$

载波的频率通常远高于调制信号的频率。事实上，载波的频率在图 3.6 所示的标度上无法显示。然而，为了便于说明，一般会“降低”载波频率以看清载波周期。如图 3.6(b)所示，载波和调制信号相乘后，再

加上一部分载波构成已调信号。实际上,这种操作只是简单地通过调制信号的幅度来控制载波信号的幅度。幅度调制波形可以利用调制指数(Modulation Index)μ 进行分析。

$$\mu=\frac{A_{\mathrm{m}}}{A_{\mathrm{c}}} \tag{3.25}$$

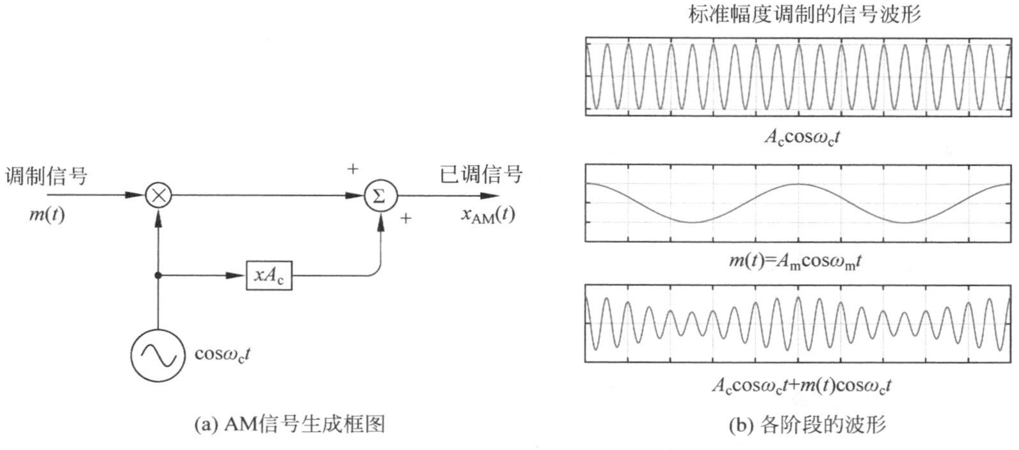

图 3.6　使用乘法和加法生成的 AM 信号波形示意图

当调制信号的频率固定时,有

$$m(t)=A_{\mathrm{m}}\cos\omega_{\mathrm{m}}t \tag{3.26}$$

AM 信号可以重新表示为

$$\begin{aligned} x_{\mathrm{AM}}(t)&=A_{\mathrm{c}}\cos\omega_{\mathrm{c}}t+A_{\mathrm{m}}\cos\omega_{\mathrm{m}}t\cos\omega_{\mathrm{c}}t \\ &=A_{\mathrm{c}}(1+\mu\cos\omega_{\mathrm{m}}t)\cos\omega_{\mathrm{c}}t \end{aligned} \tag{3.27}$$

注意,式(3.27)与使用的载波是正弦还是余弦信号无关,因为正弦和余弦信号之间只是相位的差别。调制信号通常是一个更复杂的信号(如语音、音乐或数字信号),不过这些信号都可以分解为不同的正弦信号和余弦信号之和。

图 3.7 展示了叠加包络后的 AM 波形,包络清晰地反映出调制信号的形状。解调时,希望恢复(解调)的是上包络(或下包络)。标记为 $V_{\max}$ 和 $V_{\min}$ 的幅度提供了调制波形的有用信息,它与调制指数有关。

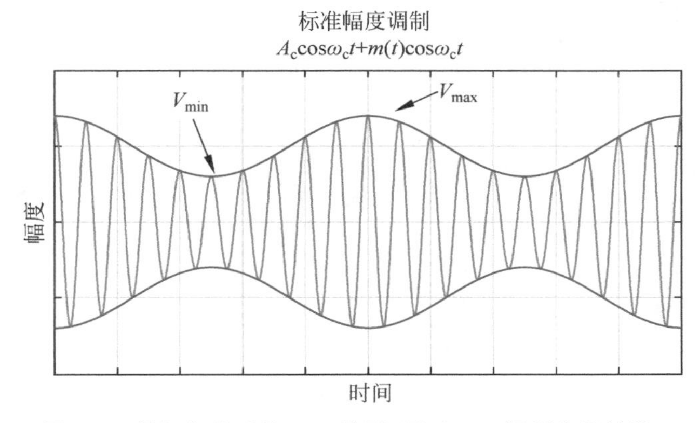

图 3.7　叠加包络后的 AM 波形(用于 AM 调制参数计算)

当 $\cos\omega_m t$ 取最大值+1时，将 $x_{AM}(t)$ 的值记为 V_{max}，则有

$$V_{max}=A_c(1+\mu)\cos\omega_c t \tag{3.28}$$

当 $\cos\omega_m t$ 取最小值−1时，由于对称性，将 $x_{AM}(t)$ 的值记为 V_{min}，则有

$$V_{min}=A_c(1-\mu)\cos\omega_c t \tag{3.29}$$

在载波的顶点处（当 $\cos\omega_c t=1$ 时），将上述两个方程相除，可以解出调制系数 μ 为

$$\mu=\frac{V_{max}-V_{min}}{V_{max}+V_{min}} \tag{3.30}$$

由此可见，通过波形测量来确定调制指数是可行的。对图3.7继续分析，可以发现，载波的幅度实际上就是包络最大值和最小值的平均值，即

$$A_c=\frac{V_{max}+V_{min}}{2} \tag{3.31}$$

调制信号的幅度是包络最大值和最小值差值的平均值，即

$$A_m=\frac{V_{max}-V_{min}}{2} \tag{3.32}$$

3.5.1 频率分量

AM的调制过程改变的是载波的幅度，而载波本身是一个单音信号。那么调制后的信号包含哪些频率分量呢？

将一个单音调制信号 $m(t)=A_m\cos\omega_m t$ 代入AM的生成表达式，可得

$$x_{AM}(t)=A_m\cos\omega_m t\cos\omega_c t+A_c\cos\omega_c t \tag{3.33}$$

其中，第一项是两个余弦函数的乘积。显然，无法马上看出它产生了哪些频率分量。使用 $\cos\alpha\cos\beta$ 的三角函数展开式，最终可以得到[①]

$$\cos\omega_c t\cos\omega_m t=\frac{1}{2}[\cos(\omega_m t+\omega_c t)+\cos(\omega_m t-\omega_c t)]$$

和/差的余弦函数就是所要求的，所以AM已调波形可以表示为

$$x_{AM}(t)=A_c\cos\omega_c t+\frac{A_m}{2}\cos(\omega_c\pm\omega_m)t \tag{3.34}$$

显然，一个频率为 ω_m 且幅度固定的调制信号 $m(t)$，在经过AM调制后，不仅会产生一个频率为 ω_c 且幅度为 A_c 的分量，而且会产生频率为 $(\omega_c\pm\omega_m)$ 且幅度为 $A_m/2$ 的两个分量。其中，前者是加入载波的结果，后两者则是载波与调制信号相乘而间接导致的结果。由于 $\mu=A_m/A_c$，所以幅度 $A_m/2$ 可以写成 $\mu A_c/2$，它与调制指数 μ 成正比。

使用下面的MATLAB代码可以产生一个AM波形。

```
% 时间
N = 2*1024;
Tmax = 10;
dt = Tmax/(N-1);
t = 0:dt:Tmax;

% 载波
Ac = 2;
```

① 考虑 $\cos(-\theta)=\cos\theta$。

```
fc = 4;
wc = 2 * pi * fc;
xc = cos(wc * t);

% 调制
Am = 0.5;
fm = 0.5;
wm = 2 * pi * fm;
xm = cos(wm * t);

% 产生 AM
mu = Am/Ac;
xam = Am * xm. * xc + Ac * xc;

plot(t, xam);
xlabel('time s');
ylabel('amplitude');
```

这种代码布局对于说明本章的许多原理非常有用,因此,值得花费一些时间来了解它。在一个最大时间 T_{max}(设 $T_{max}=10$)内,为一条“平滑”曲线产生 N 个点(设 $N=2\times1024$)。实际取值与时间刻度有关,例如,它可能是微秒级。同样地,载波的频率 f_c(设 $f_c=4\text{Hz}$)也可以随着刻度进行相应的缩放。如果将时间轴缩放为单位时间的 $1/10^6$,则频率放大 10^6 倍,$f_c=4\text{Hz}$ 对应的频率为 4MHz。

上、下边带分别位于载波频率两边,边带到载波的频率间隔等于调制频率。图 3.8 描绘了 AM 已调信号及其频谱。基于数学分析的结果,知道已调信号的频率分量包括幅度为 A_c 的载波分量和载波两侧的边带分量,边带分量的幅度为 $A_m/2=\mu A_c/2$,频率为 $\omega_c\pm\omega_m$。边带分量具有 $\cos(\omega_c\pm\omega_m)t$ 的余弦函数形式。频谱图展示的是幅度(Amplitude),因此即使频谱为负值,幅度值也为正值。

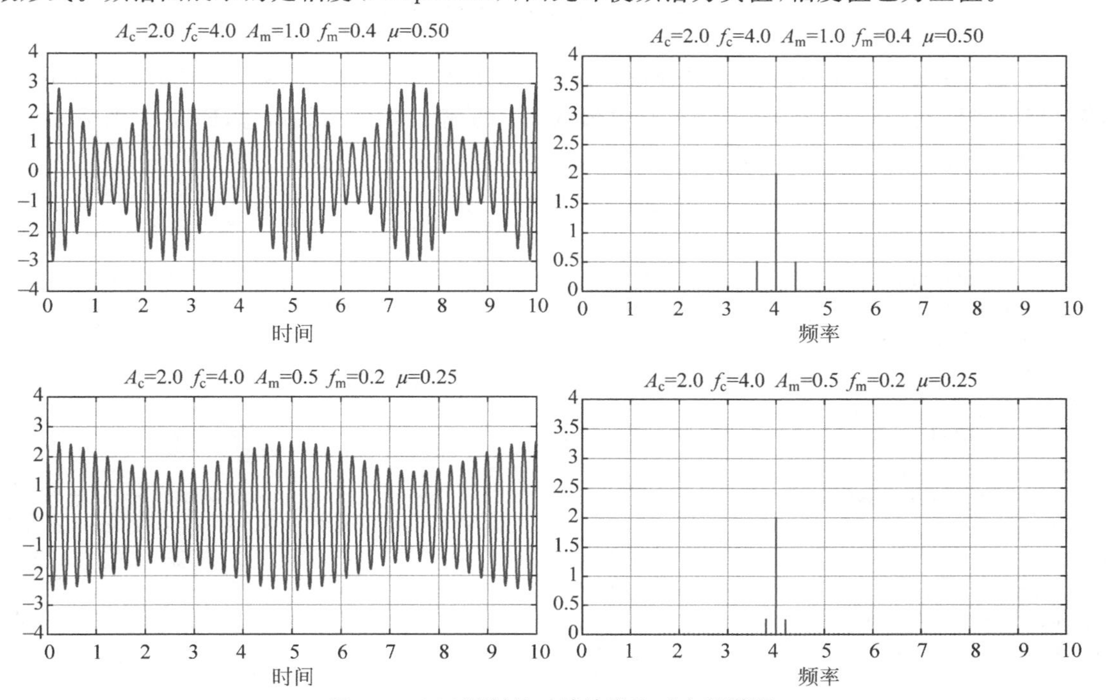

图 3.8 AM 调制的时域波形和对应频谱图

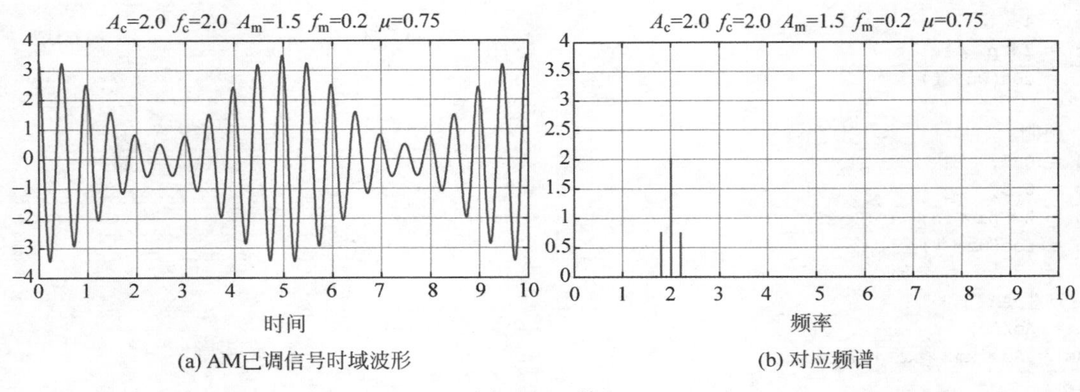

(a) AM已调信号时域波形　　(b) 对应频谱

图 3.8 （续）

上、下边带的存在意味着 AM 调制使用的带宽是调制频率的两倍。这暗示当用多个 RF 信道传输不同的 AM 信号时，所需信道带宽大于信号的实际带宽。图 3.9 从频域的角度解释了这种现象。如图 3.9 所示，每个无线信道必须严格地限制在自己的信道带宽范围内，因而也限定了调制到每个信道中的最高信号频率。

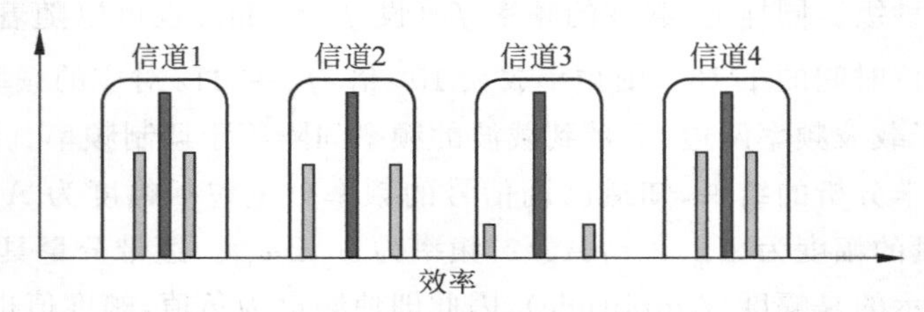

图 3.9 AM 信号的带宽和它对相邻信道的影响

下面的代码可以计算并画出各频率分量。其中，快速傅里叶变换(Fast Fourier Transform，FFT)运算将时域波形转换到对应频谱。这里使用这段代码来理解 AM 的相关概念，FFT 的细节和理论留到 3.9.7 节进行讨论。

```
% 频率
df = (1/dt);
fam = abs(fft(xam));
fam = fam/N * 2;
f = [0:N-1]/N * df;
K = 100;
k = 1:K;
maxfreq = (K/N) * df;

% 用柱状图绘制各频率分量
bar(f(k), fam(k));
axis([0 maxfreq 0 4]);
grid('on');
xlabel('frequency Hz');
ylabel('amplitude');
```

3.5.2 功率分析

除了频率和带宽外，功率问题也非常重要。功率越大，意味着需要体积更大的子系统，如功率输出电子器件和天线。对于便携式发射机，更大的功率消耗意味着成本更高，电池续航时间更短。即使要使用更大的功率，也要确认功率消耗在了实处。前面对 AM 频谱的讨论表明，有相当多的功率只是用在了载波的发射上，这实际上对调制信号本身的传输并没有什么帮助。

为了分析 AM 的功率和效率，假定信号的幅度峰值为 A，则波形的 RMS 值为 $V_{\text{RMS}}=A/\sqrt{2}$。前面已经指出，AM 中的载波幅度为 A_c，每个边带分量的幅度为 $A_m/2=\mu A_c/2$。所以，AM 信号的总功率为

$$
\begin{aligned}
P_{\text{total}} &= P_{\text{carrier}} + 2P_{\text{sideband}} \\
&= \left(\frac{A_c}{\sqrt{2}}\right)^2 + 2\times\left(\frac{\mu A_c}{2\sqrt{2}}\right)^2 \\
&= P_{\text{carrier}}\left(1+\frac{\mu^2}{2}\right)
\end{aligned}
\tag{3.35}
$$

效率定义为边带功率（实际用于传输信息的功率）与总功率的比值。于是，效率的计算式为

$$
\begin{aligned}
\eta &= \frac{P_{\text{sideband}}}{P_{\text{total}}} \\
&= \frac{\mu^2}{2+\mu^2}
\end{aligned}
\tag{3.36}
$$

由此可知，当调制指数 $\mu=0$ 时，效率为 0。此时，功率完全用于载波（AM 信号中没有调制信号，这种情况没有意义）。但是，当 $\mu=1$ 时，效率为 1/3。可见，AM 的效率并不高，正如前面所述，大量的功率用在了载波的传输上。因此，可以得出结论：从功率的使用效率角度来看，AM 不是一种高效的调制方式，因为大量的功率浪费在载波的传输上。

3.5.3 AM 解调

一旦收到已调信号，则需要解决接收问题，即解调。简而言之，就是需要提取调制信号 $m(t)$，或者至少是 $m(t)$ 的近似，而且只能从接收信号 $x_{\text{AM}}(t)$ 中获取。本质上，AM 解调可以看作是对已调信号上包络（或下包络）的恢复过程，这些可以从前面显示的波形中观察到。一个简单的波形整流，再加上一个低通滤波器就足够了，如图 3.10 所示。实际上，二极管只保留了接收信号波形的正半周期，同时将负半周期钳制为 0。图 3.11 展示了一种解调方法，其中对接收信号的采样值进行了平方处理。信号的平方处理可以使用非线性器件完成，因此，它是一种低成本的替代方法。当然，在一个数字采样系统中，计算采样数据的平方值是非常容易的。

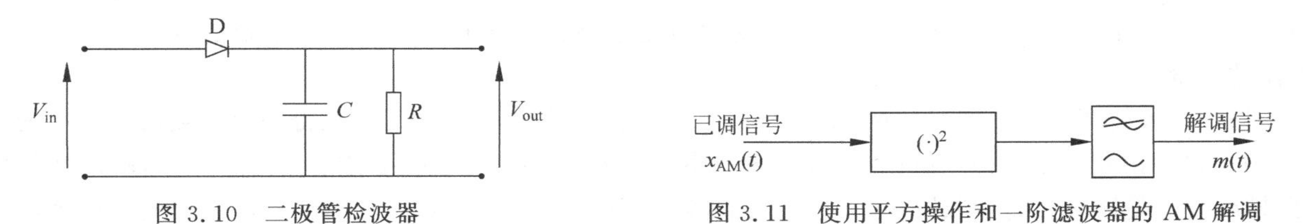

图 3.10 二极管检波器

图 3.11 使用平方操作和一阶滤波器的 AM 解调

经过平方和滤波处理后的信号波形如图 3.12 所示。事实上,高频(RF 或射频)分量被滤掉,留下的是音频(AF)分量,即原始调制信号的近似波形。

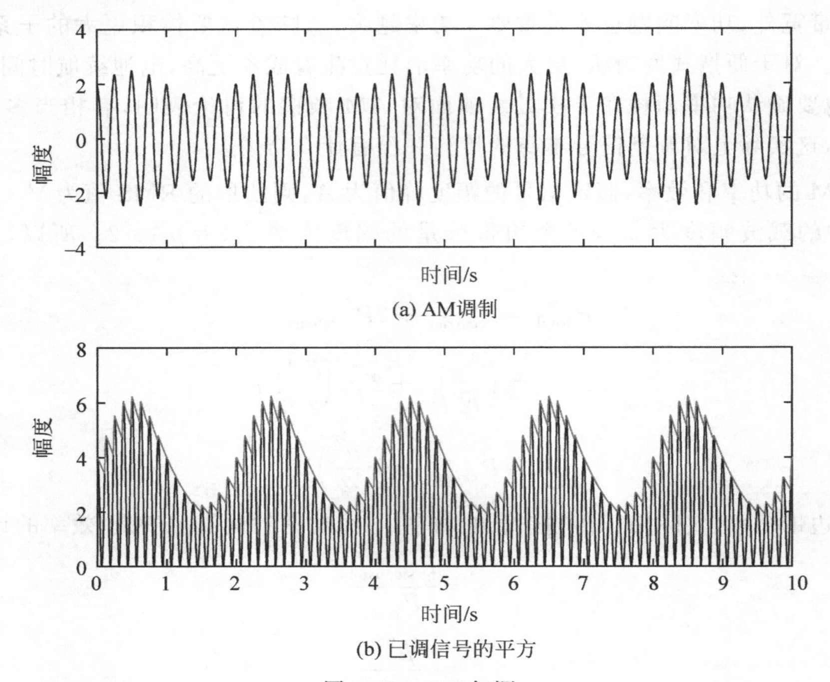

图 3.12 AM 解调

注:对输入信号进行平方,平方信号的峰值包络也标记出来了。

为了分析上述解调方法,对接收信号进行平方得

$$x_{\mathrm{AM}}^2(t)=A_c^2\cos^2\omega_c t(1+\mu\sin\omega_m t)^2 \tag{3.37}$$

展开后,可得

$$x_{\mathrm{AM}}^2(t)=\frac{A_c^2}{2}\left[\left(1+\frac{\mu^2}{2}\right)+\left(1+\frac{\mu^2}{2}\right)\cos 2\omega_c t+\frac{\mu^2}{4}\cos(2\omega_c\pm 2\omega_m)t+\right.$$
$$\left.\mu\cos(2\omega_c\pm\omega_m)t+2\mu\cos\omega_m t+\frac{\mu^2}{2}\cos 2\omega_m t\right] \tag{3.38}$$

显然,平方结果中包含了常数项、多个高频分量和其他分量。其中,调制频率附近的频带内分量只有 ω_m 分量(原始信号频率)和 $2\omega_m$ 分量(原始信号二倍频)。$\cos\omega_m t$ 分量正是期望的信号,而其他分量则不是。经过低通滤波器消除高频分量,再经过隔直消除直流分量,剩下的解调信号为

$$x_{\mathrm{AM}}^2(t)=A_m A_c\cos\omega_m t+\left(\frac{\mu A_c}{2}\right)^2\cos 2\omega_m t \tag{3.39}$$

由于 $\mu<1$,则 $\mu^2\ll 1$,所以 $\cos 2\omega_m t$ 分量引发的畸变很小。剩下的一项就是与原始信号 $A_m\cos\omega_m t$ 成正比的分量。

另外一种解调方法是同步解调,也称为相干解调。在同步解调中,需要获得一个与载波同频率的信号,用于解调接收信号。同步解调(和异步解调相对,异步解调不需要载波)的主要优点是解调性能更好,即畸变分量减少且对接收噪声不敏感。同步解调需要一个本地振荡器,这会提高系统的复杂度,3.8 节将对此进行深入讨论。研究表明,不只是 AM,对于其他调制方式,同步解调也是非常有用的。

3.5.4 AM的变体

在 AM 调制中，相当一部分功率用于传输载波。而且因为有上、下两个边带，所以已调信号的带宽是调制信号(输入信号)带宽的两倍。

如果忽略已调信号中的载波分量，得到双边带 AM(Double Sideband AM，DSB-AM)，通常称为 DSB。双边带调制只是将调制信号和载波相乘，正如在射频中引入上变频和下变频。双边带已调信号为

$$x_{\mathrm{DSB}}(t)=A_{\mathrm{c}}m(t)\cos\omega_{\mathrm{c}}t \tag{3.40}$$

如图 3.13 所示，以调制信号 $m(t)=A_{\mathrm{m}}\cos\omega_{\mathrm{m}}t$ 为例，已调信号为

$$x_{\mathrm{DSB}}(t)=A_{\mathrm{c}}A_{\mathrm{m}}\cos\omega_{\mathrm{m}}t\cos\omega_{\mathrm{c}}t \tag{3.41}$$

使用 $\cos\alpha\cos\beta$ 的三角函数展开式，结果为

$$x_{\mathrm{DSB}}(t)=A_{\mathrm{c}}A_{\mathrm{m}}\cos\omega_{\mathrm{m}}t\cos\omega_{\mathrm{c}}t \tag{3.42}$$

$$=\frac{A_{\mathrm{c}}A_{\mathrm{m}}}{2}\cos(\omega_{\mathrm{c}}\pm\omega_{\mathrm{m}})t \tag{3.43}$$

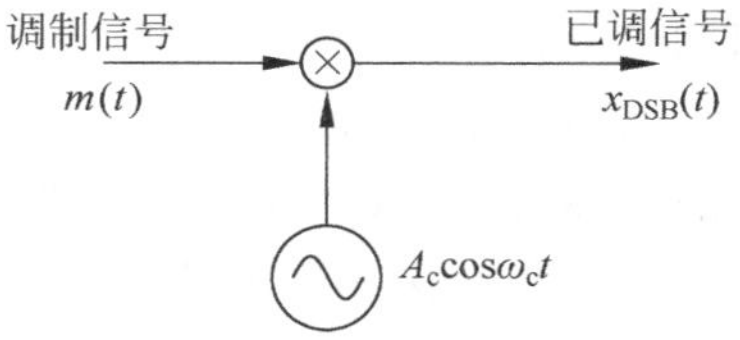

调制信号 $m(t)$　已调信号 $x_{\mathrm{DSB}}(t)$　$A_{\mathrm{c}}\cos\omega_{\mathrm{c}}t$

图 3.13　双边带调制

式(3.43)包含频率为 $\omega_{\mathrm{c}}\pm\omega_{\mathrm{m}}$ 的两个分量，没有载波分量。这就产生了一个非常有趣的问题：既然从数学角度没有看到载波的存在，为什么在已调信号中仍然可以看到载波呢？答案是存在载波相位的变化。图 3.14 给出了已调信号的波形，请特别注意波形中画圈的部分。在这些时间点，对应调制信号的过零点，已调信号的相位发生了翻转。因此，在任意一段时间内，对各频率分量进行计算或测量时，其均值都为 0，因为载波的交替翻转导致相互抵消。

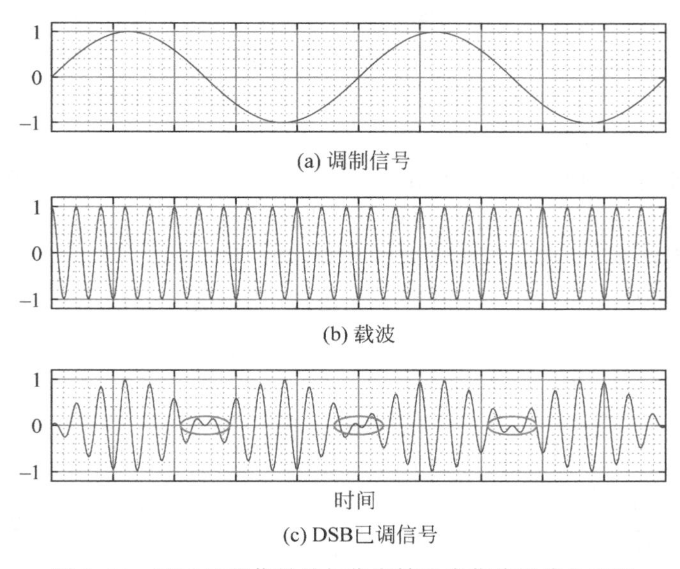

图 3.14　DSB 已调信号的相位翻转造成载波抵消的原理

如果能够获得本地载波，则 DSB 可以使用同步解调，如图 3.15 所示。本地载波与接收信号的精确相位匹配非常重要，若相位不匹配，则会导致解调出错。

DSB 不需要传输载波，所以节省了功率，但是它需要的带宽与传统 AM 一样。下一步要做的是去掉一个边带，只保留一个边带。如果可行，则所需带宽将与原始基带信号的带宽一样，而不是基带带宽

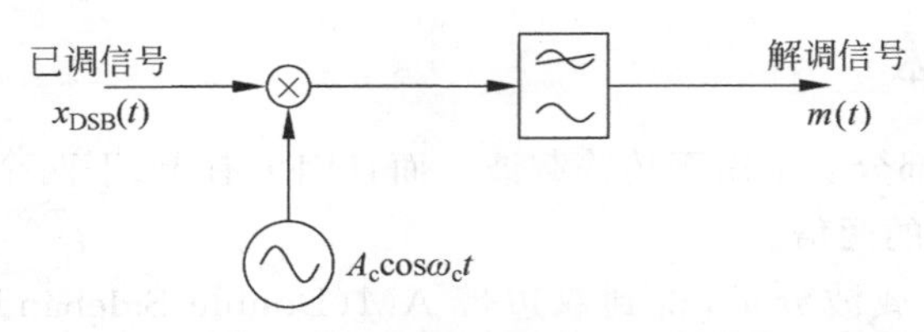

图 3.15 DSB 的同步解调(本地载波和接收信号的相位匹配是关键)

的两倍。单边带(Single Sideband,SSB)调制可以达到这个目标,SSB 实际上就是去掉一个边带的 DSB。产生 SSB 信号的方法有简单的带通滤波法、哈特利调制器(Hartley Modulator)和韦弗调制器(Weaver Modulator)。

从概念上讲,带通滤波法最容易理解,但实践中最难实现。它包括一个双边带调制器,后接一个带通滤波器,用于选择保留上边带(Upper Sideband,USB)或下边带(Lower Sideband,LSB),如图 3.16 所示。带通滤波法的主要缺点是需要设计一个运行于很高频率且很精确的带通滤波器。

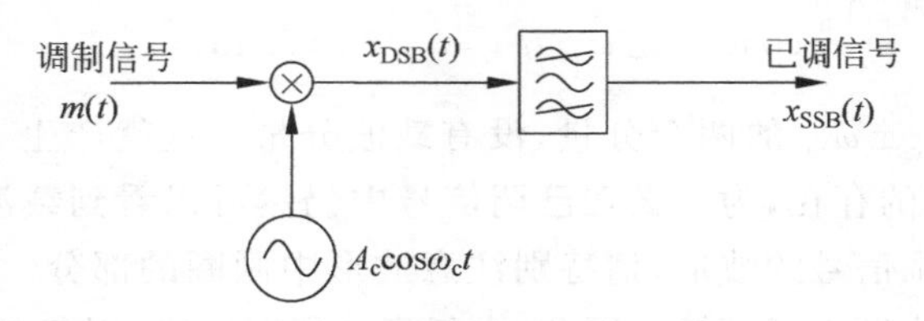

图 3.16 SSB 调制的带通滤波法

由于带通滤波器设计困难,可以考虑其他的替代方案。这些方案包括哈特利调制器(即相移法)和韦弗调制器,它们都依赖对信号的相移操作来实现期望的调制结果。这两种方法非常适合基于采样值的数字实现。由于这些方法大量地使用相移操作,所以在学习本节内容时,非常有必要重温一下 1.3 节的内容,或者至少将其作为学习参考。

首先介绍相移法,即哈特利调制器法(Hartley,1923)。信号的处理流程如图 3.17 所示,上、下两个调制器支路都需要载波信号,其中下支路载波是由上支路载波相移 90°得到的。输入的调制信号也必须完成 90°相移。输出阶段的加/减操作取决于要输出哪一个边带信号,输出 USB 则采用减法,输出 LSB 则采用加法。因为该方案对信号进行了相移而不是滤波,所以这种方法也称为 SSB 调制的相移法。

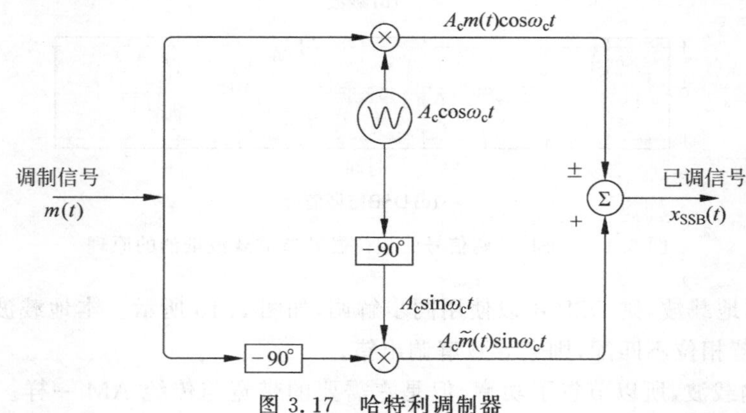

图 3.17 哈特利调制器

当调制信号为余弦波时，设

$$m(t)=A_{\mathrm{m}}\cos\omega_{\mathrm{m}}t \tag{3.44}$$

图3.17中上支路载波为余弦信号 $x_{\mathrm{c}}(t)=A_{\mathrm{c}}\cos\omega_{\mathrm{c}}t$，下支路载波则是用正弦信号代替余弦信号。所以上支路输出信号为

$$\begin{aligned}x_{\mathrm{u}}(t)&=m(t)A_{\mathrm{c}}\cos\omega_{\mathrm{c}}t\\&=A_{\mathrm{m}}A_{\mathrm{c}}\cos\omega_{\mathrm{c}}t\cos\omega_{\mathrm{m}}t\end{aligned} \tag{3.45}$$

下支路中调制信号 $\cos\omega_{\mathrm{m}}t$ 经过$-90°$相移后变为 $\sin\omega_{\mathrm{m}}t$。类似地，余弦载波 $\cos\omega_{\mathrm{c}}t$ 经过$-90°$相移后变为 $\sin\omega_{\mathrm{c}}t$。所以下支路输出信号为

$$x_{\mathrm{l}}(t)=A_{\mathrm{m}}A_{\mathrm{c}}\sin\omega_{\mathrm{c}}t\sin\omega_{\mathrm{m}}t \tag{3.46}$$

上、下支路输出信号经过求和或相减后，最终的输出信号为

$$\begin{aligned}x_{\mathrm{SSB}}(t)&=A_{\mathrm{m}}A_{\mathrm{c}}(\cos\omega_{\mathrm{c}}t\cos\omega_{\mathrm{m}}t\pm\sin\omega_{\mathrm{c}}t\sin\omega_{\mathrm{m}}t)\\&=A_{\mathrm{m}}A_{\mathrm{c}}\cos(\omega_{\mathrm{c}}\mp\omega_{\mathrm{m}})t\end{aligned} \tag{3.47}$$

式(3.47)中，选择"+"时，输出为上边带调制；选择"−"时，输出为下边带调制。需要注意的是，相移法需要乘法、低通滤波和相移等操作。前两种操作实现起来相对简单，但是相移操作的难度比较大。由于载波信号的频带非常窄(理想情况下一个定频载波信号的带宽为0)，所以载波的相移难度不大。实际上，对单频信号进行相移就是时延。但是，哈特利调制器需要对输入的调制信号进行$-90°$相移，输入信号的带宽是有限的。虽然利用希尔伯特变换数字滤波技术可以在一段频率范围内实现稳定的相移，但是要想使用模拟器件实现精确的相位延迟非常困难。

哈特利调制器需要在每个频点都进行相移操作。而在一段频率范围内，要实现稳定的相移非常困难，特别是在高频段。一种替代方案是韦弗调制器(Weaver，1956)，至少对于宽带调制信号，该方案去掉了相移的要求。当然，两路正交(或相移为90°)的载波信号还是必需的，这与宽带信号的相移比起来要简单得多。韦弗调制器的调制过程如图3.18所示。

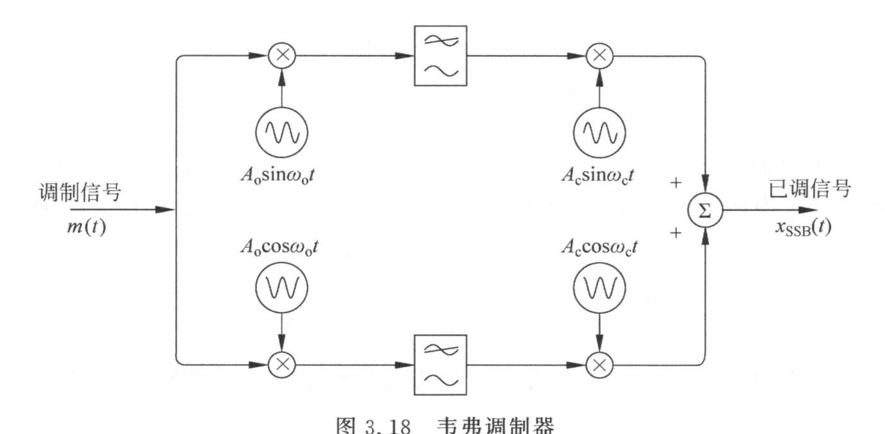

图3.18 韦弗调制器

如图3.18所示，需要两个产生正交载波(分别为 $A_{\mathrm{c}}\sin\omega_{\mathrm{c}}t$ 和 $A_{\mathrm{c}}\cos\omega_{\mathrm{c}}t$)的振荡器，以及两个产生正交信号 $A_{\mathrm{o}}\sin\omega_{\mathrm{o}}t$ 和 $A_{\mathrm{o}}\cos\omega_{\mathrm{o}}t$ 的振荡器。考虑上支路，有

$$A_{\mathrm{m}}A_{\mathrm{o}}\cos\omega_{\mathrm{m}}t\sin\omega_{\mathrm{o}}t=\frac{A_{\mathrm{o}}A_{\mathrm{m}}}{2}[\sin(\omega_{\mathrm{m}}+\omega_{\mathrm{o}})t-\sin(\omega_{\mathrm{m}}-\omega_{\mathrm{o}})t] \tag{3.48}$$

经过低通滤波后，剩下频率为($\omega_m-\omega_o$)的低频分量，再与载波相乘，得到

$$-\frac{A_mA_oA_c}{2}\sin(\omega_m-\omega_o)t\sin\omega_c t=-\frac{A_mA_oA_c}{4}[\cos(\omega_m-\omega_o-\omega_c)t-\cos(\omega_m-\omega_o+\omega_c)t]$$

下支路的分析与之类似，即

$$A_mA_o\cos\omega_m t\cos\omega_o t=\frac{A_mA_o}{2}[\cos(\omega_m+\omega_o)t+\cos(\omega_m-\omega_o)t] \tag{3.49}$$

经过低通滤波后，剩下频率为($\omega_m-\omega_o$)的低频分量，再与载波相乘，得到

$$\frac{A_mA_oA_c}{2}\cos(\omega_m-\omega_o)t\cos\omega_c t=\frac{A_mA_oA_c}{4}[\cos(\omega_m-\omega_o-\omega_c)t+\cos(\omega_m-\omega_o+\omega_c)t]$$

将上、下支路的输出相加，去掉 $\cos(\omega_m-\omega_o-\omega_c)t$ 分量，剩下的信号为

$$x_{SSB}(t)=\frac{A_mA_oA_c}{2}\cos(\omega_m-\omega_o+\omega_c)t \tag{3.50}$$

注意：与传统的频率为($\omega_c+\omega_m$)的 SSB 信号相比，式(3.50)中的信号有一个频移。对式(3.50)进行整理，写成

$$x_{SSB}(t)=\frac{A_mA_oA_c}{2}\cos[(\omega_c-\omega_o)+\omega_m]t \tag{3.51}$$

观察式(3.51)可以发现，载波的频率实际上是($\omega_c-\omega_o$)，而不是通常的 ω_c。一种有效的解决方法是，将振荡器的频率值 ω_o 设为带宽的一半(即 $\omega_b/2$)，这样只是将实际的载波频率下移 $\omega_b/2$。

现在讨论 SSB 信号的解调，再次使用一个频率为 ω_c 的本地振荡器进行混频。单音信号调制的 USB 已调信号为

$$x_{USB}(t)=A_mA_c\cos[(\omega_c+\omega_m)t] \tag{3.52}$$

解调信号为

$$\begin{aligned}\hat{x}(t)&=A_mA_c\cos[(\omega_c+\omega_m)t]\cos\omega_c t\\&=\frac{A_mA_c}{2}[\cos(2\omega_c+\omega_m)t+\cos\omega_m t]\end{aligned} \tag{3.53}$$

因为 $2\omega_c$ 频率分量可以通过滤波去掉，顺理成章只剩下音频信号。然而在实际应用中，接收端无法知道准确的载波频率。为了说明这个问题，设载波的频率偏移量为 $\delta\omega_c$，此时解调信号变为

$$\begin{aligned}\hat{x}(t)&=A_mA_c\cos[(\omega_c+\omega_m)t]\cos(\omega_c+\delta\omega_c)t\\&=\frac{A_mA_c}{2}[\cos(2\omega_c+\omega_m+\delta\omega_c)t+\cos(\omega_m-\delta\omega_c)t]\end{aligned} \tag{3.54}$$

所以恢复后的信号频率偏移了 $\delta\omega_c$，并且恢复后的语音信号频偏与载波的频偏成正比。显然，这不是期望的结果。

图 3.19 描述了一种效果很好的相移解调法，类似于调制中采用的方案。设输入信号为上边带 USB，即

$$x_{USB}(t)=A_mA_c\cos[(\omega_c+\omega_m)t] \tag{3.55}$$

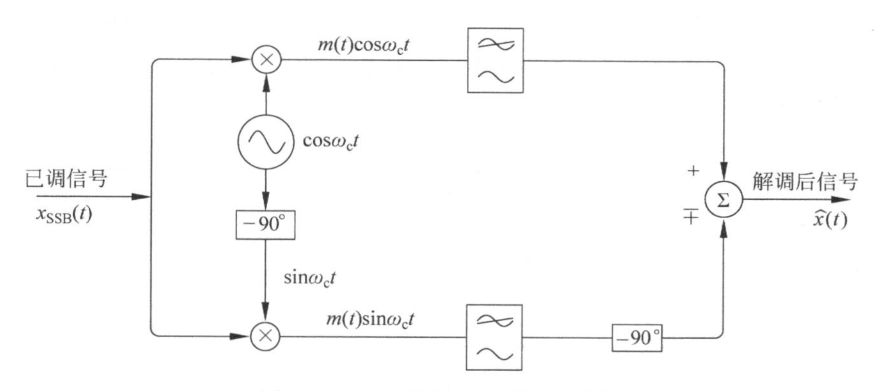

图 3.19 SSB 解调的哈特利相移法

解调器的上支路为

$$x_u(t)=A_mA_c\cos(\omega_c+\omega_m)t\cos\omega_c t$$

$$=\frac{A_mA_c}{2}[\cos(2\omega_c+\omega_m)t+\cos(\omega_m t)] \tag{3.56}$$

低通滤波后的结果为

$$x_u(t)=\frac{A_mA_c}{2}\cos\omega_m t \tag{3.57}$$

解调器的下支路为

$$x_1(t)=A_mA_c\cos(\omega_c+\omega_m)t\sin\omega_c t$$

$$=\frac{A_mA_c}{2}[\sin\omega_m t+\sin(2\omega_c+\omega_m)t] \tag{3.58}$$

低通滤波后的结果为

$$x_1(t)=\frac{A_mA_c}{2}\sin\omega_m t \tag{3.59}$$

最后相移−90°,得到

$$\tilde{x}_1(t)=-\frac{A_mA_c}{2}\cos\omega_m t \tag{3.60}$$

如果 $x_u(t)$与 $\tilde{x}_1(t)$相加,则结果为 0;如果两者相减,则结果为 $\cos\omega_m t$,即原始的调制信号。所以能够得出结论:USB 信号可以解调。如果接收端输入的是下边带信号,使用类似的解调方法,$x_u(t)$与 $\tilde{x}_1(t)$相减,结果为 0;而两者相加,所得结果为初始的音频信号。所以,图 3.19 中描述的解调结构不仅适用于 USB,也适用于 LSB,差别仅在于最后一步是选择加法还是减法运算。

在上述讨论中,需要记住的是:在沿着信号传输的路径中,存在多个增益常量。RF 放大器会产生增益,提高传输信号的幅度,而传输信道则会造成信号幅度的衰减。所以在传输路径中,从发射端到接收端,混有多个增益常数。

图 3.20 描述了迄今为止所有讨论过的幅度调制的波形和频谱,还包含残留边带(Vestigial Sideband,VSB)。VSB 是一种折中的方案,它只包含一个边带和另一个边带的少量成分。在传统 AM 调制中,调制指数的影响是显而易见的;而在 DSB 调制中,信号包络过零点出现的速率是调制信号频率的两倍;单独观察 SSB 的已调波形,无法确定信号的调制类型。从频谱来看,AM 的频谱包括载波和

一些边带信息；而DSB的载波则被抑制了；至于SSB，只有一个边带；VSB的绝大部分功率位于一个边带，但另一个边带残留了一小部分。需要注意的是，为了展现VSB的第二边带的存在，其垂直功率轴与其他几种幅度调制方式不同。

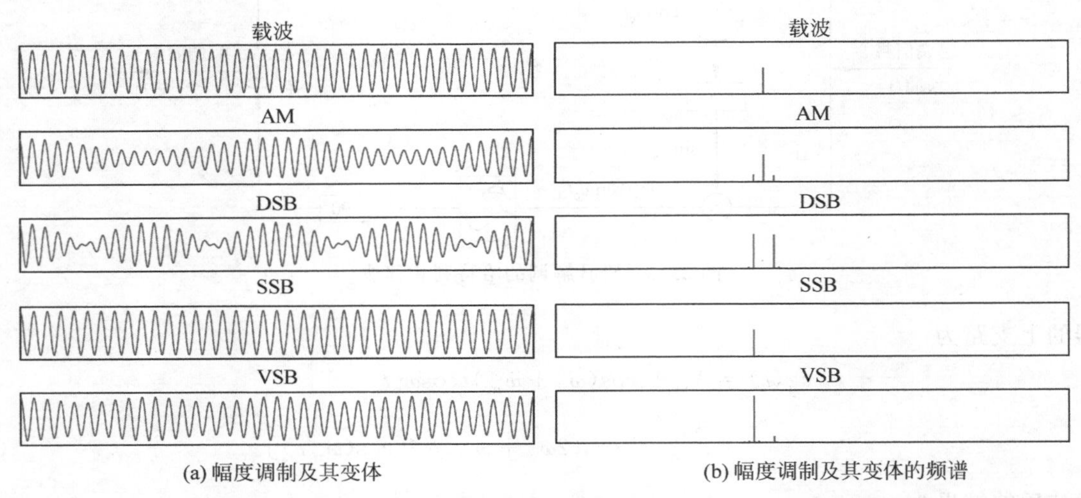

图 3.20　幅度调制及其变体的波形和频谱（AM、DSB、SSB和VSB）

3.6　频率和相位调制

AM通过改变载波信号的幅度来传送调制信号。在发射端、接收端或传输路径中的任何噪声都将影响已调信号的幅度。对于AM解调器，这种幅度的变化将与原始调制信号无法区分。换句话说，就是噪声看起来像是期望的信号。所以AM比较容易受到噪声的影响。

在频率调制（Frequency Modulation，FM）[①]中，已调信号的幅度是不变的。调频信号的解调不依赖于所收到的已调信号的幅度，这就是调频固有的优势所在。本节不但会讲述调频，而且会讲述与之紧密相关的相位调制（Phase Modulation，PM）[②]。在Armstrong（1936）的早期研究工作中，与更简单的AM系统（AM是当时唯一可用的系统）相比，调频能否降低噪声敏感性存在一定的争议。

3.6.1　调频和调相的概念

AM对噪声敏感，且功率效率不高。为了替代AM，需要回到调制的最初目的，也就是说，希望利用载波信号$x_c(t)$的变化来传送信号$m(t)$。

$$x_c(t)=A_c\cos(\omega_c t+\varphi_c) \tag{3.61}$$

到目前为止，AM信号中只有载波的幅度A_c发生了改变，并且这种改变是随着调制信号$m(t)$变化的。但是，从式（3.61）可以清晰地发现，还可以操纵其他信号参数，即频率ω_c和相位φ_c。由于频率和相位是相互关联的，所以频率或相位的调制方式之间也是相互关联的。

① 频率调制，简称调频。
② 相位调制，简称调相。

图 3.21 展示了如何由相位角度产生一个时域波形。在相位角逐步递进时，由正弦波的查找表可以给出相应的幅度值。到达正弦波查找表的末尾时，又可以返回到起点，因为正弦波波形是重复的。波的频率决定于相位角的步进速度，所以相位角的变化速率实际上就是频率。反过来，给定波的频率(rad/s)和时间 δt，就可以计算出在 δt 时间段内相位角的增加量。所以，由一段时间内的累积频率或频率积分(求和)可以计算出相位。

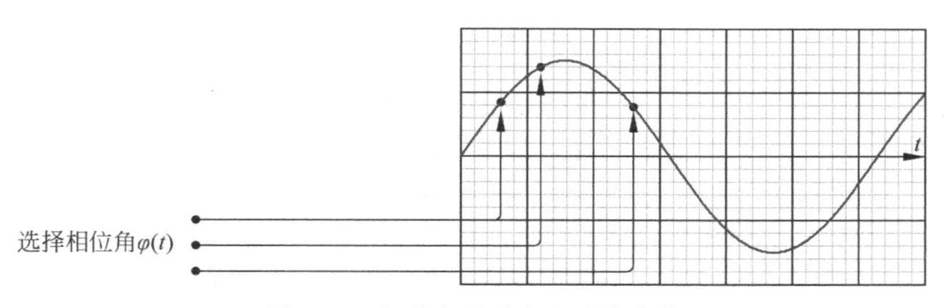

图 3.21　相位角步进产生时域波形

需要注意的是，表达式中的$(\omega_c t+\varphi_c)$，即余弦函数的幅角，从理论上来说就是相位角。虽然相位角的准确定义已经被讨论过一段时间(van Der P，1946)，但是电信行业的传统做法是将 φ 称为相位角，并依据所讨论的问题将相位角赋为正值或负值。有时候，还会涉及瞬时频率(Instantaneous Frequency)，因为如果持续改变相位 φ_c，则实际频率是在 ω_c 两侧变化。

从概念上说，改变载波的频率可能更容易理解。图 3.22 展示了一个余弦调制信号。比较已调信号的频率和载波的频率，可以清楚地发现：当调制信号的幅度最大时，已调信号的频率最高；当调制信号的幅度最小时，已调信号的频率最低；当调制信号的幅度为 0 时，已调信号的频率等于载波的频率。这是显而易见的，因为调制信号推动了载波振荡器的频率增大或减小。另一个例子如图 3.23 所示，对于一个上升的锯齿波调制信号，已调信号的频率也相应递增。当调制信号突然下降到起始值时，已调信号的频率返回到最低点。

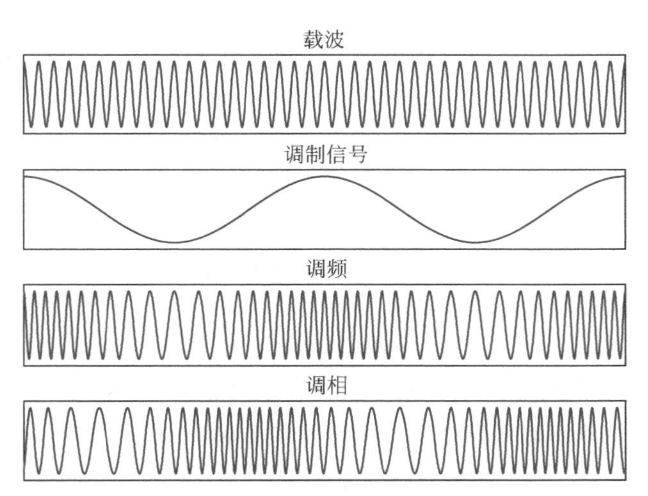

图 3.22　余弦波的调频和调相对比

注：余弦调制信号的幅度范围是从正到负的，注意对比 FM 和 PM 的相位差异。

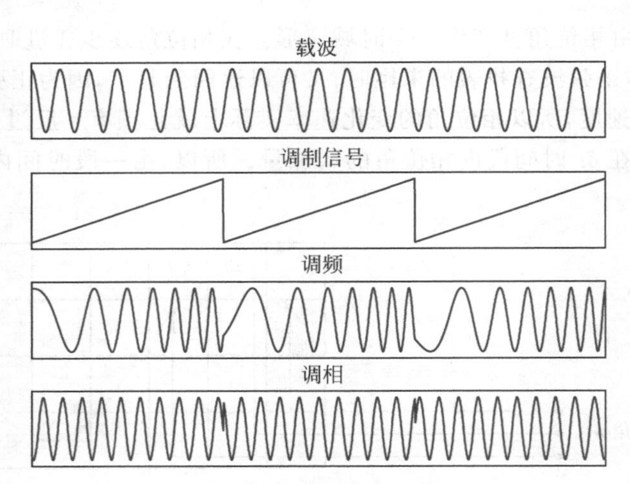

图 3.23 锯齿波的调频和调相对比

注：锯齿波调制信号从零值开始，逐渐上升到最大值，然后降低到零。注意 FM 中的频率递增以及 PM 中的相位突变。

相比较而言，PM 更微妙一点。第一个例子中，对于余弦调制信号，除了时移，PM 看起来和 FM 一样。当调制信号的电压下降，加入幅角 ωt 中的相位角也减小。这表明已调信号的频率发生了明显的下降。同样地，当调制信号的电压升高，不断增加的相位($\omega t+\varphi$)显示频率也在增加。观察锯齿波的调制过程，当调制电压上升，相位角慢慢增大，直至最大值；当调制电压突然跳变到最小时，已调信号的相位会出现一个突变。

3.6.2 调频和调相的分析

频率(rad/s)是相位(rad)的变化率，这可以从数学上解释。

$$\omega(t)=\frac{\mathrm{d}\varphi(t)}{\mathrm{d}t} \tag{3.62}$$

实际应用中，相位是随时间变化的。所以，调频和调相是紧密相连的，可以归为角度调制(Angle Modulation)。角度调制生成的信号可以表示为

$$x_{\text{angle}}(t)=A\cos\theta(t) \tag{3.63}$$

其中，$\theta(t)$是随时间变化的相位角，由特定的频率乘以时间再加上相位构成，即

$$x_{\text{angle}}(t)=A\cos[\overbrace{\omega_{\mathrm{c}}t+\varphi(t)}^{\theta(t)}] \tag{3.64}$$

对于 PM，输入信号 $m(t)$调制后的结果为

$$x_{\text{PM}}(t)=A\cos[\omega_{\mathrm{c}}t+k_{\mathrm{p}}m(t)] \tag{3.65}$$

其中，k_{p} 是一个常数乘因子，当它与某一时刻 t 的调制信号 $m(t)$相乘时，可以确定相位角。因此，PM 根据调制信号的电压来改变载波的相位大小。瞬时频率是相位角的变化率，即

$$\omega_{\mathrm{i}}(t)=\frac{\mathrm{d}\theta(t)}{\mathrm{d}t} \tag{3.66}$$

一般而言，角度调制信号就是相位偏移后的载波信号，即

$$x_{\text{angle}}(t)=A\cos[\overbrace{\omega_{\mathrm{c}}t+\varphi(t)}^{\theta(t)}] \tag{3.67}$$

所以瞬时频率就是相位 $\theta(t)$关于时间 t 的导数，即

$$\omega_{\mathrm{i}}(t)=\omega_{\mathrm{c}}+\frac{\mathrm{d}\varphi(t)}{\mathrm{d}t} \tag{3.68}$$

可以把它写成载频频偏的形式，即

$$\omega_{\mathrm{i}}(t)-\omega_{\mathrm{c}}=\frac{\mathrm{d}\varphi(t)}{\mathrm{d}t} \tag{3.69}$$

式(3.69)表明 PM 信号中频率的变化与相位角变化率成正比，而相位角随调制信号电压而变化。因此，随着调制电压变化率的增大，调相信号的频率也增大，反之亦然。

FM 的瞬时频率随着调制信号变化。瞬时频率包含一个固定频率和一个与调制电压 $m(t)$成正比的频率量，即

$$\omega_{\mathrm{i}}(t)=\omega_{\mathrm{c}}+k_{\mathrm{f}}m(t) \tag{3.70}$$

需要注意的是，在任何时刻，调制信号电压可能为正或负。相位角 $\theta(t)$是瞬时频率的累积和或积分，可得

$$\begin{aligned}\theta(t)&=\int\omega_{\mathrm{i}}(t)\mathrm{d}t\\&=\int[\omega_{\mathrm{c}}+k_{\mathrm{f}}m(t)]\mathrm{d}t\\&=\omega_{\mathrm{c}}t+k_{\mathrm{f}}\int m(t)\mathrm{d}t\end{aligned} \tag{3.71}$$

因此，对于调制信号 $m(t)$，调频信号的最终表达式为

$$x_{\mathrm{FM}}(t)=A\cos\left[\omega_{\mathrm{c}}t+k_{\mathrm{f}}\int_{0}^{t}x_{\mathrm{m}}(\tau)\mathrm{d}\tau\right] \tag{3.72}$$

其中，τ 是积分变量①。在 $0\sim t$ 内积分计算完成后，变量 τ 就会消失，积分结果为时间 t 的函数。换句话说，调频信号的相位角取决于调制信号电压的时间积分。

3.6.3 调频和调相信号的产生

PM 信号的产生如图 3.24(a)所示。载波频率乘以时间，以载波相位的形式到达求和符号处，然后与乘以 k_{p} 的调制信号相加，产生的相位角作为正弦函数的相位输入。输入的相位角用于查找正弦波函数表中的幅度瞬时值，由波形图中的点表示。当然，这可以用数学函数 $\sin\theta$ 描述，$\theta(t)$实际上是一个时间函数。

FM 信号的产生如图 3.24(b)所示。载波频率乘以时间，以载波相位的形式到达求和符号处，然后调制信号通过积分框来累积求和，以得到相位角的偏移。相位角偏移量的持续增大，看作是产生了特定的频率。相位角偏移量与载波相位相加，再使用正弦波函数表确定当前时刻的幅度。

因此，对于 FM，调制信号电压的累积产生了一个频率，该频率相对于载波是一个频偏。如果调制电压为正，则累积的相位就是一个连续递增函数，在载波频率之上造成频率的增加。如果调制电压保持不变但为负值，则累积的相位就是一个递减函数。由于超前相位与载波相位(ωt 项)相加，所以最终的效果就是相位偏移量持续递减，表现为 ω 的减小，也就是一个减小的频率值。需要注意的是，累积函数值并不总是增加，因为调制信号 $m(t)$的波形通常是上下波动的，其长时间的均值为 0。

---

① 注意：有的作者使用 $2\pi k_{\mathrm{f}}$ 取代 k_{f} 这个常数乘因子。

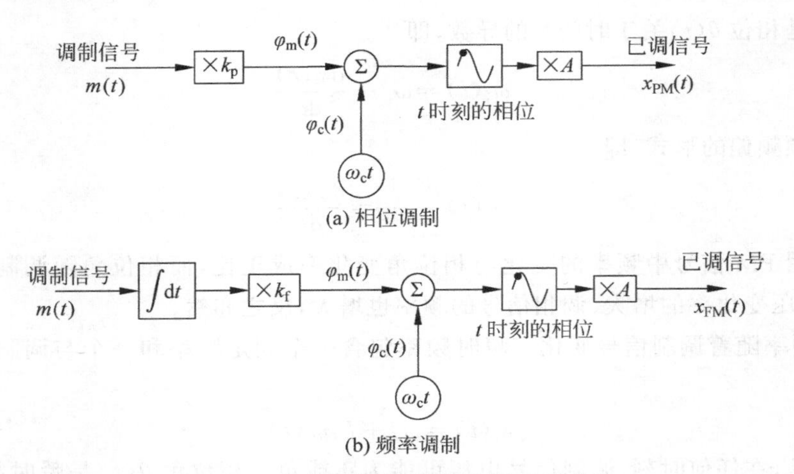

图 3.24　相位调制和频率调制信号的产生

注：具体的相位值为当前的载波相位值加上缩放后的调制信号值。频率调制类似于相位调制，但它的相位角不是由输入信号的瞬时值决定，而是由输入信号的积分值决定。

因此，FM 和 PM 之间的联系就是对 FM 调制信号的积分和对 PM 调制信号的微分。如图 3.25 所示，首先对调制信号进行积分，然后可以使用 PM 调制器产生调频信号。反过来，首先对调制信号进行微分，然后就可以使用 FM 调制器产生调相信号。当然，输入的调制电压可以是任意值。图 3.25 使用的是一个三角波，因为它可以对各种情况下的结果进行比较。图 3.26 给出了两种调制输入信号（三角波和方波）的输出波形。选择这两种调制波形是非常有意义的。从三角波到方波（从图 3.26(a) 到图 3.26(b)），是对调制信号的微分处理。反过来，从方波到三角波是对调制信号的积分处理。值得注意的是，三角波的调相结果和方波的调频结果完全一致。

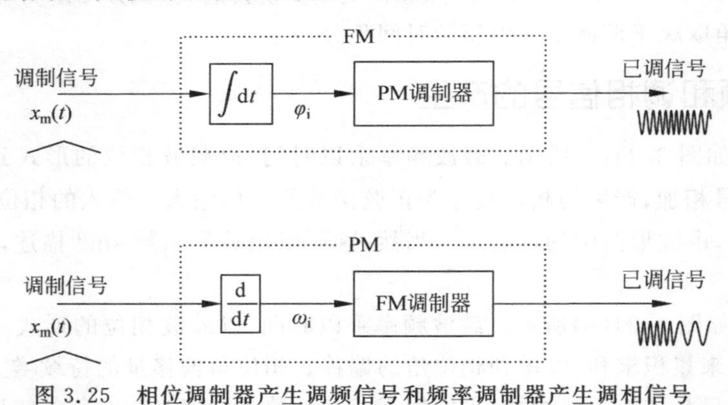

图 3.25　相位调制器产生调频信号和频率调制器产生调相信号

3.6.4　频率调制的频谱

FM 有效地改变了载波的频率，且没有像 AM 那样保留载波。正如所期望的那样，调频信号含有频率变化的各种分量。直观上看，调频信号的频谱分量应该与调制频率 ω_m 呈谐波关系，并且以载波频率 ω_c 为中心分布。事实也是如此，但是这些频率分量是否全部存在取决于已调信号的频偏。在某些情况下，载波分量有可能完全消失，只保留边带分量。

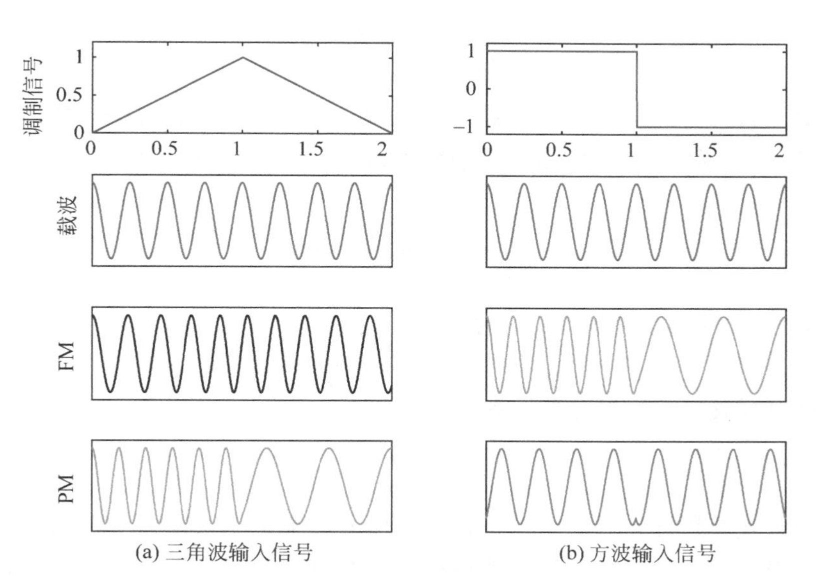

图 3.26 FM和PM的关系

调频的表达式为

$$x_{\mathrm{FM}}(t)=A\cos\left[\omega_{\mathrm{c}}t+k_{\mathrm{f}}\int_{0}^{t}x_{\mathrm{m}}(\tau)\mathrm{d}\tau\right] \tag{3.73}$$

相位角 $\theta(t)$ 可以表示为

$$\theta(t)=\omega_{\mathrm{c}}t+k_{\mathrm{f}}\int_{0}^{t}x_{\mathrm{m}}(\tau)\mathrm{d}\tau \tag{3.74}$$

既然瞬时频率 $\omega_{\mathrm{i}}(t)$ 是相位的变化率，即

$$\omega_{\mathrm{i}}(t)=\frac{\mathrm{d}\theta(t)}{\mathrm{d}t} \tag{3.75}$$

则瞬时频率可以展开为

$$\begin{aligned}
\omega_{\mathrm{i}}(t)&=\frac{\mathrm{d}\theta(t)}{\mathrm{d}t}\\
&=\frac{\mathrm{d}}{\mathrm{d}t}\left[\omega_{\mathrm{c}}t+k_{\mathrm{f}}\int_{0}^{t}x_{\mathrm{m}}(\tau)\mathrm{d}\tau\right]\\
&=\frac{\mathrm{d}}{\mathrm{d}t}(\omega_{\mathrm{c}}t)+\frac{\mathrm{d}}{\mathrm{d}t}\left[k_{\mathrm{f}}\int_{0}^{t}x_{\mathrm{m}}(\tau)\mathrm{d}\tau\right]\\
&=\omega_{\mathrm{c}}+k_{\mathrm{f}}\frac{\mathrm{d}}{\mathrm{d}t}\left[\int_{0}^{t}x_{\mathrm{m}}(\tau)\mathrm{d}\tau\right]\\
&=\omega_{\mathrm{c}}+k_{\mathrm{f}}m(t)
\end{aligned} \tag{3.76}$$

这说明瞬时频率就是载波频率加上(或减去)频率偏移量，即

$$x_{\mathrm{FM}}(t)=A\cos\{\underbrace{[\omega_{\mathrm{c}}+k_{\mathrm{f}}m(\tau)]}_{\omega_{\mathrm{i}}(t)}t\} \tag{3.77}$$

对于测试信号 $m(t)=A_{\mathrm{m}}\cos\omega_{\mathrm{m}}t$，依据上面的定义，调频信号为

$$x_{\mathrm{FM}}(t)=A\cos\left[\omega_{\mathrm{c}}t+k_{\mathrm{f}}\int_{0}^{t}x_{\mathrm{m}}(\tau)\mathrm{d}\tau\right]$$

$$=A\cos\left(\omega_{c}t+\frac{k_{f}A_{m}}{\omega_{m}}\sin\omega_{m}t\right) \tag{3.78}$$

频率的最大变化量为 $\Delta\omega=k_{f}A_{m}$。也就是说,频偏取决于常数 k_{f} 和调制信号的幅度 A_{m}。需要注意的是,这里假定调制信号的频率 ω_{m} 是常数。这是因为到目前为止,只考虑了单频信号。定义 β 为 FM 的调制指数,即

$$\beta=\frac{k_{f}A_{m}}{\omega_{m}} \tag{3.79}$$

对于纯正弦调制信号,它的调频信号可简化为

$$x_{FM}(t)=A\cos(\omega_{c}t+\beta\sin\omega_{m}t) \tag{3.80}$$

所以调制指数也可以写成频率的相对变化率,即

$$\beta=\frac{\Delta\omega}{\omega_{m}} \tag{3.81}$$

用这种方式定义的调频系数与 AM 调制指数 μ 是类似的。需要注意的是,如果分析相位调制 PM,则调制指数公式中会使用 $k_{p}A_{m}$。同样地,这个调制指数只对单音调制输入信号有效。而且,FM 调制指数还可以表示为

$$\beta=\frac{\Delta\omega}{\omega_{m}}=\frac{2\pi\Delta f}{2\pi f_{m}}=\frac{\Delta f}{f_{m}} \tag{3.82}$$

所以对于单音调制信号,无论频率单位是 Hz 还是 rad/s,β 都是频率偏移比(Deviation Ratio,DR)。

调制指数也称为偏移比(DR),然而偏移比的应用范围更广,不局限于某一种特定类型的输入。对于商用的调频广播,如果调制信号的最大频率 $f_{max}=15$kHz,频偏 $\Delta f=75$kHz,则偏移比 DR=75/15=5。偏移比 DR≥1 时称为宽带调频;DR<1 时称为窄带调频。

对于一个单音调制信号,现在可以用更简洁的表达式来描述调频信号,即

$$x_{FM}(t)=A\cos(\omega_{c}t+\beta\sin\omega_{m}t) \tag{3.83}$$

当第一次提出 FM 时,围绕着它相对于 AM 的优点,存在相当多的争议。Carson(1922)将一个调制指数为 β 的单音调频信号写成了级数形式

$$x_{FM}(t)=A\sum_{n=-\infty}^{n=+\infty}J_{n}(\beta)\cos(\omega_{c}+n\omega_{m})t \tag{3.84}$$

其中,$J_{n}(\beta)$是贝塞尔函数。可以将前几项展开成级数形式。注意,n 值可为正,也可为负,即 $n=0$,$\pm1,\pm2,\cdots$。于是,级数表达式为

$$\begin{aligned}x_{FM}(t)=&J_{0}(\beta)A\cos\omega_{c}t+J_{1}(\beta)A\cos(\omega_{c}+\omega_{m})t+\\&J_{-1}(\beta)A\cos(\omega_{c}-\omega_{m})t+J_{2}(\beta)A\cos(\omega_{c}+2\omega_{m})t+\\&J_{-2}(\beta)A\cos(\omega_{c}-2\omega_{m})t+J_{3}(\beta)A\cos(\omega_{c}+3\omega_{m})t+\\&J_{-3}(\beta)A\cos(\omega_{c}-3\omega_{m})t+\cdots\end{aligned} \tag{3.85}$$

每个 ω_{m} 都乘以 n,所以当 $n=0$ 时,则只剩下载波频率 ω_{c},因为实际的信号频率为$(\omega_{c}+n\omega_{m})$。当 $n=1$ 时,有频率为$(\omega_{c}+\omega_{m})$的分量;当 $n=-1$ 时,有频率为$(\omega_{c}-\omega_{m})$的分量。因此,每一项代表一个频率为$(\omega_{c}+n\omega_{m})$的正弦波,其幅度则由对应阶的贝塞尔系数来加权。当给定调制信号时,下标 n 是分量编号,β 是调制指数,所以每个余弦项的权值就是 $J_{n}(\beta)$。

图 3.27 展示了调频信号的波形和频谱。图 3.27(a)是调频信号在给定的调制参数下的时域波形。需要注意的是,这些都是单音正弦调制信号的调制结果。每个时域波形的右边是对应的频谱图,如图 3.27(b)所示。这些频谱图以 Hz 为单位,所以必须利用公式 $\omega=2\pi f$ 进行计算,转换为弧度频率。图 3.27(b)的第一个例子,载波频率 $f_c=4\text{Hz}$,可以发现,各频率分量在 f_c 两侧依次展开,对应频率为 f_c+nf_m,其中 $f_m=0.2\text{Hz}$。每个频率分量的幅度由对应的贝塞尔系数 $J_n(\beta)$确定。

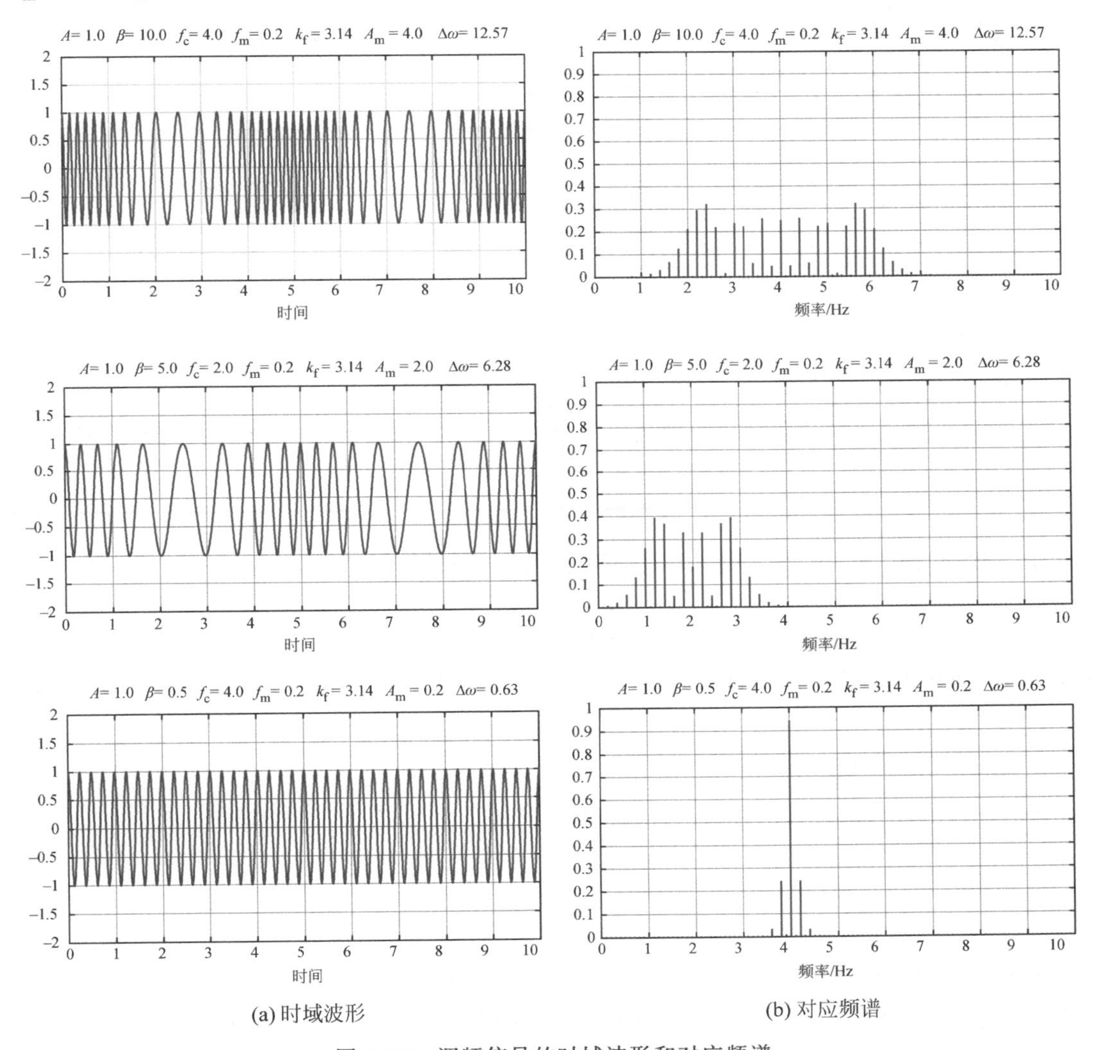

图 3.27 调频信号的时域波形和对应频谱

频率分量与贝塞尔系数的最终结果如表 3.2 所示,将在 3.6.5 节给出具体推导。表 3.2 中只给出了 n 为正值的情况,因为幅度谱是对称的。通常,只对每个谐波的数值大小感兴趣,不论它是正弦波还是负的正弦波(或余弦波)。$J_0(0)$描述的情况正如所料:当调制指数 $\beta=0$ 时,实际上没有调制,唯一存在的频率分量只有载波。载波就是 $n=0$ 时的频率分量,没有任何其他分量。表 3.2 中,过小的系数 $J(<0.01)$用"—"表示,表示可以被忽略。

表 3.2　贝塞尔函数表(用于确定调频信号中的边带幅度)

β	J_0	J_1	J_2	J_3	J_4	J_5	J_6	J_7	J_8	J_9	J_{10}
0	1.00	—	—	—	—	—	—	—	—	—	—
0.25	0.98	0.12	—	—	—	—	—	—	—	—	—
0.5	0.94	0.24	0.03	—	—	—	—	—	—	—	—
1	0.77	0.44	0.12	0.02	—	—	—	—	—	—	—
1.5	0.51	0.56	0.23	0.06	0.01	—	—	—	—	—	—
2	0.22	0.58	0.35	0.13	0.03	—	—	—	—	—	—
2.4	0.00	0.52	0.43	0.20	0.06	0.02	—	—	—	—	—
2.5	−0.05	0.50	0.45	0.22	0.07	0.02	—	—	—	—	—
3	−0.26	0.34	0.49	0.31	0.13	0.04	0.01	—	—	—	—
4	−0.40	−0.07	0.36	0.43	0.28	0.13	0.05	0.01	—	—	—
5	−0.18	−0.33	0.05	0.36	0.39	0.26	0.13	0.05	0.02	—	—
6	0.15	−0.28	−0.24	0.11	0.36	0.36	0.25	0.13	0.06	0.02	—
7	0.30	0.0	−0.30	−0.17	0.16	0.35	0.34	0.23	0.13	0.06	0.02
8	0.17	0.23	−0.11	−0.29	−0.10	0.19	0.34	0.32	0.22	0.13	0.06
9	−0.09	0.24	0.15	−0.18	−0.26	−0.06	0.20	0.33	0.31	0.21	0.13
10	−0.25	0.14	0.26	0.06	−0.22	−0.23	−0.01	0.22	0.32	0.29	0.21
12	0.05	−0.22	−0.08	0.19	0.18	−0.07	−0.24	−0.17	0.05	0.23	0.30
15	−0.01	0.20	0.04	−0.19	−0.12	0.13	0.21	0.03	−0.17	−0.22	−0.09

贝塞尔系数的计算方法有很多种，其中一种是通过积分计算，计算式如下。

$$J_n(\beta)=\frac{1}{\pi}\int_0^{\pi}\cos(\beta\sin t-nt)\mathrm{d}t \tag{3.86}$$

MATLAB 使用 besselj()函数计算这些系数。可以直接使用这个函数计算 $n=3,\beta=5$ 时的系数 $J_n(\beta)$。

```
n = 3;
beta = 5;
besselj(n, beta)
ans =
    0.3648
```

可以使用 MATLAB 或表 3.2 验证前面的频谱图。例如，图 3.27(b)中的第 3 幅图中 $\beta=0.5$，可以对照表 3.2 中 $\beta=0.5$ 这一行，读取系数 J 对应于谐波的幅度值为(0.94,0.24,0.03)。当 $\beta=2.4$ 时，奇怪的现象出现了：频率分量中没有载波分量，这是因为 $J_0(2.4)=0$。这与 AM 不一样，AM 中载波分量永远存在。

在使用这些系数值时，要重点留意的是，边带分量是在载波位置两边对称分布的。上面提到的贝塞尔函数还有另外一个重要性质，那就是

$$\sum_{n=-\infty}^{\infty}J_n^2(\beta)=1 \tag{3.87}$$

这意味着可以将功率和归一化。所以，相对功率增大或减小，只是对应的贝塞尔系数值的变化。可以验证贝塞尔系数的对称性和 J^2 求和，代码如下。

```
n = -6:6;
beta = 2.5;
bc = besselj(n, beta)
    0.0042  -0.0195  0.0738  -0.2166  0.4461  -0.4971
    -0.0484
    0.4971  0.4461  0.2166  0.0738  0.0195  0.0042
sum(bc.^2)
ans =
    1.0000
```

图 3.28 展示了一个调频信号的功率谱分析结果,信号的参数如表 3.3 所示。

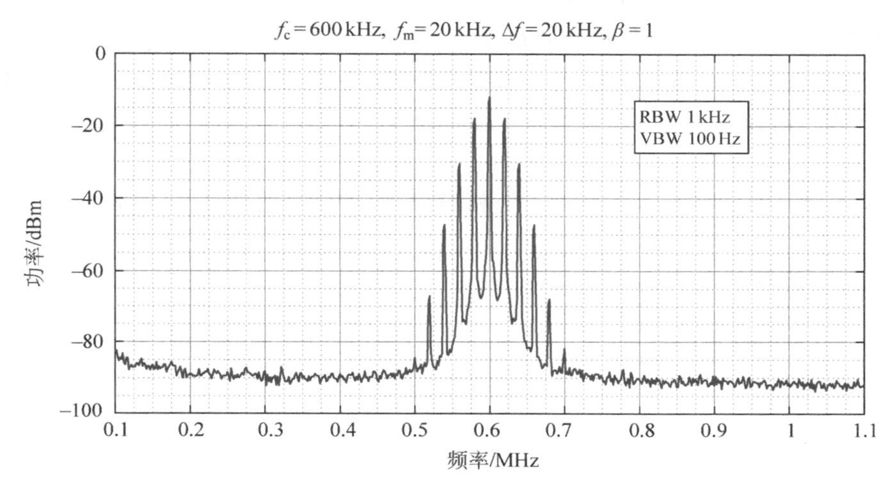

图 3.28　调频信号的功率谱测量结果($\beta=1$)

表 3.3　信号参数(1)

参数名称	符　　号	数　　值
载波频率	f_c	600kHz
载波幅度	A_c	200mVpp
调制频率	f_m	20kHz
频率偏移	Δf	20kHz

根据上述参数值,计算调制指数为

$$\frac{\Delta f}{f_m}=1$$

未调制载波的有效幅度值为

$$V_{rms}=\frac{V_{pp}/2}{\sqrt{2}}$$

未调制载波的功率为

$$10\lg\left(\frac{V_{rms}^2/50}{1\times 10^{-3}}\right)=-10\text{dBm}$$

根据贝塞尔系数值,可以计算边带幅度。当 $\beta=1$ 时,可得

$$J_0(\beta)=0.77$$
$$J_1(\beta)=0.44$$
$$J_2(\beta)=0.12$$
$$J_3(\beta)=0.02$$

因此，观测到的相对功率应该为

$$P_0(\beta)=20\lg 0.77=-2.3\text{dB}$$
$$P_1(\beta)=20\lg 0.44=-7.1\text{dB}$$
$$P_2(\beta)=20\lg 0.12=-18.8\text{dB}$$
$$P_3(\beta)=20\lg 0.02=-34\text{dB}$$

这些功率计算值是相对于未调制载波的功率(功率为-10dBm)而言的。图3.28中的功率测量值分别为-11.9，-17.9，-30.5和-47dBm。前面几个频率分量的功率计算值与测量值吻合良好，但是随着分量功率的下降，精确测量功率值的难度也急剧增大，毕竟-47dBm是一个相当小的功率值(大约为20nW)。

图3.29展示了另一个调频信号的功率谱分析结果，信号的参数如表3.4所示。

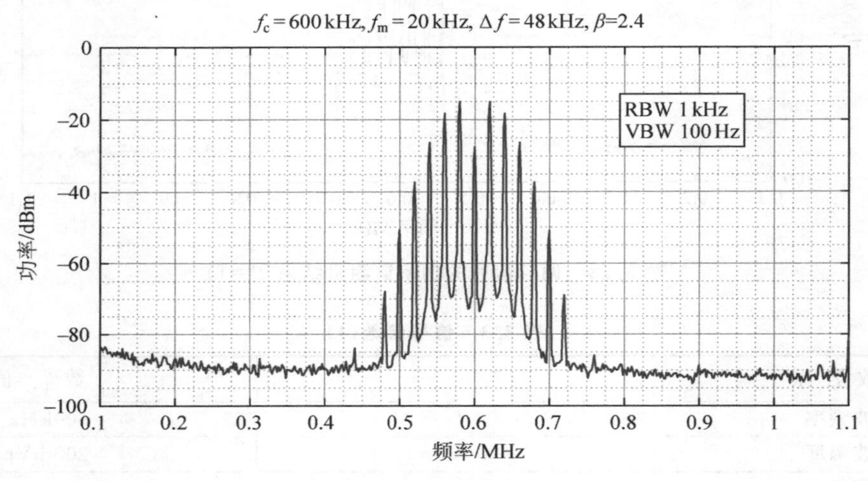

图3.29 调频信号的功率谱测量结果($\beta=2.4$)

表3.4 信号参数(2)

参数名称	符号	数值
载波频率	f_c	600kHz
载波幅度	A_c	200mVpp
调制频率	f_m	20kHz
频率偏移	Δf	48kHz

与前者相比，唯一的变化是Δf，此时$\Delta f/f_m=2.4$，于是$\beta=2.4$，相应的贝塞尔系数值为

$$J_0(\beta)=0$$
$$J_1(\beta)=0.52$$
$$J_2(\beta)=0.43$$

$$J_3(\beta)=0.20$$

因此,观测到的相对功率应该为

$$P_0(\beta)=20\lg 0.0=\text{undefined}$$
$$P_1(\beta)=20\lg 0.52=-5.7\text{dB}$$
$$P_2(\beta)=20\lg 0.43=-7.3\text{dB}$$
$$P_3(\beta)=20\lg 0.20=-14\text{dB}$$

这些功率计算值也是相对于未调制载波的功率(功率为-10dBm)而言的。图3.29中的功率测量值分别为-27,-15,-18和-26dBm。同样地,前面几个频率分量的功率计算值与测量值吻合良好,但是随着功率的减小,吻合度也在降低。

3.6.5 贝塞尔系数与FM信号功率谱的关系

如3.6.4节所述,贝塞尔系数给定了调频功率谱的强度,它揭示了一个关于波形相乘的通用原理,学习该原理的推导和应用具有指导意义。

回顾一下调频信号的频谱,它包含一个载波频率分量(有可能为0)和间隔为调制频率整数倍的其他分量。这类似于(但不完全等同于)傅里叶级数(见2.3.1节),傅里叶级数中包含基频分量和基频倍数的谐波分量。设幅度$A=1$(因为它只是一个缩放常数),可以重写单音调频信号的公式如下。

$$x_{\text{FM}}(t)=\cos(\omega_c t+\beta\sin\omega_m t) \tag{3.88}$$

为了确定谱分量的强度,该调频信号可以写成如下形式。

$$\begin{aligned}x_{\text{FM}}(t)=&J_0(\beta)\cos\omega_c t+J_1(\beta)\cos(\omega_c+\omega_m)t+J_{-1}(\beta)\cos(\omega_c-\omega_m)t+\\&J_2(\beta)\cos(\omega_c+2\omega_m)t+J_{-2}(\beta)\cos(\omega_c-2\omega_m)t+\cdots\end{aligned} \tag{3.89}$$

每个J值都对应一个频率为$(\omega_c\pm k\omega_m)$的分量,其中k为整数。假设需要分析的分量是$J_2(\beta)$,它对应的频率是$(\omega_c+2\omega_m)$。这是一个具体的例子,但是它揭示了一种可以用于所有分量的方法。用余弦项乘以这个表达式,以提取想要的分量,本例中是$\cos(\omega_c+2\omega_m)t$,然后在一个调制波形周期$\tau_m$内积分,可得

$$\begin{aligned}\int_0^{\tau_m}x_{\text{FM}}(t)\cos(\omega_o+2\omega_m)t\,dt=&\int_0^{\tau_m}\cos(\omega_c t+\beta\sin\omega_m t)\cos(\omega_c+2\omega_m)t\,dt\\=&\underbrace{J_0(\beta)\int_0^{\tau_m}\cos\omega_c t\cos(\omega_c+2\omega_m)t\,dt}_{0}+\\&\underbrace{J_1(\beta)\int_0^{\tau_m}\cos(\omega_c+\omega_m)t\cos(\omega_c+2\omega_m)t\,dt}_{0}+\\&\underbrace{J_{-1}(\beta)\int_0^{\tau_m}\cos(\omega_c-\omega_m)t\cos(\omega_c+2\omega_m)t\,dt}_{0}+\\&\overbrace{J_2(\beta)\int_0^{\tau_m}\cos(\omega_c+2\omega_m)t\cos(\omega_c+2\omega_m)t\,dt}^{\text{不为0}}+\\&\underbrace{J_{-2}(\beta)\int_0^{\tau_m}\cos(\omega_c-2\omega_m)t\cos(\omega_c+2\omega_m)t\,dt}_{0}+\cdots\end{aligned} \tag{3.90}$$

由积分的结果可以提取想要的频率分量,因为除了一个积分外,其他积分结果都为0。下面的代码展示了这个过程的数值结果,对应的谐波分量$n=2$,调制指数$\beta=10$。

```
% 确定 FM 频谱的积分
N = 1000;
beta = 10;

n = 2;
taum = 1;
wm = 2 * pi/taum;
wc = 10 * wm;

t = linspace(0, taum, N);
dt = t(2) - t(1);
% -------------------------------------------------------------
% FM 信号
xfm = cos(wc * t + beta * sin(wm * t));

% 调制信号
xm = cos(wm * t);

% 载波信号
% 载波加调制频率
% 载波加 2 倍调制频率
xc = cos(wc * t);
xh1 = cos(wc * t + wm * t);
xh2 = cos(wc * t + 2 * wm * t);

Integral11 = dt * sum(xh1. * xh1);
Integral12 = dt * sum(xh1. * xh2);

Integral21 = dt * sum(xh2. * xh1);
Integral22 = dt * sum(xh2. * xh2);

fprintf(1, 'Product - Integral terms:\n');
fprintf(1, 'Int 11 = %f Int 12 = %f Int 21 = %f Int 21 = %f\n', ...
Integral11, Integral12, Integral21, Integral22);
```

这表明一个分量和其他分量相乘再积分，结果为0；唯一不为0的情况是该分量与自身相乘。

```
Product - Integral terms:
Int 11 = 0.5010  Int 12 = 0.0001  Int 21 = 0.0010  Int 22 = 0.5010
```

图3.30(a)所示函数(两个不同频率分量)均值为0，而图3.30(b)所示函数(两个同频分量)均值不为0。

接着，使用 $\cos\alpha\cos\beta$ 的三角函数展开式将式(3.88)展开，可得

$$\int_0^{\tau_m}\cos(\omega_c t+\beta\sin\omega_m t)\times\cos(\omega_c+2\omega_m)t\,dt$$

$$=\overbrace{\frac{1}{2}\int_0^{\tau_m}\cos(2\omega_c t+\beta\sin\omega_m t+2\omega_m t)\,dt}^{\text{第一项为0}}+\overbrace{\frac{1}{2}\int_0^{\tau_m}\cos(\beta\sin\omega_m t-2\omega_m t)\,dt}^{\text{第二项构成二阶贝塞尔函数积分}}\tag{3.91}$$

展开后的两项如图3.31所示。第一项的积分为0，第二项的积分则明显类似于贝塞尔函数 $J_2(\beta)$。在

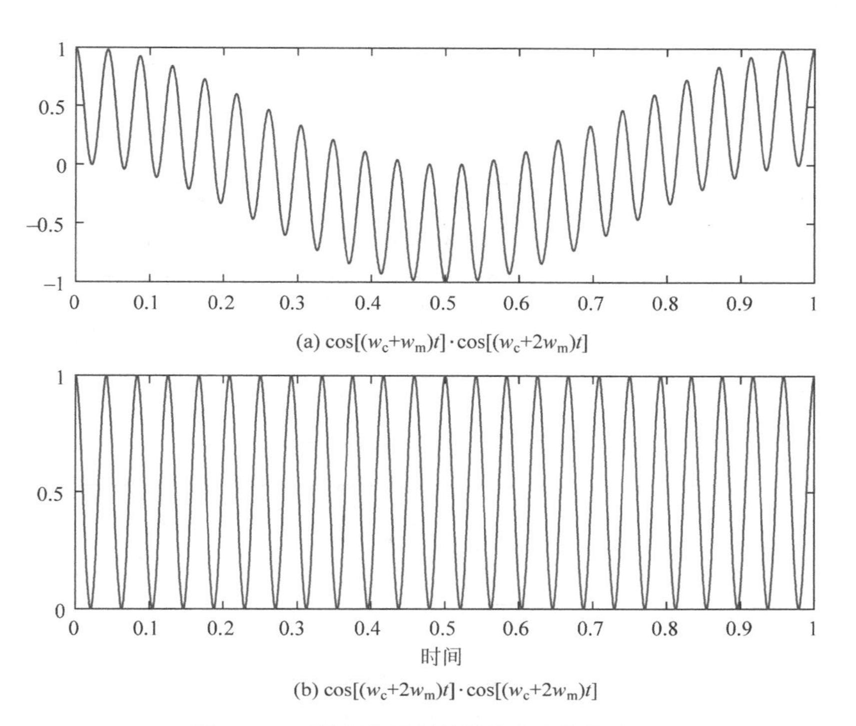

(a) $\cos[(w_c+w_m)t]\cdot\cos[(w_c+2w_m)t]$

(b) $\cos[(w_c+2w_m)t]\cdot\cos[(w_c+2w_m)t]$

图 3.30 不同频和同频的谐波乘法结果对比

前面代码的基础上，加入如下代码。

```
fprintf(1, 'FM Expansion terms:\n');
term1 = cos(2 * wc * t + beta * sin(wm * t) + wm * t);
term2 = cos(beta * sin(wm * t) - n * wm * t);
IntegralTerm1 = dt * sum(term1);
IntegralTerm2 = dt * sum(term2);
fprintf(1, 'Term 1 = %f Term 2 = %f\n', IntegralTerm1, IntegralTerm2);
```

可以得到

```
FM Expansion terms:
Term 1 = 0.000998     Term 2 = 0.255631
```

第一项的均值工程上认为是0(实际值由于舍入误差的存在，是一个特别小的值)。而第二项的均值则是一个有限但无法忽略的值。关于这一点，可以再次参考图3.31。

第二项中，贝塞尔函数$J_2(\beta)$开始起作用。最后，令式(3.91)的化简结果与式(3.90)相等，就可以得到一种利用贝塞尔积分计算频率分量强度的方法。一般情况下，有

$$J_n(\beta)=\frac{1}{\pi}\int_0^{\pi}\cos(\beta\sin t-nt)\mathrm{d}t \tag{3.92}$$

将这个结果推广到所有的谐波，可以发现，只需要计算贝塞尔函数$J_n(\beta)$的值就能得到每个谐波的幅度。利用式(3.92)进行贝塞尔函数的数值计算，与MATLAB自带函数的结果对比，验证了这个结论的正确性。

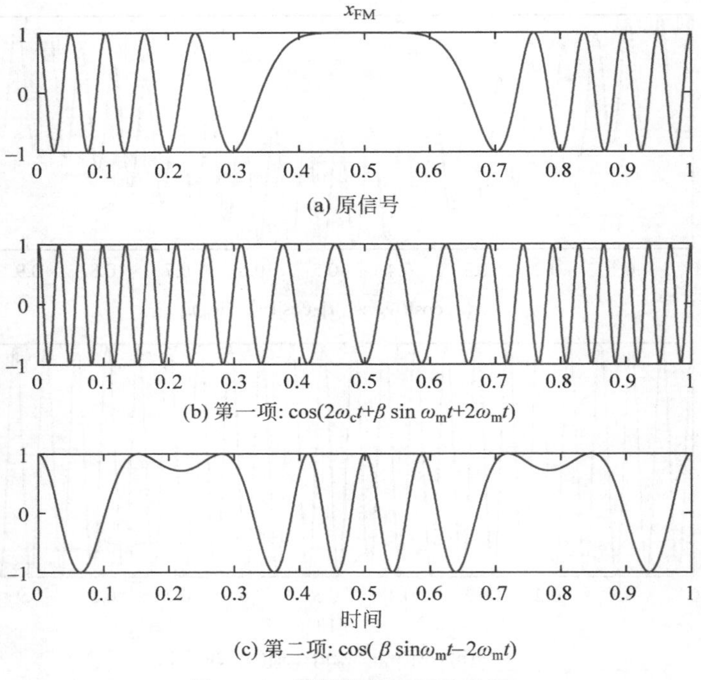

图 3.31　调频信号展开示意图

```
t = linspace(0, pi, N);
dt = t(2) - t(1);

Jarg = cos(beta * sin(t) - n * t);
Jcalc = (1/pi) * sum(Jarg * dt);

JMatlab = besselj(n, beta);
disp('Compare Bessel evaluations');
fprintf(1, 'Calculated %f, MATLAB built-in %f\n', Jcalc, JMatlab)
```

于是，$n=2$，$\beta=10$ 对应的计算结果为

```
Compare Bessel evaluations
Calculated 0.255631, MATLAB built-in  0.254630
```

当然，上面的代码也可以修改后用于计算其他谐波，如改变 n 和 β 的值。虽然涉及推导过程，但是它提供了一个非常有用的结论：当调制指数 β 给定时，仅需要计算贝塞尔函数 $J_n(\beta)$的值，就可以确定第 n 个谐波的幅度。

3.6.6　FM 的解调

对于调频信号 $x_{FM}(t)$，FM 的解调是要恢复出原始的调制信号 $m(t)$。PM 是类似的，所以如果能够解决其中一个，就能解决另一个。FM 的解调方法有很多，包括数字法(Farrell，et al.，2005)。

FM 依据调制信号的幅度来改变载波信号的瞬时频率，所以从概念上来说，解调需要跟踪接收信号的频率。虽然这种频率跟踪的具体实现有点困难，但是可以使用 3.7 节中讲述的方法来实现。

为了解决这个问题，可以设计一个滤波器，它对高频率产生较高的平均输出，而对低频率产生较低的平均输出。换句话说，更高的频率被转化成更高的电压（反之，频率越低，转化成的电压越低）。为了寻找解决问题的路径，从一个单音信号的调频表达式开始，即

$$x_{\mathrm{FM}}(t)=A\cos(\omega_{\mathrm{c}}t+\beta\sin\omega_{\mathrm{m}}t) \tag{3.93}$$

需要解决的问题是恢复出原始的调制信号 $m(t)$。在这个简化的单音调制例子中，应该能够恢复出调制信号 $m(t)=A_{\mathrm{m}}\cos\omega_{\mathrm{m}}t$。

如果对式(3.93)描述的调频信号求导，会发生什么？也许这不是明显的一步，但它指引了一条通往频率选择性鉴别器的路。设 $u=\omega_{\mathrm{c}}t+\beta\sin\omega_{\mathrm{m}}t$，并使用微积分的链式规则 $\mathrm{d}x/\mathrm{d}t=(\mathrm{d}x/\mathrm{d}u)(\mathrm{d}u/\mathrm{d}t)$，可得

$$\frac{\mathrm{d}x_{\mathrm{FM}}(t)}{\mathrm{d}t}=-A\sin(\omega_{\mathrm{c}}t+\beta\sin\omega_{\mathrm{m}}t)(\omega_{\mathrm{c}}+\beta\omega_{\mathrm{m}}\cos\omega_{\mathrm{m}}t) \tag{3.94}$$

$$=-A\omega_{\mathrm{c}}\overbrace{\sin(\omega_{\mathrm{c}}t+\beta\sin\omega_{\mathrm{m}}t)}^{\omega_{\mathrm{c}}\text{载频附近}}-\overbrace{(A\beta\omega_{\mathrm{m}}\cos\omega_{\mathrm{m}}t)}^{\text{常数}\times m(t)}\overbrace{\sin(\omega_{\mathrm{c}}t+\beta\sin\omega_{\mathrm{m}}t)}^{\omega_{\mathrm{c}}\text{载频附近}} \tag{3.95}$$

式(3.95)看起来很复杂，但是其中每一项与 AM 信号没有什么不同，本质上就是载波与调制信号的乘积再加上载波。本例中的载波理论上应该是 $\sin\omega_{\mathrm{c}}t$，但式(3.95)中显示的是 $\sin(\omega_{\mathrm{c}}t+\beta\sin\omega_{\mathrm{m}}t)$[①]。由于 $\omega_{\mathrm{c}}\gg\omega_{\mathrm{m}}$，所以可以放心地说，与 ω_{c} 一起出现的额外频率 ω_{m} 是可以忽略的。而且，使用 $\beta=k_{\mathrm{f}}A_{\mathrm{m}}/\omega_{\mathrm{m}}$，则 $A\beta\omega_{\mathrm{m}}\cos\omega_{\mathrm{m}}t$ 可以简化为 $Ak_{\mathrm{f}}A_{\mathrm{m}}\cos\omega_{\mathrm{m}}t$。所以式(3.95)可以近似为

$$\frac{\mathrm{d}x_{\mathrm{FM}}(t)}{\mathrm{d}t}\approx-\overbrace{A\omega_{\mathrm{c}}\sin\omega_{\mathrm{c}}t}^{\omega_{\mathrm{c}}\text{载频项}}-\overbrace{(Ak_{\mathrm{f}}\sin\omega_{\mathrm{c}}t)}^{\omega_{\mathrm{c}}\text{载频项}}\overbrace{(A_{\mathrm{m}}\cos\omega_{\mathrm{m}}t)}^{m(t)} \tag{3.96}$$

实际上，这个结果就是一个 AM 信号。换句话说，FM 信号已经转化成了一个 AM 信号，这样就可以解调了。但是这个方法有一个明显的缺点，对信号进行微分（实际上就是求它的变化率）并不是一个好主意。因为实际的系统中存在着噪声，噪声的变化率放大后将伴随着期望信号一起出现，因而引入的噪声也更多。

为了加深理解，下面这段 MATLAB 代码展示了如何产生一个 FM 信号，以及找到它的变化率。其中用差分取代了连续波形计算中的微分。图 3.32 给出了代码的运行结果。

```
% 波形参数
N = 2000;
Tmax = 20;
dt = Tmax/(N-1);
t = 0:dt:Tmax;
fs = 1/dt;

% 载波 xc
fc = 3;
wc = 2*pi*fc;
xc = cos(wc*t);
```

---

① 译者注：此处原文为 $\sin(\omega_{\mathrm{c}}t+\beta\omega_{\mathrm{m}}\sin\omega_{\mathrm{m}}t)$。

```
% 调制信号 xm
fm = 0.2;
wm = 2*pi*fm;
Am = 1;
xm = Am*cos(wm*t);

% FM 调制参数
A = 2;
kf = 10;

% xm 积分
xmi = cumsum(xm)*dt;

% 与载波结合产生已调信号 xfm
xfm = A*cos(wc*t + kf*xmi);

% FM 解调第一步——差分产生 AM
dxfm = diff(xfm)/dt;

%画出信号
subplot(4,1,1); plot(xm);
subplot(4,1,2); plot(xc);
subplot(4,1,3); plot(xfm);
subplot(4,1,4); plot(dxfm);
```

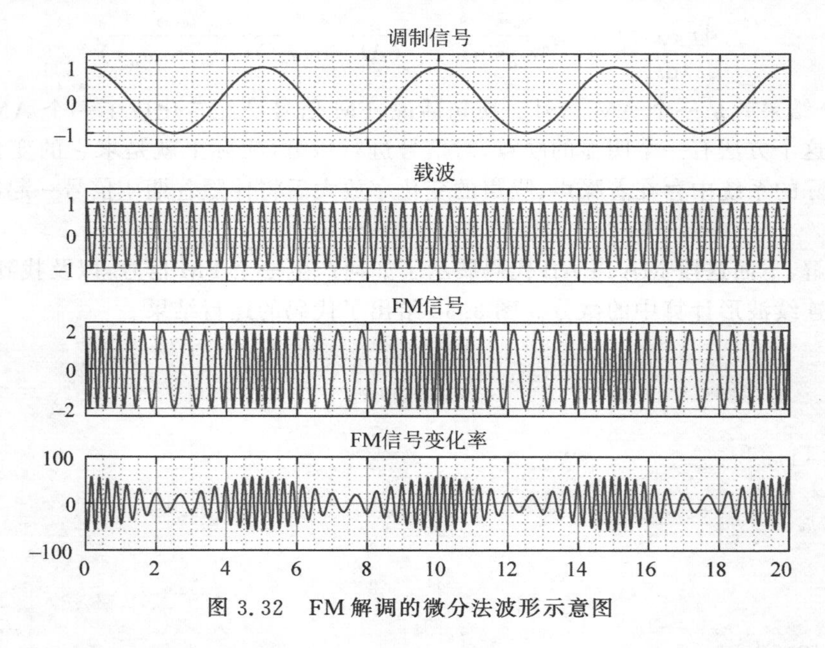

图 3.32　FM 解调的微分法波形示意图

频率变化量的积分可以得到相位的变化量。所以，如果信号是一个调相信号，而不是调频信号，则可以给调频解调器的输出加一个积分器。这种解调方法如图 3.33 所示。

解调时，如果可以得到载波信号，会发生什么？AM 将载波合并到发送信号中，所以载波的恢复并不是太难。FM 没有明确地将载波合并到发送信号中。实际上,就像前面使用贝塞尔函数分析的那样,有时候 FM 信号中的载波可能为 0。当 $\beta=2.4$ 时,$J_0(\beta)=0$,表明载波分量不存在。这使得 FM 的解调更困难,并且简单的载波提取不可行,必须以某种方式对载波进行跟踪。

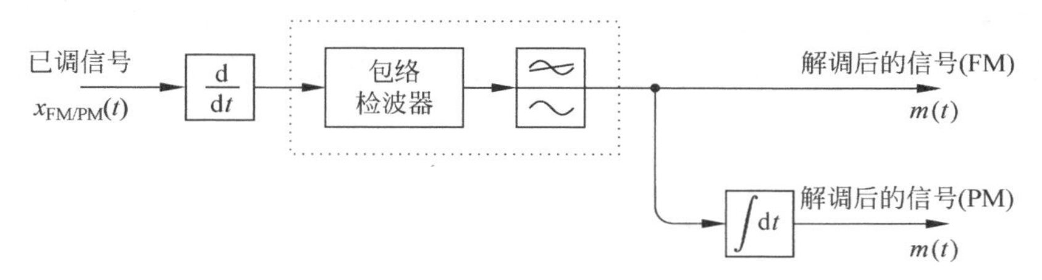

图 3.33 FM 的非同步解调

注:虚线框内实际上是一个 AM 解调器。解调前(图中未显示)应该对输入信号进行限幅,目的是减小杂散噪声的幅度尖峰。

频率跟踪设备通常称为锁相环(Phase-Locked Loop,PLL),它衍生出另一类 FM 解调器,这类解调器在思路上类似于前面描述的调频解调方式:需要跟踪输入信号的瞬时频率。其主要差别是,需要产生一个本地信号,系统对这个本地振荡器的频率(或者更准确地说,是相位)实时调整,目的是与输入的信号相匹配。这个调整量实际上就是解调信号本身。那么如何调整本地振荡器呢?这需要一个反馈环路,用它来比较本地振荡器信号与输入信号的接近程度。接近程度告诉我们需要调整的大小和调整的方向(向上或向下)。

在模拟信号的调制中,与载波频率相比,调制信号的变化相对较慢。因此,对瞬时频率的跟踪是可行的。对于数字序列的调制,信号的频率变化更快,但是使用相同的技术,对接收信号进行解调仍然是可行的。需要注意的是,PLL 没有提取载波频率,而是跟踪瞬时频率。正如所见,相位是一个与频率紧密相连的概念,是相位(也就是 PLL 中的 P)跟踪来实现解调,而不是频率跟踪。

综上所述,有两种主要类型的 FM 解调器:(1)鉴相器,将频率的变化转换为幅度的变化;(2)相干法或同步法,它需要一个与载波同步的信号。载波跟踪需要一个反馈环来跟踪瞬时频率。

利用反馈环来跟踪载波频率非常重要,下一节将专注于阐述这一概念。锁相环非常重要,因为它不只是局限于调频信号的解调。当需要解调一个传输二进制或数字信号时,必须知道载波信号的频率和相位。这使得接收机能够确定正确的判决时刻,来判决一个特定的幅度代表 1 还是 0。

3.7 相位的跟踪和同步

对于接收机,有一大类解调方法依赖于载波恢复,这些方法称为同步解调(Synchronous Demodulation),除非载波明确被传输过(如 AM),否则接收端需要用某种方式重新产生载波。当调制信号是模拟信号(如声音或音乐)时,这些同步解调方法通常可以获得更高质量的再生信号。

更重要的是,当调制信号是数字(二进制比特流)信号时,接收机为了恢复正确的比特值,必须获得精确的定时信息。也就是说,如果在错误的时间进行比特 0/1 的判决,接收机可能会认定一个错误的比特值,如图 3.34 所示。图中,高于门限值认为是二进制 1,低于门限值认为是二进制 0,错误的采样时刻可能导致错误的判决,进而得到错误的二进制数值。从接收信号中获取同步信息的主要方法称为锁相环(PLL)。从 PLL 的基本概念衍生出很多变体,其实现方式也有多种。本节旨在解释 PLL 的基本概念,以及一种称为科斯塔斯环(Costas Loop)的方法,它广泛应用于数字或二进制解调。

下面讨论本地振荡器如何同步到发射信号的振荡器。在接收端,只有已调信号的波形可用,目前考虑一个简单的情况，即接收信号是一个纯正弦信号。此外，即使本地振荡器近似地(不是精确地)工作在正确的频率上，由于载波频率分量的偏差(可能是发射端或接收端的频率移动)，可能导致无法获得精确的定时或相位。事实证明，载波幅度相对不是那么重要。我们的目标是将本地振荡器的相位调整到接收信号的相位。如果可以做到相位连续调整，则频率得到了隐式跟踪，因为频率是相位的时间变化率。也就是说，为了获得一个相对于接收信号更早或更晚的信号，必须对相位的增量进行调整。

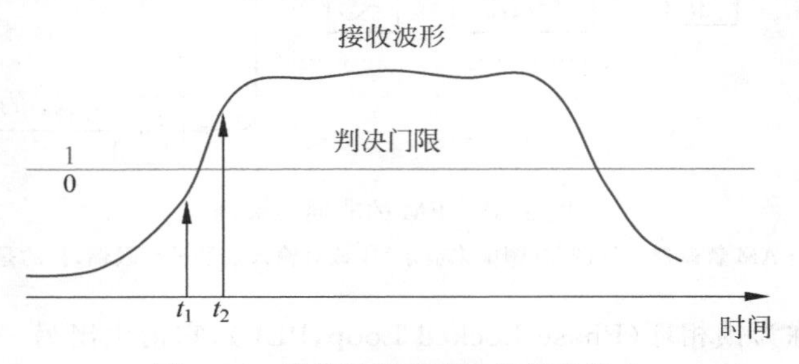

图 3.34 采样时刻对判决结果的影响

获得正确的同步，可以采用一个由输入信号推动的本地振荡器。想象一下孩子们在操场上荡秋千。如果秋千来回摆动，可以在正确的时间通过“推”来增加秋千的摆动。如果想要秋千摆动得更快或更慢(相当于改变振荡频率)，则可以通过在当前摆动的顶点之前或之后“推”来实现。虽然无法瞬间地改变振荡器的频率，但是经过几个周期后，可以将振荡频率移向特定的频率(更快或更慢)。如果秋千是本地振荡器，则想要同步的输入波形相当于施加给秋千的“推”力。“推”的时机必须恰到好处，因为秋千的自然共振频率取决于孩子的质量和连接秋千的绳子的长度。

图 3.35(a)描述了如何通过一个反馈环路实现同步。可变频率振荡器工作在一个特定的频率，输出信号与输入信号的差值作为误差信号，用于指示振荡器的频率需要调高还是调低。许多工程系统中都使用了这种反馈控制系统，图 3.35(b)描述了反馈控制系统的通用框图。可以想象，相位误差由简单的减法操作产生，即期望相位减去实际相位。图 3.35(b)中的“系统”实际上就是振荡器，控制器的工作是快速调节振荡器，驱动信号频率向高或向低变化。这种调整需要尽可能快地完成，但是当输入信号稳定时，从长期来看，是没有误差信号的。也就是说，当系统处于稳定状态工作时，误差信号 $e(t)$ 应该为 0。

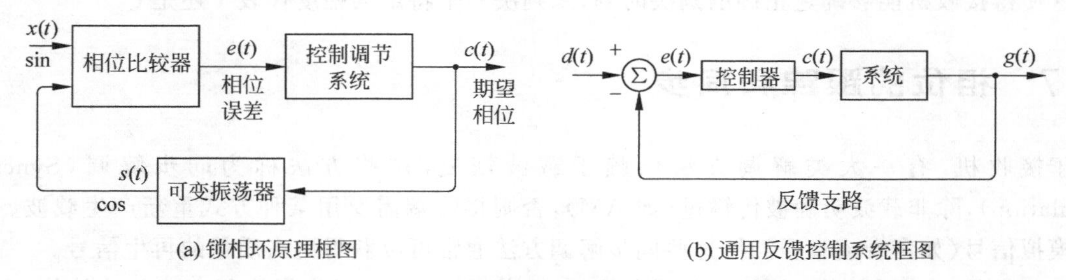

图 3.35 作为一种控制系统的锁相环原理框图

注：相位比较器确定波形之间的接近程度，并通过控制器引导振荡器增大或降低频率，从而使本地载波更接近输入波形的定时(或相位)频率。

锁相环中有 3 个主要组件：相位比较器、可变振荡器和控制调节系统。相位比较器根据两个信号的平均相位差产生误差信号，控制调节系统响应误差信号，以影响期望频率(或相位增量)的变化。振荡器可以由模拟器件构成，也可以是一个像直接数字合成器(见 1.6 节)那样的数字振荡器。

设输入信号为 $\sin\omega t$，振荡器参考信号为 $\cos\omega t$。需要注意的是，这意味着参考信号总是超前输入信号 90°。正弦与余弦乘积的均值为 0，为了获得稳态时的零误差环境，需要这个均值为 0。如果同步定时完成后需要进一步解调，则可以对余弦信号延迟以产生正弦信号。如果两个信号都是正弦信号，那么乘积均值不为 0。像正弦-余弦对这样，乘积均值为 0 的信号称为正交信号（Orthogonal Signals），将在 3.9.3 节中进一步讨论。

想象一下，初始时正弦信号和余弦信号之间精确地相位锁定。由于信号乘积的均值为 0，所以相位误差为 0。如果现在输入相位改变 φ，则乘积的均值为 $\sin(\omega t+\varphi)\cos\omega t$，展开后为 $[\sin(2\omega t+\varphi)+\sin\varphi]/2$。经过理想低通滤波后，滤掉 2ω 高频分量，留下低频分量 $(1/2)\sin\varphi$。如果相位 φ 为正值，则 $(1/2)\sin\varphi$ 为正值，这表明参考信号需要超前一点；如果 $(1/2)\sin\varphi$ 为负，则需要将参考信号延迟或推后一点。两种情况如图 3.36(a)所示。

需要注意的是，误差信号与相位的变化有关，这种关系不是线性比例关系 $K\varphi$，而是 $K\sin\varphi$。但是对于小角度，$\sin\varphi\approx\varphi$，这正是大多数的情形，此时处于接近同步或“锁定”状态。图 3.36(b)描述了这种近似线性关系，其中横轴不是时间而是相位角，纵轴指示信号乘积的均值。

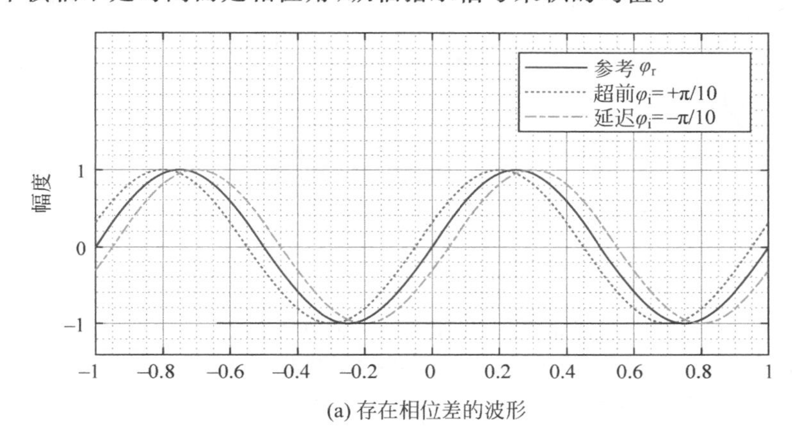

(a) 存在相位差的波形

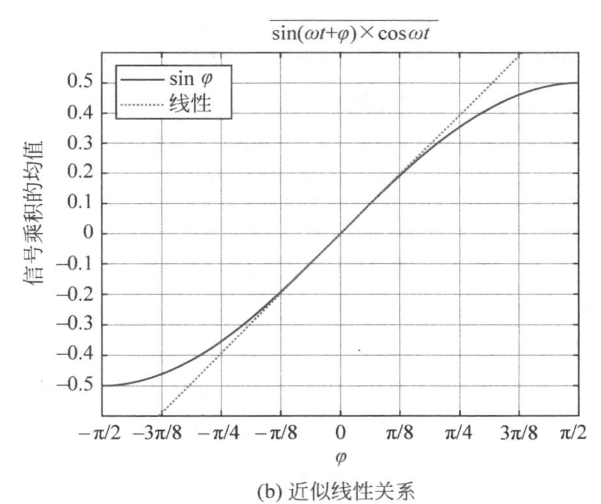

(b) 近似线性关系

图 3.36　相位控制原理示意图

注：图(a)展示了存在着相位差的波形，图(b)中通过计算多个周期内输入信号与本地载波信号乘积的均值来确定相位差。

可以转换一下思路，设想输入信号的相位是固定的，但是本地振荡器有点不稳定，毕竟不知道精确的初始相位角。此时，输入为 $\sin\omega t$，本地振荡器正在产生的信号波形为 $\cos(\omega t+\varphi)$，则信号乘积为 $\sin\omega t\cos(\omega t+\varphi)$，通过三角函数展开后为 $[\sin(2\omega t+\varphi)-\sin\varphi]/2$。再进行低通滤波（或者说平滑），得到均值为 $-(1/2)\sin\varphi$。此时，如果相位 φ 是一个小的正数，则乘积均值信号（实际上就是误差信号）为负数。这是合理的，因为现在需要将振荡器的频率降低或减慢一点。如果相位 φ 是负值，则误差信号为正值，表明需要调高振荡器的频率。上述讨论基本解释了反馈系统的原理，它可以通过连续地调整本地振荡器的频率以适配输入信号。

那么如何控制振荡器的频率呢？在数字系统中，可以对信号波形进行采样，以一个小的固定时间增量和所需要的振幅（相对于起始时间的振幅而言）为例，可以更好地理解这种采样处理。图 3.37(a)展示了参考波形和起始时间点。在产生图 3.37(a)中的 3 个波形时，关键步骤就是确定需要的振幅。选择虚线框内的中间点实际上意味着保持参考波形不变，而选择较大的振幅则可以产生更高频率的波形；反过来，选择较低的振幅可以产生较低频率的波形。

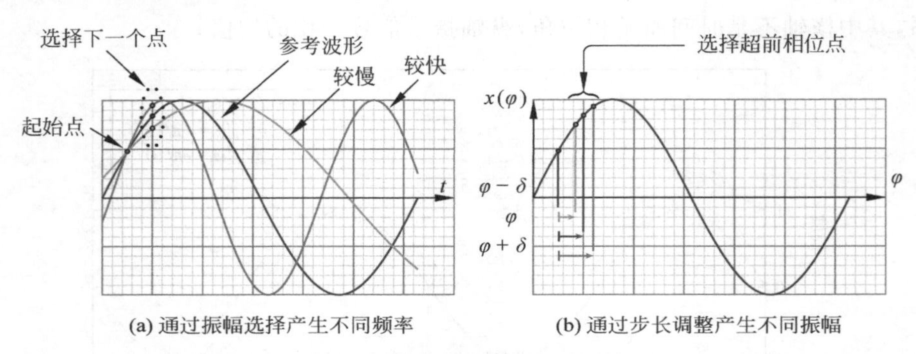

(a) 通过振幅选择产生不同频率　　(b) 通过步长调整产生不同振幅

图 3.37　振荡器频率控制原理示意图

注：先求出下一步的振幅，进而求出整个波形。振幅必须按照固定的步长 φ 加上或减去一个小差值 δ 来选择，从而产生一个较快或较慢的波形。

振幅本身可以从正弦波与角度的图中读出，如图 3.37(b)所示。参考点(φ)指示了下一个标准相位处的相应振幅。相位小一点，即 $\varphi-\delta$，在曲线上产生的振幅较低；反之，相位大一点，即 $\varphi+\delta$，则在曲线上产生的振幅会高一点。所以，对于固定的时间增量，可以通过不同相位读出下一个所需的振幅。在每个时间步长处重复这个过程，就可以创建一个连续的波形。数控振荡器（NCO）正是根据这个原理，在每一个采样时刻，通过调节每一个步长的变化率实现频率对齐。

最后，需要环路的控制部分，这是为了确保误差实际上趋近为零。在最简单的情况下，乘数可能只是一个常数。于是，相位误差越大，曲线上每个点所需的相位步长就越大。但是，步长太大可能造成频率快速升高。同样地，步长太小，意味着本地振荡器的波形变化太慢而无法赶上输入信号的变化。

既然必须确保误差信号趋近于零，那么最好是合并误差信号的积分项或累积求和项，这样就能够跟踪实时变化的输入频率。误差信号的时间求和（或积分）必须为零，并且由于它位于负反馈环路内，所以在系统稳定的情况下，误差信号最终必定会进入趋近于零的稳定状态。

完整的环路如图 3.38 所示。常数 α 只是一个乘性因子，简单地说，它控制着环路到达稳定同步状态的速度。参数 β 控制着需要计算的累积误差信号的大小。当控制信号 $r(t)$ 不为零时，积分器的输出会上下波动，因而增大或降低振荡器的驱动信号。为了方便起见，控制器还包含一个常数乘性因子 K。通过调节 K、α 和 β，就可以控制锁相环对输入频率或相位变化的响应。

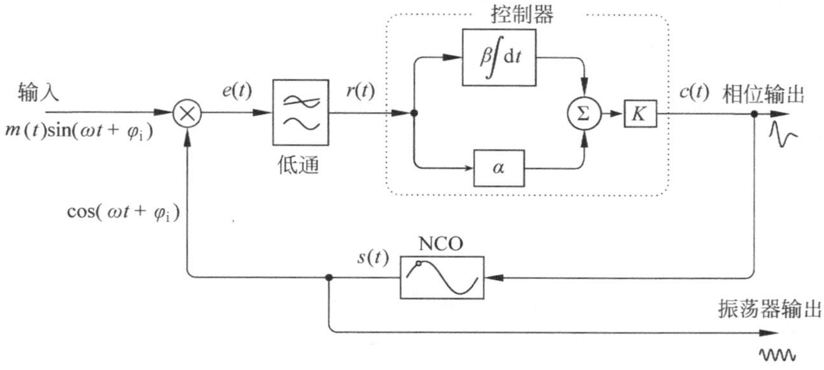

图 3.38 PLL 的原理框图

注：PPL 包括鉴相器(相乘器和平滑低通滤波器)、可调控制器和数控振荡器，构成一个反馈环路。

虽然这种环路结构可以工作，但是还可以使用两个相位相差 90°(或者说正交)的振荡器进行改进，如图 3.39 所示。这种改进后的环路结构称为科斯塔斯环(Costas，1956)，尽管它最初是用于模拟信号的解调，但是现在已广泛用于数字解调。图 3.39 中增加了第二支路，该支路与传统 PLL 包含的鉴相器和振荡器对称。需要注意的是，上、下两个支路之间存在相位差。同相或 I 支路采用正弦信号，而正交或 Q 支路采用余弦信号(与基本 PLL 一致)。NCO 根据之前讲述的原理进行调整。图 3.39 中最后使用了反正切函数，因为利用正弦和余弦分量可以获得正切值($\tan\theta=\sin\theta/\cos\theta$)。

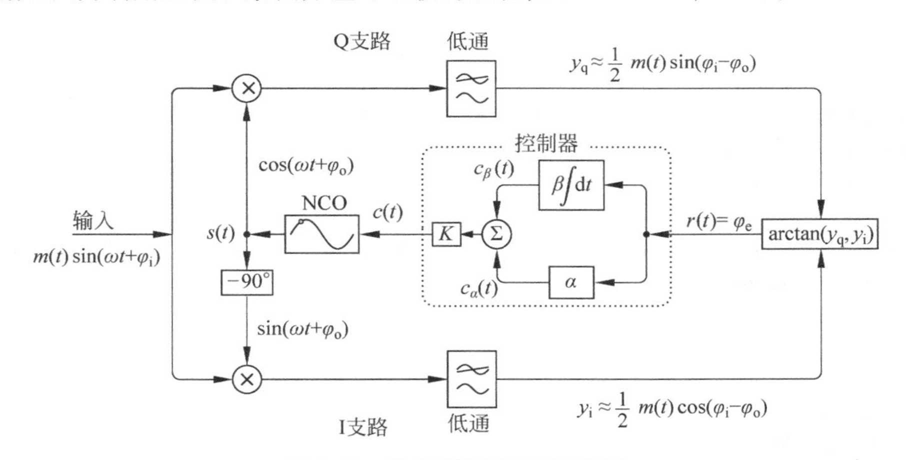

图 3.39 科斯塔斯环的原理框图

注：科斯塔斯环是基本锁相环法的扩展，它在两个独立的支路上采用正交信号，利用两个支路的混合相位误差来驱动振荡器。

下面的代码描述了简单科斯塔斯环的实现步骤。低通滤波器采用了简单采样平滑处理，并且对基本的科斯塔斯环做了多项改进。在特定的应用中，环路滤波器的设计和相关参数的选取通常需要大量的测试，因为它们会极大地影响系统的整体性能。而且参数选择得不合适可能会让环路变得不稳定，显然这是不可取的。

```
N = 22000;                          % 总阶数
M = 400;                            % 用于低通滤波器的采样点数
```

```
 % 仿真的相角步长(弧度每采样点)
w = 2 * pi/100;

 % NCO 频率(相位步长)恰好匹配输入
wosc = w;

 % PLL 参数
K = 0.001;
calpha = 1;
cbeta = 0.001;                    %到达目标的速度更快,但会越过目标
 %cbeta = 0.0001;                  % 速度更慢,但不会越过目标

nw = 0;
nwsave = [];
nwosc = 0;
nwoscsave = [];

xMsave = [];

ph = 0;

ca = 0;
cb = 0;
cbprev = 0;

 % 选择相位或频率改变
 %TestChangePhase = false;
TestChangePhase = true;

TestChangeFreq = false;
 %TestChangeFreq = true;

for n = 1:N

    if TestChangePhase
        %相位改变测试
        if( n == 8000 )
           ph = 2;
        end
    end

    if TestChangeFreq
        % 频率改变测试
        if( n == 8000 )
            delw = w * 0.02;

            % 频率改变的影响
```

```
            w = w + delw;
        end
    end

    xin(n) = sin(nw + ph);

    % 振荡器波形(用计算出的相移构造正弦和余弦波形)
    xsin(n) = sin(nwosc);
    xcos(n) = cos(nwosc);

    %波形乘积的低通滤波,平均 M 个采样点
    m = n: - 1:n - M + 1;
    m = m( m > 0 );

    yI = mean(xin(m). * xsin(m));
    yQ = mean(xin(m). * xcos(m));

    if( n < M )
        dw(n) = 0;
    else
        % 相位估计器
        xM = atan2(yQ, yI);
        xMsave = [xMsave xM];

        %控制算法
        ca = calpha * xM;
        cb = cbeta * xM + cbprev;
        yM = ca + cb;

        cbprev = cb;

        % 最后的常数乘法器 K
        dw(n) = K * yM;
    end

    nw = nw + w;
    nwosc = nwosc + wosc + dw(n);
end

figure(1);
plot(dw);
title('phase step');

figure(2);
plot(xMsave);
title('control signal');
```

为了分析科斯塔斯环，将输入信号与正弦函数相乘的支路定义为同相支路，因为假定输入是一个正弦信号。同样地，正交支路是指与余弦函数相乘的支路。在相位锁定的科斯塔斯环中，正弦和余弦振荡器的相位是由每次迭代时的数值 dw 来调整的，它由滤波后的 I 路和 Q 路乘积(yI 和 yQ)来计算。相位估计使用反正切函数来完成，后面跟随的是带可调参数 α 和 β 的控制环。

实际应用中有两种可能情况：一种是输入信号相位发生变化(频率保持不变)；另一种是输入信号的频率发生变化。图 3.40 描述了输入波形相位发生变化导致步长变化的情形。图 3.40(a)展示了相位误差和由相位误差导致的控制信号，其中给出的相位步长是叠加到振荡器默认步长上的数值。在图 3.40(b)中，仔细观察输入信号(上)和振荡器产生的正弦信号(下)，特别是起始时刻和结束时刻，分别揭示了什么是相同相位(A)、相位完全不同(B)和相位恢复(C)。由于控制环路的作用，使得误差信号趋向于零，从而导致了同相状态的恢复。

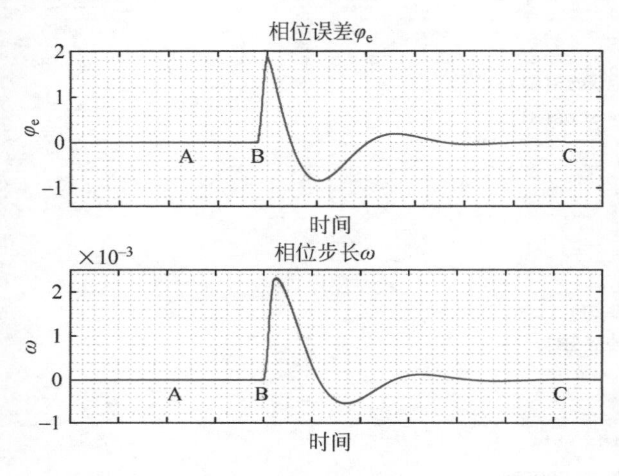

(a) 相位误差和对应的相位步长

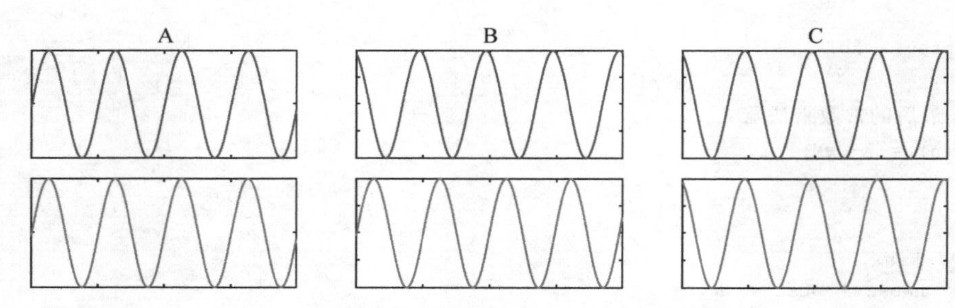

(b) 输入正弦波和振荡器产生的正弦波波形

图 3.40　相位变化时锁相环的响应示意图

注：图(a)展示了相位误差和相应的控制信号，图(b)展示了特定时刻的输入正弦波和 PLL 振荡器正弦波(A-相位调整前；B-相位调整中；C-相位调整后)。

图 3.41 描述了输入信号频率发生变化导致步长变化的情形。此时，相位误差再次趋近于零，但是相位的步长增大，对应输入信号频率的增大。换句话说，振荡器必须不断地增加相位值，以跟上较高的输入频率。当然，输入频率较低的信号也可以用同样的方式进行跟踪，将振荡器的相位增量减少一个合适的数值。

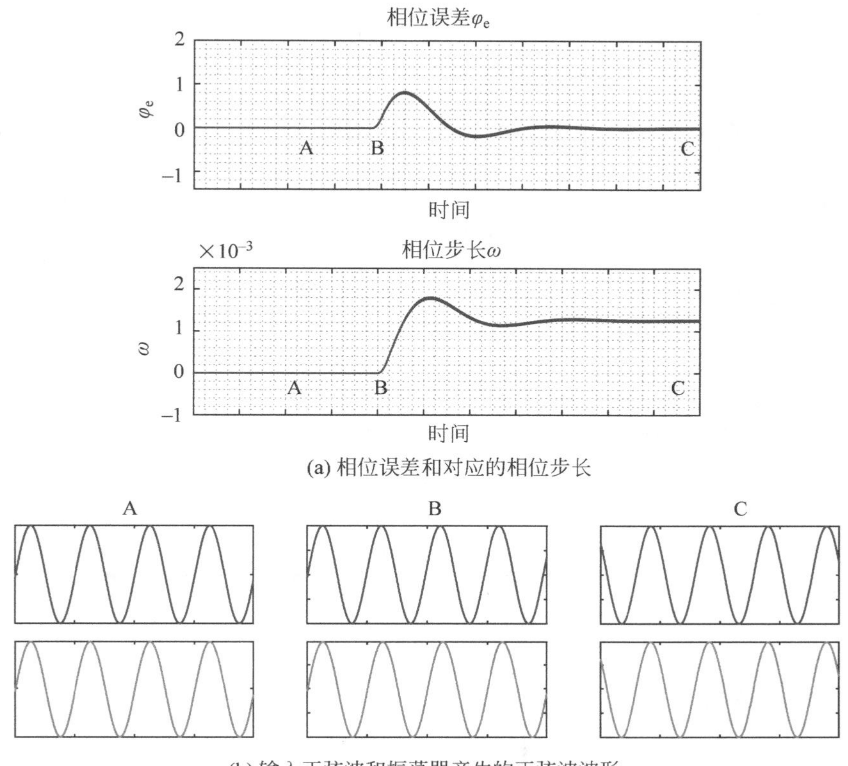

(a) 相位误差和对应的相位步长

(b) 输入正弦波和振荡器产生的正弦波波形

图 3.41　频率变化时锁相环的响应示意图

注：与图 3.40 比较观察。需要注意的是，为了跟踪增大的输入信号频率，相位步长是保持增加的。在时刻 B，输入波形的频率大于下面的振荡器频率；然而，在时刻 C，锁相环恢复了频率（相位）匹配。

3.8 IQ 解调法

前面几节讨论了 AM、FM 和 PM 信号的各种解调方式。当然，解调方案受限于实现条件，过去某些类型的操作要优于其他类型的操作。例如，在某一频带范围内的相位时延，可能难以使用模拟电子器件来实现。数字采样和数字处理的使用在这方面提供了许多可能性。特别是，在数字或采样领域，相移和正交信号的产生比较容易。对于同相/正交信号，这类称为 IQ 解调的方法更适合用数字信号处理器（Digital Signal Processor，DSP）来实现。

如果将同相信号 I 定义为余弦信号，将正交信号 Q（或 90°相移信号）定义为正弦信号，则有如图 3.42 所示的情况。在图 3.42(a) 中不但可以看到正弦信号和它的延时信号，而且可以看到余弦信号和它的延时信号。显然，将余弦信号作为参考信号（同相信号），则正弦信号就是正交信号或延时信号。如图 3.42(b) 所示，波形可以表示为平面上的一个点，水平方向（X 轴）是“余弦轴”，垂直方向（Y 轴）是“正弦轴”。

回顾 3.3.1 节中正弦和余弦乘积的三角函数展开式，有助于理解 IQ 信号如何在解调中应用，其中表 3.1 非常有用。图 3.43 概括地介绍了如何使用 IQ 解调。它简单地将输入的已调信号分别乘以正弦信号和余弦信号，随后进行低通滤波。对信号 $I(t)$ 和 $Q(t)$ 继续处理，可以得到解调信号，后续处理中使用的算法可以根据调制的类型来选择。

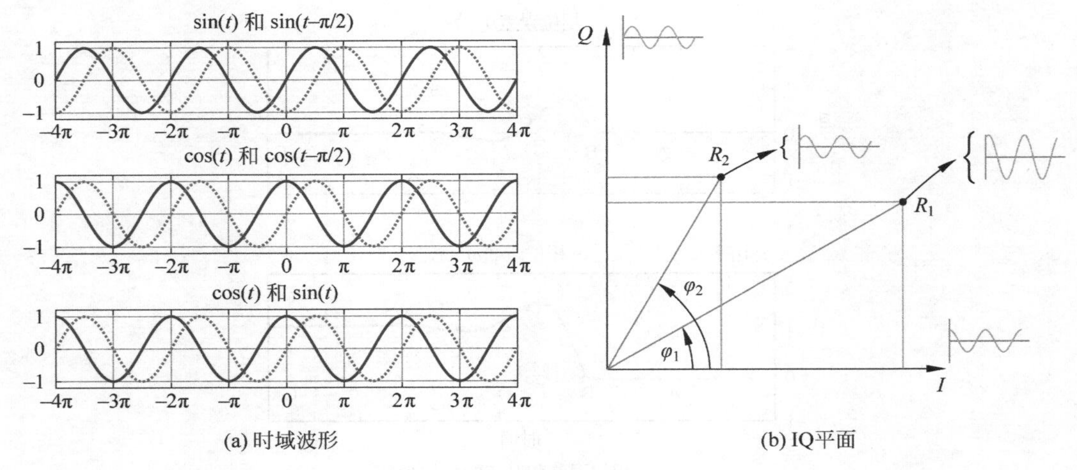

图 3.42 正交信号示意图

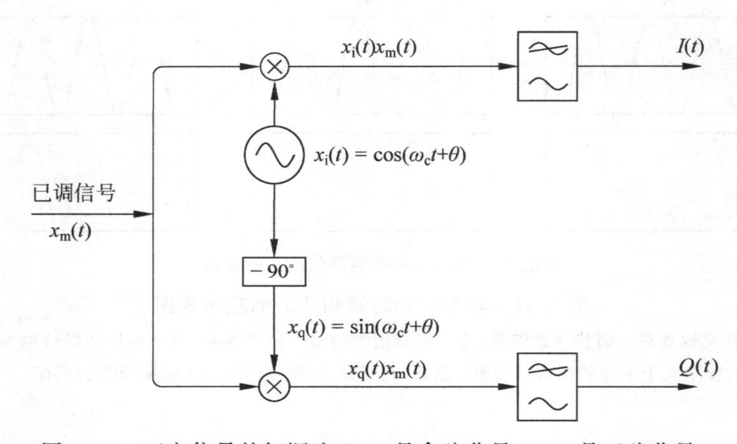

图 3.43 正交信号的解调法($I(t)$是余弦分量,$Q(t)$是正弦分量)

3.8.1 使用 IQ 信号的 AM 解调

一个载波为余弦波,调制信号为 $A_m\sin\omega_m t$ 的 AM 信号为

$$x_{AM}(t)=A_m\sin\omega_m t\cos\omega_c t+A_c\cos\omega_c t \tag{3.97}$$

定义同相乘子 $x_i(t)$和正交乘子 $x_q(t)$如下。

$$x_i(t)=\cos(\omega_c t+\theta) \tag{3.98}$$

$$x_q(t)=\sin(\omega_c t+\theta) \tag{3.99}$$

为了处理通用情况,在式(3.98)和式(3.99)中包含了相位偏移 θ。当然,也可能出现本地信号 $x_i(t)$与载波 $x_c(t)$完全同相的情况,即 $\theta=0$。但是在定义式中包含 θ,提供了一个完整的通用解决方案。

调制信号乘以同相分量或余弦分量,得到 I 支路信号

$$\begin{aligned}x_{AM}(t)x_i(t)&=x_{AM}(t)\cos(\omega_c t+\theta)\\&=A_c\cos\omega_c t\cos(\omega_c t+\theta)+A_m\sin\omega_m t\cos\omega_c t\cos(\omega_c t+\theta)\end{aligned} \tag{3.100}$$

展开 I 支路信号并使用各种三角函数恒等式,虽然产生了许多信号分量,但是可以将结果表示为

$$x_{AM}(t)x_i(t)=[DC]+[2\omega_c\text{ 分量}]+\left[\frac{A_m}{2}\sin\omega_m t\cos\theta\right] \tag{3.101}$$

其中，DC(或者说常数项)代表固定偏移量，在后续处理中可以去掉。由于 $\omega_c \gg \omega_m$，所以频率为 $2\omega_c$ 和 $(2\omega_c \pm \omega_m)$ 的高频分量可以通过低通滤波去掉。剩下的是

$$I(t)=\frac{A_m}{2}\sin\omega_m t\cos\theta \tag{3.102}$$

如果本地的同相振荡器与输入载波完全同相，则 $\theta=0$，解调完成。但是如果情况并非如此，则可以通过计算正交分量来进一步处理。

$$x_{AM}(t)x_q(t)=x_{AM}(t)\sin(\omega_c t+\theta)$$

采用类似 $I(t)$ 的展开和化简处理，结果为

$$Q(t)=\frac{A_m}{2}\sin\omega_m t\sin\theta \tag{3.103}$$

因此，解调信号可以表示为

$$m(t)=\sqrt{I^2(t)+Q^2(t)} \tag{3.104}$$

为了加深理解，下面的 MATLAB 代码展示了如何创建 AM 波形以及如何使用 IQ 信号法解调 AM 信号。

```
N = 2000;
Tmax = 20;
dt = Tmax/(N-1);
t = 0:dt:Tmax;
fs = 1/dt;

% 载波信号 xc
fc = 3;
wc = 2*pi*fc;
xc = cos(wc*t);

% 调制信号 xm
fm = 0.2;
wm = 2*pi*fm;

xm = cos(wm*t);

Ac = 2;
mu = 0.2;
Am = mu*Ac;

% 幅度调制公式,已调信号 xam
xam = Am*xm.*xc + Ac*xc;

% AM 解调,theta 是任意值,输出信号 xd
theta = pi/3;
xc = cos(wc*t + theta);
```

```
xs = sin(wc * t + theta);

I = xam. * xc;
Q = xam. * xs;
xd = sqrt(I.^2 + Q.^2);
```

图 3.44 展示了最终的调制信号、载波信号、已调信号和最后的输出信号。因为$\sqrt{I^2(t)+Q^2(t)}$为正，所以输出信号为正值。二倍载波频率($2\omega_c$)处的高频分量清晰可见。就像数学推导中发现的那样，解调后的波形需要低通滤波，并去除固定偏移分量。

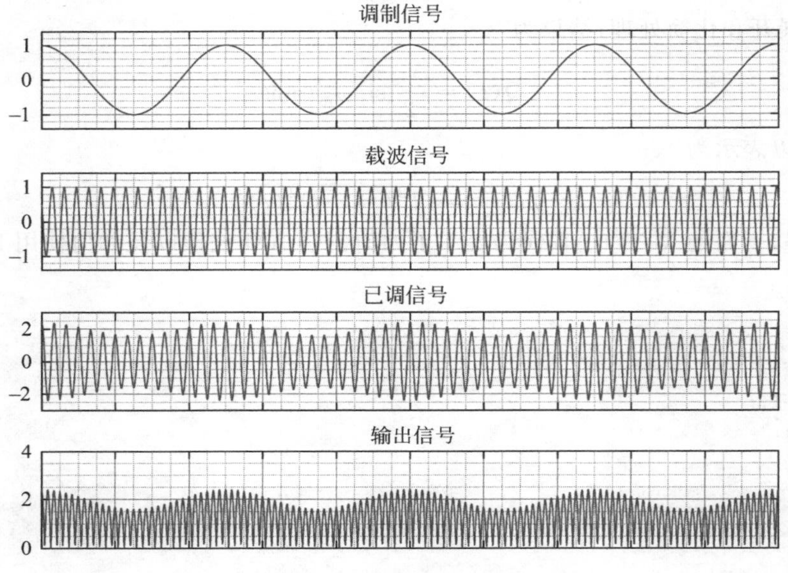

图 3.44 AM 的 IQ 解调波形示意图

3.8.2 使用 IQ 信号的 PM 解调

为了研究调相(PM)信号的解调，考虑 PM 信号的载波为余弦波，调制信号为正弦信号。于是，载波为 $\cos\omega_c t$，同时再次定义

$$x_i(t)=\cos(\omega_c t+\theta) \tag{3.105}$$

$$x_q(t)=\sin(\omega_c t+\theta) \tag{3.106}$$

则调制信号为 $m(t)$时，PM 信号为

$$x_{PM}(t)=A\cos[\omega_c t+k_p m(t)] \tag{3.107}$$

对于单音测试信号，可以使用如下的正弦调制信号。

$$m(t)=A_m\sin\omega_m t \tag{3.108}$$

则单音调制的 PM 信号为

$$x_{PM}(t)=A\cos(\omega_c t+k_p A_m\sin\omega_m t) \tag{3.109}$$

PM 信号乘以同相载波，则可以得到 I 支路分量为

$$x_{PM}(t)x_i(t)=x_{PM}(t)\cos(\omega_c t+\theta)$$

$$
\begin{aligned}
&= A\cos(\omega_c t + k_p A_m \sin\omega_m t)\cos(\omega_c t + \theta) \\
&= \frac{A}{2}[\cos(2\omega_c t + k_p A_m \sin\omega_m t + \theta) + \cos(k_p A_m \sin\omega_m t - \theta)] \\
&= \left[\frac{A}{2}\cos(k_p A_m \sin\omega_m t - \theta)\right] + [2\omega_c \text{ 分量}] \qquad (3.110)
\end{aligned}
$$

低通滤波后

$$
I(t) = \frac{A}{2}\cos(k_p A_m \sin\omega_m t - \theta) \qquad (3.111)
$$

同样地,Q 支路分量为

$$
\begin{aligned}
x_{PM}(t)x_q(t) &= x_{PM}(t)\sin(\omega_c t + \theta) \\
&= A\cos(\omega_c t + k_p A_m \sin\omega_m t)\sin(\omega_c t + \theta) \\
&= \frac{A}{2}[\sin(2\omega_c t + k_p A_m \sin\omega_m t + \theta) + \sin(\theta - k_p A_m \sin\omega_m t)] \\
&= \frac{A}{2}[\sin(2\omega_c t + k_p A_m \sin\omega_m t + \theta) - \sin(k_p A_m \sin\omega_m t - \theta)] \\
&= \left[-\frac{A}{2}\sin(k_p A_m \sin\omega_m t - \theta)\right] + [2\omega_c \text{ 分量}] \qquad (3.112)
\end{aligned}
$$

低通滤波后

$$
Q(t) = -\frac{A}{2}\sin(k_p A_m \sin\omega_m t - \theta) \qquad (3.113)
$$

类似地,需要一个算法从 I 支路和 Q 支路信号中获得原始调制信号。(Q/I)的反正切函数性质表明,可以使用式(3.114)来完成 PM 信号的解调。

$$
\begin{aligned}
\arctan\left[\frac{Q(t)}{I(t)}\right] &= \arctan\left[\frac{-(A/2)\sin(k_p A_m \sin\omega_m t - \theta)}{(A/2)\cos(k_p A_m \sin\omega_m t - \theta)}\right] \\
&= -\arctan[\tan(k_p A_m \sin\omega_m t - \theta)] \\
&= -k_p A_m \sin\omega_m t + \theta \qquad (3.114)
\end{aligned}
$$

这就是缩放后的原始调制信号加偏移分量。为了加深理解,下面的 MATLAB 代码展示了如何创建 PM 波形以及如何使用 IQ 信号法解调 PM 信号。图 3.45 展示了最终的调制信号、载波信号、已调信号和最后的输出信号。

```
N = 2000;
Tmax = 20;
dt = Tmax/(N-1);
t = 0:dt:Tmax;
fs = 1/dt;

% 载波信号 xc
fc = 3;
wc = 2*pi*fc;
xc = cos(wc*t);

% PM 调制信号 xm
fm = 0.2;
```

```
wm = 2 * pi * fm;
Am = 1;
xm = Am * sin(wm * t);

kp = 10;
A = 2;

% 相位调制公式,已调信号 xpm
xpm = A * cos(wc * t + kp * xm);

% PM 解调,输出信号 xd
theta = pi/3;
xc = cos(wc * t + theta);
xs = sin(wc * t + theta);

I = xpm. * xc;
Q = xpm. * xs;
d = -1 * atan2(Q, I);
xd = unwrap(d);
```

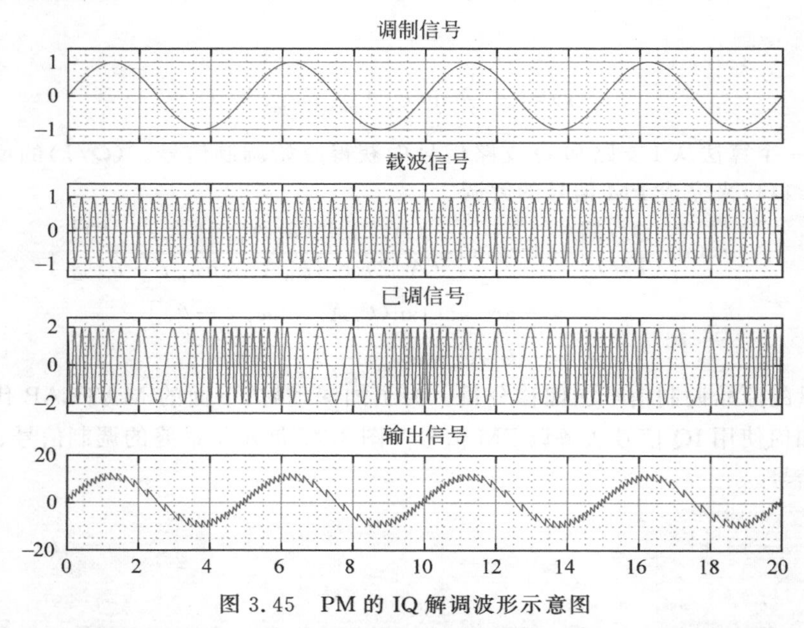

图 3.45　PM 的 IQ 解调波形示意图

注：对输出信号的进一步低通滤波可以平滑解调信号，注意它与输入调制信号的对应关系。

注意代码中 atan2()阶段之后的代码，atan2()计算的是 Q/I 的反正切函数值，必须使用 MATLAB 中的 unwrap()函数展开相位角。这是因为反正切函数的计算结果位于 $-\pi\sim\pi$，这个取值范围与平滑的调制信号并不相符。考虑一个角度的例子：假定输出点的角度计算为 175°，下一个点的角度高 8°，为 $(175+8)=+183°$。atan2()函数返回的等效角度在 ±180°之间，为 −17°。显然，+183°的等效角度是要求的角度，这正是 unwrap()函数所做的。需要注意的是，为了补偿角度值的跳变，相位展开不但需要当前的采样点，而且需要前一个采样点。使用这种方法的解调用到的是相位差，由于假定 θ 为常数，所以它不影响解调结果，这就是本地载波相偏移 θ 不重要的原因。最后，就像数学推导中发现的那样，输出波形需要低通滤波，并去掉偏移分量。

由于反正切函数广泛地用于 IQ 解调，需要指出的是，反正切函数有两种常见的类型。标准的反正切函数是计算 $\arctan(y/x)$，但是在某些情况下，它产生的是一个错误的结果（或至少是一个非预期的结果）。如果 x 和 y 都为正，则计算结果没有问题；如果 x 和 y 中的任何一个为负，则不可能知道哪一个为正，哪一个为负；如果两个都为负，则它们会抵消，产生一个正的结果。只有当 $x>0$ 且 $y>0$ 时，前者才能稳定工作。表 3.5 给出了一些代表性的例子。

表 3.5 atan()和 atan2()函数的比较（后者给出了真正的四象限结果）

x	y	atan	atan2	结果是否正确
+1	+1	+45	+45	√
+1	−1	−45	−45	√
−1	+1	−45	+135	×
−1	−1	+45	−135	×

下面的代码演示了如何使用这些函数进行实验。

```
x = 1;
y = 1;
at = atan(y/x) * 180/pi;
at2 = atan2(y,x) * 180/pi;
fprintf(1, 'x = %d y = %d atan = %d, atan2 = %d degrees\n', x, y, at, at2);
```

3.8.3 使用 IQ 信号的 FM 解调

对于 FM 解调，再次从已调信号的定义开始。FM 信号为

$$x_{\mathrm{FM}}(t)=A\cos\left[\omega_{\mathrm{c}}t+k_{\mathrm{f}}\int_{0}^{t}m(\tau)\mathrm{d}\tau\right] \tag{3.115}$$

对于一个单音余弦调制信号

$$m(t)=A_{\mathrm{m}}\cos\omega_{\mathrm{m}}t \tag{3.116}$$

FM 信号为

$$x_{\mathrm{FM}}(t)=A\sin(\omega_{\mathrm{c}}t+\beta\sin\omega_{\mathrm{m}}t) \tag{3.117}$$

其中

$$\beta=\frac{k_{\mathrm{f}}A_{\mathrm{m}}}{\omega_{\mathrm{m}}} \tag{3.118}$$

和以前一样，假定本地载波 $\cos\omega_{\mathrm{c}}t$ 有一个未知的相位偏移 θ，所以

$$x_{\mathrm{i}}(t)=\cos(\omega_{\mathrm{c}}t+\theta) \tag{3.119}$$

$$x_{\mathrm{q}}(t)=\sin(\omega_{\mathrm{c}}t+\theta) \tag{3.120}$$

I 支路分量为输入的 FM 已调信号乘以本地信号 $x_{\mathrm{i}}(t)$，即

$$\begin{aligned}x_{\mathrm{FM}}(t)x_{\mathrm{i}}(t)&=x_{\mathrm{FM}}(t)\cos(\omega_{\mathrm{c}}t+\theta)\\&=A\cos(\omega_{\mathrm{c}}t+\beta\sin\omega_{\mathrm{m}}t)\cos(\omega_{\mathrm{c}}t+\theta)\end{aligned}$$

$$=\frac{A}{2}[\sin(2\omega_c t+\beta\sin\omega_m t+\theta)+\cos(\beta\sin\omega_m t-\theta)]$$

$$=\left[\frac{A}{2}\cos(\beta\sin\omega_m t-\theta)\right]+[2\omega_c\ \text{分量}] \tag{3.121}$$

低通滤波后

$$I(t)=\frac{A}{2}\cos(\beta\sin\omega_m t-\theta) \tag{3.122}$$

Q 支路分量为

$$\begin{aligned}x_{FM}(t)x_q(t)&=x_{FM}(t)\sin(\omega_c t+\theta)\\&=A\cos(\omega_c t+\beta\sin\omega_m t)\sin(\omega_c t+\theta)\\&=\frac{A}{2}[\sin(2\omega_c t+\beta\sin\omega_m t+\theta)-\sin(\beta\sin\omega_m t-\theta)]\\&=\left[\frac{-A}{2}\sin(\beta\sin\omega_m t-\theta)\right]+[2\omega_c\ \text{分量}]\end{aligned} \tag{3.123}$$

低通滤波后

$$Q(t)=-\frac{A}{2}\sin(\beta\sin\omega_m t-\theta) \tag{3.124}$$

类似于 PM,计算(Q/I)的反正切函数值。

$$\begin{aligned}\arctan\left[\frac{Q(t)}{I(t)}\right]&=\arctan\left[-\frac{(A/2)\sin(\beta\sin\omega_m t-\theta)}{(A/2)\cos(\beta\sin\omega_m t-\theta)}\right]\\&=-\arctan[\tan(\beta\sin\omega_m t-\theta)]\\&=-\beta\sin\omega_m t+\theta\end{aligned} \tag{3.125}$$

这不是原始的调制信号(本例中的原始调制信号是余弦波)。

回顾一下调频信号,FM 定义中包含了积分,所以求导得

$$\begin{aligned}\frac{d}{dt}\left\{\arctan\left[\frac{Q(t)}{I(t)}\right]\right\}&=-\frac{d}{dt}(\beta\sin\omega_m t+\theta)\\&=-k_f A_m\cos\omega_m t\end{aligned} \tag{3.126}$$

这正是原始调制信号经过反相、缩放后的结果。

为了加深理解,下面的 MATLAB 代码展示了如何创建 FM 波形,以及如何使用 IQ 信号法解调 FM 信号。

```
N = 2000;
Tmax = 20;
dt = Tmax/(N-1);
t = 0:dt:Tmax;
fs = 1/dt;

% 载波信号 xc
fc = 3;
wc = 2*pi*fc;
xc = cos(wc*t);

% FM 调制信号 xm
```

```
fm = 0.2;
wm = 2 * pi * fm;
Am = 1;
xm = Am * cos(wm * t);

A = 2;
kf = 10;

% xm积分
xmi = cumsum(xm) * dt;

% 频率调制公式,已调信号 xfm
xfm = A * cos(wc * t + kf * xmi);

% FM解调,输出信号 xd
theta = pi/3;
xc = cos(wc * t + theta);
xs = sin(wc * t + theta);

I = xfm. * xc;
Q = xfm. * xs;

d = -1 * atan2(Q, I);
xd = unwrap(d);
```

图 3.46 展示了最终的调制信号、载波信号、已调信号和最后的输出信号。

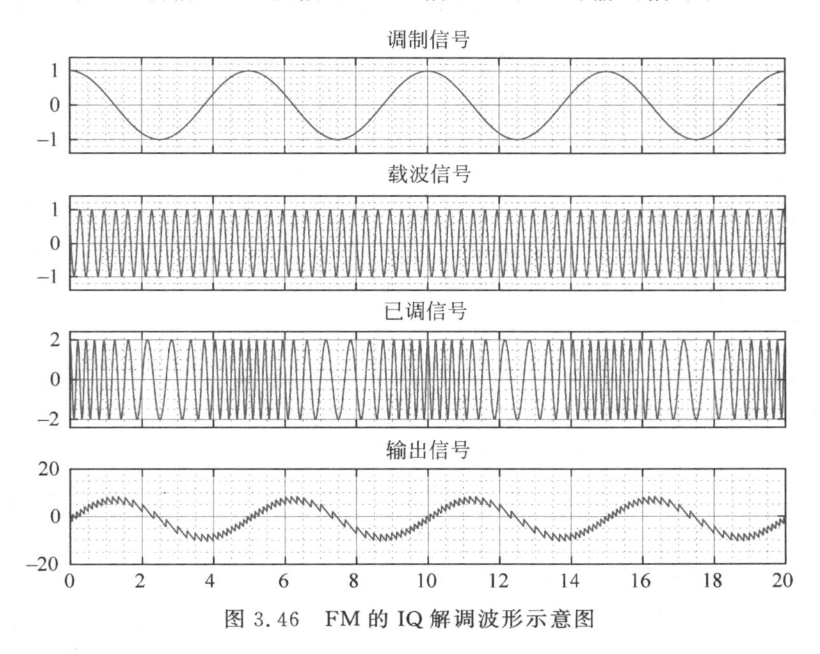

图 3.46　FM 的 IQ 解调波形示意图

类似于 PM,FM 的解调需要展开相位。最后的低通滤波在图 3.46 中没有展示。在 FM 解调中,根据推导,低通滤波后面必须跟随微分。可以看到,输出信号的微分可以得到与原始调制信号相对应的波形。

上述 PM 和 FM 解调方法中需要使用反正切函数。如果对信号进行采样,反正切函数值是可以计算出来的;但如果信号保持原来的模拟形式,则计算就不那么容易了。因此,IQ 解调法更适用于数字采样系统。反正切函数的计算显然是很重要的,一些研究人员已经研究了快速而有效地计算该函数的方法(Frerking,2003; Lyons,2011)。

3.9 数字信号传输的调制方案

所有上述调制方案都是用于模拟信号的调制,一个模拟调制信号通常是语音、音乐或图像强度。

但是,像音频和视频这样的模拟信号可以编码或量化成二进制的形式,然后依次传送(也就是一个比特接一个比特)。在接收端,二进制比特被转化成模拟形式。虽然这样做更复杂,但是模拟信息的数字化传输拥有很多优点。这种方法允许数字化信号与原有数据相结合,从而实现了传输系统的统一。

本节将介绍用于带通调制的数字调制方案,采用二进制流(0/1 比特流),并将其转化为适合于带通信道传输的形式(如无线系统中的载波)。

3.9.1 数字调制

采用一个相对直接的方式将 AM 和 FM 模拟调制方案进行扩展,可以用于发送数字信号。在 AM 的情况下,可以通过使用两个特定的调制电平(二进制 0 和 1)来实现。类似地,FM 可以采用两个特定的频率,而 PM 可以采用载波的两个特定相移来实现。这些方案通常称为键控法,因为模拟信号是基于数字信号进行键控的。因而有幅移键控(Amplitude-Shift Keying,ASK)、频移键控(Frequency-Shift Keying,FSK)和相移键控(Phase-Shift Keying,PSK)。

数字传输系统的一个重要要求是:对于给定的带宽,比特率要最大化。所以通过简单地改变带通调制的自由度,可以将基本的 ASK、FSK 和 PSK 方案扩展到一次传输多个比特。例如,使用 ASK 一次传输两个比特,一共需要 4 个幅度电平。一般而言,一次传输 B 个比特,需要 2^B 个不同电平。这种方法可以扩展到更高的速率,但是问题在于,在易受噪声和其他干扰影响的信道中,系统区分每一种电平的能力也降低了。考虑一次发送 8 个比特的情况,总共需要 256 个幅度电平。如果噪声电平超过不同幅度电平间距的一半,则距离最近的幅度电平可能解码成错误的比特模式。类似的问题也会出现在 PSK 和 FSK 中。

对于数字信号传输,结合多个基本参数(幅度、频率和相位)以实现更高的比特率,至少从直觉上来看是可行的。这种组合(通常编码成多个比特)称为符号(Symbol),每个符号表示符号周期内发送的多个比特。最常见的是,可以使用幅度和相位的组合来增加能够表示的不同符号的数量,这是因为锁定到固定的载波频率上更简单。此外,同时使用几个频率,每个频率拥有自己的幅度和相位变化,也可以产生并行的信道,这些频带称为子信道(Subchannels)。

图 3.47 描述了 ASK 的示例,其中简单地使用了具有两个幅度的定频载波。一种特殊的情况是两个幅度电平中有一个为 0,称为开-关键控(On-Off Keying,OOK)。OOK 的优点是功率较低,但是它也存在不足之处,即一半的传输时间可能丢失同步。图 3.47(b)描述了一个伪随机二进制序列(PRBS)的频谱,表示一个真实的传输场景,可以观察到,它是 AM 的一个特例。对于任意比特流的情况,载波仍然存在,但是功率扩展到了边带上。

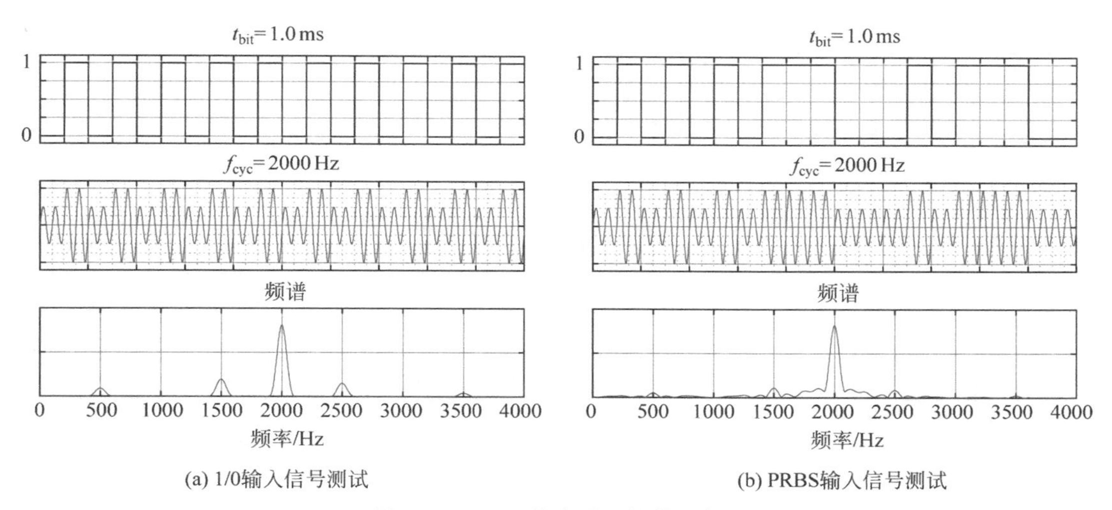

图 3.47 ASK 的波形和频谱示意图

改变载波的频率,而不是幅度,就可以得到频移键控 FSK。图 3.48 描述了 FSK 的示例,其中传送了两个不同频率的信号。不出所料,频率中包含了那两个频率,但是除此之外,还存在各种边带,类似于连续的 FM 调制。边带宽度由比特率来决定。

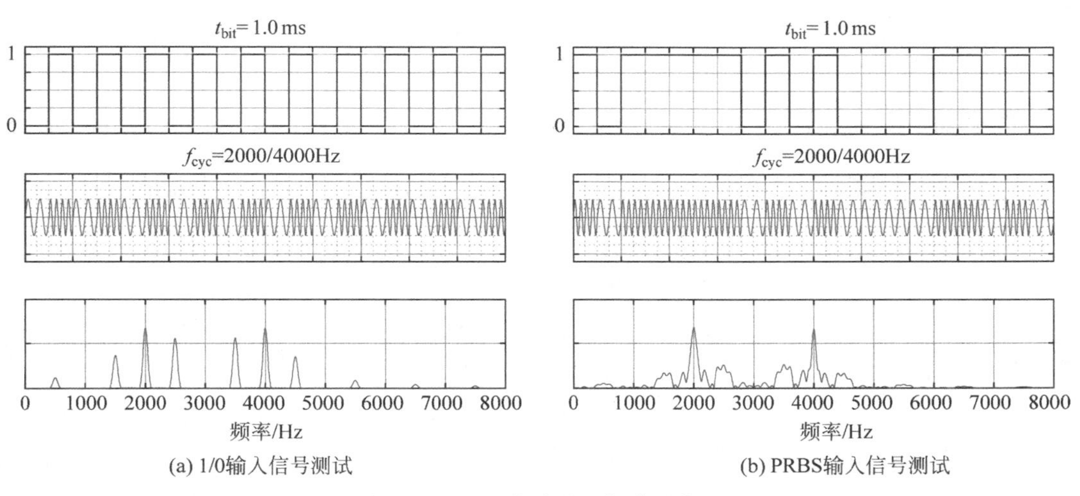

图 3.48 FSK 的波形和频谱示意图

最后一种是 PSK,如图 3.49 所示。可以预料的是,由于频率和相位调制的相似性,PSK 和 FSK 的频谱没有什么不同,主要的区别是 PSK 只使用了一个载波频率。由于相位的转换,输出频谱中产生了多个频率分量。在一个真实的 PSK 系统中,减少传输的带宽是可能的,这意味着需要对相位中的不连续点进行平滑处理。

图 3.50 描述了这些已调信号的测量频谱。需要注意的是,测量的信号和理论预测在中心频率、谐波以及噪声层次等方面是一致的。调节频谱分析仪(见 2.3.3 节)的 RBW 和 VBW 可以获得必要的分辨率。通常在频谱分析仪中,垂直坐标轴是按照 dBm(见 1.7.2 节)来标识的,指示的是功率,而不是电压。

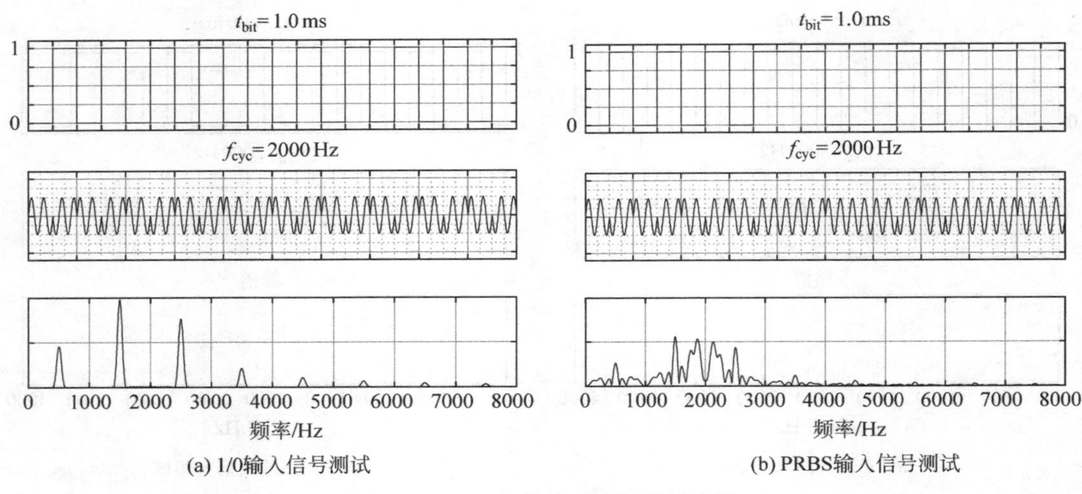

(a) 1/0输入信号测试　　(b) PRBS输入信号测试

图 3.49　BPSK 的波形和频谱示意图

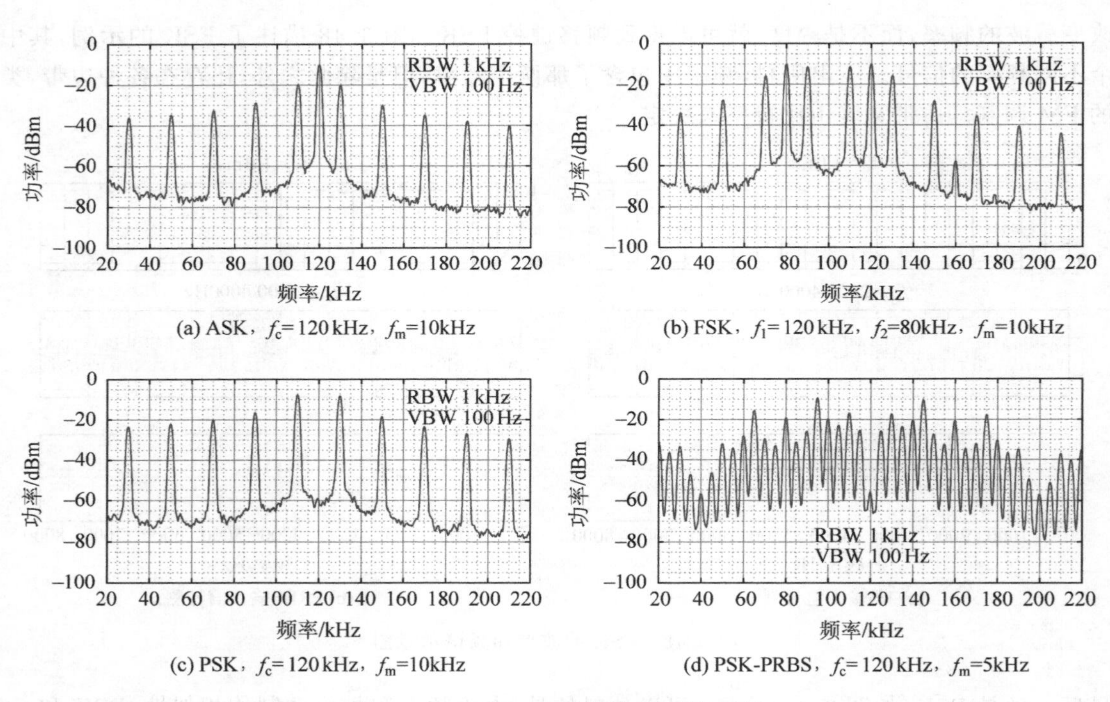

(a) ASK，f_c= 120 kHz，f_m=10kHz　　(b) FSK，f_1= 120 kHz，f_2=80kHz，f_m=10kHz

(c) PSK，f_c= 120 kHz，f_m=10kHz　　(d) PSK-PRBS，f_c= 120 kHz，f_m=5kHz

图 3.50　ASK、FSK 和 PSK 的测量频谱

3.9.2　恢复数字信号

接收机处理数据流的一个关键步骤是从被噪声破坏的接收信号中提取原始信号，可以通过两种常见的方式来实现：匹配滤波器（Matched Filter）和相关积分（Correlate-Integrate）器。本节介绍这两种方法的工作原理，并对其工作原理进行比较。它们的概念大致相似，但表达方式并不相同。理解两者之间的区别至关重要，因此本节将同时介绍这两种方法。

图 3.51 说明了噪声对接收信号的干扰情况。图 3.51(a)中显示了“干净”的接收波形，它是发射机发出的成型脉冲经过信道传输(无噪声干扰)的结果。在这种情况下，波形可以用“+1，−1，−1，+1，−1”的二进制比特流来表示。注意，在本例中，脉冲间隔为 200 个采样点，并且最大值不是出现在每个采样间隔的开始处，而是在稍后的某个时刻。

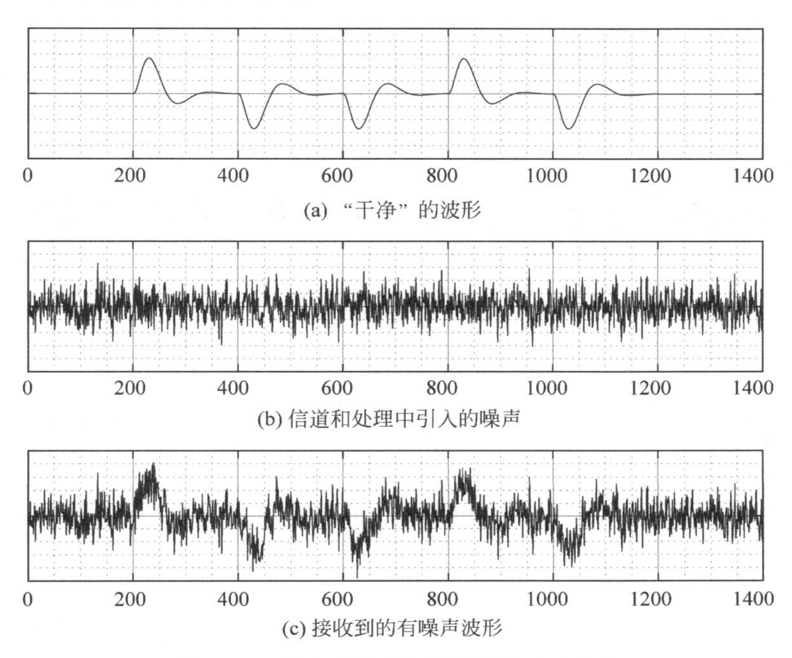

图 3.51 从发送端到接收端的波形示意图

假设了解发射机脉冲成型和信道探测的先验知识，可以知道预期的脉冲形状。波形中通常会伴随着噪声，图 3.51(b)显示了高斯白噪声，图 3.51(c)显示了信号和噪声的叠加。显然，简单地检测幅度的最大值(正或负)并不是一个好方法，因为噪声通常会产生虚假峰值。因此，应该尽可能多地消除噪声。

如图 3.52 所示，一种使用乘法器和积分器依次处理的结构可以实现此目的。假设能够产生一个与预期脉冲形状相对应的连续、重复、无噪声(干净)的波形，并可以选择发射的是正脉冲还是负脉冲。将输入波形与本地生成的脉冲序列相乘，产生一系列乘积，然后在一个符号周期 T_s 上对这些乘积求和(积分)。在符号周期结束时，得到的时间平均值很好地反映了发射的原始符号的幅度，随后积分器复

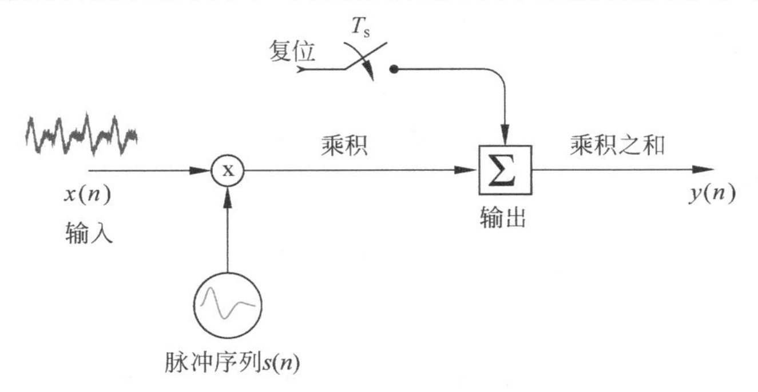

图 3.52 相关处理法框图

位。当然，幅度在信道上传输后会发生变化，因此，比较绝对阈值是不合适的。这也是为什么不能将接收波形和本地干净波形逐点相减的原因，因为(即使排除了噪声)信号幅度不太可能相等。

这种方法称为相关(Correlation)法，要求乘法累加器能够将信号相乘并相加，并能够产生重复的脉冲波形。在本例中，假设只有两个电平，因此每个符号周期 T_s 中包含一个比特，对应 $K=200$ 个波形采样点。通过扩展这种思想，可以在每个符号周期中传输更多的比特。

图 3.53 展示了相关法中出现的波形。脉冲发生器充当预期波形的模板，在积分或求和阶段，对一个符号周期内的采样点进行逐点乘积并累加。如果噪声是高斯的，其长期平均值应为零。

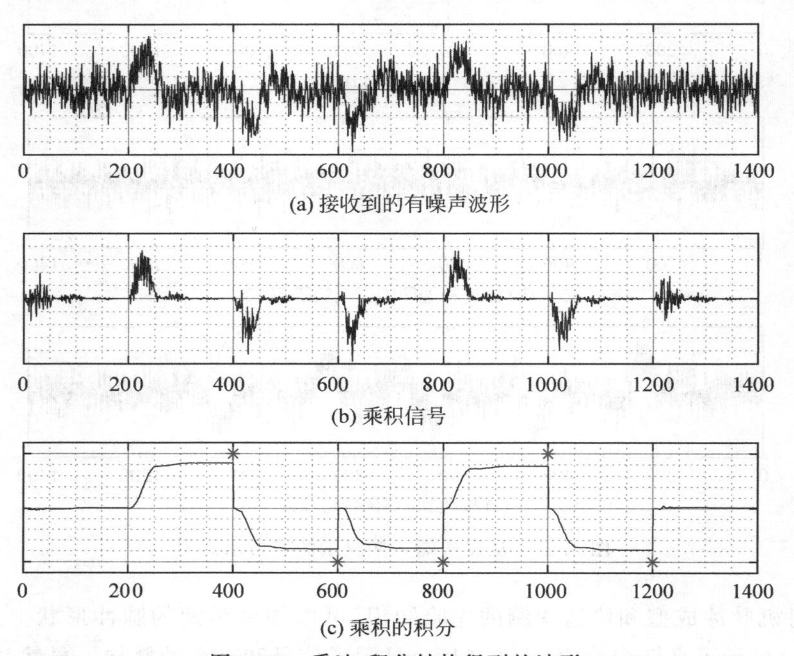

图 3.53　乘法-积分结构得到的波形

注：×表示每个符号周期结束时的采样点，在此之后，将重新启动乘法-积分操作。

在讨论解决方案时，需要定义系统的冲激响应(Impulse Response)，即输入信号为单个脉冲(所有后续输入值等于零)时，系统模块产生的输出。乘法求和阶段所需的计算为

$$y(n)=\sum_{k=0}^{K-1}x(n-k)s(n-k) \tag{3.127}$$

其中，接收信号 $x(n)$ 可以写成

$$x(n)=\alpha s(n)+g(n) \tag{3.128}$$

根据传输比特的定义，$\alpha=\pm1$。序列 $s(n)$ 为信道冲激响应，$g(n)$ 为加性高斯白噪声(Additive White Gaussian Noise, AWGN)，输出可以简化为

$$y(n)=\sum_{k=0}^{K-1}x(n-k)s(n-k) \tag{3.129}$$

$$=\sum_{k=0}^{K-1}\overbrace{[\alpha s(n-k)+g(n-k)]}^{\text{接收信号}}s(n-k) \tag{3.130}$$

假设噪声与冲激响应不相关，$\sum g(n-k)s(n-k)$ 项可以去掉，因此有

$$y(n)=\alpha\sum_{k=0}^{K-1}s^2(n-k)+\sum_{k=0}^{K-1}g(n-k)s(n-k)\quad(\text{第二项}\to 0) \tag{3.131}$$

最后，如果在每个符号的末尾取一个采样点，并代入 $n=K-1$(每个符号有 K 个采样点)，可得

$$\begin{aligned}y(K-1)&=\alpha\sum_{k=0}^{K-1}s^2(K-1-k)\\&=\alpha\sum_{k=0}^{K-1}s^2(k)\end{aligned} \tag{3.132}$$

最后一行可以从对称性推导得出。或者，可以令 $m=K-1-k$，并改变求和的范围，从而得到

$$k=0\to m=K-1$$

$$k=K-1\to m=K-1-k=K-1-(K-1)=0$$

于是总和为

$$\begin{aligned}y(K-1)&=\alpha\sum_{m=K-1}^{0}s^2(m)\\&=\alpha\sum_{m=0}^{K-1}s^2(m)\end{aligned} \tag{3.133}$$

式(3.133)表明，在最后一个采样时刻 $K-1$，信号出现峰值，按 $\alpha=\pm 1$ 缩放。回到图 3.53，在每个指定采样点做出的判决基于 $y(K-1)$的大小。

虽然这似乎是一种合理的方法，而且在实践中也得到了应用，但也存在一些不足之处。尤其是定时至关重要，在正确的时刻复位积分器引入了额外的复杂度。

考虑另一种方法，图 3.54(a)显示了存在的相关-积分波形，输入(噪声)信号乘以信道冲激响应并进行积分(求和)。考虑图 3.54(b)的波形，输入波形显示在顶部，时间轴是从左到右的。如果将时间轴从右往左看，可以想象时间波形是左右翻转的。从这个角度来看的输入波形显示在图 3.54(b)下方。为了匹配信道脉冲波形，还需要在时间轴上翻转脉冲波形。向左或向右滑动经过翻转的波形，并计算逐点乘积的和(就像相关一样)，得到一组输出值。

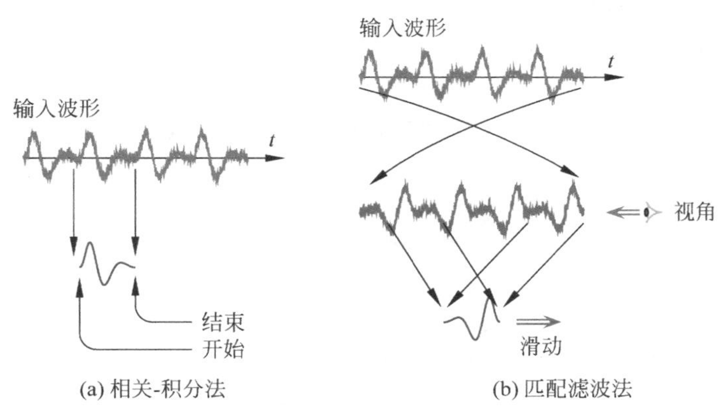

图 3.54　相关-积分法和匹配滤波法的波形对比示意图

注：相关-积分法是在一个符号周期内的逐点乘法和求和。匹配滤波器是按照“看到”的波形顺序反转时间波形，然后乘以冲激响应。

这种方法的优势是去掉了在每个符号周期后重置求和输出的操作。新的替代方案如图 3.55 所示。本质上，相关法使用的是当前到达的采样点，而匹配滤波器法使用了当前和过去的采样点，查看已“到

达”的波形，直到当前输出点。

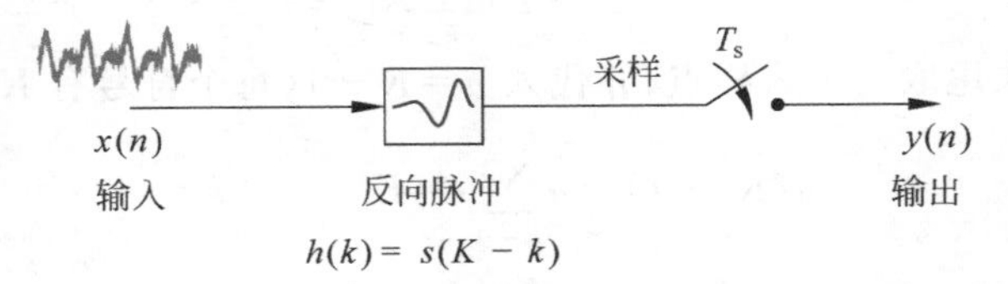

图 3.55　使用时间反转信道冲激响应的匹配滤波

匹配滤波运算可以用数学公式写为

$$y(n)=\sum_{k=0}^{K-1}h_k x(n-k) \tag{3.134}$$

该函数实际上是一种数字滤波运算，称为卷积(Convolution)，输入信号和冲激响应卷积在一起。

卷积常用于数字通信系统。虽然看起来很复杂，但可以通过以下方法来实现。对于两个输入集，使用 MATLAB 的 conv()函数的结果如下所示。第一个输入 $x(n)$(较长的)是时间序列，第二个输入(较短的)是冲激响应 $h(n)$。每个阶段的输出是通过从左向右“翻转”一个序列(即翻转其时间顺序)，并相乘和相加来计算得到的。如下面的数字示例所示，无论哪个序列被翻转，结果都是相同的。

```
x = [1 2 3 4 5 6 7 8];
h = [10 11 12];
conv(x, h)
ans =
    10   31   64   97   130   163   196   229   172   96

conv(h, x)
ans =
    10   31   64   97   130   163   196   229   172   96
```

翻转序列 h，第一个输出是 $10\times1=10$，下一个输出是 $(2\times10)+(1\times11)=31$，接着是 $(3\times10)+(2\times11)+(1\times12)=64$，以此类推。

与相关法一样，接收信号可表示为

$$x(n)=\alpha s(n)+g(n) \tag{3.135}$$

其中，α 是取值为 ±1 的常数(由传输的比特决定)，$s(n)$ 是信道冲激响应，$g(n)$ 是 AWGN，所以匹配滤波器的输出为

$$\begin{aligned}
y(n)&=\sum_{k=0}^{K-1}h_{n-k}x(k)\\
&=\sum_{k=0}^{K-1}h_{n-k}\overbrace{[\alpha s(k)+g(k)]}^{\text{接收信号}}\\
&=\sum_{k=0}^{K-1}\alpha h_{n-k}s(k)+\underbrace{\sum_{k=0}^{K-1}h_{n-k}g(k)}_{\to 0}
\end{aligned} \tag{3.136}$$

由于噪声 $g(n)$ 与信道冲激响应不相关，右边的项得以抵消，于是剩下

$$y(n)=\alpha\sum_{k=0}^{K-1}h_{n-k}s(k) \tag{3.137}$$

前面说过冲激响应 h_k 应该是时间翻转的信道冲激响应 $s(k)$，所以在数学上，采样间隔为 K 个采样点时，有

$$h_k = s(K-1-k) \tag{3.138}$$

用 $n-k$ 代替 k，可得

$$\begin{aligned} h_{n-k} &= s[K-1-(n-k)] \\ &= s(K-1-n+k) \end{aligned} \tag{3.139}$$

所以输出 $y(n)$ 为

$$y(n) = \alpha \sum_{k=0}^{K-1} s(k)s(K-1-n+k) \tag{3.140}$$

考虑一个符号周期结束时的采样点，即 $n=K-1$，得到

$$\begin{aligned} y(K-1) &= \alpha \sum_{k=0}^{K-1} s(k)s[K-1-(K-1)+k] \\ &= \alpha \sum_{k=0}^{K-1} s(k)s(k) \end{aligned} \tag{3.141}$$

由此可以推断(忽略缩放常数 α)结果总是正的，因为是将采样点本身相乘。此外，当采样值取 $y(K-1)$ 时，在每个比特的末尾，结果取到最大幅度(根据 α 缩放)。

采用前面相同类型的冲激响应，匹配滤波器的波形如图 3.56 所示。可以看出，每个符号周期结束时的最大值可用于决定原始传输幅度的大小。实际上，不需要在特定的时刻进行精确采样，在大致区域附近即可。

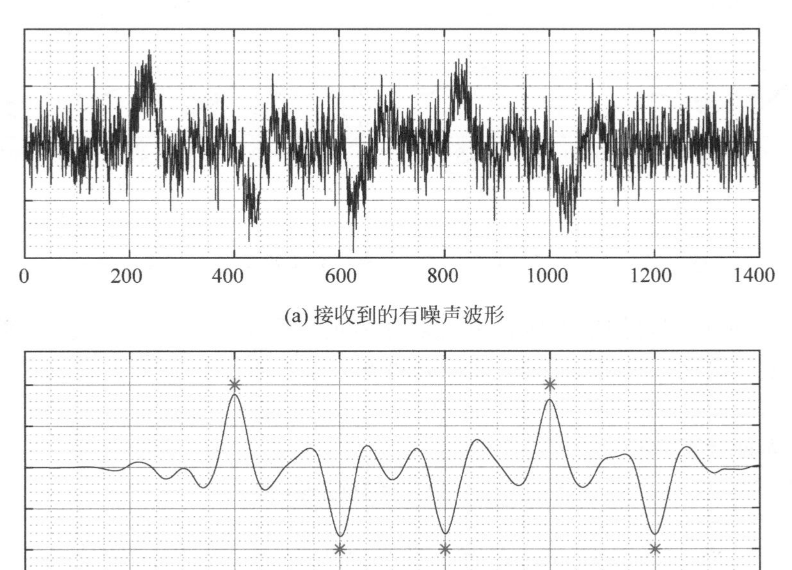

图 3.56 匹配滤波器得到的波形示意图

注：×表示每个符号的采样点，每个符号采样后使用卷积连续计算，无须重置输出。

这就引出了以下问题：为什么有两种方法可供选择？究竟哪种方法更好？乘法累加法(或者说相关法)要求接收机产生类似于冲激响应的波形,并且必须精确地在每个符号开始处重新开始求和。可以使用模拟电路或数字查找表方法产生信道脉冲波形。然而,匹配滤波器需要产生时间翻转的冲激响应,这对于模拟电路可能是个问题。对于数字采样方法,产生时间翻转的波形仅意味着存储采样点,然后以相反的顺序读出它们,这很容易实现。因此,如果可以数字实现,那么匹配滤波是可行的,其缺点是每个符号周期需要大量波形采样点,因此需要更快的存储和处理速度。

3.9.3 正交信号

同一频率的正弦和余弦信号可以共存于一个信道上,这一事实允许信道容量(单位为每秒比特数,用 bps 表示)的增加。图 3.57 说明了正交和非正交信号之间的差异。每种情况下都显示了两个输入信号,以及它们逐点的乘积。从图 3.57(a)中可以看出,零轴以上的总面积等于零轴以下的总面积。换句话说,正交信号的总面积为零。将此与非正交情况进行对比,如图 3.57(b)所示,输入信号乘积的总面积不为零。

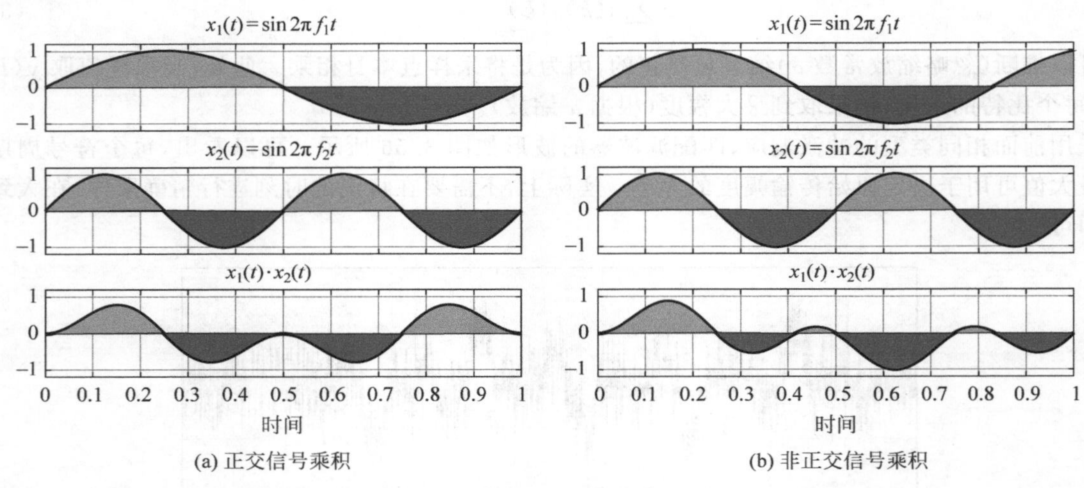

(a) 正交信号乘积　　(b) 非正交信号乘积

图 3.57　正交和非正交信号(正交信号乘积下的总面积为零)

有了正交的定义,现在需要知道如何利用它来分离正弦和余弦分量。首先,回想一下,余弦波在一个周期内的积分为零。定义一个周期为 $\tau=2\pi/\omega$,频率为 ω 整数倍的波形为 $x(t)=\cos k\omega t$,它的一个周期的面积为 $x(t)$ 在 $0\sim\tau$ 上的积分。对于任何整数 $k\neq 0$,其结果为 $(1/k\omega)\sin 2k\pi=0$,与 k 值无关。如果将其扩展到多个周期,结果仍然是零。

不同整数倍频率 $k\omega$ 和 $m\omega$ 的两个余弦信号的乘积可表示为

$$\begin{aligned}\cos k\omega t\cos m\omega t &= \frac{1}{2}[\cos(k\omega t+m\omega t)+\cos(k\omega t-m\omega t)]\\ &= \frac{1}{2}\{\cos[(k+m)\omega t]+\cos[(k-m)\omega t]\}\end{aligned}\tag{3.142}$$

下面要找到所得乘积曲线下的面积。注意到,如果 k 和 m 都是整数,那么 $(k\pm m)$ 也是一组整数。因此,两个余弦的乘积计算如下。

$$\int_{t=0}^{t=\tau}\cos k\omega t\cos m\omega t\,\mathrm{d}t=\frac{1}{2}\int_{t=0}^{t=\tau}[\cos(k\omega t+m\omega t)+\cos(k\omega t-m\omega t)]\mathrm{d}t$$

$$= \frac{1}{2}\int_{t=0}^{t=\tau} \{\cos[(k+m)\omega t] + \cos[(k-m)\omega t]\} \mathrm{d}t$$

$$= \frac{1}{2}\int_{t=0}^{t=\tau} \cos[(k+m)\omega t]\mathrm{d}t + \frac{1}{2}\int_{t=0}^{t=\tau} \cos[(k-m)\omega t]\mathrm{d}t$$

$$= \begin{cases} 0, & k \neq m \\ \dfrac{\tau}{2}, & k = m \end{cases} \tag{3.143}$$

这个结果表明，整数倍的不同频率的两个正弦曲线（此例中是余弦）的乘积为零。在两条正弦曲线频率相同的特殊情况下（数学上 $k=m$），该结果是常数。这意味着相同相位的多个频率可以共存，而且可以区分。当 $k=m$ 时，右边的项为常数，即可以区分开来。下一节将采用这一原理，其中一个正弦波作为接收信号，另一个作为本地生成的载波。

接下来，假设有两个频率相同但相位不同的波形。利用表 3.1 中 $\sin\omega t\cos\omega t$ 展开式，在数学上等同于 $(\sin 2\omega t)/2$，它在一个周期内取积分会为零。换句话说，正弦和余弦也可以在接收机进行区分。如果相同频率的波形彼此存在 90°相位差，那么它们的乘积将为零，因此根据上述定义，它们是正交的。90°相位差的特殊情况是非常重要的，称为相位正交或简称为正交（Quadrature），通常将余弦作为同相相位，正弦作为正交相位。

3.9.4 正交振幅调制

如果使用单个正弦波作为载波，可以在接收机中进行检测和解调。如果发送的是余弦波，同样也可以在接收机中检测，并解调它所携带的信号。如 3.9.3 节所示，正弦和余弦信号能够共存于同一信道空间或频带中。如果发送幅度为 A_s 的正弦信号和幅度为 A_c 的余弦信号，只要知道两者的相位（以便跟踪两个信号），就可以在接收机上确定 A_s 和 A_c。正弦和余弦在矢量意义上是正交的，在时间意义上是 90°相移的。

数字序列由串行的二进制数据流组成（连续的 1/0），通常被转换成幅度为 ±1 的双极性序列。可以仅用两个振幅电平或两个相位值依次串行调制每个比特。图 3.58(a) 显示了一个数据点及其相应的振幅和相位，振幅和相位的组合对应于正弦振幅和余弦振幅的特定选择。

图 3.58(b) 显示了正弦-余弦（IQ 平面）上的 4 个点，这 4 个点可以表示两个二进制数字（00，01，10，11）。那么这种方法能扩展吗？如果仔细调整合适的 I 和 Q 的幅度，就可以在平面上放置 8 个点，如图 3.58(c) 所示。因为每个点的相位都在变化（但幅度没有变化），所以将其称为正交相移键控（Quadrature Phase Shift Keying，QPSK）。最后，图 3.58(d) 中显示了 16 个点，每个点具有不同的振幅与相位，即振幅和相位（或等效的正弦和余弦）的特定组合唯一地选择一个点。因为有 16 个点，所以一次可以表示 4 个比特。当然，这种方法还可以进一步扩展，使用不同的幅度与相位组合。这通常称为正交幅度调制（Quadrature Amplitude Modulation，QAM），因为采用了不同幅度且相位正交的信号。IQ 平面上的点构成了特定调制方案的星座图（Constellation）。

为了用一种统一的方法来分析，先考虑图 3.58(a)，其中只显示了平面上的一个点。图 3.58(a) 表明，这种组合实际上是一种正弦波，幅度是从原点到指定点的长度 R，相位为 φ（与余弦轴的角度）。该点定义为 $I\cos\omega t + Q\sin\omega t$，可以使用三角公式改写为

$$I\cos\omega t + Q\sin\omega t = R\cos(\omega t + \varphi) \tag{3.144}$$

将 $\cos(x+y)$ 的展开式运用到右侧的 $R\cos(\omega t+\varphi)$，并依次与左侧的 $\sin\omega t$ 和 $\cos\omega t$ 项对比，可得到

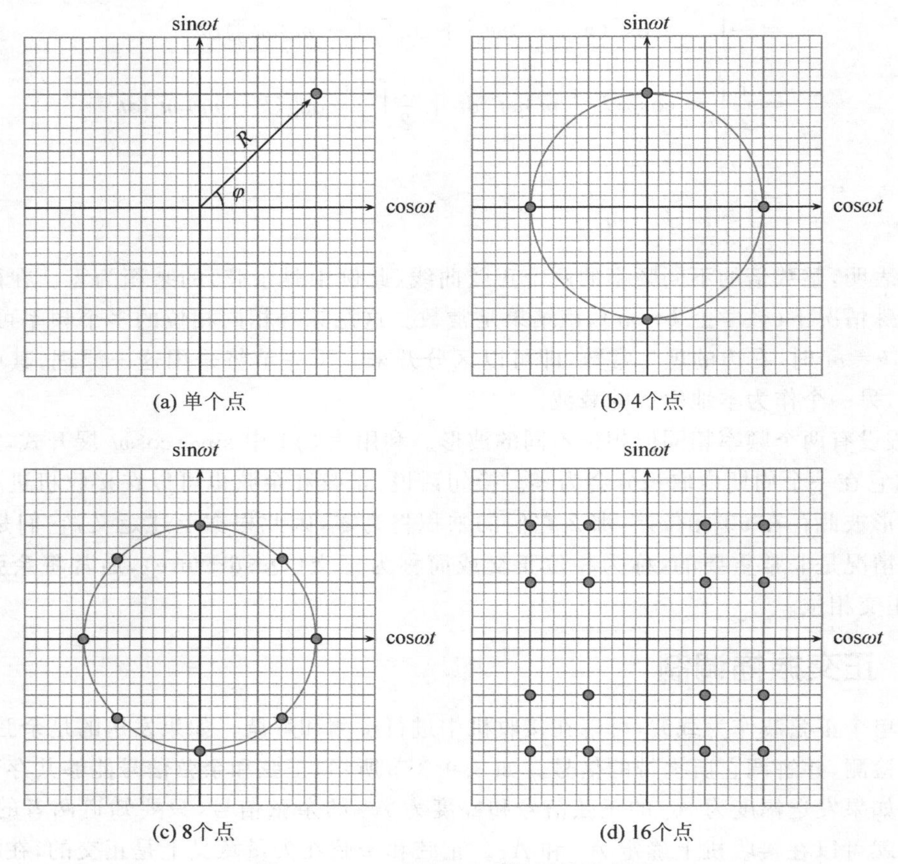

图 3.58 IQ 平面上正交调制的示意图

$$R=\sqrt{I^2+Q^2} \tag{3.145}$$

$$\varphi=-\arctan\left(\frac{Q}{I}\right) \tag{3.146}$$

请注意，一些学者更倾向于强调相位角是一个延迟①，于是定义了 $R\cos(\omega t-\varphi)$，最后得到结果 $\varphi=\arctan(Q/I)$。

图 3.59 显示了 QAM 系统的框图。要调制的两个信号 $m_1(t)$ 和 $m_2(t)$ 表示 I 支路和 Q 支路的振幅，并分别乘以余弦和正弦载波。产生的信号是正交的，将它们相加不会破坏任何信息。图 3.60 所示的解调器实际上是调制的逆过程，为每个符号增加了积分器(累加器)，如 3.9.2 节所述。但是请注意，解调器必须知道载波的频率和相位。

为了说明这种方式的工作原理，先假设 QAM 系统输入的调制信号为 $m_1(t)$ 和 $m_2(t)$。输出结果为

$$x_{\text{QAM}}(t)=m_1(t)\cos\omega_c t+m_2(t)\sin\omega_c t \tag{3.147}$$

解调该复合信号，就要将输入调制信号乘以余弦和正弦波，其中余弦和正弦波要与接收信号的相位锁定。在解调器的上分支中

① 相角和频率的不同定义可以追溯到很久以前，如(van der Pol，1946)。

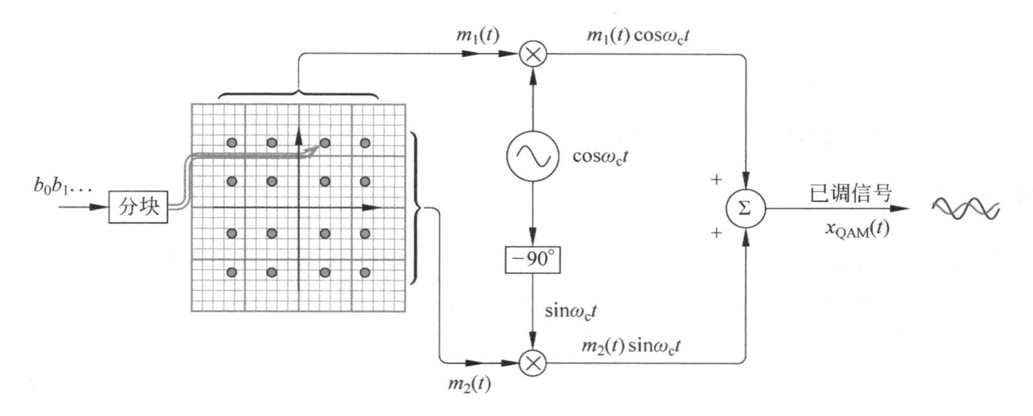

图 3.59　QAM 调制框图

注：输入比特组合(此处为 4 位)将从星座图中的 16 个正弦-余弦幅度对中选出一个。

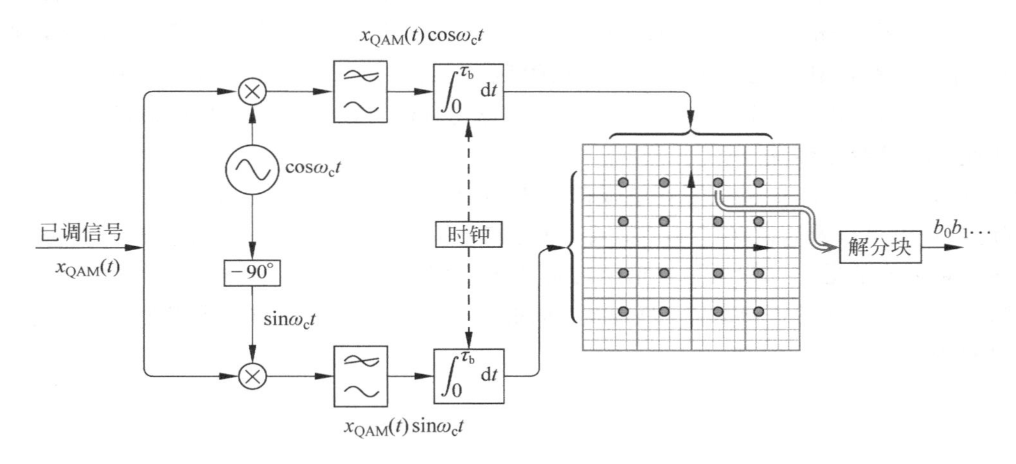

图 3.60　QAM 解调框图

注：接收信号分别乘以正弦和余弦载波，然后在一个或多个周期内积分，确定幅度，进而确定星座中的位置，最后查找发送的比特模式。

$$\begin{aligned}x_{QAM}(t)\cos\omega_c t &= [m_1(t)\cos\omega_c t + m_2(t)\sin\omega_c t]\cos\omega_c t \\ &= m_1(t)\cos\omega_c t\cos\omega_c t + m_2(t)\sin\omega_c t\cos\omega_c t \\ &= \frac{m_1(t)}{2}(\cos 2\omega_c t + \cos 0) + \frac{m_2(t)}{2}(\sin 2\omega_c t + \sin 0)\end{aligned} \tag{3.148}$$

低通滤波器去除较高频率的分量，留下

$$y_1(t) = \frac{1}{2}m_1(t) \tag{3.149}$$

类似地，在解调器的下分支中

$$\begin{aligned}x_{QAM}(t)\sin\omega_c t &= [m_1(t)\cos\omega_c t + m_2(t)\sin\omega_c t]\sin\omega_c t \\ &= m_1(t)\cos\omega_c t\sin\omega_c t + m_2(t)\sin\omega_c t\sin\omega_c t \\ &= \frac{m_1(t)}{2}(\sin 2\omega_c t + \sin 0) + \frac{m_2(t)}{2}(\cos 0 - \cos 2\omega_c t)\end{aligned} \tag{3.150}$$

低通滤波器去除高频成分后，留下

$$y_2(t)=\frac{1}{2}m_2(t) \tag{3.151}$$

因此，输出是经过简单的常数缩放的原始调制信号。

3.9.5 频分复用

前面讨论的调制方法(AM、FM 和 PM)主要是将一个信号调制到更高频率的载波上。这对于模拟传输来说是完全合理的，因为只存在一个信号，如声音、音乐或电视信号。下面一个问题是，如何在同一个 RF 信号或电缆上发送几个模拟信号，如主要大城市之间的一条链路。这就产生了频分复用(Frequency Division Multiplexing，FDM)的概念，即每个单独的信号由发射机调制到自己的载波上，在接收机使用本地载波进行解调。

前面讨论的 QAM 和 QPSK 方法非常适合数字调制，因为它们一次可以编码多位数据。最近，这两种思想的结合(使用多频率和多通道)已经成为数字传输中最重要的方法之一。这种方法称为正交频分复用(Orthogonal Frequency Division Multiplexing，OFDM)，因为它使用多个正弦和余弦载波。

OFDM 用于许多类型的无线网络，以及双绞线电话网络上的宽带通信，其中使用了离散多音(Discrete Multitone，DMT)方案。采用这种方式，数据比特流可以分成多个“子信道”用于并行传输，从而促进高速或“宽带”数据传输。

FDM 的概念最早是在 19 世纪随着电报提出来的(Weinstein，2009)。图 3.61 描述了今天人们对 FDM 的理解。这里可以看出混频的早期概念，但是使用了不同的载波频率，以便将每个信号源移动到它自己的独立频带或信道中。假设每个信号的带宽不与相邻频带重叠，则可以在接收机处解调各个信号。最终结果是一个公共信道或载体(如微波、同轴或其他介质)可以同时用于多个信道传输。因此，就有了子信道的概念。

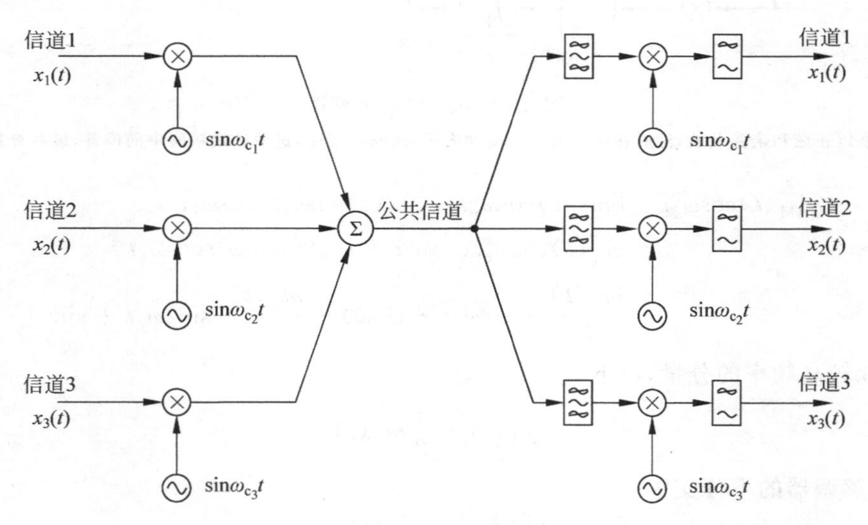

图 3.61 频分复用实现原理框图

图 3.62 描述了公共信道上 FDM 的信号域表示，每个单独的信道占据一个频带，实际应用中这是一个小且有限的带宽，取决于所采用的调制方案。对于带宽为 B 的 M 个子信道，理论带宽要求大于 $B\times M$，因为频带边缘不是完全陡峭的，因此每个子信道之间还需要一个小空间，称为保护间隔。

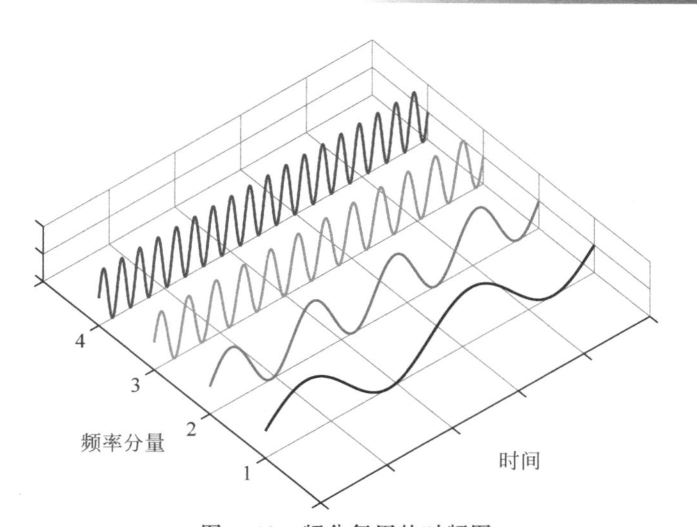

图 3.62　频分复用的时频图

注：FDM 可以想象为多个信号在时间上叠加，但在频率上分离。

3.9.6　正交频分复用

通过使用正交的正弦和余弦载波，可以扩展基础的 FDM 方案，有效地将每个子信道的容量加倍。正如前面所讨论的，至少在理论上，接收机分离这些信号确实是可行的。由于实际信道的弥散特性，通常需要放宽信道带宽的限制。

正交频分复用(OFDM)的方法已经存在了一段时间(Weinstein，et al.，1971)[①]，然而，基于模拟信号处理实现的困难限制了它的应用。使用数字或离散时间信号处理实现为 OFDM 开辟了广阔的应用领域，尤其是在数字无线传输中。

FDM 中采用的典型波形如图 3.63 所示，其中待编码的比特流被转换为具有确定振幅的正弦波。不同的频率定义了不同的子载波，而幅度由比特的二进制取值来决定采用两个值中的哪一个。图 3.64 显示了每个子载波同时使用正弦和余弦波形的情况，将 FDM 扩展到了 OFDM。在图 3.64 所示的例子中，使用 2b 来定义正弦和余弦的幅度，将在星座图上产生 $2^2=4$ 个点。当然，该方案可以扩展到任意数量的幅度电平，并且每增加 1b 都会导致可能的电平数量加倍。

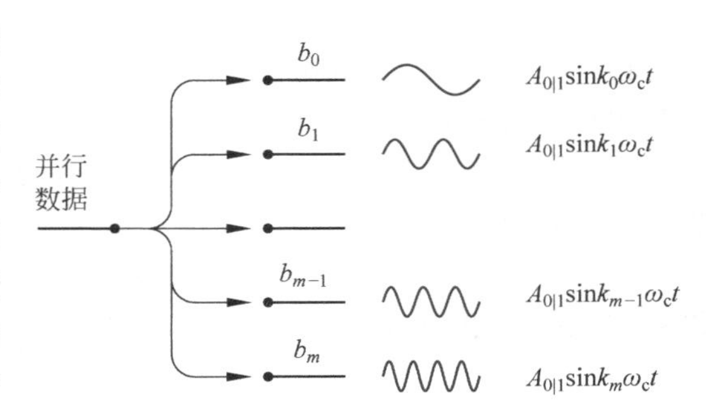

图 3.63　使用 FDM 复用比特流的原理图

注：幅度 $A_{0|1}$ 表示当比特 b 为 0 或 1 时 A 的不同取值。通常情况下，它们大小相等，但符号相反。

现在考虑一个特定的频率，因为有两个分量(正弦和余弦)，所以可以用特定的振幅 R 和相位 φ 来表示，如图 3.65(a)所示。此外，前面已经证明过，从数学上来说，正弦和余弦两个分量可以共存，并可在接收机中分离，所以可以同时存在许多可能的 R 和 φ 的组合。因此，图 3.65(b)所示的 16 个点可以通过使用余弦的 4 种组合和正弦的 4 种组合来生成。从数学上来说，正弦和余弦中幅度和相位的 16 种可能组合可用 4b 表示，因为 $2^4=16$。

---

① 也可参考 Weinstein(2009)和 LaSorte 等(2008)的历史总结。

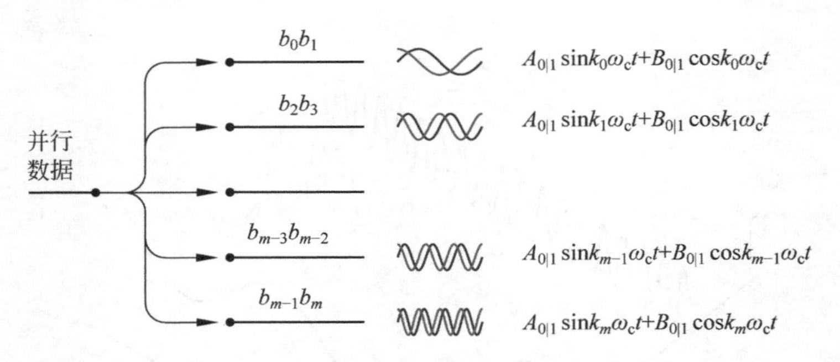

图 3.64　使用 OFDM 复用比特流的原理图

注：除了使用多个子载波频率外，每个子信道上还使用了正交信号。

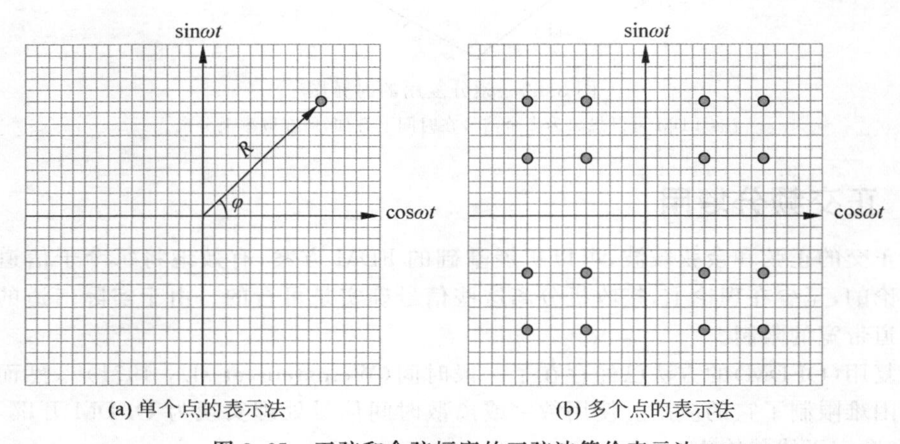

图 3.65　正弦和余弦幅度的正弦波等价表示法

将这些正弦与余弦的组合表示为具有幅度和相位变化的单个正弦波将有助于理解。于是，正弦与余弦的和表示如下。

$$I\cos\omega t+Q\sin\omega t=R\cos(\omega t+\varphi) \tag{3.152}$$

将式(3.152)右边展开，可得

$$R\cos(\omega t+\varphi)=R\cos\omega t\cos\varphi-R\sin\omega t\sin\varphi \tag{3.153}$$

接着，令 $\cos\omega t$ 和 $\sin\omega t$ 的系数相等，可得

$$I=R\cos\varphi \tag{3.154}$$

$$Q=R\sin\varphi \tag{3.155}$$

最后得到

$$R=\sqrt{A^2+B^2} \tag{3.156}$$

$$\varphi=-\arctan\left(\frac{Q}{I}\right) \tag{3.157}$$

正弦与余弦的加权和实际上是一个具有幅度和相位变化的正弦波。反过来，具有一定振幅和相位的正弦信号，同样可以视为正弦和余弦以适当振幅加权得到的加权和，这样就可以从一种表示法转换到另一种表示法。

最后的问题就是解调 OFDM 信号。也就是说，当给定一个通过 R 和 φ 组合产生的接收波形时，可以确定接收信号是对应于正弦和余弦的哪种特定组合。使用正弦和余弦分量的幅度可以唯一确定平面上的点。因此，在当前示例中可以确定特定 4 位比特。

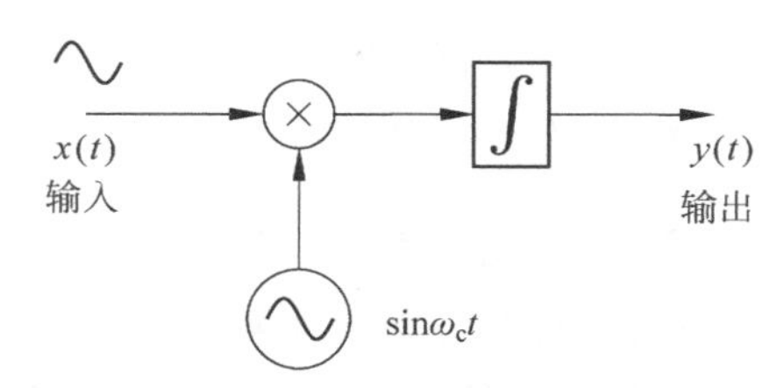

图 3.66　幅度估计的原理框图

注：将输入信号乘以正弦（或余弦）并积分，得到该特定分量幅度的估计值。这里假设积分（或累加）在一个符号周期内执行，随后积分器复位为零。

每个分量幅度的恢复由一个周期内的乘法和积分组成，如图 3.66 所示。接着，分量的最终幅度确定平面上的一个位置，然后对余弦分量重复该过程。最终，这两个值确定了星座平面上的唯一点。

3.9.7　OFDM 的实现——FFT

前面已经证明，在载波频率范围内对多个正弦和余弦波进行编码是可行的，称为子信道。然而，这会得到一个非常复杂的系统，发射机和接收机都需要大量的波形乘法运算。因此，信号的数字处理是释放 OFDM 潜力的关键。

实现从源信号到已调信号转换的重大突破，是通过离散傅里叶变换（Discrete Fourier Transform，DFT）来完成的，解调可以通过对应的离散傅里叶逆变换（Inverse Discrete Fourier Transform，IDFT）来完成，参见文献（Weinstein，et al.，1971）。此外，还有一种快速地实现 DFT 的方法，即后来发现的快速傅里叶变换（FFT）（Cooley，et al.，1965）。这两个想法构成了如今使用的 OFDM 的基础。

DFT 用于计算给定波形在相应频率上的正弦和余弦函数簇系数，这些函数簇用于构成该波形。与之相反，IDFT 计算时域上正弦和余弦的幅度，并确定相应的波形。

图 3.67 说明了傅里叶分析的概念。顶部的输入波形依次乘以正弦和余弦波形，并将结果相加，形成加权系数 A 和 B。对于更高频率的波形，重复这一过程。产生的 A、B 系数组确定了原始波形。这个过程有时被称为分析，因为它分析输入波形并产生了结果。

反过来，在适当的频率范围内取一组正弦和余弦波形，并用相应的 A、B 系数对其加权，将再现原始波形。一个关键问题是，在什么频率范围内，需要多少波形来重构原始波形？这个过程有时被称为合成（Synthesis），因为它使用原型正弦和余弦波形的加权和来重新合成原始波形。

DFT 用复指数形式表示更加方便。要记住的是，这只是一个表示方法的问题，这些复指数本质上仍是正弦和余弦函数，只是二者需要保持分离，因此需要一种方法来进行区分。

复数运算符 $\mathrm{j}=\sqrt{-1}$ 用于分离实部与虚部。复平面上的一个点可表示为

$$R\mathrm{e}^{\mathrm{j}\varphi}=R(\cos\varphi+\mathrm{j}\sin\varphi) \tag{3.158}$$

用这种表示法，将 N 个时间样本 $x(n)$ 转换成 N 个频率样本 $X(k)$ 的 DFT 可以被定义为

$$X(k)=\sum_{n=0}^{N-1}x(n)\mathrm{e}^{-\mathrm{j}n\omega_k}$$

$$\omega_k=\frac{2\pi k}{N}$$

DFT 和 IDFT 使用了以下变量：

- N：输入样本的总数；
- n：样本索引，用于表示每个输入样本；
- k：用于表示每个输出样本的索引；

- $x(n)$：每个输入样本的值；
- $X(k)$：输出频点的计算值；
- ω_k：$\frac{2\pi k}{N}$，第 k 个正弦波的频率。

根据惯例，分别用 n 和 N 表示时间索引和时域数据长度，用 k 和 K 表示频率索引和频域数据长度。此外，x 用于表示时间分量(实值)，X 用于表示频率分量(可能是实值或复数值)。角频率 ω_k 可认为是第 k 个正弦波的频率。虽然 DFT 产生 N 个输出样本，但其中只有 $N/2$ 个是独立的，其他的是前半部分的复共轭。图 3.68 说明了复平面上正弦波一个特定点的位置。右边的横轴表示余弦分量的相对量，而向下的竖轴表示负的正弦分量的相对量。这可从如下关系得到：正弦和余弦的指数关系是 $e^{-j\omega_k}=\cos\omega_k-j\sin\omega_k$。

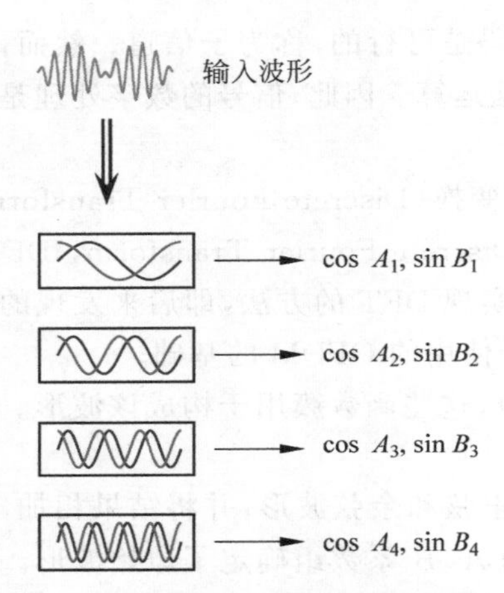

图 3.67 傅里叶分析的概念示意图

注：输入波形的傅里叶分析决定了正弦和余弦分量对应不同频率下的幅度。

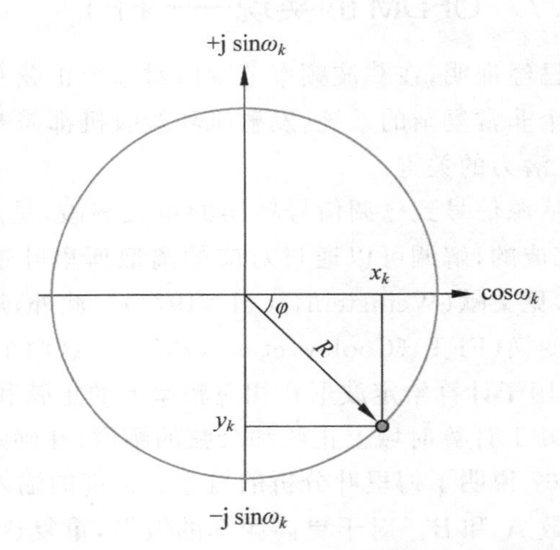

图 3.68 复平面上的点与余弦值(实部)和正弦值(负虚部)的关系

为了理解 DFT 公式的应用，参考图 3.69。图 3.69 说明了样本为 $x(n)$ 的单个余弦波形如何转换为复平面上相应的频率点 $X(k)$。虚部(即正弦部分)为零，但余弦部分在 $k=4$ 时非零①。可以用两种方式来理解这个问题：第一种，采样数据记录中正好有 4 个完整的周期；第二种，每个周期由 16 个样本组成，每个样本点对应 2π/16rad。变换后的频率样本(此处为 64 个)映射了 0～2πrad，第一个点位于 4/64×2πrad。

请注意，在 $X(k)$ 样本中还有第二个非零点，在这种情况下，它的大小与第一个点相同。这个对称点总是存在的，但是不提供任何更多的有用信息。

接下来，考虑图 3.70，它显示了一个正弦波。相反，它没有余弦分量(实值)，但是在虚部有两个点，一个值为−j32，另一个值为+j32。这两个点是对称的，事实上是互为复共轭。$k=4$ 处的点是 $X(k)=-j32$，这一事实表明，它实际是正的正弦分量(根据图 3.68 中描述的惯例)。

最后，考虑这些点的幅度。在频域中，幅度值 32 是由时域中峰值幅度 1 产生的。要从频点幅度转换为时间幅度，必须按比例除以 $N/2=64/2$。

① 请记住，MATLAB 的索引是从 1 开始，而不是从 0 开始。

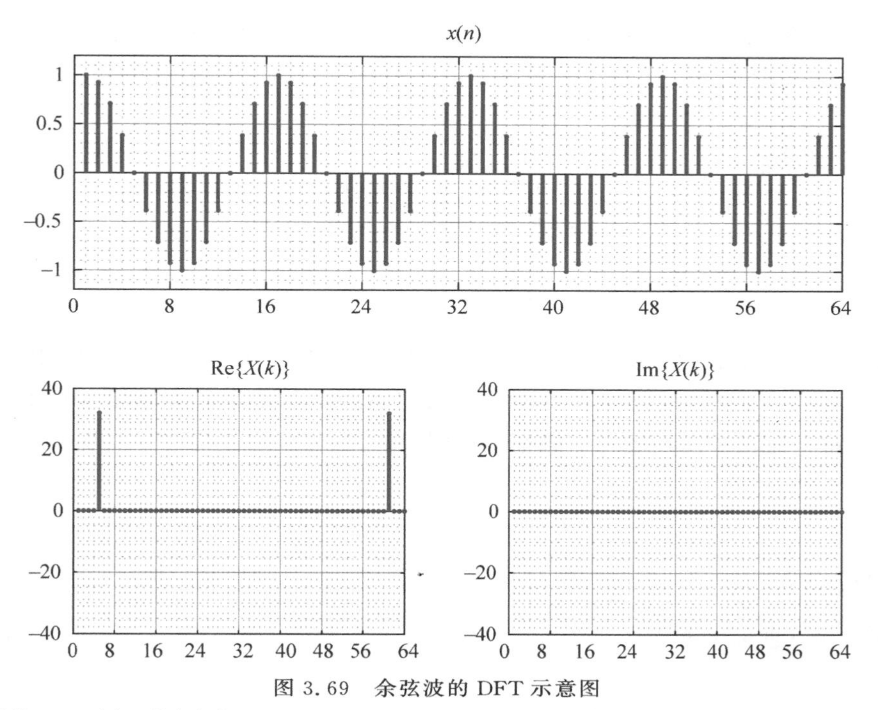

图 3.69　余弦波的 DFT 示意图

注：余弦波的 DFT 对应于单个实值 $X(k)=32+\mathrm{j}0$（此处 $k=4$）和它的对称部分，处于 $(N-1)-k$（此处 63－3=60）。

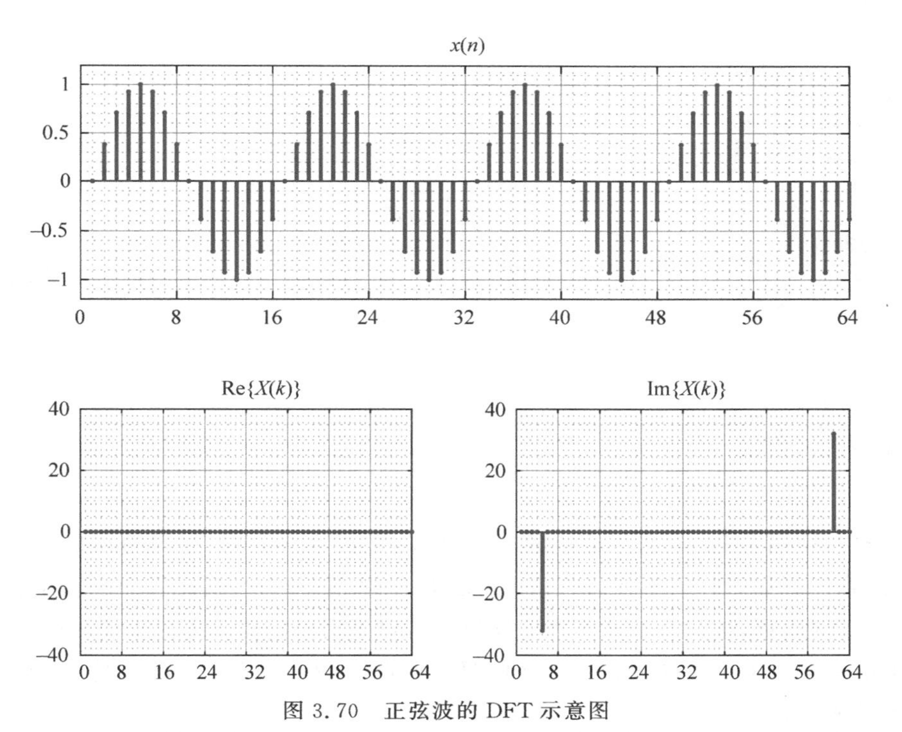

图 3.70　正弦波的 DFT 示意图

注：正弦波的 DFT 对应于单个虚值 $X(k)=-\mathrm{j}32$（此处 $k=4$）和它的对称部分，处于 $(N-1)-k$（此处 63－3=60）。

IDFT 的目的是将频域点映射成相应的时域波形。正如前面的例子所示，必须根据采样点的数量来正确设置 $X(k)$的大小，此外，还必须确保在余弦轴或负正弦轴上的正确位置。最后，还必须遵守复共轭对称性。

IDFT 的公式可写为

$$x(n)=\frac{1}{N}\sum_{k=0}^{N-1}X(k)\mathrm{e}^{\mathrm{j}n\omega_k}$$

$$\omega_k=\frac{2\pi k}{N}$$

请注意，除了指数中的正号和系数 $1/N$，它实际上与 DFT 相同。IDFT 的过程最好用波形生成的例子来说明，这也正是 OFDM 的需要。下面的 MATLAB 代码说明了从频域 $X(k)$值获得时域样本 $x(n)$的过程。变量 k 定义了所需的特定频率，每个频率分量需要有正确的复共轭。一些代表性结果如图 3.71 所示。

```
N = 64;
X = zeros(N, 1);

% 子载波编号,从 1 开始,直到 N/2
k = 3;

% 该子载波的幅度
A = 1;

% 从分量索引 1 开始(MATLAB 中为 2)
% 用 N/2 缩放幅度
% 互补分量必须是复共轭
% -1j 作为正弦, +1 作为余弦

X(k+1) = -1j*N/2*A;                    % 选择为正弦 (Q)
X(k+1) = N/2*A;                        % 选择为余弦 (I)

X(N-k+1) = conj(X(k+1));

x = ifft(X);

% xr 应为 0,但是由于计算的舍入,可能会有很小的虚部
xr = real(x);
stem(x);
```

在这个例子中，使用了 FFT，对于给定的一组输入，它产生与 DFT 相同的结果。FFT 的优点是它需要相当少的计算。例如，对于 $N=1024$，DFT 需要大约 $N^2\approx10^6$ 次运算，而 FFT 需要 $N\log_2 N\approx 1000\times10=10\,000$ 次运算，这是一个相当大的简化。这对于实时的实现尤为重要，也是通信系统所需要的。使用 FFT 的一个要求是采样数必须是 2 的幂。因此，1024 个样本是可接受的(因为 $1024=2^{10}$)，而 1000 个样本是不可接受的。

最后，来看 FFT 在 OFDM 的调制和解调中是如何应用的。只须指定一组频率及其相对应的正弦/余弦分量，就像前面的例子一样。在发射机处执行 IFFT，以创建时域波形，实际发送的是星座图中的正弦/余弦点。处理模块如图 3.72 所示。

Q(sin), k=1
I(cos), k=2
Q(sin), k=6
I(cos), k=5

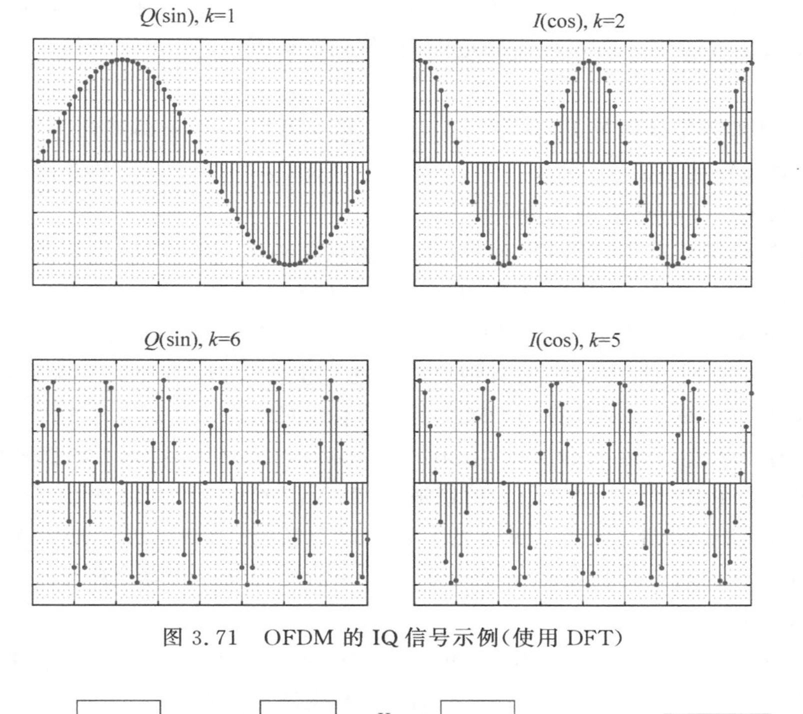

图 3.71 OFDM 的 IQ 信号示例(使用 DFT)

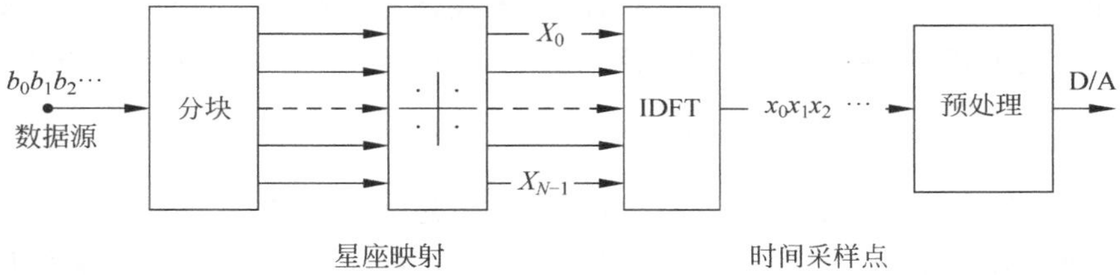

$b_0b_1b_2\cdots$
数据源
分块
X_0
X_{N-1}
IDFT
$x_0x_1x_2$ ⋯
预处理
D/A
星座映射
时间采样点

图 3.72 OFDM 调制过程(使用 IFFT)

在接收机处,采用逆运算,即 FFT 从接收的时间波形中恢复最初指定的星座点,如图 3.73 所示。

A/D
样本点
预处理
$x_0x_1x_2$ ⋯
DFT
X_0
X_{N-1}
分解块
$b_0b_1b_2\cdots$
数据
时间采样点
IQ → bits

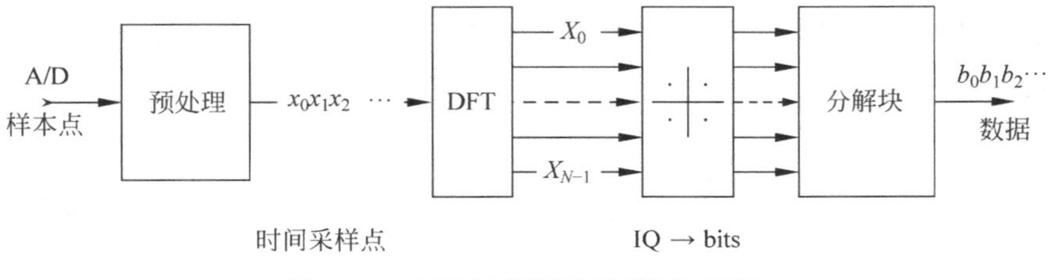

图 3.73 OFDM 解调过程(使用 FFT)

3.9.8 扩频

传统的调制方法力求将信号保持在非常窄的带宽内,如 AM、FM 和标准 PSK 等方法。OFDM 将这一思想扩展到多个并行信道中,其中每个信道可以或多或少地被利用,这取决于传输信道条件。

另外一种经常使用的方法是扩频(Spread Spectrum,SS),它与使用窄带信道的想法背道而驰,事实上它将传输信号"扩展"到了一个很宽的带宽上。扩频的起源可以追溯到 20 世纪 30 年代(Scholtz,

1982；Price，1983)，在第二次世界大战期间，人们对这个问题很感兴趣，扩频的信道保密优势得以利用(Kahn，1984)。如果信号功率分布在很宽的范围内，就很难被截获(因为载波频率连续变化)，也很难被高功率干扰信号干扰。

这种系统的军事优势是显而易见的，事实上，许多基本思想多年来都被列为军事机密。但是，随着共享信道的出现，如在移动通信(Cooper，et al.，1978；Magill，et al.，1994)和非限制频带的短程无线通信中，这个系统慢慢体现出一些新的优势。

在多用户移动通信的情况下，最初只有两种分离通信信道的方法：(1)为每个用户对分配单独的频率；(2)使用相同的频率，但是只允许每个用户在很短时间或时隙内接入信道。前者称为频分多址(Frequency Division Multiple Access，FDMA)；后者称为时分多址(Time Division Multiple Access，TDMA)。二者都需要接入无线带宽的所有用户之间的完全合作，还需要分配频带或传输时隙的方法。此外，一旦允许的频道(FDMA)或时隙(TDMA)用完，本地网络的容量就会受到严格限制。

第三种方法，码分多址(Code Division Multiple Access，CDMA)采用了稍微不同的方法。CDMA采用了扩频的思想，允许多个用户接入相同的信道带宽，而信道相互之间的干扰是有限的。随着用户的增加，干扰最小化的性能逐渐下降，而不是突然下降。重要的是，在频道设置或时隙分配方面几乎不需要或根本不需要配置。这对于支持移动通信网络的低开销配置至关重要，因为在通信网络中不同的小区具有重叠的地理覆盖区域。

除了允许多个用户共享相同的信道空间，扩频还增强了抗射频信号功率衰落和抗射频频带干扰的能力。扩频通信的一个重要特征是有效地利用稀缺的无线带宽。在第5章将会论证，数字信道的容量C(单位为bps)与信道带宽B(单位为Hz)和信噪比S/N有关，具体取决于信道容量公式，即

$$C = B\,\mathrm{lb}\left(1+\frac{S}{N}\right) \tag{3.159}$$

对于固定的信噪比S/N，增加信道容量C的唯一方法是增加带宽B。将窄频谱扩展到更宽的信道可以做到这一点，如果用于多用户环境，更宽的带宽并不是问题，因为无论如何都需要很宽的带宽。

SS系统主要有两大类方法，每一类都有优缺点。一种是跳频(Frequency Hopping，FH)，如图3.74所示。像以前一样，每个终端都使用约定的调制解调方法，通常是FSK或PSK，或一些更高容量的变体。本质区别在于，中心频率不是使用固定的频率，而是以一种已知模式“跳跃”(通常是每秒多次)。实际上，待传输的信息被调制到载波频率上，载波频率用很短时间从一个频率跳跃到另一个频率，并且在每个信道上停留很短时间。

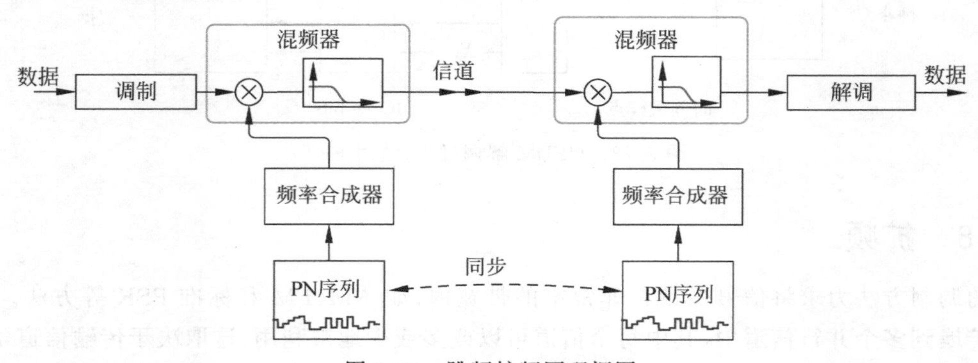

图3.74 跳频扩频原理框图

注：每个传输时间的中心频率是伪随机的，但在发射机和接收机之间是同步的。通常每一跳都要传输若干比特，这使得跳速小于比特率。

跳频图案给出了传输带宽上的频率分布。显然，接收机必须调整其信道频率，才能找到每个新的发射机频率。这是使用伪噪声(PN)发生器来完成的，该发生器在任意时刻从一组已知值中产生一个值，每个值都用于调谐频率合成器，并且在已知时间之后，产生新的值(从而产生新的频率)。重要的是要认识到这些值不是真正随机的，而是伪随机的，这意味着跳频图案在一定数量的跳跃之后会重复。但是，如果用户从伪随机序列中的不同点开始，则不会互相干扰。

SS的第二种方法称为直接序列(Direct Sequence，DS)，信号在调制和解调时，载波被扩展到很宽的频率范围。与FH相比，FH通常使用一个特定频率传输几比特，而DS的每比特会有几次跳变，但是仍然处于相同的频率信道。DS要传输的每比特与值为0或1的PRBS进行XOR运算，PRBS周期非常短(比每个比特间隔短得多)，被称为码片(Chip)，同样需要解决同步问题。

图3.75显示了一个直接序列扩频(Direct-Sequence Spread-Spectrum，DSSS)系统的框图，其典型波形如图3.76所示。首先，输入比特流通过高速码片调制，决定了载波的相位角。接下来调制码片流，可以采用多种方法，如PSK或QPSK。最终结果是，DSSS方法将信号分散到一个宽的带宽上，而不像

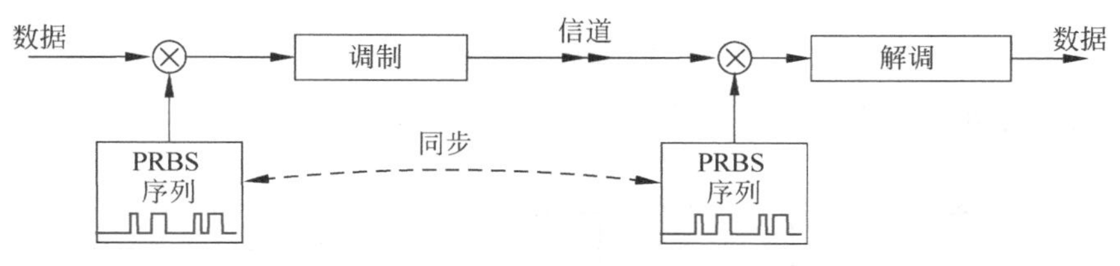

图3.75 直接序列扩频原理框图

注：每比特用伪随机二进制序列分割成几个码片后传输，伪随机序列需要在发射机和接收机之间同步。因此，每一位由几个码片组成。

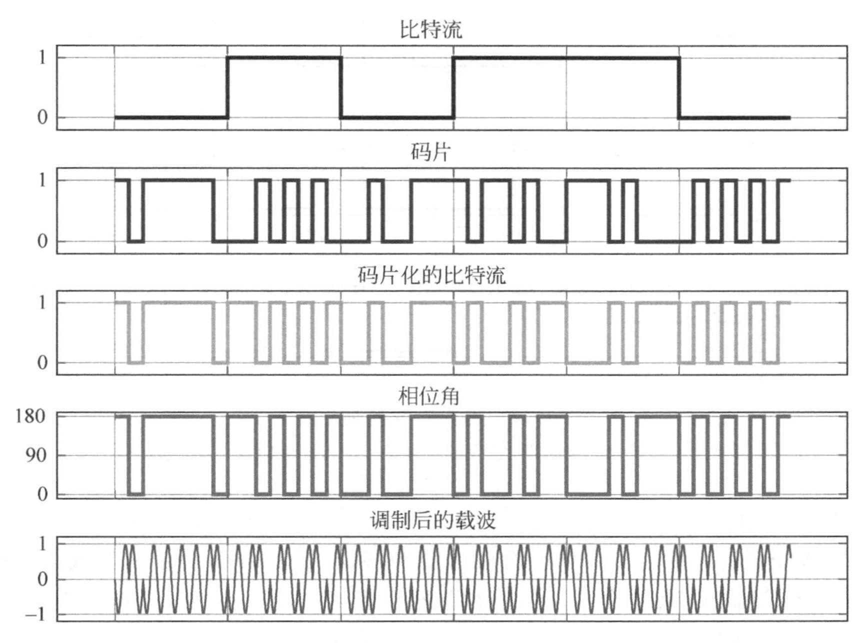

图3.76 直接序列扩频中的波形示意图

注：载波根据输入比特流和码片流进行相位调制。此例中，比特流和码片流一起用于确定载波相位，为了便于观察，每个码片中仅包含了一个载波周期。

跳频扩频(Frequency-Hopping Spread-Spectrum,FHSS)那样在不同的频率间跳跃。这在移动通信中具有相当大的优势,在移动通信中,未知数量的用户可以使用相同的带宽。如果干扰确实发生了,那只是在相对较短的时间内,这样干扰的可能性大大降低。此外,还有错误校验码可以用于恢复正确的比特序列。

码片模式显然很重要,在实际系统中使用的一种简单方法是11位巴克码。巴克码是一组预定义的整数位的正负序列,具有特殊的数学性质(Weisstein,2004),对接收机同步很有用。巴克码定义为正电平和负电平的模式,长度为11的码为

$$b=[+++---+--+-]$$

接收机的任务是在给定的传输数据中,找到这个模式。考虑到从发送到接收可能存在着任意长度的延迟,接收机需要与发射机适当同步。接收机必须搜寻给定的模式,并且必须能够可靠地找到该模式。

然后,该问题变成模式匹配问题,使用相关算法来完成。在接收到的序列中搜索已知模式,这在数学上是相关性最大化问题。图3.77显示了接收机需要考虑的波形。顶部是参考波形。没有移位时,乘积和为11(十进制),计算如下。

$$c(k)=\sum_{n=0}^{L-k}b(n)b(n+k) \tag{3.160}$$

其中,k是相对位移,可以是正的,也可以是负的。

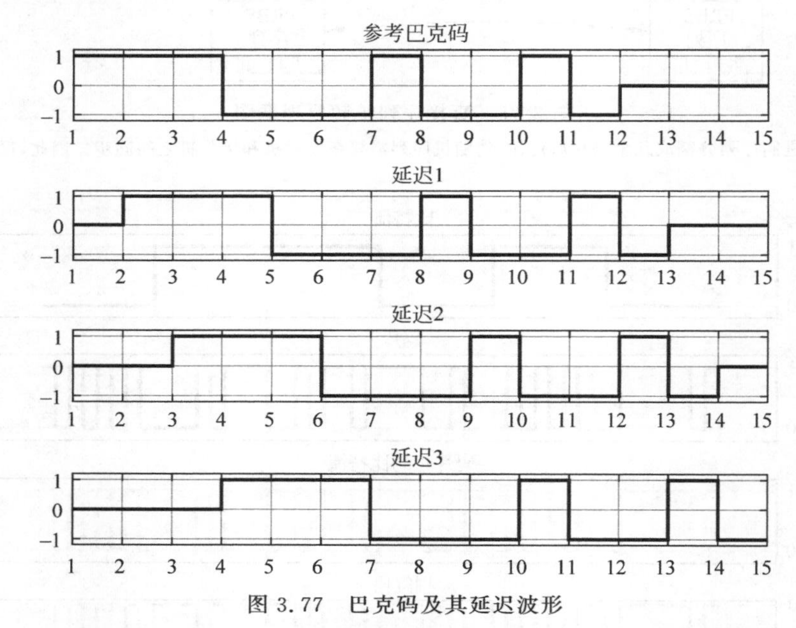

图3.77 巴克码及其延迟波形

注:参考码从1开始,到12结束,之后显示为零。延迟波形向右移动,左边移入零值。

无论以哪种方式移动一个间隔,结果都是零。以任意方式移动两个间隔,结果为−1。图3.78(a)显示了所有延迟情况下的乘积和,表明对于所有可能的移位,巴克码都无相关性或相关性很小。如果没有使用适当的码,如假设码片流是全1,将这种情况与巴克码进行对比。全1码片序列的相关性如图3.78(b)所示。一个时间单位(正或负)偏移的相关性看起来非常类似于完全没有偏移的情况,因此如果存在噪声,接收机很可能会错误地解调接收信号。

对于11位巴克码,峰值和为11,但其他延迟的乘积和为0或−1。这意味着最差情况下的相似性为1/11,因此,零延迟以外的相似性比零延迟的相似性小得多(大约20dB)。

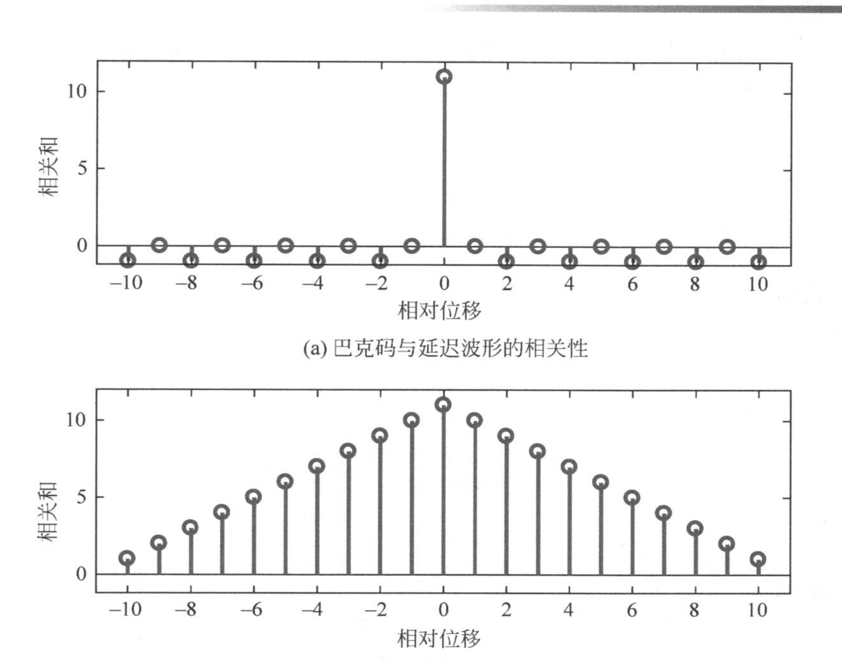

(a) 巴克码与延迟波形的相关性

(b) 全1码与延迟波形的相关性

图 3.78 全 1 码相关与巴克码相关对比示意图

巴克码是一个简单而有效的扩频函数，但不是唯一可用的。每种 SS 方法都需要产生伪随机序列，它是一个看似随机但在一定时间后重复的序列。要么需要一组二进制值，其中每个比特的 1/0 值是随机的，要么需要一组从预定范围内提取的值。前者称为 PRBS，即伪随机二进制序列，而后者是伪噪声，即 PN 序列。两者都可以使用图 3.79 的系统生成。这里有一个移位寄存器，包含许多位数据（图中是 8 位），但通常会更多。当接收到时钟脉冲时，比特从每个存储单元移动到其紧邻的右侧。最左边的比特通过反馈获得输入。一些（不是全部）寄存器的值在一起进行异或运算形成反馈比特。该反馈比特本身可以构成 PRBS，而移位寄存器本身可构成 PN 序列。存储单元的数量以及反馈抽头的数量决定了序列重复的时间周期，具体模式由反馈抽头的存在与否来决定。最后，初始起点（种子）决定了起点在模式空间中的位置。

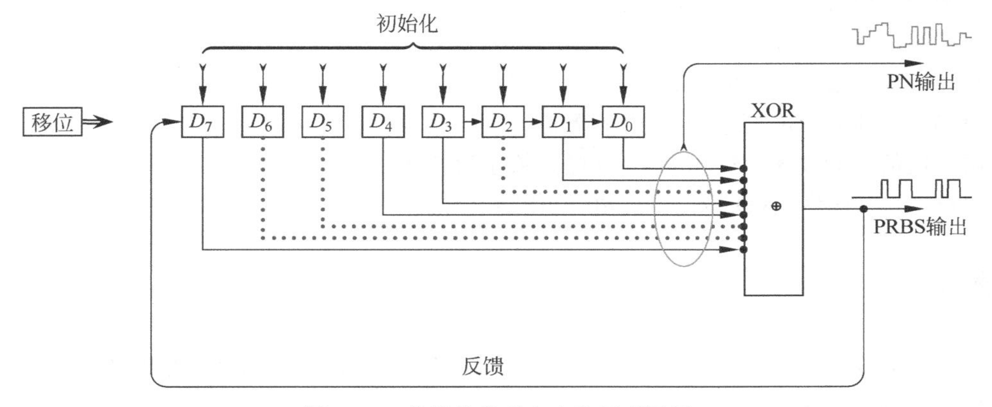

图 3.79 伪随机序列产生的原理框图

注：可生成由 1 和 0 组成的伪随机二进制序列（PRBS），也可生成伪随机噪声（PN）序列（从一组可能的离散值中选择）。

PN和PRBS信号可用如下MATLAB代码产生。使用randi( )函数生成一个随机样本，它是从PRBS的[0,1]或PN序列的[0,$S-1$]集合中抽取的。下面的代码产生了最大值为$S-1$的PN序列。

```
% 总采样数
N = 4096;

% 8b 无符号整数的范围
S = 2^8 - 1;

% 每位采样数
M = 256;

%比特数
B = round(N/M);

% 选择 PRBS 或 PN
x = S*randi([0 1], [B, 1]);                  % PRBS 取值为 0 或 1
x = randi([0 S], [B, 1]);                    % PN 取值范围为 0～S-1

x = repmat(x', [M, 1]);
x = x(:);
xi = uint16(x);

plot(xi);
axis([0 N 0 S+1]);
title('Sampled Pseudo - Random Binary Sequence');
```

3.10 本章小结

下面是本章的要点：

- 模拟调制的概念，包括AM、SSB、FM和PM；
- 模拟调制的几种解调方法；
- 锁相的概念以及PLL和科斯塔斯环；
- 使用QAM和QPSK的多比特数字调制；
- 使用先进的调制技术(如OFDM)以提高数字比特率；
- 扩频技术：直接序列(DSSS)和跳频(FHSS)。

习题3

3.1 调制是以某种方式将调制信号$m(t)$添加到载波$x_c(t)$上的过程，典型的方式是以某种方式控制载波的振幅、频率或相位。

(1) 解释图 3.80(a)所示的每种调制类型是如何产生的。

(2) 说明图 3.80(b)所示的每种调制类型,并解释理由。

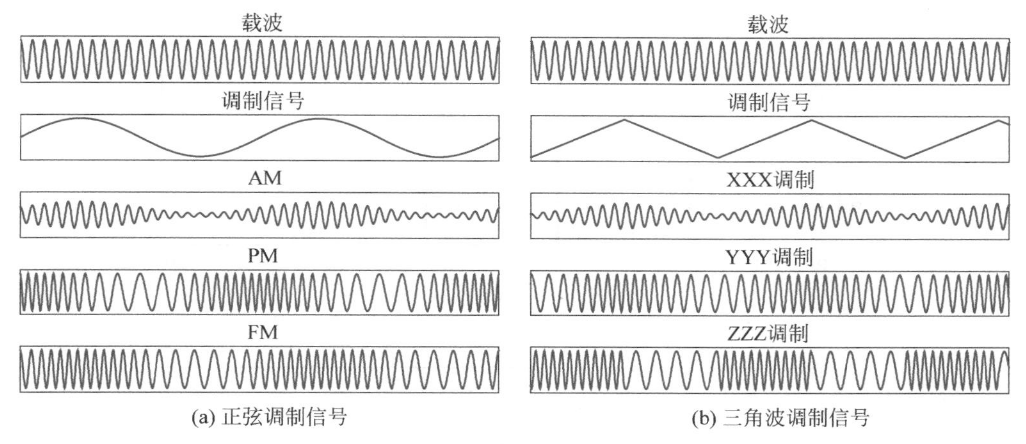

(a) 正弦调制信号　　(b) 三角波调制信号

图 3.80　调制信号的产生和识别

3.2　使用式(3.28)和式(3.29),从数学上证明,对于给定的 AM 波形,可以从波形图中确定 A_c 和 A_m。

3.3　从 $\sin x\sin y$ 的展开式出发,证明幅度调制会得到一个幅度为 A_c 的载波和两个频率为$(\omega_c \pm \omega_m)$的边带,每个边带的幅度均为 $A_m/2$。

3.4　AM 中的边带携带很大的功率,且该功率取决于调制指数。

(1) 根据载波幅度 A_c,写出载波的功率方程。

(2) 根据边带幅度 A_m,写出每个边带的功率方程。

(3) 使用上述结果,证明 AM 波形中存在的总功率为载波功率乘以$[1+(\mu^2/2)]$。

(4) 定义效率 η 为边带功率除以总功率,证明 $\eta=\mu^2/(\mu^2+2)$。当调制指数为 0 和 1 时,分别计算该效率。

3.5　根据图 3.81 所示的频谱图计算波形参数。

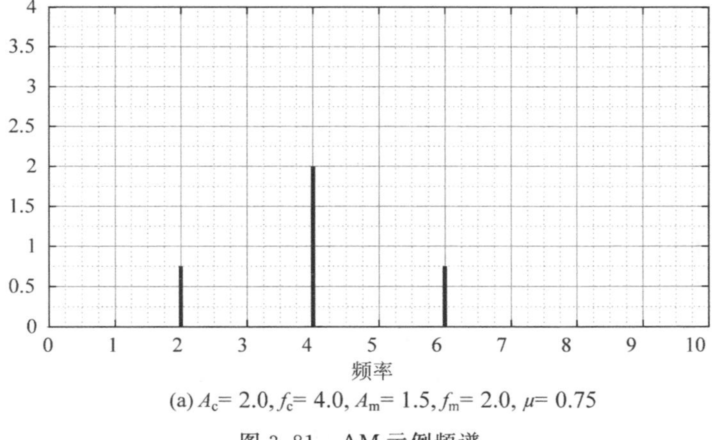

(a) A_c= 2.0, f_c= 4.0, A_m= 1.5, f_m= 2.0, μ= 0.75

图 3.81　AM 示例频谱

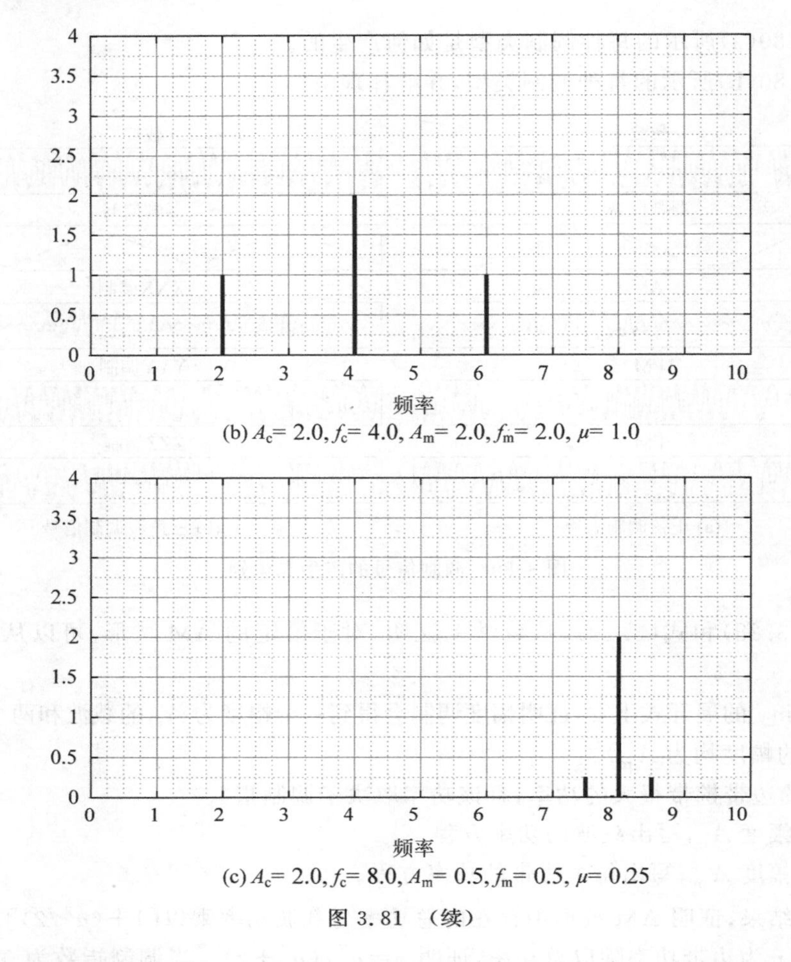

图 3.81 （续）

3.6 图 3.82 所示为频谱分析仪显示的调幅信号频谱。在 600kHz 处，功率为 −9.99dBm；而在 620kHz 处，功率为 −24.93dBm。假设调制指数 $\mu=0.4$，测量的相对功率差是否符合理论预期？

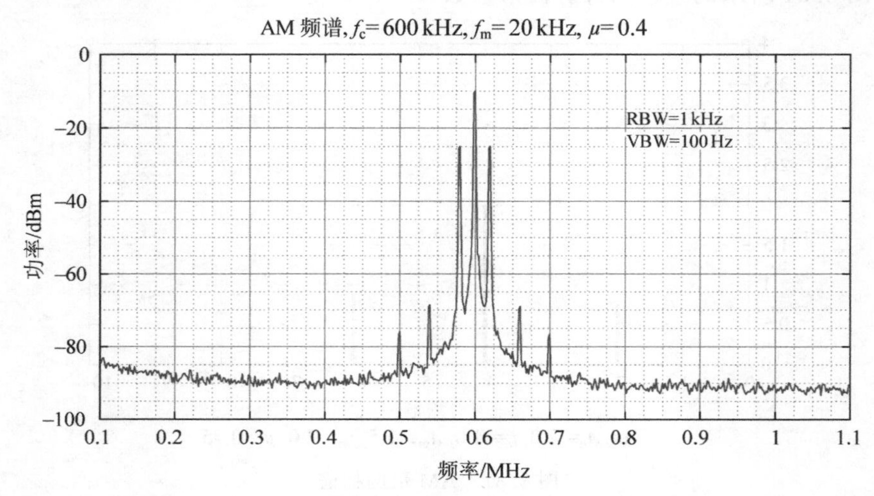

图 3.82 频谱分析仪上显示的 AM 信号频谱图

3.7 图 3.83 显示了 FM 信号的频谱分析图,具体参数如下。

参数名	符号	值
载波频率	f_c	600kHz
载波幅度	A_c	200mVpp
调制频率	f_m	20kHz
频率偏差	Δf	80kHz

确定 β 值,以及载波和载波右边的 3 个谐波的功率电平。

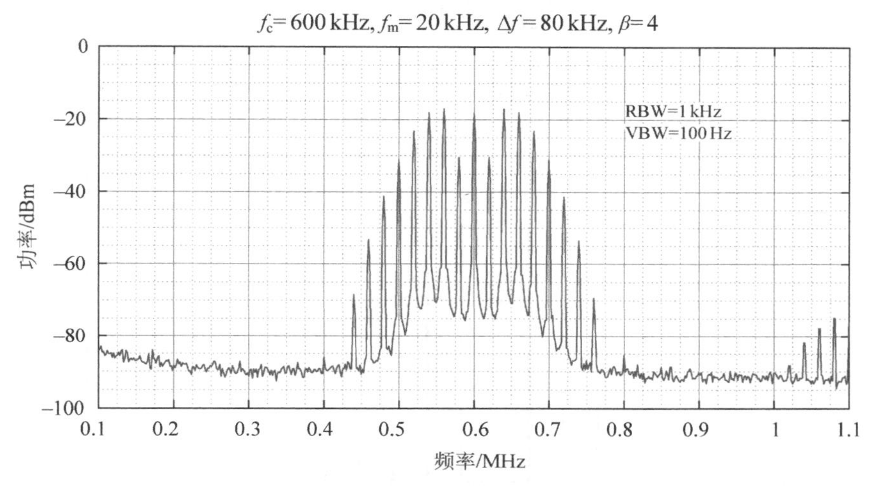

图 3.83 FM 调制的频谱图

3.8 从数学上证明,图 3.84 所示的框图可以产生上边带和下边带,并解释相关步骤。

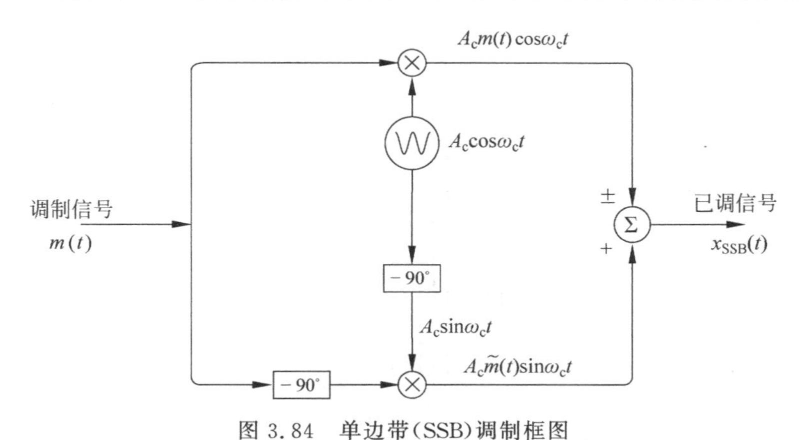

图 3.84 单边带(SSB)调制框图

3.9 AM 的平方律解调器简单地对输入信号进行平方,然后对结果进行滤波。以单音调制为例,用数学方法说明平方律解调器如何对 AM 信号进行处理。确定在调制信号带宽范围内平方信号频率分量的大小,并说明哪个是期望的(解调的)信号,哪个是不想要的失真?

3.10 说明贝塞尔函数表(见表 3.2)如何用于确定 FM 波形的谐波。

3.11 使用图 3.85 中所给参数并结合贝塞尔函数表(见表 3.2),确定图中所示波形的频谱成分大小。

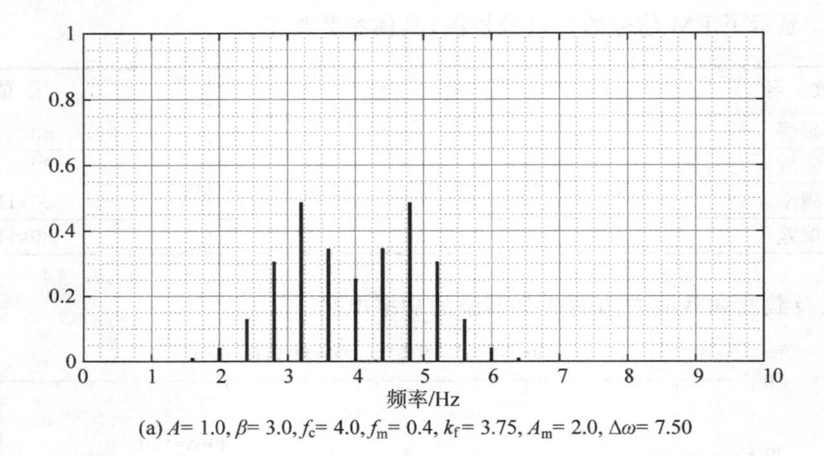

(a) $A=1.0, \beta=3.0, f_c=4.0, f_m=0.4, k_f=3.75, A_m=2.0, \Delta\omega=7.50$

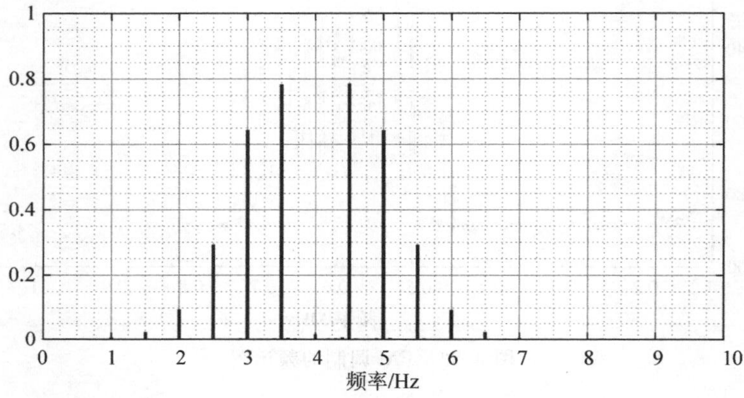

(b) $A=1.5, \beta=2.4, f_c=4.0, f_m=0.5, k_f=3.75, A_m=2.0, \Delta\omega=7.50$

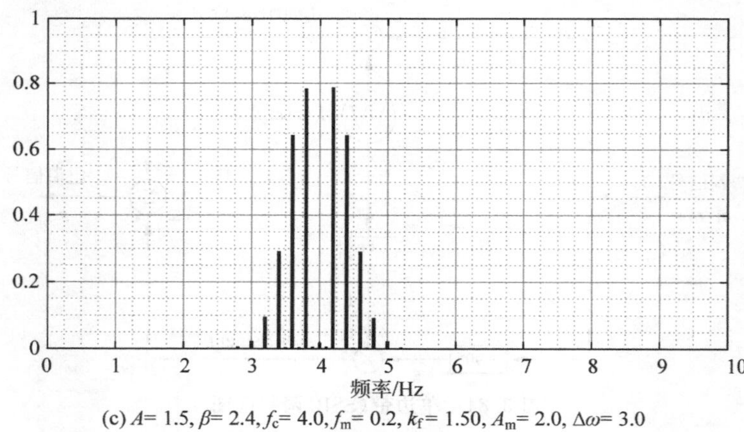

(c) $A=1.5, \beta=2.4, f_c=4.0, f_m=0.2, k_f=1.50, A_m=2.0, \Delta\omega=3.0$

图 3.85 FM示例频谱

3.12 一个单音调频信号可写为

$$x_{FM}(t)=2\sin(2000\pi t+2\sin 4\pi t)$$

具有相应的频率分量为

$$x_{\mathrm{FM}}(t)=A\sum_{n=-\infty}^{n=\infty}J_n(\beta)\sin(\omega_{\mathrm{c}}+n\omega_{\mathrm{m}})t$$

(1) 以 rad/s 和 Hz 为单位分别计算载波频率和调制信号频率。

(2) β 值是多少？确定相应的频率偏差。

(3) 绘制载波频率周围的幅度谱，给出所有的幅度和频率值。

(4) 如果频率单位是 MHz 而不是 Hz，频谱会是什么样子？

3.13 假设载波能够在接收机中重建，IQ 解调可以应用于各种调制方案。

(1) 3.8.1 节显示了采用调幅时如何解调一个正弦波。将其扩展，说明如何解调任意输入 $m(t)$ 的幅度调制。

(2) 3.8.2 节显示了采用调相时如何解调一个正弦波。将其扩展，说明如何解调任意输入 $m(t)$ 的相位调制。

(3) 3.8.3 节显示了采用调频时如何解调一个正弦波。将其扩展，说明如何解调任意输入 $m(t)$ 的频率调制。

3.14 为了证明正交信号也能解调，假设同相信号为 $I(t)$，正交信号为 $Q(t)$。那么接收信号为

$$r(t)=Q\cos\omega t+I\sin\omega t$$

(1) 将接收到的 $r(t)$ 乘以正弦载波 $\sin\omega t$，然后在一个周期 $\tau=2\pi/\omega$ 内积分并求平均值，即

$$\int_0^{\tau}\frac{2}{\tau}(Q\cos\omega t+I\sin\omega t)\sin\omega t\,\mathrm{d}t=I$$

证明通过这种方式，可以恢复 I 分量。

(2) 同样，证明乘以 $\cos\omega t$，积分并平均，可以恢复 Q 分量。

$$\int_0^{\tau}\frac{2}{\tau}(Q\cos\omega t+I\sin\omega t)\cos\omega t\,\mathrm{d}t=Q$$

第4章 互联网协议和分组传输算法

CHAPTER 4

4.1 本章目标

本章探讨互联网数据通信定义的标准和方法(即协议),包括所采用的数据格式以及对数据进行操作的算法,以便在不同位置的设备之间实现数据通信。完成本章的学习之后,读者应该:

(1) 熟悉 IP、TCP 和 UDP 的定义,协议层的作用以及它们执行的功能;

(2) 熟悉每种协议的要素,如 IP 地址和 TCP 套接字;

(3) 能够解释网络中潜在的问题缺陷,如拥塞崩溃,并了解缓解这些问题的方法;

(4) 能够解释路由的原理并计算路由图中的最短路径。

关于互联网协议的大量细节无法在一个章节中进行详细讨论,本章着重解释关键概念,并深入研究若干重要问题。除了互联网协议标准文档外,Kozierok(2005)撰写了一本非常易于理解的参考书。Stevens(1994)详细论述了 TCP /IP 内部工作机制,而 Wright 和 Stevens(1995a,1995b)则介绍了实现细节。

4.2 内容介绍

假设希望将多个设备连接在一起以便交换数据,满足上述需求的最佳方法是什么呢?这里“最佳”的含义是,希望系统以最有效的方式使用可用的基础结构,或者能以尽可能高的数据速率和尽可能低的延迟进行传输。系统必须可扩展到不同的物理互联方法,如有线通信、光通信、无线通信和卫星通信,每种传输介质都有不同的特性。例如,有线通信传输速度很高并且具有低延迟,而卫星链路可能传输速度很高但传输延迟也高。另外,无线链路可能会因为传输干扰而导致数据频繁丢失。如果想让许多设备互联,它们如何“发现”对方?最后,希望拥有一个可扩展到大量网络设备互联的系统。简而言之,寻求建立网络以实现许多设备无缝连接的最佳方法。

互联网已成为泛在的数据通信网络。本章将讨论分组交换、网络设备发现、数据包路由以及传输控制协议(Transmission Control Protocol,TCP)/网际互联协议(Internet Protocol,IP)等方面的方法和机制。

本章参考了互联网请求评论(Request for Comment,RFC)文档,其中定义了各种网络功能的标准、数据格式和操作要求,也就是数据通信的协议标准。标准化过程很重要,需要使来自不同供应商的设备可以毫无困难地进行交互操作,甚至字节排序等问题也必须仔细定义。这里推荐一个方便的 RFC 搜索工具 https://tools.ietf.org/html/。

较新版本的 RFC 通常会覆盖较早版本的 RFC，同样，较早版本的 RFC 通常会在后期的 RFC 中被更新或进一步阐述。在本章中，主要参考原始 RFC。如果后期 RFC 更新了标准的表述，本章使用"更新"进行提示，RFC 的另一个重要作用是消除可能在特定协议的解释中出现的模糊性。除了定义当前标准之外，RFC 还可以提出新标准或阐明某些操作特征，甚至只是对提案和新想法"请求评论"，以期实现标准演进。

4.3　基础知识

本节介绍一些有助于理解本章内容的概念，包括分组交换、二进制或数字运算，以及一些数据结构基础知识(包括代码示例)。

4.3.1　分组交换

网络可基于交换机制进行分类，包括电路交换(Circuit Switching)和分组交换(Packet Switching)。互联网是一种分组交换网络(Packet-Switched Network)，因此有必要定义基本术语，以及理解为什么它是一个有用的概念。

在电路交换系统中，不同的通信设备在数据传输开始时建立直接连接链路，持续维护该连接，直到数据传输完成，通常其他数据传输无法使用该特定信道。然而，分组交换系统将数据切割成较小的数据块或分组。每个分组从源到目的地分开发送，并且不同的分组可能经过不同的物理路径。分组交换存在一定争议，被认为更复杂并且引入了更多系统开销，因为数据传输的每个分组都是单独的实体。但是，这种交换方式可以更有效地利用传输链路的可用带宽。例如，访问一个特定网页，在加载页面和用户选择不同页面之间的时间内，是否真的有必要维持物理连接，而不允许其他数据流量使用链路带宽？类似地，在音频对话的数字传输中，大部分时间段链路资源都处于空闲状态，因此浪费了物理链路的带宽资源(如果需要，这些资源可以用于其他数据传输)。在许多用户之间共享连接带宽会降低传输成本，但也会产生其他类型的成本，即增加了系统的复杂性。

相对于电路交换，分组交换是个好办法，但是通信历史上并没有将分组交换作为首选技术。如果将一些数据细分为较小的数据"分组"，每个数据分组包含数百或数千字节，考虑可能发生的情况。图 4.1 展示了一些可能出现的情况。

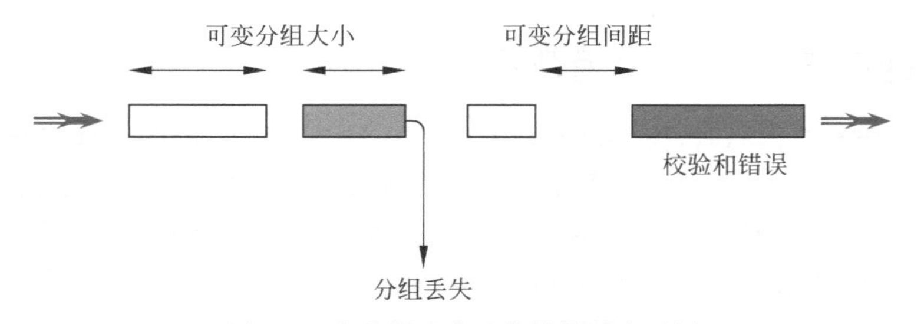

图 4.1　各种影响分组传输的因素示例

注：影响分组传输的因素包括每个数据分组的长度、数据分组传输的时间间隔、数据分组从一个地方到另一个地方的路由、一个或多个数据分组可能丢失，以及到达目的地的数据分组中的比特错误。

每个数据分组的大小是多少？分组是更小还是更大才合适？或者，大小混合式的数据分组是否可以接受？每个数据分组之间的相对延迟是多少？而且，每个数据分组如何找到从源节点到目的节点的传输路径？如果数据传输信道不理想，如数据分组中的一个或多个数据位发生错误，应如何应对？如果数据分组没有传输正确的数据到达目的地，甚至传输根本没有成功到达，该怎么处理？各种互联网通信协议很好地解决了上述问题。

4.3.2 二进制运算

本章考查二进制网络地址，以及路由算法使用的二进制运算。因此，需要简要回顾有关二进制运算的重要概念。

二进制数字(Binary Digit)或比特只能取 0 或 1。与实数的算术运算类似，可以执行表 4.1 总结的基本逻辑运算。

表 4.1 标准布尔逻辑运算的真值表

A	B	非		与	或
		$\overline{A}$	$\overline{B}$	$A \cdot B$	$A+B$
0	0	1	1	0	0
0	1	1	0	0	1
1	0	0	1	0	1
1	1	0	0	1	1

N 位二进制数可以形成 $0 \sim 2^N - 1$ 的无符号整数。类似于十进制系统，从右向左将每个位加权 $10^0, 10^1, 10^2, \cdots$，将二进制位加权 $2^0, 2^1, 2^2, \cdots$，直到一个数字中给出的所有位都被计算在内(也就是说，可以在左边添加零)。例如，可以分解 8 位二进制数 0110 1001，如表 4.2 所示，它相当于十进制数 64+32+8+1=105。数字逻辑函数用于基于比特的错误检查，而使用多位二进制数的代数方法用于基于块的错误检查。

表 4.2 二进制数的位值表示法

2^7	2^6	2^5	2^4	2^3	2^2	2^1	2^0
128	64	32	16	8	4	2	1
0	1	1	0	1	0	0	1

4.3.3 数据结构和解析引用数据

在开发数据通信任务的代码时，需要以更紧凑的方式封装传输的数据。这同样适用于处理各种数据通信子任务的数据结构，如将数据寻址到正确的目的地或以压缩的形式表示数据。

例如，数据分组可以由目的地址、源地址和分组的错误检查状态组成。这 3 项自然应该放在一起。在许多编程语言中，这种分组由数据结构(Data Structure)表示，MATLAB 为此提供了 Struct 关键字。假设有一个简单的数据表示问题，需要数据分组状态(作为字符串)和数据分组长度(作为整数)，代码如下。

```
PacketStruct.status = 'good';
PacketStruct.ByteLength = 1024;
```

可以用 disp()函数显示数据分组结构的内容。如果不确定给定变量是什么数据类型，可以使用 class()函数，并使用 fieldnames()函数找到该类中包含的元素的名称。

```
disp(PacketStruct)
        status: 'good'
    ByteLength: 1024

class(PacketStruct)
ans =
    struct
fieldnames(PacketStruct)
ans =
    'status'
    'ByteLength'
```

通常认为将数据保存在数据结构中是一个好主意，但是还需要代码来操作该数据。因此，面向对象(Object-Oriented)的方法扩展了数据结构的思想，以便包括对结构数据进行操作的函数。传统的过程函数成为一种方法(Method)，数据定义成为类(Class)的属性(Properties)。因此，每个类都定义了数据和操作数据的方式。对象(Object)是使用某个类模板创建的特定变量。下面的类定义显示了一个名为 PacketClass 的类，包含一个字符串变量和一个数字变量。

```
% 存入文件 PacketClass.m

classdef PacketClass                        % 数值(传值)类
%classdef PacketClass < handle              % 句柄(传引用)类
    properties
        status = 'unknown';
        ByteLength = 0;
    end

    methods
        %构造函数
        function PacketObject = PacketClass(InitStatus, InitLength)
            disp('Calling the constructor for PacketClass');
            PacketObject.status = InitStatus;
            PacketObject.ByteLength = InitLength;
        end

        % 显示内容
        function Show(PacketClassObject)
            fprintf(1, 'Packet status is "%s"\n', ...
                    PacketClassObject.status);
            fprintf(1, 'Packet length is "%d"\n', ...
                    PacketClassObject.ByteLength);
        end

        function [ReturnedObject] = UpdateLength(PacketClassObject)
            PacketClassObject.ByteLength = 100;
```

```
            % 返回一个新的对象
            ReturnedObject = PacketClassObject;
        end
    end
end
```

创建类时，必须对其进行初始化，这是与该类同名的方法的作用，称为构造函数(Constructor)。根据类的定义，可以创建其他方法操纵对象内的数据。下面给出了如何创建[或者说实例化(Instantiated)]这样的类和显示类内容的方法。

```
% TestPacketClass.m

FirstPacket = PacketClass('Ready', 32);

% 传统的 disp()方法
disp(FirstPacket);

% 显示方法——可以调用两种方式
Show(FirstPacket);
FirstPacket.Show();

% 尝试改变长度字段
FirstPacket.ByteLength = 64;

% 调用 object.method(),object 作为第一个传输参数
FirstPacket.UpdateLength();

% 调用 method(object)
UpdateLength(FirstPacket);

FirstPacket.Show();

SecondPacket = FirstPacket.UpdateLength();
FirstPacket.Show();
SecondPacket.Show();
```

当尝试改变类中的一个属性时，会出现一个有趣的问题。UpdateLength()方法对此进行了说明，该方法不会改变变量 NewPacket 中 ByteLength 的值。这是因为没有返回对象本身，而是在方法中操纵对象的副本(Copy)。如果所需的行为是更改方法中的对象，则必须从方法中返回一个对象。前者的行为称为值传递(Pass by Value)。作为替代方案，引用传递(Pass by Reference)方法不会创建数据的副本，而是传递对象的引用。这在某些语言中称为指针(Pointer)，在 MATLAB 中称为句柄(Handle)(参见上面的代码)。

在后面的数据操作中需要通过句柄解析引用对象，因此这里给出了另一个简单的例子。假设创建一个如下的整数类，只包含一个值和一个方法(构造函数)，放在与类同名的文件 IntValue.m 中。

```
% 存入文件 IntValue.m

classdef IntValue
    properties
        TheValue = 0;
    end

    methods
        % 构造函数
        function [IntValueObject] = IntValue(val)
            IntValueObject.TheValue = val;
        end
    end
end
```

可以创建一个 IntValue 对象,复制它,并尝试改变其内部属性 TheValue,代码如下。

```
clear all

% 传值
var1 = IntValue(7);                         % 分配
var2 = var1;                                % 复制
var2.TheValue = 999;                        % 重写

% 检查原始值与复制值
fprintf(1, 'By value: var1 = %d var2 = %d\n', var1.TheValue, var2.TheValue);
```

输出为

```
By value:    var1 = 7    var2 = 999
```

现在使用句柄重新定义类,代码如下。

```
% 存入文件 IntHandle.m

classdef IntHandle < handle
    properties
        TheValue = 0;
    end

    methods
        % 构造函数
        function [IntValueObject] = IntHandle(val)
            IntValueObject.TheValue = val;
        end
    end
end
```

使用以下命令调用此版本。

```
clear all

% 传引用
var3 = IntHandle(8);                                    % 分配
var4 = var3;                                            % 复制
var4.TheValue = 888;                                    % 重写

% 检查原始值与复制值
fprintf(1, 'By reference: var3 = %d var4 = %d\n', var3.TheValue, var4.TheValue);
```

输出结果为

```
By reference:   var3 = 888   var4 = 888
```

二者的区别在于：在第一种情况下，原始值未被覆盖；而在第二种情况下，值已更改。这是因为 var4 成为了对数据的引用，而不是实际的对象数据本身，这完全是由于对象被声明为使用句柄。

```
classdef IntHandle < handle
```

本章讨论的互联网数据分组路由是一个可以使用数据结构、类和句柄的例子。另一个例子是数据的编码，是下一章的主题。

4.4 数据分组、协议层和协议栈

局域网(LAN)和广域网(Wide Area Network，WAN)之间存在逻辑上的区别。历史上，局域网由物理距离相对较近的设备组成，如计算机和打印机或文件服务器。局域网有多种类型，如有线局域网和无线局域网。互联网的主要目的是将局域网相互连接。图 4.2 概括地说明了这个问题，两个网络 A 和 B 可以分别存在，每个网络上的设备可以在其局域网内通信。但是它们之间可能通过几个中间网络相互连接，如网络云内所描绘的不同路径。

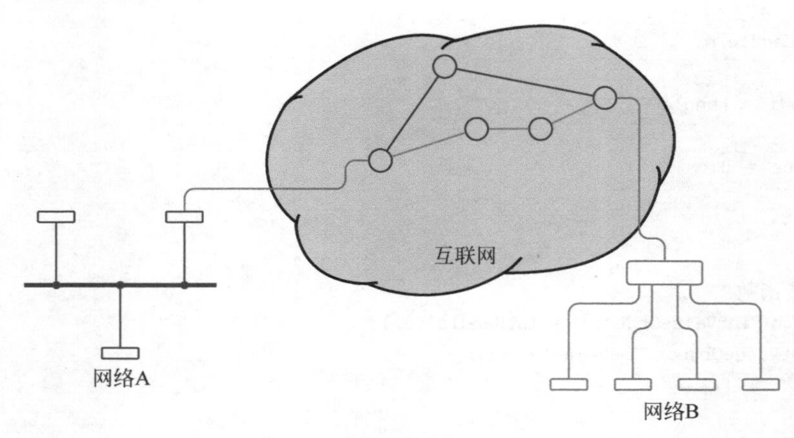

图 4.2 从源到目的路由

注：互联网中存在可变的路由路径，由节点之间的跳数定义。同时目标网络存在不同的拓扑结构(物理布局/互联)。

与许多问题一样,“分而治之”的方法将一个复杂的大问题分解为几个较小的问题。图 4.3 显示了两个终端设备 D1 和 D2,它们通过中间设备路由器 1 和路由器 2 连接,路由器的作用是路由(或引导)数据流。

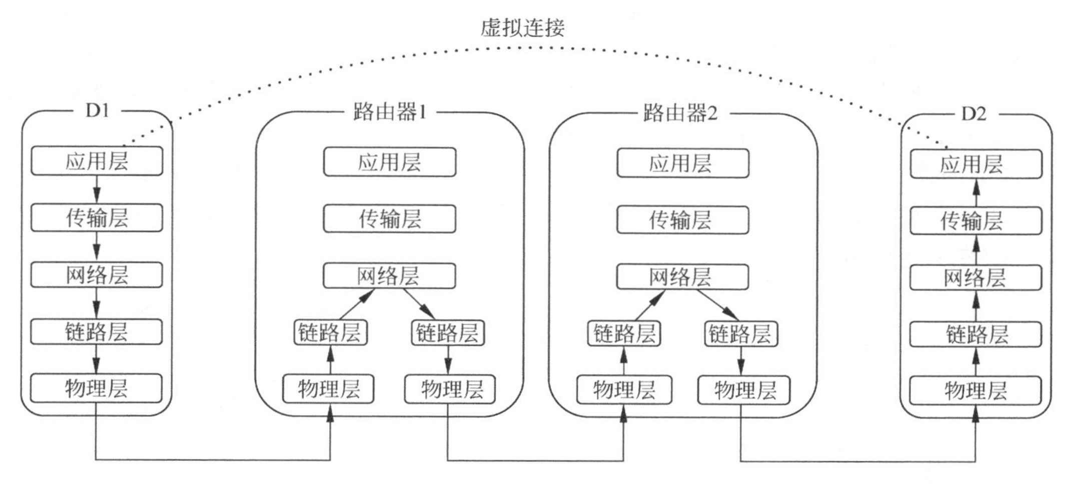

图 4.3 两个设备之间的连接

注:通过转发设备路由器 1 和路由器 2 实现中继(或转发)的多跳传输。

首先,存在物理互联的问题。在某些时候,两个或更多设备必须共享物理传输介质,该层称为物理层(Physical Layer)。这里要考虑的是生成表示二进制数据的信号、定时和同步以及对传输介质的访问。例如,无线网络在给定时间只允许一个发射机在特定频率上工作。

下一个问题是数据链路本身。一旦建立了物理连接,就必须使用一些方法让每个设备识别自己并找到其他设备,并使用某种方式确定数据比特在物理传输中是否发生了错误,该层称为链路层(Link Layer),因为它形成了不同设备之间的数据封装链路。

一旦实现了设备互联并且它们可以交换数据分组,就形成了一个小型网络。如果两个设备直接相联,则称为点对点链路;但如果多个设备互联,就形成了 LAN。下一步是尝试将几个较小的网络连接在一起,网络层(Network Layer)解决了这些方面的问题,特别是必须解决识别哪些设备属于哪个网络的问题,这是确定每个数据分组应该如何从源传输到目的地[即路由(Routing)]需要解决的问题之一。

在 IP 协议中,网络层通常不提供数据分组正确传输的任何保证。实际上,它也可能将数据分组无序地传送到目的地(这是如何发生的,可以采取哪些措施,将在本章后面讨论)。在某些应用程序中,只需要传送单个数据分组,但在其他应用程序中,必须传送更大的数据流。IP 协议尝试传递单个数据分组,但不能保证成功。对许多人来说,这有点不可思议,但现实是不同的数据服务需要不同的操作模式。有些需要可靠的数据传输,在传输过程中出现错误时,需要重传部分数据,而有些不能等待重传,需要实时传送数据。

下一层是传输层(Transport Layer),存在几种协议,但最常见的是传输控制协议(TCP)和用户数据报协议(User Datagram Protocol,UDP)。在不按顺序到达目的地,或者由于错误而需要重传数据分组[在 TCP 中称为报文段(Segments)]时,TCP 负责请求重新传送。UDP 不提供此类服务,而仅提供通过网络发送单独数据分组[在 UDP 中称为数据报(Datagrams)]的服务。

最后,一旦有了可靠的(如果需要的话)数据流,就需要解决用户请求哪种数据服务的问题。例如,包含网页的数据分组传输和语音/视频的传输是完全不同的服务,而语音/视频的传输又与电子邮件不同。由于与用户实际看到的应用程序有很强的联系,因此该层称为应用层(Application Layer)。

所有这些对于管理来说似乎是一件复杂的事,但事实上,不同软件和硬件部分的职责细分使网络的设计易于管理。逻辑细分可以参考如图 4.4 所示的协议栈(Protocol Stack)。在图 4.4 中,每个通信设备由两端的大圆角框表示。数据流在概念上跨越到另一设备的同一层或对等层(如虚线所示),但是没有实际物理意义上的数据流。数据从设备 A 上的应用程序传递到设备 A 上的传输层、网络层和链路层。最后,底部的物理层执行数据比特的实际物理传输。在接收设备 B 处,数据流是反方向的。因此,可以一次关注一个特定层的角色和设计,而不是从设备 A 上的 Web 服务器到设备 B 上的 Web 浏览器获取数据时的复杂连接问题。

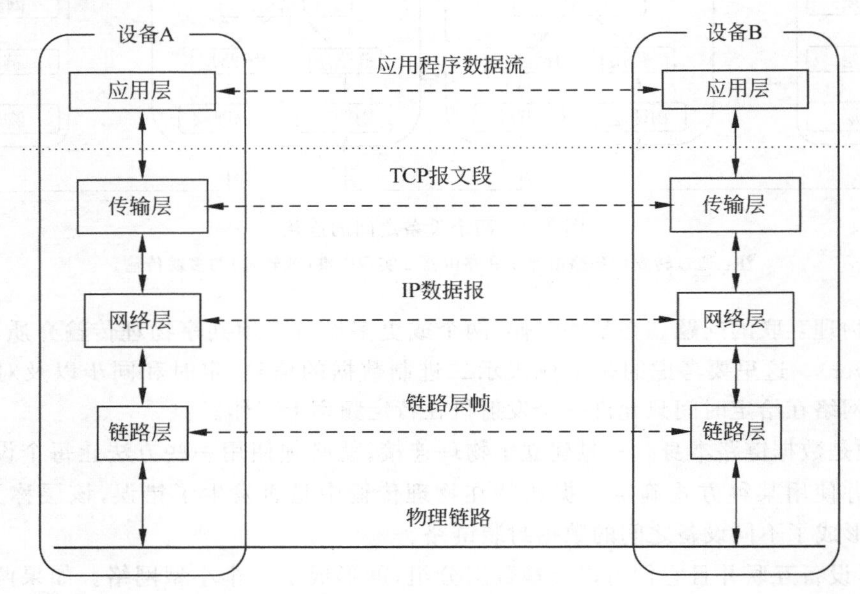

图 4.4 TCP/IP 协议栈

注:实际数据传输是在设备 A 中使用内部存储器“向下”传输,经过物理层链路,然后再通过存储器“向上”传输到设备 B 上运行的应用程序。每层执行特定功能,允许各层独立操作。

那么,如果说数据是在不同设备的各层上依次传输,那么这又是如何实现的呢?答案是协议封装(Protocol Encapsulation),如图 4.5 所示。从顶部开始,应用层具有需要从设备 A 发送到设备 B 的数据,该数据可以是网页内的文本或图像。这些数据被传递到传输层,这里使用 TCP 以便可靠传输。该层在首部块中添加自己的标识信息,该信息在原始数据的前面(原始数据本身保持不变)。然后,对于网络层,添加额外的首部以概括远程主机所需的信息。链路层同样如此。随着数据分组的组装,沿着协议栈向下进行。在远程主机上,分解基本上与组装过程相反。

那么每一层都会发生什么呢?下面通过一些示例依次介绍每一层。在整个过程中,可以参考 RFC,这些是定义互联网标准的文档。请注意,在考虑数据位和字节顺序时,按照惯例,互联网使用“大端”顺序,写入时左侧具有最高有效位(MSB)。有关详细信息请参阅 RFC 1700 中的“数据符号”。最后,请注意,RFC 使用术语八位组(Octet)来表示 8 位一组,而不是一字节(Byte)。

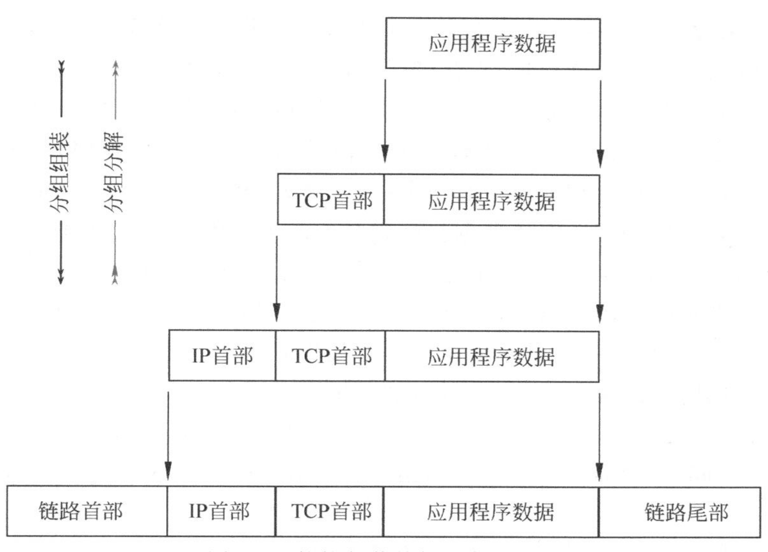

图 4.5　协议封装的物理实现方式

注：每一层添加自己的首部数据，用于与通信链路另一端的相应对等层通信。该图不是按比例绘制的，应用程序数据通常比协议首部大得多。

4.5　局域网

所谓局域，是指几个物理上非常接近的设备相互连接。一个常见的例子是有线以太网，下面将其作为一个具体例子进行研究。有线以太网可以扩展到无线局域网(Wireless Local Area Network, WLAN)，它与有线局域网具有惊人的共性，当然也有一些重要的差异。

4.5.1　有线局域网

本节讨论的起点是设备的物理布局，即它们的拓扑结构(Topology)。显然，简化任何可能需要的物理布线是一个重要目标。如果使用如图 4.6 所示的总线拓扑，那么所有数据都有一条共用的电缆。如果设备 1 希望发送数据，则它将通过物理线路发送数据。但由于只有一条电缆，所有设备都会听到这次传输。这意味着被寻址的设备必须仅在实际听到自己的地址时才做出响应，并且忽略对于其他设备的传输。此外，如果一台设备正在发送，则其他设备不能同时发送，否则数据将在线路上变为乱码。

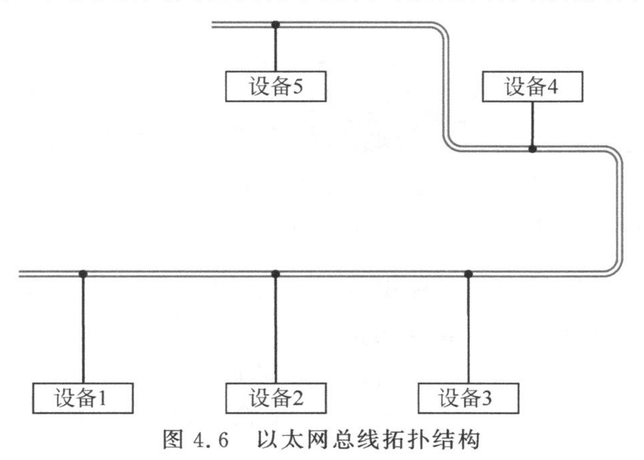

图 4.6　以太网总线拓扑结构

总线布局必须有某种方法来决定对总线本身的访问。如果一台设备在传输数据时，另一台设备已经在传输数据，会导致线路上的数据损坏，因此，发送方似乎只须避免在另一台设备正在传输数据时传输数据。但是，如果设备1和设备3恰好（几乎）同时开始传输数据，会发生什么呢？两者都会出现乱码。在这种情况下，设备可以通过简单地比较预期的传输内容与实际接收内容，来检测其数据是否损坏。如果它们不匹配，那么可以合理地假设有一个（或多个）其他设备也试图同时发送数据。在数据损坏的情况下，可以在短暂的间隔之后重传数据。问题在于两个设备将以相同的原理工作，因此两者将同时开始重传，从而导致无限的死锁，因为这个过程会不断重复。显而易见的方法是在设计中引入一些随机性，使每个设备在重新传输之前随机等待一段时间。但是，如果有许多设备正在等待发送，那么两个或更多设备试图同时发送的可能性将是不可忽视的。如果发生第二次碰撞，设备可能会再次随机等待一段时间，但随机等待的时间间隔可能也会增加，这个想法来源于更长的时间范围会使第二次碰撞发生的可能性降低。随着最大等待间隔的不断增加，可以一次又一次地重复这个过程。这种媒质访问机制被称为载波侦听多路访问/冲突检测（Carrier Sense Multiple Access with Collision Detection，CSMA/CD）。

总线拓扑的另一种选择是星状拓扑，如图4.7所示。在这种情况下，智能设备[通常称为交换机（Switch）]通过端口 P 与每个设备建立物理连接。最常见的是使用非屏蔽双绞线（UTP）进行互联，数据速率为100Mbps或更高。在这种情况下，交换机需要进行一些额外的处理。它必须识别连接到各个物理端口的设备地址，并在目标地址对应的物理端口上重新传输数据帧。这意味着交换机必须具有设备地址到物理端口的映射表，并且必须在接收到数据分组时学习并记录设备地址。

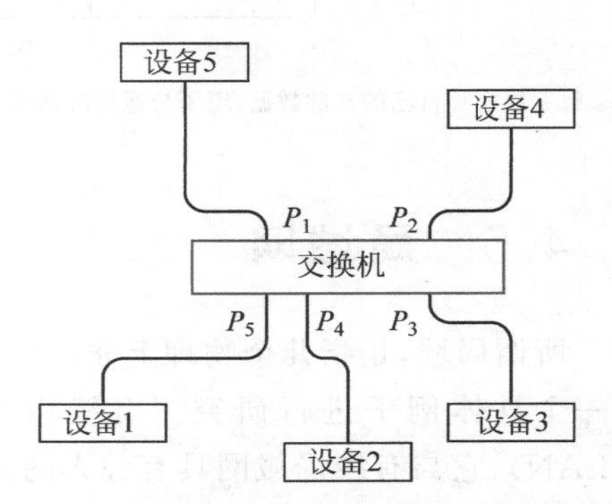

图4.7 以太网交换机构成的星状拓扑示意图

注：这种方案减少了传输媒介的竞争问题，但是以布线复杂性为代价，因为需要对每个设备进行直接的点对点连接。交换机本身必须具有一定的智能，以便将数据分组路由到每个设备。

通过为所有以太网设备接口分配固定的6B（48位）地址来解决寻址问题，该地址是唯一的，由物理硬件决定。这些地址称为介质访问控制（Medium Access Control，MAC）地址、物理地址（Physical Address）或硬件地址（Hardware Address），如硬件为网络接口卡（Network Interface Card，NIC）。数据分组称为帧（Frames），并携带源地址和目的地址，它们分别对应图4.8所示的“源”和“目的”字段。

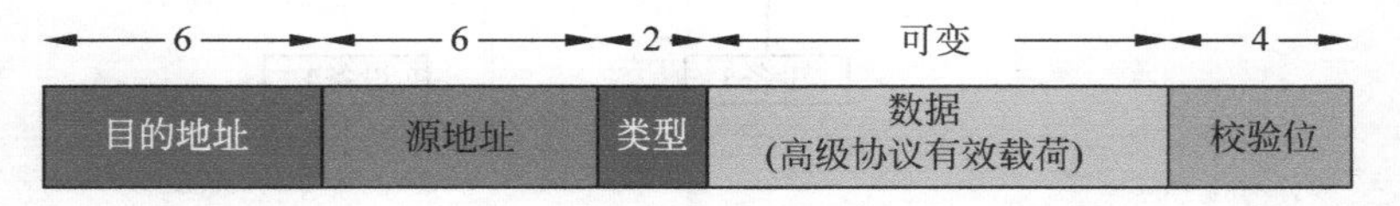

图4.8 通过物理链路传输的以太网帧结构

注：这是协议栈中最低级别的数据封装，图中数字指的是每个字段的字节数。

MAC地址通常以十六进制的字节来标识，用短线或冒号分隔，如00-11-4E-56-FE-A4或00:11:4E:56:FE:A4。一个设备向所有其他设备发送消息，采用广播地址，用于发现哪些设备也连接到同一局域网。广播地址采用全1或FF:FF:FF:FF:FF:FF的形式。

根据操作系统的不同，可以使用ipconfig或ifconfig命令确定MAC或物理地址。下面的示例突出显示了 MAC 地址。

```
ipconfig /all
Ethernet adapter Local Area Connection:
Description         Gigabit Network Connection
Physical Address    D4 - BE - D9 - 1C - DF - 73
DHCP Enabled        Yes

IPv4 Address        172.17.1.111
Subnet Mask         255.255.0.0
Lease Obtained      5:41:30 PM
Lease Expires       6:41:30 PM
Default Gateway     172.17.137.254
DHCP Server         172.17.137.254

DNS Servers         172.17.137.254
```

当然，局域网可以采用许多其他形式，如无线数据传输。不可避免的是，每种物理类型的传输都会带来自己特有的一系列问题，这些问题必须由链路层解决。下一层是网络层，对物理层和链路层做出的假设很少，它假定有一个数据通道，但数据可能到达或不会到达目的地，与物理调制方法或 CSMA/CD 访问仲裁无关。

4.5.2 无线局域网

无线局域网(WLAN)在很多方面与有线局域网(以太网)类似，主要共同点是使用 48 位物理寻址系统，这在实践中意味着简化管理和更广泛的部署。但是，有线局域网和无线局域网之间存在一些重要的区别，有些显而易见，有些则不那么明显。一个主要区别是设备不可能简单地监听自己的无线传输确定传输是否成功。回想一下，这是共享总线以太网局域网中确定另一个设备是否同时传输的方法，如果存在同时传输，则数据变为乱码。在无线的情况下，发射功率比接收功率高许多个数量级，这种检查总是看起来好像数据被成功广播，因此这种情况需要另外的媒质访问策略。

与有线局域网一样，最初的策略是侦听载波信号，载波信号存在，则指示另一个设备正在发送帧，那么此时不宜进行发送。后来，代替物理载波侦听的是虚拟载波侦听，即使用请求发送(Request to Send, RTS)数据帧，其首部包括 15 位持续时间字段。该字段用于表示传输媒质应保留的时间长度，这个时间长度构成了网络分配矢量(Network Allocation Vector, NAV)。

这种方案有效地通知其他无线设备，为后续传输保留一段时间的传输媒质。因为无线设备可能在物理上是分离的，并且无线信号辐射随距离迅速衰减，所以完全有可能一个设备可以接收 RTS 帧，而另一个设备虽然在覆盖区域内，但接收不到 RTS 帧。如果设备位置使预期接收者接到 RTS，但是远离发射器的另一设备收不到，则另一设备将不会意识到要保留无线媒质，这称为隐藏节点问题。因此，预期接收者发送确认或清除发送(Clear to Send, CTS)，重新广播 NAV。以这种方式，发送方和接收方范围内的所有设备都将被告知网络预留时隙。

发送方发送帧后，接收方必须对其进行确认，这是无线和有线局域网不同的另一个地方。有线以太网不包括确认过程，而无线传输通常是需要确认的，并且没有确认意味着需要重传。在传输和确认周期完成之后，媒质随后可用于其他设备，重新开始相同的请求-确认周期，这时可能会发生碰撞。此时，所有无线设备都采用随机退避周期，以减少冲突的可能性。显然，数据传输的任何冲突都会降低无线带宽的利用率，从而降低整体性能，随机退避周期也呈指数增加（正如在有线网络中），以便减少多次冲突的可能性。

由于该过程不像 CSMA/CD 有线协议那样围绕冲突检测（Collision Detection，CD）进行，因此称为载波侦听多路访问/冲突避免（Carrier Sense Multiple Access with Collision Avoidance，CSMA/CA）。该协议进一步的细节可以从其他文献（Gast，2002）中获得，其正式规范由 IEEE（2012）定义。

4.6 设备分组传送：互联网协议

顾名思义，局域网最初旨在连接几个物理位置相对较近的设备，它假定发送到外部网络接口就可以到达所有设备。但是，如果要连接多个本地网络呢？这是网络层的任务，由 IP 协议处理。

4.6.1 原始 IPv4

按照惯例，IP 中的数据帧称为数据报。IP 版本 4（通常称为 IPv4）中使用的数据报格式如图 4.9 所示。由于 IP 必须将数据报从一个设备传送到另一个设备，因此它必须具有寻址每个设备的方法。这是通过 IP 地址完成的，IP 地址（对于 IPv4）是 32 位或 4B 的数字。按照惯例，这些地址是以点分隔的十进制格式定义的，如 192.168.4.7 和 172.168.20.45，是有效地址。由于 IP 的主要目标是通过多个互联网络传输数据，因此寻址必须以某种方式划分层次。从广义上讲，高位（最左边）指的是网络地址，低位（最右边）代表网络上的特定设备。

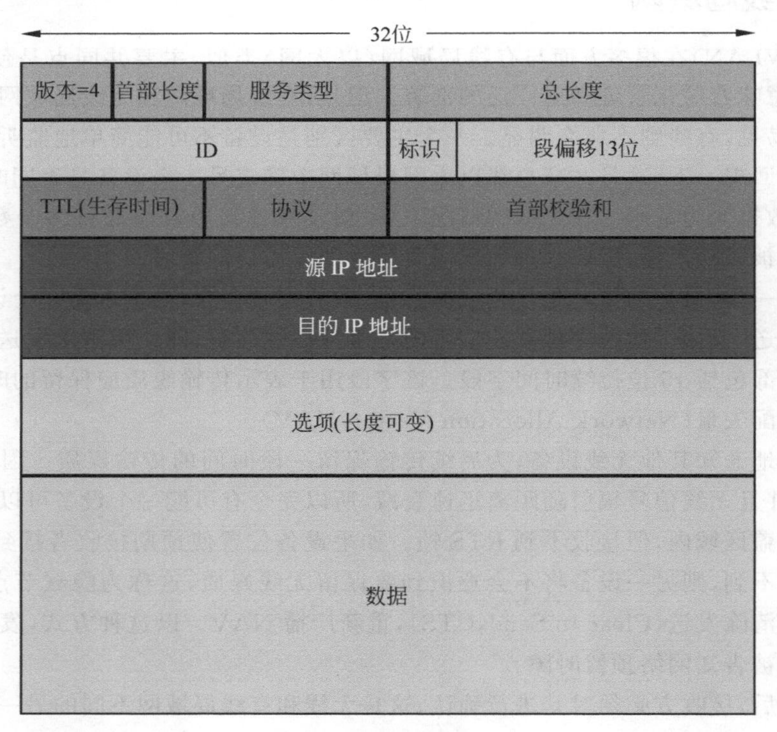

图 4.9 IPv4 数据报的组成示意图

注：请注意源地址和目的地址。生存时间由 TTL 表示，并且每次转发数据报时递减，因此，它通常被称为跳断计数。

网络层负责寻址到设备级别。最初在 RFC 760 中定义的 IP 为 4 号版本(简写为 IPv4)。IPv4 的 32 位地址空间基本上已经耗尽,无法进行新的分配,但它仍然被广泛部署。IPv6 建立在 IPv4 的基础之上。

IP 数据报通常会遍历几个不同的网络(点对点链路),并且每个网络可能具有不同的链路层协议和配置。物理链路通常对一次传输的最大比特数有限制,这反过来又决定了链路层数据帧中的最大字节数。例如,有线以太网的标准有效载荷限制为 1500B,因此,网络层必须将 IP 数据长度限制在允许的帧大小范围内,该限制称为最大传输单元(Maximum Transmission Unit,MTU)。IP 标准还要求最小长度为 576B(512 个数据字节+64 个首部字节)。因此,IP 数据报可以在源和目的地之间的某个中间节点被分成更小的片段。RFC 791 对此进行了介绍,RFC 879 给出了进一步说明。

4.6.2　扩展到 IPv6

IPv4 标准已经使用了很长时间,并且在许多情况下仍然适用。然而,随着时间的推移,它的一些缺点已经显露出来。其中一些缺点与互联网的物理规模有关,而另一些则与最初没有设想到的新型服务有关。

IPv6 协议已经发展了一段时间,但部署并不普遍,IPv4 将继续使用一段时间。RFC 2460 是理解 IPv4 的主要起点。IPv4 最明显的局限之一是有限的地址数量。由于 IPv4 地址分配给了不同的组织,理论上的 2^{32} 个终端地址实际上并不等同于这么多可用的地址。各个组织可能只使用了分配的地址区间中的一小部分。考虑到许多嵌入式设备连接到 IP 网络,意味着可用的 IPv4 地址池是不够的。

4.6.6 节将进一步讨论的网络地址转换(Network Address Translation,NAT)减轻了 IPv4 32 位地址的缺乏,但在许多方面这是一个不太适合的解决方案。IPv6 重新定义协议和 IP 首部,具有更大的 128 位地址空间,而 NAT 相当巧妙地使用协议首部字段中未使用的部分。具体来说,当数据分组从局域网的一侧传输到外部的接口时,它将重写 16 位端口字段(在 4.8 节中进一步讨论)。这至少在理论上将 32 位地址空间扩展到 48 位,其代价是需要在转发时复制和重写每个数据报。

IPv6 数据报的基本结构如图 4.10 所示。其中地址部分占 16B,即 128 位,不仅地址长度相比 IPv4 显著增加,而且这种方式定义的地址允许更简单的路由选择(通过聚合路由)和配置(通过根据 MAC 地址唯一地标识终端主机)。

首部长度是固定的,因此不需要首部长度字段。固定大小的首部可实现更高效的路由处理。这看起来似乎只是一个小优势,但是考虑到路由器做出决策和转发数据分组的速度一直是一个潜在的重大瓶颈,这就很有意义了。

源 IP 地址(Source IP Address)和目的 IP 地址(Destination IP Address)字段的长度均为 128 位,即 16B,而有效载荷长度(Payload Length)字段规定了首部后的数据部分的长度。最初,RFC 1883 指定了一个 4 位的优先级(Priority)字段和 24 位的流标签(Flow Label),这已经过时了,RFC 2460 指定了 8 位的通信类(Traffic Class)字段和 20 位的流标签。本文中的"流"指的是相关并且连续的数据流,来自源 IP 地址并具有相同的流标识符。这些数据流可能会由于路由器缓冲区溢出或带宽拥塞出现部分中断,因此某些传输需要处理丢弃数据分组(即丢包)的情况。一些流,如实时流数据,可能不需要每个数据分组都到达目的地,这些可能会牺牲一些传输质量(丢包),以持续维持高吞吐量。

自动配置是 IPv6 的另一个主要优势。在 IPv4 中,需要使用动态主机配置协议(Dynamic Host Configuration Protocol,DHCP)和地址解析协议(Address Resolution Protocol,ARP)这样的协议来分配 IP 地址并且追踪它们。现在看起来,设计这些协议时,如果能从自下而上的角度考虑问题,会有更好

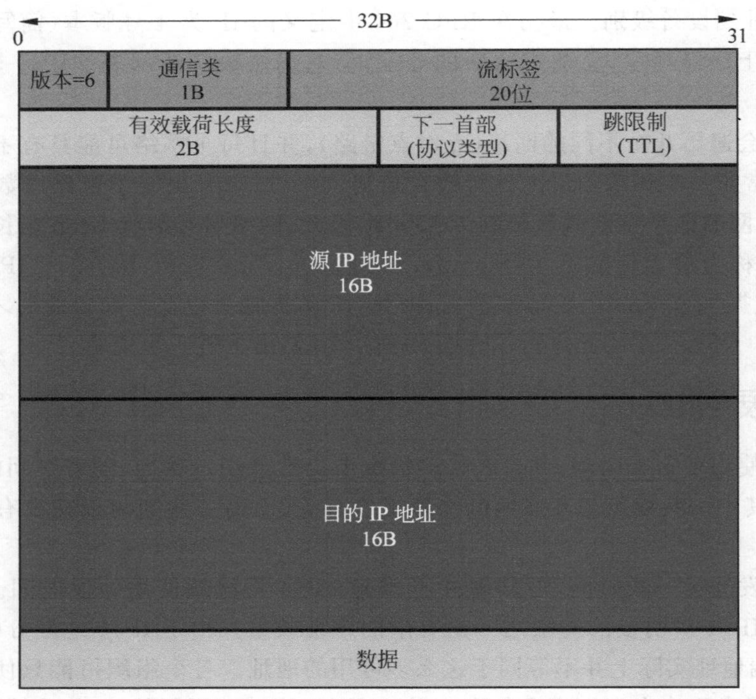

图 4.10　IPv6 数据报的基本结构(更大的地址空间和更易于转发的简化格式)

的解决方案。一个典型的例子是将 IP 地址分配给一个确定的主机。具体地说,IP 地址被分配给特定网络接口,因为给定的主机可能有多个网络接口。对于以太网,可以用 MAC 地址构成 IPv6 地址的一部分,如图 4.11 所示。48 位 MAC 地址是硬件编码的,因此标识唯一的终端。IPv6 地址的高 64 位由接口上其他的连接设备定义,因此自动形成了完整的 128 位地址。请注意,以这种方式形成地址不是强制性的,有些系统随机生成地址。当然,对于给定主机,网络地址必须是唯一的,否则无法确定正确的路由。应该注意的是,该方案在某些情况下可能不适用,如不管硬件如何变化,服务器应该保持相同的 IP 地址。

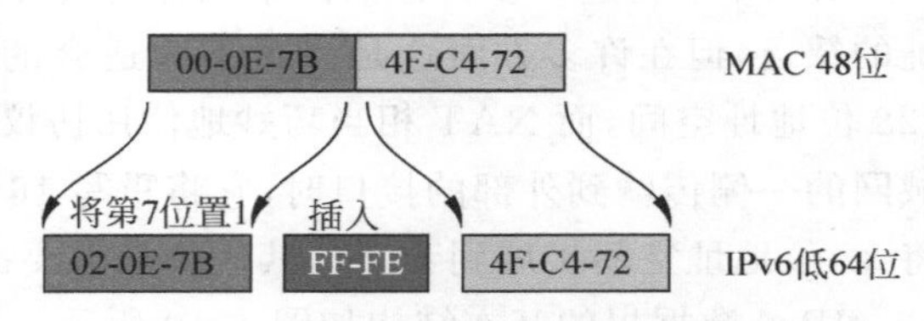

图 4.11　48 位 MAC 地址映射到 128 位 IPv6 地址的低 64 位

注:根据 RFC 4291 附录 A,图示为将 48 位 MAC 地址映射到 128 位 IPv6 地址的 64 位主机部分的一种可能的方法。

这种方式决定了整个 128 位地址空间的低 64 位。在 RFC 3587 的 IPv6 全球单播地址格式(IPv6 Global Unicast Address Format)中规定,高 64 位用于定义地址的更高层部分,从而方便分层路由。互联网的快速增长意味着路由表变得非常庞大,转发数据分组是一个巨大的负担,无类别域间路由方法(将在 4.6.4 节中讨论)定义了可变长比特掩码进行无类别寻找路由。IPv6 的出现提供了改善路由的方法,RFC 4291 的 IPv6 地址结构(IP Version 6 Addressing Architecture)允许将地址的高 64 位进一步划分为 48 位全局路由前缀和 16 位子网标识。后者意味着 IPv6 中子网划分和子网掩码不再是必需的,而这些是 IPv4 的一部分。点对点寻址(单播)由位模式 001 识别,它位于 48 位的初始位置(最左侧),剩下的 45 位为地址的路由部分。

当然,其他有用的 IPv4 概念,如本地(私有)地址、组播地址和本地环回地址,在 IPv6 中也有定义。

RFC 3513 的 IPv6 地址结构中介绍，IPv6 地址的书写格式与 IPv4 不同。首先，为了更轻松地转换为比特模式，地址是用十六进制写的，并且用冒号分隔开。地址被分成由 16 位组成的块，因此每个块由 4 个十六进制数字组成。根据 RFC 3849 的 IPv6 地址前缀保留文档(IPv6 Address Prefix Reserved for Documentation)选择一个地址前缀形式 2001:0DB8::/32，其中，掩码“/32”表明仅前 32 位有意义。接下来，根据之前的 MAC 映射示例，假设本地链路地址是 02-0E-7B-FF-FE-4F-C4-72，那么完整的地址为

```
2001:0DB8:0000:0000:020E:7BFF:FE4F:C472
```

这种写法相当麻烦，因此引入两个规则来简化这种地址的写法。首先，可以删除 16 位块中的前面都是零的部分，所以 0DB8 变成了 DB8。接下来，全 0 的连续 16 位块可以完全删除并用双冒号代替。最后，简化的地址为

```
2001:db8::20e:7bff:fe4f:c472
```

请注意，只允许使用一个双冒号，否则在每个省略掉的块中到底有多少个零，就会产生歧义。此外，这种方式只能用来代替 16 位全为零的块。

关于 IPv4 和 IPv6 首部的更多细节可以在 Kozierok(2005)的著作中找到。

4.6.3　IP 校验和

一旦收到数据分组，就需要检查是否有错。但是如果没有第二份数据副本，怎么能做到查错呢？这就是校验和(Checksum)的作用。IP 校验和字段仅检查首部，而不检查数据有效载荷。后者主要是传输层的任务(TCP 也使用了校验和)，不同的层都有自己的查错机制。虽然用户不直接使用 IP 首部，但是计算 IP 首部的校验和仍然是必需的，因为根据首部出错的报文查找路由是没有意义的(地址可能是错误的)。

图 4.12 显示了一个用于计算 IP 首部中的字节校验和的示例。这个校验和是将 16 位的码字相加并加上超出 16 位的溢出值，称为循环进位。在发送端，校验和设置为零，然后计算 16 位码字的总和，并加上循环进位。这个结果的补码(将所有位反转)用作数据分组首部中的校验和。重要的是，如果没有错误，接收端做相同的计算，包括发送端内嵌的校验和，计算结果应该为零，这很容易检查。

45	00	00	3C	(版本，首部长度，总长度)
75	02	00	00	(标识，段信息)
20	01	**C7**	**1F**	**(TTL，首部校验和)**
AC	10	03	01	(源地址172.16.3.1)
AC	10	03	7E	(目的地址172.16.3.126)

图 4.12　在数据链路上捕获到的 IP 首部示例

注：可与图 4.9 中 IPv4 首部格式比较，此首部的校验和为十六进制 C7 1F。

此外，无论在大端设备(在较低内存地址中存储高位字节)还是在小端设备(在较低内存地址中存储低位字节)中，都能得到相同的校验和。这对于互操作性来说很重要，因为任何给定接收机的中央处理器都可能使用小端或大端结构来构建。

使用图 4.12 的真实数据示例进一步阐明校验和计算。大端和小端结构的数据分组以及相关计算如图 4.13 所示。在传输过程中，校验和的值是未知的，因此初始设置为零。如果 16 位数据以大端顺序添加(如图 4.13 左图所示)，则总和为十六进制 238DE。加上溢出位 2 形成循环进位得到 38E0，其补码为 C71F，这就是放在首部中的值。

如果此分组的补码(包括校验和)是在接收端形成的，总和为 2FFFD，循环进位为 FFFD＋2＝FFFF，补码为 0000——表示没有发生错误。在接收端以这种方式计算校验和简化了问题，因为它在常规计算中包含接收到的校验和作为字节，结果为零表示参与校验和的数据没有发生错误。重要的是，此

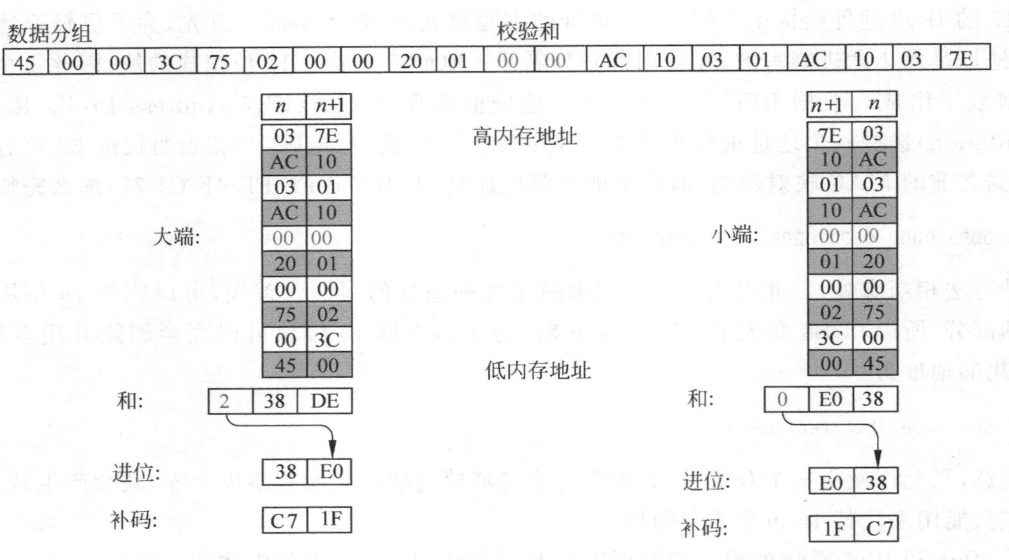

图 4.13 使用大端机器结构(左)和小端机器结构(右)时计算校验和

注：最终结果必须是正确的数据分组数据顺序，与机器字节顺序无关。

检查暗含了对校验和值本身的检验。

如果 16 位数据字按照小端顺序(如图 4.13 右图所示)，校验和为十六进制 0E038，加上循环进位仍然是 0E038，取补码后得到 1FC7。请注意，与大端顺序计算相比，对大端计算结果的字节反转后，得到相同的值。这是合理的，因为一台大端设备将其计算出的值 C71F 以 C71F 的顺序存放在内存中形成数据分组(高位字节在前)，而小端设备将其计算出的值 1FC7 以 C71F 的顺序存放入内存中形成数据分组(低位字节在前)。因此，两种结构在形成数据分组时，校验和的字节相同，顺序相同。如果小端结构的接收设备计算包括校验和在内的数据分组的校验和，得到 0FFFF，加入循环进位的结果为 FFFF，补码为 0000。这再次表明在数据传输过程中没有发生错误。

下面显示了如何使用 MATLAB 计算校验和。首先，将数据除以 2^{16}，然后丢弃其余部分，可以有效地将数据右移 16 位，只留下进位。将这些进位左移 16 位(乘以 2^{16})，然后将其从校验和中减去以形成余数，这样就有效地仅保留校验和的低 16 位。然后将校验和的低 16 位加到进位上，实现循环进位。最后，补码是所有 16 位的反转，可以用 $2^{16}-1$ 减去上面计算得到的循环进位值。注意，在真正的路由器中不会用到算术运算。相反，直接使用处理器指令实现位掩码和移位运算可以使速度最大化。

```
% 根据需要将计算顺序设置为大端或小端
UseBigEndian = true;

pkthex = [ '45' '00' '00' '3C' ...
           '75' '02' '00' '00' ...
           '20' '01' '00' '00' ...          % 校验和 00 00
           'AC' '10' '03' '01'...           % 172.16.3.1
           'AC' '10' '03' '7E' ];           % 172.16.3.126

Nchars = length(pkthex);
cksm = 0;
```

```
for k = 1:4:Nchars - 1

    if( UseBigEndian )
        i = [k+0 k+1 k+2 k+3];              % 大端
    else
        i = [k+2 k+3 k+0 k+1];              % 小端
    end

    % 为了计算,将字符串表示的十六进制转换为十进制
    wordstr = pkthex(i);
    wordval = hex2dec(wordstr);

    cksm = cksm + wordval;
end

fprintf(1, 'Raw checksum %d decimal %s hex\n', cksm, dec2hex(cksm));

% 计算循环进位
carry = floor(cksm/(2^16));
rem16 = cksm - carry*(2^16);
cksmea = rem16 + carry;

% 补码
cksmnot = ((2^16) - 1) - cksmea;

fprintf(1, 'carry %s cksm with carry %s final cksm %s\n', ...
    dec2hex(carry), dec2hex(cksmea), dec2hex(cksmnot));
```

应该注意的是,校验和不是绝对可靠的,它不能保证100%检测到所有错误。但是,对于实际中通常发生的错误类型,校验和检测性能非常好并且值得信赖。

4.6.4 IP寻址

IP网络中的每个设备或终端必须具有唯一的网络地址,以便可以将数据分组正确地路由到目的地。目前处于IPv4到IPv6的过渡阶段,IPv4在机构网络、家庭和小企业中仍广泛使用。这是因为通过使用NAT技术,可以在网络中分配独立于"外部"网络的内部地址(在4.6.6节中进一步讨论)。

IPv4规范定义了32位的地址空间,不允许两个设备共享一个给定的地址,这样会发生冲突。由于协议通过不同的网络提供路由,地址空间是分层的,并划分为网络部分和主机(设备)部分。最初定义的地址分类如图4.14所示。

MSB定义地址类别,MSB为零表示A类网络,如图4.14所示,高8位标识网络地址,低24位为主机或设备地址。虽然提供了7位用于网络标识,但可能少于2^7个网络,因为保留了某些环回地址和广播地址,如RFC 3330(IANA,2002)中所定义的那样。

以小于128(十进制表示)的数字开头的地址表示A类网络。类似地,位模式10定义了B类网络,具有2^{16-2}个网络和2^{16}个设备标识符。但是请注意,全1的地址是保留给所有主机的广播地址,主机字段全0的网络地址表示该网络本身。因此,B类网络的第一个(十进制)数字的范围为128～191。最后,C类网络遵循类似的模式,网络数更多,网络中能容纳的设备更少。

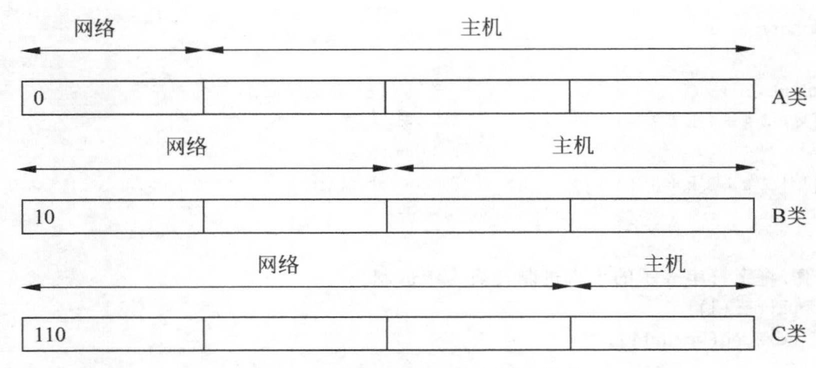

图 4.14　最初的 IP 地址分类结构

注：最前面(最左边的)的位块决定了地址的类别，随后的位块标识了网络，最后最右边的位块决定网络中的设备或主机。实践证明这样分配的地址空间效率很低。

此外，在 RFC 1918 中定义，某些地址范围保留用于专用网络中。这些地址不在局域网外部世界的路由中使用，但可能存在于内部网络中。所以，此范围内的地址不需要批准使用，又由于包含这些地址的 IP 数据分组永远不会在没有进行地址转换的条件下转发，所以这些地址也不会和其他外部地址发生冲突。这些地址由 NAT 子网(内部网络)使用。RFC 1918 规定了这些地址块，它们的相应范围如下。

10.0.0.0　～ 10.255.255.255　(前缀为 10/8)

172.16.0.0　～ 172.31.255.255　(前缀为 172.16/12)

192.168.0.0 ～ 192.168.255.255 (前缀为 192.168/16)

这种表示方法是根据 IP 地址范围以及位掩码前缀的网络范围给出的。/8 表示高 8 位必须用作网络地址，其余位可用于该网络内的设备地址。同样，172.16/12 意味着高 12 位用作网络地址，192.168/16 表示高 16 位用作网络地址，二者都具有指定的网络前缀。

将地址分为 A/B/C 类是为了分层寻址以便于路由，但互联网的增长使这种表示方法变得不可行。A 类网络中可以使用的网络地址相当少，而且每个 A 类网络的规模都很大(主机地址特别多)。基于这些原因，引入了 IP 子网(简称子网)的概念，它将网络空间划分为更小的区域。

特别地，A 类和 B 类网络的设备地址定义范围很大，这意味着大部分 32 位 IP 地址空间处在没有被用到的状态。地址分类的最初目的是便于路由，但是出现了无类别域间路由(Classless Interdomain Routing，CIDR)。这是因为采用子网划分以后，路由变得非常复杂。

还应注意，所有具有 IP 地址的设备总是包含一个特殊的环回地址或本地主机(Localhost)地址，几乎总是 127.0.0.1。这是为了方便软件环回所准备的，发送到该地址的数据分组不会被转发，RFC 1700 文档记录了这一点。RFC 3330 记录了许多特殊用途的 IPv4 地址(IANA，2002)。下面显示了本地配置的 IP 地址示例。

```
ipconfig /all
Ethernet adapter Local Area Connection:
Description          Gigabit Network Connection
Physical Address     D4 - BE - D9 - 1C - DF - 73
DHCP Enabled         Yes

IPv4 Address         172.17.1.111
Subnet Mask          255.255.0.0
```

```
Lease Obtained        5:41:30 PM
Lease Expires         6:41:30 PM
Default Gateway       172.17.137.254
DHCP Server           172.17.137.254

DNS Servers           172.17.137.254
```

4.6.5 子网

最初的网络定义中将 IP 地址划分为 A 类、B 类和 C 类,后来发现这样做并不理想。回顾一下,A 类网络有 24 位主机字段;B 类网络有 16 位主机字段;C 类网络有 8 位主机字段。这实际上意味着 A 类网络的网络数很少,且每个网络都有一个非常大的地址空间。在另一个极端,C 类网络的网络数很多,但每个网络只有 254 个可用地址。这个系统有两个问题。首先,它使可用的 32 位地址空间的使用效率非常低,未使用的地址空间占很大比例。其次,典型的局域网接入方法在每个局域网中允许使用的设备数量非常有限。这样一来,一些可用的 IP 地址空间根本用不上。解决方案是改变 32 位 IP 地址中网络地址和主机(设备)地址之间的分界线,从而产生的更小的网络称为子网络,或简称为子网(Subnet)。

由于 IP 地址最终是二进制的,因此使用二进制运算符确定子网分界线的位置是很方便的。事实上,这就是在软件协议栈中实现子网划分的方法。子网掩码是二进制值,总位数与 IP 地址相同。子网掩码中二进制比特为 1 时,对应在 IP 地址的位置用于确定子网地址。二进制子网掩码中 0 出现的地方,在 IP 地址中用于表示子网内的设备地址。

下面用一些例子说明这些概念。首先,考虑图 4.15,在这种情况下,要划分 IP 地址 172.16.22.34。请注意,这是"私人"地址空间,本书选择这个地址以免与任何实际地址发生冲突,这里仅用于举例。由于 172 在开始时具有二进制模式 10,因此它是一个 B 类网络。一个 B 类网络将高 16 位定义为网络地址,低 16 位定义为设备地址。子网划分将这个非常大的地址空间划分为几个较小的子网。假设子网掩码为 255.255.255.0,这也可以表示为/24 掩码,因为高 24 位的值为 1。给定地址与掩码的逻辑与运算产生以零结尾的子网地址,这是因为与子网掩码的零位进行与运算产生零。所以子网地址(即子网本身的地址)是 172.16.22.0。由于这是一个 B 类地址,因此有 16 位定义设备部分,它由子网掩码细分,因此子网号是 22。

地址:	172.16.22.34	10101100	00010000	00010110	00100010
B类地址:	172.16.0.0	10101100	00010000	00000000	00000000
/24 掩码:	255.255.255.0	11111111	11111111	11111111	00000000
子网地址:	172.16.22.0	10101100	00010000	00010110	00000000
子网:	22			00010110	
子网中的地址:	34				00100010

图 4.15 子网示例 1

注:子网标识位为 8 位,设备标识符也为 8 位。

在此网络中,给定的设备地址可以通过与子网掩码的补码相与得到。对于上文给定的掩码,这对应到 IP 地址的最低 8 位,是十进制数 34。注意到子网掩码分界线落在 8 位的边界上,所以选择网络、子网和设备部分就很简单了。但是,这并不是一般情况。实际上,对于较小的组织,使用低 8 位作为子网掩码不能有效地使用地址空间,因为它有 254 个可用地址(256 个地址除去主机部分全 1 的广播地址和主机部分全 0 的本网络地址)。

另一个例子如图 4.16 所示,使用相同的 IP 地址,但子网掩码为 255.255.240.0,这是一个更大的子网。这是因为现在设备位有 12 位,网络位和设备位之间的分界线向左移动了 4 位。在这种情况下,不能直接由 IP 地址简单地确定主机地址,至少不能通过直接观察就确定。此时,需要写出地址和子网掩码的二进制值,图 4.16 说明了这个过程。

地址:	172.16.22.34	10101100	00010000	00010110	00010110
B类地址:	172.16.0.0	10101100	00010000	00000000	00000000
/20 掩码:	255.255.240.0	11111111	11111111	11110000	00000000
子网地址:	172.16.16.0	10101100	00010000	00010000	00000000
子网:	1			0001	
子网中的地址:	1058			0100	00100010

图 4.16　子网示例 2

注:与上例中的 IP 地址相同,但是子网掩码定义了一个更大的子网。

请注意,将地址划分为子网的操作是本地完成的,这意味着尽管需要子网掩码来执行各种路由决策,但并不需要在 IP 数据报中携带子网掩码。下面给出了一个不同参数配置下的子网掩码的例子。

```
ipconfig /all
Ethernet adapter Local Area Connection:
Description             Gigabit Network Connection
Physical Address        D4 - BE - D9 - 1C - DF - 73
DHCP Enabled            Yes

IPv4 Address            172.17.1.111
Subnet Mask             255.255.0.0
Lease Obtained          5:41:30 PM
Lease Expires           6:41:30 PM
Default Gateway         172.17.137.254
DHCP Server             172.17.137.254

DNS Servers             172.17.137.254
```

4.6.6　网络地址转换

IPv4 的 32 位地址空间确实限制了地址的数目。除此之外,为每台设备分配特定 IP 地址的成本也是一个问题。考虑一个有成千上万客户的互联网服务提供商(Internet Service Provider,ISP),每个客户可能拥有多台需要 IP 地址的设备。这将消耗许多 IP 地址。

IP 地址必须唯一的原因在于,如果希望访问特定的服务器以获取信息,那么服务器的地址必须是固定的。然而,绝大多数 IP 连接设备不提供服务,因此它们不需要固定的 IP 地址进行访问连接。当然,它们也需要一个 IP 地址,但它可以是一个本地地址,可以从上面提到的私有地址范围(10/8,172.16/12 或 192.168/16)中分配。这将允许此类设备具有网络可连接性,但仅限于本地连接。如果它们希望连接到更广泛的互联网,则其 IP 数据分组就会被丢弃,因为在 RFC 1918 中明确禁止转发私有 IP 地址的数据分组。

为了解决私有地址的网络互联性这一难题,广泛使用的方法是采用 NAT(Srisuresh,et al.,1999)。虽然这个概念有很多变种,但其工作原理通常如图 4.17 所示。它需要外部网关运行 NAT 协议服务器，将本地(内部)请求转发到外部站点，并对进入本地的数据分组做相反的转换。在图 4.17 中，只有一个对外的 IP 地址，指定为外部地址 E1. E2. E3. E4。私有网络内部的设备分配了私有地址，在这种情况下从 10/8 的范围分配。NAT 转换器是内部设备的默认网关，因此所有 IP 数据分组都发送到它那里进行转发。在转发分组时，NAT 设备将地址和端口转换为不同的外部可见地址。

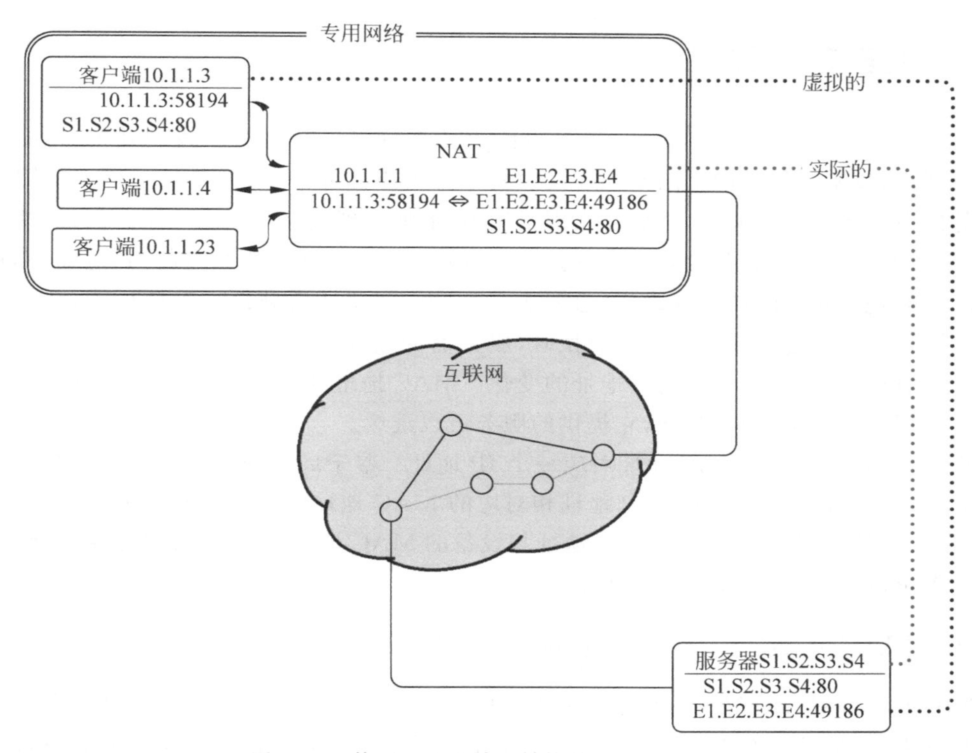

图 4.17 使用地址和端口转换的 NAT 原理图

注：端口 80 保留给 Web 服务器，此例中的端口 49186 是按各个连接分配的。32 位 IP 地址和 16 位 TCP 端口之间的组合为套接字。

通常，端口号用于区分终端应用程序，如网络数据是用于 Web 浏览器、流式视频还是其他应用程序。端口号是一个 16 位字段，将在 4.8 节进一步说明。IP 地址与应用程序端口号(16 位)的组合称为套接字(Socket)，通常写作“IP：端口号”的形式。例如，10.1.2.3：80 表示设备的端口号为 80，IP 地址为 10.1.2.3。如果没有使用端口号，一旦接收到数据分组，就无法将该数据分组与特定应用程序相联系。每个通信终端(即发送或接收数据的每个设备)都必须有一个套接字。这样一来，套接字组合在互联网上形成了一个独特的通信信道。

然而，NAT 并不是以最初计划的方式使用端口号，它使用端口号来扩展 32 位 IP 地址范围。如果某个子网正在使用 NAT，则只有一个设备与外界相连，其他设备必须使用 NAT 服务器作为连接到外界的网关。在图 4.17 中，连接私有网络到外界的网关的内部地址为 10.1.1.1。为了连接到外界，NAT 网关必须将内部 IP 地址(10. x. x. x)转换为外部地址。

这可能会引起歧义，因为收到来自远程服务器 S1. S2. S3. S4 发给 E1. E2. E3. E4 的响应数据分组后，必须将其转发到相应的地址 10. x. x. x。因此，NAT 设备必须保存一个从内部套接字到端口号的转换表，来转发 IP 数据报。反之，当来自远程服务器(S1. S2. S3. S4：80)的 IP 数据分组发给 NAT 设备外部套接字 E1. E2. E3. E4：49186 时，要再一次用到这个表。注意，80 是固定的服务器端口，但 49186 是

NAT 转换器上许多可能的临时(短暂且动态分配的)端口号之一。

这样一来,私有网络内的客户端似乎"虚拟"地连接到服务器。但是,从服务器的角度来看,数据分组连接就是"实际"连接。一旦数据从任一端到达 NAT,转换表将用于映射 IP 地址和端口号。当然,这可能导致网关设备的负担很重,因为它必须为每个进出的数据分组查找转换表。

4.7 网络接入配置

现在有两种类型的地址：IP 地址,它们是可路由的并且可以在网络中找到其他目的地；MAC 地址,它们不可路由,仅限于局域网上的本地连接设备。之所以如此,一部分是由于历史原因造成的。最初,只有相邻的设备才能连接起来,之后才出现了用 IP 地址实现网络互联的想法。但是,这种分层寻址的结构有几个优点。服务器通常会有固定的公共 IP 地址,其他设备使用固定的 IP 地址访问此服务器。如果服务器的 IP 地址由 MAC 地址确定,会发生什么呢？对于特定硬件,MAC 地址是唯一的,那么当这个物理硬件由于升级、过时或损坏而被更换时,服务器的地址就会发生变化。这样一来,所有希望连接服务器的其他设备都需要被告知物理地址的变化。MAC 地址和 IP 地址的分离意味着不会发生此类问题,新设备与旧设备的 IP 地址相同,它提供的服务可以继续。

通常(但并非总是),每个 MAC 地址对应一个 IP 地址。鉴于局域网内的一台设备希望与同一局域网内的已知 IP 地址通信,如何确定与 IP 地址相对应的 MAC 地址呢？这是必要的,因为网络接口检查所有传入的以太网帧,并且如果目的 MAC 地址与设备的 MAC 地址不匹配,该帧会被丢弃。只有 MAC 地址匹配,数据可以被接收,数据分组才传给 IP 层。

4.7.1 MAC 地址到 IP 地址的映射：ARP

从已知 IP 地址得到未知 MAC 地址的协议称为地址解析协议(ARP)。首先,设备有一个数据分组需要转发(目的 IP 地址已知而 MAC 地址未知),于是发送以太网帧广播到连接的所有设备。这是通过一个特殊的广播地址完成的,该地址由全 1(即 48 位 1,或十六进制 FF：FF：FF：FF：FF：FF)组成。ARP 请求包含两条信息：一条是发送方希望发现的 IP 地址,另一条是发送方的 MAC 地址。后者是为了回复可以发送回来。因为消息发送到广播地址,所以局域网内的每个设备都会收到此消息。如果有设备具有与 ARP 请求中相同的 IP 地址,它将自己的 MAC 地址作为响应发送回去。

然后,发送方将此 IP 与 MAC 地址的映射关系保留在表中(称为 ARP 缓存),以避免为需要发送的每个 IP 数据报都不断地重复该过程。大多数操作系统上的 arp-a(或类似)命令显示当前的 ARP 缓存。映射将存储(或缓存)一段时间,以便允许网络中的更改,这是考虑到前面提到的机器被更换的情况,此时 IP 地址保持不变,但 MAC 地址必然会发生变化。一个例子如下所示。

```
arp - a
Interface: 10.1.1.3
Internet Address       Physical Address           Type
10.1.1.1               78 - a0 - 51 - 1c - 4f - b2     dynamic
10.1.1.255             ff - ff - ff - ff - ff - ff - ff    static
255.255.255.255        ff - ff - ff - ff - ff - ff - ff    static
```

标记为 static 的项(静态地址)是固定的,不能更改。在上述情况中,静态地址也是广播地址,如所示的全 1 MAC 地址。而动态地址(标记为 dynamic 的项)是通过上面所描述的 ARP 协议确定的。

在这里，可以看到设备的 IP 地址为 10.1.1.3，它在局域网内连接的设备的 IP 地址为 10.1.1.1，还可看到两个广播地址：10.1.1.255，这是一个子网地址，或称为定向广播（Directed Broadcast）地址；以及 255.255.255.255，称为有限广播（Limited Broadcast）地址。

4.7.2　IP 配置：DHCP

通常遇到的另一种协议是动态主机配置协议（DHCP）。考虑一个连接了许多设备的局域网，为每个设备配置正确的 IP 地址可能会很耗时。即使在小型网络上，用户的条件限制也可能使用户无法建立自己的配置。最后，为了保持网络的完整性，必须保证没有两个设备使用相同的 IP 地址，以免发生寻址冲突。

在这些场景中，DHCP 都很有用。如果没有特别设置，则设备的 IP 地址在打开电源或加入网络时是未知的。LAN 上指定的服务器会根据请求，将 IP 地址分配给 LAN 上的其他设备。每个设备发送 DHCP 请求，DHCP 服务器使用可用地址集合中的地址进行确认。通常，这些也是有超时机制的，因此在设备离开 LAN 时地址可以重复使用。

以下示例显示了 DHCP 服务器的 IP 地址以及 DHCP 分配时间跨度。

```
ipconfig /all
Ethernet adapter Local Area Connection:
Description        Gigabit Network Connection
Physical Address   D4 - BE - D9 - 1C - DF - 73
DHCP Enabled       Yes

IPv4 Address       172.17.1.111
Subnet Mask        255.255.0.0
Lease Obtained     5:41:30 PM
Lease Expires      6:41:30 PM
Default Gateway    172.17.137.254
DHCP Server        172.17.137.254

DNS Servers        172.17.137.254
```

请注意，IP 地址和子网掩码都是通过 DHCP 服务器分配给该设备的。这种分配（或者说借用）具有到期时间。如果客户希望继续使用相同的 IP 地址，必须在当前借用到期之前重新请求分配。

4.7.3　域名系统

IP 地址有点像人类的电话号码，难以记忆。为此，域名系统（Domain Name System，DNS）被开发出来，以便将层次名称（如 example.net）映射到相应的 IP 地址，此功能由域名服务器执行。当给定服务器名称（如 example.net）时，设备首先查询最近的 DNS 服务器以查找到 IP 地址的映射。然后，该 IP 地址用于所有后续数据分组，这样只需要查询一次 DNS 映射。对于重负载区域，通常提供具有多个 IP 地址的多个服务器以平衡负载。

由于名称到地址映射的查找是频繁执行的，并且因为它不经常更改，所以它在本地缓存（存储）。除了权威的主 DNS 服务器或根 DNS 服务器之外，还存在较低层的 DNS 服务器以加速常见查询。

DNS 服务器地址显示在配置列表中，如下所示。

```
ipconfig /all
Ethernet adapter Local Area Connection:
Description         Gigabit Network Connection
Physical Address    D4 - BE - D9 - 1C - DF - 73
DHCP Enabled        Yes

IPv4 Address        172.17.1.111
Subnet Mask         255.255.0.0
Lease Obtained      5:41:30 PM
Lease Expires       6:41:30 PM
Default Gateway     172.17.137.254
DHCP Server         172.17.137.254

DNS Servers         172.17.137.254
```

可以使用域名服务器查询命令来查看域名服务器,如下所示。

```
nslookup example.net
Server:         localrouter
Address:        192.168.0.1
Non - authoritative answer:
Name:           example.net
Addresses:      2606:2800:220:1:248:1893:25c8:1946
                93.184.216.34
```

通过这种方式,终端用户只需要记住含有信息的域名,而不是数字 IP 地址。虽然需要交换多个数据分组以实现无缝通信,但是整个过程对用户完全透明。

4.8 分组传输:TCP 与 UDP

通过网络将数据从一个设备传输到另一个设备,已经通过 IP 解决了,下面考虑检错、分组排序和向应用程序传输数据的问题。这些可以通过 IP 承载的传输协议来完成,其中最重要的是面向字节流的 TCP 和面向不同数据分组的 UDP。

回想一下,IP 解决了将数据分组从一个物理设备传送到另一个物理设备的问题。它不能确保数据分组的正确排序,也不能检查有效负载是否有错误(即使可以检查 IP 头部本身是否有错误,仍不能检查到有效负载)。重要的是,IP 不会将数据传送到设备上运行的指定应用程序,因此需要有一些方法可以在收到数据分组后,将数据分组导向想要到达的应用程序。

与 IP 地址全球唯一的方式类似,端口(Ports)的分配解决了这个问题,通过端口可以知道哪个应用程序应该处理哪个数据流。端口是一个 16 位的数字,用于标识设备上的特定应用程序。与 IP 地址一样,必须谨慎管理端口地址。根据 RFC 6335(Cotton,et al.,2011)中的规定,服务名称和传输协议端口号注册表由互联网号码分配局(Internet Assigned Numbers Authority,IANA)管理。一些端口"众所周知",这意味着它们用于标准(或常见)的服务。其中最常见的是用于超文本传输协议(Hypertext Transfer Protocol,HTTP)传输的端口 80,用于协调网页传送。

由于端口号为 16 位,因此可供选择的数量非常多。较低的端口号常用于定义众所周知的服务,如超文本网页传送和电子邮件传送。更高编号的端口可以由客户动态分配。这些端口号不会耗尽，因为短暂（或短期）动态分配的端口使用率远低于可用的总数，并且它们可以在一段时间后重复使用。RFC 6335 的官方建议是可动态分配的端口范围为 49 152～65 535（Cotton，et al.，2011）。

端口字段在传输协议（TCP 或 UDP）报头中携带。UDP 中的数据帧按惯例称为数据报。UDP 数据报的布局如图 4.18 所示。请注意这里完全没有 IP 地址，因为需要 IP 地址（设备到设备）的路由由 IP 层负责。如果数据报到达设备，则认为它已到达具有正确地址的设备，即 IP 目的地址与此设备的 IP 地址匹配。然后使用源端口（Source Port）和目的端口（Destination Port）字段将数据报分派到正确的应用程序，如前所述，IP 地址和端口的组合形成套接字。

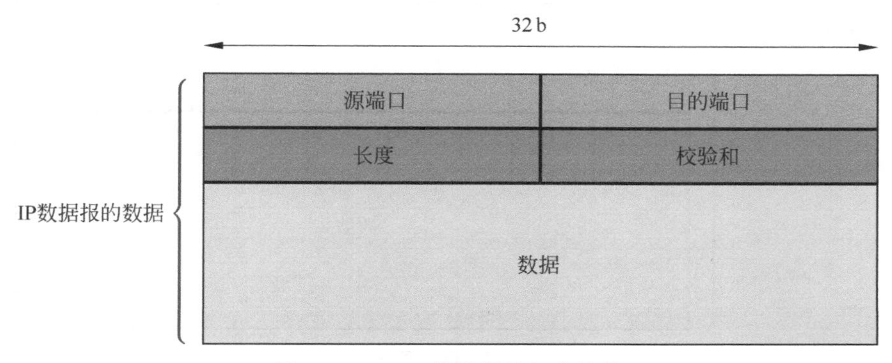

图 4.18　UDP 数据报的组成结构

注：源地址和目的地址是必要的，数据报的长度也是必要的。校验和所校验的是报头部分，而不是内容。

UDP 是一种"轻量级"协议，它只是将数据从一个设备上的应用程序传送到另一个设备。它不会检查数据中的错误，也不会检查是否有数据丢失，或者数据是否确实到达了目的地。那么，哪些应用程序使用这种数据传输协议呢？通常，UDP 服务用于实时流量，如音频和视频。这些情况下，数据的重传毫无意义，因为在发送端被通知需要重传并且重传的时候，这些数据已经过时了。

TCP 中的数据帧按惯例称为报文段。TCP 报文段的布局如图 4.19 所示。TCP 协议解决了数据从一个端点到另一个端点的可靠传输问题。与 UDP 不同，它保证（在合理范围内）到达设备上应用程序的每个字节都与发送数据的字节完全相同。

同样，TCP 报头中不存在 IP 地址，因为这是 IP 层的工作。源端口和目的端口字段的作用与 UDP 相同，以形成（和 IP 地址一起）套接字将数据流发送到正确的应用程序。TCP 提供逐字节的数据传输保证，对于任何损坏或无序数据段都要求重传。这个功能几乎完全隐含在最终的应用程序中，应用程序假定数据是正确的，除非发生了一些灾难性错误，在这种情况下，数据传输终止。

但是，常见端口的分配只能解决一半问题。例如，Web 服务器可以同时处理许多网页请求。同样，在另一端，Web 浏览器（客户端）可以同时请求许多网页（或网页的一部分）。需要有一种方法在整个互联网和每个设备内唯一地定义通信的端点。有些东西必须保持固定，即服务的 IP 地址和端口号。但是，传送网页或电子邮件的连接时间将相对较短，特定的数据传输端点只需要在进行数据传输时存在。这是 TCP 和 UDP 中动态（或临时的、短期的）端口的作用，这些端口是在特定传输的持续时间内，在连接的一端动态分配的。当然，这种传输也可以负担几个数据分组，并且可以存在几毫秒到几分钟或更长时间。临时端口被分配用于特定数据连接，因此可以在一段时间内重复使用而不会产生歧义。

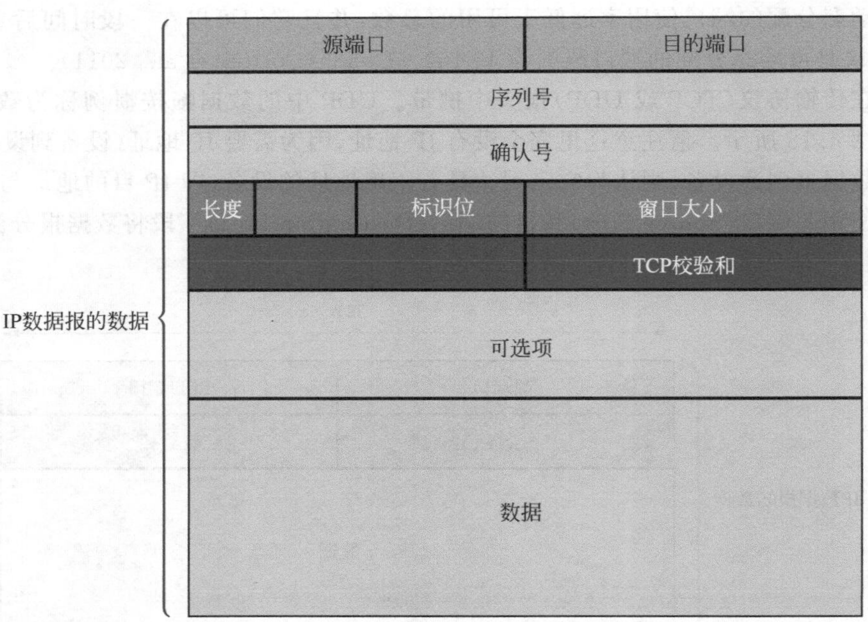

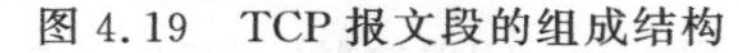

图 4.19　TCP 报文段的组成结构

注：除了端口字段外，序列号和确认号字段用于数据排序。与此同时，二进制的比特标识位字段用于标识传输状态，窗口大小用于最大化数据流速度。

IP 地址和端口的组合称为套接字。套接字地址通常写成“地址：端口号”的形式，如 192.168.20.4：49134，其中 192.168.20.4 是 IP 地址，49134 是 16 位端口号。两个套接字(通信的每个端点处有一个)定义了虚拟的数据传输路径。图 4.20 说明了这个概念。

在图 4.20 中，客户端具有地址 C1.C2.C3.C4，并希望从服务器 S1.S2.S3.S4 获得数据。如果数据是网页(或网页内的图像)，它将向目标 TCP 端口 80 发出请求。为了处理来自同一客户端设备的多个同时请求，端口号用于跟踪每个数据传输，在这个例子中的临时端口号是 52196。不管各个数据分组如何通过网络中的路由路径，终端设备上的应用程序都使用这一对套接字进行数据传输。

TCP 报头的另一个重要字段是校验和，使用 4.6.3 节中描述的方法计算。使用报文段中的数据计算 16 位校验和，如果计算的校验和不同于报头中显示的校验和，则表明该段已损坏。然后 TCP 协议请求重传数据，尽管它不会直接这样做。相反，发送方 TCP 层上的确认机制会推断数据是否丢失或损坏并安排重新传输。重要的是，丢失一段数据与发生错误一样糟糕，但通常无法直接检测到丢失。此外，报文段的丢失可能意味着链路拥塞，重新传输数据只会加剧拥塞。这些问题对于网络公平性很重要，因此一个设备不会因为自身的重传而使得部分网络瘫痪。鉴于这些问题及其解决方案的复杂性，将在 4.9 节进一步探讨这些问题。

最后，回想一下 IP 层有一个 MTU。因此，TCP 协议也有最大报文段长度(Maximum Segment Size，MSS)，因为 TCP 报文段必须匹配 IP 数据报。由于 IP 要求最小 MTU 为 576B(计算为 512+64)，而 IP 层的头部消耗 20B，TCP 的头部消耗另外 20B，因此 MSS 最小为 536(RFC 879 和最近的 RFC 6691 包含了详细的规范)。请注意，这种小尺寸通常不会在实践中使用，因为较大的尺寸会获得更高效的传输。通常，以太网的最大传输单元(1500B)将 TCP 连接上使用的 MSS 视为 1460B。

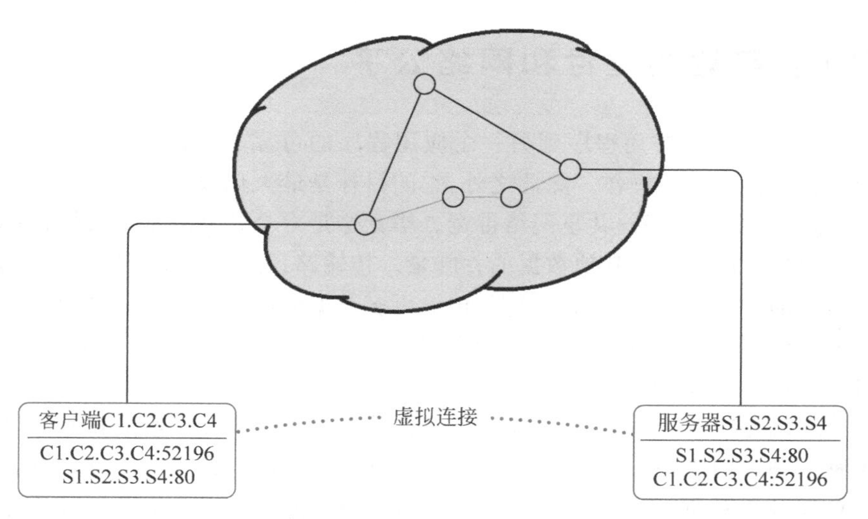

图 4.20 套接字定义的虚拟数据传输路径示意图

注：由 IP：Port 组合构成的套接字对确定了数据传输的端点，网络中的路由使用了 IP 地址，而不用端口号。终端设备用端口号确保数据到达正确的应用程序。

图 4.21 显示了到目前为止讨论的每种帧类型及其各自的封装。值得重申的是，每个协议层都各司其职，如提供数据分组、创建字节流、在适当的情况下使用重传，这样堆栈顶部的应用程序基本上不知道底层数据网络的具体细节。由于 TCP 协议层负责重新组装数据，因此应用程序会认为数据是“可靠的字节流”。应用程序假定数据正确且按顺序传送，这当然大大简化了最终用户应用程序的设计。但是，这并不意味着应用程序可以完全忽略网络问题。当应用程序需要数据时，数据可能并不总是到达网络连接。应用程序不应该停止，无限期地等待可能永远不会到达的数据。因此，在应用程序编程接口(Application Programming Interface，API)中广泛使用套接字超时机制，该设计使程序能够访问底层 TCP/IP 服务。

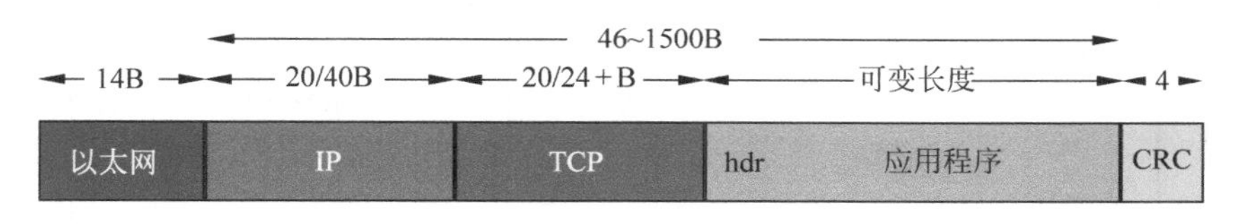

图 4.21 IP 和 TCP 的以太网帧封装

诸如 HTTP 之类的应用协议在传输层(TCP 或 UDP)内承载，出于可靠性的考虑，通常(但不总是)使用 TCP。这并不是说这些协议是固定的，由于网络流量和典型使用方面的经验以及加密等新兴要求，它们一直在不断发展。最初的 HTTP 1(Berners-Lee，et al.，1996)一次发送和接收一个请求，这对于纯文本网页是足够的，但是当嵌入图像时，则需要多个请求。HTTP 1.1(Fielding，et al.，1999)通过允许多个同时请求解决了这个问题，从而能够更有效地使用每个已建立的连接。HTTP 2(Belshe，et al.，2015)采用了请求优先级和二进制而不是纯文本(人类可读)的请求和响应。HTTP 2 还专门解决了加密问题，这在早期版本的协议中基本上是一个独立的部分。

4.9 节提供了有关 TCP 协议的更多详细信息，会更清楚地说明为什么上述要求对于网络安全和充分利用网络带宽非常重要。

4.9 TCP：可靠的交付和网络公平

TCP 保证通过网络从一个应用程序到另一个应用程序的可靠有序的数据传输。它通过对损坏或丢失的数据分组进行重传完成此操作。除此之外，它的目标是最大化数据流的吞吐量。

然而，另一个需求是与其他用户共享网络带宽。毕竟这是一个共享的基础架构，一个应用程序贪婪地传输尽可能多的数据可能会降低其他数据的吞吐量。传输路径上的数据分组丢失可能是由路由器过载以及拥塞链路造成的。在数据丢失的情况下，传输更多数据分组实际上可能会加剧这种情况，甚至使更少的数据分组成功地到达目的地，实际上可能会使网络堵塞。TCP 结合了许多算法来逐步调整数据分组发送速率，以解决这些问题。

RFC 793(Postel，1981)中的原始 TCP 规范已经在数年内进行了许多增强和改进，这些是为了解决实践中遇到的各种问题。回想一下，TCP 使用底层 IP 服务(Postel，1991)，IP 服务不能保证可靠性，只能"尽力而为"地传递独立数据报。下面使用标准的客户端/服务器模型说明 TCP 的作用及其主要功能。也就是说，客户端向服务器请求数据，服务器响应该请求，这是典型的网络浏览器应用。这种不对称数据流是常见的，也存在对称的数据流，如语音电话或视频会议。当然，TCP 可以处理任何一种情况，事实上，当应用程序需要双向数据流时，某些设计实际上会提高性能。

图 4.22(a)显示了服务器向客户端发送的一个数据分组。确认每个数据分组似乎很直观，但这明显地减慢了数据分组的整体传输过程，因为发送方必须等待确认成功的数据分组。那么，假设采用了图 4.22(b)所示的策略，每两个数据分组确认一次。在大多数情况下，这将大大加快整体传输速度。然而，当第一个数据分组出现错误时，它就不起作用了，两个数据分组都必须重新传输。

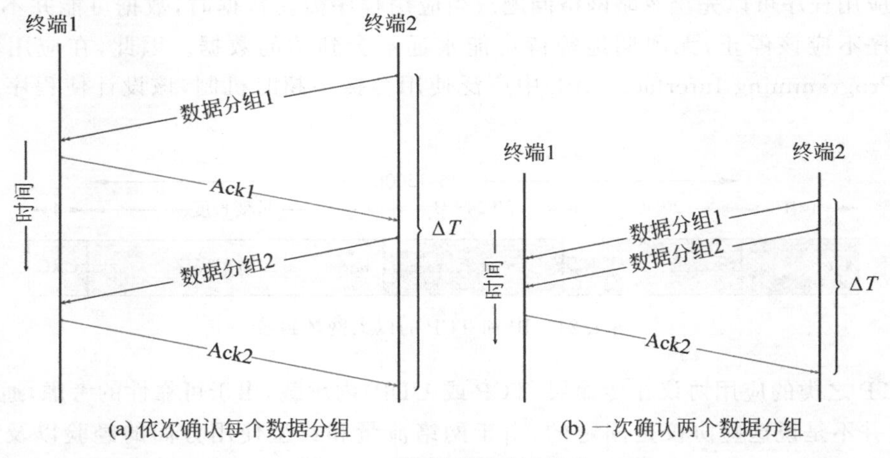

图 4.22 数据分组确认策略

注：确认数据分组由 Ack 线表示。一次确认多个数据分组的滑动窗口方法可以提高吞吐量，但代价是出现错误或数据分组丢失时重传。

还可以在确认之前将其外推为 N 个未完成的数据分组，而不是两个。这在大多数情况下会提高吞吐量，除了频繁出现错误或丢失数据分组，在这种情况下，服务器将不得不回到数据分组 1 并开始重传 N 个数据分组。

请注意，根据协议规定，TCP 不包括对接收的错误数据分组进行显式确认。实际上，数据分组可能无法从一个终端到另一个终端，在这种情况下，不会给出确认(正面或负面)。因此，在没有确认的情况下由发送方重新发送数据。TCP使用累积确认,即它确认到目前为止收到的数据。如果由于分组丢失导致发送端没有收到确认,则累积数据的确认会重复发送,这是理解TCP如何工作的关键。

由于网络是互联的,因此在任意给定时间,尝试传输网络"管道"能够处理的尽量多的数据分组是有意义的,这必须自适应地估计网络传输能力。发送方可能是谨慎地以低速率发送,但是吞吐量很低。另外,它可以积极地传输尽可能多的数据分组,但存在着网络饱和(只有很少或没有数据能通过)的风险。在讨论建立连接的过程后,将在后续章节中更详细地研究这些问题。

TCP中的数据以报文段的形式传输,包括报头和实际要发送的数据,也有可能不发送数据,在这种情况下,发送的是仅包含数据确认的空报文段。但是,这是低效的,如果可能的话,应该避免。可以在TCP中传输的最大数据大小称为MSS。此MSS数据块必须使用TCP和IP头进行封装,并且适合物理链路的MTU。

4.9.1　连接建立和拆除

TCP中的数据传输有3个主要阶段:连接建立、数据传输和连接拆除。建立和拆除被称为握手(Handshake),其中一方交换某些分组以验证另一方愿意参与(或关闭)传输。虽然一个TCP连接在其生命周期中会经历许多状态,但主要的就是"正在等待连接(监听状态)"和"该连接能够传输数据(建立状态)"。这些可以通过netstat -an命令(或类似的变体)来演示,如下所示。

```
netstat - an
Active Connections:
Proto     Local Address        Foreign Address      State
TCP       10.28.1.37:139       0.0.0.0:0            LISTENING
TCP       10.28.1.37:59769     93.184.216.34:80     ESTABLISHED
```

netstat显示了协议(TCP、UDP或其他)、本地和远程地址[显示为IP: Port组合(即套接字)],以及连接状态。

图4.23显示了典型数据传输的时间线。SYN、ACK、PSH和FIN分别指TCP报头中的特定位标识:同步(Synchronize)、确认(Acknowledge)、推送(Push)和结束(Finish)。通过发送SYN请求建立连接,其中TCP报头中的序列号被初始化为起始值,用作计数器以调整传输速度并指示预期的下一个数据字节。同步请求(步骤①)之后是来自服务器的确认(步骤②),并且又被客户端再确认(步骤③)。这称为三次握手(步骤①~步骤③),然后双方都准备好传输数据。

步骤④中的初始数据请求设置了PSH标识,表示到目前为止传输的数据应该被发送到应用程序。随后在步骤⑤中,设置了FIN标识,指示请求的结束。响应在步骤⑥中开始,并且遵循与ACK类似的序列,然后是PSH(步骤⑦),最后是FIN(步骤⑧)。通过向服务器发送ACK(步骤⑨)来确认最终的FIN,并结束传输。这表示了从Web浏览器向服务器发送请求所涉及的典型序列,请注意,数据传输阶段通常在使用四次握手关闭连接(步骤⑥~步骤⑨)之前,继续传输更多的数据分组。

4.9.2　拥塞控制

任何可靠的连接服务显然必须处理两个终端以不同速度处理数据的情况。这可能只是一个设备问题,如一个终端运行速度明显快于另一个,或者是在接收方或发送方处理的业务更加复杂,导致速度变慢。例如,呈现带有图像的网页可能是一个更复杂的过程,因此相对于服务器发送数据的速率,客户端(接收方)的速率会变慢。因此,任何数据的发送方都必须知道,在任意给定的时间里,接收方可以合理地处理多少数据。这在 TCP 中是使用窗口大小字段完成的(见图 4.19),接收方使用该字段通知发送方,接收方在当前提供了多少缓冲区空间。显然,如果缓冲区空间溢出,数据将丢失。

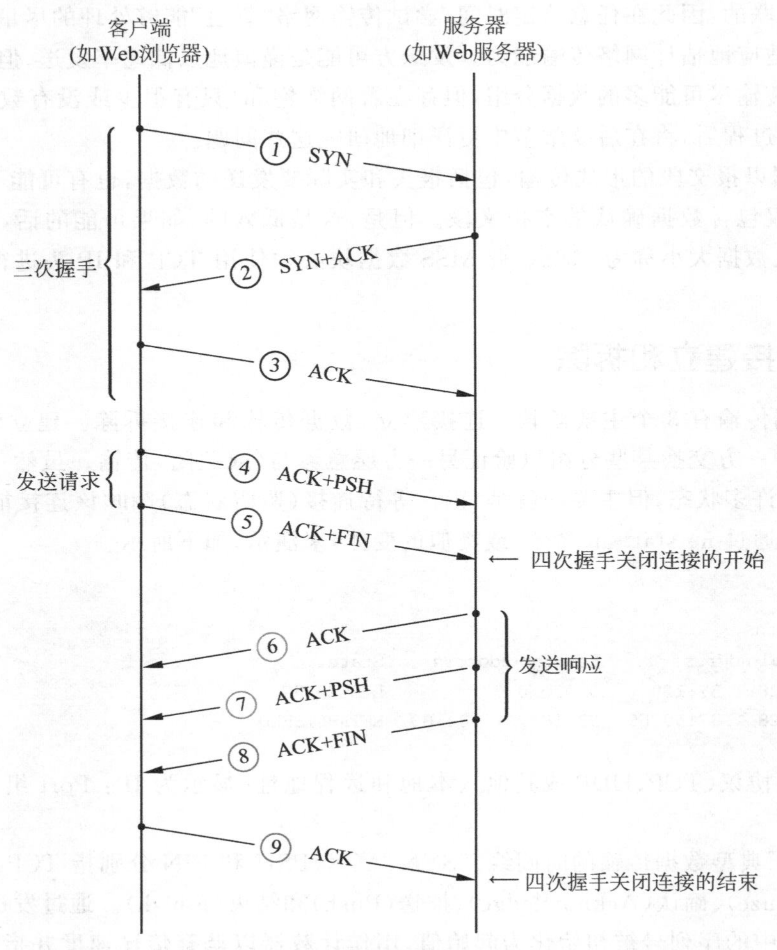

图 4.23　建立连接、发送数据和关闭连接时的 TCP 报文段序列

注:图中显示的序列是典型的 HTTP(Web)请求。

然而,这不是连接中丢弃数据的唯一方式。由于互联网由许多互联的设备组成,数据分组传输路径中的任何设备,在将数据分组发送到路径中的下一跳的过程中,都可能无法跟上数据到达的速率。特别是路由器为数据分组分配缓冲区空间的过程中,过载的路由器就可能简单地丢弃数据分组。虽然看起来增加路由器的缓冲区内存空间就可以解决这个问题,但事实并非如此。这是因为无论配置多快或多大的内存,路由器总是有可能被它连接(或间接连接)的几个设备所转发的数据分组所淹没。在这种情况下,就会发生网络拥塞(Congestion)。

互联网拥塞问题非常严重,早期实施的低速链路偶尔会出现吞吐量急剧下降的问题,这些问题首先由 Jacobson(1988)进行了总结。下面来讨论当前协议使用中出现的拥塞现象,指出各种 TCP 拥塞控制算法存在的主要问题和原因。在 RFC 5681(Allman,et al.,2009)中可以找到权威指南,并且有大量关于在各种条件下改善 TCP 性能的研究文献。除了 RFC 本身之外,更详细的解释可以在许多文献中找到(Hall,2000;Kozierok,2005)。

如 4.9.1 节所述，TCP 依赖滑动窗口确认来确保数据到达目的地。确认的时间提供了有关网络状态的有用信息，可用于推断可以传输多少数据而不会使系统过载。如图 4.24 所示，其中数据被想象为穿过几个不同容量的数据“管道”。阴影部分的区域表示带宽和时间的乘积或传输的数据量。最初，发送一串数据分组，这些数据分组可能会遇到一个或多个瓶颈(由漏斗表示)。

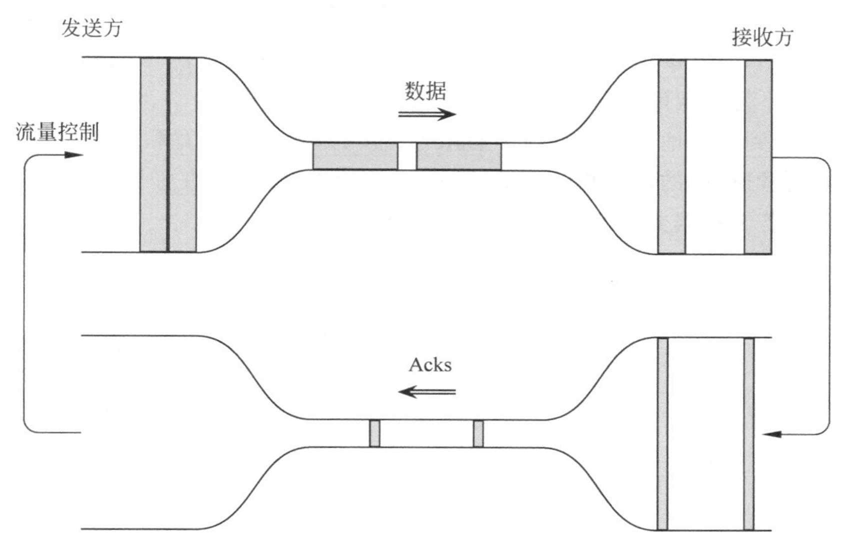

图 4.24　TCP 数据流的流量控制可视化模型

注：给定的数据分组必须穿过网络中各种宽度的管道，其宽度对应不同的带宽和延迟(Jacobson，1988)，流量控制用于在允许范围内接纳网络中的更多数据。

如果发送方接收到返回的确认消息，就调整数据分组的发送速度，从而传输更多的数据分组，实际上系统将变为“自动计时”，并且不会使网络过载。然而，这代表了一种稳态情况，此时一次可以传输大量数据。通常，发送方需要一些时间来得出关于网络状态的结论。但是，一些应用具有非常小的有效载荷并且需要快速响应。例如，向服务器发送一个(或几个)按键动作或发送由单击网页产生的请求。

为了解决所有这些问题，在 TCP 协议栈内采用了几种算法来最大化吞吐量并最小化传输延迟。这些算法随着时间的推移而发展，并且已经在实践中获得了检验。总而言之，关键要求是：

(1) 确保接收方数据不会溢出；

(2) 确保网络数据不会饱和；

(3) 始终保证向终端应用程序及时提供数据。

第一个要求是非常直观的，如果发送方发送的数据多于接收方可以处理的数据，其原因要么是接收方本身处理速度较慢，要么需要对数据进行更多处理(如写入磁盘)，那么多余的数据将会丢失。第二个要求中的网络饱和不是在点对点链路中发生，而是在网络上发生。这是因为每一跳的路由器必须转发数据，并且它们必须转发来自许多传入连接的数据。当一跳或多跳的到达数据超过物理传输媒介的传输容量时，会导致早到的数据分组存储在路由器上，以等待链路传输。最后，数据的及时传送可能需要应用程序本身的支持，提示数据是应该立即传送(如按键和单击鼠标)，还是应该延迟以获得更好的吞吐量(用于批量数据传输)。

为了解决快速发送方和慢速接收方的兼容问题，发送方不应发送超过接收方缓冲区可容纳的内容。这由 TCP 报头中的窗口字段控制，该窗口字段在返回确认(ACK)数据分组时告知接收方的缓冲区空间。发送方不应该尝试发送超过接收方可以缓冲的内容。

解决传输中数据丢失的问题更为复杂。发送方必须推断出数据在传输过程中是否丢失，唯一可行的方法是对成功接收的数据分组进行确认（如果数据分组被丢弃，则缺少确认）。一个指导原则是，除非其他数据分组处理完毕，否则不应将新数据分组引入网络。

当收到确认（ACK）时，根据 TCP 报头中的确认号字段，确认接收到的字节。发送方维护多个变量，其中一个是拥塞窗口（Congestion Window，CWND）。这是在不使网络拥塞的情况下，可以发送多少数据的估计。该值不是固定的，而是根据网络条件自适应调整。

请记住，从源地址到目的地址的传输时间有限，必须考虑延迟。带宽和延迟的乘积是每秒比特数乘以秒数，相当于"传输管道"中的比特数。因此，在已建立的连接中，存在如图 4.25 所示的情况，即在某个时刻的管道中存在若干数据分组（TCP 报文段）和若干 ACK。

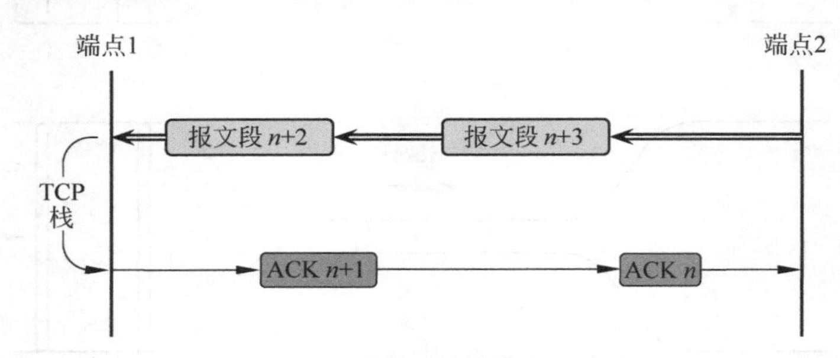

图 4.25 连接上的数据段和确认

注：任何时刻都可能有几个数据分组正在传输途中，也会有 ACK 在返回发送方的途中。

能处于稳态情况当然很好，但是如何确定网络管道可以处理多少数据分组呢？假设新产生了一个连接，发送方希望尽量填充数据管道，以便最大化吞吐量。理想情况下，这意味着在接收方窗口允许的前提下，发送尽可能多的数据。这个不会导致拥塞的最大数据量必须合理、快速地确定，否则建立连接时，网络带宽的利用率会很差。这个要求对于诸如网页请求之类的短期突发传输尤其重要。

为了加速连接，需要在传输开始时快速注入数据分组。如图 4.26 所示，发送一个 TCP 报文段，接收方确认收到 ACK。一旦确认成功，接下来发送两个数据分组并等待其确认也是合理的。TCP 使用累积确认并尝试延迟数据分组的发送，因为仅设置了 ACK 位而没有数据的报文会浪费带宽资源，只在必要的情况下才发送确认。一旦接收到已发送数据的 ACK，就可以根据迄今为止确认的数量增加发送的报文数量。然后，可以一次发送 4 个报文段。遵循该逻辑，在收到下一个 ACK 之后，可以发送 8 个报文段。通过这种方式，传输速度迅速提升。每一步可以发送的报文段的数量由 TCP 拥塞窗口（CWND）变量维护。

这种快速的指数式增长称为 TCP 连接的慢启动（Slow-Start）。当然，这种连续的加倍不能永远持续，否则，当网络过载时会发生拥塞。这个问题的解决方案是加入一个阈值，称为慢启动阈值（Slow-Start Threshold，SSTHRESH）。慢启动过程持续快速增加传输中的数据分组数量，直到达到慢启动阈值。那时，网络能够处理更多数据但可能正在接近饱和点。从那时起，每个 ACK 对应增加的 CWND，减少到每个往返时间（RTT）增加一个。这导致 CWND 线性增加，因此不太可能使网络饱和。

首先指数增长，然后线性增长，如图 4.27 所示。A 部分是指数增长的慢启动阶段，B 部分是线性增长的拥塞避免阶段。该过程可以持续，一直达到已知的接收方限制，该限制可以从返回的 TCP 报头的窗口字段中得知。

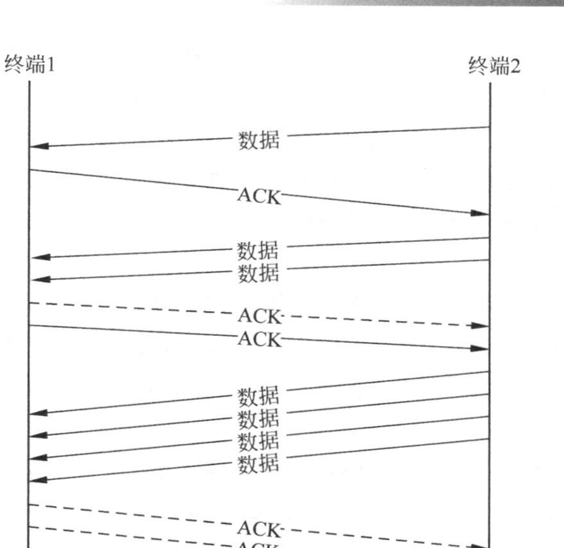

图 4.26　慢启动模式(指数式窗口增长和累积确认)

注：虚线 ACK 不是实际发送的，而是由随后的累积确认推断的。

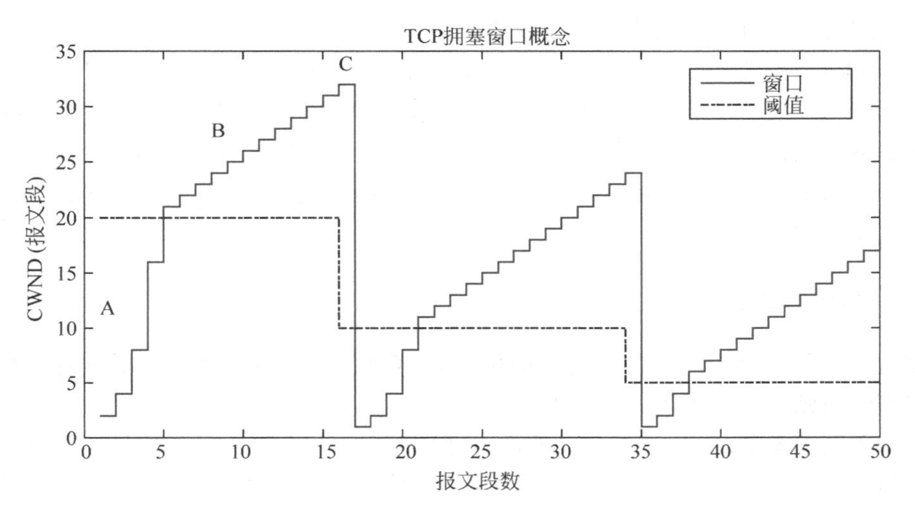

图 4.27　避免 TCP 拥塞的原理

注：A 部分是乘性增加，B 部分是线性增加，直到在 C 处发生错误，则阈值减半。

现在假设网络中发生了一些拥塞。当接收到重复确认 ACK 时，会推断出数据丢失或数据无序接收。假设数据丢失，则必须重新传输丢失的段，还需要重新评估 CWND，以便减轻拥塞。如果丢失严重，则可能根本没有 ACK 返回。在这种情况下，发送方要必须依赖超时重传（Retransmission Timeout，RTO）。一旦超过此超时设置，必须重新启动慢启动和拥塞避免过程。这在图 4.27 中 C 处显示，其中 CWND 减少到一个很低的值，并且 SSTHRESH 减半。整个过程重复，直到达到接收方窗口大小，或者发生另一个 RTO 超时。

发生超时表示存在严重问题，发送方必须采取规避措施。但是假设情况不是那么严重，只有一个报文段丢失或接收方在后期才收到。在要发送 ACK 的时刻，由于出现错误的报文段，无法确认新数据。唯一的选择是确认最后一个连续的数据块，并且不像正常的那样延迟该 ACK，发送方将此视为重复确认（DUPACK）。

重复确认的存在表明网络中有潜在问题。但是，等待 RTO 超时到期，并再次开始后续的慢启动过程，效率很低。毕竟数据正在到达目的地，可能数据段没有丢失，只是 IP 数据报是无序接收的。虽然，次序错乱看起来是一种不寻常且很少见的情况，但事实表明情况并非如此（Bennett，et al.，1999）。有两种改进方案：快重传和快恢复，解决了重复确认的情况（Allman，et al.，1999）。

改进方案的详细介绍可以参考 RFC 2581，实际上，快重传要求应等待 3 个 DUPACK，然后重新发送明显丢失的段。如果接收方两次接收到相同的段，应该不是问题，因为使用了序列号跟踪到所有数据的位置。但是，网络中必然存在一些问题才会发生 DUPACK。因此，快重传状态应该将慢启动阈值 SSTHRESH 设置为 CWND/2，然后将 CWND 增加 3。这意味着，已经达到慢启动阈值，将运行拥塞避免过程。

累积重传是原始 TCP 可靠性保证的一部分。假设由于拥塞等网络故障，连续丢失几个报文段。如果是单个而不是连续的报文段丢失，导致重新传输所有后续段，尤其在导致单个丢失段的故障模式很常见的情况下，这种方式显然是低效的。此外，发送方必须等待一个 RTT 才能找到丢失的报文段。最后，如果发送方过快重新传输丢失的报文段，还有可能会加剧拥塞。

很明显，为了解决这个问题，需要一种方法识别丢失的是哪个报文段。RFC 2018 中定义了选择性确认（Selective Acknowledgment，SACK）（Mathis，et al.，1996）。SACK 通过使用 TCP 选项字段使另一方意识到它支持此扩展。然后，TCP 选项用于指示在重复确认时丢失的数据字节范围。显然，双方都必须理解 SACK。关键的是，由于是在部署标准 TCP 之后才引入了 SACK，因此 SACK 操作必须保证能够与不支持 SACK 的 TCP 栈兼容。如果一方理解选择性确认，但另一方不理解，则执行的方案仍然是标准累积确认过程。

4.9.3 TCP 超时

RFC 5681 总结了 TCP 中用于拥塞避免的机制。TCP 的可靠性保证是以增加复杂性为代价的，设置用于重传的超时值则引入了更多的复杂性。

除了慢启动和拥塞避免之外，还需要一种机制，使发送 TCP 在没有接收到目标 TCP 的任何反馈时仍可以重传数据（假设连接已经在运行中）。因此，必须具有超时机制，以便在一定间隔之后重传数据。设置此 RTO 至关重要：一方面，如果设置为较大的值，则吞吐量将受到影响，因为对于每个丢失的数据分组（或对应的确认分组），RTO 计时器必须到期之后再尝试重新发送数据；另一方面，如果 RTO 值设置得太小，则存在不必要重传的可能性，因为数据（或对应的确认分组）可能仍在传输中。

由于网络条件可能会随时间变化，因此必须自适应地设置 RTO 值，一般设置 RTO 值略大于 RTT。但 RTT 本身可能会变化，最初没有可靠的方法确定 RTT，采用的解决方案是从若干发送的数据分组及其确认分组中计算平均 RTT。虽然可以为连接上的所有数据分组保留一个 RTT 值列表，但这是不切实际的。于是可以简单地通过保留 RTT 值的运行总和，并对测量次数进行平均来解决，但是仍然还有问题。这是因为 RTT 不是固定的，并且可能在连接的生命周期内发生变化。因此，需要估计平滑 RTT(Smoothed RTT，SRTT)。应该清楚的是，不仅希望对 SRTT 进行良好的估计，而且需要一个可靠的近期估计。如果 RTT 开始时非常小，但逐渐变大，那么当前的估计值应该表现为更大的值，反之亦然。因此，平滑过程需要优先考虑更为近期的测量值。

在数学上，可以使用以下递归方程，做到这一点。

$$s(n)=\alpha s(n-1)+(1-\alpha)x(n) \tag{4.1}$$

其中，$s(n)$为当前平滑估计，$x(n)$为新测量值，α 为接近但略小于 1 的缩放因子。

最初 RFC 793 中的 TCP 方案建议使用的平滑 RTT 更新如下。

$$\text{SRTT} \leftarrow \alpha\text{SRTT}+(1-\alpha)\text{RTT} \tag{4.2}$$

其中，α 是平滑因子，建议取值为 0.8～0.9。为了便于实现整数算术，一个简便的选择是 $\alpha=7/8$，因为除以 2^3 相当于将二进制数向右移 3 位。注意每次 SRTT 值更新为新值时，左箭头表示更新的量，更新值使用了 SRTT 的现有值以及 RTT 的新测量值。

RTO 需要比平滑 RTT 大，所以定义为

$$\text{RTO}=\beta\text{SRTT} \tag{4.3}$$

$\beta=2$ 时，提供了有效的 RTO 估计。但是，此重要参数值估计应该有一个上限和下限，因此，RFC 793 规定

$$\text{RTO}=\min\begin{cases}\text{UBOUND}\\ \max\begin{cases}\text{LBOUND}\\ \beta\text{SRTT}\end{cases}\end{cases} \tag{4.4}$$

其中，UBOUND 为上限，LBOUND 为下限，β 建议取值为 1.3～2.0。这种定义避免了病态情况，如 RTO 被估计为显著高于可接受的情况，或在初始启动阶段 RTT 估计不可靠时，产生了错误的小 RTT 估计(因此也得到小 RTO)。

目前已经提出了 RTT 计算和 RTO 推导的许多变体，难点是找到一个在网络环境的所有正常情况和异常情况下都能良好工作的解决方案。为了阻止由于超时引起的虚假重传，Jacobson(1988)建议应该结合 RTT 估计的方差，并提供了理论论据支持这一点。此外，参考前面介绍的加权移动平均的公式

$$s(n)=\alpha s(n-1)+(1-\alpha)x(n) \tag{4.5}$$

如果重新排列，可得

$$s(n)=x(n)+\alpha(s(n-1)-x(n)) \tag{4.6}$$

因此，SRTT 应该反映当前的测量值，加上与平滑估计值和新测量值之间的差值成比例的值。另一种处理方法是考虑 RTT 测量的统计分布。如果它们产生的是钟形曲线，一些测量值将小于平均值，而一些测量值则更大。由于希望保守一点，RTO 比平均值更长，但又包含大多数测量值，可以基于平均值加上一个偏离平均值的标准偏差。由于重新计算是按数据分组进行的，因此非常简单。为此，Jacobson(1988)提出了一种基于平均偏差的方法，该方法被纳入当前标准。

RFC 6298(Paxson，et al.，2011)更新了实际处理方法，即使用了往返时间的方差(Variance of the Round-Trip Time，RTTVAR)。SRTT、RTTVAR 和超时值初始化为

$$\mathrm{SRTT}=\mathrm{RTT} \tag{4.7}$$

$$\mathrm{RTTVAR}=\mathrm{RTT}/2 \tag{4.8}$$

$$\mathrm{RTO}=\mathrm{SRTT}(0)+\max\begin{cases}G\\ K\,\mathrm{RTTVAR}\end{cases} \tag{4.9}$$

其中,$K=4$,G 为时钟粒度。方差用新的估计值 RTT′来更新,即

$$\mathrm{RTTVAR}\leftarrow(1-\beta)\mathrm{RTTVAR}+\beta\,|\,\mathrm{SRTT}-\mathrm{RTT}'\,| \tag{4.10}$$

$$\mathrm{SRTT}\leftarrow(1-\alpha)\mathrm{SRTT}+\alpha\mathrm{RTT}' \tag{4.11}$$

其中,$\alpha=1/8$,$\beta=1/4$。那么超时值为

$$\mathrm{RTO}=\mathrm{SRTT}+\max\begin{cases}G\\ K\,\mathrm{RTTVAR}\end{cases} \tag{4.12}$$

RTO 使用 Karn 等(1987)的算法进行测量,其中不包含重传。通过这种方式,可以更好地估计"良好"超时,估计值不仅平滑变化,同时反映了链路本身的最新测量结果。

4.10 数据分组路由

"路由"指的是确定 IP 分组通过一个互联网络时的路径。路由发生在 IP 层中,但在许多情况下与链路层存在一些交互。专用路由器可以执行网关到网络的路由,同时路由可以由具有多个网络接口的任何设备执行。路由功能本身是分布式的,即网络上的每个设备或节点接收 IP 数据分组并确定是否保留它,并在自己的协议栈中传递给更高层(TCP、UDP 或其他传输协议),或者转发它,没有主控制器管理它,每个设备必须自己做出决定。

简单地说,路由器从一个接口获取传入的 IP 数据分组,必须决定将其重新发送到哪个其他接口,这称为转发(Forwarding)。传出接口应始终使数据分组更接近其目的地。对于网络端点的设备,只有一个上游连接,只须转发数据分组到网关,由网关到达更广泛的互联网。在这种情况下,实际上没有做出路由决定。

成功实现路由需要完成两个子任务。第一个子任务是有效地将传入的数据分组分派到正确的目的地。由于必须对每个数据分组执行此操作,因此必须快速地完成。路由表的数据分组查找提供了快速确定下一跳接口的方法。该表包含地址列表以及将这些地址作为目标时数据分组的发送位置。检查所有可能的目的地是不可能的,因此路由表必须寻找"最近"的目的地,而不是确切的目的地,并希望下一跳可以做出更明智的决定,以确定哪个更接近数据分组的最终目的地。

第二个子任务是填充路由表本身。对于典型的终端设备,路由表相对简单,主要是确定端点是否在本地 LAN 上,如果不在,则将数据分组发送到网关进行处理。在这种情况下,路由表的设置相对简单,配置通常在没有用户干预的情况下自动完成。但对于路由器本身,路由转发决策必须包含一些不精确匹配的方法,因为知道互联网上每个可能的目的地显然是不可能的。路由决策还必须在多个路由器之间保持一致,否则,数据分组可能会从一个路由器转发到另一个路由器,然后再将它们转发回来。允许数据分组无限循环显然是不必要的行为,实际上,会一直循环到 IP 头中的 TTL(即生存时间计数器)到期。

假定路由表可用,下面将讨论确定数据分组的最佳转发接口并研究构建路由表的方法,给出一些路由表的实际例子。在这里使用 IPv4 地址,用较短的地址更方便说明概念,关于 IPv6 地址分配的细节,读者可以参考 RFC 6177(Narten,et al.,2011)。

4.10.1 路由示例

为了说明关键概念，首先从基础开始，简要地研究一下如何在终端设备中实现路由。这些示例中的设备 IP 地址为 192.168.0.131，网关为 192.168.0.1。通常的做法是为低地址部分分配一个带有低编号标识符的网关，如.0.1(虽然不是强制性的)。这个设备中存在的一些路由如下所示。

```
route print
Destination     Netmask            Gateway        Interface
127.0.0.1       255.255.255.255    On-link        127.0.0.1
192.168.0.255   255.255.255.255    On-link        V192.168.0.131
192.168.0.0     255.255.255.0      On-link        192.168.0.131
0.0.0.0         0.0.0.0            192.168.0.1    192.168.0.131
```

目的地址 127.0.0.1 是环回(Loopback)地址，发送到该地址的数据分组由同一设备有效地接收。所有 IP 连接的机器上都存在着这样的地址。网络地址 192.168.0.255 是广播地址，这是到达同一子网上的所有设备都必需的。回想一下广播地址包含全 1，这导致 255 作为地址的最后一个字节。地址 192.168.0.0 定义整个子网，这不是广播地址，实际上是指匹配 192.168.0.* 的任何目的地的通配符地址(其中 * 表示任何地址)。最后，对于目的地址不明确的任何数据分组，默认的目的地址都是 0.0.0.0。网关地址被视为 192.168.0.1，它是连接到外部互联网的路由器。

下面跟踪数据分组从此网关到另一个网关的路由跃点。这里用 example.net 作为目的地，每行显示了设备延迟(以毫秒为单位)的 3 次测量值。

```
tracert -d example.net
Route to example.net [93.184.216.34]
1    11 ms     3 ms      8 ms      150.101.32.93
2    10 ms     10 ms     8 ms      150.101.34.30
3    16 ms     18 ms     27 ms     150.101.33.12
4    190 ms    204 ms    203 ms    150.101.34.42
5    221 ms    205 ms    167 ms    206.223.123.14
6    194 ms    194 ms    194 ms    108.161.249.17
7    168 ms    197 ms    164 ms    93.184.216.34
```

请注意，不同数据分组的延迟也会有所不同，但对于给定的目的地址，通常大体一致。数据分组延迟的变化称为抖动(Jitter)。

4.10.2 分组转发机制

转发是指对于某个物理接口上的每个传入数据分组，检查其目标 IP 地址，在另一个物理接口上重新发送该数据分组。在某种意义上，输出物理接口应该更接近数据分组的最终目的地。接收、检查和重新转发的行为称为跳(Hop)，而跳数(Hop Count)是从源到目的地经过路由的次数。转发的数据分组唯一的变化是，对 IP 报头中的 TTL(生存时间)字段进行递减，并相应地更新校验和，然后在选中的物理接口上发送出去。IP 数据分组中的 TTL 字段在每一跳上递减，以防止数据分组无休止地循环。任何 TTL 为零的数据分组都不能被转发(即被丢弃)。

下面考虑数据分组的目标 IP 地址匹配任务。如果目标地址与当前设备地址匹配，则当前设备实际上是最终的目的地，并且数据分组由协议栈处理，不在数据链路上转发。可以使用异或(XOR)函数执行精确匹配的测试,因为两个相同值的异或始终为零。于是,路由功能就结束了。

如果初始检查中未发生精确匹配,则需要进一步的处理。目的地址可能碰巧在同一个 LAN 中。如果是这种情况,可以简单地使用本地 LAN 上目的地的 MAC 地址重新发送 IP 数据分组,于是任务完成。可以通过仅使用子网掩码中出现二进制 1 的那些位来比较 IP 地址,从而确定目标 IP 是否与自己的 IP 在同一子网上。这可以通过使用自己的子网掩码与目标 IP 地址进行逻辑与(AND),然后使用子网掩码与自己的 IP 地址进行逻辑与(AND)来轻松完成。如果这两个结果匹配,那么可以确定目标设备在 LAN 上,可以通过在输出的数据帧中设置正确的 MAC 地址,直接重新发送它。

图 4.28 详细说明了这个过程,其中执行计算的设备地址为 192.168.128.34,子网掩码为 255.255.255.0,该掩码具有清除 8 个最低有效位的效果,应用掩码的结果为 192.168.128.0。使用的第一个目标地址为 192.168.128.12,应用掩码的结果为 192.168.128.0,这与设备本身位于同一子网。因此,可以确定目标位于同一子网上。现在查看具有相同掩码的第二个目标地址 192.168.32.17,应用掩码的结果变为 192.168.35.0。这不在同一个子网上,因为它与 192.168.128.0 不同。在这种情况下,子网掩码可以使用十进制整数查看结果,但对于一般的子网掩码,情况并非如此。当然,二进制操作非常简单,首先进行按位与,然后使用异或进行比较。

设备地址: 192.168.128.34	11000000	10101000	10000000	00100010
子网掩码: 255.255.255.0	11111111	11111111	11111111	00000000
AND 192.168.128.0	11000000	10101000	10000000	00000000
目标地址1: 192.168.128.12	11000000	10101000	10000000	00001010
子网掩码: 255.255.255.0	11111111	11111111	11111111	00000000
AND 192.168.128.0	11000000	10101000	10000000	00000000
目标地址2: 192.168.35.17	11000000	10101000	00010011	00010001
子网掩码: 255.255.255.0	11111111	11111111	11111111	00000000
AND 192.168.35.0	11000000	10101000	00010011	00000000

图 4.28 判断两个地址是否在同一子网的示例

如果判断结果是设备在同一子网上,则可以使用 ARP 协议找到 MAC 地址(见 4.7.1 节)。ARP 执行 LAN 广播,询问谁具有某个 IP 地址,而其拥有者回复其 MAC 地址。

大多数终端设备通过网关连接到互联网。如果目标地址不在直接连接的 LAN 上,则将 IP 数据分组发送到网关地址。通过命令,可以找到网关设备,以及不直接连接在 LAN 上的数据分组的目标地址,如下所示。

```
ipconfig /all
Ethernet adapter Local Area Connection:
Description          Gigabit Network Connection
Physical Address     D4 - BE - D9 - 1C - DF - 73
DHCP Enabled         Yes

IPv4 Address         172.17.1.111
Subnet Mask          255.255.0.0
Lease Obtained       5:41:30 PM
Lease Expires        6:41:30 PM
Default Gateway      172.17.137.254
DHCP Server          172.17.137.254

DNS Servers          172.17.137.254
```

因此，这种方案处理本地寻址，将任何其他地址的数据分组发送给网关。但是在网络之间的路由呢？网关设备必须进一步连接到一个或多个其他LAN，以便形成互联网络。这意味着有几种可能的物理接口，而且其中某些LAN可能找不到最终目的地。在这种情况下，有必要通过其中一个接口将IP数据分组发送到另一个设备，该设备在某种意义上"更接近"最终目的地。选择更靠近目的地址的设备以及转发分组的物理接口是IP层内路由的工作。

4.10.3　路由任务

路由器的主要任务是确定转发数据分组的接口。但是，在大型组织和高级别的路由器上可能存在许多接口。此外，可能存在大量的路由要处理。具有数百或数千个可能目的地的路由表会带来相当大的计算负担，即使采用后面描述的快速查找方法也是如此。最重要的一个要求是，数据分组不应该转发回原接口，否则数据分组可能会从一个路由器传输到另一个路由器并再次返回，无休止地传播。

另一个问题与IP地址结构有关。尽管原始的A/B/C类标识内置了一些层次结构，但它并不能有效地使用地址空间。理论上，在32位地址空间中可用的地址略少于2^{32}个。一个A类网络允许7位用于网络地址，24位用于设备地址，但是实际上没有哪个局域网会直接与2^{24}个设备相连接。即使C类网络只有254个可能的设备(256个地址除去广播地址和网络地址)，使用效率也不高。例如，一个只有十几个连接设备的小型组织也使用C类地址来分配资源。大量可能的C类网络加剧了这种低效率。

针对这两个问题(地址空间的低效使用和路由器过载)，产生了一种巧妙的解决方案，称为无类别域间路由(CIDR)，发音为"cider"(Fuller，et al.，2006)。CIDR仍然使用标准IP地址，但是把A/B/C类地址空间用到了极限，CIDR通过使用网络掩码完成此功能，其方式与局域网的子网掩码相似(尽管不完全相同)。回想一下，子网掩码将地址空间细分为较小子网。

但是，这里的解决方案是将多个子网组合成一个，虽然使用了子网的思想，但现在代表了几个子网的集合。通过这种方式，几个子网组合在一起，用来简化路由。路由器只需要知道较大的子网组，子网边界处的路由器都采用这种方式处理路由。这个过程称为"超网"，因为它实际上与子网划分相反。通过这种方式，可以通过分配路由工作负载简化路由。另外，通过更有效地使用小型网络的地址可以节省IP地址空间。

所有这一切都是在端点没有意识到的情况下实现的，对它们来说IP寻址标准是相同的。交换的路由信息必须包含网络前缀和超网掩码，但与终端设备相比，受影响的路由器数量相对较少。

4.10.4　超网的转发表

转发的决策就是，对于一个IP地址，设备需要确定由哪个物理接口重新发送数据分组。由于路由器不可能存储每个IP地址，因此需要聚合地址块，这样只要有一个表项就足以标识给定的设备块。例如，一个数据分组需要路由到192.168前缀的网络上的某个地方，则不必为所有可能的地址192.168.1.1，192.168.1.2，…维护路由[①]，这是完全不切实际的。但是，如果已知距离较近的设备的IP地址，且又可以到达192.168地址块，那么肯定可以将目的地为192.168.1.2的IP数据分组转发到另一台设备上，并让它考虑接下来该怎么做。因此，不必担心最终路由，只需要关注下一"跳"，使数据分组更接近目

① 这些不可路由的私有地址仅在本节和后续章节中用作示例，以免与"真实"地址冲突。实际上，被指定为私有的IP地址永远不会被转发。

的地。

路由器必须为目的 IP 地址选择最接近的网络，因此路由器必须检查路由表中的每一项，并不是为了完全匹配，而是为了匹配最大位数。对于给定的路由掩码，如/18，搜索过程将分组目的地中的比特与每个候选路由项中的相应比特进行比较，匹配位数越多越好。

最后，如果找不到更近的路由，则必须始终存在默认路由，就是找不到更接近匹配的情况下，应转发数据分组的接口。默认路由始终为地址零，掩码零，即 0.0.0.0/0。

图 4.29 显示了具有 3 个物理接口的路由器。假设数据分组到达接口 0，目的 IP 地址为 192.168.2.1。然后查阅路由表，路由表提供了路由器已知的最佳接口连接。路由表必须具有每个可能路由的 IP 地址和前缀，这看起来可能类似于子网掩码，实际上在很多方面确实如此。但是，前缀的使用方式略有不同，它指定了到其他几个子网的聚合路由。

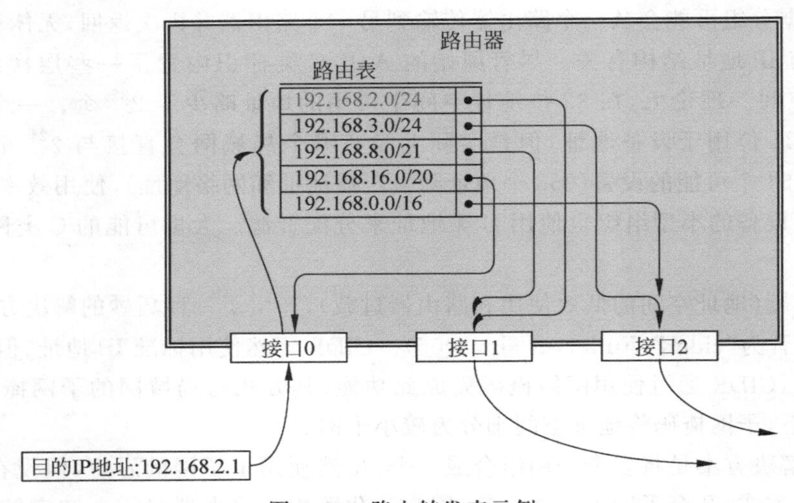

图 4.29 路由转发表示例

注：图中有 5 个路由表项和 3 个物理链路接口。

图 4.30 显示了图 4.29 对应的路由表，其中包含以二进制形式写出的重要部分。请注意，出于展示的目的，仅显示了可能非常大的转发表的一小部分。在显示的那些项之前可能有更多项，具有更长的前缀掩码，但是它们可能指向完全不同的网络。该表按照前缀掩码长度的递减顺序显示（/24，/24，/21，/20，/16），因为较长的前缀表示更具体的路由，更有可能匹配更多位。

			位匹配
地址:	192.168.2.1	11000000 10101000 00000010 00000001	
路由项 1	192.168.2.0/24	11000000 10101000 00000010 00000000	(24)
路由项 2	192.168.3.0/24	11000000 10101000 00000011 00000000	(23)
路由项 3	192.168.8.0/21	11000000 10101000 00001000 00000000	(20)
路由项 4	192.168.16.0/20	11000000 10101000 00010000 00000000	(19)
路由项 5	192.168.0.0/16	11000000 10101000 00000000 00000000	(16)

图 4.30 IP 地址和网络掩码的路由表

注：网络前缀位用阴影表示，路由查找的目标是选择最大匹配位数的特定路由。

很多路由项很早就可以被排除，因为它们的前缀位是完全不同的。在该示例中，仅显示以 192.168 开头的那些项，通过检查可以看到它们至少匹配所需目的地址的高 16 位。

依次考虑每个路由，发现路由项 1 匹配左边开始的 24 位，这恰好匹配前缀中的所有位。所以，作为最直接的路线，这似乎是一个很好的选择。路由项 2 匹配左边开始的 23 位，因为它在路由项为 1 而目的地址为 0 的地方匹配失败。路由项 3 匹配 20 位，其余两条路由分别匹配 19 位和 16 位。因此，路由项 1 将是最直接的路由，这是在接口 1 上发送 192.168.2.1 数据分组的方向(见图 4.29)。

例如，回顾覆盖 192.168.0.0 网络的路由项 5，可以看到它也是一条指向终端目的地 192.168.2.1 的合理路线(尽管路线不太直接)。它指向更大的聚合块，因此，如果要选择该路由，则可能还有进一步的路由跳转到达最终目的地。

如果足够幸运，有能够到达目的地的确切路线，会发生什么呢？这可能发生在特定的点对点链路上，即路由链中的最后一个链路。在这种情况下，地址和掩码必须是 192.168.2.1/32。因为所有位于左边的 32 个位置都要匹配，并且匹配的总位数在 32 时达到最大化，这只能在精确路线匹配的情况下发生。

在另一种极端情况下，如果路由器在路由表中找不到匹配项，会发生什么呢？如果已经尝试了所有其他可能的路由(使用地址和掩码方法)而没有成功，则很可能发生这种情况。因此，路由表始终具有默认路由(Default Route)，指定为 0.0.0.0/0，也就是掩码为零的全零地址。这意味着，根据定义，始终满足所需的位匹配数，因为必须匹配的位数为零。在没有其他路由匹配的情况下，默认路由将始终匹配。如果存在一个其他路线仅部分匹配，那么部分匹配的路线也将被选为最长匹配。通过这种方式，默认路由就像预期的那样，是最后的路线。

现在，路由表的匹配与子网掩码的匹配之间的区别应该是显而易见的。两者都掩蔽了右边那些在掩码中为零的位。但是，在路由中，前缀掩码中的各个位都被考虑在内，并且与目标地址相比，从左到右，具有最大匹配位数的前缀匹配成功。不必像检查本地子网那样对这些位进行全部匹配，但需要从左到右连续匹配，直到出现第一个非匹配位。

现在考虑另一种情况，假设数据分组的目的地为 192.168.17.1，对应于 192.168 的前两个字节已经匹配。第三个字节(十进制 17)是二进制的 0001 0001。将其与给出的路由表进行比较，对于路由项 1、2 和 3，匹配的位数是 19，小于每种情况下的掩码长度。对于路由项 4，只有 20 位匹配，是由于耗尽了所有 20 个掩码比特。路由项 5 仅匹配 16 位(所有掩码位)。因此，在这种情况下，路由项 4 具有最长的匹配长度。

最后，请注意可能出现的一个问题，如 RFC 4632 中所述。图 4.31 说明了这一点，其中有一个 192.168.16.0/20 聚合网络，它被细分为较小的网络。还有一个聚合网络 192.168.8.0/22，将它进一步细分，可得 192.168.9.0/24。

IP 地址的第三个字节不同，并且每个地址的二进制值在图 4.31 中显示，网络掩码的部分用阴影覆盖该字节。在 192.168.16.1 路由器上，发往 9.0 网络的数据分组将被转发到 192.168.8.1，然后作为 9.0 网络的网关，再转发到 192.168.9.1。也就是说，较高的 16.1 路由器不知道较低的 9.0 网络的内容，只能通过 192.168.8.1 到达它。

接下来，假设图 4.31 中标记“×”的连接断开。然后，发往较低网络的同一个数据分组将在 8.1 路由器上发现 9.0 无法访问。但是，192.168.8.1 中的另一个路由项给出 16.0/20，它仍将覆盖目的地，因此数据分组将往那里转发。如图 4.31 所示，这是一个更高级别的路由器，但实际上，数据分组被转发回它的初始发送位置。这些线表示由此形成的路由环路。由此，路由器永远不应该将数据分组发送到更广泛(不具体)的目的地(在这种情况下，192.168.8.1 不应该遵循路由 192.168.16.0/20)，并且也永远不应该返回到与数据分组来源相同的接口。

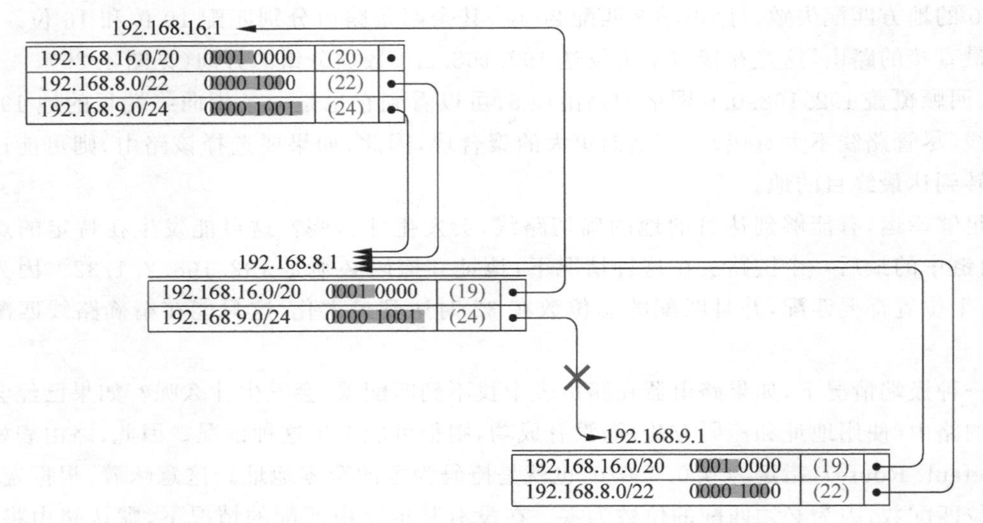

图 4.31 聚合网络中不正确转发导致的路由环路

注：发往网络 192.168.9.0 的传入数据分组到达 192.168.16.1 进行转发。为了清楚起见，对于每个路由表项，只以二进制形式显示左边的第三个字节。

4.10.5 路由路径查找

就像一个人不会为了找到一本特定感兴趣的图书而去查阅图书馆中所有图书的标题一样，为了找到传入 IP 数据分组的正确转发地址，在转发表中搜索所有可能的路线是不必要的。分组到达速率通常非常高，并且转发条目的数量可能非常大(以千为单位)。所有这些将使每个分组转发操作产生延迟，因此导致给定 IP 分组的传送过程中的总路由延迟。

所以，快速路由查找非常重要。本节旨在概述加速路由查找过程的方法，并不对所有方法进行详尽介绍，而且尽量避免提出“最佳”方法建议，因为标准在很大程度上取决于实际情况。本节的目的是强调路由查找问题的解决思路。此外，有效的算法值得花时间去理解。

基本问题可以定义如下，IP 地址块被聚合到更大的路由块中，因此，每个路由器必须将目标地址与最契合的下一跳匹配。匹配不仅是查找单个值，而是查找与前缀位具有最大化匹配的地址，即匹配的位数越多，表示网络越接近。因此，这种类型的查表称为最佳匹配前缀(Best Matching Prefix)，或者更具描述性地称为最长匹配前缀(Longest Matching Prefix，LMP)。一种拙劣的搜索方法是针对每一个表项，对 N 位地址进行 N 位比较，这对于表项较多的情况显然是一种低效的方法。

由于比较操作以及其他操作都是二进制的，可以采用硬件实现快速匹配(Gupta，2000)。除了匹配的复杂性之外，还有一个问题是必须使用路由协议中的消息更新转发表。前面提到的线性转发表是最简单的方法，这可以预先定义表的大小，按照定义的最大路由条目数分配空间。还有一种方法是采用链表数据结构，以便可以根据需要增加(或减少)路由条目的数量。关于 IP 查找表的各种数据结构的广泛讨论可以在 Chao(2002)的文献中找到，更好的查找方法的研究可以参考 Lim 等的文献(2009)。

在这种情况下可以采用的数据结构是二叉树(Binary Tree)或其众多变体。图 4.32 显示了标签为 A～D 的节点构建的二叉树，分别具有十六进制键值 4、6、2 和 9，节点 A～D 可以存储任意信息，这里只是用于标识。在这种情况下，存储在每个节点的整数键值的二进制值为 0100、0110、0010 和 1001。本例中的比特从左(MSB)连续编号,每个圆形决策节点的选择取决于比特值,比特值 0(向左分支)或 1(向右分支)确定在该点处采用的路径。因此,从根节点 R 出发,遵循相应的二进制值,采用向左(0),然后向左(0),再向右(1),最后向左(0)的路径到达节点 C。

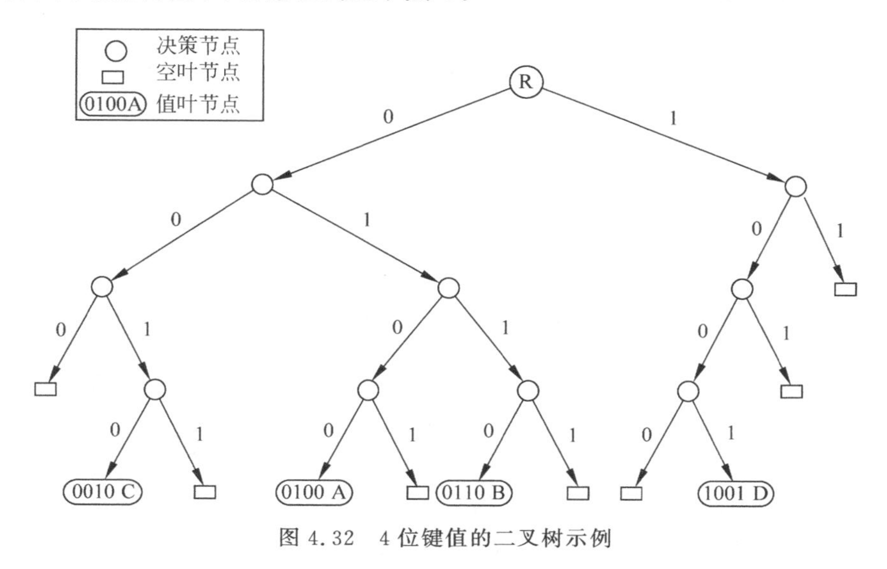

图 4.32 4 位键值的二叉树示例

叶节点可以保持某个值(在这种情况下为 A～D),或者是不含信息的空值,如图中方形节点所表示的。每个分支位于两个可能路径中的一个,树的深度是分支到达叶节点的总长度,这对应于整数键值中的位数。

图 4.33 显示了一个稍微复杂的二叉树,这次是 6 位而不是 4 位的。在转发表搜索的应用中,二叉树的有效性是指达到决策所花费的时间,由树的深度控制,在这个例子中深度是位数 N。对所有可能值进行完整(详尽)搜索需要 2^N 次比较。例如,如果 $N=32$,则树搜索仅需要 32 次单比特比较,与穷举情况下的 2^{32} 次比较相比(显然,这是一个非常大的数字),要少得多。二叉树算法可以扩展为更大的 N。这是以复杂度为代价的,需要更复杂的结构来维护树中的信息以便于搜索。树的添加和删除并不是特别困难,因此对于这种类型的树结构,可以相对容易地更新转发表。

二叉树为存储和处理转发项的研究提供了有用的方向,但是它并没有直接解决问题。这是因为路由匹配任务需要基于二进制值的 LMP 搜索,而不是迄今为止看到的二叉树的精确匹配。二叉树通常用于基于数据本身中的某些标准(如字符的字母顺序)进行搜索,而不是比特本身。基于数据比特本身的搜索称为基数搜索(Radix Search)。

用于检索信息的通用数据结构称为 trie①,因为它用于检索。trie 的原始概念由 Fredkin(1960)提出。在 IP 查找表中使用的特定类型的 trie 是 Patricia trie(Sklower,1993; Wright,et al.,1995b; Waldvogel,et al.,1997)。Patricia 算法最初由 Morrison(1968)描述,其中引入 Patricia 一词,表示检索字母数字信号化编码的实用算法(Practical Algorithm to Retrieve Information Coded in Alphanumeric)。Sedgewick(1990)给出了 Patricia 算法的一个很好的通用阐述,Wright 等(1995b)描述了 Patricia 算法在路由表中的具体实现。

Patricia trie 的一个特征是,搜索匹配键时,并不检查存储在 trie 中的所有键值。这是因为在搜索

① 尽管 trie 作为单词 retrieval 的一部分,但它的发音有很多种,如 try 或 tree。

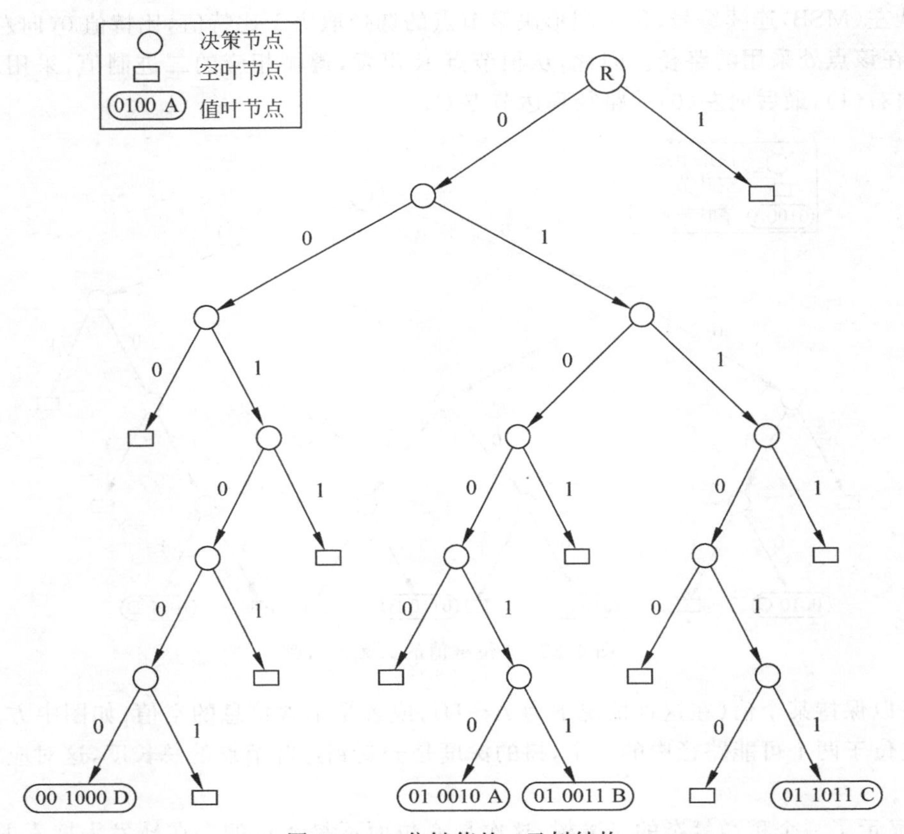

图 4.33　6 位键值的二叉树结构

期间仅检查某些位置的比特，这些比特值用于确定左/右分支，直到结束才检查整个 N 位键值。

将 Patricia trie 应用于转发表搜索问题的原因(Wright，et al.，1995b)是考虑到了二叉树的缺点。首先，如上所述，二叉树没有直接提供满足合并前缀匹配要求的方法(尽管这可以通过各种修改来完成)。其次，前面描述的二叉树包含 3 种不同类型的节点：决策节点、值叶节点和空叶节点，这在某种程度上使处理变得复杂。最后，搜索空间有点稀疏，因为并不是每个可能的结果都需要枚举，这与直接的二叉树不同。

下面的主要问题是从最左边的比特开始查找 LMP。图 4.34 中使用了 6 位比特，trie 节点包括 4 个条目填充(根节点始终用于固定 trie)。每个节点类型都是相同的，而不是像二叉树那样分为不同的决策节点和叶节点。每个节点都包含键名(在这种情况下只是字母 A～D，以及根节点 R)、键值(每比特搜索一次)和小方框所指示的比特位置。每个节点包含左/右指针(对应 0/1)，由小方框所指示位置的比特值决定选哪个指针，但是小方框所指示的位置不是连续的。

每个节点存储了与父节点首次出现差异的位索引(即小方框位置)，这意味着后续节点存储的位索引在位置上必然是在当前节点的位索引的右边。

从右边开始将比特位编号为 1，2，3，…，并从左侧开始位搜索(MSB)，根节点是一个占位符，用来锚定 trie 结构，搜索也从根节点出发。如图 4.34 所示，根节点 R 检查待匹配二进制最左边的位置(第 6 位)，值 1 指向自身，值 0 直接指向节点 D。然后检查第 4 位，如果该位为 0，向左移至节点 A；如果该位为 1，转到右边的节点，在这种情况下，回到节点 D 本身。如果已经移动到节点 A，根据小方框位置检查第 3 位，如果值为 0，则移动到节点 C，继续检查第 2 位。但是，如果节点 A 处检查的第 3 位是 1，则移动到节点 B，继续检查第 2 位。注意，节点 C 的左指针直接指向根节点，类似的向上指针定义了搜索终止条件。

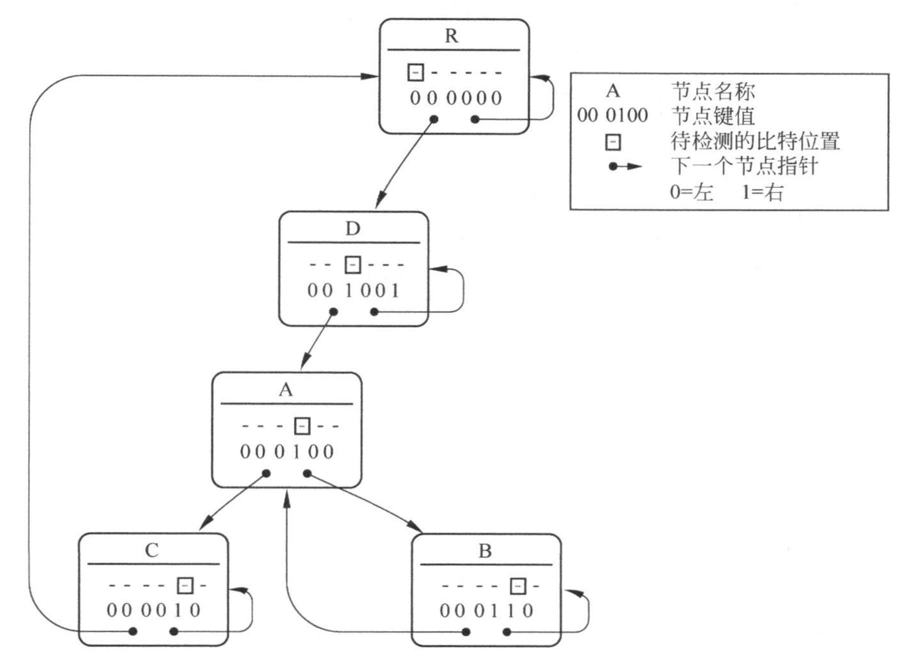

图 4.34　Patricia trie 示例 1(图中给出了 000111 的搜索路径)

注：trie 中的左/右决策基于方框位置中的 0/1 值，整个路径只在搜索结束(即当指针向上)时检查一次。

假设搜索二进制 000111，可以用刚才描述的方式来跟踪分支，比较每个节点的匹配位置并遍历到下一个节点，最终到达节点 B。从节点 B 开始的下一步是使用右指针，最后返回节点 B 本身。每当分支指向同一节点或更高节点时，表示搜索结束。此时，可以知道 00011x 是最长匹配的二进制路径(其中 x 是 0 或 1)，最后匹配的位置是 2(从最右边算第一个)。这正是转发表中 LMP 搜索所需的信息。

因此，以这种方式构造的 Patricia trie 可以用于二进制的 LMP 搜索。从一个节点到下一个节点可以跳过几个比特，因为每个节点不是检查连续的比特，而是检查较低节点中不同的下一个比特。如果已经到达搜索结束点却还没有精确匹配，仍然需要执行 LMP 的操作，此时比较后续节点和当前节点的位索引，如从 B 到 A 的位索引比较。通过简单地检查位索引，可以很容易地验证出后续节点不是子节点，因为随着沿着 trie 的向下搜索，位索引必然是减小的(Sedgewick，1990)。

图 4.35 展示了第二个例子。假设搜索 011000，这将引导到达节点 C(011001)，并且到该节点的 LMP 将是 011。由于第 4 位是 1，所以跟着右边的指针返回到节点 C 本身，因此搜索终止。

下面是一个改编自 Sedgewick(1990)C 代码的 MATLAB 的简单实现，这有助于理解 Patricia trie 算法。

第一步是定义数据结构，下面显示的 PatriciaTrie 类包含每个节点的数据，即每个节点存储的值(Key)、节点名称(Name)以及需要节点决定左右分支的位索引(b)。在这个简单的示例中，使用 uint8 数据类型将 Key 值设置为 8 位整型，节点名称设置为简单的字符串。

构造函数返回一个指向节点数据结构的句柄或指针(见 4.3.3 节)，这样做可以将对象的引用传递给方法，而不是复制整个对象，从而轻松链接对象，简化代码结构，更有效地执行代码。因为与对象本身

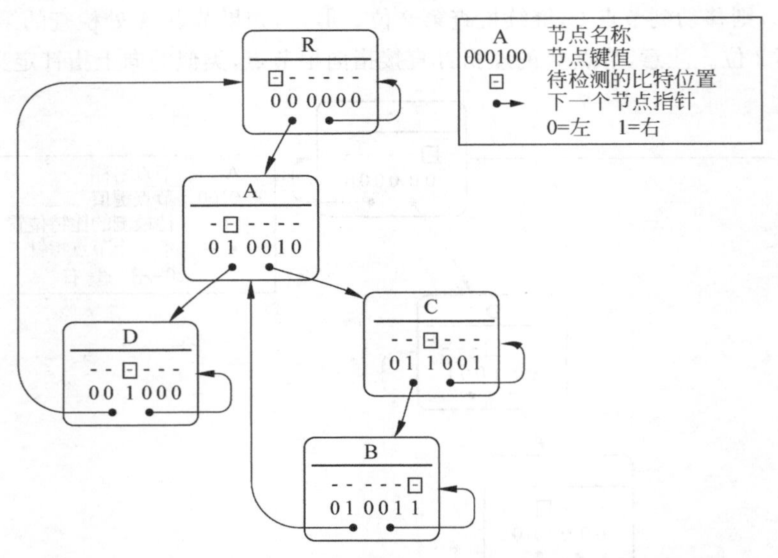

图 4.35 Patricia trie 示例 2(图中给出了 011000 的搜索路径)

相比,引用占用的内存相对更少。

创建每个节点时,Key、Name 和 b 属性各设置一次,因此被定义为私有类成员。但是,随着 trie 的添加,左右指针会发生变化。请注意,默认情况下会构造的 trie 节点,两个指针都指向自身,以提供终止搜索的默认条件。

```
% trie 中的节点类
classdef PatriciaTrieNode < handle

    properties (SetAccess = private)
        Key                 % 该节点的二进制键值
        Name                % 该节点的识别名称
        b                   % 该节点要测试的位索引
    end

    properties
        Left                % 左指针对应 0 分支
        Right               % 右指针对应 1 分支
    end

    methods
      % 构造函数
      function node = PatriciaTrieNode(Key, Name, b)
          node.Key = uint8(Key);
          node.Name = Name;
          node.b = b;

          % 初始化时指针指向自身
          node.Left = node;
          node.Right = node;
```

```
        end
        % 显示一个节点的内容
        function ShowNode(TheNode)
            fprintf(1, 'PatriciaTrieNode Name = "%s" Key = %d b = %d\n', ...
                TheNode.Name, TheNode.Key, TheNode.b);

            if( ~isempty(TheNode.Left) )
                fprintf(1, 'Left pointer -> %s\n', TheNode.Left.Name);
            else
                disp('Left pointer is null');
            end

            if( ~isempty(TheNode.Right) )
                fprintf(1, 'Right pointer -> %s\n', TheNode.Right.Name);
            else
                disp('Right pointer is null');
            end
        end
    end % 结束方法
end
```

对 trie 节点进行分组，并通过设置左/右指针添加节点，从而形成完整的 trie 结构，是通过 PatriciaTrie 类来完成的。该类始终包含根节点，在本例中，搜索的最长二进制序列为 6 位。

```
% 完整的 trie 类由单个 trie 节点组成
classdef PatriciaTrie < handle

    properties (SetAccess = private)
        % 根节点
        RootNode

        %maxbits = 8+1;                    % 对于 unit8 的键值
        % 根节点中存储的位掩码应该比每个节点所需的位数多一位
        maxbits = 6;                       % 本例中的位数
    end

    methods

      % 构造函数
      function Trie = PatriciaTrie()
          fprintf(1, 'Create Patricia Trie\n');

          b = Trie.maxbits;
          Key = 0;
          Name = 'Root';

          Trie.RootNode = PatriciaTrieNode(Key, Name, b);
        end
        % ---------------------------------------------------------------
```

```
        % 在此处插入其他方法:
        %
        % Descend()
        %
        % Find()
        % -----------------------------------------------------------

    end % 结束方法
end
```

要显示 trie 的内容,必须在上面的类中添加一个方法,该方法将 trie 向下遍历并访问所有分支。这是通过 Descend()方法完成的,可以递归地向下遍历 trie 结构,从当前节点开始并从左侧和右侧向下遍历,所访问的每个新节点实际上都是新搜索的起点。如果未传递 trie 节点参数,则代码假定根节点是起始点。

如果当前节点的位索引大于左或右节点的位索引,则每个新的递归都会启动(回想一下,当沿着 trie 向下移动时,位索引必须减小,如果位索引保持不变或增加,则表示指针回退)。

测试条件 CurrNode.b>CurrNode.Left.b 和 CurrNode.b>CurrNode.Right.b 检查位索引是否正在减少,如果是,则采用对应的向左/右分支;如果位索引没有减小,则暗示位索引是一个指向同一节点(或更高节点)的向上指针,并且如前所述,这表示搜索终止条件。使用 ShowNode()方法可以方便地显示每个 trie 节点。

```
% 通过递归向下遍历 trie,显示每个被访问节点的内容
function Descend(Trie, CurrNode)
    disp('Descend Trie');

    % 请注意,如果调用时没有参数,nargin 将为 1
    % 因为调用方法时第一个参数是对象本身
    if( nargin == 1 )
        CurrNode = Trie.RootNode;
    end

    if( isempty(CurrNode) )
        fprintf(1, 'Trie is empty\n');
        return;

    end

    % 显示被访问节点的名称与信息
    CurrNode.ShowNode();

    % 向左下降
    if( CurrNode.b > CurrNode.Left.b )
        fprintf(1, 'Descend Left\n');

        Descend(Trie, CurrNode.Left);
```

```
    end

    % 向右下降
    if( CurrNode.b > CurrNode.Right.b )
        fprintf(1, 'Descend Right\n');

        Descend(Trie, CurrNode.Right);
    end
end
```

必须将 trie 搜索功能作为方法添加到上述类中。Find()方法从根节点开始遍历 trie，根据比特值 0 向左（或 1 向右）创建分支。注意，终止条件是当前指针在 trie 中指向上级节点。这是隐式存储的，因为节点存储了第一个不同比特位置的位索引，因此上级的位索引必须大于下级的位索引，反映到代码上就是测试条件 while(p.b>c.b)。退出此循环后，可以进行匹配测试。这是 Patricia trie 搜索与其他搜索不同的一个方面，即匹配可能不一定是精确的。一些（尽管不一定是全部）比特可能的匹配提供了最长匹配前缀的功能。

```
% 在 trie 中寻找一个给定的键
function Find(Trie, Key)
    p = Trie.RootNode;                     % p = 父节点
    c = Trie.RootNode.Left;                % c = 子节点
    while( p.b > c.b )
        p = c;
        if( bitget(Key, c.b) )
            c = c.Right;
        else
            c = c.Left;
        end
    end

    if( c.Key == Key )
        fprintf(1, 'Exact match found (value %d)\n', Key);
    else
        fprintf(1, 'Exact failed (requested %d, closest %d )\n', Key, c.Key);
    end
    fprintf(1, 'Name = %s Key = %d\n', c.Name, c.Key);
end
```

trie 最困难的部分是初始构造，这是使用 Add()方法实现的，需要将其添加到 Patricia trie 类方法中。图 4.36 以图形方式显示了构建 trie 的步骤，先添加节点 A、B、C，最后添加节点 D。

第一个阶段是向下搜索 trie 以找到最接近的键值匹配（当然，也可能发生完全匹配）。接下来，将新键值与最匹配的键值进行比较，以找到二者相异的第一个（最左侧）比特位置。然后使用修改的终止条件再次向下搜索最大比特位置匹配的节点。如前所述，下级中存在与上级相等（或更高）的位索引表示 trie 节点指向自身（或向上）分支，这意味着向下搜索已达到最大比特位置匹配的节点。最后，创建新节点，更新其自己的指针以指向现有的 trie 节点，并将现有的 trie 节点设置为指向新节点。

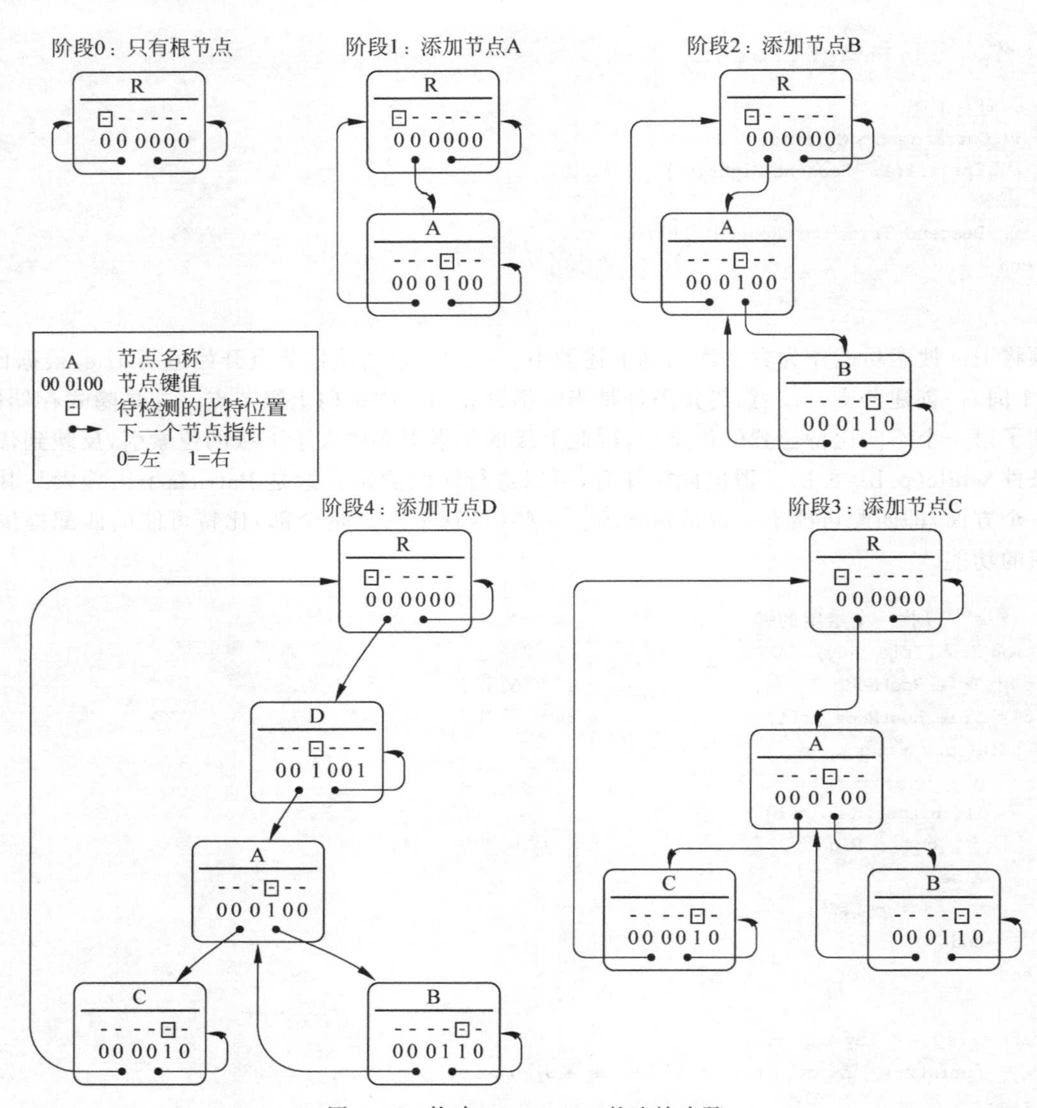

图 4.36 构建 Patricia trie 的连续步骤

```
function Add(Trie, Key, Name)
    % 下降到有回退指针的一层
    p = Trie.RootNode;                    % p = 父节点
    c = Trie.RootNode.Left;               % c = 子节点
    while( p.b > c.b )
        p = c;
        if( bitget(Key, c.b) )
            c = c.Right;
        else
            c = c.Left;
        end
    end
```

```
        % 检查直接匹配的键值
        if( c.Key == Key )
            return;
        end

        % 查找当前节点和新节点不同的最小位索引
        i = Trie.maxbits;
        while( bitget(c.Key, i) == bitget(Key, i) )
            i = i - 1;
        end
        b = i;
        fprintf(1, 'smallest difference bit index %d\n', b);

        %再次下降直至该层,或者找到正确的插入点
        p = Trie.RootNode;
        c = Trie.RootNode.Left;
        while( (p.b > c.b) && (c.b > b) )
            p = c;
            if( bitget(Key, c.b) == 1 )
                c = c.Right;
            else
                c = c.Left;
            end
        end

        % 创建新的节点
        NewNode = PatriciaTrieNode(Key, Name, b);

        % 在新的节点中设置指针(默认是指向自身的指针)
        if( bitget(Key, b) == 1 )
            NewNode.Left = c; % 默认: NewNode.Right = NewNode;
        else
            NewNode.Right = c; % 默认: NewNode.Left = NewNode;
        end

        %设置指针由父节点指向新节点
        if( bitget(Key, p.b) == 1 )
            p.Right = NewNode;
        else
            p.Left = NewNode;
        end
    end
```

从上面的代码可以看出,搜索操作相对较短且快速,而添加新节点则需要更多的关注和额外的测试。这正是 IP 地址查找面对的情况,因为搜索是针对每个数据分组进行的,但路由 trie 的更新仅在新路由消息到达时发生。下面将讨论路由更新的本质。

4.10.6 基于邻居发现的路由表：距离矢量

前面已经讨论了路由中的查找操作，并且已经引入了用于存储并搜索最接近的路由匹配方法，下一个要解决的问题是如何创建路由表。互联的路由器对它们直接连接的情况有一定的了解，因此必须将此信息传递给其他路由器。

目前主要有两种方法来创建和维护路由表，分别为距离矢量(Distance Vector)方法和链路状态(Link State)方法，它们基于相关但不同的解决方案。在距离矢量路由中，路由器使用路由协议通知其他路由器(它知道的)可以到达的网络。距离可以简单地用到达其他网络所需的跳数来表示，其中跳数定义为通过的全部路由器个数(接收然后重传该分组)。尽管考虑到诸如带宽之类的其他因素可能更优，但是跳数更加容易确定。然后路由器使用这些跳数来填充其路由表。在本节中，"矢量"指的是转发分组的特定网络接口(朝向目的地的方向)。

经典距离矢量协议是路由信息协议(Routing Information Protocol，RIP)(Hedrick，1988)。为了应对网络拓扑动态变化，必须定期更新路由的跳数信息。在原始 RIP 中，这是使用 UDP 协议来完成的，该协议在端口 520 上大约每 30s 发送一次更新，如果路由开销在 180s 内未更新，则路由开销可以设置为"无限"。

从任何给定源到任何给定目的地也可能存在多条路由，这提供了一些冗余度，使整个网络在面对通信链路或路由器的中断时可以是弹性的。图 4.37 显示了一个示例网络，将 4 个网络用 3 个路由器连接起来。所有可用于帮助路由决策的信息来自直接连接的路由器，这些信息通过路由协议消息从路由器获得。因此，未直接连接的路由和网络信息，可通过中间连接的路由器间接获得。

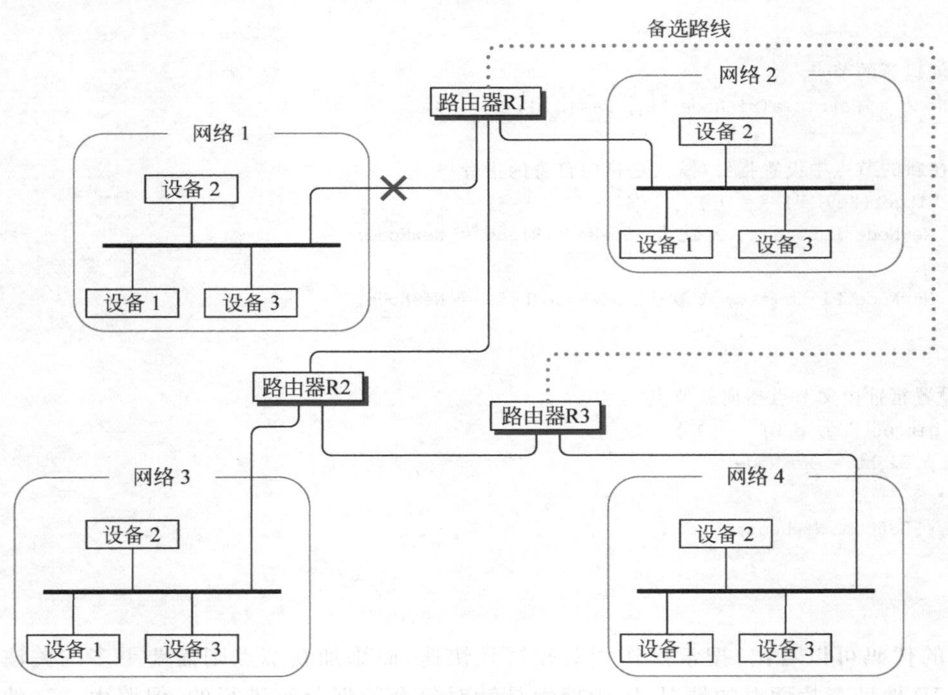

图 4.37 网络路由布局示例

注：从网络 1 到网络 4 可以有两条路由。

这类增量更新算法被归类为一种松弛方法,一般由 Bellman-Ford 算法簇解决(这里描述的路由交换是一个特定的例子)。这种方法还可用于许多其他情况,如从一个城市经过中间城镇到另一个城市,计算最短路径的情况。对于这里解决的路由问题,解决方案是一个分布式实现,因为每个路由器根据它接收到的信息维护和更新自己的路由表,而不是在一台特定的计算机上运行算法。在理想情况下,所有路由器都能达到相同的效果。因此,在任何时候都有相同的路由表。但是,由于消息在网络中传播需要一定的时间,所以理想的情况并不总是可以实现的。

在系统存在冗余的情况下,这种分布式解决方案方法看起来是令人满意的。但是在许多情况下,对于路由的推断是不正确的。为了说明这一点,请考虑图 4.37 中如果断开 R1 到网络 1 的连接会出现的问题(如图 4.37 中的×所示)。

设最初的连接没有断开,下面一系列事情将会发生。

(1) 路由器 R1 声明直接连接到网络 1。

(2) 路由器 R2 知道它距离网络 1 只有一跳(通过 R1)。

(3) 路由器 R3 告诉 R2,它距离网络 1 有两跳(通过 R2 和 R1)。

R1 和 R2 的初始路由表如表 4.3 所示。现在假设 R1 到网络 1 的连接断开了,如图 4.37 所示。请记住,更新是周期性的,但不是同步的。路由器 R1 宣称网络 1 不可达,R1 通过为网络 1 发送一个无穷大的跳数来实现这一点。路由器 R2 听到这个消息后,应该更新路由表并传播这个消息。

表 4.3 路由器 R1 和 R2 的初始路由表

R1			R2		
目的地	路由	跳数	目的地	路由	跳数
网络 1	—	0	网络 1	R1	1
网络 2	—	0	网络 2	R1	1
网络 3	R2	1	网络 3	—	0
网络 4	R2	2	网络 4	R3	1

注:一表示当前无需路由,尽管随着路由消息的传播,这可能会改变。"跳"定义为数据分组被路由器转发。

在很多情况下,这是可行的。然而,假设 R2 恰好在接收并处理来自 R1 的关于断开连接的消息之前,就发布了它到网络 1 的路由。路由器 R2 肯定地对 R1 和 R3 声明,它距离网络 1 只有一跳的距离,在它还不知道网络的破坏情况之前,也确实是这样。

然后 R1 收到这个更新,觉得一个跳数为 1 的距离(通过 R2)比无穷大更好,所以更新它的路由表,将网络 1 中包含的目标地址指向 R2,并将跳数加 1(即 2)。这很可能是合理的,因为到一个目的地可能有多条路径(毕竟这是 Internet 的主要优势之一)。

随后,可能发生的情况是 R1 向 R2 声明它到达网络 1(通过 R2)需要跳转两次。这实际是错误的,但是路由器没有办法知道是错误的。R2 认为到达网络 1 经过 3 跳(通过 R1)。整个过程如表 4.4 所示,随着这一过程的继续,会产生一个收敛性问题,即所谓的"从有限到无穷"问题。收敛时间取决于此过程完成所需的时间,并且取决于使用定期更新(在定时间隔更新)还是触发更新(在接收到消息时更新)。

虽然看起来为了减少网络负载,最好是采用随机间隔发送路由器更新消息,但事实证明这并不一定是好事。奇怪的是,即使使用了一些随机性,也观察到路由消息倾向于随时间同步(Floyd,et al.,1994)。

可以采用几种方法纠正这一问题,尽管每一种方法都会带来其他问题。第一种方法是水平分割(Split Horizon),它简单地禁止路由器在收到路由信息的接口上发布路由信息。如表 4.4 所示,这是问题的根本原因,因为路由信息是反向传播的。然而,很快就会看到,仅使用水平分割并不能解决所有问题。

表 4.4　网络 1 连接断开后 R1 和 R2 的路由表

t	R1			R2		
	目的地	路由	跳数	目的地	路由	跳数
1	网络 1	—	0	网络 1	R1	1
2	网络 1	—	∞	网络 1	R1	1
3	网络 1	R2	2	网络 1	R1	1
4	网络 1	R2	2	网络 1	R1	3
5	网络 1	R2	4	网络 1	R1	3
6	网络 1	R2	4	网络 1	R1	5
⋮	网络 1	R2	⋮	网络 1	R1	⋮
⋮	网络 1	R2	∞	网络 1	R1	∞

不像水平分割那样在路由更新中忽略特定路由,还有一种可能的方法是简单地保持更新,但是度量(跳数)设置为无穷大。这种方法称为毒性逆转(Poison Reverse),因为路由被标记为不可访问,从而有效地"中毒"了。这是一个微小的改进,因为此类路由更新的接收者不会使用度量为无穷大的条目。实际上,路由器拥有关于路由的即时信息,不必通过超时来推断路由不可用。

与其定期发送更新(毕竟这会消耗带宽和处理器时间),另一种方法是只在必要时发送更新,也就是说,当路由项在一个特定路由器上发生更改时更新。在这里,延迟也是有帮助的,这样可以防止更新的突然增加。由于 RIP 更新是使用 UDP 发送的,有可能丢失路由消息(请记住 UDP 并不保证数据报的交付,只是做最好的努力)。因此,这意味着在丢失更新的情况下,路由可能变得不一致。

不幸的是,当一个目的地有多条路由的时候(如图 4.37 中的虚线路由所示),不能保证这些添加措施能解决问题。当 R1 至网络 1 链路断开时,可能会发生以下情况。

(1) 路由器 R1 声明网络 1 不可用,它通过向网络 1 发送一个无穷大的跳数来实现这一点。

(2) 路由器 R2 听到这个消息并更新它的路由表,然后用一个无限的度量(毒性逆转)将这个消息传回 R1。

(3) 路由器 R2 广播一条新路径到达 R1(通过 R3),再将其发送回 R1。由于每个路由器都在度量中加 1,所以仍然存在从有限到无穷大的问题。

这个问题可以通过使用一个保持时间(Hold-Down)间隔来解决。当路由器知道它正在使用的路由现在不可到达时,它会在保持时间间隔内忽略路由更新。这允许"目标不可达"路由消息传播,从而防止恢复陈旧路由。如果在保持间隔期间没有路由器分发信息,那么将保持间隔与触发更新相结合,就不太可能出现路由循环。当然,问题是如何设置一个合理的时间间隔,因为它必须足够长,路由消息才能四处传播,但又不能太长,以免干扰正常的 IP 包转发。

最后,由于路由更新可能出现一些安全问题。外部攻击者有可能发送错误的路由信息更新,从而将 IP 流量重定向到另一个主机(可能是恶意的)。为了解决这个问题,较新的路由协议包含了一些真实性度量,以便验证更新消息来源。

4.10.7 基于网络拓扑的路由表:链路状态

第二种路由方法是链路状态方法。同样,它使用一种度量标准(带宽、延迟或一些其他的成本函数)，但是，它是采用对附近网络的“高级”描述，称为拓扑图。图 4.38 显示了 4.10.6 节中给出的网络(见图 4.37)的等效拓扑图。注意，这显示了整个本地网络拓扑，在使用距离矢量的情况下，拓扑并不存储在每个路由器上。在距离矢量路由中，每个路由器都不会构建这样的映射，只是为其他网络保存一个跳数。

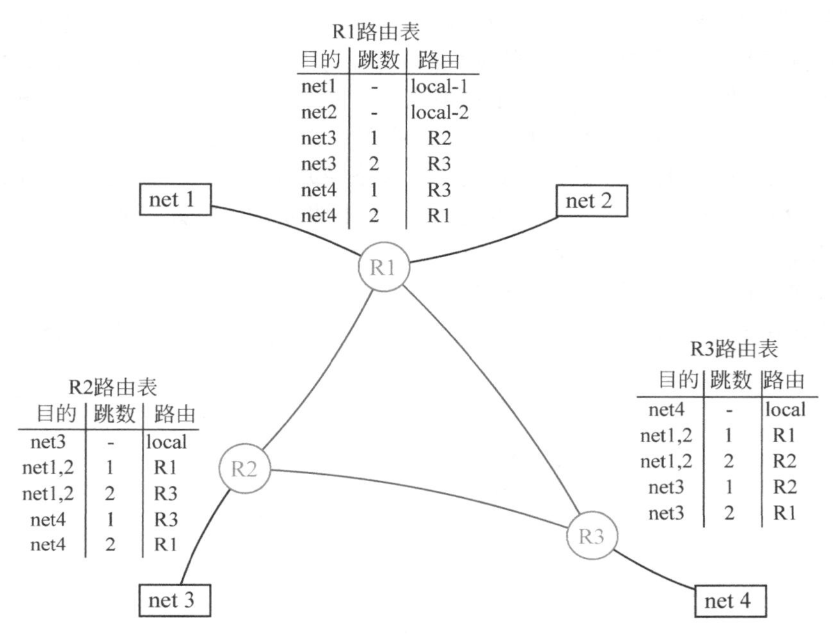

图 4.38　路由拓扑图

注：拓扑图包含每个路由器的路由表，比起简单的跳数，增加了每跳的度量或开销。

一个链路状态路由器不仅必须聚集必要的链路互联信息，而且能够在拓扑图中确定从源节点到目的节点的最短路径。解决这个最短路径问题并不简单，本节将介绍一种方法。经典的链路状态协议是开放式最短路径优先(Open Shortest Path First，OSPF)(Moy，1998)。

设计一个路由算法，能够找到从源 N_1 到目的 N_5 的最优路径，如图 4.39 所示。这种拓扑设计有多个点对点的链接，因此需要处理多个可能的路由。为了简化讨论，假设每个链路在每个方向具有同样的开销，但是在实际中并不一定如此。注意，并不是所有节点都能直接连接到所有其他节点，但是可以通过其他节点作为中间跳点，间接地到达所有节点(如果不是直接的话)。“最佳”路径意味着最小化所有跳转开销的总和，因此每个中间节点在接收到具有给定目标地址的数据分组时，就知道哪个是最佳转发路径。

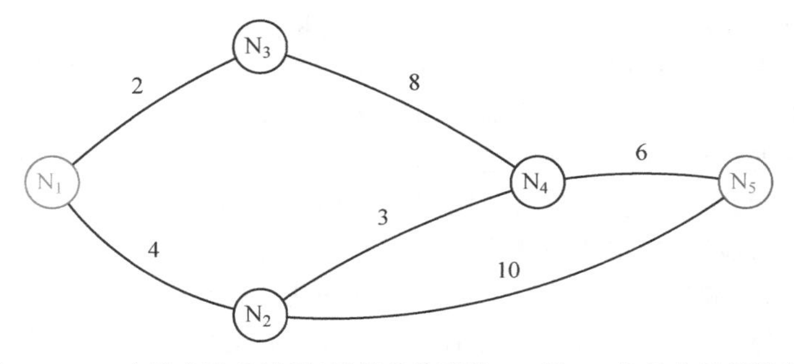

图 4.39　一个路由路径示例(目标是找到从 N_1 到 N_5 的最小开销路径)

从源路由到目的路由可能有多个路径，似乎要枚举所有可能的路径。然而，一种称为Dijkstra算法的方法，被证明是非常有效的。Dijkstra算法在很多参考文献中都有描述（Aho，et al.，1987），并且还可以找到发明者采访记录（Frana，et al.，2010）。算法大致的思路是遍历每个节点，同时维护到达该节点的增量路径，然后从搜索中剔除不是最优的路径。确切地说，如何删除路径是至关重要的。

回到图4.39，目标是确定从N_1到N_5的最佳路径。从图4.39中可以看出，有两条可能的路径。一个比较直观但是有缺点的方法是，在每一步采用最小的开销。假定从N_1选择开销最小的路径，会到达N_3。在N_3，别无选择，只能选择代价为8的那条路，从而到达N_4。此时从两条路径中选择，可以选择那条最小开销为3的路径到达N_2。最后，N_2到达N_5的路径开销为10。但这是最佳的路径吗？是开销最小的路径吗？在这种情况下，答案显然是否定的，因为很明显有一条直接通过N_2到达N_5的路径，开销为14。最小开销算法选择的路径开销为2＋8＋3＋10＝23，显然要差得多。

考虑图4.40，在这种情况下，使用一个不成熟的策略，有可能永远到不了最终节点。在这个例子中是寻找到达N_8的开销最小的路径。但是第一个选择到达N_3将进入一条孤立的路径，没有办法再回到包含N_8的分支。

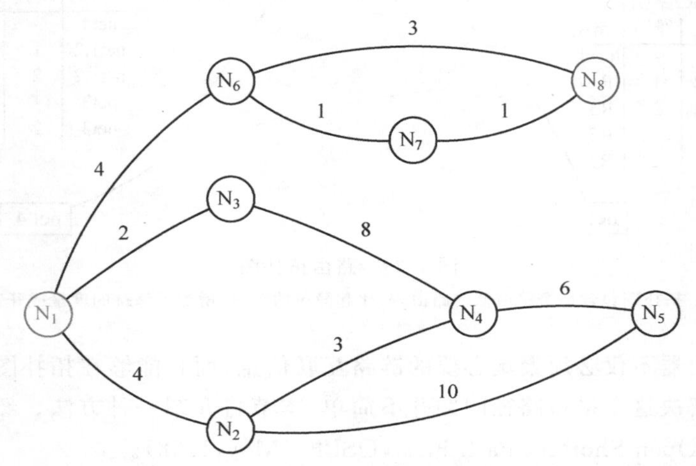

图4.40 一个包含两个“岛屿”的路由示例

注：在试图找到通往N_8的最佳路径时，必须避免陷入没有通往N_8的路径（除非回到原来的地方）的低开销分支中。

要解决这个问题，需要两个条件。首先，需要记录访问过的节点。其次，需要找到全局最优，而不是每个阶段的局部最优。可能需要列出所有可能的路径，从而多次访问每个节点。如果使用Dijkstra算法，情况就不一样了。

为了理解这个概念，首先需要一种能够表示无法直接连通的方法，这是通过简单地将路径代价设置为∞或一些实际的大值来实现的。图4.41说明了对当前拓扑的处理方法。

在已知网络拓扑结构和互联开销的情况下，必须通过检查可能的路径确定从当前节点N_1到目标节点的最优路由。图4.42表明了应该怎样通过网络构建几个可能的路径。可以通过在每个节点上简单地追踪所有可能的分支路径，人为地确定这些路径。但是，考虑到这个过程的算法实现，需要准确的步骤，不仅包括开销最小的路径，还需要确定开销最小路径上的各个节点。一旦完成这个步骤，每个节点就能够根据给定的目的地址，确定要在哪个接口上转发数据分组。在图4.42中，路径1的总路径开销为16，路径2的总路径开销为13，路径3的总路径开销为14，路径4的总路径开销为23。也有其他可能的路径，但是它们用到了无限大开销的路径，这显然不能构成最小的路径开销。路径2的开销最低，所以从节点N_1的角度来看，节点N_5的数据分组必须在连接节点N_2的接口上发送出去。

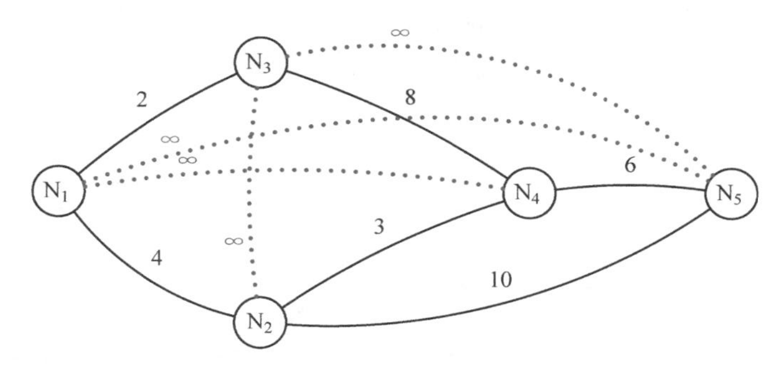

图 4.41 未连接节点的路由开销记为∞

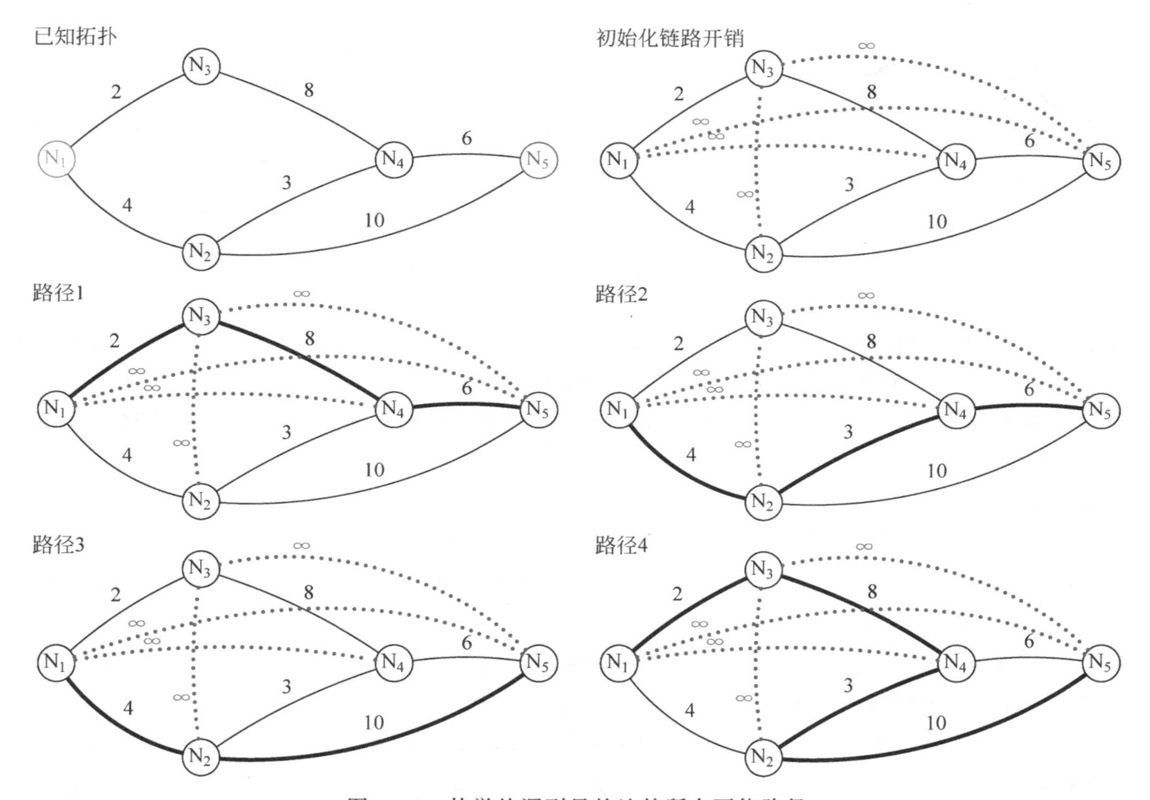

图 4.42 枚举从源到目的地的所有可能路径

注：没有考虑在一个或多个连接上包含无限开销的路径，因为它们不能构成开销最小的路径。

如果尝试把这个过程自动化，那么以这种手动确定路由的方式就会出现问题。手动跟踪所有可能的路径是不可扩展的，假设拓扑中有几十个、数百个甚至数千个节点，追踪每一路径将花费相当多的时间。很明显，不应该在每一步上简单地选择最低开销的一跳。在本例中，如果在从节点 N_1 出发时这样做，那么将会选择开销为 2 而不是 4 的路径。这将不可避免地导致选择路径 1 或路径 4，而二者在整体上都不如路径 2 的最优选择。

Dijkstra 算法解决这个问题的方法是轮流检查每一个节点，如图 4.43 所示，同时为每个节点保持一个累积的最小开销距离。需要维护的不是一个而是多个可能的路径，这些路径在依次访问每个节点时更新。该方案需要一个包含网络中所有可能路由的表，所需要的只是到每个节点的最小开销，以及导致最小开销的路径的前一个节点，下面将通过例子来具体说明。

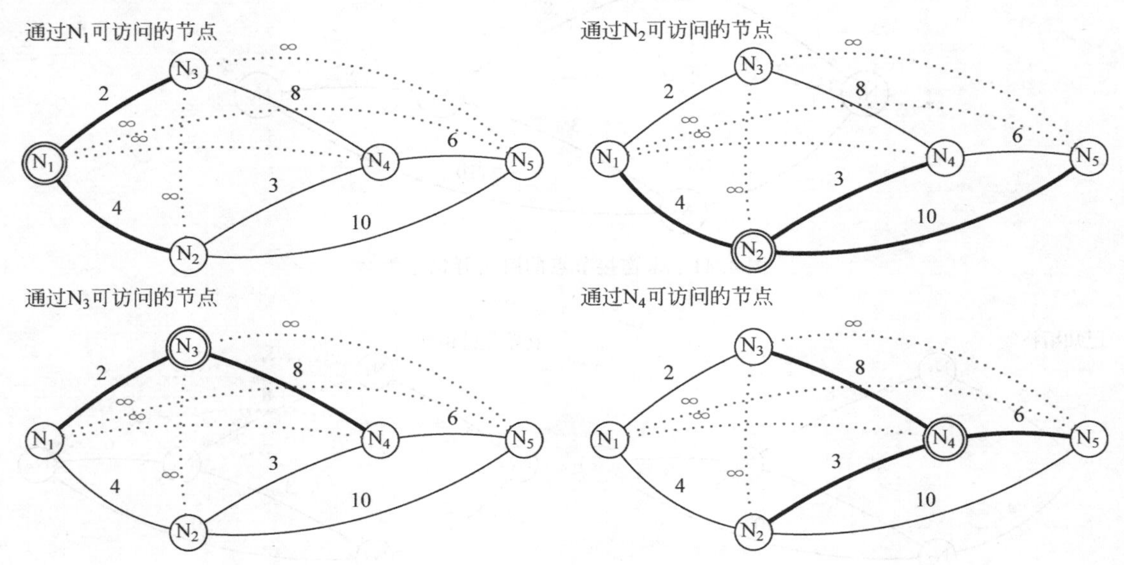

图 4.43 每个节点在一跳内可访问的节点

对于图 4.43 的示例，维护一个矢量，它包含从节点 1 出发的 5 个可能路径。这显然是因为网络中有 5 个节点，尽管从 N_1 到 N_1 的路由代价为零，而且这个路由也没实际用途。通过 N_1 到那些可访问的节点开销分别为 0，4，2，∞，∞。这些分别表示到达 N_1～N_5 的开销，使用∞或任意高的值来表示一个不连通的路径。

现在考虑那些通过 N_2 可以访问到的节点。通过对出节点的路径开销的检查，实现了以 3 为开销到达 N_3，再加上到达 N_2 的开销。同样，可以以 10 的开销到达 N_5，加上到达当前节点（N_2）的开销。将这些新开销与列表中已有的开销进行比较，发现后两个开销更低，所以肯定更好。因此，将总开销从最初的 0，4，2，∞，∞更新为 N_2 检查后的 0，4，2，7，14。

下一步，检查通过 N_3 可到达的节点。以 2+8=10 为开销到达 N_4，但这并不比已有的低（先前的步骤中开销为 7），所以可以放弃这种可能。最后，对 N_4 进行相同的计算和比较。

图 4.44 显示了上述步骤的每个阶段执行的计算，遍历每个节点并确定成本。对于给定的中间节点 N_w，可以根据前一个节点 N_o 到 N_w 的距离矢量 $\boldsymbol{d}(w)$ 计算得到累积开销，以及直接从 N_o 到 N_v 的开销。然后记录直接或间接到达节点 N_v 处的最小开销。对那些无法连接的节点，使用∞的开销使得算法具有通用性。

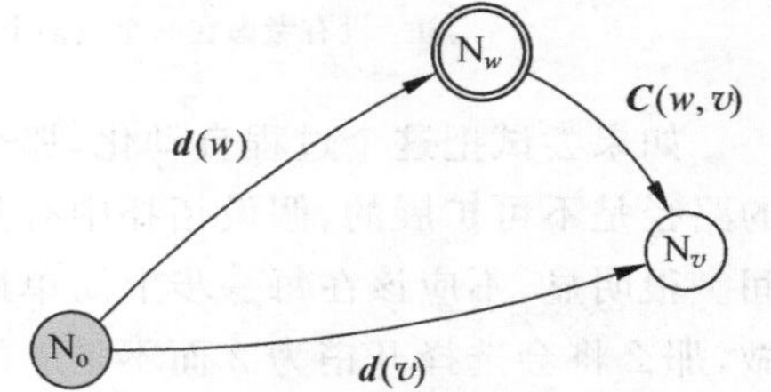

图 4.44 通过中间节点或直接确定 Dijkstra 算法每个阶段的新路径开销

注：通过中间节点的开销可能更高，也可能更低。

每一阶段的决策都是对 Bellman-Ford 最优原则的重新表述，正如在距离矢量路由中使用的那样：如果在每个节点上都做出了最优决策，那么最终的开销必须是最优的。然而，链路状态路由的解决方案不同于距离矢量路由。在距离矢量路由中，随着新信息的出现，路由开销将会被重新计算。这个过程会重复，直到计算的路径开销没有变化（回想一下有限到无穷的问题）。在链路状态路由中，依次为每个节点确定一个最优的中间路径。主要的优点是在构建拓扑映射时，每个节点只访问一次，而不是多次访问。

遍历当前示例，从 N_1 到所有其他节点的代价为 $\boldsymbol{d}$，从节点 i 到节点 j 的路径开销为 $\boldsymbol{C}(i,j)$，如下所示。

$$\boldsymbol{d}=\begin{bmatrix}0\\4\\2\\\infty\\\infty\end{bmatrix},\quad \boldsymbol{C}(i,j)=\begin{bmatrix}0&4&2&\infty&\infty\\4&0&\infty&3&10\\2&\infty&0&8&\infty\\\infty&3&8&0&6\\\infty&10&\infty&6&0\end{bmatrix} \tag{4.13}$$

从数学上说，每一步的决策都是更新开销，使其与通过中间节点 N_w 相比，达到给定节点 N_v 的成本更小。这意味着更新为

$$\boldsymbol{d}(v)=\min\begin{cases}\boldsymbol{d}(v)\\\boldsymbol{d}(w)+\boldsymbol{C}(w,v)\end{cases} \tag{4.14}$$

所以，已经找到了最小开销，但怎么找到最优路径呢？最小开销必定导致特定的最小开销路径，但目前还没有考虑到这一点。然而，当每个最小开销积累的路径更新时，应当简单记住生成此更优路径的节点。因此，需要一个矢量 $\boldsymbol{p}$ 表示前面的节点。在每一个阶段，经过的节点都会在这个矢量中，使用必须经过的节点索引（最优的前节点）进行更新，以获得成本更低的路径，这给出了每个节点的最优前节点列表。因为知道最后一个节点，所以只须查找它的前一个节点。N_5 的前一个节点（路径中最后一个节点）被写成 $\boldsymbol{p}(5)$。在图 4.43 中最优的前节点 $\boldsymbol{p}(5)=4$；而它的前节点是 $\boldsymbol{p}(4)=2$，之后是 $\boldsymbol{p}(2)=1$。这就给出了反向的最优路径，然后通过反向读取该路径获得最优的正向顺序就很简单了。在 MATLAB 中采用如下代码描述这个问题。代码中，开销矩阵为 C，每个节点的累积距离为 d，标识位 NodeCan 用于确定该节点是否为候选节点，并且是否仍在开销最低的竞争路径中。

```
C = [     0    4     2     inf    inf ; ...
          4    0     inf   3      10 ; ...
          2    inf   0     8      inf ; ...
          inf  3     8     0      6 ; ...
          inf  10    inf   6      0 ] ;

M = size(C, 1);

fprintf(1, 'C (cost between nodes) matrix is \n');
for k = 1:M
    fprintf(1, ' %6d', C(k, :));
    fprintf(1, '\n');
end
fprintf(1, '\n');

d = C(1, :);                    % 距离矢量——初始值设置

fprintf(1, 'd (distance vector from origin) is initially ');
fprintf(1, ' %d', d);
fprintf(1, '\n');
```

```
cnode = 0;                    % 正在处理的当前节点
S = [1];                      % 检测的节点集

NodeCan = true(M, 1);         % 候选节点标记为 true
NodeCan(1) = false;
P = ones(M, 1);               % 前节点列表
```

在算法中,选择了距离最小的节点。将这个节点作为中间节点,如果经过这个中间节点,必须更新所有其他节点的开销。这个更新包括检查通过中间节点的路径是否会产生更低的开销,如果是,则更新该节点的最低开销并存储下来,同时保存导致该较低开销的前一个节点的索引。

```
for i = 1:M-1
    fprintf(1, 'Step i = %d\n', i);

    % 选择一个节点
    dmin = inf;
    cnode = 0;
    for v = 1:M
        if( NodeCan(v) )
            if( d(v) < dmin)
                dmin = d(v);
                cnode = v;
            end
        end
    end
    fprintf(1, 'chose node cnode = %d as best dmin = %d so far\n', cnode, dmin);

    S = [S cnode];
    NodeCan(cnode) = false;

    for v = 1:M
        if( NodeCan(v) )
            fprintf(1, 'Node %d, choice %d + %d < %d\n', ...
                v, d(cnode), C(cnode, v), d(v));
            if( d(cnode) + C(cnode, v) < d(v) )
                d(v) = d(cnode) + C(cnode, v);
                P(v) = cnode;
            end
            % pause
        end
    end
    fprintf(1, 'd (distance vector from origin) is now ');
    fprintf(1, ' %d', d);
    fprintf(1, '\n');

    fprintf(1, 'P (backtrack path) is now ');
    fprintf(1, ' %d', P);
    fprintf(1, '\n');
```

```
    fprintf(1, 'S (set of nodes we have checked) is now ');
    fprintf(1, ' %d', S);
    fprintf(1, '\n');

    pause
end

fprintf(1, 'Path cost =  %d\n', d(M));
fprintf(1, 'P is now ');
fprintf(1, ' %d', P);
fprintf(1, '\n');
```

最后，因为每个节点有一个最优前节点，所以需要从最后一个节点开始，确定其最优的前节点，然后重复，直到到达起始节点。

```
%回溯找出最短路径
i = M;
optpath = [i];
while( i ~= 1 )
    i = P(i);
    optpath = [i optpath];
end
fprintf(1, 'optpath is ');
fprintf(1, ' %d', optpath);
fprintf(1, '\n');
```

针对当前网络拓扑示例，代码输出如下所示。

```
C (cost between nodes) matrix is
    0     4     2     Inf     Inf
    4     0     Inf   3       10
    2     Inf   0     8       Inf
    Inf   3     8     0       6
    Inf   10    Inf   6       0

d (Distance Vector from origin) is initially  0  4  2  Inf  Inf

Step i = 1
chose node cnode = 3 as best dmin = 2 so far
Node 2, choice 2 + Inf < 4
Node 4, choice 2 + 8 < Inf
Node 5, choice 2 + Inf < Inf
d (Distance Vector from origin) is now  0  4  2  10  Inf
P (Backtrack Path) is now  1  1  1  3  1
S (set of nodes we have checked) is now  1  3

Step i = 2
chose node cnode = 2 as best dmin = 4 so far
Node 4, choice 4 + 3 < 10
```

```
Node 5, choice 4 + 10 < Inf
d (Distance Vector from origin) is now  0  4  2  7  14
P (Backtrack Path) is now  1  1  1  2  2
S (set of nodes we have checked) is now  1  3  2

Step i = 3
chose node cnode  =  4 as best dmin  =  7 so far
Node 5, choice 7 + 6 < 14
d (Distance Vector from origin) is now   0  4  2  7  13
P (Backtrack Path) is now  1  1  1  2  4
S (set of nodes we have checked) is now  1  3  2  4

Step i = 4
chose node cnode  =  5 as best dmin  =  13 so far
d (Distance Vector from origin) is now  0  4  2  7  13
P (Backtrack Path) is now  1  1  1  2  4
S (set of nodes we have checked) is now  1  3  2  4  5

Path cost  =  13
P is now  1  1  1  2  4
optpath is  1  2  4  5
```

假设路径开销发生了如图 4.45 所示的变化，那么最优路径搜索的输出如下。

```
C (cost between nodes) matrix is
    0     15     2      Inf     Inf
    15    0      Inf    3       1
    2     Inf    0      8       Inf
    Inf   3      8      0       6
    Inf   1      Inf    6       0

d (Distance Vector from origin) is initially  0  15  2  Inf  Inf

Step i = 1
chose node cnode  =  3 as best dmin  =  2 so far
Node 2, choice 2 + Inf < 15
Node 4, choice 2 + 8 < Inf
Node 5, choice 2 + Inf < Inf
d (Distance Vector from origin) is now  0  15  2  10  Inf
P (Backtrack Path) is now  1  1  1  3  1
S (set of nodes we have checked) is now  1  3

Step i = 2
chose node cnode  =  4 as best dmin  =  10 so far
Node 2, choice 10 + 3 < 15
Node 5, choice 10 + 6 < Inf
d (Distance Vector from origin) is now  0  13  2  10  16
P (Backtrack Path) is now  1  4  1  3  4
```

```
S (set of nodes we have checked) is now  1  3  4

Step i = 3
chose node cnode = 2 as best dmin = 13 so far
Node 5, choice 13 + 1 < 16
d (Distance Vector from origin) is now  0  13  2  10  14
P (Backtrack Path) is now  1  4  1  3  2
S (set of nodes we have checked) is now  1  3  4  2

Step i = 4
chose node cnode = 5 as best dmin = 14 so far
d (Distance Vector from origin) is now  0  13  2  10  14
P (Backtrack Path) is now  1  4  1  3  2
S (set of nodes we have checked) is now  1  3  4  2  5

Path cost = 14
P is now  1  4  1  3  2
optpath is   1  3  4  2  5
```

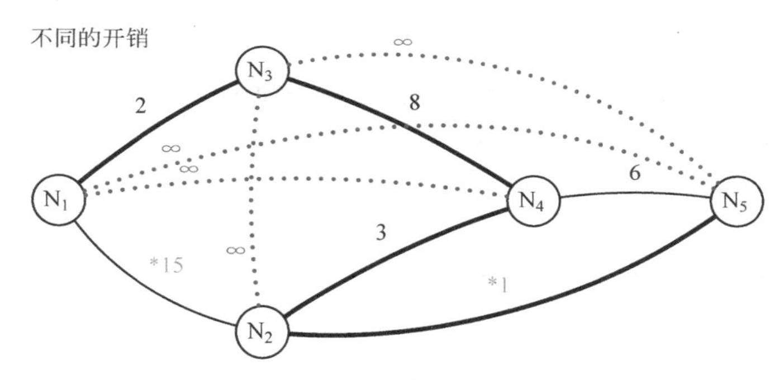

图 4.45 更复杂网络拓扑情况的示例

注：当跳数开销发生如图所示的变化时，会产生更复杂的路径。在这种情况下，Dijkstra 算法仍然有效。

4.11 本章小结

下面是本章的要点：

- 协议分层和帧封装的概念；
- 互联网协议和 IP 地址；
- 传输控制协议(TCP)的原理，包括滑动窗口、优化吞吐量和避免拥塞；
- 计算 IP 和 TCP 校验和的方法；
- 数据分组从源路由到目的路由所涉及的关键概念；
- 使用 Patricia trie 实现路由表中的快速前缀搜寻；
- 路由的距离矢量方法和链路状态方法。

习题 4

4.1 链路上传输的 IP 分组大小一般有一个最大值，如果分组大小超过这个最大值，必须进行分解或分段。ping 命令可用于向目的地址发送一个测试分组，测量一个 IP 链路的往返时间。这个分组的长度可以使用-l 选项设置，而-f 选项是设置 IP 头中的 not fragment 位。长度大于最大值的分组将不会被发送。在 10.0.0.0/24 子网的设备上执行以下操作。

```
ping 10.1.1.1 -f -l 1472
    Pinging 10.1.1.1 with 1472 bytes of data:
    Reply from 10.1.1.1: bytes = 1472 time = 3ms TTL = 64
    Reply from 10.1.1.1: bytes = 1472 time = 69ms TTL = 64
    Reply from 10.1.1.1: bytes = 1472 time = 20ms TTL = 64
    Reply from 10.1.1.1: bytes = 1472 time = 45ms TTL = 64
```

随后测试大一个字节的分组。

```
ping 10.1.1.1 -f -l 1473
    Pinging 10.1.1.1 with 1473 bytes of data:
    Packet needs to be fragmented but DF set.
```

子网是一个 MTU 为 1500B 的有线以太网。ping 命令通过 IP 发送一个 Internet 控制消息协议(Internet Control Message Protocal, ICMP)数据分组，其中包含请求的字节数和 8B 的报头。参考数据分组报头结构和每层的封装，解释为什么成功传输了 1472B 的数据分组，而没有成功传输 1473B 的数据分组。

4.2 一个 IPv4 的帧头包含以下十六进制字节。

45	00	00	3C
75	02	00	00
20	01	C7	1F
AC	10	03	01
AC	10	03	7E

(1) 源地址和目的地址是什么？

(2) 头校验和是什么？

(3) 以大端顺序计算帧的校验和(包含校验和字段)；

(4) 以大端顺序计算帧的校验和(校验和字段用 0000 替代)；

(5) 以小端顺序计算帧的校验和(包含校验和字段)；

(6) 以小端顺序计算帧的校验和(校验和字段用 0000 替代)。

4.3 给定 IP 地址 192.168.60.100 和 /27 子网掩码，确定：

(1) IP 地址的类别；

(2) 二进制子网掩码；

(3) 子网地址和子网内的设备地址。

4.4 给定 IP 地址 192.168.7.1，使用以下子网掩码分别确定网络地址和主机地址。

(1) 255.255.0.0

(2) 255.255.255.0

(3) 255.255.248.0

(4) 255.255.240.0

(5) 255.255.224.0

(6) 255.255.192.0

(7) 255.255.128.0

4.5 给定以下 IP 地址和相应的网络掩码，确定哪些位组成前缀。

(1) 192.168.0.0/16

(2) 192.168.128.0/18

(3) 172.18.128.0/18

4.6 聚合网络 192.168.8.0/22 被细分为具有 24 位前缀的网络，以便管理路由。

(1) 写出 192.168.8.0/22 对应的比特位，并显示其掩码位。

(2) 使用/24 前缀的网络地址是什么？把它写成二进制和十进制形式。

4.7 写出遍历图 4.35 中的 Patricia trie 所采取的步骤，然后搜索值 011000。

4.8 使用以下数据创建 Patricia trie：(22,“A”),(13,“B”),(1B,“C”),(8,“D”)，其中键值是十六进制的。

(1) 构建 Patricia trie，然后与正文中给出的类似数据进行比较。

(2) 解释如何检索键值 22(十六进制)的值。

(3) 解释为什么检索 09(十六进制)的精确匹配会失败。

4.9 对于图 4.46 所示的路由拓扑：

(1) 手动跟踪所有可能的路径，并确定其相应的开销；

(2) 使用 Dijkstra 算法计算出从 N_1 到 N_4 的最优路径开销；

(3) 在前一问的基础上找出最优路径，并将最优路径及其开销与手动找出的路径结果进行比较。

4.10 对于图 4.47 所示的路由拓扑：

(1) 手动跟踪所有可能的路径，并确定其相应的开销；

(2) 使用 Dijkstra 算法计算出从 N_1 到 N_4 的最优路径开销；

(3) 在前一问的基础上找出最优路径，并将最优路径及其开销与手动找出的路径进行比较。

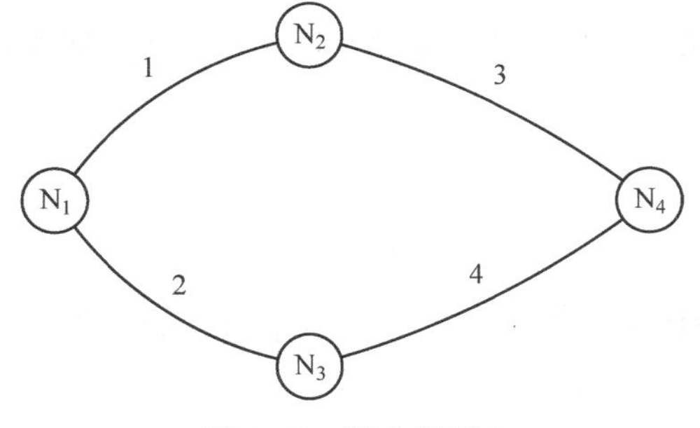

图 4.46 路由问题 1

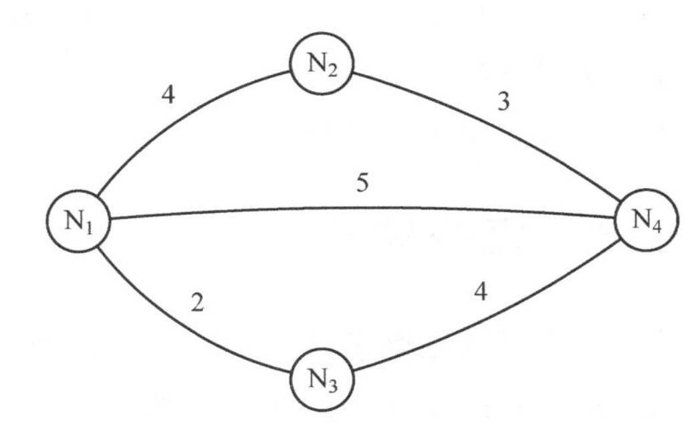

图 4.47 路由问题 2

4.11 针对图 4.45 所示的路由拓扑结构，验证正文中给出的 MATLAB 的输出结果。

第 5 章 量化与编码

CHAPTER 5

5.1 本章目标

学习完本章,读者应该:

(1) 熟悉标量量化的原理,能够解释矢量量化器的工作流程;

(2) 熟悉最小冗余码字分配的原理,理解无损信源编码的重要算法;

(3) 能够解释包含 DCT 在内的几种图像压缩方法;

(4) 理解波形和参数语音编码的基本方法,能够解释每种方法的优缺点;

(5) 能够解释音频编码器的关键要求以及组成音频编码系统的构建模块。

5.2 内容介绍

量化是指分配一个数字值(通常是一个整数)来表示一个或多个模拟值的过程。因为每一个采样值只能用数量有限的比特表示,所以只存在数量有限的离散电平。因此,只能以最接近的近似值表示真正的模拟信号。谨慎地选择表示方法意味着可以用尽可能少的比特实现这一过程。

除了表示电平的数量之外,还要有足够的采样密度,在数字化音频中指的是每秒的采样数,在数字化图像中指的是空间密度。采样音频信号的总数据速率(单位为比特每秒,即 bps)为每秒的采样数乘以每个采样点的比特位数。采样图像的总数据速率为给定图像的采样数乘以每个采样点的比特位数。数字信号的最紧凑表示(即在可接受的表示方法中,尽可能使用少的比特位数)对于数字化音频和图像的传输和存储都是至关重要的。

5.3 预备知识

本节将简要回顾概率的一些概念,这些概念在通信信道的误差建模中很有用;以及差分方程的相关概念,这些概念被广泛用于信号编码中。

5.3.1 概率函数

本章考虑的是量化,即对每个采样点都分配一个二进制表示,因此需要对采样值的特性进行研究,这些特性不仅用于确定信号取值的可能范围,还描述了各个采样值出现的概率。

如果有一个连续变量，如电压，它可以在一个特定范围内取任意值。例如，电压可以是 1.23V 或 6.4567V。除非需要精确的测量，通常情况下都并不需要知道准确的值，只需要一个近似的值。通常希望得到采样值出现在某一范围内的可能性，如−2～−1V、−1～0V、0～1V 和 1～2V。而图像中的像素也可以采用离散值 0,1,2,…,255 表示，并用这种方法将其“归类”到一组范围中。如果测量的信号是在某段时间内，就可以计算信号在每个范围内出现的次数。这就变成了一个直方图(Histogram)，如图 5.1 所示。

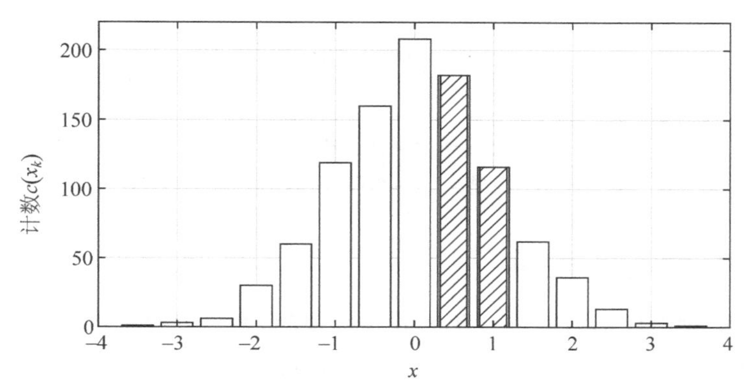

图 5.1 位于范围(x_k, x_{k+1})的信号值计数的直方图

注：阴影部分分别表示中心为 0.5 和 1.0 的分组范围内的计数值。

这种类型的表示有双重用途。首先，可以看到，在这种情况下，低于−4 或高于+4 的计数都很少，信号最有可能的取值为−1～+1。此外，如果想知道某些分组的计数比例，如图 5.1 中阴影部分，表示中心 x_k 为 0.5 和 1.0 的分组，就可以对每个分组分别进行计数。由于总的计数是所有分组的总和，因此，比例就是将所需范围内的计数除以总计数所得到的比值。

另外，如果有一个连续信号，并且不希望把它分成多个分组，就可以使用概率密度函数(Probability Density Function, PDF)来描述。图 5.2 给出了 PDF 的一个示例，可以看到它与直方图非常相似。一个关键的区别就是没有把数据分为离散的区间。重要的是，PDF 的高度不是计数或概率，而是密度。例如，无法准确找到 $x=1.234\,565$ 出现的可能性。然而，可以找到信号落在一定范围内的概率。图 5.1 中阴影部分的面积对应于信号的 x 值在特定范围内的概率。显然，对于不同的取值范围和不同的概率密度函数，结果都将发生变化。此外，PDF 曲线下的总面积必须为 1，因为信号必须始终落在可能的范围内(也就是说，信号 100%会取某个值)。这也等价于在离散直方图中各个分组计数的总和必须等于观察总数。

PDF 的数学形式在分析中很有用，其中高斯分布是迄今为止最常用的，它可以很好地近似多种常见类型的噪声。高斯分布的概率密度函数的数学表示为

$$f(x)=\frac{1}{\sigma\sqrt{2\pi}}\mathrm{e}^{-(x-\mu)^2/2\sigma^2} \tag{5.1}$$

其中，$f(x)$是针对 x 的概率密度，σ^2 是方差，μ 是平均值。如果只有从一组样本中得到的平均值可用，则称为样本均值(Sample Average)，通常用 $\bar{x}$ 表示。而真实的平均值是总体均值(Population Mean)，用 μ 表示。图 5.2 所示为均值为 1，方差为 1 的高斯分布概率密度曲线。

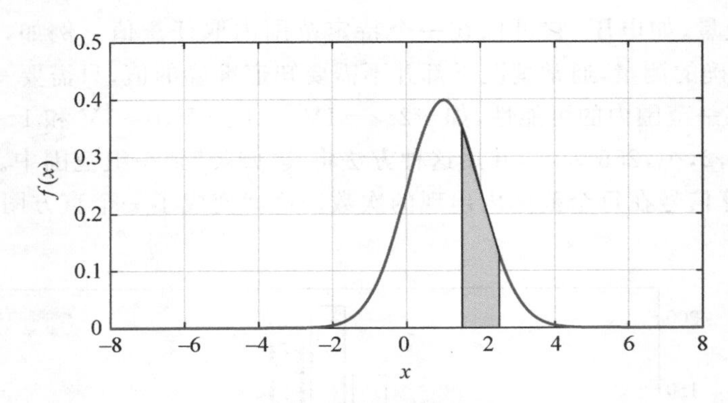

图 5.2 连续采样的概率密度曲线

注：从 $x=1.5$ 到 $x=2.5$ 的总概率为阴影区域的面积。

5.3.2 差分方程与 z 变换

通信系统的许多构建模块都是以数字化的方式实现的，差分方程就描述了它们逐步运行的方式。在采样时刻 n，输入 $x(n)$ 产生了输出 $y(n)$，差分方程根据当前输入、过去输入和过去输出的加权和确定每个输出。一个简单的例子如下。

$$y(n)=0x(n)+0.8x(n-1)+1.5y(n-1)-0.64y(n-2) \tag{5.2}$$

对于每一个新的输入样本 $x(n)$，都会计算得到一个输出 $y(n)$，$x(n-1)$ 表示 $x(n)$ 前一时刻的采样值。除了计算之外，过去的输入和过去的输出，即此例中的 $x(n-1)$、$y(n-1)$ 和 $y(n-2)$，还需要被存储起来。当然，还能扩展到任意项。此外，如果某项不存在，如此例中的 $x(n-2)$，意味着它的系数为 0。

差分方程的分析工具是 z 变换。这种方法使用运算符 z 的幂次方，即 z^{-D} 代表 D 个采样间隔的延迟。因此，$x(n-2)$ 项转换后就变成 $X(z)z^{-2}$。然后将示例中的差分方程进行如下转换，其目的是得到输出与输入的比值，即 $Y(z)/X(z)$。

$$\begin{aligned}
&y(n)=0x(n)+0.8x(n-1)+1.5y(n-1)-0.64y(n-2)\\
&Y(z)z^0=0X(z)z^0+0.8X(z)z^{-1}+1.5Y(z)z^{-1}-0.64Y(z)z^{-2}\\
&Y(z)z^0=X(z)(0z^0+0.8z^{-1})+Y(z)(1.5z^{-1}-0.64z^{-2})\\
&Y(z)(1z^0-1.5z^{-1}+0.64z^{-2})=X(z)(0z^0+0.8z^{-1})\\
&\frac{Y(z)}{X(z)}=\frac{0z^0+0.8z^{-1}}{1z^0-1.5z^{-1}+0.64z^{-2}}
\end{aligned} \tag{5.3}$$

因此，输入与输出的关系就是关于 z 的两个多项式的比值。z 变换表达式中的分子 $\boldsymbol{b}$ 和分母 $\boldsymbol{a}$ 的系数为

$$\boldsymbol{b}=[0\quad 0.8]$$

$$\boldsymbol{a}=[1\quad -1.5\quad 0.64]$$

注意，$\boldsymbol{a}$ 中的第一个系数值为 1，因为输出为 $1\cdot y(n)$。此外，与差分方程相比，后续的系数也不同，在差分方程中，后续系数分别为 $+1.5$ 和 -0.64。这是由于从差分方程[式(5.2)]到 z 域方程[式(5.3)]中的项进行了重新排列。

上述差分方程的 MATLAB 实现如下。输入信号采用脉冲(Impulse)函数，它是一个值为 $+1$ 的单峰，之后的数据都为零，这是最简单的输入类型。

```
% 传递函数 Y(z)/X(z) 有分子 b 和分母 a
% 将它转化为差分方程时请注意:
% 总有 a(1) = 1 且 a(2:end) 是差分方程系数的负数
b = [0 0.8];
a = [1 -1.5 0.64];

% 脉冲输入
x = zeros(25, 1);
x(1) = 1;

% 计算 y 中的输出样本序列,对应 x 的每个输入
% b 和 a 中的系数定义了 z 变换的系数
% 等价地,它们也是差分方程的系数
% 但要参见上面的注释
y = filter(b, a, x);

stem(y);
```

差分方程的脉冲输入和输出如图 5.3 所示。这里有几点值得注意,第一个输出为 0,这是因为此例中 $x(n)$的系数为 0。实际上,这将使输出延迟一个采样点;更重要的是,由于输出取决于过去的输出(以及输入),系统响应会延续一段时间,这称为递归(Recursive)系统。

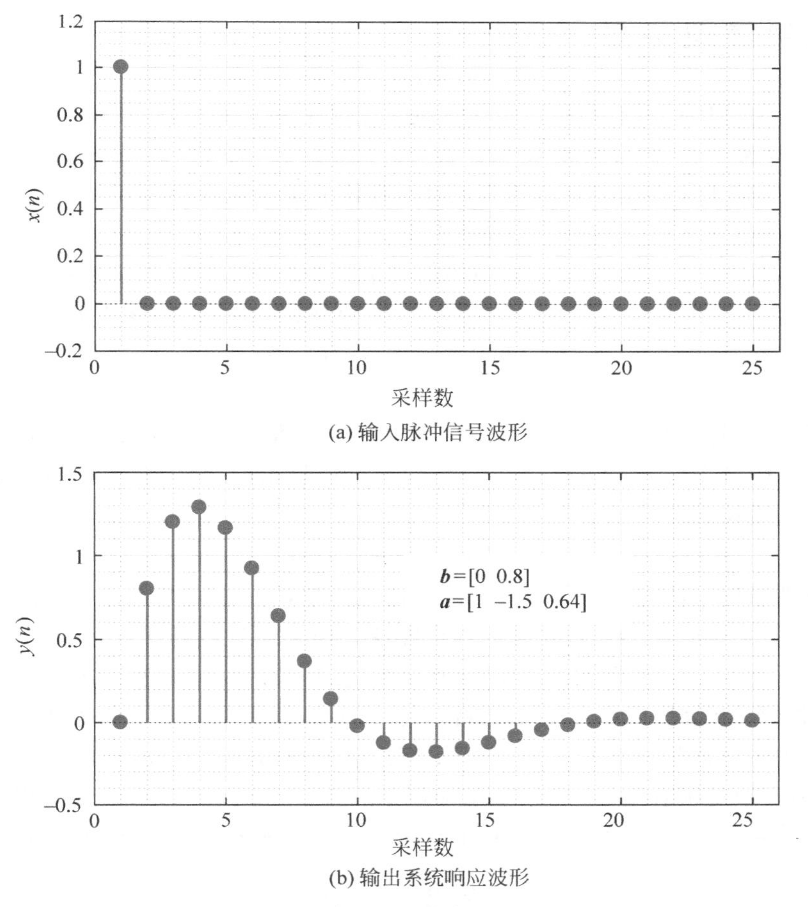

(a) 输入脉冲信号波形

(b) 输出系统响应波形

图 5.3 差分方程的脉冲输入和输出

一般情况的差分方程可写成如下形式。

$$1y(n)=[b_0x(n)+b_1x(n-1)+\cdots+b_Nx(n-N)]-[a_1y(n-1)+a_2y(n-2)+\cdots+a_My(n-M)] \tag{5.4}$$

这种形式很有用,因为它反映了 MATLAB 使用 filter()函数实现差分方程的方法。注意 $y(n)$的系数为 1,正如之前已经明确说过的,这也导致 $\boldsymbol{a}$ 的第一个系数为 1。还要注意 $\boldsymbol{a}$ 中剩余系数的负号,与前面的数值示例相同。

将 z 变换推至一般情况,如下所示。

$$\frac{Y(z)}{X(z)}=\frac{b_0z^0+b_1z^{-1}+\cdots+b_Nz^{-N}}{1+a_1z^{-1}+a_2z^{-2}+\cdots+a_Mz^{-M}}$$

也就是说,可以将 filter()函数的系数矢量表示如下。

$$\boldsymbol{b}=[b_0 \quad b_1 \quad b_2 \quad \cdots]$$

$$\boldsymbol{a}=[1 \quad a_1 \quad a_2 \quad \cdots]$$

差分方程在电信系统中得到广泛应用,它的分析最好在 z 域进行。任何系统的零点(Zero)都是使分子等于零的 z 值;任何系统的极点(Pole)都是使分母等于零的 z 值。系统的稳定性及其振荡频率由极点决定。从根本上说,这是因为极点决定了递归(或反馈)项的系数。

5.4 数字信道容量

当想要传输数字信息时,自然会提出一个问题:在给定的时间里,能传输多少信息?或者说,数据传输是否存在最大速率?首先假设传输的是二进制信息,即比特,它是由 J. W. Tukey 提出的(Shannon,1948)。早期关于信道容量的研究是针对使用开关型或摩斯电码型信号的电报系统进行的,当时的想法是将几个电报流复用到一个长途载波上。

Hartley(1928)提出使用对数度量信息中的信息量。如果使用的是二进制系统,对数的底数自然选为 2。如果有 M 个电平(如电压),那么可以用 $\log_2 M$ 位编码。例如,如果要传输 0,1,2,…,15V 的电压,共有 16 个电平,很显然,编码需要 4 位(lb16=4)。当然,测量单位不是必须为伏特,它可以是任意选定的量。

著名的奈奎斯特采样定理本质上是说,一个带宽为 B 的信号需要以大于 $2B$ 的速率采样才能实现完美重构(Nyquist,1924ab)。将这一点与 Hartley 关于信息量的观察相结合,得到如下的一个信道容量的公式,通常称为哈特利定律。

$$C=2B\,\mathrm{lb}M \quad \text{bps} \tag{5.5}$$

其中,B 为信道带宽(Hz),M 为用于每个信号成分的电平数,bps 表示传输速率,即比特每秒。

下面用一个例子来说明这一公式并展示其重要性。如果通过传输线发送语音信号,保持语音正确性的最小带宽约为 3000Hz。因此,该线路的带宽至少为 $B\approx 3\text{kHz}$。在这个信道上,如果要发送两个电压电平编码的数据(每个信号周期传一个比特),即 $M=2$,那么总信道容量就为 $C=2\times 3000\times \mathrm{lb}2=$ 6kbps。因为实际中带宽都是有限的,所以获得更高信息速率的唯一方法是增加电平数 M。

这个公式作为上限是很有用的,但忽略了噪声的存在。Shannon(1948)推导出了著名的最大容量公式,有时也称为香农-哈特利定律(Shannon-Hartley Law)。根据各种假设,将信道容量 C 预测为

$$C=B\,\mathrm{lb}\left(1+\frac{S}{N}\right) \quad \text{bps} \tag{5.6}$$

与前面一样,B 为信道带宽(Hz),S 为用于传输信息的信号功率(W),N 为当信号从发射机传输到接收机时经过信道所附加的噪声功率,单位也是 W。S/N 为信号功率与噪声功率的比值,通常情况下,信噪比(SNR)用分贝(dB)表示,即

$$\mathrm{SNR}=10\lg\left(\frac{S}{N}\right)\quad \mathrm{dB} \tag{5.7}$$

为了说明这一点,还是考虑一个带宽 B 为 3kHz 的模拟电路,同时信噪比为 1000。因为 $S/N=1000$,所以 $\mathrm{SNR}=10\times\lg10^3=30\mathrm{dB}$。还需要计算 lb1000,注意到 $2^{10}=1024$,所以要求的对数大约为 10(准确计算为 $\mathrm{lb}1000=\lg1000/\lg2=3/0.301\approx9.967$)。所以可计算出 $C=3000\times\mathrm{lb}(1+1000)\approx 3000\times10=30\mathrm{kbps}$。

有两个计算 C 的公式,下面讨论这两个公式之间的关系。

$$C=2B\,\mathrm{lb}M$$

$$C=B\,\mathrm{lb}\left(1+\frac{S}{N}\right)$$

将这两个公式联立,可以得到

$$\begin{aligned} M&=\sqrt{1+\frac{S}{N}}\\ &\approx\sqrt{\frac{S}{N}} \end{aligned} \tag{5.8}$$

这种方法似乎是合理的,因为在相同的带宽中承载更多的信息就意味着在每个采样点都包含更多的信息,因此 M 也会更高。需要权衡的是,随着 M 的增加,相邻电平的差距变得更小,因此噪声对数据产生的影响更大。在本例中,使用上述方法意味着需要大约 32 个电平(即约为$\sqrt{S/N}$)。此外,由于信噪比的平方根产生均方根电压,可以粗略地认为误差与电压差成正比。

当然,所有这些只是理论上的讨论,它没有说明如何对信号进行编码使速率达到最大化,只是说明了最大速率可能是多少。为了了解香农-哈特利容量界限推导背后的原因,可以参考 Shannon 的原始论文。首先,假设信号和噪声都服从零均值高斯分布,它们的概率密度函数为

$$f(x)=\frac{1}{\sigma\sqrt{2\pi}}\mathrm{e}^{-x^2/2\sigma^2} \tag{5.9}$$

5.6.1 节将解释熵(Entropy)与信息量的概念。这里需要的结果是,在给定概率密度 f_X 的情况下,可以在 X 范围内取值的信号的熵 $H(X)$ 为

$$H(X)=\int_{-\infty}^{\infty}f_X(x)\,\mathrm{lb}\left[\frac{1}{f_X(x)}\right]\mathrm{d}x \tag{5.10}$$

用式(5.9)表示的零均值高斯分布代替概率密度函数,可得高斯信号的信息量为

$$H(X)=\frac{1}{2}\mathrm{lb}2\pi\mathrm{e}\sigma^2 \tag{5.11}$$

记 P 为信号功率,σ^2 为噪声功率。信号与噪声的熵可分别计算为

$$H_{\mathrm{s}}(X)=\frac{1}{2}\mathrm{lb}2\pi\mathrm{e}(P+\sigma^2) \tag{5.12}$$

$$H_{\mathrm{n}}(X)=\frac{1}{2}\mathrm{lb}2\pi\mathrm{e}\sigma^2 \tag{5.13}$$

这样写是为了明确地说明信道的影响，将信道建模为一个随机变量 X。Shannon 推断信号和噪声都含有信息量，而信道容量（单位为 b）则是总信息（即信号加噪声）的熵或信息量减去噪声的熵，即

$$\begin{aligned} H(X) &= H_s(X) - H_n(X) \\ &= \frac{1}{2}\mathrm{lb}(P+\sigma^2) - \frac{1}{2}\mathrm{lb}\sigma^2 \\ &= \frac{1}{2}\mathrm{lb}\left(\frac{P+\sigma^2}{\sigma^2}\right) \\ &= \frac{1}{2}\mathrm{lb}\left(1+\frac{P}{\sigma^2}\right) \\ &= \frac{1}{2}\mathrm{lb}(1+\mathrm{SNR}) \end{aligned} \tag{5.14}$$

而信道容量（单位为 bps）是这个熵值乘以每秒 $2B$ 个采样点，所以有

$$C = B\,\mathrm{lb}(1+\mathrm{SNR}) \tag{5.15}$$

这些都是后续研究的基础，还有两个问题需要解决。首先，需要确定一个最佳的方法，为输入信号（语音、音频、图像或其他要传输的数据）分配幅度步长，也称为量化电平。其次，还需要确定如何把可用的二进制数字（即比特）分配给这些量化电平，以便形成编码的符号流。解码本质上是相反的，将符号映射回二进制码，再从二进制码中得到近似的原始幅度。

5.5 量化

量化（Quantization）通常是指标量量化。也就是说，每次采集一个采样点，并确定一个二进制数值来代表该时刻的模拟输入电平（通常为电压）。模/数（A/D）转换中有两个重要的问题。首先是确定所需的电平数量。对于给定的信号类型，通常都可能采用尽量多的电平，但是这会产生更高的比特率。其次是确保涵盖信号的范围。例如，一般对话中的语音会有一个很大范围的取值，从很小到很大，对应着声音从轻柔到响亮。因此，会存在一种平衡，一方面，对于一个固定的电平数，表示更大的动态范围必然意味着它的精度会降低；另一方面，如果最大范围减小，用相同数量的电平表示这个较小的范围，那么更小的幅度将被更精确地量化。然而，由于范围缩小，一些极端情况下的信号幅度可能无法表示。这两种情况都会导致重构的模拟信号出现失真。因此，目标就是平衡这些相互矛盾的要求，即精度和动态范围的折中。

5.5.1 标量量化

图 5.4 给出了一个量化信号的简单说明。将连续波形（在本例中为正弦波）在离散的时刻进行采样。在每个时刻，分配一个电平来表示它。当可用于表示电平的比特有 N 个时，每个采样点的代表值都是 2^N 个电平中的一个。从图 5.4 中可以清楚地看出，在量化时存在采样值精度的损失。该示例显示了一个非常粗略的量化，只用了 8 个电平，这就意味着每个采样点用 3 位比特表示。例如，如果使用的是 8 位量化，那么将有 256 个电平；如果再将比特位数增加一倍，将有 65 536 个电平。电平数与比特位数呈指数关系，或者说，给每个采样点增加一位比特可以使电平数翻倍。

这一过程称为模/数（A/D）转换，是使用模数转换器（Analog to Digital Converter，ADC）执行的。相反，数/模（D/A）转换是将给定的二进制数值转换为相应的模拟电压电平。在 A/D 过程中，会损失一

些精度，即图 5.4 所示的平滑正弦曲线被阶梯曲线近似代替。

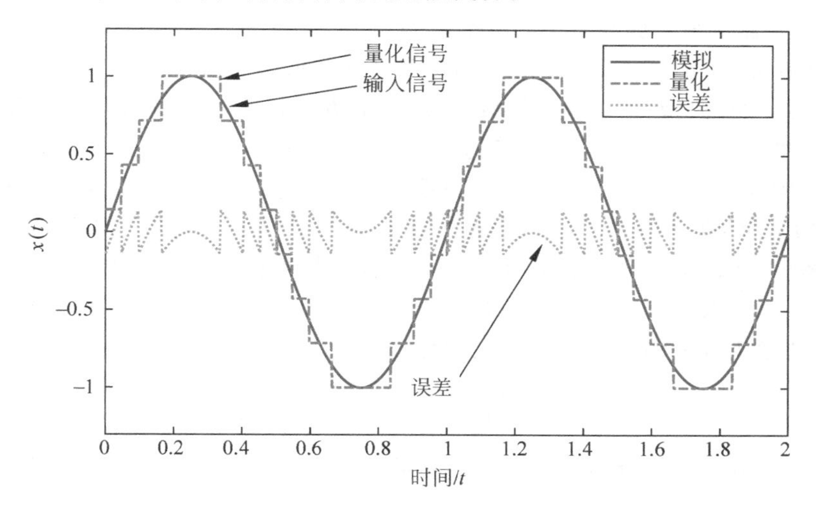

图 5.4　正弦波量化示例(使用 3b 中升量化器)

将量化的描述及其确切作用形式化是十分有必要的。图 5.5 显示了从横轴输入到纵轴输出的量化映射关系。输入幅度可以是 X 轴范围上的任意位置，并从 Y 轴上的相应电平中读取重构值。输入电平称为决策(Decision)电平，因为它决定了模拟电平将落入哪个区间。输出电平称为重构(Reconstruction)电平，因为它是在输出波形中重构出每个采样点的固定电平。

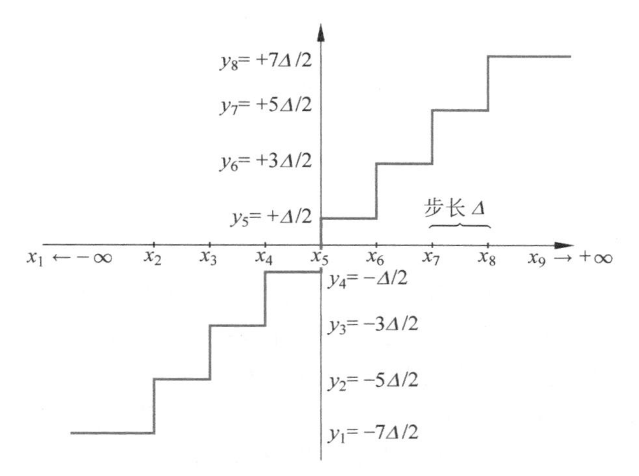

图 5.5　输入-输出量化映射关系(3b 中升量化特性)

注：x 是模拟输入，y_k 表示量化值。

图 5.5 的量化器有一个步长 Δ。$0\sim\Delta$ 的任意输入值 x_k 都将被映射到相应的重构值 y_k，在此例中为 $\Delta/2$。类似地，$-3\Delta\sim-2\Delta$ 的输入都将被重构为 $-5\Delta/2=-2.5\Delta$。这似乎完全合理，但是当输入值高于 3Δ 或低于 -3Δ 时会发生什么呢？它们会被划到各自的最大值与最小值 $\pm3.5\Delta$。

值得注意的是，上例所示的量化类型可以被表征为零偏移、均匀步长、中升的量化器，但是这种量化特征并不是唯一的。如果较小的幅值要比较大的幅值更精确地表示，步长有可能不均匀。也有可能不是以零为中心，而是以其他某个正电平为中心。最后，中升也可以用“中平”来代替，其优点是零值被精确量化为零。然而，这也意味着还有奇数个电平，因此可能会有一个电平未被使用(因为电平的数量为 2^N)，或者在横轴的一侧比另一侧有更多的电平。

现在分析量化误差，了解误差是如何产生的，因为这些误差会导致采样波形的失真。通过分析误差，对于给定的信号以及"典型"信号，就可以使用统计的方法计算有多少误差会出现。很明显，信号有大量时间落入的平均位置应该是量化最精确的区域，可以减少总的平均失真。

假设量化特性中有 L 个电平，并将第 k 个决策电平表示为 x_k，将第 k 个重构电平表示为 y_k。模拟输入 x 映射到重构 y_k 的误差即为 $(x-y_k)$，再对此求平方，因为误差可以是正的，也可以是负的。

信号的概率密度 $f(x)$ 显示了 x 取何值是更有可能(或更不可能)的。因此，误差还要再与该值进行加权，并在 $x_k \sim x_{k+1}$ 求和，这是输出 y_k 对应的输入范围。

最后，对每一个量化电平(共 L 个)进行上述计算，最终得到的量化误差为(Jayant，et al.，1990)

$$e_{\mathrm{q}}^2=\sum_{k=1}^{L}\int_{x_k}^{x_{k+1}}(x-y_k)^2 f(x)\mathrm{d}x \tag{5.16}$$

其中，L 为量化器输出电平的数量，$f(x)$ 为输入变量的概率密度函数，x_k 为第 k 个决策电平，y_k 为相应的重构电平。

为了简单地解释这个方程的应用，对于 1b(两电平)中升量化器，重构信号按照以下方式进行：

(1) 当 x 值为 $-\infty \sim 0$ 时，y 输出值为 $-\Delta/2$；

(2) 当 x 值为 $0\sim+\infty$ 时，y 输出值为 $+\Delta/2$。

假设输入信号的概率密度 $f(x)$ 是不变的，也就是说，所有的取值都是等可能的。当然，这一点应与实际情况相符，或者至少假设这种分布能够充分地代表输入。输入 x 的概率密度函数不变意味着信号的两个取值是等可能的。假设 x 的平均值为零，最大幅度的取值为 $\pm A/2$。那么概率密度函数可写为

$$f(x)=\begin{cases}0, & x<-\dfrac{A}{2}\\[2mm] \dfrac{1}{A}, & -\dfrac{A}{2}\leqslant x\leqslant\dfrac{A}{2}\\[2mm] 0, & x>\dfrac{A}{2}\end{cases} \tag{5.17}$$

这表明 $f(x)$ 在 $-A/2\sim+A/2$ 的概率密度必须都等于 $1/A$。这是因为概率密度函数曲线下的面积必须等于 1(也就是说，信号必须在已知范围内的某个位置)，并且这样形成的矩形的面积也为 1。

因此，对于假设的输入概率密度函数，需要计算出怎样的量化器参数可以最小化量化误差。首先，需要一个代价函数(Cost Function)，即需要定义一个量等价于代价，并将其与设计参数联系起来。此例中，代价可以定义为平均量化误差，并且可以调整量化器的步长以最小化这一代价。所以这个问题可以表述为"有没有一个最佳的量化器步长可以最小化量化信号的平均误差"。

式(5.16)显示误差在平方后与概率密度进行加权，在上述假设的特殊情况下，量化误差为

$$e_{\mathrm{q}}^2=\sum_{k=1}^{2}\int_{x_k}^{x_{k+1}}(x-y_k)^2\frac{1}{A}\mathrm{d}x \tag{5.18}$$

重构电平 y_k 为 $\pm\Delta/2$，将其代入式(5.18)，并展开本例中的两个电平的和，平方误差就变为

$$\begin{aligned}e_{\mathrm{q}}^2&=\frac{1}{A}\int_{-\infty}^{0}\left(x-\frac{-\Delta}{2}\right)^2\mathrm{d}x+\frac{1}{A}\int_{0}^{+\infty}\left(x-\frac{+\Delta}{2}\right)^2\mathrm{d}x\\&=\frac{1}{A}\int_{-\infty}^{0}\left(x^2+x\Delta+\frac{\Delta^2}{4}\right)\mathrm{d}x+\frac{1}{A}\int_{0}^{+\infty}\left(x^2-x\Delta+\frac{\Delta^2}{4}\right)\mathrm{d}x\end{aligned}$$

现在需要计算积分。由于分布是均匀的,积分的无限范围可以用最大的信号幅度来代替,计算如下。

$$e_q^2 = \frac{1}{A}\left(\frac{x^3}{3}+\frac{x^2\Delta}{2}+\frac{x\Delta^2}{4}\right)\Big|_{x=-\frac{A}{2}}^{0} + \frac{1}{A}\left(\frac{x^3}{3}-\frac{x^2\Delta}{2}+\frac{x\Delta^2}{4}\right)\Big|_{0}^{x=+\frac{A}{2}}$$

$$= \frac{1}{A}\left[0-\left(\frac{-A^3}{24}+\frac{A^2\Delta}{8}+\frac{-A\Delta^2}{8}\right)\right]+\frac{1}{A}\left[\left(\frac{-A^3}{24}-\frac{A^2\Delta}{8}+\frac{A\Delta^2}{8}\right)-0\right]$$

化简可得

$$e_q^2 = \frac{1}{A}\left(\frac{A^3}{12}-\frac{A^2\Delta}{4}+\frac{A\Delta^2}{4}\right)$$

$$e_q^2 = \frac{A^2}{12}-\frac{A\Delta}{4}+\frac{\Delta^2}{4} \tag{5.19}$$

最后,得到平均平方误差的表达式,而使它最小化唯一可以改变的参数是步长 Δ。于是可以用微分确定这个最佳值,因为这个方程实际上是关于 Δ 的二次方程。因此,记最佳步长为 Δ^*,可以写出导数为

$$\frac{\mathrm{d}e_q^2}{\mathrm{d}\Delta} = -\frac{A}{4}+\frac{\Delta^*}{2} \tag{5.20}$$

这类问题已经很熟悉了,将导数设为0可得

$$\frac{A}{4} = \frac{\Delta^*}{2}$$

$$\Delta^* = \frac{A}{2} \tag{5.21}$$

根据信号幅度参数 A,上述方程提供了最佳步长的表达式。最佳步长是幅度的一半的结果,似乎也与直观相符。还可以根据信号功率或方差重写公式。首先,需要一个用概率密度函数表示的方差。一般来说,对于任何范围为 $\pm A/2$ 的均匀概率密度函数,方差都可写为

$$\sigma^2 \triangleq \int_{-\infty}^{+\infty} x^2 f(x)\,\mathrm{d}x$$

$$\sigma^2 = \int_{-\frac{A}{2}}^{+\frac{A}{2}} x^2\left(\frac{1}{A}\right)\mathrm{d}x \tag{5.22}$$

其结果为

$$\sigma^2 = \frac{A^2}{12} \tag{5.23}$$

根据信号 x 的方差反过来表示其幅度

$$\sigma_x^2 = \frac{A^2}{12}$$

$$A = 2\sigma_x\sqrt{3} \tag{5.24}$$

将其代入最佳步长的方程,得到

$$\Delta^* = \frac{A}{2}$$

$$= \frac{2\sigma_x\sqrt{3}}{2}$$

$$= \sigma_x\sqrt{3} \tag{5.25}$$

这个结果显示,量化器步长应该是信号标准差的$\sqrt{3}$(≈ 1.73)倍,以便最小化误差。这样做将最小化量

化噪声，或者等效地，最大化信噪比。

因此，可以得出的一个普遍结论，对于给定的概率密度函数，最佳步长与标准差成正比。但是，当改变电平数量时，量化每个采样点所需的比特位数当然也会变化，那么结论又会怎样变化呢？

量化信噪比是信号功率除以噪声功率，用分贝表示为

$$\text{SNR}=10\lg\left[\frac{\sum_{n}x^{2}(n)}{\sum_{n}e^{2}(n)}\right] \tag{5.26}$$

其中，误差为采样值 $x(n)$ 和量化值 $\hat{x}(n)$ 之间的差值，即

$$e(n)=x(n)-\hat{x}(n) \tag{5.27}$$

对于均匀的 Nb 量化器，步长 Δ 为峰值幅度与量化等级数量的比值，即

$$\Delta=\frac{2x_{\max}}{2^{N}} \tag{5.28}$$

如果量化噪声服从均匀分布，则方差为

$$\begin{aligned}\sigma^{2}&\triangleq\int_{-\infty}^{+\infty}x^{2}f(x)\mathrm{d}x\\ \sigma_{\mathrm{e}}^{2}&=\int_{-\Delta/2}^{+\Delta/2}x^{2}\left(\frac{1}{\Delta}\right)\mathrm{d}x\\ \sigma_{\mathrm{e}}^{2}&=\frac{\Delta^{2}}{12}\end{aligned} \tag{5.29}$$

将步长 Δ 代入其中，可得

$$\begin{aligned}\sigma_{\mathrm{e}}^{2}&=\frac{\Delta^{2}}{12}\\ &=\frac{4x_{\max}^{2}}{12\times 2^{2N}}\\ &=\frac{x_{\max}^{2}}{3\times 2^{2N}}\end{aligned} \tag{5.30}$$

可以把信噪比写为

$$\begin{aligned}\text{SNR}&=\frac{\sigma_{\mathrm{x}}^{2}}{\sigma_{\mathrm{e}}^{2}}\\ &=\frac{\sigma_{\mathrm{x}}^{2}}{\dfrac{x_{\max}^{2}}{3\cdot 2^{2N}}}\\ &=3\left(\frac{\sigma_{\mathrm{x}}^{2}}{x_{\max}^{2}}\right)\times 2^{2N}\end{aligned} \tag{5.31}$$

通常的方法是用分贝(dB)来表示，即取对数后再乘以 10。使用标准对数规则，式(5.31)变为

$$\begin{aligned}\text{SNR}&=10\lg 3+10\lg 2^{2N}+10\lg\left(\frac{\sigma_{\mathrm{x}}^{2}}{x_{\max}^{2}}\right)\\ &\approx 4.77+6.02N+20\lg\left(\frac{\sigma_{\mathrm{x}}}{x_{\max}}\right)\quad \text{dB}\end{aligned}$$

假设最大值是 4 倍标准差，即 $x_{max}=4\sigma_x$，就有

$$\mathrm{SNR}\approx 6N-7.3\quad \mathrm{dB} \tag{5.32}$$

也就是说，可以说信噪比与比特数 N 成正比，即

$$\mathrm{SNR}\propto N \tag{5.33}$$

其中，比例常数为 6。一个重要的结论是，当量化器增加 1b，大约可以提高 6dB 信噪比。请注意，由于在推导过程中做了各种假设，这个结果实际上仅适用于有大量的量化等级，同时没有（或只有几个）采样点在 $\pm 4\sigma_x$ 外的情况。

5.5.2 压扩

上述关于量化的讨论中假设采样点是线性(Linearly)量化的。也就是说，每个步长都是相等的。如果步长不相等会发生什么？此外，为什么随着时间的推移步长却是固定的？现在将问题转向步长的选择，并研究动态地改变步长。虽然对于一个量化器的所有电平，具有相等的步长更加常见，但是压缩和扩展电平的技术已经广泛用于某些类型的音频，并且也在更高级的编码方案中得到应用。压扩的想法归功于 Eugene Peterson（尤金・彼得森），他观察到“微弱的声音比强烈的声音需要更微妙的处理”(Bennett，1984)。

如果保持一个固定的步长，就意味着量化时所有振幅对噪声的贡献是相等的。然而，由于量化只是一个近似值，可以放宽对精度的要求。对于高振幅，较大的步长可能就足够了。这种在较大幅度下牺牲一定精度的做法，还可以做到幅度越小，步长越小。根据信号的分布，如果幅度更小的信号更可能出现，那么平均误差实际上也可能会减小。此外，在音频中，从人耳听力的角度来说，较大的信号幅度会掩盖更多的噪声，使噪声变得更小。

这就产生了“压扩”的概念，意味着压缩和扩展范围。图 5.6 将此显示为从输入到输出的映射。在横轴上可以看到输入幅度，输出显示在纵轴上。对于低电平的输入幅度 x，输入的微小变化 δx 都会导致相当大的输出变化 δy。然而，对于高输入振幅，给定输入变化 δx 时，输出变化 δy 相对较小。这实现了目标，即对于较大的幅度，有较大的步长。

该过程采用模拟映射时，可用一组公式来描述。然而，以数字方式实现时，使用查找表(LUT)更方便。实际上，可以使用一组 13b(A 律)或 14b(μ 律)的电平量化信号源，并将其映射到一组 8b 等效电平上。这可以使每个采样点使用更少的比特，但是总体上保持大致相同的感知失真水平。

请注意，前面描述的过程是编码或压缩阶段，扩展阶段与此操作相反。这些操作可以由一个预先计算好的 LUT 来执行，这个 LUT 包含用于压缩和扩展的所有输入-输出对。

图 5.6 显示了前面讨论的两种压扩特性比较。线性响应表示为 45°的直线，此时输出等于输入。μ 律特性由映射方程定义为

$$c_{\mu}(x)=\operatorname{sign}(x)\frac{\ln(1+\mu\mid x\mid)}{\ln(1+\mu)},\quad 0\leqslant x\leqslant 1 \tag{5.34}$$

它具有“饱和”特性，即输入信号的较小值与较大值被区别对待。图 5.6 中还显示了 A 律的特性，它在概念上与 μ 律相似，但定义略有不同。

$$c_A(x)=\begin{cases}\operatorname{sign}(x)\dfrac{A\mid x\mid}{1+\ln A}, & 0\leqslant\mid x\mid\leqslant\dfrac{1}{A}\\[2ex] \operatorname{sign}(x)\dfrac{1+\ln(A\mid x\mid)}{1+\ln A}, & \dfrac{1}{A}\leqslant\mid x\mid\leqslant 1\end{cases} \tag{5.35}$$

注意，A 律将输入范围划分为不同的区域，较小的振幅为线性区域，较大的振幅为非线性区域。图 5.6

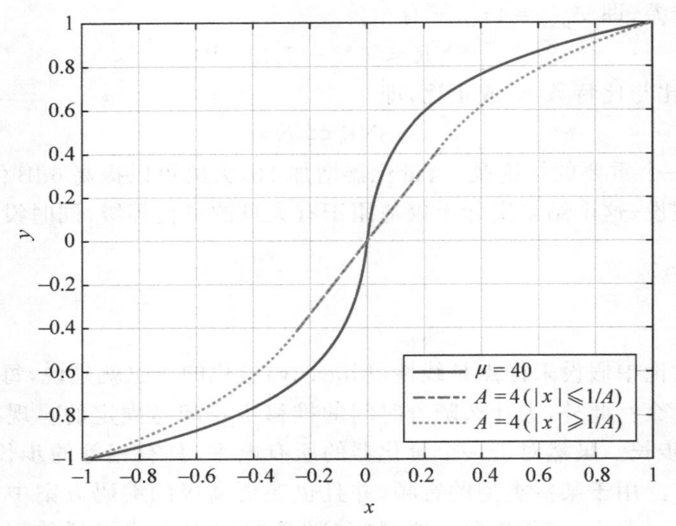

图 5.6 μ 律与 A 律压扩的典型比较

注：μ 值与 A 值的选择是为了强调 A 律的分段特性。

中选择的 μ 值和的 A 值是为了说明其特性的差异。将 μ 律压缩幅度信号转换回原始值的相反步骤为

$$x=\operatorname{sign}(c_{\mu}(x))\frac{1}{\mu}[(1+\mu)^{|c_{\mu}(x)|}-1] \tag{5.36}$$

图 5.7 显示了 8b 线性、12b 线性和 8b 压扩信号的信噪比比较。对于非常小的输入幅度，使用 8b 的 μ 律压扩甚至能够比 12b 线性量化表现得更好(因为信噪比明显更高)。随着输入幅度的增加，线性量化器显示出的性能越来越好，信噪比越来越高，而压扩信号在幅度较高时达到了一个平稳状态。这是合理的，因为不可能做到在一个方面有所改进而在其他方面没有牺牲。然而，这种牺牲发生在较高的幅度，这在统计上是不太可能出现的。而且，当幅度较大时，噪声在感知上也不太明显。

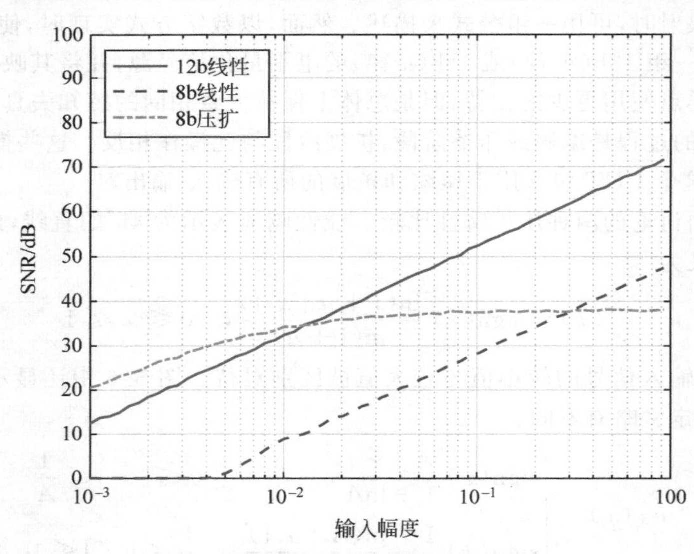

图 5.7 线性量化与压扩量化器的性能比较

注：压扩的折中是显而易见的，低电平时性能更好，高电平时性能较差。

5.5.3 非均匀步长量化

如5.5.2节所述，使用非均匀步长确实有一些优点。具体而言，幅度越大，步长越大；幅度越小，步长越小，这样对语音信号的效果很好。使用非线性输入输出特性进行压扩是实现这个效果的一种方法，用到了线性A/D和D/A转换。另一种方法就是将非线性步长构建到量化器本身，这可以使用Lloyd-Max算法来完成。这种方法假设概率密度函数是不均匀的，也就是说，某些信号幅度比起其他信号幅度更有可能出现。

Lloyd-Max算法假设输入信号的概率密度函数是已知的(Jayant，et al.，1990)，这就意味着必须基于典型数据做出假设。两种适合于近似真实数据的分布是拉普拉斯概率密度函数

$$f(x)=\frac{1}{\sigma\sqrt{2}}\mathrm{e}^{-\sqrt{2}|x-\bar{x}|/\sigma} \tag{5.37}$$

和高斯概率密度函数

$$f(x)=\frac{1}{\sigma\sqrt{2\pi}}\mathrm{e}^{-(x-\bar{x})^2/2\sigma^2} \tag{5.38}$$

为了描述Lloyd-Max算法，首先使用前面出现过的量化误差表达式

$$e_{\mathrm{q}}^2=\sum_{k=1}^{L}\int_{x_k}^{x_{k+1}}(x-y_k)^2 f(x)\mathrm{d}x \tag{5.39}$$

然而，现在决策(输入)电平 x_k 和重构(输出)电平 y_k 都可以变化。因此，为了解决最小失真，需要改变这些量，并找到以下方程的解。

$$\frac{\partial e_{\mathrm{q}}^2}{\partial x_k}=0,\quad k=2,3,\cdots,L \tag{5.40}$$

$$\frac{\partial e_{\mathrm{q}}^2}{\partial y_k}=0,\quad k=1,2,\cdots,L \tag{5.41}$$

除了少数简单的概率密度函数，上述方程很难求出解析解，此时需要采用迭代的数值方法求解。此外，从式(5.39)中注意到：

(1) 决策电平 x_k 在相邻重构电平的中间；

(2) 每个重构电平 y_k 是适当间隔内的概率密度函数的质心。

从数学上说，这就可以采用Lloyd-Max算法(Jayant，et al.，1990)，该算法按照以下方式迭代求解。

$$x_k^*=\frac{1}{2}(y_k^*+y_{k-1}^*),\quad k=2,3,\cdots,L$$

$$x_1^*=-\infty$$

$$x_{L+1}^*=+\infty$$

$$y_k^*=\frac{\int_{x_k^*}^{x_{k+1}^*}xf(x)\mathrm{d}x}{\int_{x_k^*}^{x_{k+1}^*}f(x)\mathrm{d}x},\quad k=1,2,\cdots,L \tag{5.42}$$

迭代上述方程组直至收敛。图 5.8 和图 5.9 分别说明了 $L=4$ 和 $L=8$ 个电平的过程。请注意，迭代不需要任何导数的显式计算，只需要评估概率密度函数和进行决策-重构电平的逐步调整。

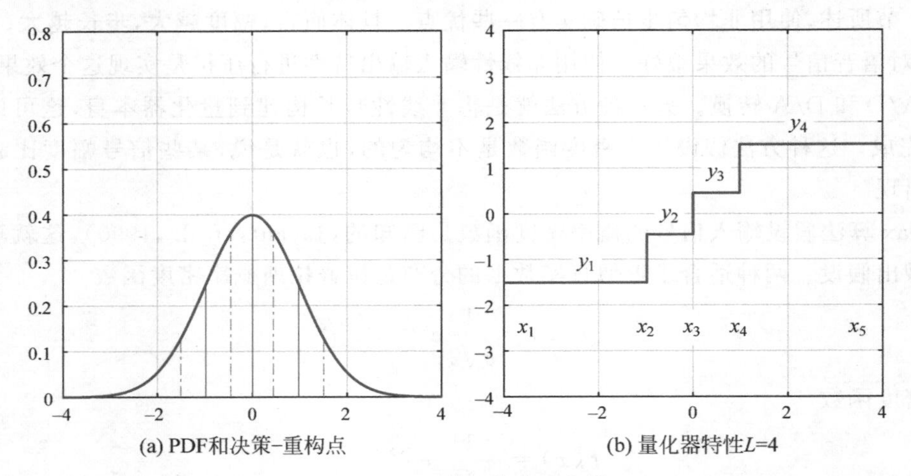

图 5.8 Lloyd-Max PDF 优化量化器($L=4$)

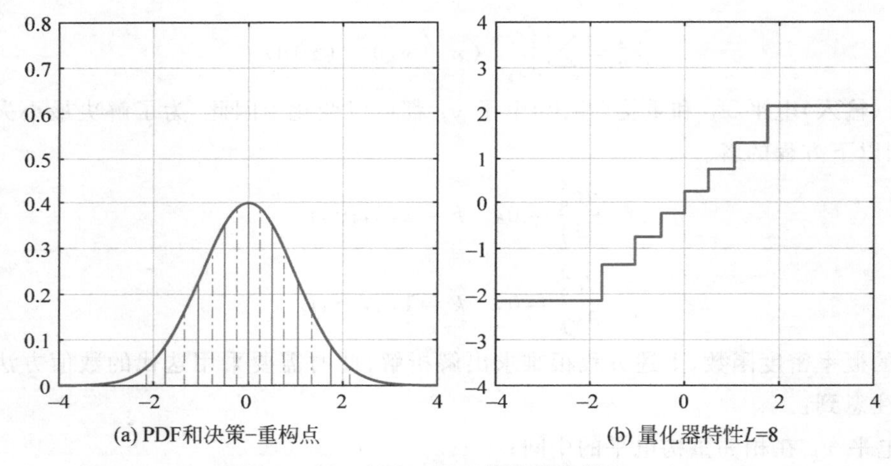

图 5.9 Lloyd-Max PDF 优化量化器($L=8$)

5.5.4 自适应标量量化

前面章节讨论的量化器在设计完成后就固定了。编码器工作时，总是使用相同的决策点和重构电平。然而，语音和音频信号不是不变的，它们会随着时间变化。这就引出了在信号编码时改变步长的思路。对于小幅度信号，步长可以固定，但是很小。对于大幅度信号，步长可以更大，但要再次固定。根据输入信号的相对大小决定使用小步长还是大步长。这可以基于采样点的瞬时值来计算，或根据一组采样点的能量(方差)来计算。

上述方案需要注意一些细节。首先，一些信号，如语音，往往会从小振幅快速变为大振幅。因此，在调整步长时，也必须快速地改变。同样，当信号的平均电平降低时，步长必须快速降低。但此过程又不能进行得太快，因此必须注意能量估算的块大小。实际上，这种方案必须基于过去的采样点估计当前和未来采样点的能量。

如果可以允许缓存少量的信号，就可以基于“未来”采样点估算方差，也就是解码器暂时还没有看到的那些采样点。这个延迟需要保持得很小，以便不被察觉。重要的是，在给定时间内所使用的步长必须以某种方式发送给解码器，以便它对于给定的二进制码字，能知道重构使用的正确幅度电平。步长通过边信道传输，也就是交织在编码比特流中。这个系统称为前向自适应量化(Adaptive Quantization Forwards, AQF)。

另一种选择是后向自适应量化(Adaptive Quantization Backwards, AQB)，即编码器和解码器使用的步长都是基于过去量化采样点的估计。这是可行的，因为解码器知道它已经重构的采样点。这种方法不需要步长的显式传输，然而，由于它基于过去的采样点，步长的自适应调整可能需要更长的时间并且不太精确。

5.5.5 矢量量化

前面所有关于量化的讨论都假设一次只有一个采样点被量化。然而，如果不是一个，而是一个数据块中的几个采样点同时被量化了呢？这种技术称为矢量量化(Vector Quantization, VQ)，而与此区别，传统的一次量化一个采样点则称为标量量化。图5.10显示了一个VQ码本的设计，它包含了用于匹配源采样点矢量的代表性码矢量。

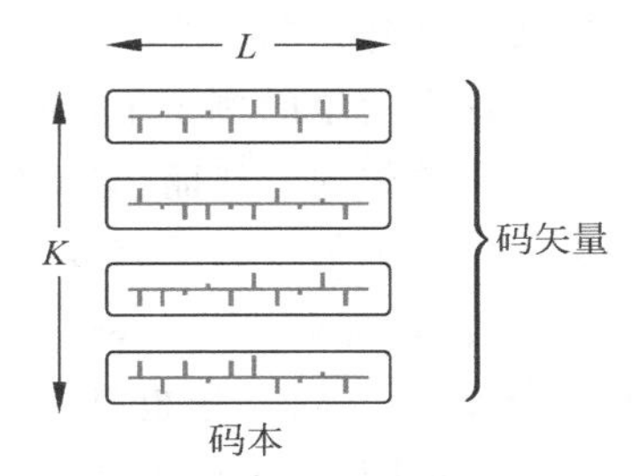

图5.10 VQ码本的设计

注：每个码矢量的维数为 L，共有 K 个码矢量。

矢量量化可以代表一维矢量的量化，通常都是这样的情况。然而，当量化块(如图像)时，这种方法可能称为“矩阵量化”更好。然而，矢量量化一词通常对于 $N\times 1$ 和 $N\times M$ 的数据块都是适用的。

一次量化几个采样点的主要优点是可以利用采样点之间的相关性。首先，编码器和解码器都有一个相同的“典型”矢量的码本(Codebook)，构造该码本的数据源在统计上类似于实际中要量化的数据。码本由大量的码矢量组成，每个码矢量的尺寸等于要编码的数据块(矢量)的大小。然后，编码器将得到的采样点缓冲为大小与矢量维数相等的块，并在码本中搜索最接近的匹配。匹配标准必须是具有某种数学相似性的形式，通常选择具有最小均方误差的码矢量。然后，最接近匹配的索引被发送到解码器。接着，解码器简单地使用这个索引查找相应的码矢量。最后从该码矢量中读取单个的采样点，以重建采样流。上述过程如图5.11所示。

这种方法有几个明显的问题，最明显的是在一开始如何生成码本，这个问题放在后面讨论。首先来考虑VQ的数据缩减的可能性。假设问题是对有8个采样点的数据块进行编码，每个采样点的精度为8位。当使用传统的标量量化时，需要的位数为

$$8\,\frac{\text{sample}}{\text{vector}}\times 8\,\frac{\text{b}}{\text{sample}}=64\,\frac{\text{b}}{\text{vector}} \tag{5.43}$$

假设在这个例子中，码本包含1024项。也就是说，1024个维度为8的矢量。索引该码本所需的比特位数为lb1024=10。那么使用了VQ的平均比特率为

$$\frac{10\text{b/vector}}{8\text{sample/vector}}=1.25\,\frac{\text{b}}{\text{sample}} \tag{5.44}$$

换句话说，每个矢量的比特位数已经从64(使用标量量化)降低到10(使用VQ)；同样，每个采样点的比

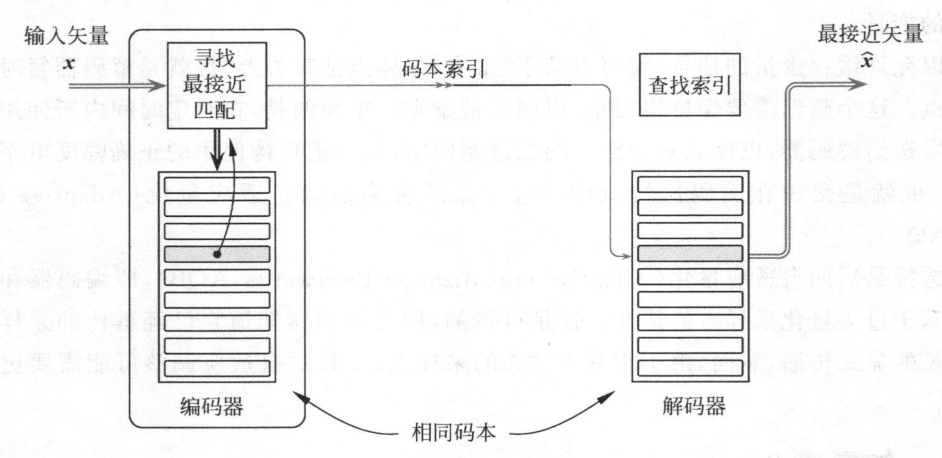

图 5.11 用矢量量化器的编码与解码

注：编码器必须搜索最佳匹配矢量，而解码器只须查找索引（通过信道传输）对应的矢量。

特位数从 8 降低到 1.25。

从这个简单的例子中，应该清楚地知道，增加码矢量的大小（不是码矢量的数量）会降低平均速率，这也是所希望的。然而，平均失真将会显著增加，因为码本必须用较少的码矢量来近似更大数量的样本矢量。每个码矢量必须有效地代表更大范围的源矢量。

另外，增加码矢量的数量（即码本中有更多项）意味着有更多的代表性码矢量可供选择，因此，平均失真会减小。然而，这也意味着要搜索更多的矢量，矢量索引只增加一位就会使码本的大小翻倍。

因此，计算复杂度可能成为一个重大障碍。考虑到编码器搜索码本时必然会执行操作。记源矢量为 $\boldsymbol{x}$，码本矢量为 $\boldsymbol{c}_k$，对于维度为 L 的矢量，其误差（或失真）计算为

$$d_k = \sum_{j=0}^{L-1} (x_j - c_{kj})^2 \tag{5.45}$$

在本例中，码本共有 1024 项，每项的维度均为 8。每个矢量的比较操作需要分别进行 8 次减法、平方和加法运算，来计算均方误差。如果这个代码是在顺序循环中实现的，那么索引矢量值还会有额外的开销，而迭代块也会有循环开销。因此，计算量的近似值约为每个矢量 25 次运算，乘以码本中的 1000 个矢量，共 25 000 次运算。每个待编码的矢量（块）都需要这样的操作，这导致计算量相当大。增加码本大小或码矢量维数都会增加这个值。此外，增加码本大小会导致复杂度的指数性增长，因为添加到矢量索引的每个额外比特都会使码本的大小翻倍。

上面概述的方法称为穷举搜索（Exhaustive Search），因为对于每个编码块，码本中每个可能的码矢量都要被检测。目前已经提出了各种方法来降低搜索的复杂度，通常采用的折中策略是增大存储空间。

使用穷举搜索的编码可以更加正式地定义如下。

（1）给定码本大小为 K，矢量维数为 L。

（2）对于每个待编码的源矢量 $\boldsymbol{x}$，将失真 $d_{\min}$ 设置为一个非常大的数字，对于每个码矢量（索引为 k），完成以下步骤：

a）对于码本 $\boldsymbol{C}$ 中的每项候选 $\boldsymbol{c}_k$，使用所选度量计算失真，通常是平方误差 $d_k = \| \boldsymbol{x} - \boldsymbol{c}_k \|^2$；

b）如果失真 d 小于目前为止的最小失真（$d_{\min}$），设置 $d_k \to d_{\min}$ 并保存索引 $k \to k^*$。目前最接近

的矢量 $\hat{\boldsymbol{x}}$ 保存为此码矢量：$\boldsymbol{c}_k \rightarrow \hat{\boldsymbol{x}}$；

c）对码本中的所有 K 个码矢量重复上述操作。

而解码器只须使用传输的索引 k^* 查找相应的码矢量。显然，编码器的复杂度远远大于解码器。这种方案称为不对称编码器(Asymmetric Coder)。

如果码本是待编码数据样本的合理表示，则该方法是令人满意的。但是包含着所有码矢量的码本又是如何确定的呢？与标量量化器所概述的解析方案不同，通常会使用典型的源矢量训练得到迭代解。假设这些训练矢量在实践中能够以足够的精度表示源数据，这种训练算法本质上是将典型的源矢量映射到若干聚类中。图 5.12 说明了映射过程。除了矢量维数和码本大小外，还需要选择足够的训练矢量，这些矢量代表了典型的源特征。

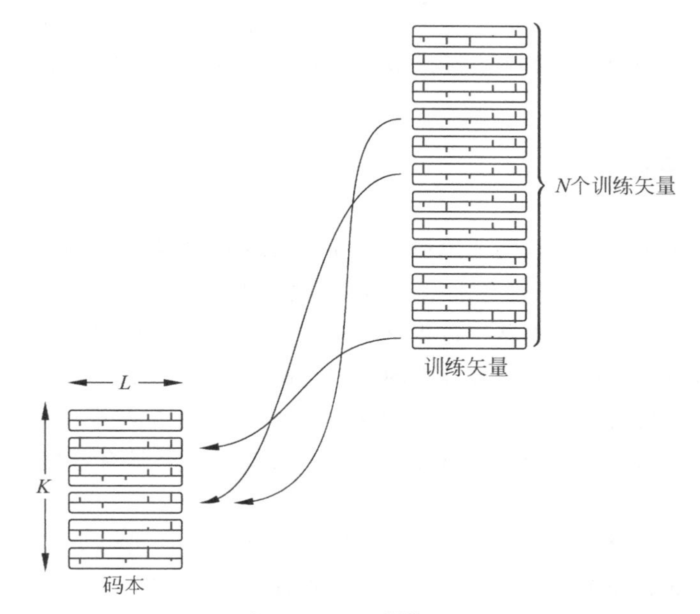

图 5.12 VQ 训练过程

注：多个的训练矢量可能映射到同一个给定的码本矢量。

训练算法有很多选择。k-Means 或 LBG 训练算法步骤基本如下。

(1) 确定一个大小为 K，矢量维度为 L 的码本 $\boldsymbol{C}$。

(2) 得到 N 个特征矢量 $\boldsymbol{x}_k$，$k=0,1,\cdots,N-1$。

(3) 任意选择 K 个特征矢量来创建初始码本 $\boldsymbol{C}$。

(4) 对于训练集中的每个矢量：

a) 在当前码本中进行搜索以找到最接近的近似值；

b) 将此矢量 $\tilde{\boldsymbol{x}}_k$ 保存在索引(码字)k 处，增加索引 k 的映射矢量的计数。

(5) 对于码本中的每个码矢量：

a) 利用保存的矢量集合和计数计算映射到码矢量的所有训练矢量的质心；

b) 用这个质心替换码矢量。

(6) 用新的码本对每个训练矢量进行编码，并计算平均失真。如果足够小，退出；否则，从步骤(4)

开始重复。

质心(或平均值)的计算步骤可以用图5.13的Voronoi图表示,该图描绘了一个二维的VQ。每个输入矢量都由空间中的一个点来表示,每个矢量的两个分量分别是横纵坐标。用圆圈表示的每个码矢量,对于落在指定区域内的任意输入矢量都是最佳匹配。每个区域的边界随着训练过程在每次迭代中更新。使用MATLAB中的voronoi()函数可以很容易地生成这样的Voronoi图。

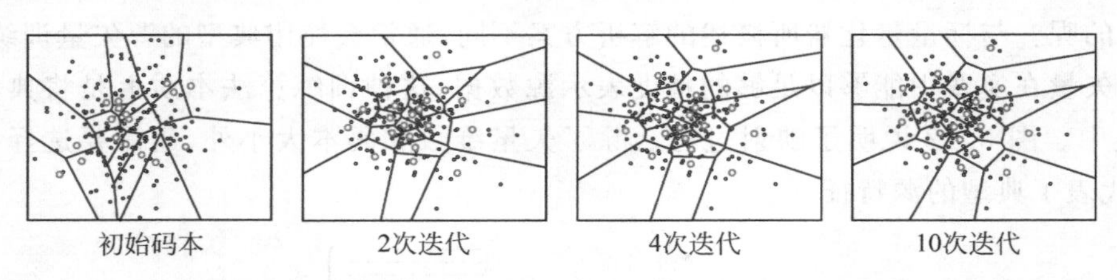

图5.13 VQ训练迭代与收敛(小点是训练数据,圆圈是质心)

5.6 信源编码

数字信道上的数据由最低层的比特流组成。然而,传输的内容可以包括文本、图像、声音或其他类型的信息。因此,呈现的内容与编码比特流之间的映射是很有必要的,这称为信源编码(Source Coding)。编码器执行这一映射,解码器执行相反的操作,尽管所涉及的步骤不一定是完全相反的。

不同类型的源文件有不同的要求。最基本的是对精确重构的要求,也就是说,接收机所解码的比特流是否与呈现给编码器的比特流完全相同。虽然看起来精确的逐位匹配是必要的,但并不总是如此。例如,如果要重构数据文件,那么精确的比特传输显然是必要的。但是有些信道会有误差,可能很难始终保证收到的比特是正确的。

此外,如果愿意牺牲比特精确性,就有可能对某些类型的源数据进行更多的压缩。图像、语音和视频是这一类型中最常见的。如果单个像素或音频采样点损坏了,可能对声音或图像的感知质量影响很小或没有影响。事实上,在不同的场景下,相对较高的误差水平是可以容忍的。如果一个特定的压缩算法能够显著减少数据量,并且尽可能少地影响感知,那么它可能是一个更好的选择。

精确比特的压缩算法称为无损(Lossless)压缩,而有损(Lossy)压缩算法可能会通过牺牲一些重构的精确性来实现更大的压缩。这两种技术在实践中都被广泛应用,并且经常在给定的电信应用中相互补充。

在不同的应用中,可能需要压缩文本或媒体(如音频或视频)。编码器发出的数据由符号(Symbol)组成,这些符号以某种转换的方式表示数据。可用的符号集通常称为字母表(Alphabet),它与含有字母的字母表类似,但具有更一般的含义。例如,如果一幅图像仅由64种颜色组成,那么字母表就由这64种颜色中的每一种所组成,并且需要lb64=6b来唯一指定每个符号。然而,一个符号还可以代表更多,如一个符号可以表示有一定顺序的几个像素。

5.6.1 无损编码

本节介绍无损编码,即可以准确无误地再现源数据流的编码方法。这种类型的编码也称为熵编码(Entropy Codes)。

1. 熵与码字

在对数据源进行编码时，有必要确定待编码值的可能范围。正如将要显示的，每个单独的值的概率是很重要的。从理论上说，信息源的信息速率(或熵)决定了对信息源发出的数据进行编码所需的最小比特位数。那么编码这些数据需要多少位呢？熵回答了这个问题。例如，如果只需要编码英文字母表中的大写字母，那么就需要26种二进制表达式。这意味着至少需要5位来覆盖32种可能性(因为$2^5=32$，大于26)。反过来，最低要求是lb26位。计算中隐含的假设是，这些表达式中的每一个都是等可能的。这种假设在实践中通常不会成立，这是一件好事。事实证明，符号出现的可能性不相等是一个有利条件。

熵的概念正是用在这里。对于从字母表S中提取的源符号s_i，每个符号出现的概率记为$\mathrm{Pr}(s_i)$，则熵的定义为

$$H=-\sum_{s_i \in S}\mathrm{Pr}(s_i)\mathrm{lb}\mathrm{Pr}(s_i) \quad \mathrm{b/symbol} \tag{5.46}$$

熵是理论上的下边界，它显示了给定符号概率的情况下，编码每个符号所需的最小比特位数。重要的是，可以看到，如果概率并不相等，还可能有机会减少熵，减少每个符号的平均比特位数。所以问题是：要如何将比特分配给每个符号，以便最有效地利用比特？

对于给定的信息源，概率可能是固定的，或者可能随时间稍有变化。如果是这种情况，如何将二进制码字分配给每个源符号，以便最小化输出比特率？将较短的码字分配给更可能出现的符号，将其他剩余的更长的码字分配给不太可能出现的符号，似乎是合乎逻辑的。数学上，希望最小化符号块上编码的平均码字长度。如果可以这样做，知道了每个源符号的码字长度，那么平均码字长度将是加权平均值，计算如下。

$$L_{\mathrm{av}}=\sum_{s_i \in S}\mathrm{Pr}(s_i)L(s_i) \quad \mathrm{b/symbol} \tag{5.47}$$

理论上这是很好的，但是如何解出最佳码字分配呢？举一个具体的例子，假设有4个符号：A、B、C和D。如果分配码字，令符号A为0110，符号B为101，符号C为011，符号D为10，那么就可以得到一个可变字长编码(Variable-Wordlength Code，VWLC)。根据前面的讨论，只有在D比A更有可能出现的情况下这才有意义，因为如果D更有可能出现并且有更短的码字长度，那么总体上才可能需要更少的比特。

根据式(5.47)，总的平均码字长度将更小。请注意，可能最后得到的是小数比特率，因为目标量是每个符号的平均比特位数。例如，给定符号A、B、C和D的比特长度分别为4、3、3和2，假设每个符号的概率为25%。根据式(5.47)，平均码字长度将是$0.25\times4+0.25\times3+0.25\times3+0.25\times3+0.25\times2=3.0$。但是假设概率实际上是50%、20%、20%和10%，在这种情况下，计算结果如下。

```
% 表示每个符号的比特长度
s = [4  3  3  2];

% 每个符号的概率
pr = [0.5  0.2  0.2  0.1];

% 验算——概率的和应为 1
sum(pr)
ans =
    1.0000
```

```
%平均码字长度
sum(pr. * s)
ans =
    3.4000
```

平均值为 3.4b/symbol。这不是一个整数,即使每个单独的符号都被分配了一个整数的比特位数。

对于给定的码字分配,解码中有可能出现混淆。假设发送了二进制流 1010110。解码器可以将其解码为 101 再接 0110,这就等同于源符号为 BA。或者,它可以被解码为 10 101 10,这就是 DBD。为了避免这种歧义,可以使用一种特殊的比特表达式作为分隔符,即"逗号"。假设 110 表示这个分隔符,那么有分隔符编码的块 ABCD 就变成 A,B,C,D,编码结果将是 0110 110 101 110 011 110 10。这种方法的问题很明显,它增加了信息块中的平均比特位数。此外,仍然需要非常小心,使分隔符表达式不会出现在任何合法码字的开头,甚至不会在合法码字的中间,因为这会使解码器混淆。这两个问题都有一个巧妙的解决方法,叫作霍夫曼编码(Huffman,1952)。霍夫曼编码既解决了解码混淆问题,又为每个符号分配了一个整数的最小长度编码。

2. 霍夫曼编码

式(5.46)清楚地表明,信息源的熵取决于符号概率,它提供了一个最低的理论界限,但没有说明如何以最佳方式分配码字。因此,还需要某种方法为每个符号分配比特,从而形成码字。在理想情况下,L_{av} 等于熵 H。但这只是理论上的,在实际中平均码字长度接近熵,但从未达到熵。本质上,理论的下边界给了我们努力的方向。

霍夫曼编码以最佳方式为符号分配一个整数的比特位数来形成码字。除了减小平均码字长度之外,这些编码还是唯一可解的,即一个码字的结束和下一个码字的开始不会混淆。重要的是,不需要使用特殊的分隔符。

霍夫曼编码的工作原理如下。假设有一组已知概率的源符号,如图 5.14 所示。叶节点是已定义的符号值(在此例中为 A、B、C、D 和 E),并且已经根据前面符号的组合对内部节点进行了注释,如 DE 是 D 和 E 的组合。这不是算法要求的一部分,但是它使接下来的编码开发变得更加容易。

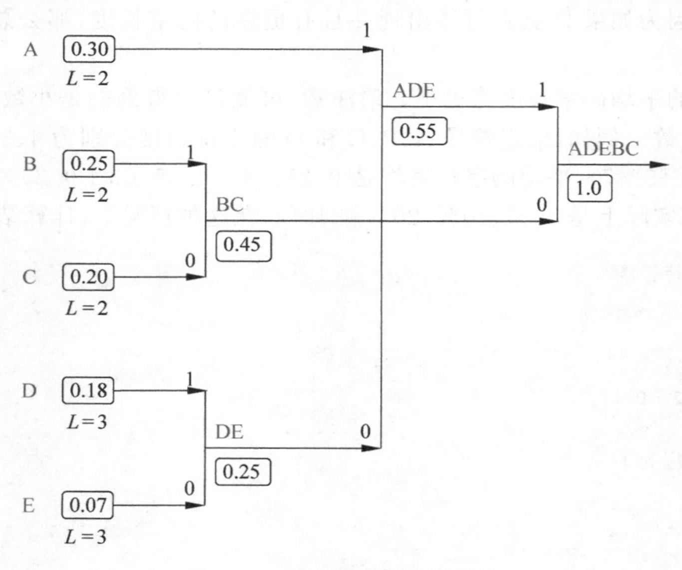

图 5.14 霍夫曼树的生成过程

注:按照惯例,组合两个节点时,为更高概率的节点分配比特 1。每一步的概率以图中所示的方式组合,最终得到的平均长度为 2.25b/symbol。

首先，将符号及其对应的概率画在左边的一列，这些称为叶节点。然后，继续组合符号，一次两个，以创建中间节点。例如，D 和 E 是组合的，组合概率为 0.18+0.07=0.25。约定用二进制 1 表示较高的概率，0 表示较低的概率（当然这是任意的，只要保持一致，任何约定都可以使用）。B 和 C 也是如此。然后，以相同的方式将这些中间节点与叶节点或其他中间节点重新组合，即将概率和为 0.25（标记为 DE）的节点和 0.30（A）的节点组合，得到 0.55（标记为 ADE），然后将此结果与 0.45（BC）组合。最后，到达右边的单个节点（根节点）结束，其概率明显应该等于 1.0，因为达到这个阶段已经将所有的源概率相加（尽管是间接地通过连续配对相加）。

图 5.15 显示了使用这种（侧向）树结构编码源符号的过程。假设希望编码符号 D。从叶节点开始，沿着路径到达最右边的根节点。在这个路径中，记录下经过的节点。所以在第一个中间节点，得到一个 1，因为在这个编码设计阶段，经过的是概率较高的上分支（0.18>0.07）。沿着所示路径，接下来会在交叉点遇到 0（0.25<0.30）。最后，在根节点，比特值为 1（0.55>0.45）。

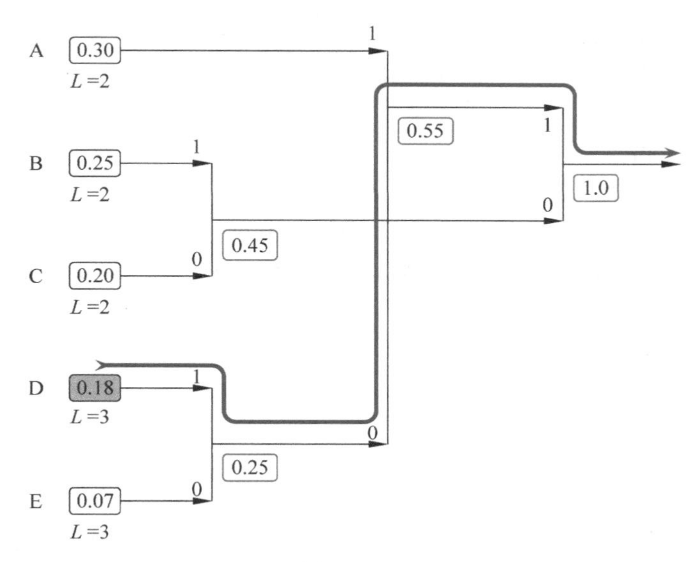

图 5.15 霍夫曼编码的编码过程

注：从对应待编码符号的叶节点开始，遵循节点的连接，直到到达根节点。每个节点处路径经过的分支决定编码比特值。

接收机的解码过程与编码相反。如图 5.16 所示，有一个相同的树，但是现在要从右向左遍历。这是有意义的，因为解码器在开始时并不知道下一个预期的符号，它只在比特流到达时获取到单个比特。从根节点开始，如果接收到 1，意味着必须取上分支。接下来，取图 5.16 中的下分支（0），然后根据比特值 1 取上分支。最后，到达叶节点，显示了符号 D。

因此，解码过程与编码过程相反。在编码中，从叶节点开始，根据遇到下一个节点的分支来分配 1/0，并递归重复，直到到达根节点。解码器从根节点开始，根据接收到的 1/0，来选择分支。显然，符号的比特流在发送到解码器之前必须反转。

在构造霍夫曼编码树时，用于选择分支的 1/0 分配是任意的。上例中用 1 表示较高的概率，称为上分支；用 0 表示较低的概率，称为下分支。只要编码器和解码器使用的是相同的约定，就没有问题。然而，在每个节点处组合符号的可能性却有很多。图 5.17 显示了一组不同的组合，得到了另一个霍夫曼树。仔细检查将会发现一个不同之处，就在于概率为 0.25 的组合节点 DE 被组合时。在图 5.14 的情况下，节点 B（概率为 0.25）和节点 C（概率为 0.20）组合在一起，而在图 5.17 中，已经组合的节点 DE（概率为 0.25)与节点 C 再组合在一起。这种不同的树结构将导致不同的码字分配。事实上,平均码字长度仍然是一样的,但应该清楚的是,由于节点可以组合的方式多种多样,所以可能存在多种树结构。

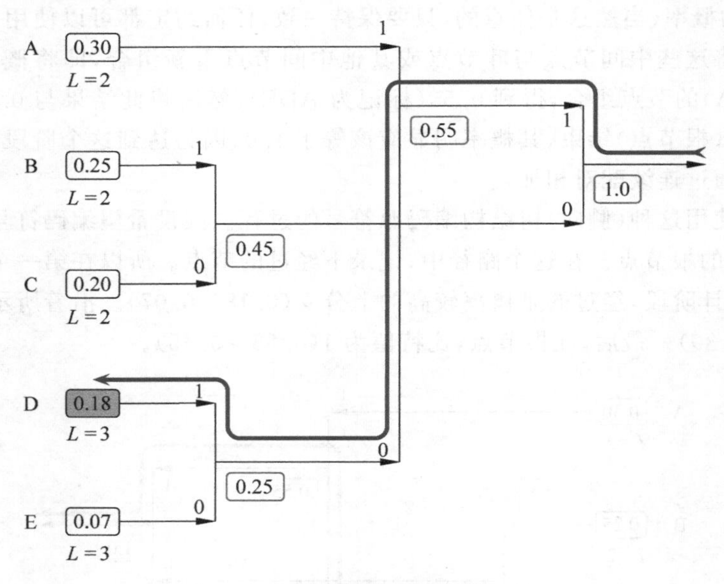

图 5.16 霍夫曼编码的解码过程

注:从根节点开始,接收到的每个连续比特决定了在每个节点取哪个分支,直到到达叶节点,这对应待解码的符号。

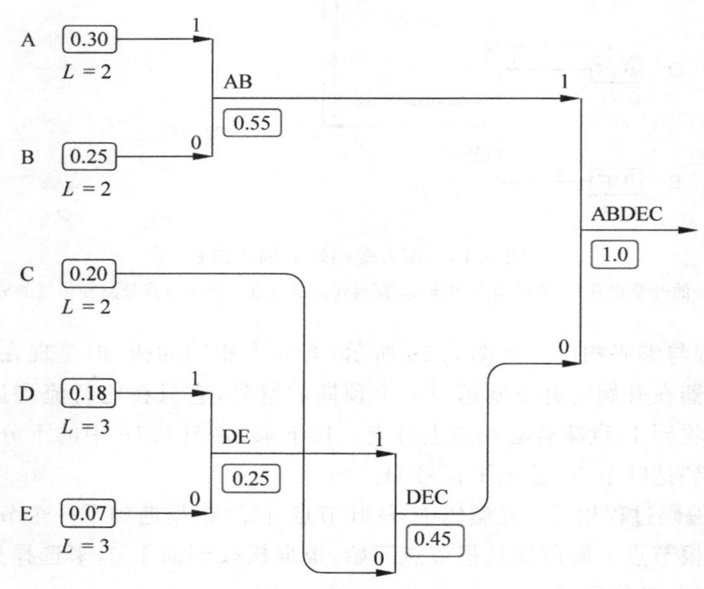

图 5.17 一个使用了替代分组的霍夫曼树生成过程

注:在每个阶段,两个最小概率被组合成一个新的内部节点。

然而,图 5.18 代表了一种不同的情况,导致平均码字长度更长。如何构造树来保证得到的结果有着最短平均码字长度呢?一个简单的规则是在每次迭代中只组合概率最小的那一对,这称为兄弟性质(Sibling Property)(Gallager,1978)。比较图 5.14 和图 5.18,可以应用式(5.47)计算平均码字长度,如下所示。

```
%概率
p = [0.30  0.25  0.20  0.18  0.07];

%遵循和不遵循兄弟性质的码长度比较
nsib = [2  2  2  3  3];
nnosib = [1  2  3  4  4];

%平均码字长度——兄弟节点相组合
sum(p. * nsib)
ans =
    2.2500
%平均码字程度——非兄弟节点相组合
sum(p. * nnosib)
ans =
    2.4000
```

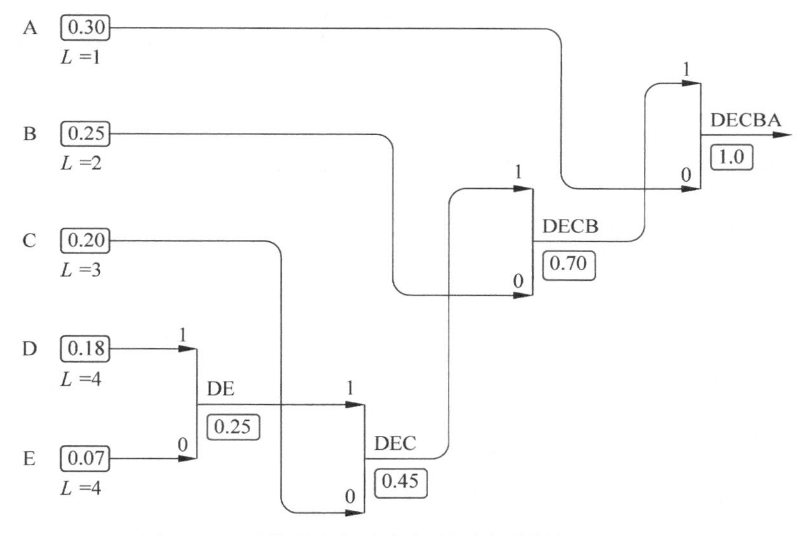

图 5.18 平均码字长度变长的霍夫曼树的生成过程

注：当每个阶段概率最小的节点(兄弟节点)没有按顺序连接时，平均码字长度为 2.40b/symbol。

因此，在遵循兄弟性质构建的树中，任意长消息的平均长度将接近 2.25b/symbol。然而，对于另一棵没有遵循兄弟性质构建的树，平均码字长度稍微长一点，为 2.40b/symbol。0.15b/symbol 的差异可能很小，但是在一个大的编码块上，这个小差异可能会变得显著。此外，在典型的编码场景中，源符号的数量将比这个简单示例中考虑的 5 个符号的字母表要大得多(数百个)。

请注意，仍然存在一些可能的模糊性，如用相同的概率构造的两种霍夫曼编码。在这种情况下，有两个概率均为 0.25 的节点，它们的组合顺序是任意的。自然，当遇到这种情况时，编码器和解码器必须遵循相同的决策逻辑。

除非是码字规模非常小的例子，霍夫曼编码的构造其实是相当冗长的。下面介绍如何在 MATLAB 中进行树的构造、编码和解码。代码使用 handle 操作符创建了一个指向节点的引用(或指针)，数据结构和 MATLAB 中的引用在 4.3.3 节中介绍过。每个节点都有一个与之相关联的概率和符号，内部节点根据其包含的组合节点分配到一个复合符号，以帮助理解。每个节点还分配了向上和向下的指针，而对于叶节点会是空指针。存储在每个节点中的比特值代表了从父节点到达该节点取的是上分支或下分支。

```
% 霍夫曼节点类,返回一个数据结构的句柄(指针)
classdef HuffmanNode < handle
    properties (SetAccess = private)
        Sym                                         % 该节点的符号
        Prob                                        % 该符号的概率
    end

    properties
        IsRoot                                      % 根节点
        IsLeaf                                      % 叶节点或分支节点
        hUp                                         % 上指针对应分支 1
        hDown                                       % 下指针对应分支 0
        hParent                                     % 父节点
        BitValue                                    % 1 代表向上,概率更大,0 代表向下,概率更小
    end

    methods
      function hNode = HuffmanNode(IsRoot, IsLeaf, Sym, Prob, hUp, hDown)

          hNode.IsRoot = IsRoot;
          hNode.IsLeaf = IsLeaf;
          hNode.Sym = Sym;
          hNode.Prob = Prob;

          if( nargin == 4 )
              hUp = HuffmanNode.empty;              %未给定向上或向下的指针
              hDown = HuffmanNode.empty;            %所以初始化为空
          end
          hNode.hUp = hUp;
          hNode.hDown = hDown;
          hNode.hParent = HuffmanNode.empty;
          hNode.BitValue = '-';
      end
    end
end
```

霍夫曼树本身由节点组成，根节点是搜索开始的起点。节点可以是叶节点(有符号和概率)或两个分支连接处的节点。

```
classdef HuffmanTree < handle
    properties (SetAccess = private)
        hRootNode                         %根节点本身
        hAllNodes                         %所有节点列表
    end
```

```
    methods
        % 构造函数
        function hTree = HuffmanTree(Syms, Probs)
            hRootNode = hTree.CreateTree(Syms, Probs);
        end

        %此处添加树方法
    end %结束方法
end
```

从根节点开始向下搜索树(用于解码),包括依次读取每个新比特,并取适当的分支去到向上或向下的节点,搜索在叶节点处终止。

```
function [DecSym] = Descend(hTree, BitStr)
    BitsGiven = length(BitStr);
    hCurrNode = hTree.hRootNode;

    BitsUsed = 0;
    while( ~hCurrNode.IsLeaf )
        BitsUsed = BitsUsed + 1;
        if( BitsUsed > length(BitStr) )
            % 解码符号
            DecSym = [];

            fprintf(1, 'Descend(): not enough bits\n');
            return;
        end

        CurrBit = BitStr(BitsUsed);
        fprintf(1, 'Currbit %c\n', CurrBit);
        if( CurrBit == '1' )
            % 向上
            hCurrNode = hCurrNode.hUp;
        else
            hCurrNode = hCurrNode.hDown;
        end
        disp(hCurrNode);
    end
    fprintf(1, 'At Leaf, symbol "%s" bits used = %d (given %d)\n', ...
            hCurrNode.Sym, BitsUsed, BitsGiven);

    if( BitsUsed == BitsGiven )
        DecSym = hCurrNode.Sym;
    else
        DecSym = [];
        fprintf(1, 'Error: bits used %d, bits given %d\n', ...
                BitsUsed, BitsGiven);
    end
end
```

对于给定的符号,从叶节点开始向上搜索树(用于编码)。连续获取每个父指针,并将每个阶段的比特累积得到比特串。当向下搜索树时,比特串必须反转。

```
function [BitStr] = Ascend(hTree, Sym)
    % 在叶节点列表中找到开始节点
    NumNodes = length(hTree.hAllNodes);
    fprintf(1, 'Searching %d leaf nodes\n', NumNodes);
    StartLeaf = 0;
    for n = 1:NumNodes
        if( hTree.hAllNodes(n).IsLeaf )
            if( hTree.hAllNodes(n).Sym == Sym )
                StartLeaf = n;
                break;
            end
        end
    end

    if( StartLeaf == 0 )
        fprintf(1, 'Ascend() error: cannot find symbol in nodes\n');
        BitStr = [];                    %信号错误
        return;
    end

    % 对于给定的符号,从叶节点开始
    hCurrNode = hTree.hAllNodes(StartLeaf);
    BitStr = [];                        %从叶节点到根节点累积比特串

    while( ~isempty(hCurrNode) )
        disp(hCurrNode);

        if( ~hCurrNode.IsRoot )
            %沿着路线累积比特
            BitStr = [BitStr hCurrNode.BitValue];
        end

        hCurrNode = hCurrNode.hParent;
    end
end
```

实际上,创建霍夫曼树是最复杂的一步。首先,将给定的符号分配给叶节点。然后,确定所有候选配对的节点,并按照概率递增的顺序进行排序。请注意,搜索中的节点可能是叶节点或内部节点,一旦某个节点已被组合,它将被标记为不再可用。注释中提示了,简单地按照每对出现的顺序进行选择的位置,不能保证正确的兄弟顺序。根据兄弟顺序组合需要根据每个节点的概率进行排序。

一旦确定了下一对要组合的节点,一个新的父节点就被创建了,设置每个子节点的向上指针,以及父节点指向每个子节点的向上/向下指针。重复上述过程直到所有节点都被组合,此时到达根节点。

```
function hRootNode = CreateTree(hTree, Syms, Probs)
    % 创建叶节点
    Paired = []; % zeros(N, 1);
    N = length(Syms);
    for n = 1:N
        IsRoot = false;
        IsLeaf = true;
        hNewNode = HuffmanNode(IsRoot, IsLeaf, Syms(n), Probs(n));
        hTree.hAllNodes = [hTree.hAllNodes hNewNode];
        Paired = [Paired false];
    end
    % 成对组合节点,有 N-1 个配对节点
    for n = 1:N-1

        PairList = [];
        for k = 1:length(hTree.hAllNodes)
            if( ~Paired(k) )
                % 候选配对
                PairList = [PairList k];
            end
        end
        % 只须选择前两个,不保证是兄弟顺序
        % 因此也不保证产生最短的可能码字
        iup = PairList(1);
        idown = PairList(2);
        % 一个更好的方法是按照概率递增的顺序排序
        % 然后选择最小的两个进行组合
        ProbVals = [];
        for p = 1:length(PairList)
            i = PairList(p);
            ProbVals = [ProbVals hTree.hAllNodes(i).Prob];
        end

        %以升序对所有节点概率进行排序,返回排序的索引
        [SortedVals, SortIdx] = sort(ProbVals);

        %从配对列表中选择两个最小的概率,即排序索引列表中的前两个
        iup = PairList(SortIdx(2));
        idown = PairList(SortIdx(1));

        % 标记为已组合
        Paired(iup) = true;
        Paired(idown) = true;

        fprintf(1, 'selected up : %d, sym:"%s" prob: %f\n', ...
                iup, hTree.hAllNodes(iup).Sym, hTree.hAllNodes(iup).Prob);
        fprintf(1, 'selected down: %d, sym:"%s" prob: %f\n', ...
                idown, hTree.hAllNodes(idown).Sym, hTree.hAllNodes(idown).Prob);

        % 创建具有概率和的父节点
```

```
            ProbSum = hTree.hAllNodes(iup).Prob + hTree.hAllNodes(idown).Prob;

            % 通过组合子节点的名称,创建一个虚拟节点名称
            NodeSym = [hTree.hAllNodes(iup).Sym hTree.hAllNodes(idown).Sym];
            IsRoot = false;
            IsLeaf = false;
            hNewNode = HuffmanNode(IsRoot, IsLeaf, NodeSym, ProbSum, ...
                                   hTree.hAllNodes(iup), ...
                                   hTree.hAllNodes(idown));

            % 子节点指向父节点
            hTree.hAllNodes(iup).hParent = hNewNode;
            hTree.hAllNodes(iup).BitValue = '1';

            % 父节点的向上/向下指针指向子节点
            hTree.hAllNodes(idown).hParent = hNewNode;
            hTree.hAllNodes(idown).BitValue = '0';

            fprintf(1, 'created new node with prob %f\n', ProbSum);
            fprintf(1, 'Parent is: \n');
            disp(hNewNode);

            % 在所有节点列表中保存新的父节点,且尚未组合
            hTree.hAllNodes = [hTree.hAllNodes hNewNode];
            Paired = [Paired false];

            if( n == N-1 )
                % 这仅发生在最后一对的组合中,按定义即为根节点
                hNewNode.IsRoot = true;
                hRootNode = hNewNode;
                fprintf(1, 'Root node saved\n');
                hRootNode.disp();
            end
        end
        % 在树结构本身保存根节点
        hTree.hRootNode = hRootNode;
    end
```

为了测试霍夫曼树代码,可以进行一个测试。首先定义符号及其对应的概率,然后创建树,代码如下。

```
    Syms = ['A' 'B' 'C' 'D' 'E'];
    Probs = [0.3 0.25 0.20 0.18 0.07];

    hTree = HuffmanTree(Syms, Probs);
```

编码一个字母是从叶节点到根节点进行的,使用 Tree.Ascend()函数;解码一个比特串则由 Tree.Descend()函数执行,如下所示。

```
Sym = 'A';
BitStr = hTree.Ascend(Sym);
fprintf(1, 'Symbol "%s" encoded as bit string "%s"\n', Sym, BitStr);

% 反转顺序
TransBitStr = fliplr(BitStr);

BitStr = '101';
DecSym = hTree.Descend(BitStr);
fprintf(1, 'Bit string "%s" decodes to symbol "%s"\n', BitStr, DecSym);
```

3. 调整概率表

编码器和解码器只要存储相同的霍夫曼树，前面建立霍夫曼树的方法就能良好工作。然而，存储该树的前提是符号概率是固定的并且是预先已知的。在特殊情况下，可能并非如此。此外，当数据流被编码时，概率可能会随时间变化。例如，文档的一部分可能先是包含文本，接着是图像。

概率表显然是高效编码的关键。如果有一组准确的统计数据，就能进行高效的编码。前面描述的霍夫曼方法使用固定的静态表，它在设计时就进行了设置。但是如果随着编码的进行，概率发生了改变呢？毕竟，源符号一直在输入，编码器就可以维护一个频率表。解码器也可以维护这样的一个表，因为它接收和解码了与数据源相同的符号集。

霍夫曼树可以根据每个新的压缩需求来构建。这可能适用于压缩数据文件，即通过一次数据来计算频率表，接下来的数据使用该表进行编码。该表本身需要预先添加到数据文件中(或传输)，以便解码器可以创建相同的霍夫曼编码表。然而，这对于电信系统来说并不理想，因为源数据在开始时可能不是都可用。因此，正如 Gallager(1978)指出的，需要一个自适应霍夫曼编码器。它在编码过程中保持了源符号的自适应计数，这对于符号概率事先未知且会随着编码的进行而改变的电信系统是很理想的。整个树不需要重建，只需要在一些节点的相对概率变化足够大的情况下，交换这些节点来进行调整。

当然，解码器必须始终与编码器保持同步，否则可能会出现不正确的解码。当编码器收到每个符号时，对其进行编码并更新表。解码器收到比特流，先解码输出，再更新表。请注意，此处的顺序至关重要，编码器必须在对符号进行编码之后才能更新自己的表，否则解码器的霍夫曼树可能与编码器的不同，导致传输失去同步。实际上，编码树的更新必须滞后一个符号的时间，以便匹配解码器。请注意，没有必要为每个符号完全重建霍夫曼树。根据霍夫曼树的工作原理，很显然，仅当一个符号概率增加到超过其兄弟符号概率时，才需要进行更新。

5.6.2 基于块的无损编码器

先前类型的编码器在编码单个符号时工作良好。但是如果相邻符号之间存在依赖关系呢？举一个简单的例子，假设要压缩屏幕上的一张颜色图像。如果一次取一行图像并尝试压缩它，可能会发现有相同颜色像素的长串。这就产生了一个想法：可以将相同颜色的块(或串)编码为符号对(像素颜色，串长度)，而不是为一个特定颜色编码一种比特模式。这样，就可以充分利用多个符号所产生的冗余。

请注意，颜色实际上可能不是单个字节，它可能是代表红色、绿色和蓝色分量的三元组。因此，正在编码的“符号”实际上可能是一组颜色值。正在编码的串长度值可以是一个字节或更多(或者可能更少)。显然,需要限制来源于这个字段的大小,如果串长度是4b字段,那么串值将被限制为一次16个像素。还可能存在效率的权衡,对于与之前颜色不同的单个像素,仍然需要编码一个像素的长度。因此,在最坏的情况下,串长度输出实际上可能会导致数据量变大。

当不考虑单个字母,而是考虑字母组时,这种方法可以更加通用,并可扩展到文本。在解释时,将其视为"单词"可能更简便。在压缩文本时,有些单词比其他单词出现得更加频繁。

压缩数据时,解码器显然需要与编码器保持同步。这似乎是显而易见的,但仔细设计算法来确保始终做到这一点是很有必要的。此外,传输中的错误会导致灾难性的连锁反应。例如,如果由于一位比特的误差,将串长度45错误接收为5,那么图像就会失真。

下面将介绍几种基于块的无损编码器。在下文中,用字符串(String)代表一个符号块。它可能是一个英语单词,但不一定必须如此。事实上,对于压缩算法,单词(Word)的概念完全是任意的,也可以用短语(Phrase)替代。编码器发送特定的值,如上面例子中的(串,长度)对,可以称为标记(Token),它通常用于表示单个条目或一组值。这些需要结合上下文来理解。

1. 滑动窗口无损编码器

一种众所周知的编码符号串或符号块的方法常被称为Lempel-Ziv(简称为LZ)算法。事实上,它不是一种算法,而是具有多种变化的一系列算法。

此处以文本编码为例。在某个时间点,解码器获得了最近解码的文本,而编码器可以看到尚未编码的文本块。给定过去的一个数据块,未来的数据可能包含相同或非常相似的符号串。利用这种性质的最简单的方法是游程编码器,但是它对于英语文本来说效果不是特别好。

可以通过以下方式利用数据流中的近因效应。编码器和解码器都需要维护一个最近解码的文本块,如图5.19所示。编码器查看要编码的下一个文本块。幸运的话,下一个块的某个短语在过去出现过。因此,为了将下一个符号块传送给解码器,首先需要搜索先前编码的文本以寻找相同的模式。然后发送该模式的索引以及该模式的长度。理想情况下,模式越长越好,因为可以同时编码更多的符号。该算法的执行是通过找到匹配项,然后搜索更长的匹配项,以此类推。直到某个时刻,模式匹配停止。解码器需要知道最后停止匹配的符号。

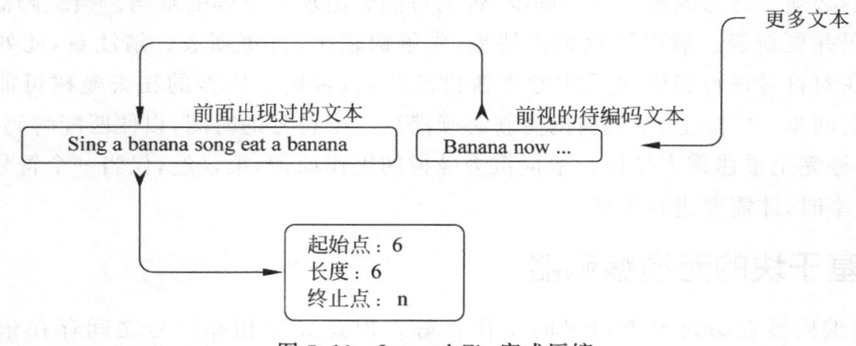

图5.19 Lempel-Ziv窗式压缩

注:为了编码"Banana now",需要使用索引6,即先前编码窗口中的起始偏移量(清晰起见,忽略空格),长度正好也是6。下一个字节是"n"(同样忽略空格)。

因此,有必要传输三元组(索引,长度,符号),其中最后的符号是遇到的不匹配符号的编码。解码器的工作是在前面出现的文本中,从给定的索引开始,复制相应长度的字节,然后添加不匹配的符号。此时,编码器和解码器可以沿着先前编码文本的窗口滑动,并重复该过程。

作为设计参数，显然有必要确定先前出现文本的缓冲区的长度，因为这决定了索引参数中的比特位数。还必须决定编码器前视块缓冲器中的符号数，因为这将决定长度参数所需的比特位数。一般来说，这些是不一样的，因为需要一个很大的先前数据窗口来最大化找到匹配模式的机会。例如，如果先前编码块为 4kB，前视块为 16B，那么索引将需要 12b，长度需要 4b。发送的每个编码符号将需要 12＋4＋8＝24b。如果平均模式长度为 3，并且模式将在编码缓冲区中一直出现，那么与原始字节流的直接传输相比，编码将会处于平衡。然而，如果找到的平均模式更长，将导致输出数据减少。

这一系列的编码器(尽管有许多变体)通常称为 LZ77 算法(Ziv，et al.，1977)。还可以添加后处理阶段，如利用霍夫曼方法编码(索引，长度，符号)标记或 3 个分量之一(如仅编码符号)。

除了调整缓冲区的最佳长度，计算问题也可能成为挑战。读入的每个新符号都需要在编码器的缓冲区中进行搜索，这可能需要时间。各种数据结构，如基于树的划分，可以用来加速编码搜索。相比之下，解码器仅有一个简单的索引和复制要求。这种类型的方案称为不对称(Asymmetric)，因为编码器的复杂度要比解码器大得多。

2. 基于字典的无损编码器

一种使用模式表的相关方法是 LZ78 系列算法(Ziv，et al.，1978)。在这种情况下，使用的是表格，也称为字典(Dictionary)，而不是滑动窗口，如图 5.20 所示。重要的是要理解“字典”并不是指英语单词，通常是指这样的表格。在最一般的情况下，字典中的项只是一个字节模式。

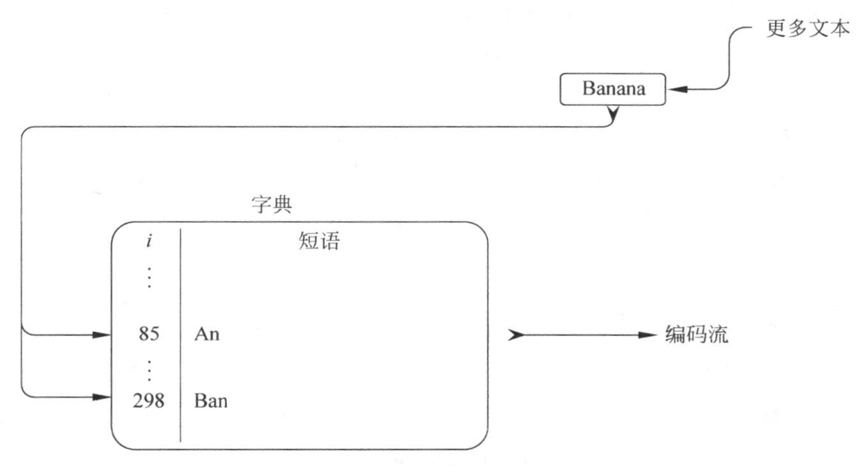

图 5.20 Lempel-Ziv 字典式压缩

注：字典中最长的匹配是“ban”，接着是“an”。接下来编码器和解码器可以将短语“bana”添加到它们各自的字典中。随着输入流中每一次出现“banana”，会逐渐建立“banan”，然后是“banana”，从而使未来的“banana”编码更加高效。

字典编码通过在编码器和解码器上维护字典来实现。编码主要包括在字典中搜索最长的匹配短语，并将该索引传输到解码器。因此，可以省去 LZ77 中的长度字段，因为长度隐含在每一项中。在编码器中搜索最长的匹配短语时，匹配必须在某个点断开。因为解码器需要建立一个相同的字典，所以有必要发送破坏匹配的第一个字符的字节编码，这类似于 LZ77。然后编码器和解码器基于刚刚编码的短语建立另一个短语及新的符号，这将成为后续编码的前缀。不匹配的字符成为附加在现有前缀上的后缀，因此字典是逐步建立的。

一个潜在的改进就是不匹配字符的编码。Lempel-Ziv-Welch(LZW)变体巧妙地解决了这个问题(Welch，1984)。它从一个字典开始，这个字典的第一项包含了所有待编码的标准字符。因此，如果只对文本进行编码，字典将包括“A”“B”“C”…“Z”。这样，任意之前未出现的字符都可以通过字典索引进行编码。所有需要传输的是一系列索引，随着字典的建立，这些索引将覆盖单个符号和任意其他字符串。

例如，如果 XABC 和 XYZ 都在字典中，那么输入 XABCXYZ，将得到 XABC 的编码输出和 XYZ 的编码输出，以及有了新短语 XABCX 的字典更新。以这种方式更新字典似乎效率不高，但是在压缩了一定量的数据之后，字典将会被常用短语填充，并且编码变得越来越高效。

LZ78 的一个问题是字典最终会被填满。这可能需要一些时间，但总会在某个时候发生。已经有几种策略来应对这种可能性。最简单的方法是删除整个字典(除了 LZW 中单个符号的项)，然后重新开始，但扔掉实际上可能在近期出现的短语会有些可惜。可以使用计数值标识每一项的使用频率，称为最少使用频率(Least Frequently Used，LFU)方法。但是，一些经常使用的模式(有很高的计数值)可能出现在一段时间之前。例如，文章前面章节中使用的单词可能会在后面章节中使用，但对于某些单词，其相对频率最终可能会降至零。因此，最近最少使用(Least Recently Used，LRU)方法可能会更好。考虑一个对电话号码列表进行编码的例子，由于索引是按字母顺序排序的，所以名字(对压缩算法来说只是短语)会表现出非常强的局部效应。然而，街道名称将具有非常弱的局部效应。

一个微妙的问题与重复的短语有关，以下例子很好地解释了这一点。假设 XABC 在编码器和解码器的字典中，而输入字符串是 XABCXABCX。编码器将输出 XABC 的编码，将 XABCX 添加到它的字典中，然后从第二个 X 开始尝试寻找匹配，它将在字典中找到 XABCX 并输出该编码。但在那时，解码器字典中还没有 XABCX，它仍在等待跟在 XABC 之后的符号的编码。必须处理这种异常，以确保正确解码。

目前有大量的无损数据压缩算法存在，并有许多的数据传输和存储的应用。一个例子是 LZO (Oberhumer，n. d.)，用于火星探测器上的压缩。另一个例子是 BWT(Burrows，et al.，1994)，用于一些公共领域的数据压缩程序。在特定情况下算法的选择取决于所需的数据压缩量、复杂度(对应于压缩所需的时间)和可用的内存。

5.6.3 差分脉冲编码调制

前面的章节讨论了无损编码，传输的总是原始数据，这样接收机就可以重新创建数据的精确副本。然而，对于真实世界采样的数据，如语音和图像，没有必要确保精确重建。不精确的重建方法就称为有损，即某些信息丢失了，这种方法会导致比特率的极大降低。

第一种也是最简单的方法是差分脉冲编码调制(Differential Pulse Code Modulation，DPCM)。PCM 是指脉冲编码调制，即对信号进行采样并以二进制形式传输采样值。接收机可以将二进制加权码转换回模拟电压，这是原始电压的近似值，不管它是像素强度、声音样本还是其他模拟信息源。PCM 所需的电平数(对应于比特位数)取决于数据类型和重建的预期分辨率或预期质量，但通常都需要 8～16b。由于每个采样点都有这么多的比特需要传输，它有效地充当了每秒比特数的乘数。也就是说，每秒比特数等于每秒采样点数乘以每个采样点的比特位数。

然而，连续采样点之间通常都有显著的相似性，导致了一定程度的冗余。这意味着采样点的值具有一定的可预测性，即一个或多个先前的采样点可用于预测下一个采样点的值。在最简单的情况下，n 时刻采样值是 $n+1$ 时刻采样值的良好预测。

但是这如何有助于降低比特率呢？基本前提是，如果预测良好，预测误差(实际采样值减去预测值)将是一个很小的值(理想情况下为零)，这是 DPCM 的差分部分。如果预测误差很小，就可以使用更少的比特来传输预测误差,而不是实际采样值本身。然后,解码器本质上执行相反的操作,它形成自己的预测,解出误差,重建原始值。

1. 逐点预测

首先,从大体上来看,假设预测总体上是很好的,如图 5.21 所示。数学模型是将真实信号 $x(n)$ 当成预测信号 $\hat{x}(n)$ 加上一个误差 $e(n)$,即

$$x(n)=\hat{x}(n)+e(n) \tag{5.48}$$

在每个采样时刻 n,误差 $e(n)$ 可以是正的或负的。源信号 $x(n)$ 是图 5.21 中预测函数的输入,从输入的真实值中减去对应的预测值,以形成误差信号,即

$$e(n)=x(n)-\hat{x}(n) \tag{5.49}$$

式(5.48)和式(5.49)是等价的。接收机通过执行相反的操作解码该值,如图 5.22 所示。解码器的预测是基于输出端的采样值(即用于重建的采样值)。误差信号接收自信道,并被加到预测值中。在数学上,接收机将预测值加到误差值中,可表示如下。

$$x(n)=\hat{x}(n)+e(n) \tag{5.50}$$

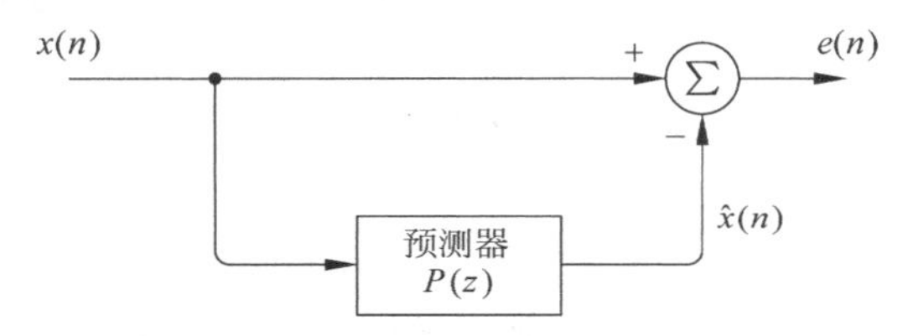

图 5.21 一种简化的差分编码器(不包括量化)

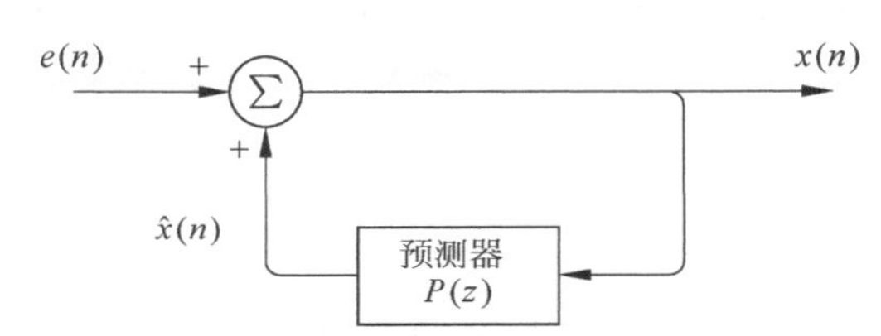

图 5.22 差分解码器

注:基于在解码器处形成的预测,加上通过信道接收的差值(预测误差),从而形成输出。

然而,这种方法有一个小小的问题,它忽略了量化的影响。回想一下,量化将表示精度从理论上的无限个值降低到由有限比特位数决定的有限个值。因此,参考图 5.22,解码器预测的基础是重建值 $\hat{x}(n)$,而不是真值 $x(n)$。毕竟,接收机不知道编码器看到的真实信号。类似地,解码器中已知的误差是 $\hat{e}(n)$,而不是 $e(n)$。因此,必须要根据这些不精确的采样值来修改预测。

如果现在将计算的预测值表示为 $\tilde{x}(n)$,解码器的估计值表示为 $\hat{x}(n)$,那么基于量化误差 $\hat{e}(n)$,可得

$$\hat{x}(n)=\tilde{x}(n)+\hat{e}(n) \tag{5.51}$$

可以用一个简单的例子说明这一点。假设有采样值 20,33,42 和 35,如图 5.23 所示。每一步显示的误差值为 +13,+9,−7。现在假设必须将误差量化为 4 的倍数,也就是说,只允许 0,±4 和 ±8 为误差值。从 20 开始,量化的预测误差为 +12,+8,−8。如图 5.23 所示,得到的序列 20,32,40,32 与原始采样值不是精确匹配的。当然,由于量化,永远都不能精确匹配这些值。然而,还是希望二者尽可能接近,不希望在采样步骤中得到的值偏离了真实值。

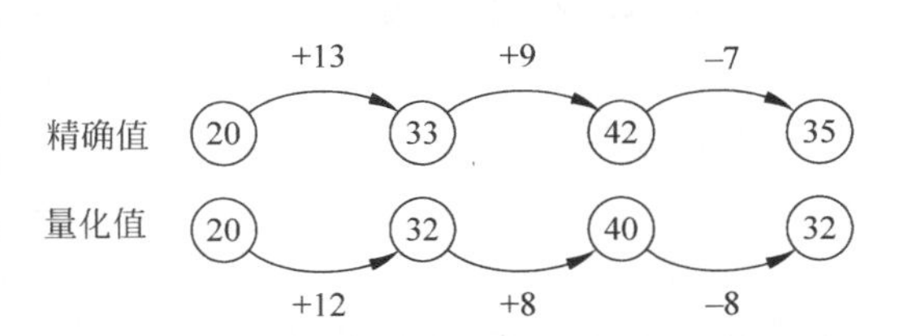

图 5.23 有量化和无量化的预测序列比较

对于少量的采样点,这似乎不是一个大问题,但是对于大量采样点,误差可能会累积。由于解码器只知道量化值,并且只能基于它自己计算的过去的输出值进行预测,因此预测应该仅基于这个前提。考

虑到这个事实,可以修改编码器,如图 5.24 所示。与图 5.21 仔细比较后可以发现,在环路中已经嵌入了量化操作,尽管也执行了相同的预测和误差计算,但它们的执行仅基于量化误差。

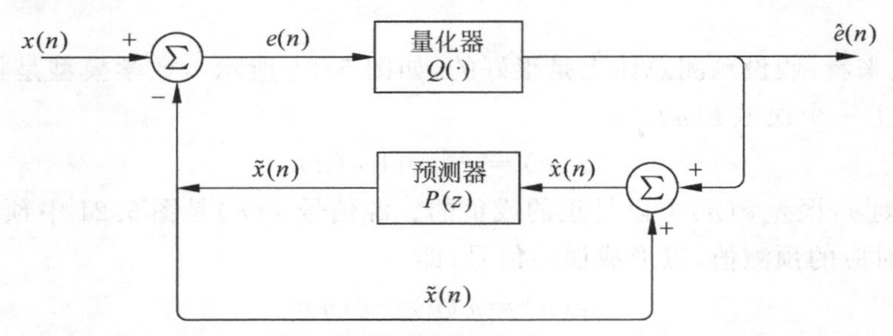

图 5.24 在预测环路中使用量化的 DPCM 编码器

注:最好的预测是基于解码器所知道的,而不是编码器所能看到的。

一个合理的问题是如何以最好的方式形成预测。当然,只能根据过去的采样值来进行。一个想法是形成以前采样点的平均值。可以通过引入加权线性和(Weighted Linear Sum)进一步推广它。忽略量化,对于一个 P 阶预测器,形成的加权和的预测为

$$\begin{aligned}\hat{x}(n) &= a_1x(n-1)+a_2x(n-2)+\cdots+a_Px(n-P)\\ &= \sum_{k=1}^{P}a_kx(n-k)\end{aligned} \tag{5.52}$$

其中,a_k 为第 k 阶的预测系数。这意味着采样值 $x(n)$通过一个或多个先前的采样值进行预测。最简单的情况,如前面的数值示例中所使用的,总是只使用前面一个采样值。在式(5.52)中,这将对应阶数 $P=1$ 的预测,加权系数 $a_1=1$。事实证明,对于图像数据,这是一个不错的预测。由此产生了几个问题:从什么意义上说,称得上是“最佳”或“最优”预测?在这种情况下,该如何计算最佳系数值 a_k?最佳预测阶数 P 又是多少?

对于前两个问题,预测器优化标准和预测器系数值是密切相关的,最好一起解决。预测器阶数不太容易确定,对于预测器阶数的增加,通常会有更好的估计结果,但这经常会伴随着综合效益的降低。高阶预测器有时只会产生稍微好一点的预测,这取决于待编码数据的性质。

为了解决预测器系数的求解问题,首先需要说明“最佳”的标准,这里是指一定长度内采样值有着最小的平均误差。误差可以是正的,也可以是负的。使用预测值和实际值之间的平方误差可以很好地工作,也便于使用数学推导来求解。再次考虑一个简单的一阶预测器,说明确定预测器系数 a_1 的最佳值的方法(即阶数 $P=1$)。预测值的形成可表示为

$$\hat{x}(n)=a_1x(n-1) \tag{5.53}$$

此时预测误差为

$$\begin{aligned}e(n) &= x(n)-\hat{x}(n)\\ &= x(n)-a_1x(n-1)\end{aligned} \tag{5.54}$$

为了消除正负误差的影响,可以取瞬时平方误差为

$$e^2(n)=[x(n)-a_1x(n-1)]^2 \tag{5.55}$$

这给出了采样时刻的误差。但是信号会随着时间而改变,所以可以在一组 N 个采样点上对误差进行平均。平均平方误差表示为

$$\overline{e^2}=\frac{1}{N}\sum_n e^2(n)$$

$$=\frac{1}{N}\sum_{n}[x(n)-a_1x(n-1)]^2$$

$$=\frac{1}{N}\sum_{n}[x^2(n)-2x(n)a_1x(n-1)+a_1^2x^2(n-1)] \tag{5.56}$$

式(5.56)看起来很复杂,但是使用的是已知的采样值 $x(n),x(n-1),\cdots$,而希望确定的是 a_1 的值。想要得到最小的平均误差,并且已经得到了关于 x 的多项式,所以对 a_1 求导数,可得

$$\frac{\mathrm{d}\overline{e^2}}{\mathrm{d}a_1}=\frac{1}{N}\sum_{n}[0-2x(n)x(n-1)+2a_1x^2(n-1)] \tag{5.57}$$

然后,与所有的最小化问题一样,将导数设为零,即

$$\frac{\mathrm{d}\overline{e^2}}{\mathrm{d}a_1}=0 \tag{5.58}$$

式(5.58)给出的预测值 a_1 实际上就是最佳预测值,将其记为 a_1^*,有

$$\frac{1}{N}\sum_{n}x(n)x(n-1)=a_1^*\frac{1}{N}\sum_{n}x^2(n-1) \tag{5.59}$$

解出 a_1^* 可得

$$a_1^*=\frac{1/N\sum_{n}x(n)x(n-1)}{1/N\sum_{n}x^2(n-1)} \tag{5.60}$$

理论上,需要一直对信号进行采样,才能在数学上实现这一点。然而,在实践中,可以不用这样更新预测器,而是使用有限大小的 N 个采样点的样本块。这是有意义的,因为信号实际上是随时间变化的,图像的扫描像素或采样的语音数据都是如此。统计特征在一小段时间内是近似不变的,但不会永远不变。因此,对大量采样值的统计特性描述可以使用自相关(Autocorrelations),定义如下。

$$R(0)=\frac{1}{N}\sum_{n}x^2(n) \tag{5.61}$$

$$R(1)=\frac{1}{N}\sum_{n}x(n)x(n-1) \tag{5.62}$$

那么解可以写为

$$a_1^*=\frac{R(1)}{R(0)} \tag{5.63}$$

对于典型的图像数据,相似性意味着 $R(1)$只比 $R(0)$小一点,并且发现系数为 0.8～0.95 的预测器可以得到误差很小的良好预测。

为了做出更好的预测,可以将加权平均扩展到更前面的采样点。对于一个二阶预测器,有

$$\hat{x}(n)=a_1x(n-1)+a_2x(n-2)$$

$$e(n)=x(n)-\hat{x}(n)$$

$$=x(n)-[a_1x(n-1)+a_2x(n-2)]$$

$$e^2(n)=\{x(n)-[a_1x(n-1)+a_2x(n-2)]\}^2 \tag{5.64}$$

同样,对于许多的采样值,平均平方误差为

$$\overline{e^2}=\frac{1}{N}\sum_{n}e^2(n)$$

$$=\frac{1}{N}\sum_{n}\{x(n)-[a_1x(n-1)+a_2x(n-2)]\}^2 \tag{5.65}$$

然而,这一次的优化问题涉及两个变量 a_1 和 a_2。可以使用偏导数对每一项分别进行优化,即

$$\frac{\partial\overline{e^2}}{\partial a_1}=\frac{1}{N}\sum_{n}\{2[x(n)-(a_1x(n-1)+a_2x(n-2))][-x(n-1)]\} \tag{5.66}$$

再将其设为零,如下。

$$\frac{\partial\overline{e^2}}{\partial a_1}=0$$

同样将最佳预测器用 * 进行标记,即 $a_1\to a_1^*$, $a_2\to a_2^*$,可得

$$\frac{1}{N}\sum_{n}\{2[x(n)-(a_1^*x(n-1)+a_2^*x(n-2))][-x(n-1)]\}=0$$

移项可得

$$\frac{1}{N}\sum_{n}x(n)x(n-1)=a_1^*\frac{1}{N}\sum_{n}x(n-1)x(n-1)+a_2^*\frac{1}{N}\sum_{n}x(n-1)x(n-2)$$

用自相关 $R(\cdot)$ 的定义表示为

$$R(1)=a_1^*R(0)+a_2^*R(1) \tag{5.67}$$

所以,现在有一个方程,但有两个未知数。然而,可以用同样的方法找到关于 a_2^* 的偏导数,最后可得

$$R(2)=a_1^*R(1)+a_2^*R(0) \tag{5.68}$$

现在有两个方程和两个未知数,写成矩阵的形式如下。

$$\begin{bmatrix}R(1)\\R(2)\end{bmatrix}=\begin{bmatrix}R(0)&R(1)\\R(1)&R(0)\end{bmatrix}\begin{pmatrix}a_1^*\\a_2^*\end{pmatrix} \tag{5.69}$$

或者简写为

$$\boldsymbol{r}=\boldsymbol{R}\boldsymbol{a}^* \tag{5.70}$$

其中,$\boldsymbol{r}$ 和 $\boldsymbol{R}$ 是从可用数据样本 $x(n)$ 中计算所得。然后,最佳预测系数矢量 $\boldsymbol{a}^*$ 可以通过求解矩阵方程(5.70)来确定。每个采样点的误差为

$$e(n)=x(n)-\overbrace{\sum_{k=1}^{P}a_kx(n-k)}^{\hat{x}(n)} \tag{5.71}$$

图 5.25 显示了这种方法的一个应用示例。从一个已知的测试例子开始,其数据由公式 $x(n)=1.71x(n-1)-0.81x(n-2)$ 生成。对于该系统的随机输入,使用 MATLAB 代码实现的最小均方预测方法得出的系数为 $a_1=1.62$, $a_2=-0.74$。当然,系数不会精确地等于预设值,因此,预测误差并不为零。然而,如图 5.25 所示,预测与输入有很好的一致性,因此误差通常都相当小。

下面的 MATLAB 代码展示了如何使用这种方法估计系统的参数。它从一个已知的系统开始,使用该系统的随机输入确定输出。目标是仅使用输出估计系统参数,也就是说,除了假定阶数已知(用来决定系数数量)之外,不需要对系统本身有任何的了解。

系统的输入是随机噪声,预测器系数的计算依据上文所述的自相关和矩阵方程求解。为了使用 filter()函数预测采样值,有必要将预测系数表示为扩充矢量的形式 am=[1; -a],这是因为 filter()需要的数据形式为

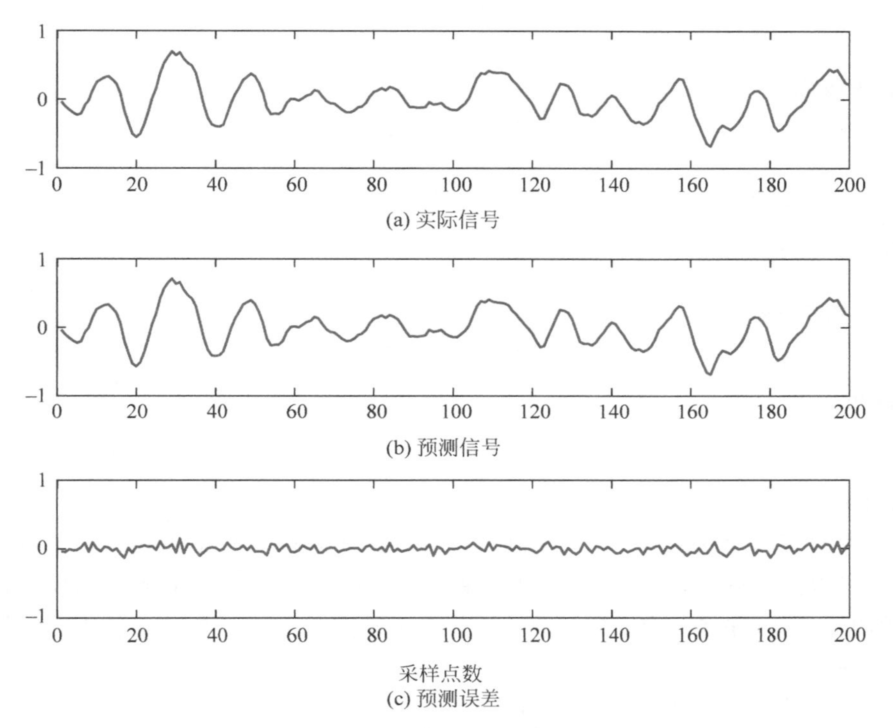

图 5.25　线性预测中的实际信号、预测信号以及预测误差曲线

注：计算较大样本块上的自相关一般来说会给出更好的预测结果。

$$a_1 y(n) = -a_2 y(n-1) - a_3 y(n-2) - \cdots + b_1 x(n) \tag{5.72}$$

输入为 x，输出为 y，而此处的问题可以表示为

$$x(n) = a_1 x(n-1) + a_2 x(n-2) + \cdots + e(n) \tag{5.73}$$

输入为误差 $e(n)$，输出 $x(n)$ 基于先前的采样值 $x(n-1), x(n-2), \cdots$。预测值 $\hat{x}(n)$ 被表示为 xhat。

```
N = 200;

% 半径为 r 且角度为 omega 的极点
r = 0.9;
omega = pi/10;
p = r * exp(j * omega);

a = poly([p conj(p)]);
roots(a)

% 系统输入
e = 0.05 * randn(N, 1);

% 对输入的响应
x = filter(1, a, e);

% 计算自相关
R0 = sum(x .* x)/N;
R1 = sum(x(1:N-1) .* x(2:N))/(N);
```

```
R2 = sum(x(1:N-2) .* x(3:N))/(N);

% 自相关矩阵/矢量
R = [R0 R1 ; R1 R0 ];
r = [R1 ; R2];

% 最优预测解
a = inv(R) * r;

% 滤波器的最优预测参数
am = [1 ; -a];

% 估算的输出
xhat = filter(1, am, e);
```

2. 自适应预测

上面描述的方法在每个数据块编码时更新预测器。为了在接收机上重建数据，有必要同时知道误差样本和预测器参数。所以，预测器参数需要单独发送到解码器，或者解码器必须使用前一个块（解码器已有）计算预测器参数，并将其应用到当前块。前者的缺点是需要额外的比特编码预测器参数，而后者的缺点是处理的是过时信息。

为每个采样点实时更新预测器参数，而不是在缓冲完含有 N 个采样点的块之后，结果会怎么样？这称为自适应预测（Adaptive Prediction），与前面讨论的分块预测（Blockwise Prediction）是不同的。这里仍将预测器定义如下。

$$\begin{aligned} e(n) &= x(n) - \hat{x}(n) \\ &= x(n) - \sum_{k=1}^{P} h_k x(n-k) \end{aligned} \tag{5.74}$$

这与分块预测器基本相同，但是使用了 h_k 作为系数以避免混淆。如果允许预测器随着每个采样点变化，并将系数记为矢量 $\boldsymbol{h}$，可得

$$e(n) = x(n) - \boldsymbol{h}^{\mathrm{T}}(n)\boldsymbol{x}(n-1) \tag{5.75}$$

预测系数矢量随时间变化，记为

$$\boldsymbol{h}(n) = \begin{bmatrix} h_1 \\ h_2 \\ \vdots \\ h_P \end{bmatrix} \tag{5.76}$$

采样值形成的矢量从最后一个开始，记为

$$\boldsymbol{x}(n-1) = \begin{bmatrix} x(n-1) \\ x(n-2) \\ \vdots \\ x(n-P) \end{bmatrix} \tag{5.77}$$

同样，这是一个最小化问题。然而，这一次不是对一个块上的 N 个采样点求平均值，而是取每个采样值并更新预测器。预测器在 h_1 方向上梯度的估计值是计算偏导数，即

$$
\begin{aligned}
\hat{\nabla}_{h_1} e^2(n) &= \frac{\partial}{\partial h_1}[x(n) - \boldsymbol{h}^{\mathrm{T}}(n)\boldsymbol{x}(n-1)]^2 \\
&= \frac{\partial}{\partial h_1}\{x(n) - [h_1 x(n-1) + h_2 x(n-2) + \cdots]\}^2 \\
&= 2\{x(n) - [h_1 x(n-1) + h_2 x(n-2) + \cdots]\} \times \\
&\quad \frac{\partial}{\partial h_1}\{x(n) - [h_1 x(n-1) + h_2 x(n-2) + \cdots]\} \qquad (5.78) \\
&= 2e(n)[-x(n-1)] \\
&= -2e(n)x(n-1) \qquad (5.79)
\end{aligned}
$$

最后一行很容易计算。类似的推导给出了 h_2 方向上梯度的估计值为

$$\hat{\nabla}_{h_2} e^2(n) = -2e(n)x(n-2) \tag{5.80}$$

现在因为知道了梯度,就知道了误差的走向。对于每个新的采样值,目标是用一个与 $e^2(n)$的负梯度成比例的量更新预测器系数 $\boldsymbol{h}$,从而找到最小误差。

这是一个关键点,图 5.26 中的曲线代表了每设置一个可能的 h_1 参数时得到的平方误差,最小误差出现在曲线的最低点处,对应着 $h_1 = h_1^*$。假设步骤 n 的更新在点 $h_1(n)$处执行。曲线在该点的梯度或斜率是正的,但是 h_1 的值必须要减小,以便更接近最小误差处的最佳点 h_1^*。类似地,在 h_1^* 的左边,曲线的梯度是负的,但是最佳值是较高的 h 值(向右移动)。这就是为什么要在负梯度方向上执行更新。

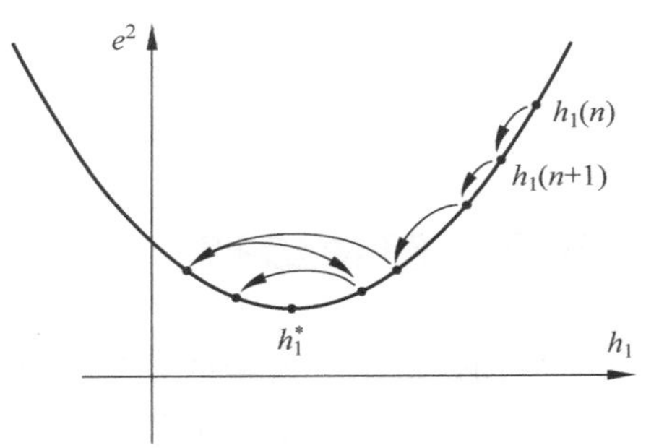

图 5.26 自适应线性预测(说明了预测器系数是如何收敛的)

从图 5.26 所示的步骤中可以看出,步长也很关键。随着梯度算法的迭代,有更好的参数估计出现,对于点 $h_1(n)$, $h_1(n+1)$,…,平方误差也会减小。步长越大,误差减小得越快。然而,有可能越过图 5.26 中所示的最小点,导致算法"搜寻"在最小误差处 $h_1{}^*$ 的一侧。在这种情况下,显然步长越小越好,但这也意味着初始的收敛会更慢。

前面的讨论是以一个系数 h_1 为框架的,但是实际上有几个预测器系数 $h_1, h_2, h_3, \cdots$,同样的关于收敛和步长的论述都分别适用于它们。对于所有预测器系数,每个采样点处预测器系数的增量调整如下所示。

$$\boldsymbol{h}(n+1) = \boldsymbol{h}(n) - \mu\hat{\nabla}e^2(n) \tag{5.81}$$

其中,μ 为自适应速率参数。使用前面计算的偏导数,式(5.81)写为

$$\boldsymbol{h}(n+1) = \boldsymbol{h}(n) + 2\mu e(n)\boldsymbol{x}(n-1) \tag{5.82}$$

展开可得

$$\begin{bmatrix} h_1(n+1) \\ h_2(n+1) \\ \vdots \\ h_P(n+1) \end{bmatrix} = \begin{bmatrix} h_1(n) \\ h_2(n) \\ \vdots \\ h_P(n) \end{bmatrix} + 2\mu e(n) \begin{bmatrix} x(n-1) \\ x(n-2) \\ \vdots \\ x(n-P) \end{bmatrix} \tag{5.83}$$

这个更新步骤发生在每个采样点上,而不是像分块预测那样发生在每个样本块上。图 5.27 用一个数值示例说明了收敛过程。这里是一个含有两个系数 h_1 和 h_2 的二阶预测器。很明显,两个系数的最

终值都趋于收敛，但是也存在一些与预测器系数估计相关联的噪声。

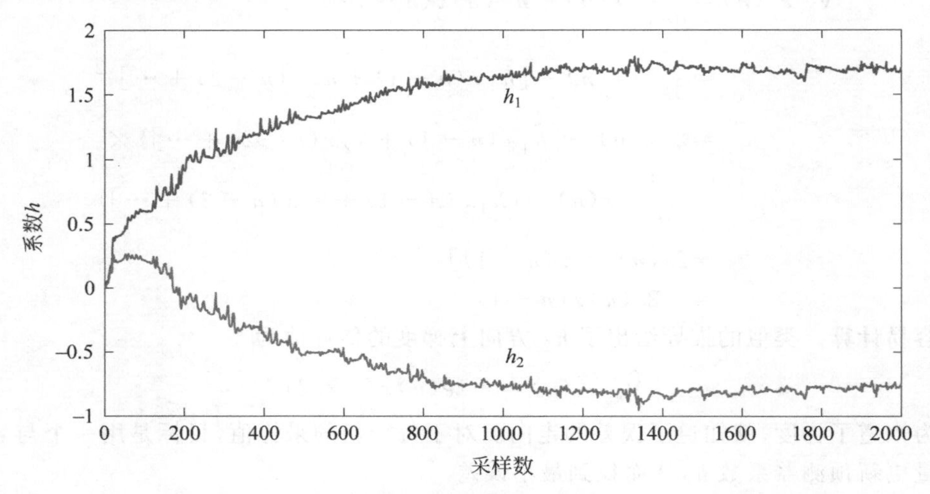

图 5.27 自适应线性预测系数的收敛曲线($\mu=0.001$)

注：图中显示给定步长参数 μ 时，预测系数 $\boldsymbol{h}=[h_1 \quad h_2]^{\mathrm{T}}$ 的收敛性。

5.7 图像编码

数字图像占用了大量的存储空间，因此传输可能需要很长时间。考虑尺寸为 1000×1000 像素(宽×高)的图像，它的分辨率不算特别高。当三原色(红，绿，蓝)中的每一种都用 1B 表示，则需要 3×1000×1000B[①]。如果两个尺寸都加倍，则需要 2×2=4 倍的空间。这个问题在视频上更加尖锐。如果这样的静止图像序列用作视频源，每秒重放 50 帧，那么每秒大概需要这个数字的 50 倍。一小时的视频序列需要 $3\times50\times60\times60\times1000^2\approx540$GB。这是相当大的存储空间。实时传输这样的视频将需要 1200Mbps 的传输速率。

因此，实际中几乎总是需要某种形式的数据压缩。在存储时，为了降低成本，需要压缩数据。在带宽受限信道中，压缩对于实现视频的实时传输是至关重要的。

幸运的是，视觉信息中有大量的冗余。利用这一事实，在许多情况下可以减少所需的数据量。这是因为图像、视频内容的感知依赖于显示设备和人类视觉系统(Human Visual System，HVS)。当然会有一个折中：通过丢弃一些信息来有效地减少信息量，但这将降低图像质量。然后，压缩算法的选择可以根据质量损失是否可感知，或者质量下降是否允许来决定。因此，对于电影内容，可能希望质量下降不可感知；而对于视频电话会议，一些质量的损失是可接受的。在某些情况下，如医学成像，质量下降是不可接受的，在这种情况下，必须回到前面讨论的无损算法，只是它可实现的压缩必然要低得多。

许多压缩算法在降低比特率方面非常有效，同时保持了可接受的质量，然而，它们的计算复杂度以及执行压缩所需的处理器速度可能非常重要。一般来说，计算速度越快，成本更高。此外，更快的速度必然意味着更高的功耗，这是移动设备一个关键的考虑因素。最后，复杂度也会影响内存需求，这也不是无关紧要的。通常，图像被分解成 8×8 像素的较小块(也称为子块)。原因有两个。首先，图像中像

① 在通常的用法中，megabyte(MB)是指 1024^2，但是有些人认为 megabyte 应该是 1000^2，应该用 mebibyte(MiB)指代 1024^2。

素的相似性通常是小范围延伸，因此选择有可能相似的小范围的像素是有意义的。其次，这种适度的块大小允许设计者制定计算单元来缓冲这些块并独立地处理它们。

5.7.1 块截断算法

减少数据量的最简单方法是对邻域内的像素进行平均，只传输平均电平。相邻像素之间存在大量的相关性，因此存在可以利用的大量冗余。对于一个边长为 N 个像素的正方形块，所得的 $M=N^2$ 个像素可以用一个单一值（即平均值）来表示。然而，这会导致重建图像中出现块效应（Blockiness）。这可以通过比较图 5.28(a)和图 5.28(b)看出来。

(a) 原始图像

(b) 平均值压缩图像(16×16)

(c) BTC图像(16×16)

图 5.28　原始图像和压缩图像的比较示例

注：图(a)是原始图像，图(b)是仅使用块平均值的图像，图(c)是 16×16 子块的 BTC 编码图像。请注意，仅使用块平均值的图像中存在明显的块效应，尽管这种情况下每个像素的平均比特位数很小。通过更好的算法和传输更多的参数，可以获得更好的图像质量。

块截断编码（Block Truncation Coding，BTC）算法是仅使用块平均值的思想的简单改进。BTC 最初是由 Delp 和 Mitchell（1979）提出的，它在重建块时不仅保留了平均值，还保留了平均值的方差[①]。本质上，平均值包含感知上重要的平均亮度电平，而方差表示平均值周围的平均亮度变化。目的是确定能够在原始和重建子块中实现相同均值和方差的最小参数集。虽然 BTC 的压缩率不够高，但考虑其原理是很有益处的，有助于理解性能更好的 DCT 算法（详见 5.7.2 节）。

在 BTC 中，重建块仅用两个值表示像素：如果当前源像素小于平均值 $\bar{x}$，则为 a；如果源像素大于平均值，则为 b。因此，每个像素需要 1b 来选择是 a 或 b，还需要 a 和 b 本身的值。必须证明，有可能计算出满足均值和方差特性的 a 和 b 值。

图像被分解成像素块，每个像素块用矩阵 $\boldsymbol{X}$ 表示，每边有 N 个像素，因此总共有 $M=N^2$ 个像素。将这些像素值视为一个简单的列表，平均值 $\bar{x}$、均方值 $\overline{x^2}$ 和方差 σ^2 计算如下。

$$\bar{x}=\frac{1}{M}\sum_{i=0}^{N-1}\sum_{j=0}^{N-1}x(i,j) \tag{5.84}$$

$$\overline{x^2}=\frac{1}{M}\sum_{i=0}^{N-1}\sum_{j=0}^{N-1}x^2(i,j) \tag{5.85}$$

$$\sigma^2=\frac{1}{M}\sum_{i=0}^{N-1}\sum_{j=0}^{N-1}[x(i,j)-\bar{x}]^2 \tag{5.86}$$

记总像素数为 M，大于平均值的像素数为 Q，可以写出原始块和重建块的平均值和均方值。为了保持重建块中的平均值和均方值，可以使用以下方程匹配平均值和均方值。

① 严格来说，这里指的是样本方差，在 MATLAB 中会使用 var(data,1)。

$$M\bar{x} = (M-Q)a + Qb \tag{5.87}$$

$$M\overline{x^2} = (M-Q)a^2 + Qb^2 \tag{5.88}$$

等式左侧代表原始图像，右侧由重建图像计算得出。因此，实际上有两个等式，其中含有两个未知参数 a 和 b。所有其他值($M,Q,\bar{x},\overline{x^2}$)都可以从源块中计算出来。方程的解有点复杂，因为含有非线性项，如 a^2 和 b^2。求解方程组式(5.87)和式(5.88)，得到较小的重建像素值为

$$a = \bar{x} - \sigma\sqrt{\frac{Q}{M-Q}} \tag{5.89}$$

较大的重建像素值为

$$b = \bar{x} + \sigma\sqrt{\frac{M-Q}{Q}} \tag{5.90}$$

以下示例说明了计算过程。像素值取自真实的灰度图像。使用尺寸为 4×4 的小块来说明，尽管实际中可以使用更大的尺寸获得更低的比特率。原始像素(8 位整数)块为

$$\boldsymbol{X} = \begin{bmatrix} 62 & 37 & 36 & 46 \\ 74 & 49 & 47 & 53 \\ 90 & 71 & 53 & 56 \\ 101 & 81 & 58 & 59 \end{bmatrix} \tag{5.91}$$

其中，$M=16$ 个像素的平均值为 $\bar{x}=60.81$，方差为 $\sigma^2=315.15$，均方值为 $\overline{x^2}=4013.31$。大于平均值的像素数 Q 为 6，因此位掩码为

$$\boldsymbol{B} = \begin{bmatrix} 1 & 0 & 0 & 0 \\ 1 & 0 & 0 & 0 \\ 1 & 1 & 0 & 0 \\ 1 & 1 & 0 & 0 \end{bmatrix} \tag{5.92}$$

其中，1 代表平均值以上的值，0 代表平均值以下的值。

根据这些数值，可以应用式(5.89)和式(5.90)计算出 $a=47.06$，$b=83.73$。然后，重建平均值和均方值的新子块为

$$\hat{\boldsymbol{X}} = \begin{bmatrix} 83.73 & 47.06 & 47.06 & 47.06 \\ 83.73 & 47.06 & 47.06 & 47.06 \\ 83.73 & 83.73 & 47.06 & 47.06 \\ 83.73 & 83.73 & 47.06 & 47.06 \end{bmatrix} \tag{5.93}$$

该子块相关的参数为 $\bar{x}=60.81$，$\sigma^2=315.15$，$\overline{x^2}=4013.31$。正如所期望的，这些值与原始块完全相同。近似后，像素值变为

$$\hat{\boldsymbol{Y}} = \begin{bmatrix} 84 & 47 & 47 & 47 \\ 84 & 47 & 47 & 47 \\ 84 & 84 & 47 & 47 \\ 84 & 84 & 47 & 47 \end{bmatrix} \tag{5.94}$$

重建块的平均值为 $\bar{x}=60.88$，方差为 $\sigma^2=320.86$，均方值为 $\overline{x^2}=4026.63$。由于最后一步中使用了像素近似，这些值接近但不等于理论值。

对于16×16的较大块尺寸，使用BTC的结果如图5.28所示。对于每个16×16的子块，仅使用块平均值时只需要一个参数，因此实现了相当大的压缩（实际上比例为256∶1）。然而，该方法在重建图像时，子块非常明显而且看起来不舒服。使用BTC算法时，编码整个子块，也只需要两个参数再加上位掩码。因此，位掩码中每个像素只有一位比特，再加上传输 a 和 b 所需的比特。结果表明，重建图像明显优于仅使用平均值的子块重建，并且在许多方面都与原始图像无法区分，它的比特率大约为1.06bpp（bpp即b/pixel，比特每像素）。

5.7.2　离散余弦变换

5.7.1节中介绍的BTC方法似乎运行良好，比特率低，质量好。然而，它需要相对较大的子块来实现低速率，导致图像整体的感知质量有更大的损失。此外，每个子块也都有一些保真度损失。

一种更先进的算法——离散余弦变换(Discrete Cosine Transform，DCT)在图像和视频压缩中都有非常广泛的应用。DCT的定义由Ahmed等(1974)给出，随后发现它在用于压缩图像时效果良好。DCT是当今使用的许多低速率算法的基础，如用于HDTV的MPEG和用于静止图像的JPEG。DCT的基本思想是尽可能多地去除图像块中的统计冗余，从这个角度来看，它与前面讨论的BTC方法没有实质性的不同。然而，所采取的方法却大不相同。此外，DCT能够实现分数比特率（小于1bpp），而BTC不能，因为后者需要传输位掩码矩阵。

要注意的是，DCT本身不会产生任何压缩，但是DCT的结果能够用更少的参数表示图像子块。

这里从结果开始分析，而不从数学理论开始。首先在图像中形成子块，一般都是8×8像素，再分别处理这些子块。在下文，假设像素值只表示亮度，即图像是一幅灰度图。通过颜色分量的分开处理，该方法可以扩展到彩色图像，这将在后面讨论。然而，现在要注意的是，颜色信息中有更多的冗余，因为HVS对亮度变化比对颜色精确度更为敏感。

第一步是进行8×8像素块的转换，这会得到相同数量的系数。如果考虑一幅或多幅图像上的大量子块并生成直方图，会得到如图5.29所示的结果。图5.29仅显示了9个系数，是整个8×8系数集的左上部分。索引为(0,0)的左上角系数通常称为DC系数，因为它实际上与整个块的平均亮度成比例。其他系数，如索引(0,1)，(1,0)，(1,1)等，明显呈尖峰分布。正如图5.29所示，这种类型的分布有利于更好地编码，因为有些值比其他值更有可能出现。出现可能性大的值可以用较短的码字编码（如霍夫曼编码），或者用相邻块之间的差分编码（如DPCM）来更有效地编码。尖峰分布还能允许更有效的量化，对于量化器中不太可能出现的值，可以采用更大的步长；而对于更可能出现的值，可以采用更小的步长。

这意味着，实际上，不需要为8×8子块中的每个像素都使用典型的8b，而可以为变换后的系数分配更少的比特。更有利的是，一些系数几乎确定为零或非常接近零，这意味着甚至根本不需要对其进行编码。

将DCT表示过程描绘成一组基图像(Basis Images)将有助于理解。如图5.30所示，基图像包含了8×8个较小子块，每个子块由8×8个像素组成。将每一个子块都称为一个"区块"(Tile)，并想象8×8图像子块都由区块组合而成。事实上，真正用的是区块的加权组合。也就是说，平均值由左上角或(0,0)区块来表示，它可以编码为一个系数乘以区块上的各个像素值（在这种情况下，所有像素值都相等）。接下来，考虑区块(0,1)，它是一个竖条纹，左边的亮度较高，右边的亮度较低（较暗）。特定的图像子块可能碰巧具有类似的底层图案，因此可以用该区块乘以某个特定量（加权系数值）来近似真实图像子块。

类似地，横条纹区块，即索引(1,0)，(2,0)及以下的，也是可加权的。中间区块也是如此，其中存在各种棋盘图案组合。总的来说，图像子块由这些区块的组合来重建，其中每个区块的加权值可以不同。

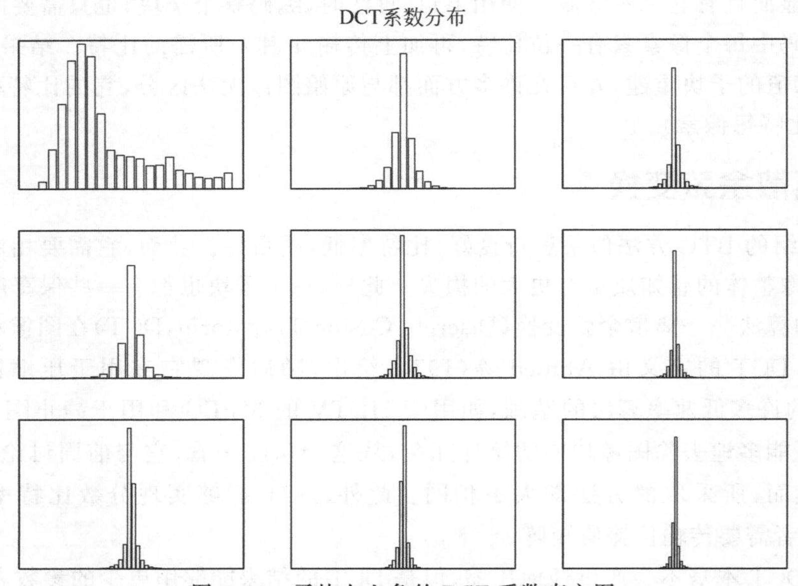

图 5.29 子块左上角的 DCT 系数直方图

注：对于 8×8 子块，将有相等数量的系数直方图，这里只显示左上角的 3×3 的系数直方图。

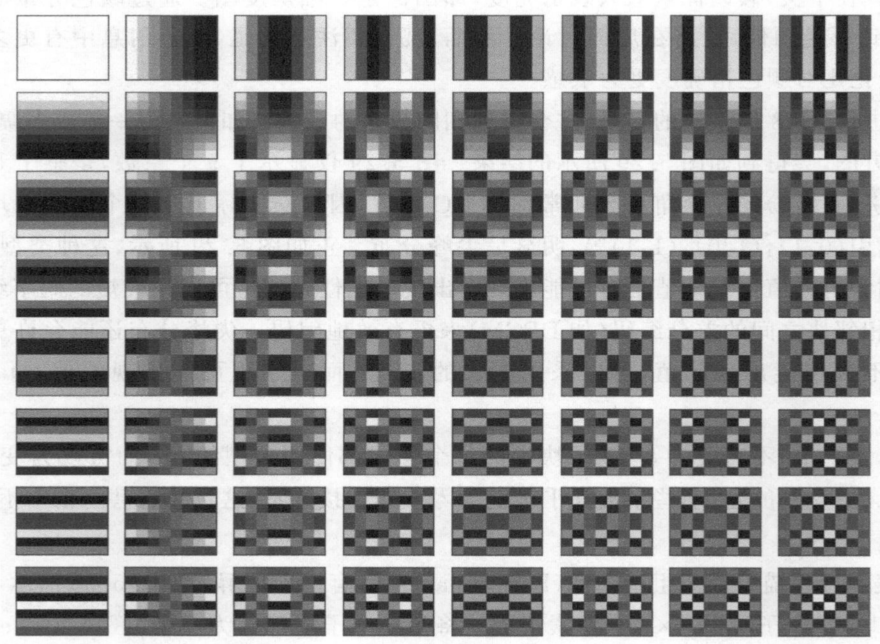

图 5.30 8×8 变换的 DCT 基图像

注：每个基图像是 8×8 的像素块，总共有 8×8 个基图像。

这就是 HVS 和显示设备分辨率发挥重要作用的地方。左上侧的区块表示了更“粗糙”的图像细节，一般是必要的。而沿对角线方向右下角的区块就可能不太需要了。如果准备牺牲其中一些更细节的区块,那么就没有必要对相应的系数进行编码(编码值可设为零)。

因此,需要一种生成区块图案的方法,以及计算每个区块的权重以重构子块的方法。显然,图案是有规律的,事实证明,如果希望将最大能量用尽可能少的系数表示,余弦函数是一个非常好的选择。

这种变换对于图像是二维的,不过从一维开始讲解更容易。给定长度为 N 个像素的输入块(矢量),变换矢量 $\boldsymbol{y}$ 可用如下公式确定。

$$\boldsymbol{y}(k)=\sqrt{\frac{2}{N}}c_k\sum_{n=0}^{N-1}\boldsymbol{x}(n)\cos\left[\frac{(2n+1)k\pi}{2N}\right] \tag{5.95}$$

对于索引 $k=0,1,\cdots,N-1$,系数为

$$c_k=\begin{cases}\dfrac{1}{\sqrt{2}}, & k=0\\ 1, & k\neq 0\end{cases} \tag{5.96}$$

如果在编码器处执行变换,则有必要在解码器处对其进行反变换,以便获得图像像素。这是通过逆DCT(IDCT)完成的,如下所示。

$$\boldsymbol{x}(n)=\sqrt{\frac{2}{N}}\sum_{n=0}^{N-1}c_k\boldsymbol{y}(k)\cos\left[\frac{(2n+1)k\pi}{2N}\right] \tag{5.97}$$

其中,$n=0,1,\cdots,N-1$。变换和逆变换看起来非常相似,但是请注意缩放值 c_k 相对于求和的位置。在DCT中,它在求和符号之外,因为求和是在 n 上计算的;而在IDCT中,它必须在求和符号之内,因为求和是在 k 上计算的。当然,DCT是完全可逆的。也就是说,对矢量的DCT再进行IDCT运算,能够得到原始矢量。因此,理论上,给定所有系数时,原始图像可以被准确无误地还原。然而,为了实现更大程度的压缩,还是会放弃一些系数(通过将它们设置为零)或降低其他系数的量化精度。

前面讨论的区块实际上是基图像,即重建图像的基本块。在一维情况下,这些基矢量(Basis Vectors)$\boldsymbol{a}_k$ 的计算如下。

$$\boldsymbol{a}_k=\sqrt{\frac{2}{N}}c_k\cos\left[\frac{(2n+1)k\pi}{2N}\right] \tag{5.98}$$

每个矢量 $\boldsymbol{a}_k$(索引 k 的范围为 $0,1,\cdots,N-1$)含有分量 $n=0,1,\cdots,N-1$。也可以将DCT(和IDCT)写成矩阵的乘法。毕竟,在一维的例子中,可以取一个 $N\times 1$ 的列矢量,并形成一个维数同样是 $N\times 1$ 的输出列矢量。根据矩阵论的理论,这可以通过矩阵乘以矢量来实现,即需要一个 $N\times N$ 的矩阵与矢量相乘,得到最终的输出矢量。也就是说,DCT可以视为如下的矩阵乘法。

$$\boldsymbol{y}=\boldsymbol{A}\boldsymbol{x} \tag{5.99}$$

例如,4×4的DCT核矩阵为

$$\boldsymbol{A}=\begin{bmatrix}a & a & a & a\\ b & c & -c & -b\\ a & -a & -a & a\\ c & -b & b & -c\end{bmatrix} \tag{5.100}$$

其中

$$a=\frac{1}{2}$$

$$b=\frac{1}{\sqrt{2}}\cos\frac{\pi}{8}$$

$$c=\frac{1}{\sqrt{2}}\cos\frac{3\pi}{8}$$

为了简化矩阵-矢量方法，只考虑一个二像素的输入（它将相应地具有两个值的输出）。使用DCT公式，可以用矩阵形式重写计算过程，于是2×2的DCT转换矩阵可以写为

$$\boldsymbol{A}_{(2\times2)}=\frac{1}{\sqrt{2}}\begin{pmatrix}1 & 1\\1 & -1\end{pmatrix} \tag{5.101}$$

如果仔细检查方程，就会发现基矢量构成了变换矩阵的行。类似地，基矢量也构成了逆变换矩阵的列。上面的2×2结果可以直观地解释。第一个输出系数是通过将两个输入像素乘以1而形成的，因此它是两者的平均值；第二个输出系数是通过将两个像素分别乘以+1和−1而形成的，因此是差分运算。

因此，可以将正向变换 $\boldsymbol{y}=\boldsymbol{Ax}$ 写成行矢量表示，即

$$\begin{bmatrix}|\\\boldsymbol{y}\\|\end{bmatrix}=\begin{bmatrix}— & \boldsymbol{a}_0 & —\\— & \boldsymbol{a}_1 & —\\ & \vdots & \end{bmatrix}\begin{bmatrix}|\\\boldsymbol{x}\\|\end{bmatrix} \tag{5.102}$$

这样就将基矢量作为变换矩阵的行矢量。$\boldsymbol{y}$ 中的每个输出系数都是矢量的点积，形式如下。

$$y_0=\begin{bmatrix}|\\\boldsymbol{a}_0\\|\end{bmatrix}\cdot\begin{bmatrix}|\\\boldsymbol{x}\\|\end{bmatrix} \tag{5.103}$$

另外，$y_1=\boldsymbol{a}_1\cdot\boldsymbol{x}$，以此类推，实际上是将输入矢量和基矢量相乘再相加，即加权(Weighting)。

根据类似的思想，逆变换也可表示为

$$\boldsymbol{x}=\boldsymbol{By} \tag{5.104}$$

同样，可以用矢量来改写矩阵，但这次是列矢量，可表示如下。

$$\begin{bmatrix}|\\\boldsymbol{x}\\|\end{bmatrix}=\begin{bmatrix}| & | & |\\\boldsymbol{b}_0 & \boldsymbol{b}_1 & \cdots\\| & | & |\end{bmatrix}\begin{bmatrix}y_0\\y_1\\\vdots\end{bmatrix} \tag{5.105}$$

其中，基矢量是列矢量。输出的写法可能会有所不同，即

$$\begin{bmatrix}|\\\boldsymbol{x}\\|\end{bmatrix}=y_0\begin{bmatrix}|\\\boldsymbol{b}_0\\|\end{bmatrix}+y_1\begin{bmatrix}|\\\boldsymbol{b}_1\\|\end{bmatrix}+\cdots \tag{5.106}$$

因此，可以看出，输出 $\boldsymbol{x}$ 是标量与矢量乘积的加权和。这也解释了正变换是确定基矢量系数的过程，而逆变换是将这些基矢量以正确比例系数相加的过程。

一维的情况也可以推广到二维。现在，需要的不是基矢量，而是基本块（或矩阵），这些就是前面讨论的区块。完整的二维DCT如下所示。

$$\boldsymbol{Y}(k,l)=\frac{2}{N}c_kc_l\sum_{m=0}^{N-1}\sum_{n=0}^{N-1}\boldsymbol{X}(m,n)\cdot$$
$$\cos\left[\frac{(2m+1)k\pi}{2N}\right]\cos\left[\frac{(2n+1)l\pi}{2N}\right] \tag{5.107}$$

其中，$k,l=0,1,\cdots,N-1$，相应的二维IDCT为

$$X(m,n)=\frac{2}{N}\sum_{k=0}^{N-1}\sum_{l=0}^{N-1}c_k c_l Y(k,l)\cdot$$
$$\cos\left[\frac{(2m+1)k\pi}{2N}\right]\cos\left[\frac{(2n+1)l\pi}{2N}\right] \tag{5.108}$$

其中，$m,n=0,1,\cdots,N-1$。

应该注意的是，运算所需的计算量相当大。二维DCT方程的直接实现需要对输入块中的所有$N\times N$个像素求和，以获得一个输出系数。而每个子块有$N\times N$个输出系数。当然，形成图像还需要大量的子块。因此，产生几种快速DCT算法就不足为奇了，其原理类似于快速傅里叶变换(FFT)。事实上，许多快速DCT算法都采用了FFT(Narashima，et al.，1978)。

5.7.3 四叉树分解

图像的固定块有一些优点：它能够使比特率恒定，并且简化了编码图像所需的处理。固定比特率对于许多类型的信道都很重要，但是这并不意味着块编码就不能是可变比特率。虽然，在图像上叠加固定块可能有点不自然。如果将更多的比特分配给图像中"活跃"(Active)或细节丰富的区域，而将更少的比特分配给不太活跃的区域，将会更好。"活跃"的定义很简单，就是平均值的方差。由此引出了可变块大小编码，其中一种就是四叉树分解(Quadtree Decomposition)。

四叉树分解可以从图5.31中最左边的块开始，该块被细分为4个大小相等的块。如果这些块的活跃性度量基本相同，就不需要继续细分了。另外，如果这些块有一定程度的差异，还可以再继续细分。分割或不分割的行为可以用一位比特来表达(0代表分割，1代表不分割)。

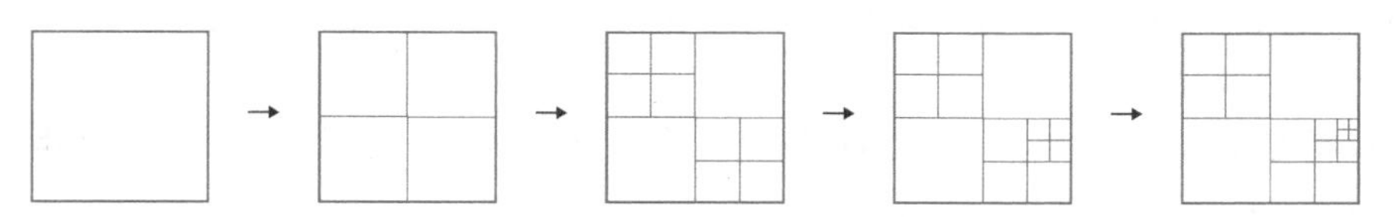

图5.31　四叉树分解

注：从左到右的递归分解显示了一些子块是如何进一步细分的，而另一些子块则没有细分。

重要的是，该过程可以在得到的4个子块上进行重复。因此，在图中从左向右进行细分时，左上角和右下角的块开始被细分，但是右上角和左下角没有。这意味着未被细分的块可以用常数值(灰度或亮度，需要的话还有颜色)表示。继续向右，可以看到其中一个子块被进一步细分，以此类推。这样，该算法为图像中更活跃的区域选择出越来越小的块。这种算法适于递归实现，在每个阶段，输入块被分成4个，或者保持不变。如果一个块被分成4个较小的块，那么在这些较小的块上可以重复相同的过程。

图5.32显示了一个用这种方式分解的图像示例，其中块边界是可见的(实际上，块边界只是假设的，而不会真地编码在图像之中)。选择分解块的阈值会影响块的最终数量，阈值越大意味着细分的块会越少。

5.7.4 颜色表示

迄今为止，本节考虑的图像仅包含亮度。考虑颜色会引入一系列新的问题，大量的研究和标准化工作已经投入颜色的有效表示中。本质上，由主动(发光)显示器表示的颜色由3个主要成分组成：红色、绿色和蓝色(RGB)。就人们的感知而言，大部分"有价值的"信息包含在亮度中，而亮度实质上是R、G、B的和。在某种意义上，颜色信息可以叠加给仅含亮度的图像以添加颜色。

采样和显示设备可以被认为在RGB域中工作。颜色由R、G和B信号的相对权重组成。例如，红色加绿色会产生黄色，但红色加 50%绿色会产生橙色。赋予颜色的实际权重是相当主观的，当涉及颜色感知时，我们的视觉系统有些非线性。也就是说，一种颜色的特定刺激不会和另一种颜色表现得一样明显，有多种进化理论可以解释这一点。此外，因为图像捕捉和显示设备必须基于特定设备(特别是半导体)的物理性质，所以真实颜色的表示再次受限。

(a) 原始图像

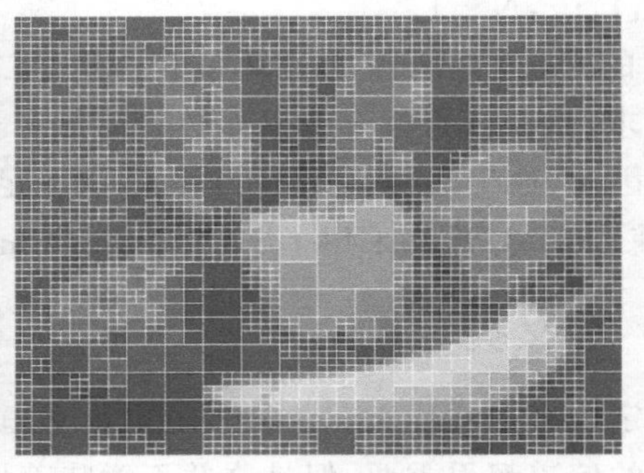

(b) 四叉树分解图像

图 5.32　灰度图像的四叉树分解示例

注：图中的块边界是可见的，以显示可变的块大小以及它们是如何对应于图像的局部活跃性。

由于 HVS 对亮度比对颜色更加敏感，可以减少编码颜色所需的数据量。传统上，在模拟电视系统中是使用所谓的色差信号来完成的，并且它一直持续到数字颜色采样的出现。亮度被表示为信号 Y，还需要其他信号作为补充来传递颜色。因为开始有 3 个颜色信号(R,G,B)，所以除了 Y 应该还有另外两个信号。这些就是色差，通常使用的是蓝色差(Cb)和红色差(Cr)信号。红色差 Cr 与(R－Y)成比例，蓝色差 Cb 与(B－Y)成比例。

最常用的权重是 ITU-R BT601 定义的(通常是使用 CCIR601 的早期定义)。以矩阵形式，可以将其写为(Acharya,et al.,2005；ITU-R,n. d.)

$$\begin{bmatrix} Y \\ Cb \\ Cg \end{bmatrix} = \begin{bmatrix} 0.299 & 0.587 & 0.114 \\ -0.169 & 0.331 & 0.500 \\ 0.500 & -0.419 & -0.081 \end{bmatrix} \begin{bmatrix} R \\ G \\ B \end{bmatrix} \tag{5.109}$$

可以用全分辨率表示亮度，但是颜色的分辨率会降低。对于每 4 个像素，可用所谓的 4∶4∶4 来表示，其中包括每个像素的 Y、Cr 和 Cb，如图 5.33(a)所示。4∶2∶2 表示降低了水平方向的颜色分辨率，如图 5.33(b)所示。图 5.33(c)还显示了另一种表示方法，即所谓的 4∶2∶0，它将水平和垂直两个方向的颜色(或者更准确地说，色差)进行抽样。

Y CrCb	Y CrCb	Y CrCb	Y CrCb
Y CrCb	Y CrCb	Y CrCb	Y CrCb
Y CrCb	Y CrCb	Y CrCb	Y CrCb
Y CrCb	Y CrCb	Y CrCb	Y CrCb

4:4:4

(a) 全分辨率

Y CrCb	Y	Y CrCb	Y
Y CrCb	Y	Y CrCb	Y
Y CrCb	Y	Y CrCb	Y
Y CrCb	Y	Y CrCb	Y

4:2:2

(b) 水平抽样

Y CrCb	Y	Y CrCb	Y
Y	Y	Y	Y
Y CrCb	Y	Y CrCb	Y
Y	Y	Y	Y

4:2:0

(c) 水平和垂直抽样

图 5.33　4×4 像素块的色度抽样示例

注：每个像素从 RGB 开始，然后转换为亮度 Y 加上色差 CrCb。颜色可以如图(b)和图(c)所示进行抽样，对图像本身几乎没有可察觉的影响。

5.8 语音和音频编码

编码语音(或音频)最显而易见的方法是简单地对波形进行采样,然后(串行地)发送合成比特流。例如,以 8kHz 采样和 16b 量化的电话质量的语音能以 128kbps 的比特流速率进行编码。在一定带宽下,这使接收机能够重建出与信号源一样的波形。

然而,以这种方式进行直接采样所产生的比特率很大,并且在多路复用传输(互联网)和带宽受限信道(无线)的许多情况下都希望降低速率,以容纳更多的用户。比特率的降低通常都涉及了质量上的权衡,可达到的速率也取决于压缩算法的复杂度。

与前面讨论的自适应量化和压扩等简单的波形近似编码方法不同,这里采用参量编码器。顾名思义,它不是对波形本身进行编码,而是对表示波形的一些参数进行编码。其中的关键概念是摒弃了时域重构的精确性,而使用频域重构来衡量有效性。此外,经常使用的是感知标准,这意味着在设计中使用的是对波形声音的感知,而不是波形的确切形状。

5.8.1 线性预测语音编码

最大的一类低速率参数语音编码器采用的是综合分析法(Analysis-by-Synthesis Approach,ABS)。ABS 的关键概念是对语音进行采样,并分成大约 10～20 ms 的块(或帧),然后求出在频域中最能代表该帧的参数。接下来,这些参数被编码和发送,解码器重构近似(根据某些标准)原始波形频域特征的波形。原始语音和重构语音逐个采样点之间的精确对应关系将不再存在。

以这种方式,编码器的压缩阶段将大量采样点转换成合适的一组参数(即参数表达)。这样,解压缩阶段重建语音(或音频)通常只需较低的计算复杂度。

为了详细说明压缩阶段,先考虑预测问题,该问题已在 5.6.3 节中介绍了,当时是通过对采样值的加权线性和来预测编码器的新采样值。这种方法对于浊音语音(由肺和声道产生的语音片段,典型的元音如“ay”或“ee”)很有效,但对于清音语音(以 abrupt 结尾和辅音的发音,如“k”和“ss”)则不太有效。片段(或帧)中每个语音采样点的预测值可以写成如下线性加权和的形式。

$$\begin{aligned}\hat{x}(n) &= a_1x(n-1)+a_2x(n-2)+\cdots+a_Px(n-P)\\ &= \sum_{k=1}^{P}a_kx(n-k)\end{aligned} \tag{5.110}$$

而真正的采样值是预测值加上误差项,即

$$x(n)=\hat{x}(n)+e(n) \tag{5.111}$$

其中,$x(n)$为 n 时刻的语音信号采样值;$\hat{x}(n)$为信号的预测值;$e(n)$为预测的估计误差。

预测值 $\hat{x}(n)$可以被假设为确定性的成分,也就是说,它由模型参数表示。误差 $e(n)$在理想情况下当然为零,但实际上是一个很小且随机的值。将预测方程移项可得

$$e(n)=x(n)-\overbrace{\sum_{k=1}^{P}a_k\hat{x}(n-k)}^{\hat{x}(n)} \tag{5.112}$$

那么,问题是如何确定 P 个参数 $a_k(k=1,2,\cdots,P)$。对于语音,取 $P=10$ 通常就足够了。因此,下面的讨论使用 10 阶预测器。首先,假设预测器参数已知,需要找到一个方法实现线性预测。直接传

输每个采样值的预测误差 $e(n)$，将使比特率小于原始比特率(假设误差很小)，但这种方式本质上仍然是一种波形近似的编码器。为了将它转换为参数编码器，要认识到预测器本质上只是一个滤波操作(见5.3.2节)，所需要的只是滤波器参数。然而，滤波器还需要某种输入。进一步研究发现，对于人类语音，输入可以是简单脉冲序列(用于浊音)或随机波形(用于清音)。这种方法应用于 LPC10 编解码器，其简化形式如图 5.34 所示。

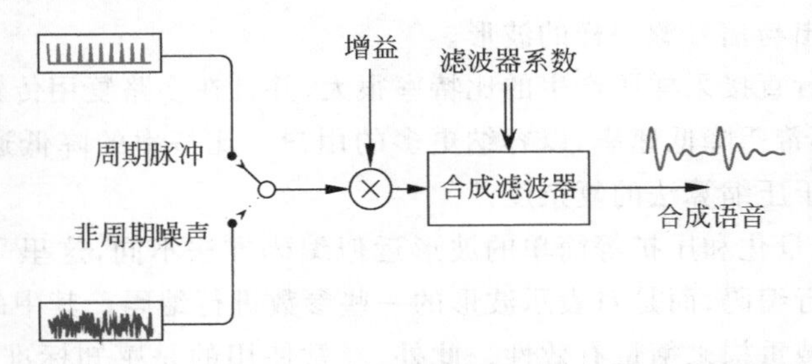

图 5.34 具有周期脉冲或随机噪声输入的线性预测编码器

为了导出 LPC 参数 a_k，需要用到自相关函数，将其定义如下。

$$R_{xx}(k)=\sum_{n=0}^{N-1}x(n)x(n-k) \tag{5.113}$$

其中，k 为相对偏移量。请注意，对于给定的数据记录，自相关是对称的，即

$$R_{xx}(k)=R_{xx}(-k) \tag{5.114}$$

P 阶线性预测估计值可写为

$$\hat{x}(n)=\sum_{k=1}^{P}a_k x(n-k) \tag{5.115}$$

平均误差为

$$\begin{aligned}\overline{e}&=E\{[x(n)-\hat{x}(n)]^2\}\\&=\sum_{n=1}^{N-1}[x(n)-\hat{x}(n)]^2\\&=\sum_{n=1}^{N-1}\left[x(n)-\sum_{k=1}^{P}a_k x(n-k)\right]^2\end{aligned} \tag{5.116}$$

为了找到最小均方误差，将关于预测器参数的导数设为零，即

$$\frac{\partial\overline{e}}{\partial a_m}=0 \tag{5.117}$$

然后，对导数应用链式法，可得

$$\sum_{n=0}^{N-1}2\left[x(n)-\sum_{k=1}^{P}a_k x(n-k)\right]\left\{\frac{\partial}{\partial a_m}\left[x(n)-\sum_{k=1}^{P}a_k x(n-k)\right]\right\}=0 \tag{5.118}$$

接下来需要计算导数项 $\partial/\partial a_m$。对于 $k\neq m$ 的所有 a_k，该项都将等于零。当 $k=m$ 时，它将简化为 $-x(n-m)$。数学上，可以将其表示为

$$\frac{\partial}{\partial a_m}\left[x(n)-\sum_{k=1}^{P}a_k x(n-k)\right]=\begin{cases}-x(n-m), & k=m\\0, & \text{其他}\end{cases},\quad m=1,2,\cdots,P \tag{5.119}$$

因此，需要最小化的表达式可以写为

$$\sum_{n=0}^{N-1}\left[x(n)-\sum_{k=1}^{P}a_k x(n-k)\right][-x(n-m)]=0$$

$$\begin{aligned}\sum_{n=0}^{N-1}x(n)x(n-m)&=\sum_{n=0}^{N-1}\left[\sum_{k=1}^{P}a_k x(n-k)x(n-m)\right]\\&=\sum_{k=1}^{P}a_k\left[\sum_{n=0}^{N-1}x(n-k)x(n-m)\right]\end{aligned}\tag{5.120}$$

左侧表达式可以认为是滞后 m 的自相关，对右侧表达式进行扩展，可得

$$\begin{aligned}R_{xx}(m)&=\sum_{k=1}^{P}a_k\left[\sum_{n=0}^{N-1}x(n-k)x(n-m)\right]\\&=a_1\sum_{n=0}^{N-1}x(n-1)x(n-m)+a_2\sum_{n=0}^{N-1}x(n-2)x(n-m)+\\&\quad\cdots+a_P\sum_{n=0}^{N-1}x(n-P)x(n-m)\end{aligned}\tag{5.121}$$

为了方便起见，去掉 xx 下标，当 $m=1$ 时，有

$$R(1)=a_1R(0)+a_2R(-1)+\cdots+a_PR(-(P-1))\tag{5.122}$$

当 $m=2$ 时，有

$$R(2)=a_1R(1)+a_2R(0)+\cdots+a_PR(-(P-2))\tag{5.123}$$

一直计算到 $m=P$，可得

$$R(P)=a_1R(P)+a_2R(P-1)+\cdots+a_PR(0)\tag{5.124}$$

因为在预测方程中有大量的项(对于语音通常取 $P=10$)，所以将所有这些方程写成矩阵形式更方便，即

$$\begin{bmatrix}R(0)&R(-1)&\cdots&R(-(P-1))\\R(1)&R(0)&\cdots&R(-(P-2))\\\vdots&\vdots&\ddots&\vdots\\R(P-1)&R(P-2)&\cdots&R(0)\end{bmatrix}\begin{bmatrix}a_1\\a_2\\\vdots\\a_P\end{bmatrix}=\begin{bmatrix}R(1)\\R(2)\\\vdots\\R(P)\end{bmatrix}\tag{5.125}$$

且由于自相关是对称的，即 $R(k)=R(-k)$，可得

$$\begin{bmatrix}R(0)&R(1)&\cdots&R(P-1)\\R(1)&R(0)&\cdots&R(P-2)\\\vdots&\vdots&\ddots&\vdots\\R(P-1)&R(P-2)&\cdots&R(0)\end{bmatrix}\begin{bmatrix}a_1\\a_2\\\vdots\\a_P\end{bmatrix}=\begin{bmatrix}R(1)\\R(2)\\\vdots\\R(P)\end{bmatrix}\tag{5.126}$$

式(5.126)可以更简洁地写成如下矩阵方程，即

$$\boldsymbol{Ra}=\boldsymbol{r}\tag{5.127}$$

其中

$$\boldsymbol{R}=\begin{bmatrix}R(0)&R(1)&R(2)&\cdots&R(P-1)\\R(1)&R(0)&R(1)&\cdots&R(P-2)\\\vdots&\vdots&\vdots&\ddots&\vdots\\R(P-1)&R(P-2)&R(P-3)&\cdots&R(0)\end{bmatrix}\tag{5.128}$$

是自相关值的矩阵，并且

$$\boldsymbol{r}=\begin{bmatrix}R(1)\\R(2)\\\vdots\\R(P)\end{bmatrix}\tag{5.129}$$

是自相关值的矢量。可以求解出期望的线性预测(Linear Prediction,LP)参数为

$$\boldsymbol{a}=\begin{bmatrix}a_1\\a_2\\\vdots\\a_P\end{bmatrix}\tag{5.130}$$

这提供了一种求解最优预测器参数 a_p 的方法,但是这个方法似乎需要相当大的计算复杂度(一个 $P\times P$ 的矩阵求逆)。然而,自相关矩阵 $\boldsymbol{R}$ 的对称性质有利于高效的求解,通常采用 Levinson-Durbin 递归算法来简化计算。

到目前为止,前面的理论给出了信号的良好预测(即误差很小)。最显而易见的方法是量化并发送误差信号,如本节开头所述,采用逐点恢复精确波形的方法,构成了一个波形编码器。但是,这种方法中每个采样点需要一位或多位比特,还可以有更好的方法,即使用参量的方法,放弃精确的时域重构要求,只发送预测器参数,然后这些参数就构成了解码器中的滤波器参数,而输出近似于语音的短时频谱。

那么,问题是用什么作为滤波器的输入呢?首先,一系列脉冲在短时间内可近似语音信号的音调,这给出了语音频谱的粗略表示,当然可以对其改进。对于具有强周期性的浊音语音来说,这种类型的激励已经足够了。当周期性不太明显时(在清音语音期间),可以采用白噪声激励。这样就得到了图 5.34 中给出的 LP 编码器,这种编码器能以低至 2kbps 的速率产生可接受的语音,这种语音虽然可以被人所理解,但听起来不够自然。对于某些应用,这是可以接受的(这种编码器最初是为军事应用开发的)。然而,对于商业语音通信服务来说,在一定程度上听起来比较自然是必须的,这就引出了下面的综合分析法。

5.8.2 综合分析法

为了提高 LP 编码器的感知质量和自然度,可以采用若干改进措施。最直观的方法是改变声源处的激励类型,不采用简单的二元浊音/清音的激励分类。

使用反馈回路,可以在编码器中产生和分析合成语音,而不是只能在解码器中产生合成语音。编码器根据某种定义的标准调整激励参数,以产生最佳语音,这种方法是非常有效的。

一种可能的激励情况是使用多脉冲,从而产生多脉冲激励(Multi-Pulse Excitation,MPE)编码器,它需要在激励框架内放置脉冲。因此,除了脉冲的位置,还必须确定脉冲的幅度大小。另一种更简单的变体是规则脉冲激励(Regular Pulse Excitation,RPE),其中脉冲间隔不是可变的,而是固定的。

最后,另一种编码方法为码激励线性预测(Code Excited Linear Prediction,CELP),如图 5.35 所示。在这种方法中,不是使用已知的脉冲型激励,而是将随机激励矢量存储在码本中。在编码器处测试每个激励矢量以合成语音,并选择性能最佳的一个。因此,选择的是样本矢量而不是脉冲幅度(以及可能的位置)。由于编码器和解码器具有相同的预存码本,因此编码并传输的是最佳匹配码矢量的索引。这种方法能够以非常低的速率得到高质量的语音。然而,这是以相当大的额外计算复杂度为代价的,因为每个可能的样本都必须在编码器处进行处理和测试。例如,对于 10b 的码本,如果要独立评估每一帧,就需要测试 $2^{10}\approx 1000$ 帧中的每一帧。

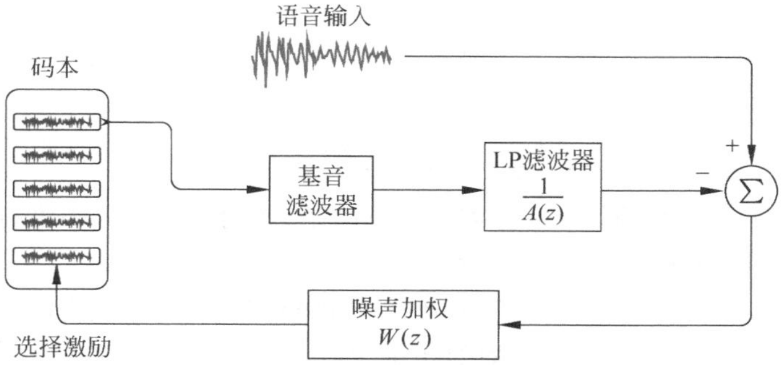

图 5.35 码激励线性预测编码器的原理

注：根据合成语音和原始语音之间的匹配来选择激励。

5.8.3 频谱响应和噪声加权

前面介绍的 LPC 方法通常在模拟产生低频信号方面优于高频。为了弥补这一点，可以使用一个称为预加重的过程，需要如下形式的高通滤波器。

$$H_{\mathrm{pre}}(z)=1-\lambda z^{-1} \tag{5.131}$$

通常取 $\lambda=0.95$，在 LPC 处理阶段之前使用。同样，可以使用去加重滤波器来反转该过程，即该过程的倒数。

$$H_{\mathrm{de}}(z)=\frac{1}{1-\eta z^{-1}} \tag{5.132}$$

如果取 $\eta=\lambda$，那么预加重和去加重过程将精确匹配。然而，在实际中，设置 $\eta=0.75$（略小于 λ）时效果更好，使解压缩后的语音更加清晰。

对这个想法进行进一步的扩展就是噪声整形（Noise Shaping）滤波器，使用的前提是在某个频段中感知的噪声能量小于有效信号的能量。也就是说，语音中更响亮的部分有效地掩盖了噪声。由此可推出，当某个频段具有较低的语音能量时，在该频段中会感知到更多的噪声。因此，在 LPC 滤波器的基础上进行噪声加权是很有意义的。如果 LPC 滤波器为 $A(z)$，那么遵循这些原则的噪声加权滤波器定义如下。

$$W(z)=\frac{A(z)}{A(z/\gamma)},\quad 0\leqslant\gamma\leqslant 1 \tag{5.133}$$

将 $A(z)$滤波器展开，噪声整形滤波器可写为

$$W(z)=\frac{1-\sum_{k=1}^{P}a_k z^{-k}}{1-\sum_{k=1}^{P}a_k\gamma^k z^{-k}},\quad 0\leqslant\gamma\leqslant 1 \tag{5.134}$$

系数 γ 通常选择为 0.9～0.95 的数量级，这样给出的频率响应略低于原始值。因为噪声整形滤波器与 LPC 滤波器是级联使用的，所以系统的整体响应变为 $1/A(z/\gamma)$。这实际上意味着什么，又是如何影响频率响应的？下面对其进行研究。因为实际上等价于发生了如下替换。

$$z\rightarrow\left(\frac{z}{\gamma}\right) \tag{5.135}$$

指数为 k 的每个含 z 项变为

$$\left(\frac{z}{\gamma}\right)^{k}=\gamma^{-k}z^{k} \tag{5.136}$$

因此,极点变为

$$\left(\frac{z}{\gamma}+p\right)=\frac{1}{\gamma}(z+\gamma p) \tag{5.137}$$

这意味着极点幅度减小了一个小的因子 γ。需要注意的是,受到影响的是幅度,而不是极点角度。因为极点角度决定了频率,所以总频率峰值位置不变。

为了说明这一点,图 5.36(a)显示了一个 LPC 函数的极点,该函数是使用前面所述的算法针对特定语音帧导出的,图 5.36(b)还显示了该滤波器的频率响应。

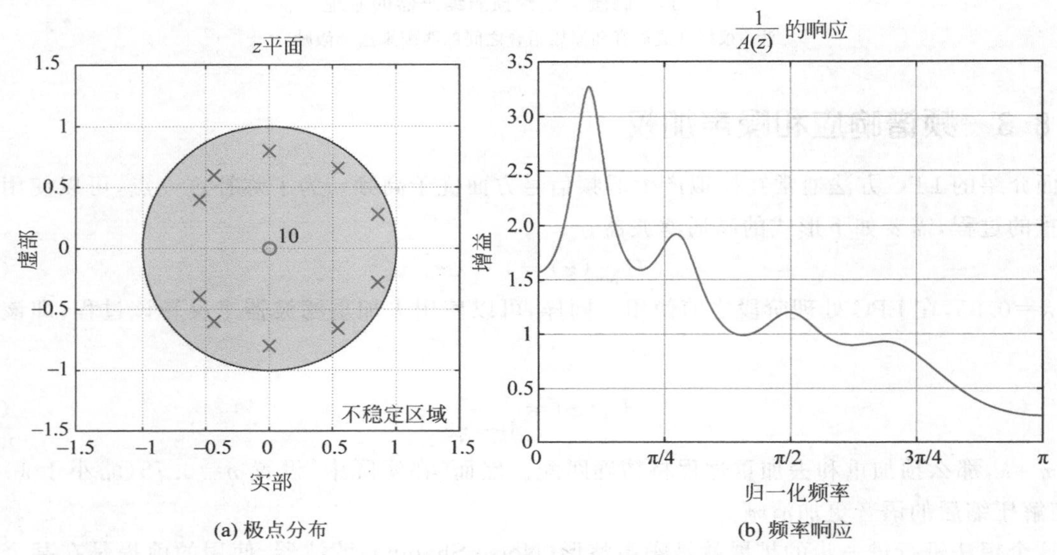

图 5.36　线性预测器的极点及相应的频率响应

注:由共振模拟声道以产生"合成"语音。

现在假设应用了上述噪声加权原理,取 $\gamma=0.85$。如图 5.37 所示,极点已经发生了改变。很明显,极点角度是不变的,但径向距离减小了。相应的频率响应在相同的位置出现峰值,然而,由于极点向内移动,峰值的大小有所减小,并且分散开来。与未改变的 LPC 相比,这会导致语音信号的声音略微减弱。

考虑到噪声加权滤波器 $W(z)$在图 5.35 的反馈环路中的位置,LPC 频率响应峰值周围的区域增益变小,这意味着更多的量化噪声被分配给频谱能量更强(情况更好)的区域,最终在 LPC 频率响应不太强的区域中会出现更少的量化噪声。因此,噪声整形是指量化噪声根据待编码信号的频谱进行整形。

5.8.4 音频编码

前面的章节讨论了语音编码。在这种应用中,主要目的是降低压缩语音的比特率。重构语音的质量通常是次要考虑因素,通常只需要足够"自然"。毕竟,采样速率通常低至 8kHz(带宽小于 4kHz)。

然而,对于音乐,音频编码是一个不同的问题,这里的目标是尽可能保证质量。这是通过几种机制来实现的,包括对音频频谱中感知不到的部分不进行编码。因此,它是一个有损编码器。

用于语音编码的线性预测方法通常不适用于音乐,因为它会产生非常差的音频质量(尤其是针对语音信号优化后)。因此,音频编码采用了不同的技术。音频编码(与语音编码相反)通常用于离线(非实时)模式,这意味着信号不必立即压缩,可以放宽语音编码非常严格的实时性限制。实际上,缓冲期越长,能得到越大的压缩。此外,压缩的计算要求并不关键,因此允许算法更加复杂。

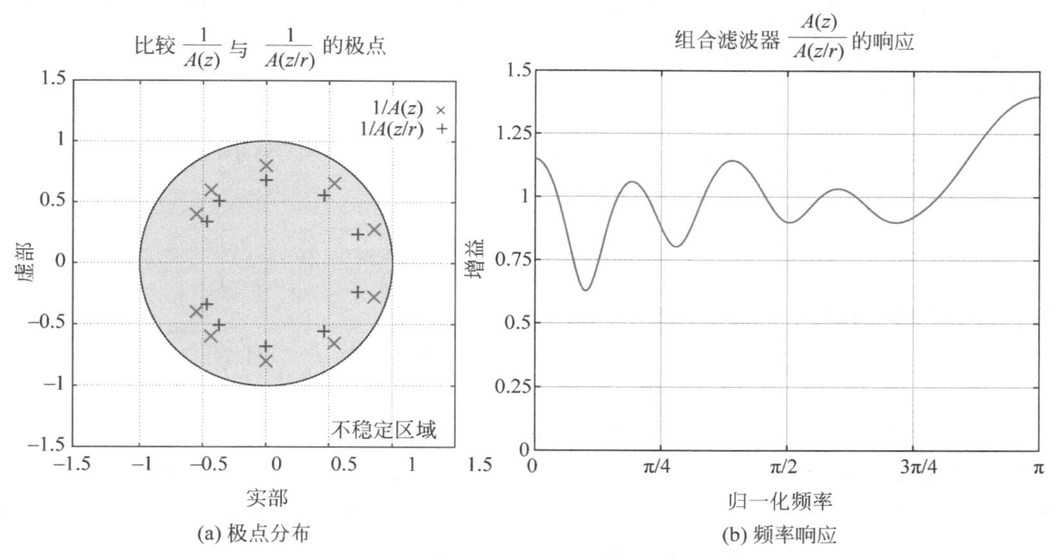

图 5.37 加入了噪声整形后的线性预测器的极点对比

注:图(a)展示了线性预测器的极点(×)和语音帧相应的噪声加权极点(+),对于指定值 $\gamma=0.85$,极点向内移动并使图 5.36 所示的频率响应变平。得到的噪声加权滤波器 $W(z)$ 的频率响应如图(b)所示。

音频编码器经过多年的研究发展起来,并且还在继续发展。这是一个复杂的领域,本节只介绍基本原理的概要。Brandenburg(1999)给出了一个更完整的概要,并引用了大量参考文献。

感知编码旨在降低分辨率,同时不会对感知的音频质量产生很大影响,从而节省必须编码和传输的参数。当然,典型的声音再现电子设备(放大器和扬声器)的保真度以及听觉环境本身都会以某种方式对音频产生影响。

图 5.38 给出了通用音频编码器的框图,如 MP3 系列编码器。在语音编码器中,有脉冲状激励就足够了。因为时域波形本身不被编码,而是用频域表示,这为编码器提供了便利。在音频编码器中,将源信号划分成频带,并根据它们的感知相关性分别进行编码,这是由滤波器组完成的。然后在每个频带上进行变换(修正 DCT),以便减少样本之间的相关性,这与图像编码器使用 DCT 的方式非常相似(除了现在是在一维上)。重叠帧用来减少可能被听出来的块效应。然后,量化阶段将变换后的滤波器组系数用适当的二进制表示。量化阶段用到了感知模型,而感知模型则利用了原始信号的傅里叶分析。最后,进行熵效率比特分配以产生编码比特流。很明显,编码器通常比解码器更复杂,因为它必须进行滤波、量化和感知分析。

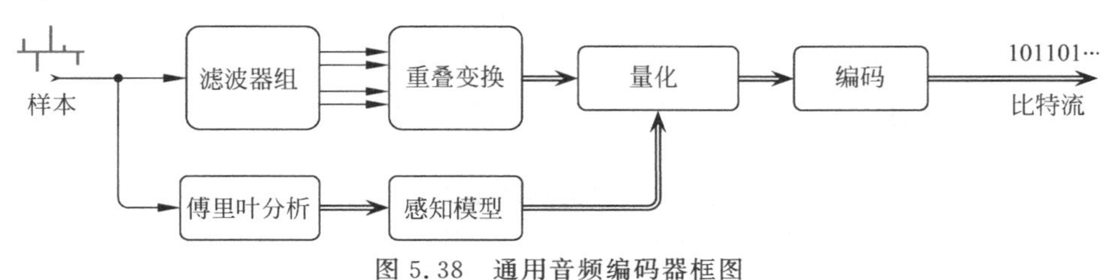

图 5.38 通用音频编码器框图

注:音频编码器包括了子带编码(滤波器组)、重叠变换、感知加权和熵编码。

在对人类听觉和声音感知进行大量研究后，滤波器组得到了优化。滤波器频带的数量及其带宽都很重要，并且每个频带的带宽通常都不相同。

通常所采用的DCT属于重叠变换类，被称为修正DCT(Modified DCT，MDCT)(Princen，et al.，1987；Malvar，1990)。MDCT不同于常见的变换，它的输出数量与输入并不相同。MDCT有$2N$个输入和N个输出，如下所示。

$$X(k)=\sum_{n=0}^{2N-1}x(n)\cos\left[\left(\frac{\pi}{N}\right)\left(n+\frac{1}{2}+\frac{N}{2}\right)\left(k+\frac{1}{2}\right)\right] \tag{5.138}$$

也可以按照完整的双倍长度输入块大小来改写，取$M=2N$，即

$$X(k)=\sum_{n=0}^{M-1}x(n)\cos\left[\left(\frac{\pi}{2M}\right)(2n+1+N)(2k+1)\right] \tag{5.139}$$

逆MDCT有N个输入和$2N$个输出，即

$$x(n)=\frac{1}{N}\sum_{k=0}^{N-1}X(k)\cos\left[\left(\frac{\pi}{N}\right)\left(n+\frac{1}{2}+\frac{N}{2}\right)\left(k+\frac{1}{2}\right)\right] \tag{5.140}$$

请注意，除了缩放常数之外，正向和逆向变换具有相同的形式。

重叠块的使用可以减少块边界处可能听得出的块效应。连续块的重叠和相加精确地重构了输出序列。重叠过程如图5.39所示，提供了精确重构原理的一个具体示例，是一个块大小$M=4$的简化情况。每个块都得到长度$N=2$的输出块，刚好是输入大小的一半。下面代码中显示的输入参数得到如图5.39所示的输出。当然，实际中的块大小要大得多。由于逆变换的输出数量大于输入，因此会出现混叠，并且如果直接提取逆变换的输出，不会得到原始序列。如图5.39所示，还需要将连续块相加，其中第一个和最后的子块没有重叠，因此没有被精确地重构。

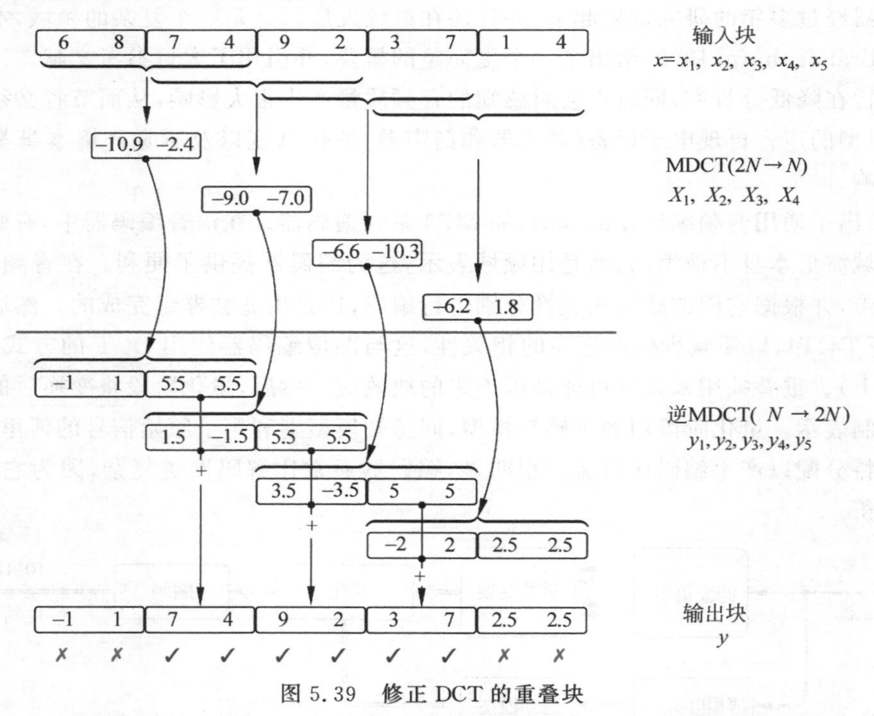

图5.39 修正DCT的重叠块

注：图中所示的块大小为$M=4$和$N=2$，以说明连续块的重叠和相加可以得到精确的重构。

```
% mdct()和 imdct()函数对于任意长度都是通用的
% 下面的示例显示的是具有两点输出的 4 点分块
% 输入矢量
x = [6 8 7 4 9 2 3 7 1 4];
disp(x);

% 将输入矢量划分为 4 个样本的重叠块
x1 = x(1:4);
x2 = x(3:6);
x3 = x(5:8);
x4 = x(7:10);

disp(x1);
disp(x2);
disp(x3);
disp(x4);

%对每个块进行 MDCT,由 4 到 2
X1 = mdct(x1);
X2 = mdct(x2);
X3 = mdct(x3);
X4 = mdct(x4);

% 对每个变换后的块进行 IMDCT,由 2 到 4
y1 = imdct(X1);
y2 = imdct(X2);
y3 = imdct(X3);
y4 = imdct(X4);

disp(y1');
disp(y2');
disp(y3');
disp(y4');

% 组合重叠输出块
y = zeros(1, length(x));

y(1:2) = y1(1:2)';                    % 结果不正确
y(3:4) = y1(3:4)' + y2(1:2)';
y(5:6) = y2(3:4)' + y3(1:2)';
y(7:8) = y3(3:4)' + y4(1:2)';
y(9:10) = y4(3:4);                    % 结果也不正确
```

以下代码显示了对于 $M=2N$ 个输入和 N 个输出的 MDCT 函数。

```
function [X] = mdct(x)
    x = x(:);
    M = length(x);
    N = round(M/2);

    X = zeros(N, 1);
    for k = 0:N-1
```

```
        s = 0;
        for n = 0:2*N-1 % M-1
            % 以下是等价的
            % s = s + x(n+1)*cos( (pi/N)*(n + 1/2 + N/2)*(k + 1/2) );
            s = s + x(n+1)*cos( (pi/(2*M))*(2*n + 1 + N)*(2*k + 1) );
        end
        X(k+1) = s;
    end
end
```

补充对于 $M=2N$ 个输出和 N 个输入的逆 MDCT 函数如下。

```
function [y] = imdct(X)
    X = X(:);
    N = length(X);

    y = zeros(2*N,1);
    for n = 0:2*N-1 % M-1
        s = 0;
        for k = 0:N-1
            s = s + X(k+1)*cos( (pi/N)*(n + 1/2 + N/2)*(k + 1/2) );
        end
        y(n+1) = s/N;
    end
end
```

感知编码非常依赖于感知研究(Schroeder,et al.,1979),不仅利用了人耳在不同频带上的非线性灵敏度,还利用了感知音调的能力。掩蔽现象指的是一个音调可能被相邻音调所掩盖或遮蔽的事实。如果是这种情况,就不需要对其进行编码。Painter 和 Spanias(1999,2000)对于音频和语音编码的感知方面进行了大量研究。

5.9 本章小结

下面是本章的要点:

- 标量量化,包括均匀和非均匀步长特性;
- 矢量量化,包括训练和搜索方法;
- 使用块变换的图像编码;
- 使用 ABS 的语音编码和使用变换的音频编码。

习题 5

5.1 香农限给出指定 SNR 的信道容量,试推导出香农限。其中需要高斯信号熵,首先,从集合 X 中取出的连续变量 x 的熵,定义如下。

$$H(X)=\int_{-\infty}^{\infty} f_X(x)\,\mathrm{lb}\left[\frac{1}{f_X(x)}\right]\mathrm{d}x \tag{5.141}$$

高斯分布的信号熵(信息量)可以表示为

$$H(X)=\frac{1}{2}\mathrm{lb}2\pi e\sigma^2 \tag{5.142}$$

还会用到以下的标准积分和代换。

$$\int_{-\infty}^{\infty} x^2 e^{-ax^2}\mathrm{d}x=\frac{1}{2}\sqrt{\frac{\pi}{a^3}} \tag{5.143}$$

其中,$a=1/(2\sigma^2)$,且有

$$\int_{-\infty}^{\infty} e^{-ax^2}\mathrm{d}x=\sqrt{\frac{\pi}{a}} \tag{5.144}$$

同样,$a=1/(2\sigma^2)$。

5.2 关于无损压缩,请回答如下问题。

(1) 什么是滑动窗口压缩? 从编码器传输到解码器的是什么? 这种方法的缺点是什么?

(2) 什么是基于字典的压缩? 每一阶段传输的是什么? 这种方法的缺点是什么?

5.3 研究熵理论与无损压缩之间的关系,要求如下。

(1) 编写并测试 MATLAB 代码,计算数据文件的熵(单位为 b/symbol)。使用未压缩格式的灰度图像文件进行测试,如 BMP 或无损 JPEG。

(2) 使用标准无损压缩(如 zip、bzip、gzip 或类似的压缩方式)来压缩上一问中使用的数据文件。得到的文件大小和压缩率是多少? 根据上一问中的程序,压缩文件的熵是多少?

5.4 霍夫曼编码是一种无损编码。

(1) 为概率分别为 0.2、0.4、0.25、0.15 的符号 A、B、C、D 构造霍夫曼编码,使用不遵循兄弟性质的树,计算熵和预期的平均比特率。

(2) 使用遵循兄弟性质的树重复上述操作,计算预期的平均比特率。与上一问中没有使用兄弟性质构造的码树所获得的结果进行比较。

5.5 为概率分别为 0.30、0.25、0.20、0.18、0.07 的符号 A、B、C、D、E 创建一个类似于图 5.14 所示的霍夫曼码树。使用提供的生成、编码和解码霍夫曼码 MATLAB 代码完成以下操作。

(1) 创建每个码字并确定集合的平均码字长度。

(2) 对每个码字进行编码和解码,并检查解码是否正确。

5.6 证明二维 DCT 是可分离的。也就是说,矩阵的 DCT 可以通过对行进行一维变换,然后对所得矩阵的列进行一维变换来完成。

5.7 对于维数 $N=4$ 的 DCT,使用以下正向二维 DCT 代码实现逆二维 DCT。验证先使用 DCT 再使用 IDCT 之后得到的输出与原始输入矢量 $\boldsymbol{X}$ 相等,但存在计算精度误差。

```
N = 4;                          % 块大小
X = rand(N, N);                 % 输入块
Y = zeros(N, N);                % 输出块

% 每个输出系数
for k = 0:N-1
    for el = 0:N-1

        %计算一个 DCT 系数
        s = 0;
```

```
        for n = 0:N-1
            for m = 0:N-1
                s = s + X(m+1, n+1) * ...
                        cos( (2*m+1)*k*pi/(2*N) ) * ...
                        cos( (2*n+1)*el*pi/(2*N) );
            end
        end

        if( k == 0 )
            ck = 1/sqrt(2);
        else
            ck = 1;
        end

        if( el == 0 )
            cl = 1/sqrt(2);
        else
            cl = 1;
        end

        Y(k+1, el+1) = 2/N*ck*cl*s;
    end
end
```

5.8　数据序列的方差会影响它的可预测性。

(1) 利用 MATLAB 计算典型灰度图像的相关系数。

(2) 图像源$\{x(n)\}$具有零均值、单位方差，且相关系数$\rho=0.95$。证明差分信号$d(n)=x(n)-x(n-1)$的方差明显低于原始信号。

(3) 比值σ_x^2/σ_d^2可以用来衡量一组数据的预测性能的好坏。对于简单的一阶差分预测器$\hat{x}(n)=a_1x(n-1)$，试确定其比值σ_x^2/σ_d^2。

5.9　可以通过使用水平和垂直预测增强图像预测性能。

(1) 二维图像编码系统的实现方式如下，每个像素由它前一个像素和它前一行中紧接着它的像素的平均值来预测，即

$$\begin{matrix} \cdot & \cdot & x_c & n-1\text{行} \\ & \cdot & x_b & x_a & n\text{行} \end{matrix}$$

预测方程为

$$\hat{x}_a=\frac{x_b+x_c}{2}$$

假设所有样本的平均值为零，垂直和水平方向的相关系数相同($\rho_{ac}=\rho_{ab}=\rho$)，对角相关系数近似为$\rho_{bc}=\rho^2$。求信号方差与预测方差的比值σ_x^2/σ_e^2。

(2) 对于$\rho=0.95$，求σ_x^2/σ_e^2，并与前一题中的一维预测器进行比较。

5.10　拉普拉斯分布通常被用作图像像素分布的统计模型。由于像素的动态范围对于分配量化范围和步长都至关重要，因此知道像素超出范围被截断的可能性是很有意义的。给定零均值拉普拉斯分布如下。

$$f(x)=\frac{1}{\sigma\sqrt{2}}\mathrm{e}^{-\sqrt{2}|x|/\sigma}$$

求$|x|>\sigma$的概率。

5.11 一个均匀分布的随机变量使用四电平均匀中升量化器进行量化，试概述该量化器采用的决策—重构规则。通过最小化误差方差，证明最佳步长为$(\sigma\sqrt{3})/2$。对于不同的随机变量分布，最佳步长会改变吗？

5.12 用于视频会议的视频编码器以每秒10帧的速度对大小为512×512像素的图像进行编码。使用8×8的子块直接进行矢量量化，速率为0.5bpp。

(1) 确定每个图像的块数，以及编解码器(编码器—解码器)每秒必须编码的块数。

(2) 如果每个块被编码为一个平均值，用8b表示，剩余的比特用于矢量成形，确定VQ码本的大小。

(3) 确定每秒矢量比较的次数。

(4) 确定每秒算术运算次数，假设每次运算花费1ns，确定搜索时间。

5.13 生成随机高斯波形的100个样本。

(1) 将此样本输入滤波器传递函数

$$\hat{y}(n)=b_0x(n)+a_1y(n-1)+a_2y(n-2)$$

其中，$a_1=0.9$，$a_2=-0.8$，$b_0=1$。画出$y(n)$，$n=0,1,2,\cdots,N-1$。

(2) 用MATLAB估计二阶自相关矩阵$\boldsymbol{R}$和自相关矢量$\boldsymbol{r}$。

(3) 计算滤波器传递函数参数$\hat{a}_k$，并比较估计值$\hat{a}_k$与真实值a_k的接近程度。

第 6 章 数据传输与完整性

CHAPTER 6

6.1 本章目标

学习完本章,读者应该:

(1) 能够区分检错与纠错;

(2) 能够计算一个简单的信道编码方案的误码率;

(3) 理解块检错和块纠错的工作算法;

(4) 解释卷积编码的原理,掌握路径选择算法;

(5) 解释私钥加密、密钥交换和公钥加密的原理。

6.2 内容介绍

数据传输要求接收方正确收到发送方发出的比特序列。在一个实际的传输系统中,无法保证编码方的比特流能够被译码方正确接收。由于噪声和其他因素,如同步时钟的偏差,某些比特可能会被随机错误影响。检错(Error Detection)和纠错(Error Correction)的一个显著的区别是,检错比纠错更加容易。不仅比特序列需要纠正,而且比特序列也必须以正确的顺序传输。即使这听起来可能很奇怪,但是在分组交换系统中,数据块传输正确但顺序被打乱是可能的。

除了检查数据完整性由于随机事件而损坏之外,确保数据完整性不会因为蓄意操纵或窃取机密数据而损坏,通常来说也是很重要的。互联网代表了一个本质上不安全的网络,在传输过程中发送方无法控制查看数据的人。此外,由于传输者的无线信号在一定的范围内都可以接收,那么无线网络就意味着拦截和偷窃数据变得更加容易。类似传统的锁钥机制,使用数据密钥可以加密数据,这实际上只是一个特殊的比特映射模式。那么,当通信信道不安全时,如何将二进制密钥传递到双方(发送方和接收方)又成了一个问题。这种私密的密钥系统需要一个分离的信道来发送从一方到另一方的密钥,但这通常是不可行的。一个有趣的方法就是,解密时使用与加密不同的密钥,这就叫作公钥加密(Public-Key Encryption)。在这种方法中,解密密钥只有接收方才知道,但是加密密钥可以被公众掌握却不对安全性造成任何威胁。显然,应该不存在任何从公共加密密钥中获得解密私钥的方法。

6.3 预备知识

本节简要地回顾数据传输完整性模型中两个重要的概念:概率(用于噪声的数学模型)和整数运算(用于各种加密函数)。

6.3.1　概率误差函数

数字系统中的错误是由于传输和接收过程中噪声的存在，导致将1误判为0或将0误判为1。电子、电磁或光噪声都来自不同的信号源，其中一个关键的概念就是加性高斯白噪声(AWGN)。这样的随机噪声用一个概率密度函数(PDF)来表示。概率密度函数本质上就是，噪声的某些值的可能性有多大，那么在给定条件下发生误差的可能性就有多大。

图6.1展示了一个具有代表性的随机噪声波形，从两个方面表现了这种波形的特征。首先是平均值(Mean)或平均数(Average)，其次是值的分布，也就是数学上的方差(Variance)，在噪声信号中就相当于功率。噪声的方差是个正数，而平均值通常为0。

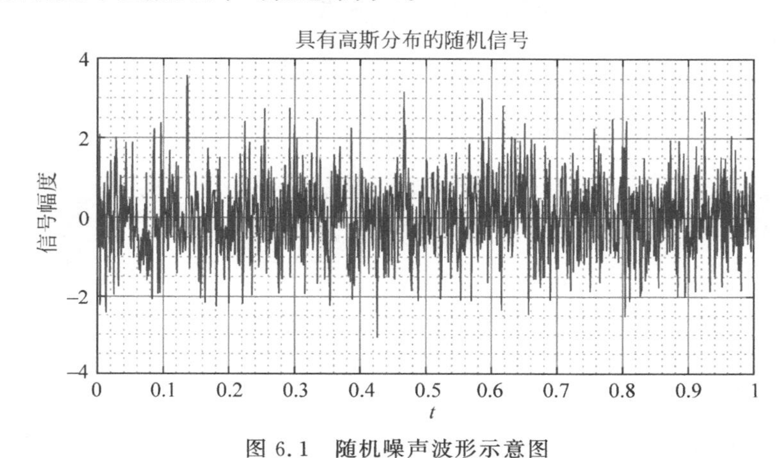

图6.1　随机噪声波形示意图

注：加性噪声用具有一定均值和方差的随机值来描述。

刻画方差的似然性可以采用概率密度函数。图6.1中噪声的概率密度函数如图6.2所示。平均值附近的数据更多一些，而较大幅度的数据(正数或负数)相对少一些。因为这是一个密度(Density)函数，所以这条曲线没有直接地提供似然性或概率。在幅度 x_1 和 x_2 之间的曲线下的面积就是出现于二者之间的概率。因此，曲线下的面积总和必须等于1。

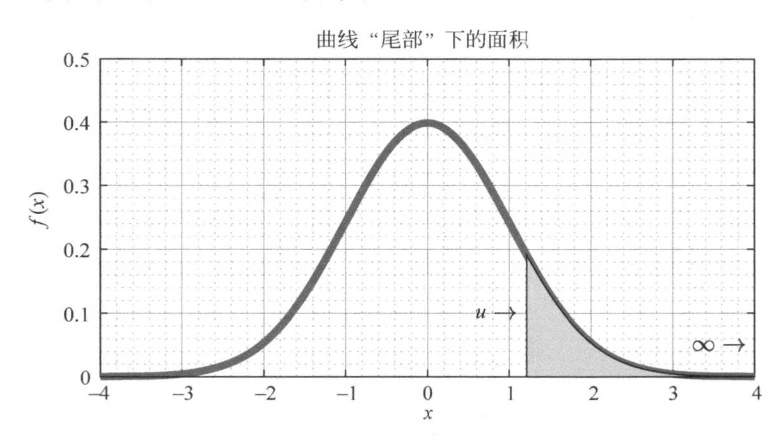

图6.2　概率密度函数曲线

注：概率密度函数用来表示信号幅度在两个值之间的可能性，图中给出了取值比 $x=u$ 大($x\to\infty$)的概率。

加性高斯白噪声经常用于通信系统建模，它的特征曲线如下。

$$f_X(x)=\frac{1}{\sigma\sqrt{2\pi}}\mathrm{e}^{-(x-\mu)^2/2\sigma^2} \tag{6.1}$$

其中，$f_X(x)$为随机变量 X 的概率密度函数，表明在点 x 处的密度，其平均值为 μ，方差为 σ^2。

事件的概率由概率密度函数曲线下的面积决定，这也通常用来评估误码率(Bit Error Rates，BER)。图 6.2 表明了从 $x=\mu$ 增大到无穷大时的面积(即概率)。因为概率密度函数在无穷大时趋近于 0，所以并不是一个无限的面积。画出一个 $\mu=0,\sigma^2=1$ 的高斯曲线，并且近似估算其面积的代码如下。

```
N = 400;                          % 点数
x = linspace( - 4, 4, N);         % 给定范围内均匀间隔取点
dx = x(2) - x(1);                 % delta x

v = 1;                            % 方差
m = 0;                            % 均值

%高斯函数
g = (1/sqrt(2 * pi * v)) * exp( - (x - m).^2/(2 * v) );

plot(x, g);
fprintf(1, 'total area =  % f\n', sum(g. * dx));

% 找到大于 u 的区域
u = 1.2;
i = min(find(x >= u));
area = sum(g(i:end). * dx);
fprintf(1, 'area under tail from u =  % f\n', area);
```

注意到，这种方法的准确度受步长 $\mathrm{d}x$ 大小的限制，步长就相当于一个小的增量 δx。

上面采用的小增量方法得到的是一个近似值，有时候需要一个更好的方案。通常采用的两个方法是 Q 函数和 erf 函数(van Etten，2006)。Q 函数用于简单求解均值为 0 和单位方差的标准高斯分布的面积，并且可以根据给定的均值和方差来缩放。对式(6.1)在 $\mu=0,\sigma^2=1$ 的情况下积分，可得

$$Q(u)=\frac{1}{\sqrt{2\pi}}\int_u^{\infty}\mathrm{e}^{-x^2/2}\mathrm{d}x \tag{6.2}$$

一个十分接近(但不完全相同)的函数为互补误差函数，定义为

$$\operatorname{erfc}(u)=\frac{2}{\sqrt{\pi}}\int_u^{\infty}\mathrm{e}^{-x^2}\mathrm{d}x \tag{6.3}$$

二者虽然相似，但并不是完全相同。互补误差函数与误差函数的关系如下。

$$\operatorname{erf}(u)=\frac{2}{\sqrt{\pi}}\int_0^{u}\mathrm{e}^{-x^2}\mathrm{d}x \tag{6.4}$$

$$\operatorname{erfc}(u)=1-\operatorname{erf}(u) \tag{6.5}$$

需要注意的是，互补误差函数的积分限是 $0\sim u$，误差函数的积分限是 $0\sim\infty$。在概率密度函数面积曲线中这两个积分限实现了互补。为了进行比较，图 6.3 给出了这 3 个函数的曲线。

由于 Q 函数可以给出高斯分布尾部的面积，因此 Q 函数与互补误差函数之间的关系如下所示。

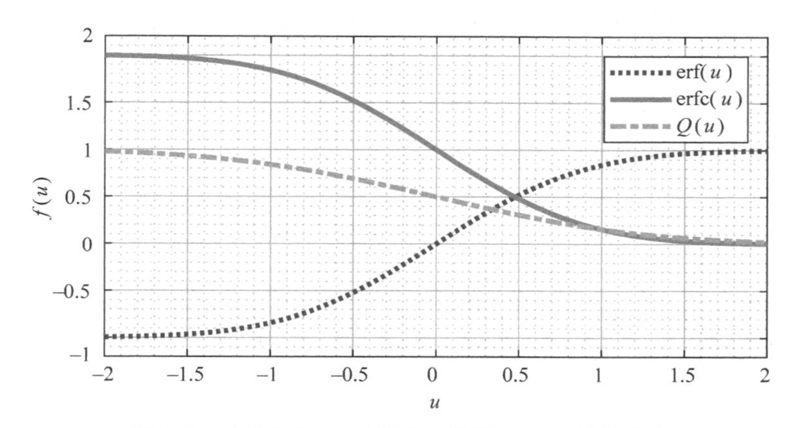

图 6.3 误差函数、互补误差函数以及 Q 函数的曲线

$$Q(u)=\frac{1}{2}\text{erfc}\left(\frac{u}{\sqrt{2}}\right) \tag{6.6}$$

$$\text{erfc}(u)=2Q(u\sqrt{2}) \tag{6.7}$$

MATLAB 中提供了误差函数 erf()和互补误差函数 erfc()。如果知道一个确知信号的均值为 0,并且方差是单位方差,那么一个随机变量大于 0 的概率可以由下面的方法计算出来。

```
0.5 * erfc(0/sqrt(2))
ans =
    0.5000
```

这是概率密度函数曲线下面积的一半。在图 6.2 中,当 $u=1.2$ 时阴影部分的面积为

```
0.5 * erfc(1.2/sqrt(2))
ans =
    0.1151
```

误差函数在后续章节中用于误码率的计算。

6.3.2 整数运算

数据传输完整性的检查以及数据安全和加密算法的计算,大体上依赖整数运算,一些特殊算法还用到模运算(Modulo Arithmetic)。简单来说,模运算是指计数到某一个极限值后重置为 0 的运算。更正式地说,模 N 运算(Modulo-N)就是从 0 一直计数到 $N-1$。因此,模 7 运算就可以表示如下,其中≡表示"等价于"。

$$\begin{array}{ll}
0 \bmod 7 \equiv 0 & 7 \bmod 7 \equiv 0 \\
1 \bmod 7 \equiv 1 & 8 \bmod 7 \equiv 1 \\
2 \bmod 7 \equiv 2 & 9 \bmod 7 \equiv 2 \\
3 \bmod 7 \equiv 3 & 10 \bmod 7 \equiv 3 \\
4 \bmod 7 \equiv 4 & 11 \bmod 7 \equiv 4 \\
5 \bmod 7 \equiv 5 & 12 \bmod 7 \equiv 5 \\
6 \bmod 7 \equiv 6 & 13 \bmod 7 \equiv 6
\end{array}$$

运算的概念与因数和余数相关。一个数对另一个数取模(Modulo)就是取其进行除法之后的余数,如

$$14 \bmod 3 = 2$$

计算余数的一个方法是使用浮点(分数)计算,并且向下取整,即$\lfloor x \rfloor$为取接近x的最小整数,可得

$$\begin{aligned} 14 \bmod 3 &= \left(\frac{14}{3} - \left\lfloor \frac{14}{3} \right\rfloor\right) \cdot 3 \\ &= (4.6667 - 4) \cdot 3 \\ &= 2 \end{aligned}$$

其中,$\lfloor x \rfloor$为取整分数x的一个整数结果。floor()和mod()函数都是MATLAB中内置的函数,因此可以使用其中任一方法计算模的结果,代码如下所示。

```
14/3
ans =
    4.6667

floor(14/3)
ans =
    4

14/3 - floor(14/3)
ans =
    0.6667

(14/3 - floor(14/3)) * 3
ans =
    2.0000

mod(14,3)
ans =
    2
```

模运算可概括如下。

$$a \bmod N = \left(\frac{a}{N} - \left\lfloor \frac{a}{N} \right\rfloor\right) \cdot N \tag{6.8}$$

如果支持浮点运算,那么这是在公钥加密和解密算法中得到模运算中余数的一个有效方法。

对于任意整数(自然数)a和b,可以将其中较大的那个数表示为较小的数与一个整数的乘积再加上一个余数,即

$$a = qb + r \tag{6.9}$$

这里的q是商,r是余数。当然,如果b恰好被a整除,那么余数为0,但这只是一个$r=0$的特殊情况。通常把b称作为a的一个因子(Factor)。同样地,可以写成

$$\frac{a}{b} = q \text{ rem } r \tag{6.10}$$

例如

$$14 = 3 \cdot 4 + 2$$

或者

$$\frac{14}{3}=4\ \text{rem}\ 2$$

一个质数(Prime Number)只有 1 和它本身作为因数。也就是说,质数除以其他数后无法得到余数 0,这是一个众所周知的概念。而互质(Relatively Prime Number)是一个不被广泛知晓的概念。如果两个数没有共同的因数,那么它们就称为互质。例如,20 和 8 含有共同的因数 2 和 4,而 20 和 7 没有共同的因数,因此 20 和 7 是互质的。

对于两个数含有共同的因数,最大公因数(Greatest Common Factor,GCF)是一个非常有趣的问题。求解最大公因数的过程称为欧几里得算法,这种算法可以追溯到古代。以一个数字为例,假设现在想要找到 867 与 1802 的最大公因数。使用上述求商和余数的方法,可以将其写成

$$1802=2\cdot 867+68$$

如果 867 和 1802 存在公共的因数,那么它们除以公因数的余数肯定为 0。但如果存在这种情况,上面的等式表明该因数也可以将 68 均匀地等分。这也就说明了 867 和 1802 的最大公因数也一定是 867 和 68 的最大公因数。因此可以写出

$$867=12\cdot 68+51$$

显然,在进行除法之后,得到的余数(这里为 51)一定会小于除数 68。重复相同的逻辑,可以依次得到

$$\begin{aligned}1802 &= 2\cdot 867+68\\867 &= 12\cdot 68+51\\68 &= 1\cdot 51+17\\51 &= 3\cdot 17+0\end{aligned}$$

现在,最后的余数为 0,因此,最后的除数(17)就是最大公因数。也就是说,17 能整除 1802 和 867,并且它是能整除它们最大的数。将这种方法与尝试所有可能因数的穷举搜索比较,得到的结果如下。

```
for k = 1:867
    rem1 = abs(floor(867/k) - 867/k);
    if( rem1 < eps )
        fprintf(1, '%d is a factor of 867\n', k);
    end

    rem2 = abs(floor(1802/k) - 1802/k);
    if( rem1 < eps )
        fprintf(1, '%d is a factor of 1802\n', k);
    end

    if( (rem1 < eps) && (rem2 < eps) )
        fprintf(1, '%d is a common factor\n', k);
    end
end
```

上述的质数计算为数据加密中的单向门函数做好了铺垫。两个数的相乘是相当简单的,但是要准确计算出一个给定数字的因数是一个比较困难的问题。如果这个数非常大,并且只有少数因数(提及的例子恰好只有两个因数),那么因式分解这个问题就变得更加困难了。质数和模运算可以在对称加密密

钥和公钥加密的相关算法中使用。

6.4 数字系统中的比特错误

在数字传输系统中，想要最小化(或弥补)的就是错误概率。本节将介绍误码率这个重要的概念，并且将其与整个系统联系起来，还将介绍传输的信号功率以及遇到的外部噪声。

6.4.1 基础概念

一个给定系统或链路的误码率就是接收到的错误比特数除以接收到的总比特数。一个数字传输系统可能看似误码率很低，如 10^6 b 里面错 1b，但如果速率为 100Mbps，那么每秒就会有 100×10^6 b，在这样的误码率下，平均每秒就会有大约 100 个错误。那么在此速率下，这个信道就会被认为是一个很差的信道。

此外，许多系统都是由一连串单个系统组成的，并且每个系统都会有它们各自的误码率。例如，图 6.4 显示了 3 个分别具有各自误码率 BER_n 的电信模块。

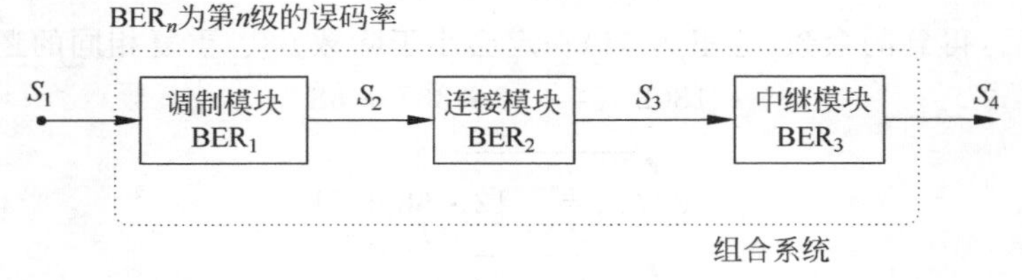

图 6.4 级联系统中的误码率计算示例

要确定总体错误率，需要记住，在一系列级联系统中，某个系统中的错误将会成为整个模块中的错误。因此，必须首先将错误率转换为正确率，即 $1-BER_n$。由于完全成功传输的可能性取决于所有子系统能否无差错传输，因此使用所有独立的成功概率的乘积来计算完全成功传输的概率。最终，在整个系统中出现一个错误的概率就是这个式子的补，或者说用 1 减去成功概率。因此，可以得到

$$BER = 1 - \prod_{n}(1 - BER_n) \tag{6.11}$$

其中，$\prod_{n}$ 是指"n 个值的乘积"。例如，3 个系统模块的错误率分别为 1/100，1/1000，1/10 000，那么整体错误概率可以计算为

```
ber = [1/100  1/1000  1/10000];
bertotal = 1 - prod(1 - ber)
ans =
    0.0111
```

因此，最高的错误率(1/100)会支配总体错误率 0.0111。就可靠性而言，一个包含一个不可靠系统的级联系统，即使增加更多的可靠系统，对整体可靠性也是没有帮助的。在通信系统中，最差的链路有着最高的错误概率。

为什么会产生错误比特呢？图 6.5 展示了一个方波，在二进制数据传输中有两个幅度，即 $+A$ 和 $-A$。将方波看成是一个交替的 1/0 序列(当然也可以是任何由 0 与 1 组成的传输序列)。在传输和接收的过程中，都引入了噪声。在接收端的最终信号幅度必须与一个门限值比较，以此判断最初传输的是

1 还是 0。显然，大量的噪声最终可能会造成错误的判断。

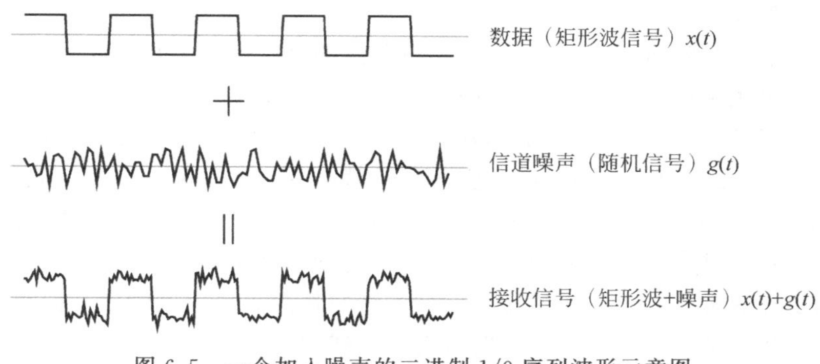

图 6.5　一个加入噪声的二进制 1/0 序列波形示意图

如图 6.6 所示，二元决策首先在平面上建立目标值 $\pm A$，噪声会使接收到的点偏离目标点。概率密度叠加在每个期望值的上方，并且可以看出噪声的随机性。也就是说，接收到的信号可以被建模为两个概率密度函数。更重要的是，当概率密度函数曲线重叠时，就有可能会出现错误的判决。曲线重叠的程度决定了错误判决出现的平均次数。

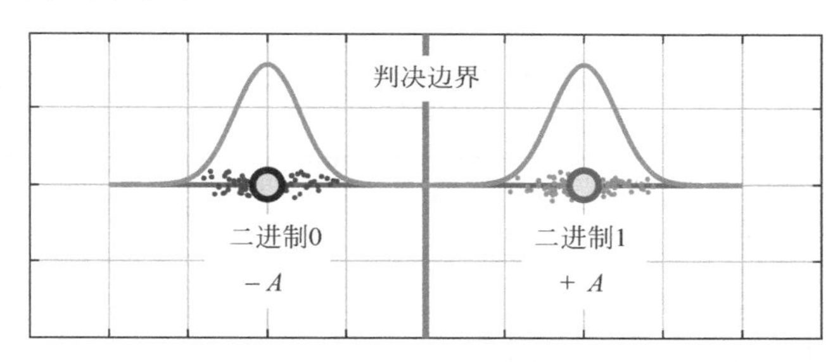

图 6.6　两个目标值 $+A$ 和 $-A$ 以及加性噪声的叠加原理示意图

注：概率密度表示接收端的每个值的可能性。

实际上并不局限于每个符号传输一个比特。在 3.9.4 节讨论的 IQ 技术中，当噪声被添加进去之后，若存在 4 个象限，就可能会形成如图 6.7 所示的情形。假设噪声没有越过判决边界，那么通常可以做出正确的判决。但是如果接收到的信号越过了判决边界，就会引起一个错误的比特判决。

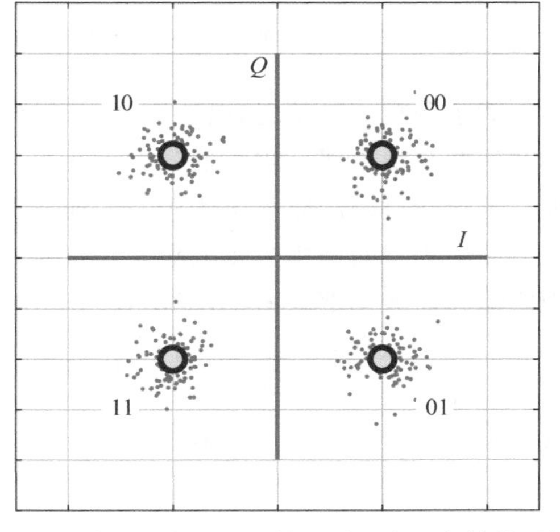

图 6.7　将接收点的概念扩展到两个正交轴的示例

注：一次传输 2b，其判决边界为两个轴本身。

显然易见的是，为了降低错误判决的可能性，应该使用更大的信号幅度，使 $-A$ 更加远离于 $+A$。这种方法增加了所需要的信号功率，而这个信号功率通常只能达到一个固定值。增加的功率与信道中的噪声有关，因此可以得出结论：信号功率与噪声功率的比值才是关键值。

6.4.2　分析比特错误

信号功率和噪声功率影响误码率。信道中的噪声无疑是一个重要因素。然而，可以通过增加传输的信号功率，在一定程度上降低误码率。在给定的调制方式下，信号功率和噪声是如何影响误码率的？本节致力于对此给出一个概要的解释。

信道噪声本身一般都是随机或不确定的，这与可预测的确定性影响是不同的。例如，一个载波频率中的多普勒频移就是可预测的。前面所讨论的噪声常用模型（如加性高斯白噪声），只能通过某些方法降低噪声的影响，但是噪声本身是不可能被消除的。因此，考虑增加传输功率是非常必要的，但这通常是不可取的。增加功率会缩短移动设备的电池寿命，这就是一个很不利的因素。此外，可能还会存在一些实际性限制，如造成不必要的干扰，甚至是违反最大辐射功率限制的监管（法律）要求。

考虑一个双极性数字基带波形的简单情况，其中二进制值 0 用 $-A$ 电平表示，二进制 1 用 $+A$ 电平表示。图 6.8 显示了在这种场景下一小段比特序列的恢复情况。接收到的信号振幅为二进制判决提供依据。当判决结果与传输的数据比特流不同时就会产生错误。

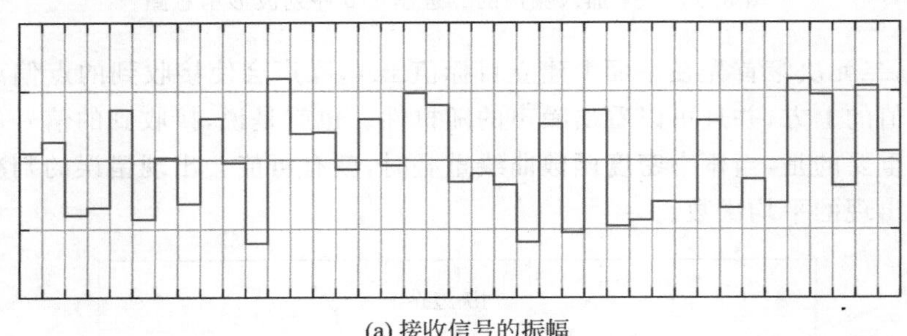

(a) 接收信号的振幅

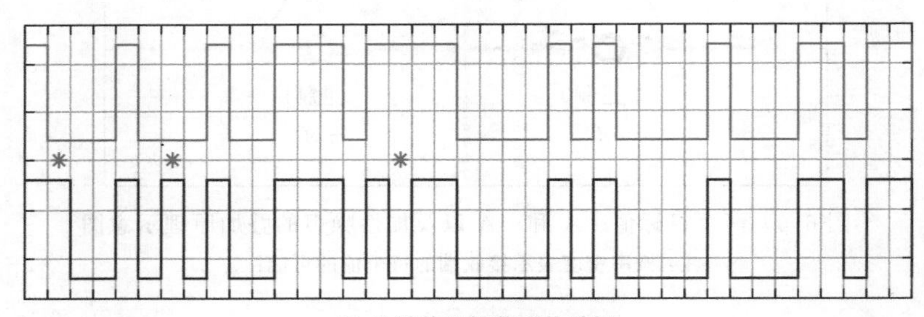

(b) 传输的和接收到的数据

图 6.8 一小段接收信号和判决得到的比特流

注：* 表示错误的比特。在某些情况下，接收到的信号振幅稍微越过判决边界的错误一侧，但结果就是错误的。

为了分析这种情况，图 6.9 展示了接收到的数据与预期值 $\pm A$ 进行对比后的统计分布。判决点显然在这两个值中间。阴影部分表示发送 0 时，在接收端判决为 1 的可能性。同理，如果实际发送的是 1，那么可以通过检测以 $+A$ 为中心的曲线下互补的尾部面积，来分析判决为 0 的可能性。

发射为 0 而判决为 1 的概率记作 $\Pr(1|0)$，读作“假设发送为 0，判决为 1 的概率”。这对应图 6.9 中所示的曲线尾部的面积，根据式(6.1)的高斯概率密度函数，可得

$$\Pr(1 \mid 0) = \frac{1}{\sigma\sqrt{2\pi}}\int_0^{\infty} \mathrm{e}^{-[(x-\mu)/\sigma\sqrt{2}]^2}\,\mathrm{d}x \tag{6.12}$$

这里平均值 $\mu = -A$，为了化简，令

$$u = \frac{x-(-A)}{\sigma\sqrt{2}} \tag{6.13}$$

它的导数为

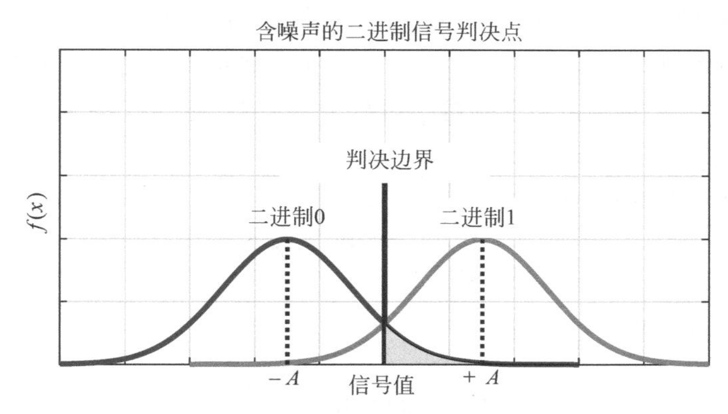

图 6.9 发送的两个可能信号值(±A)的判决原理

注：接收信号的概率密度函数以±A 为中心，阴影部分的面积表示发送为 0，在接收端判决为 1 的概率。信号幅度和噪声的统计分布都会影响每一个比特是否能被正确判决。

$$\mathrm{d}x=\sigma\sqrt{2}\,\mathrm{d}u \tag{6.14}$$

改变积分变量，需要改变积分极限，即

$$x\rightarrow\infty\Rightarrow u\rightarrow\infty$$

$$x=0\Rightarrow u=\frac{A}{\sigma\sqrt{2}}$$

因此，要计算的新表达式就为

$$\begin{aligned}\Pr(1\mid 0)&=\frac{1}{\sigma\sqrt{2\pi}}\int_{+A/\sigma\sqrt{2}}^{\infty}\mathrm{e}^{-u^2}\sigma\sqrt{2}\,\mathrm{d}u\\&=\frac{1}{\sqrt{\pi}}\int_{u}^{\infty}\mathrm{e}^{-u^2}\,\mathrm{d}u\end{aligned} \tag{6.15}$$

其中，积分下限为 $u=A/\sigma\sqrt{2}$。比较式(6.15)与式(6.3)中的互补误差函数定义，可以得到

$$\Pr(1\mid 0)=\frac{1}{2}\mathrm{erfc}\left(\frac{A}{\sigma\sqrt{2}}\right) \tag{6.16}$$

采用相同的方法可以得到发送 1 而被判决为 0 的概率，数字的对称性说明这个概率会与式(6.16)相等，因此，$\Pr(0|1)$具有相同的表达式。

总的错误概率与 $\Pr(1|0)$或 $\Pr(0|1)$相等。假设传输 1 和 0 的概率相等，那么每一个的概率都必须加权 50%，总的错误概率为

$$P_{\mathrm{e}}=0.5\Pr(0\mid 1)+0.5\Pr(1\mid 0) \tag{6.17}$$

根据推论，$\Pr(1|0)=\Pr(0|1)$，那么总的错误概率可以简化为

$$P_{\mathrm{e}}=\frac{1}{2}\mathrm{erfc}\left(\frac{A}{\sigma\sqrt{2}}\right) \tag{6.18}$$

正如之前所提到的，功率是一个关键性的因素，因此使用 A 和 σ 的平方改写公式如下。

$$P_{\mathrm{e}}=\frac{1}{2}\mathrm{erfc}\left(\sqrt{\frac{A^2}{2\sigma^2}}\right) \tag{6.19}$$

虽然这是所需要的结果，但为了对不同的调制方式进行统一比较，通常结果中需要包含信号带宽和

能量。因此，定义每比特的信号能量为 E_b，即在一个符号周期 T_s 内的总功率。每个符号周期的能量为 $E_b=A^2T_s$。噪声功率用 σ^2 表示，在实际应用中，这个功率不能扩展到一个无限的带宽中(除非噪声有无限的功率)。更常见的是将噪声包含到每个单位带宽中去，即 $N_o=\sigma^2/B$，其中，B 指带宽，考虑到带宽 $B=(1/2)(1/T_s)$，得出 $N_o=2\sigma^2T_s$。

每比特中信号能量与噪声的比值为

$$\frac{E_b}{N_o}=\frac{A^2T_s}{2\sigma^2T_s}=\frac{A^2}{2\sigma^2} \tag{6.20}$$

将式(6.20)代入式(6.19)可得

$$P_e=\frac{1}{2}\text{erfc}\left(\sqrt{\frac{E_b}{N_o}}\right) \tag{6.21}$$

式(6.21)给出了错误概率 P_e 与每个符号的能量 E_b 与单位带宽噪声功率 N_o 的比值之间的关系，并且这个关系式会随着 $\pm A$ 的位置不同而变化，对于不同的调制类型，P_e 也会有不同的结果。

在图 6.10 中，式(6.21)是一条理论曲线，它由如下代码计算得出。

```
SNRbdB = linspace(0, 12, 400);
SNRbAct = 10.^(SNRbdB/10);
Pe = (1/2) * (erfc(sqrt(SNRbAct)));
plot(SNRbdB, Pe);
set(gca, 'yscale', 'log');
```

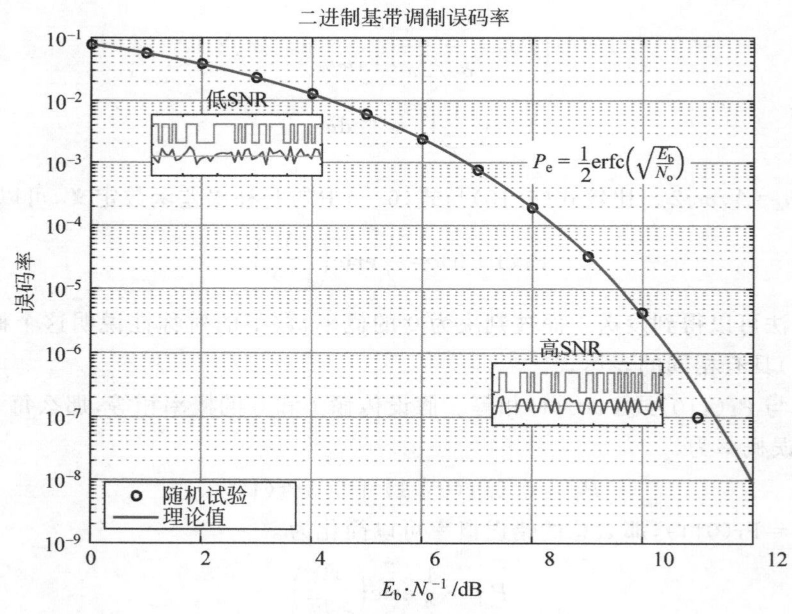

图 6.10　理论与仿真误码率性能曲线

注：每比特信噪比越高，等价于增加信号功率(或降低噪声)，那么误码率就越低。

增加 E_b/N_o(也称为每比特信噪比，SNR_b)会降低误码率，但不是以线性方式降低。信噪比较低时，从 0dB 增加至 3dB 后，误码率从大约 0.078(每 13b 中有 1 个错误)降低至 0.022(每 44b 中有 1 个错误)。信噪比较高时,从 9dB 增加至 12dB 后,误码率从大约 3.5×10^{-5}(每 10^4b 中有 3 个错误)降低至 9×10^{-9}(每 10^8b 中有 1 个错误),其比例变化是完全不同的。

为了帮助验证上述理论,可以编写如下仿真代码。这个方法产生一个随机比特流,将 1/0 编码为幅度 $\pm A$,根据想要的信噪比添加噪声,并且在接收样本的判决模块中设置一个判决门限值。接下来将判决结果与原始比特流进行比较,记录仿真中的错误比特数与比特总数的比值。信道仿真当然无法得到完全精确的误码率值,取决于在仿真中实际用到的测试比特个数(以下用变量 N 表示)。对于一组给定的信噪比,实际的信噪比是由代码 EbNoRatio=10^SNRbdB(snrnum)/10 换算出来的,它是 $10\log_{10}(\cdot)$的分贝转换法的逆过程。

随机数据流是使用随机整数函数 randi()产生的,然后根据所需要的信号幅度进行缩放,随后将带有单位方差的随机高斯噪声添加到数据流中。然而,噪声必须在调整后才可以使实际的信噪比与预期值尽可能接近。首先,将数据归一化到 $E_b/N_o=1$。然后,可以将信号样本乘以需要的信噪比 E_b/N_o,或者让噪声除以需要的信噪比 E_b/N_o 来实现缩放。任何一种方法都可以得到相同的结果。

最后,通过比较接收到的噪声信号与判决门限值(此例中为 0)恢复出比特流,并确定判决错误的比特个数。图 6.10 比较了仿真数据(圆圈)和使用式(6.21)推导得到的理论误码率(直线)。

```
N = 1000000;                    % 仿真信道使用的比特数
SNRbdB = [0:1:12];              % 测试的 SNR 值
Ntest = length(SNRbdB);
A = 1;
BERsim = zeros(Ntest, 1);

for snrnum = 1:Ntest
    % 需要仿真的 SNR
    EbNoRatio = 10^(SNRbdB(snrnum)/10);

    % 仿真的比特流和数据流
    A = 1;
    tb = randi([0 1], [N, 1]);  % 传输的比特
    td = A*(2*tb - 1);          % 传输的数据

    % 高斯随机噪声
    g = randn(N, 1);
    varg = var(g);
    EbNoAct = (A^2)/(2*varg);

    % 放大噪声,使产生的 SNR 为 1
    g = g*sqrt(EbNoAct);
    EbNo1 = (A^2)/(2*var(g));
    fprintf(1, 'Scaling EbNo to unity. EbNo1 = %f\n', EbNo1);

    % 降低噪声,以匹配期望的 SNR
    g = g/sqrt(EbNoRatio);
    EbNo2 = (A^2)/(2*var(g));
    fprintf(1, 'Scaling EbNo to desired. EbNo2 = %f Desired= %f\n', ...
            EbNo2, EbNoRatio);

    % 对接收的数据加噪
```

```
        rd = td + g;

        % 从数据中恢复比特流
        rb = zeros(N, 1);
        i = find( rd >= 0 );
        rb(i) = 1;

        % 比较传输的比特流和接收的比特流
        be = (rb ~= tb);
        ne = length(find(be == 1));
        BERest = ne/N;
        BERsim(snrnum) = BERest;

        BERtheory(snrnum) = 1/2 * erfc(sqrt(EbNoRatio));
    end

    plot(SNRbdB, BERsim, 's', SNRbdB, BERtheory, 'd', 'linewidth', 2);
    set(gca, 'yscale', 'log');
    grid('on');
    grid('minor');
    xlabel('Eb/No');
    ylabel('Pe');
```

6.5 块检错方法

一般而言，为了给数据流添加一定程度的误差容限，必须增加一些额外的、多余的信息。最理想的当然是将所添加的多余信息最小化，但同时在额外的信息中应该能够检测出可能产生的任何错误。

在许多检错方法中都用到了异或(Exclusive OR，XOR)函数，定义为

$$A \oplus B \triangleq A \cdot \overline{B} + \overline{A} \cdot B \tag{6.22}$$

通过对二进制变量(比特)A 和 B 穷举所有可能的组合，可以得出如表 6.1 所示的真值表。在两个输入比特的情况下，此函数有效地充当了输入逻辑差异的检测器，即当输入不同时，输出为真(1)。必要时，可以扩展用于多比特输入，在这种情况下它实际是一个检测器，输出为真(1)的条件是输入中有奇数个 1。

表 6.1 异或函数真值表

A	B	$A \oplus B$
0	0	0
0	1	1
1	0	1
1	1	0

注：按照习惯，1 为逻辑“真”，0 为逻辑“假”。

早期的检错方法都需要产生一个奇偶校验位与数据(通常是一个 8b 的字节)一起发送。译码端也会在接收的数据中产生一个奇偶校验位，并且将其与接收到的奇偶校验位进行比较。表 6.2 显示了偶

校验位的产生，因此，1 的总数是偶数。这个算法使用级联的异或函数就可以简单地实现。实际上，两个比特的异或就可以产生一个单独的比特来代表偶校验位。

表 6.2　偶校验位的计算示例

b_7	b_6	b_5	b_4	b_3	b_2	b_1	b_0	b_{parity}
1	0	1	1	1	0	1	1	0
0	0	1	1	0	0	1	0	1
1	1	0	1	1	0	0	1	1
1	0	1	1	1	1	0	1	0

看起来，这种方法似乎能够以高准确度检测出 8 位模式中的任何错误。毕竟，如果一位出错就会被翻转，那么这将被标记为具有不正确的奇偶性。但是，如果又有一个比特被翻转，那么数据字节的奇偶性将会与原始数据相同，因此错误无法被检测出来。事实上，错误通常是呈爆炸性地发生，这就意味着产生错误的往往是几个连续的比特。另外，必须要考虑奇偶校验位本身出错的情况。除此之外，此方法的有效性并不是那么好，因为除了 8 位数据外，仅仅为了检测错误还要多传输额外的一位。最后，这个方法甚至还不能用于纠正错误。

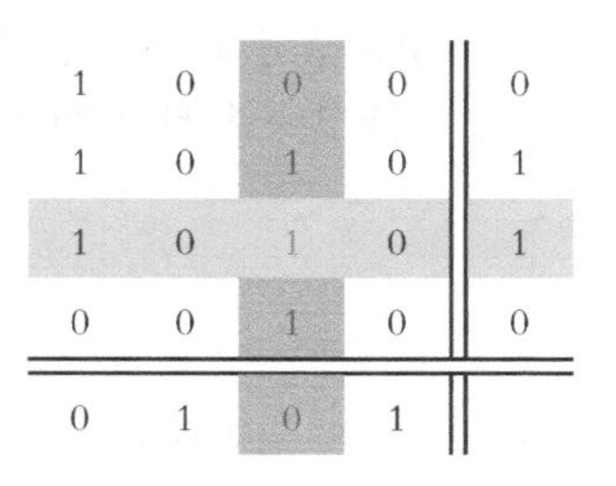

图 6.11　二维校验位的计算

注：在这个 4×4 模块中，有 16 个数据（或信息位），在最后的行列中有 4+4 个校验位。

这个方案可以通过缓冲一些比特并计算多个奇偶检验位的方法来进行拓展。在图 6.11 中，一个 4×4 的矩阵中有 16b 数据。沿每行计算水平奇偶校验位，沿每列计算垂直奇偶校验位。当然，这个方案也不是特别有效，16b 数据需要 8 个校验位，这是相当大的开销。

6.5.1　汉明码

一个常见的问题是，为什么不重复发送数据比特，并且使用“多数原则”来判决？言简意赅的回答是：该方案的有效性相当差。然而，为了寻找一个更好的方法，假设使用如表 6.3 所示的一个简单重复码。

表 6.3　一个直观的重复校验码

原始比特		编码比特流								
0	0	0	0	0	0	0	0	0	0	0
0	1	0	0	0	0	0	0	1	1	1
1	0	0	0	0	1	1	1	1	1	1
1	1	1	1	1	1	1	1	1	1	1

注：每两个数据比特需要实际传输 9b。

假设被编码的两个比特是 00，那么传输的相应比特模式就是 000 000 000。一旦接收到这个 9 位数据，接收端就会将其译码成 00。然而，假设在传输过程中，它被损坏成了 000 000 010。对于译码器，很明显这个位模式本应该是 000 000 000，因此它对应于原始比特序列 00。这基于只有有效码字才应该存在的推论，如果接收到的并不是一个有效的码字，最终选择的是看起来最为匹配的码字。

在将“最接近的匹配”的定义形式化之前，需要考虑如果有两个比特被损坏，接收到的码字变成 000 000 011 时将会发生什么。这将会被声明为一个无效的码字（一个正确的假设），但是在“接近性”的假设下，可能会错误地认为传输的码字事实上是 000 000 111，因此原始比特译为 01。由此可得，这个系统不是绝对可靠的。事实上，可以用这种方式，通过检测错误的概率比较所有这些错误的检测方案的性能。

为了让比特模式的"接近性"的概念形式化，可以定义一个误差距离的概念，通常叫作汉明距离（Hamming，1950）。设 $d(\boldsymbol{x},\boldsymbol{y})$ 为码字 $\boldsymbol{x}$ 和 $\boldsymbol{y}$ 中不同比特的个数。如果这两个码字被定义为

$$\boldsymbol{x}=0110\quad 1101$$

$$\boldsymbol{y}=0111\quad 0111$$

那么 $d(\boldsymbol{x},\boldsymbol{y})=3$，表明它们有 3 个比特位置上的数据不同。这个概念可以被扩展至任何一个码字集合。显然，对于任意一对有效码字，汉明距离都可以计算出来。在码字集合中，一对（或多对）码字之间将会存在一个最小距离，这个最小距离会控制一个检错系统的最差表现。因此，码字的最小距离（或 $d_{\min}$）是用来表示码字集合中，任何两个码字之间的最小汉明距离。

为了给出一个具体的例子，假设码字为

$$\boldsymbol{x}=0110$$

$$\boldsymbol{y}=0100$$

$$\boldsymbol{z}=1001$$

那么可以确定 3 个距离：$\boldsymbol{x}$ 与 $\boldsymbol{y}$ 之间、$\boldsymbol{x}$ 与 $\boldsymbol{z}$ 之间、$\boldsymbol{y}$ 与 $\boldsymbol{z}$ 之间。它们分别为

$$d(\boldsymbol{x},\boldsymbol{y})=1$$

$$d(\boldsymbol{x},\boldsymbol{z})=4$$

$$d(\boldsymbol{y},\boldsymbol{z})=3$$

因此最小的距离 $d_{\min}=1$。

码字之间的最小距离决定着检错和纠错能力的整体性能。以表 6.3 中的重复校验码为例，如果两个码字的距离为 d，那么当通信信道中出现 d 个单比特错误时，就会将一个有效的码字转换成另一个。如果这种情况发生，即一个有效的码字被转换成另一个有效的码字，由于错误不会被检测出来，因此会造成译码错误。在数学上，这就意味着为了检测出 d 个错误，必须有

$$d_{\min}=d+1 \tag{6.23}$$

此外，如果希望纠正这 d 个错误，就需要 $2d+1$ 的距离。这是因为即使 d 个比特被改变了，其最接近的原始码字仍可以被推断出来。在数学上，这就意味着为了纠正 d 个错误，必须有

$$d_{\min}=2d+1 \tag{6.24}$$

回到表 6.3 中的重复校验码，最小距离 $d_{\min}=3$，这就可以检测出一个或两个错误。然而，若出现 3 个错误，那么将会被忽略。在数学上，汉明距离等式为 $3=d+1$，因此 $d=2$，即 2b 错误将会被检测出来。然而，对于纠错，只允许出现一个错误（因为 $3=2d+1$，因此 $d=1$）。这些情况都可以通过改变表 6.3 中码字的一个和两个比特来加以印证。

给定一组码字，这些参数为纠错和检错提供了性能上限。但是码字本身是如何被确定的呢？显然，为了获得检错的优势，校验位必须尽可能短，以便于最小化所需的额外信息量。在一个最小限度中，需要多少额外的位呢？Hamming(1950)简单地解决了这个问题。以下定义的参数是为了更明确地解释信息（数据），校验位定义如下：

- M 为原始消息或数据位的个数；
- N 为码字中的所有位的个数；
- C 为"多余的"（或"校验"）位的个数。

在表 6.3 给出的简单甚至有些随意的重复校验码中，每个码字长度 $N=9$，并且每个码字中有效传输的数据位为 $M=2$，同时带有 C 个校验位。显然，多余的校验位的数目为 $N-M=9-2=7$。值得注意的是，校验位并没有明确地被标识出来。

由 $2^M=4$ 计算得出，这组码字中有 4 个有效状态。可能接收到的码字的总数为 $2^N=2^9$（此例中为 512）。因此，无效状态的数目为 $2^N-2^M=512-4$。现在，由于一个码字中的所有位数等于信息位数加上校验位数，即 $N=M+C$。因此，无效码字的数目为

$$\begin{aligned} N_i &= 2^N - 2^M \\ &= 2^{M+C} - 2^M \\ &= 2^M(2^C - 1) \end{aligned} \tag{6.25}$$

由于存在 $N_v=2^M$ 个有效码字，那么无效码字与有效码字的比例为

$$\frac{N_i}{N_v}=\frac{2^M(2^C-1)}{2^M}=2^C-1 \tag{6.26}$$

现在以单比特错误为例。如果产生了一个单比特错误，它可能出现在 Nb 位置中的任意一个地方，那么可能的单比特错误(Single-Bit Error)的个数为 $N_o=N\cdot 2^M$（此例中为 9×2^2）。

为了保证准确译码，不希望两个单比特错误模式在汉明距离上相同，否则译码是含糊不清的，无法确定选择哪个作为最接近的码字。为了检测并且纠正单比特错误，无效码字的个数，即 $N_i=2^M(2^C-1)$，必须大于（或至少等于）单比特错误的个数，即 $N_o=N\cdot 2^M$。因此，条件就是

$$\begin{aligned} N_i &\geqslant N_o \\ 2^M(2^C-1) &\geqslant N\cdot 2^M \\ 2^C-1 &\geqslant N \\ 2^C-1 &\geqslant M+C \end{aligned} \tag{6.27}$$

最后，可以将所需校验位的个数与数据位关联起来。表 6.4 中显示了数据（信息）位的个数以及根据式(6.27)计算出来的所需校验位的个数。

表 6.4 满足 $2^C-1\geqslant M+C$ 的校验位个数（选中的是汉明码 $H(N,M)$ 的 M 值）

M	C	2^C-1	$N=M+C$
4	1	1	5
4	2	3	6
4	3	7	7
4	4	15	8
7	3	7	10
7	4	15	11
8	1	1	9
8	2	3	10
8	3	7	11
8	4	15	12
8	5	31	13
16	4	15	20
16	5	31	21
32	6	63	38

这为求解所需校验位的个数提供了一个方法，但它并不能给出如何在一组给定的数据位中实际获得校验位。因此，如何得到校验位呢？幸运的是，Hamming(1950)提出的一个独特算法解决了这个问题。它构造了既能检测和纠正单比特错误又能检测双比特错误的码字。

下面介绍一种单一误差校正的汉明码的构造方法。通常的命名法是定义一个汉明码 $H(N,M)$，表示一个总长度为 N，包含 M 位信息的汉明码，这也就暗示了有 $C=N-M$ 个校验位。以一个简单的汉明码 $H(7,4)$为例。首先，从位置1(最低有效位)数到位置7(最高有效位)，然后定义其中的4个信息数据位为 $m_3m_2m_1m_0$，由 7－4＝3 可得校验位为 $c_2c_1c_0$。C 个校验位被放置在2的整数次方的位置处(此例中为1、2和4)。因此可以得到

7	6	5	4	3	2	1
			c_2		c_1	c_0

接下来 M 个数据位被分配到剩余的位置中，以填满这 N 个位置。那么码字变成

7	6	5	4	3	2	1
m_3	m_2	m_1	c_2	m_0	c_1	c_0

接下来，在每个位的下面写下索引的二进制代码(1＝001，2＝010，3＝011，…)。

	7	6	5	4	3	2	1
	m_3	m_2	m_1	c_2	m_0	c_1	c_0
MSB	1	1	1	1	0	0	0
	1	1	0	0	1	1	0
LSB	1	0	1	0	1	0	1

每个校验位下都必须有一个单独的1，校验方程是由每行对应于1的信息位数据异或得来的，即

$$c_0=m_3\oplus m_1\oplus m_0 \tag{6.28}$$

$$c_1=m_3\oplus m_2\oplus m_0 \tag{6.29}$$

$$c_2=m_3\oplus m_2\oplus m_1 \tag{6.30}$$

因此，可以看出，c_0 检查 m_0、m_1 和 m_3，其他校验位也是类似的。安插在数据中的校验位可用于定义整个码字，也就是说，信息位和校验位是相互交错的。

在译码端，使用信息位和校验位检测是否产生了错误。回想之前的讨论，一个数与它本身的异或为0。因此，依次对每个检测方程两边进行异或，以此得到错误伴随位 s_0 为

$$\begin{aligned}s_0&=c_0\oplus c_0\\&=c_0\oplus m_3\oplus m_1\oplus m_0\end{aligned} \tag{6.31}$$

对 s_1 和 s_2 使用同样的算法。注意到，根据异或的定义，式(6.31)中第一行 $c_0\oplus c_0$ 的值为0，因此如果没有错误，则式(6.31)中第二行的值也应该为0。如果一个伴随位不等于0，就表示产生了错误。更重要的是，伴随位的二进制值指向错误比特的位置。

为了给出一个具体的例子，假设发送的(数据)为 $m_3m_2m_1m_0=0101$。使用上述校验方程，可以得到

$$c_0=0\oplus 0\oplus 1=1$$

$$c_1=0\oplus 1\oplus 1=0$$

$$c_2=0\oplus 1\oplus 0=1$$

假设接收到的数据和校验位都没有错误，那么伴随位即为

$$s_0 = 1 \oplus 0 \oplus 0 \oplus 1 = 0$$
$$s_1 = 0 \oplus 0 \oplus 1 \oplus 1 = 0$$
$$s_2 = 1 \oplus 0 \oplus 1 \oplus 0 = 0$$

因此,错误伴随位均为0,表明没有产生错误。

现在假设在 m_2 处产生了一个错误,m_2 从1变成0。重复以上关于校验位和错误伴随位的计算,可以得到伴随位为

$$s_0 = 1 \oplus 0 \oplus 0 \oplus 1 = 0$$
$$s_1 = 0 \oplus 0 \oplus 0 \oplus 1 = 1$$
$$s_2 = 1 \oplus 0 \oplus 0 \oplus 0 = 1$$

伴随位图样在二进制中表示为 $s_2s_1s_0=110$,或者是十进制中的6。因此,指向 m_2 的6号位置发生了错误。纠正此错误只须简单地翻转这个比特即可。

显然,校验位本身也需要检查。假设 c_1 在传输过程中被翻转了,那么伴随位则为

$$s_0 = 1 \oplus 0 \oplus 0 \oplus 1 = 0$$
$$s_1 = 1 \oplus 0 \oplus 1 \oplus 1 = 1$$
$$s_2 = 1 \oplus 0 \oplus 1 \oplus 0 = 0$$

伴随位图样在二进制中表示为 $s_2s_1s_0=010$,或者是十进制中的2。因此,指向 c_1 的2号位置发生错误。纠正此错误只须简单地翻换这个比特即可。当然,并不要求严格做到这一步,因为校验位不是最终接收到的有效数据的一部分。然而,由于产生了错误,必须确定哪一位是错误的,因为错误伴随位图样非0表明一定产生了错误。

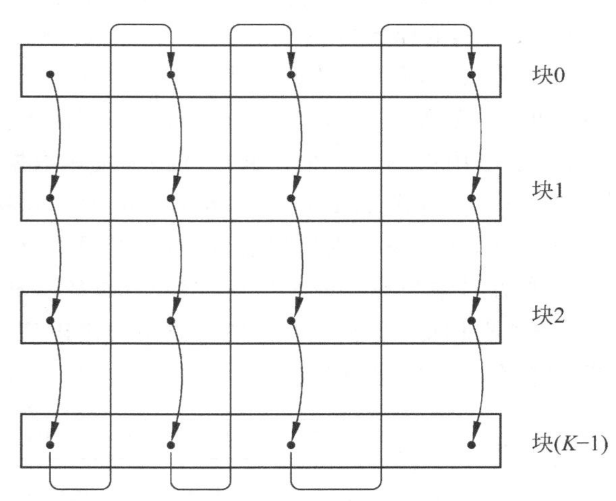

图6.12 采用交错方案的数据块(单比特校正)

注:所有的数据块都在内存中进行缓冲,并且为每个水平数据块计算一个汉明码校验位。然后,按照指示的顺序依次从每个数据块中取一位,按照垂直排列的次序传输。

将4个数据作为一个数据块,按照上面的方法来纠正单比特错误是十分有效的,但如果想要纠正一个更长的突发错误,这样就不够用了。缓解这种情况的一个方法就是让数据块交错,如图6.12所示。在这种情况下,组成汉明码的位在各个数据块中交错。因此,如果一个以上的(水平)码字受到影响,大量的错误将会持续和(垂直)数据块一样长的时间。由于汉明码可以纠正单比特错误,每个汉明码字也会纠正自己的数据块,并且结果就是更长的突发错误也被纠正了。当然,这种方法需要一个较长的缓冲延迟,因此总的传输时间也较长。

6.5.2 校验和

在许多情况下,不必纠正数据错误,但是需要检测数据错误。对于基于互联网协议(IP)的数据传输而言,这是一个共同的要求。目前普遍使用的方法是校验和(Checksum),这种方法需要对数据本身进行求和。校验和的具体形式有很多的变体,包括各种各样的检错能力(应当被最大化)以及计算复杂性(应当被最小化)。校验和适合软件计算,因此得到了广泛的应用。

校验和的核心思想就是将数据分割成简便的尺寸，如 8 位的字节或 16 位的字。那么数据就会被当成是一个整数序列，然后进行求和。最终的结果是一个整数，表示该数据块的唯一性。校验和是由发送端计算出来的，并且在接收端也会进行相似的计算，不同的结果就表明在传输中出现了错误。

在这样的描述中产生了几个问题。对于任何中等大小的数据块，其总和有可能会溢出。也就是说，计算出来的总和不能被 8 位或 16 位的校验和表示。在不同的校验和算法中，用不同的方式来解决这个问题。一种方法就是直接丢弃溢出，对于 8 位累加和来说，这实际上是一个模 256 求和。另外一个改进的方法就是将溢出重新添加到校验和中，这被称为循环进位(End-Around Carry)。例如，将十六进制值 E7 与 46 相加，其结果为 012D，明显大于 8 位累加器的计数范围。循环进位就是简单地取出 01 这个溢出值，并将其添加到 2D(没有溢出的结果)中，以此得到结果 2E。

一个更微妙的问题就是校验和的加法。简单的加法虽然具有计算复杂性低的优点，但数据块中的某些字节如果被翻转，其校验和可能仍然不变。这可以通过加权求和来解决，而权值由数据块中的每个字节的位置来确定。

将校验和嵌入数据流中是很有必要的，不论是放置在数据块的末尾还是预置在数据块的头部。如果校验和包含在数据头部中(如 IP 中那样)，那么译码会更加复杂，因为它需要在求和时排除校验和的存储位置。在实际应用中，这个问题通常通过发送修改后的校验和来解决。这样的话，根据所有数据(包括修改后的校验和)计算出的校验和结果应该为 0。

IP 校验和的原始方案是由 Braden 等(1988)提出的。随着 IP 数据分组被路由器转发，在头部的校验和区域会被更新。与其重新计算整个校验和，还不如只根据某些字段中的变化来更新校验和，这个问题在 RFC1141(Mallory, et al., 1990)中被解决了。

图 6.13 中展示了一个在通信链路中发送数据分组(帧)的例子，计算此数据分组的校验和的过程如图 6.14 所示。在图 6.14(a)中，数据分组中校验和的位置最初被设置为 0。校验和将数据分组中的 16 位数据求和，并与循环进位相加，最后对结果取反(即它的补码)。图 6.14(b)展示的是接收端的运算过程。接收方对整个数据分组计算校验和(对校验和字节没有特殊规定)。这个运算过程是完全相同的，将 16 位数据相加，并加上在循环进位中的溢出值，最后对结果取反。然而，如果在数据分组以及校验和字节中没有任何错误，那么最终的结果将全部为 0。

08	00	cc	cc	08	01	02	00	B6	EA	95	10	AA	AA	AA	AA

图 6.13 在校验和计算中捕捉到的部分数据分组

(a) 发送方

	n+1	n	
	AA	AA	高内存地址
	AA	AA	
	10	95	
	EA	B6	
	00	02	
	01	08	
	cc	cc	
	00	08	低内存地址
2	51	B1	总和
	51	B3	循环进位
	AE	4C	补码

(b) 接收方

	n+1	n	
	AA	AA	高内存地址
	AA	AA	
	10	95	
	EA	B6	
	00	02	
	01	08	
	AE	4C	
	00	08	低内存地址
2	FF	FD	总和
	FF	FF	循环进位
	00	00	补码

图 6.14 低字节在前的 16 位校验和计算(小端模式)

对于发送方和接收方，这种类型的校验和计算通常用于 IP 数据报和 TCP 报文段。这个方案在实际应用中的一个问题来自各个终端的主处理器中的字节存储顺序。在小端模式的处理器中，两字节数据的最低有效字节(Least-Significant Byte)被存放在低内存地址中，图 6.13 中的数据分组采用的校验和计算(图 6.14)就是这种方式。大部分的处理器是以与之相反的顺序，即大端模式存储数据，即低内存地址中存储最高有效字节(Most-Significant Byte)，如图 6.15 所示。最低的内存地址中仍然存储数据分组中的第一个字节(此例中为十六进制的 08)，然而如果接下来的数据字节是以 16 位的形式被取出，那么 08 就变成了高字节数据。换句话说，假如数据分组的第一个字节是 08 00，那么小端模式下它将以 0008 存储，然而大端模式下为 0800。

显然，这种不同的顺序对数据块的算术运算有重大影响。如果结果是保存在处理器的内存中，那么不存在任何问题。然而，如果数据被发送至某个机器(或者从某个机器上被接收)，并且此机器是以相反的字节存储顺序工作，那么校验和字节将会相反。如图 6.15 所示，即使由于字节存储顺序造成字节顺序相反，最终结果仍然是相同的。在这种情况下，使用小端模式的总和为 AE4C，而使用大端模式的总和为 4CAE。然而，按照与处理器的字节存储顺序相同的方式，将字节插入内存中会得到相同的序列，使用小端模式为 08 00 4C AE…，而使用大端模式也为 08 00 4C AE…。

		n	$n+1$
高内存地址		AA	AA
		AA	AA
		95	10
		B6	EA
		02	00
		08	01
		cc	cc
低内存地址		08	00
总和	2	B3	4F
循环进位		B3	51
补码		4C	AE

(a) 发送方

		n	$n+1$
高内存地址		AA	AA
		AA	AA
		95	10
		B6	EA
		02	00
		08	01
		4C	AE
低内存地址		08	00
总和	2	FF	FD
循环进位		FF	FF
补码		00	00

(b) 接收方

图 6.15　高字节在前的 16 位校验和计算(大端模式)

基础校验和还有其他的衍生方案。Fletcher 校验和(Fletcher，1982)是基于数据中的字节位置计算校验和的。Maxino 和 Koopman(2009)对于数据传输中校验和算法以及它们的检错性能进行了总结。校验和在其他领域也有许多应用，如用于信用卡号码验证的 Luhn 校验和。

6.5.3　循环冗余校验

前面所讨论的校验和是一种数据序列检测，可用于检测数据帧(或块)。它是帧校验序列(Frame Check Sequence，FCS)的一种，用于确保数据的完整性。另一种就是本节介绍的循环冗余校验(Cyclic Redundancy Check，CRC)。

大体来说，校验和更适合软件计算，而循环冗余校验更适合硬件计算。虽然校验和是通过加法运算来计算的，但是 CRC 可以通过使用移位寄存器和异或门来计算。因此，循环冗余校验码通常作为校验序列出现在数据帧的末尾，尤其是在以太网、局域网中。

在介绍 CRC 的形式之前，先用一个例子进行说明。CRC 的计算是面向位的，而不是像校验和那样面向字节或字。并且，它的计算是基于除法的，而不是基于加法(可能会有所扩展，如循环进位或模运算)。传输的比特序列被认为是一个(很长的)整数，并且除以另一个叫作生成器(Generator)的整数。

在任何整数除法中，都将会有一个商和一个余数（可能为 0，也可能不为 0）。这个余数就被用于检测完整性（或 CRC）。

将除法作为检测比特传输的一种方法，这可能看起来很奇怪。毕竟，除法是一个耗时的运算法则，想想除法就是从一个数到另一个数连续做减法。此外，检错通常在数据链路层执行，这意味着速度为 Mbps 或 Gbps 级。然而，除法可以被改写成一个异或运算。这不是传统意义上的长除法，而是一种二进制域的除法。图 6.16 展示了如何使用长除法计算 682/7。首先计算 9×7，并将结果 63 写在被除数的下方。从被除数相应的数字中减去这个数，得到余数为 5。将被除数中的下一位数字下拉，即把 2 放在 5 的后面。注意到 7×7 的值小于 52，最后的余数为 3。当然，较大的数就需要更多步骤的迭代。注意每一步的重点：乘法、减法以及最后将下一个数字下拉，最终得到一个小于除数的余数。

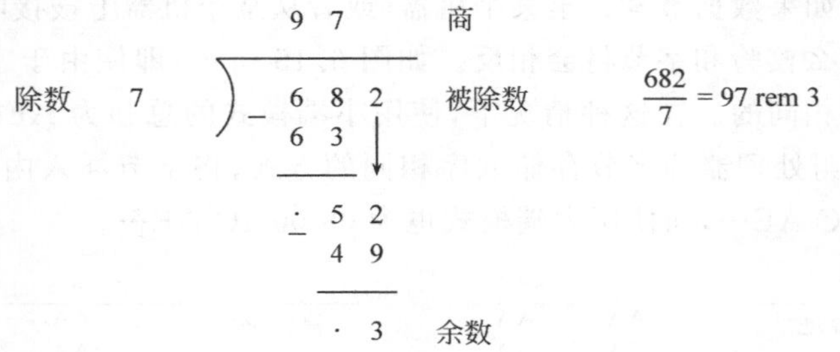

```
              9 7       商
除数   7  )   6 8 2     被除数      682/7 = 97 rem 3
           -  6 3
              -----
              · 5 2
           -    4 9
              -----
              ·   3     余数
```

图 6.16 长除法计算示例

现在考虑一个使用二进制运算的相似的除法过程。首先，一个 N 位二进制数乘以一个二进制数 0 或 1 只会得到 0 或原始数。其次，每个阶段的部分商的计算可以通过二进制移位操作来完成。第三，可能不那么明显的是，余数总是小于除数。因此，在十进制例子中，除数为 7 就意味着余数的范围为 0～6。

十进制的减法被二进制异或运算所代替。观察到在十进制中余数总是小于除数，那么类似地，在二进制中，余数所占的位数总会比除数所占的位数少一位。因此，对于 N 位除数，余数为 $N-1$ 位。

在下面这个例子中，用二进制序列 1101 0011 作为信息，即被除数。除数为 1011。在 CRC 中，这个数被称为生成器（Generator）或生成多项式（Generator Polynomial），多项式表达法将在后面介绍。

二进制除法运算中的第一步是写下带有附加 0 的数据信息。正如上面讨论的，0 的数量比除数的位数少一位，因此添加了 3 个 0。将除数写在左边可得

```
1 0 1 1 )  1 1 0 1 0 0 1 1 0 0 0    信息
                                     +3个0
生成多项式
```

下一步开始乘法与减法的迭代。根据被除数的最左边位（或后续阶段中的部分结果）是 1 还是 0，乘以生成多项式。1 或 0 与生成多项式相乘之后，其值作为部分积写在被除数下方。此例中为乘以 1。

```
           1
1 0 1 1 )  1 1 0 1 0 0 1 1 0 0 0    信息
           1 0 1 1                  +3个0
生成多项式
```

第三步是用正上方的位进行部分积的异或（如果输入位不同，两位的异或为真，即二进制 1）。最左位的异或结果往往都为 0，但它在此处显示为一个点，因为从现在起它将被忽略。

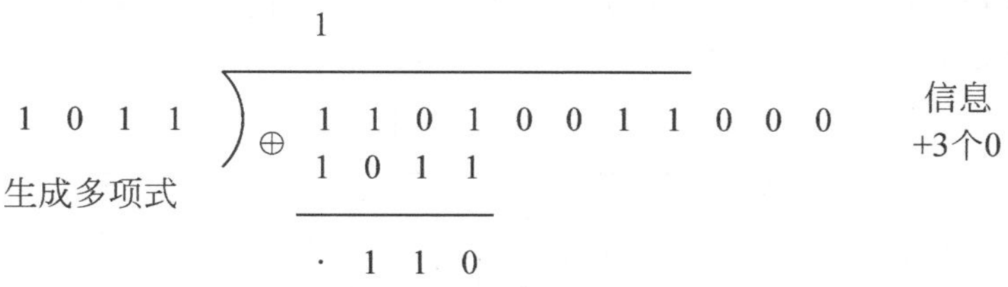

```
                     1
                 ┌──────────────────────
 1 0 1 1         │ ⊕ 1 1 0 1 0 0 1 1 0 0 0     信息
 生成多项式          1 0 1 1                   +3个0
                   ─────────
                   · 1 1 0
```

下一步就是从信息中下拉一位以构成一个 4 位数据作为部分结果。

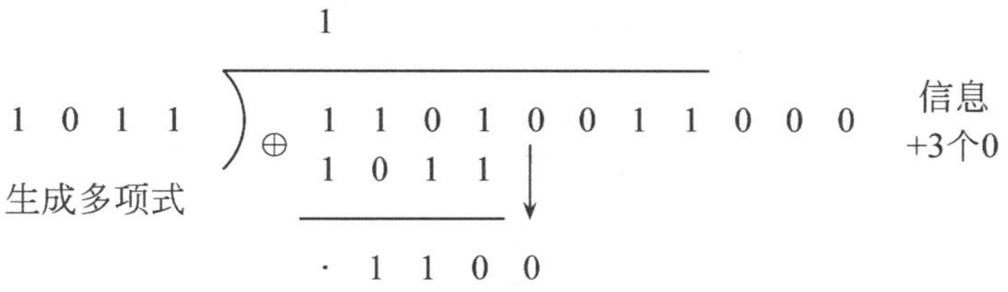

```
                     1
                 ┌──────────────────────
 1 0 1 1         │ ⊕ 1 1 0 1 0 0 1 1 0 0 0     信息
 生成多项式          1 0 1 1 |                 +3个0
                   ─────────↓
                   · 1 1 0 0
```

后续重复以上步骤，乘完之后得到一个部分积，再对其进行异或得到结果后，从信息中下拉数据。

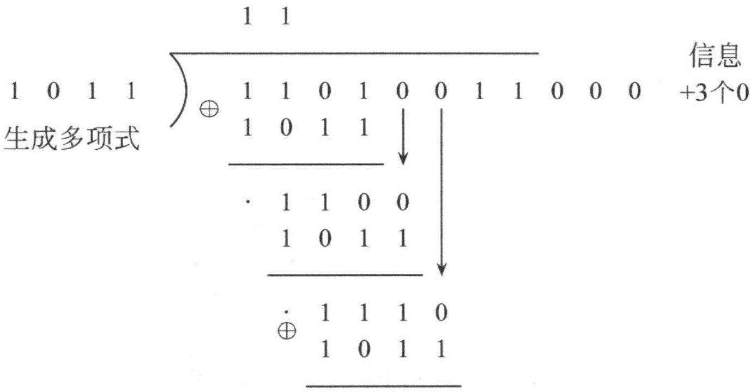

```
                     1 1
                 ┌──────────────────────
 1 0 1 1         │ ⊕ 1 1 0 1 0 0 1 1 0 0 0     信息
 生成多项式          1 0 1 1 | |                +3个0
                   ─────────↓ |
                   · 1 1 0 0  |
                     1 0 1 1  |
                     ─────────↓
                   ⊕ · 1 1 1 0
                       1 0 1 1
                     ─────────
```

如下所示，必须用 0 乘以生成多项式才能够像前面的步骤一样删除最左位。

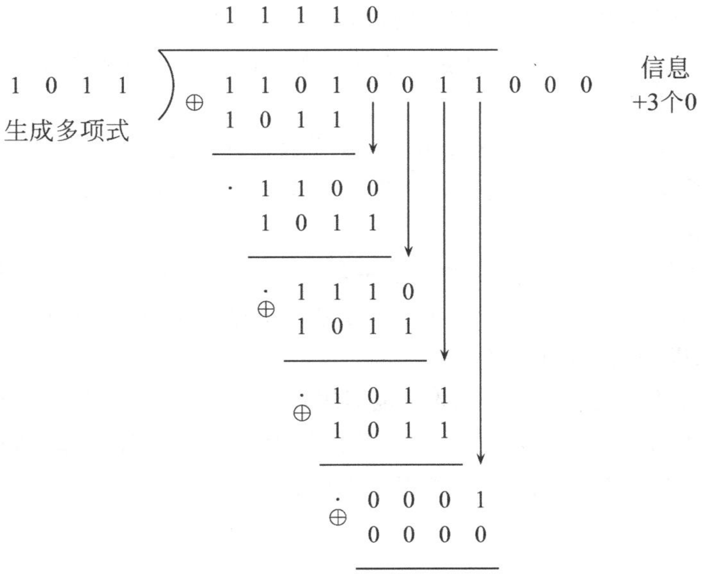

```
                     1 1 1 1 0
                 ┌──────────────────────
 1 0 1 1         │ ⊕ 1 1 0 1 0 0 1 1 0 0 0     信息
 生成多项式          1 0 1 1 | | | |            +3个0
                   ─────────↓ | | |
                   · 1 1 0 0  | | |
                     1 0 1 1  | | |
                     ─────────↓ | |
                   ⊕ · 1 1 1 0  | |
                       1 0 1 1  | |
                       ─────────↓ |
                     ⊕ · 1 0 1 1  |
                         1 0 1 1  |
                         ─────────↓
                       ⊕ · 0 0 0 1
                           0 0 0 0
                           ─────────
```

反复进行这个过程，直到所有输入位（包括附加的 3 个 0 在内）都算尽为止。此时，剩下 3 个余数位。完整的过程如图 6.17 所示，余数为 011。

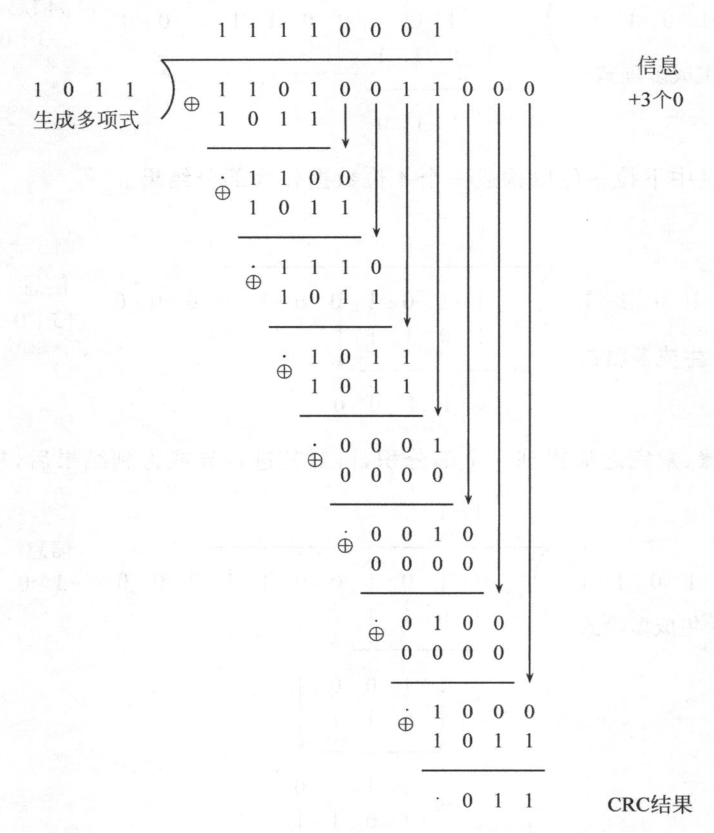

图 6.17　在发送端进行的 CRC 计算（所有步骤和最后结果）

发送的比特流首先传输信息，后面跟随着计算出来的余数。因此，接收方的数据序列中包含附加的余数。现在，回想一下前面 682/7 的十进制示例，其余数为 3（十进制）。如果在"数据"682 中减去余数，那么它的余数将为 0。也就是说，679 可以被 7 整除。在二进制中可以采取相同的做法，但不是要减去余数而是加上它，即余数代替了 3 个 0。

在接收端的 CRC 计算包括了余数位，如图 6.18 所示。与发送端的步骤完全相同，只不过用发送端计算出来的余数替换了填充位 0。如果信息和 CRC 位被无差错接收，那么余数也将为 0。这就表示在传输过程中没有发生错误。

CRC 的目标是检测错误，现在在前面的例子中加入一个错误来检测。假设图 6.19 方框中的两位被颠倒，于是会造成一个两位错误。图 6.19 展示了接收端收到数据后执行的操作，并得到最终余数 110。这个余数不为 0，因此表明出现了错误。

在某些情况下，检错方案可能会失败，CRC 也不例外。图 6.20 再一次使用了相同的数据序列和生成多项式，只不过图 6.20 的方框中出现了一个 4 位的错误。CRC 迭代运算后得到的最终余数为 0，在正常情况下这表明没有产生错误。然而，此情况下例外。

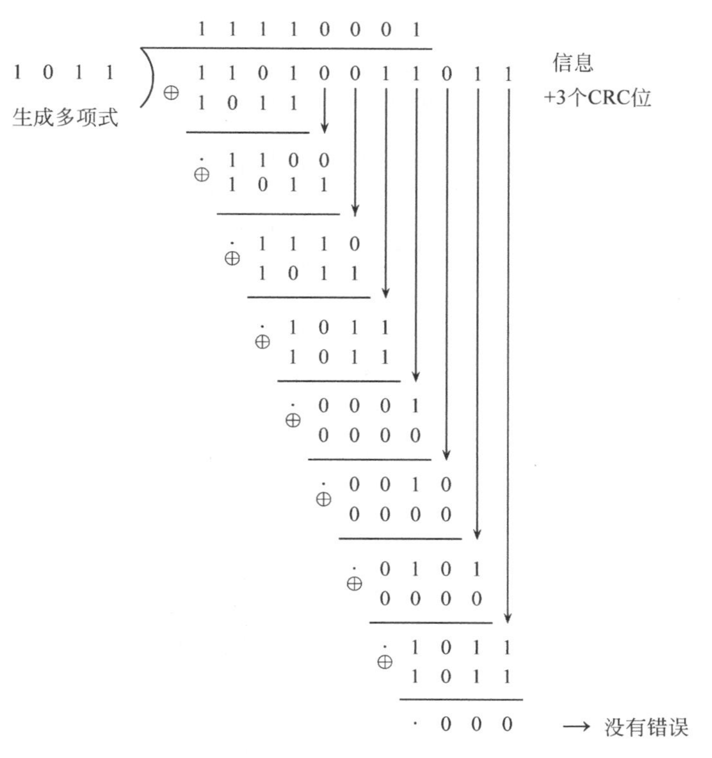

图 6.18 在发送端进行的 CRC 计算(假设在传输过程中无错误发生)

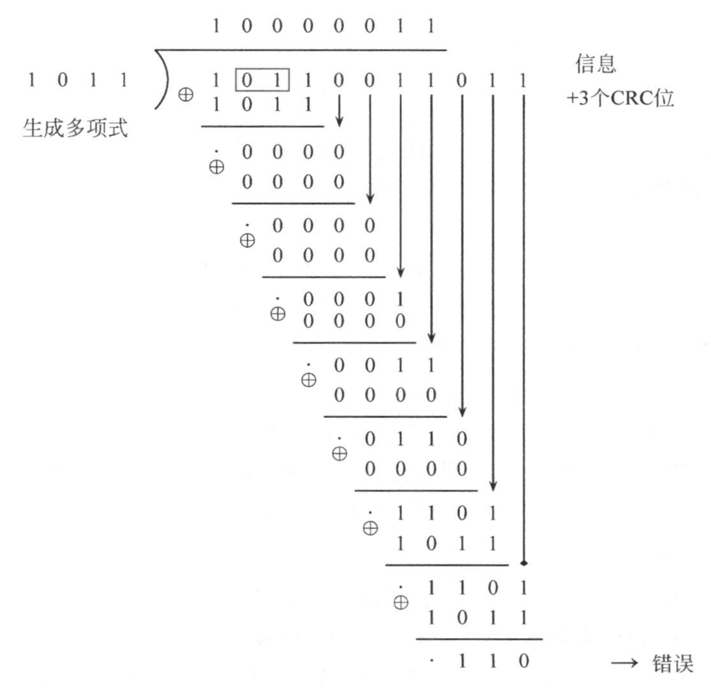

图 6.19 在接收端进行的 CRC 计算示例 1

注：在传输过程中产生了一个错误，此时能够检测到错误。

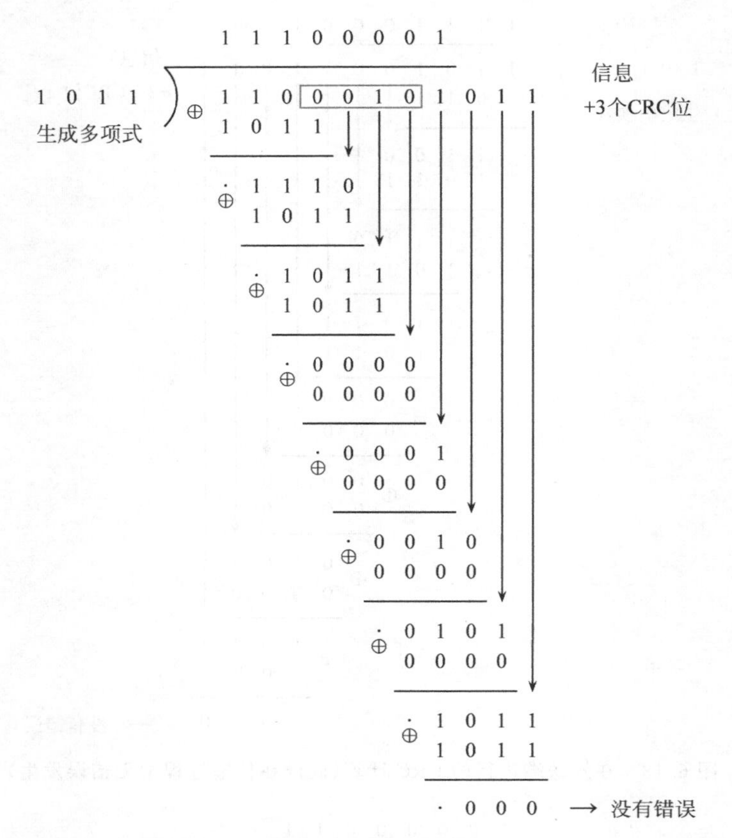

图 6.20　在接收端进行的 CRC 计算示例 2

注：在传输过程中产生了一个错误，在这种情况下没有检测到错误。

在哪种情况下 CRC 会失败，也就是说，无法检测出错误呢？仔细检查图 6.20，将发现 4 位错误模式是人工设计的，它是原始数据模式 1001 和生成多项式 1011 的异或结果，如下所示。

1 0 0 1	原始数据
1 0 1 1	生成多项式比特
0 0 1 0	实际错误比特

所产生的错误模式 0010 在数据流中被替换进去。在十进制中的一个相似的情况就是从信息中减去除数(7)。当然，它不会改变十进制的余数。这种情况发生的可能性非常小，并且生成比特序列的长度和组成决定了遗漏错误的概率。因此，生成器的选择是十分重要的。

应该注意的是，受 CRC 保护的数据序列通常比上述简单示例中使用的数据序列长很多。例如，一个 1500B 的以太网帧将会被一个 32 位的循环冗余校验码保护。

CRC 的检错领域十分广泛，在数据通信方面有很多应用，如蓝牙和以太网。许多文献都致力于研究 CRC 在错误检测、生成多项式选择以及复杂度方面的性能。

上面所提到的生成比特序列也称为生成多项式(Generator Polynomial)，其原因在于，对循环冗余校验码的分析需要将其作为一个除法过程，而多项式是进行除法操作的理想结构。CRC 多项式接下来将写成 aX^n 的形式，其中 a 为系数的二进制值，n 为位置。例如，前面的除数 1011 可以记为

$$g(X) = 1X^3 + 0X^2 + 1X^1 + 1X^0 \tag{6.32}$$

通常缩写为

$$g(X)=X^3+X+1 \tag{6.33}$$

这里遵循通常的指数规则并且忽略系数为零的项。需要注意的是，生成多项式的长度比所需要的 CRC 值多一位。

6.5.4　纠错卷积编码

前面描述的检错和纠错的方法是针对一个固定长度的数据块，并对其使用某些方法计算奇偶校验位。原始数据块和附加(或者是预置的)校验码不加改变地传输到接收端。卷积编码(Convolutional Coding)的检错和纠错使用了不同的方法。卷积编码发送的不是原始数据本身，而是发送一系列检测符号(码字)，从中可以确定错误检测信息和原始数据。与校验和使用的方法不同，卷积码通常在需要纠错的地方使用，它们工作于连续的数据流上，而不是输入数据块上。很久以前就提出了卷积码的概念(Elias，1954)，但从那以后卷积码经历了大量的演变。本节描述卷积码的基本理论，进而推导可以有效解码数据流的维特比算法(Viterbi，1967)，该算法得到了广泛的应用。

首先，假设使用一个简单的 3 位汉明码，即 1 以 111，0 以 000 的形式发送。为了将一个有效的码字转换成另一个，需要连续地翻转 3 位。但是如果只有一位翻转了，即如果实际发送的是 000，那么接收到的码字就可能为 001。若假设的是最低位被翻转了，那么这是可以被纠正的。如果收到的是 011，那么根据最接近有效码字原则，它就可能被纠正为 111。这种译码是即时的，因为一旦收到 3 位符号，每个校验位是立即可用的，不需要等待。

卷积编码的本质是把信号源和信道想象成一种有限状态机。在任何时候，状态机都是以一种已知的状态存在，而这种状态反过来又决定了哪些码字是可能的。并不是在每个状态下所有码字都是有可能的。如果接收者认为发送者处于某确定的状态，并且该状态下某些允许的码字能够在信道上发送，那么接收到的任何不同码字不仅表示信道传输出现错误，而且暗示对发送者的状态做了错误假设(要么是现在，要么是不久以前)。本质上，正是这些关于允许状态(和允许状态转换)的额外信息提供了性能优势。

如果接收到了一个错误比特序列，则接收的比特序列和预期状态都将用于纠正不正确的比特。因此，接收器必须连续跟踪“预期”状态，以便进行解码过程。此外，由于状态序列预先是未知的，接收端可能需要一些接收到的码字用于判断近期最可能的状态是什么。因此，这种方法称为延迟判决译码(Delayed-Decision Decoding)，与瞬时译码(Instantaneous Decoding)相反。

为了介绍状态驱动卷积码的概念，考虑图 6.21 所示的框图。在这里，仍然对每个输入位(或消息数据)使用一个 3 位输出码字。这样的设计显然效率不高，但是它有助于简单说明卷积码的几个重要概念。在图 6.21 中，消息位从右侧移入，这些位被连续的延迟单元 D_1 和 D_2 延迟。它们的每个输出构成了状态位(State Bits)，因此在这种特殊的设计下有 4 个可能的状态。信道码字的输出位由状态位和输入位的各种组合异或而成。随着每一位的输入，就会产生 3 位输出，并按顺序传输。

为了分析此情况，表 6.5 中列出了一个状态表(State Table)。3 个输出位是由输入位和当前的状态位的组合决定的，并且这些是串行输出的。在此例中，输入位 X 被传递到输出位 y_0，但一般来说，情况并非如此。输出位 y_1 是由 S_0 与 S_1 异或得来的，即 $y_1=S_1\oplus S_0$。同样地，输出位 y_2 是由 S_1 与 S_2 异或得来的，即 $y_2=S_2\oplus S_1$。注意到，异或门的数量并不要求与延迟单元的数量相同。“下一个状态”列定义了输出位串行传输后编码器的状态转换。在信道没有任何错误的情况下，译码器完全遵循编码器状态；若信道中出现错误，对于一些输入位，它可能会偏离到不正确的状态。理想情况下，它最终将会在一段时间后回归跟踪正确的状态序列。

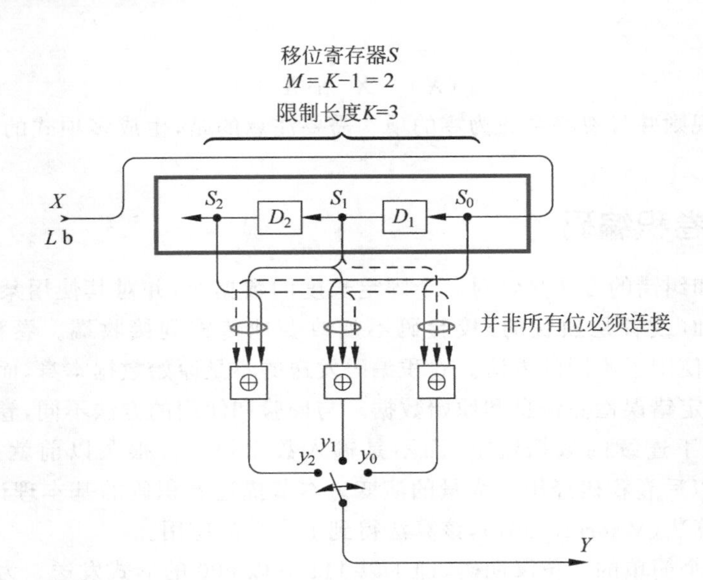

图 6.21　一个卷积码的实现框图

注：D 表示一位延迟单元，由输入和延迟输入的异或产生"卷积"信道码字。在本例中，虚线表示没有连接。当然，此结构不是唯一的，许多排列布局都是可能的。

表 6.5　卷积码示例的状态表

当前状态		输入	输出			下一个状态	
S_2	S_1	S_0	y_2	y_1	y_0	S_2	S_1
0	0	0	0	0	0	0	0
0	0	1	0	1	1	0	1
0	1	0	1	1	0	1	0
0	1	1	1	0	1	1	1
1	0	0	1	0	0	0	0
1	0	1	1	1	1	0	1
1	1	0	0	1	0	1	0
1	1	1	0	0	1	1	1

根据状态表，可以推断出如图 6.22 所示的状态图(State Diagram)，显示了状态本身、每个输入位允许的转换和构成码字的相应输出位。在这个描述中，状态以圆圈的形式展现出来，状态之间的转换以连线表示。根据给定的设计(反过来决定状态表)，只允许某些转换。图 6.22 显示了每个转换的输入位和 3 位的输出码字。

随着数据位的输入，跟随着状态转换，因此可以确定相应的输出位。系统按照状态图循环通过连续的状态，在运行时发出码字。图 6.23 中的树状图显示了从起始状态开始的状态演化。每一个输入位会得到两个新状态之一的结果。那么产生了一个明显的问题：即便输入位很少，其分支与节点的数目都会以指数的形式增长，树因此变得大到无法管理。然而，认识到只有 4 种可能的状态(在此例中)，因此该树可以被"折叠"为如图 6.24 所示的网格图(Trellis Diagram)。为了便于观察，在 $t_0 \sim t_1$ 时刻的状态转换中所有的输入输出位都展示出来，但为了简洁起见，后续状态转换时不再重复显示。

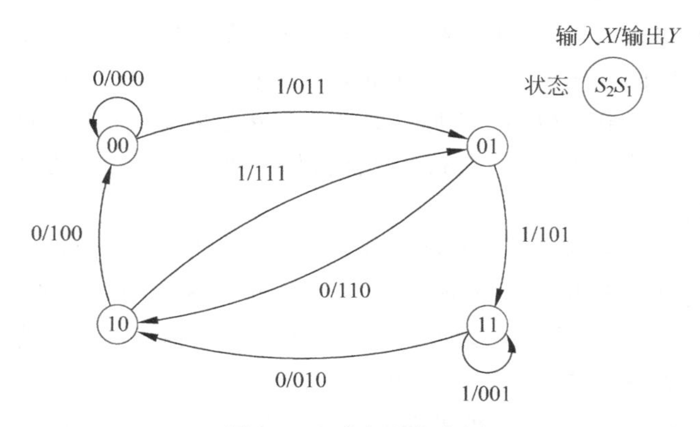

图 6.22 卷积码状态图

注：输出码字(在此例中由 3 位组成)由当前状态和当前输入位决定，当前状态由最近的历史状态决定。

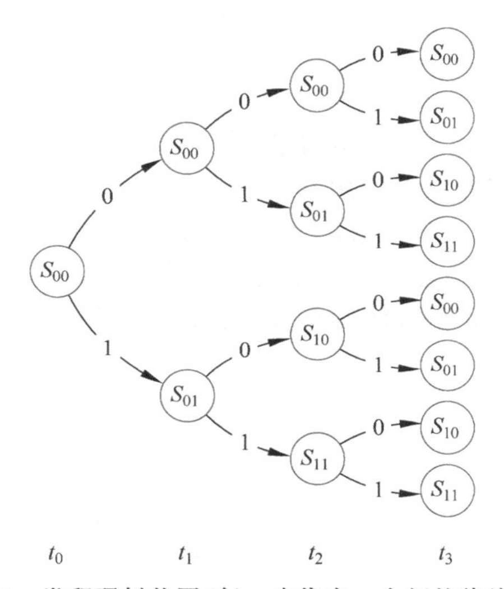

图 6.23 卷积码树状图(每一步代表一个新的待编码位)

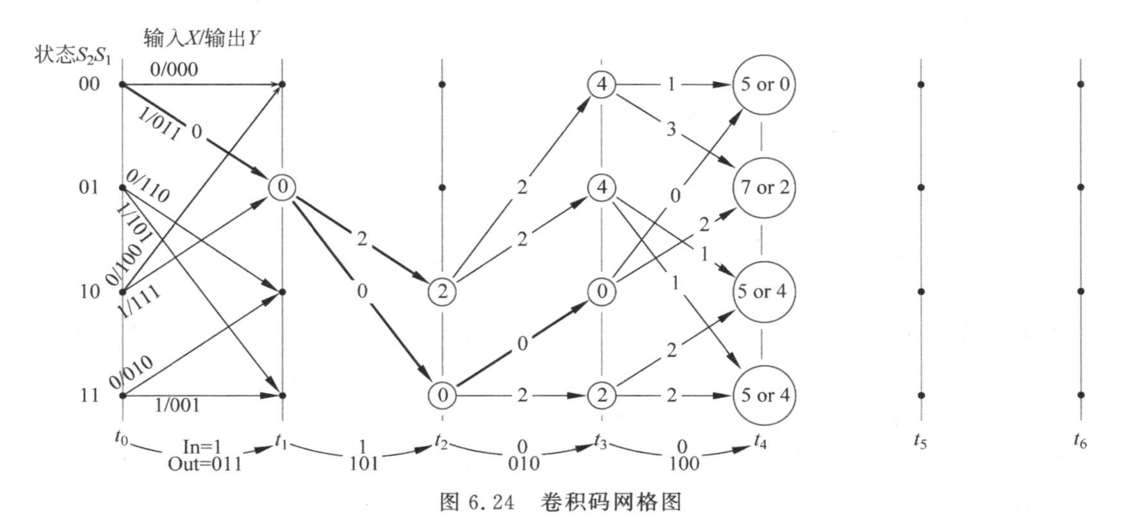

图 6.24 卷积码网格图

注：网格图显示了从 $t_0 \sim t_1$ 时刻的状态转换，在 t_4 时刻根据到达目的地的最小开销，在两条可能的路径中进行选择。

在图 6.24 的网格中，当输入位为 1 时，发送端（编码端）状态由 S_{00} 转换成 S_{01}，而当输入位为 0 时，保持 S_{00} 状态。每个节点圆圈内的值用于跟踪记录每条路径的总开销，开销值由接收数据与预期值（根据已知状态转换规则来计算得到）之间的汉明距离确定。在接收端，如果接收到的是 000（则译码为比特 0），那么在 t_1 时刻起始状态转换成状态 S_{00}。然而，如果接收到的符号是 011（则译码为比特 1），那么在 t_1 时刻其转换成状态 S_{01}。

此操作在发送端也是一模一样的。选择执行哪种转换是由接收符号与当前状态下允许的符号之间的汉明距离控制的。在这种情况下，接收到的 011 与 000（状态 S_{00} 的上支路）之间的汉明距离为 2，而接收到的 011 与 011（状态 S_{00} 的下支路）之间的汉明距离是 0，因此最佳（开销最小）的状态显然是选择到达 S_{01} 的路径。从 S_{00} 到 S_{01} 的连线表示开销为 0。

在之后的每个时刻，每个状态都有两种可能的路径。在给定时间内，计算每个状态下汉明距离的累积和，会得到多个可能的累计开销。这可以在图 6.24 中看出，到 t_4 时刻，根据每个节点上的输入分支，就有几个可供选择的路径。如图 6.24 所示，根据通过网格的路径，决定了最后一步所到达的分支，状态 S_{00} 在 t_4 时刻的累计路径开销可能为 5 或 0。这个开销值在演示错误是如何被纠正的过程中是十分重要的。

现在假设从 t_1 到 t_2 的过程中出现了一位错误（如图 6.25 所示）。回想一下，一个 1 位的错误可以用一个 3 位的码字纠正，但是现在想看看使用卷积码会发生什么。在 t_2 时刻，从前一个状况到当前状态存在两条路径的汉明距离都为 1。请注意，译码端只能计算出接收码字 111 与两条可能的路径之间的汉明距离，这两条路径假定是由状态 S_{01} 发出的。因为对于译码端来说，实际码字 101 肯定是未知的。在这种情况下，无法确定哪条是最好的路径以及原始位是什么。所以，这个决定被推迟了。

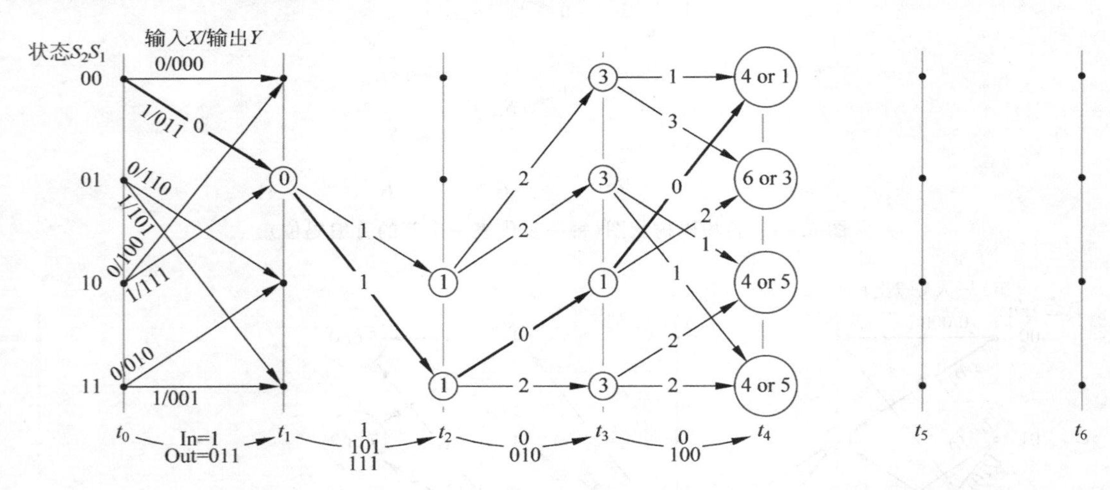

图 6.25 从 t_1 到 t_2 的传输过程中出现一位错误时的卷积码网格图

继续执行到下一个时刻 t_3，每个状态节点上都标注了最小路径开销。最终，在 t_4 时刻，可以看到其最小累计开销为 1，发生在状态 S_{00} 下。倒过来看，这条路径在 t_3 时刻所到达的状态是 S_{10}。根据每个节点上的最小累计开销反转网格步骤，可以找出总体最小开销路径（反向），即 $S_{00}(t_4)\to S_{10}(t_3)\to S_{11}(t_2)\to S_{01}(t_1)$，这个阶段叫作回溯（Backtracking）。通过反转此回溯路径，那么最可能的原始路径 $S_{01}(t_1)\to S_{11}(t_2)\to S_{10}(t_3)\to S_{00}(t_4)$ 也被恢复。

由于一个一位的错误可以被纠正，那么对于如图 6.26 所示的一个两位的错误呢？回想一下，这种错误不能用 3 位汉明码纠正。在 t_4 时刻，发现最小路径开销是发生在状态 S_{00} 下。从每个节点回溯到上一个最佳节点（总开销最少）再次揭示了实际路径。因此，如果译码延迟超过初始错误发生的时刻，则该编码可以纠正一个两位的错误。事实上，这是卷积码的一个特点，它是延迟判决码（Delayed-Decision Codes）。

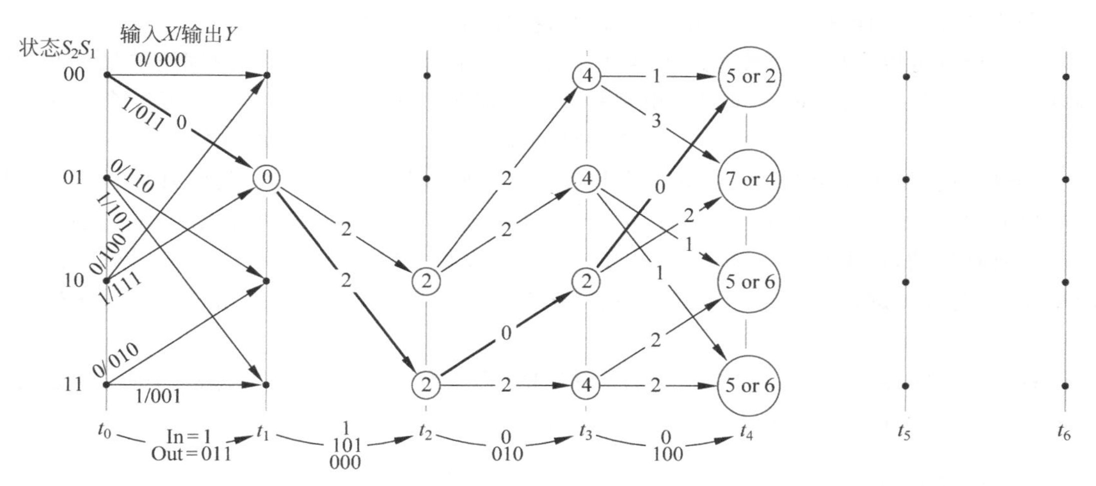

图 6.26　从 t_1 到 t_2 的传输过程中出现两位错误时的卷积码网格图

图 6.27 显示了 $t_0 \sim t_6$ 的完整网格图，通过网格的正确路径也被展示出来。每个节点表示了上一个最佳的状态 S 与相应的最小路径开销 C。这些信息被保留在每个节点中，在回溯阶段，该信息可以找到通过网格的最小开销。最小开销搜索是最短路径问题的一种，可以被一种叫作动态规划（Dynamic Programming）的算法解决。这种问题也出现在电信的其他领域，如在分组交换网络中寻找数据分组的最佳路由。

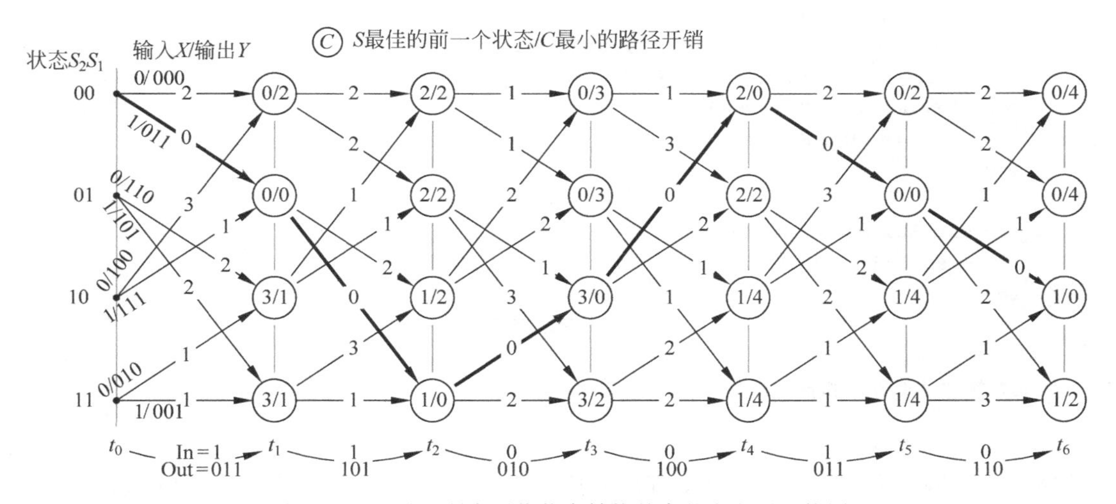

图 6.27　显示了所有可能状态转换的完整卷积码网格图

注：即使对于相对较少的步骤，可能的路径数量也会变得非常大。

当码字被接收时，为了纠正错误，持续尝试各种可能通过网格的路径似乎很有必要。对于每一个新的码字，都需要尝试上述方案，因此跟踪各种可能路径的问题似乎是一个挑战。不仅如此，路径的数量还会随着时间的延长而增加，这也会碰到更多的信道突发错误。

维特比算法以一种简明的方式解决了最佳路径问题，其关键是如果两条路径合并在同一个节点上，那么开销较高的路径通常会被删除。这是因为紧随其后的步骤并不能降低路径开销，因此在节点上观察到的最小路径开销必然是此后的最小路径开销。所以每个状态只需要维护两条路径开销，通过选择对应于每个节点最小累计开销的前置节点，可以在这些路径中只保留一条路径。

这并不意味着可以立即得到整体最小路径开销，如上面例子所示，在特定时间下的最佳状态无法在该时刻判断出来，但是一段时间后可以得出判断。这是因为通过网格的后续路径可能会让较低路径开销以更高的速率增加，从而超越在此之前开销更高的路径。在图 6.26 中，如果在 t_2 时刻选择了一条路径，那么可能最终会做出完全错误的决定。假设在 t_2 时刻选择了状态 S_{10}，因为那时它恰好开销最小。在这种情况下，状态 S_{11} 恰好有着完全相同的开销，但是事实上之后开销可能会更小。正如到 t_4 时刻的网格图上所看到的，如果在 t_2 时刻删除了 S_{11} 并且只保留了状态 S_{10}，那么在 t_4 时刻无法最终选择正确的路径，因为这样的话在 t_3 时刻无法找到到达节点 S_{10} 的路径，而这条路径恰好是正确路径的一部分。

为了看到最佳路径是如何根据维特比译码得出的，以下代码显示了一个卷积码的工作过程。首先需要一个状态表来储存状态的数目，代码如下所示。

```
% StateTable.m - 状态转移和码字生成
classdef StateTable
    properties
        NumStates                                   % 可能的状态数
        NumStateBits                                % 每种状态的比特
        NumOutBits                                  % 每个输出的比特
    end

    methods (Access = public)
        function TheStateTable = ...
        StateTable(NumStates, NumStateBits, NumOutBits)
            TheStateTable.NumStates = NumStates;
            TheStateTable.NumStateBits = NumStateBits;
            TheStateTable.NumOutBits = NumOutBits;
        end

        function ShowTable(TheStateTable)
            disp(TheStateTable);
        end
end                                                 %结束方法

    % 此处添加其他方法和辅助函数
end
```

这个状态表能够帮助网格图产生状态序列。给出当前状态，它能够得出下一个可能的状态，并且根据输入比特，可以得到输出码字，这是通过 MapState()函数实现的。

```
methods (Access = public)
    % 将状态和输入映射到输出和下一个状态
    function [Y, State, NextStateIndex, NextState] = ...
```

```
                        MapState(TheStateTable, StateIndex, x)

            % 比特串——LSB: 最高位索引, MSB: 最低位索引
            State = TheStateTable.StateBits(StateIndex);
            Y = dec2bin(0, TheStateTable.NumOutBits);
            Y(3) = StateTable.xorstr([x]);
            Y(2) = StateTable.xorstr([x State(2)]);
            Y(1) = StateTable.xorstr([State(2) State(1)]);

            % 下一个状态为: 当前状态左移,输入比特移动到 LSB
            NextState = [State(2:end) x];
            % 将二进制字符串转换为实际的索引
            NextStateIndex = bin2dec(NextState) + 1;
        end
    end

    methods (Access = private)
        % 将当前状态(整数)转换为字符串
        function str = StateBits(TheStateTable, StateIndex)
            str = dec2bin(StateIndex - 1, TheStateTable.NumStateBits);
        end
    end

    methods (Static)
        % 多比特 XOR, 如果 1 的数目为奇数,则为真
        function resbit = xorstr(str)
            isodd = false;
            if( mod(length(find(str == '1')), 2) == 1 )
                isodd = true;
            end

            resbit = '0';
            if( isodd )
                resbit = '1';
            end
        end

        function d = HammingDist(x, y)
            d = length(find(x ~= y));
        end
    end
```

网格必须能够封装状态和转换状态,并实现维特比回溯过程,这可以通过定义一个网格节点完成,代码如下。

```
    % CNode.m——卷积编码的节点类
    classdef CNode < handle

        properties
```

```
        StateIdx                        % 该节点的状态索引
        TimeIdx                         % 该节点的时间索引

        NextStateIdx                    % 下一个节点的索引
        Bit                             % 转移的输入比特
        Code                            % 转移的输出编码
        PrevStateIdx                    % 前一个状态的索引

        PathCost                        % 累积路径开销
        PathIdx                         % 最佳回溯路径索引
    end

    methods (Access = public)
        function [hNode] = CNode(StateIdx, TimeIdx)
            hNode.StateIdx = double.empty;
            hNode.TimeIdx = double.empty;
            hNode.NextStateIdx = double.empty;
            hNode.PrevStateIdx = double.empty;
            hNode.Bit = char.empty;
            hNode.Code = char.empty;

            hNode.PathCost = inf;
            hNode.PathIdx = 0;

            if( nargin == 2 )
                hNode.StateIdx = StateIdx;
                hNode.TimeIdx = TimeIdx;
            end
        end

        function SetNext(hNode, Idx, StateIdx, Bit, Code)
            hNode.NextStateIdx(Idx) = StateIdx;
            hNode.Bit(Idx) = Bit;
            hNode.Code(Idx, :) = Code;
        end

        function ClearNext(hNode)
            hNode.NextStateIdx = double.empty;
            hNode.Bit = char.empty;
            hNode.Code = char.empty;
        end

        function AddPrev(hNode, StateIdx)
            hNode.PrevStateIdx = [hNode.PrevStateIdx StateIdx];
        end

        function ClearPrev(hNode)
            hNode.PrevStateIdx = double.empty;
        end
    end                                 % 结束方法
end
```

每个网格节点必须存储下一个状态的索引，以及前一个状态的索引。后者是为了实现回溯过程。整个网格由一个个规则的节点组成，这些节点通过状态和时间的组合来索引。前面所创造的状态表也存储在网格之中。

```
% CTrellis.m——卷积编码的网格类
classdef CTrellis < handle
    properties
        NumStates                           % 可能的状态数
        MaxTimeIdx                          % 时间间隔数

        NumStateBits                        % 每种状态的比特
        NumOutBits                          % 每个输出的比特

        StateTable                          % 状态映射表
        hNodeTable                          % 链接在网络中的所有节点的数组
    end
    methods
        function [hTrellis] = CTrellis(NumStates, MaxTimeIdx, NumStateBits, NumOutBits)

            % 保存网格的尺寸
            hTrellis.NumStates = NumStates;
            hTrellis.MaxTimeIdx = MaxTimeIdx;

            % 保存网格的参数
            hTrellis.NumStateBits = NumStateBits;
            hTrellis.NumOutBits = NumOutBits;

            % 对网格创建状态表
            hTrellis.StateTable = StateTable(NumStates, NumStateBits, NumOutBits);

            % 创建指针，指向初始状态节点
            hTrellis.hNodeTable = CNode();
            for TimeIdx = 1:hTrellis.MaxTimeIdx
                for StateIdx = 1:hTrellis.NumStates
                    hTrellis.hNodeTable(StateIdx, TimeIdx) = ...
                                  CNode(StateIdx, TimeIdx);
                end
            end
        end
        % 此处添加其他方法
        % PopulateNodes()
        % EmitCodewordSeq()
        % ForwardPass()
        % Backtrack()
        % ShowPathCosts()
    end                                     % 结束方法
end                                         % 结束类
```

与网格构造函数一样,网格中的节点也需要构造,这可以通过 PopulateNodes()函数来实现,它根据已定义的状态表为每个输入位(1 或 0)创建向前和向后的指针。

```
function PopulateNodes(hTrellis)
    % 为网格中的每个节点设置分支转移
    for TimeIdx = 1:hTrellis.MaxTimeIdx
        for StateIdx = 1:hTrellis.NumStates

            X = '01';
            for k = 1:2
                % 当前输入比特
                x = X(k);
                [Y, State, NextStateIdx, NextState] = hTrellis.StateTable.MapState(StateIdx, x);

                % 前向指针指向下一个时间索引的状态
                if( TimeIdx == hTrellis.MaxTimeIdx )
                    hTrellis.hNodeTable(StateIdx, TimeIdx).ClearNext();
                else
                    hTrellis.hNodeTable(StateIdx, TimeIdx).SetNext(k, NextStateIdx, x, Y);
                end

                % 后向指针
                if( TimeIdx == 1 )
                    hTrellis.hNodeTable(StateIdx, TimeIdx).ClearPrev();
                end

                if( TimeIdx < hTrellis.MaxTimeIdx )
                    hTrellis.hNodeTable(NextStateIdx, TimeIdx + 1).AddPrev(StateIdx);
                end
            end
        end
    end
end
```

此时,网格已经完成了初始化,并且能够对比特流进行编码。给定一个比特序列,网格从开始到结束进行遍历,每个时刻发出一个码字。

```
function [CodeSeq] = EmitCodewordSeq(hTrellis, BitSeq)
    BitSeqLen = length(BitSeq);
    TimeIdx = 1;
    StateIdx = 1;

    % 返回的数字序列
    CodeSeq = char.empty;

    % 向前遍历节点列表
    for n = 1:BitSeqLen
        b = BitSeq(n);                          % 当前比特

        % 在前向表中找到该比特
```

```
        bits = { hTrellis.hNodeTable(StateIdx, TimeIdx).Bit };
        bits = char(bits);
        ibit = find(b == bits);

        Code = hTrellis.hNodeTable(StateIdx, TimeIdx).Code(ibit,:);
        CodeSeq(TimeIdx, :) = Code;

        % 链接到网格的下一节点
        StateIdx = hTrellis.hNodeTable(StateIdx, TimeIdx).NextStateIdx(ibit);
        TimeIdx = TimeIdx + 1;
    end
end
```

接收端必须先取出码字序列，并且在每个节点存储累计路径开销。这可以通过 ForwardPass()方法完成，采取先前构建的网格并将接收到的码字序列运用到其中。每个节点的状态转换都必须计算汉明距离，沿着整个路径的累计汉明距离也必须计算出来。在遍历下一个节点时，这些将与当前的开销相比较，如果新的开销比当前的开销要低，它将与前置节点指针一起存储起来以便于回溯。

```
function ForwardPass(hTrellis, CodewordSeq)
    NumDigits = length(CodewordSeq);

    % 初始化路径开销
    for TimeIdx = 1:hTrellis.MaxTimeIdx
        for StateIdx = 1:hTrellis.NumStates

            if( TimeIdx == 1 )
                hTrellis.hNodeTable(StateIdx, TimeIdx).PathCost = 0;
                hTrellis.hNodeTable(StateIdx, TimeIdx).PathIdx = 0;
            else
                hTrellis.hNodeTable(StateIdx, TimeIdx).PathCost = Inf;
                hTrellis.hNodeTable(StateIdx, TimeIdx).PathIdx = 0;
            end
        end
    end

    for TimeIdx = 1:hTrellis.MaxTimeIdx-1

        RxCode = CodewordSeq(TimeIdx, :);
        for StateIdx = 1:hTrellis.NumStates
            for k = 1:2

                Code = hTrellis.hNodeTable(StateIdx, TimeIdx).Code(k,:);
                Bit = hTrellis.hNodeTable(StateIdx, TimeIdx).Bit(k);

                NextStateIdx = hTrellis.hNodeTable(StateIdx, TimeIdx).NextStateIdx(k);
                HamDist = hTrellis.StateTable.HammingDist(RxCode, Code);

                PathCost = hTrellis.hNodeTable(StateIdx, TimeIdx).PathCost;
                NewCost = PathCost + HamDist;
```

```
                CurrCost = hTrellis.hNodeTable(NextStateIdx, TimeIdx + 1).PathCost;

                if( NewCost < CurrCost )
                    hTrellis.hNodeTable(NextStateIdx, TimeIdx + 1).PathCost = NewCost;
                    hTrellis.hNodeTable(NextStateIdx, TimeIdx + 1).PathIdx = StateIdx;
                end
            end
        end
    end
end
```

能够展示出路径开销和状态索引转换是十分有用的，通过对整个网格执行 ShowPahtCosts()函数来实现。

```
function ShowPathCosts(hTrellis)
    for StateIdx = 1:hTrellis.NumStates
        for TimeIdx = 1:hTrellis.MaxTimeIdx
            PathCost = hTrellis.hNodeTable(StateIdx, TimeIdx).PathCost;
            PrevStateIdx = hTrellis.hNodeTable(StateIdx, TimeIdx).PathIdx;

            fprintf(1, '%d / %d \t', PrevStateIdx, PathCost);
        end
        fprintf(1, '\n');
    end
end
```

最后，回溯函数在最后执行，确定通过所有状态的最小累计开销。前一个状态的索引用于回溯到前一个时刻，重复此步骤直到回到网格的起点。

```
function [StateSeq, BitSeq, CodeSeq] = Backtrack(hTrellis)
    RevStateSeq = zeros(1, hTrellis.MaxTimeIdx);
    CurrTimeIdx = hTrellis.MaxTimeIdx;

    TermCosts = cell2mat( { hTrellis.hNodeTable(:, CurrTimeIdx).PathCost } );
    [CurrCost, CurrStateIdx] = min(TermCosts);
    FwdTimeIdx = 1;

    while( CurrStateIdx > 0 )
        RevStateSeq(FwdTimeIdx) = CurrStateIdx;
        CurrCost = hTrellis.hNodeTable(CurrStateIdx, CurrTimeIdx).PathCost;
        fprintf(1, 'curr state/time %d/%d cost %d\n', CurrStateIdx, CurrTimeIdx, CurrCost);

        NextStateIdx = hTrellis.hNodeTable(CurrStateIdx,CurrTimeIdx).PathIdx;
        CurrStateIdx = NextStateIdx;
        CurrTimeIdx = CurrTimeIdx - 1;
        FwdTimeIdx = FwdTimeIdx + 1;
    end

    %反转比特串顺序
```

```
    StateSeq = fliplr(RevStateSeq);
    BitSeq = char('x' * ones(1, hTrellis.MaxTimeIdx - 1));
    CodeSeq = char('x' * ones(hTrellis.MaxTimeIdx - 1, hTrellis.NumOutBits));

    for TimeIdx = 1:hTrellis.MaxTimeIdx - 1
        StateIdx = StateSeq(TimeIdx);
        NextStateIdx = StateSeq(TimeIdx + 1);

        % 在前向表中找到该比特
        NextStates = hTrellis.hNodeTable(StateIdx, TimeIdx).NextStateIdx;
        istate = find(NextStateIdx == NextStates);
        Digits = hTrellis.hNodeTable(StateIdx, TimeIdx).Code(istate,:);
        DigitSeq(TimeIdx, :) = Digits;
        Bit = hTrellis.hNodeTable(StateIdx, TimeIdx).Bit(istate);
        BitSeq(TimeIdx) = Bit;

        Code = hTrellis.hNodeTable(StateIdx, TimeIdx).Code(istate, :);
        CodeSeq(TimeIdx, :) = Code;
    end
end
```

下面的例子显示了如何创建本节中的网格示例。

```
% TestCTrellis.m

clear classes

NumStates = 4;
MaxTimeIdx = 7;
NumStateBits = 2;
NumOutBits = 3;

hTrellis = CTrellis(NumStates, MaxTimeIdx, NumStateBits, NumOutBits);
hTrellis.PopulateNodes();

BitSeq = '110010';
[CodeSeq] = hTrellis.EmitCodewordSeq(BitSeq);

% 这是传输的码序列
CodeSeq

% 在传输中插入一个错误
% CodeSeq(2,:) = '111';

% 接收机执行以下处理
hTrellis.ForwardPass(CodeSeq);
hTrellis.ShowPathCosts();

[StateSeq, BitSeq, CodeSeq] = hTrellis.Backtrack();
StateSeq
BitSeq
CodeSeq
```

在传输中插入错误，接收到的码字序列就会发生变化。使用 CodeSeq(2,:)='111'，在 t_2 时刻设置了一个错误的接收比特序列。然后，通过代码中所示的前向-后向过程，就可以恢复出正确的比特序列。

6.6 加密与安全

在访问存储信息的物理资源时需要考虑信息安全。例如，根据系统用户提供的凭据（密码或令牌）访问无线服务器。因为 IP 网络是基于分组交换的并且独立地处理每个数据分组，任何附加的安全措施也都必须以最小的延迟高速运行。

除了物理资源以外，信息转移也涉及安全性。在传输信息时，尤其是通过无线通信信道时，第三方截取信息的可能性总是存在的。对于许多通信类型而言，这个可能并不重要。但对于某些应用，让通信在发送方和接收方之间保留私密性是极其重要的。例如，金融交易需要交易各方高度信任。这个概念比通常所实现的要广泛得多。除了保持通信（信息）秘密以外，确保消息的完整性也是必要的，它证明消息来自于声称发送此消息的人，同时没有被篡改。通常认为有以下 3 个关键的层面来确保一个通信系统的安全。

(1) 机密性（Confidentially）意味着消息的隐私，需要对消息内容进行加密。

(2) 完整性（Integrity）意味着消息在传输中不能被篡改。

(3) 身份验证（Authentication）意味着可以验证消息的发送者。

“传统”的安全系统是物理安全的一种，并且需要一个物理钥匙。这个钥匙可以匹配一个或多个锁。但是它也有缺点，这与电子安全有相似之处，即一把钥匙可能丢失或被盗，也可能被复制。在电子领域，还有一个额外的问题，即密钥分配问题，或者说如何传输电子密钥。此外，还有其他的要求，即需要认证发送信息的人。一般情况下，可以采用以下方式验证身份。

(1) 你有什么——如身份证。

(2) 你知道什么——如密码或个人识别码（Personal Identification Number，PIN）。

(3) 你是什么——使用生物特征，如用户的指纹。

一个与安全系统相关的有用的术语清单可在 NIST 数字标识指南标准（NIST，2017）中找到。下面将介绍一些数字安全的基础，包括加密以及对用户身份和电子文件的认证。

6.6.1 加密算法

为了对信息进行加密，加密算法是必要的，它能以某种方式改变原始信息流，以便让可能拦截部分或全部信息的人（窃听者）无法理解原始信息。当然，相应的解密方法也是必要的，如图 6.28 所示。

信息的发送方使用加密密钥（Encryption Key）加密明文（Cleartext 或 Plaintext）并传输密文（Ciphertext）。接收方执行相反的操作，因此必须掌握解密密钥的相关知识。在这种情况下，加密和解密密钥是相同的。反向操作实际上可能与加密类似，但有一些系统（后面讨论）的解密与加密并不是完全相同的。中间的云表示信息必须穿过的可能不安全的路径。云可能是一个物理链接（如无线路径）或网络中的中间路由器，发送方无法对它进行控制。假设在最差的情况下，有人拦截了部分或全部密文，如果他们拥有密钥，就能够解密信息。即使没有密钥，他们也可以尝试通过猜测或其他更复杂的方法来确定密钥。

系统的安全性基于电子密钥本身，密钥的相关知识允许对接收到的消息进行解密。基本的假设是所有人都可以访问信息，因此没有物理安全的假设，这是无线网络中的典型场景以及互联网中的普遍情形。

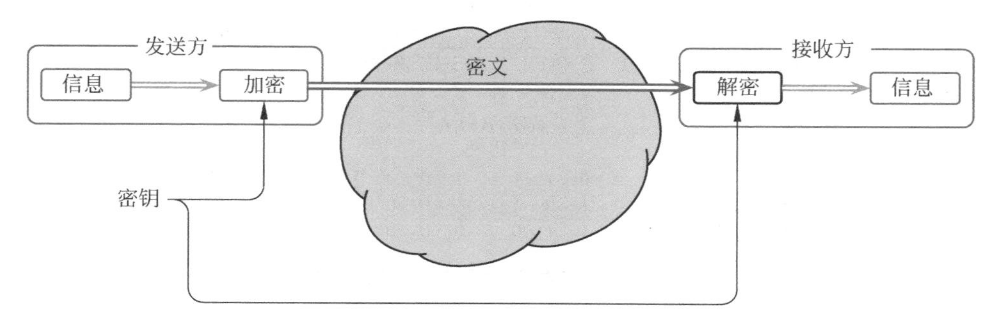

图 6.28 私有(或秘密)密钥加密中的信息流

注：网络云可以由许多可以被第三方访问的中间节点组成，因此它被认为是不安全的。理想情况下，密钥是通过分离且安全的信道发送到接收方的。

请注意，图 6.28 中的密钥是在云区域之外从发送方传输到接收方的。当然，如果某人拦截了密钥，那么他就可以解密所有信息。因此，密钥必须通过安全的信道独立地发送出去，这称为密钥分发问题，该问题将在 6.6.3 节讨论。

一些安全系统是基于算法本身的保密性，即包含在加密信息中的特殊步骤。人们普遍认为这不是一个好主意，主要有两个原因。首先，很可能有人会对加密设备(包括软件)进行反向工程，如果这是唯一的私密部分，那么秘密将永远被破坏。其次是算法的开放性。如果加密算法的步骤可供所有人审核，那么任何缺点都很有可能被暴露。这需要设计者能够部署一个更加强大的加密系统，其中密钥的保密性是一个重要的因素。

6.6.2 简单加密系统

一个十分简单并且经常使用的加密系统是基于异或函数的。考虑到二进制异或函数，则定义

$$A \oplus B \triangleq A \cdot \overline{B} + \overline{A} \cdot B \tag{6.34}$$

通过对二进制变量(位)A 和 B 进行所有可能的组合，可以得到如表 6.6 所示的真值表。

表 6.6 数字异或函数真值表

A	B	$A \oplus B$
0	0	0
0	1	1
1	0	1
1	1	0

注：只有输入比特 A 和 B 不相同时，输出才是真(1)。

一个简单的加密函数可以通过将信息分成 N 位的数据块，再将其与 N 位的密钥异或构成。这个过程对于信息中的所有数据块都需要重复进行，并反复使用相同的密钥。该系统是可逆的，在密文和密钥之间应用完全相同的异或操作，可以恢复原始明文，如图 6.29 所示。

证明异或加密的可逆性并不难。如果信息为 M，密钥为 K，那么加密的信息 E 为

$$E = M \oplus K \tag{6.35}$$

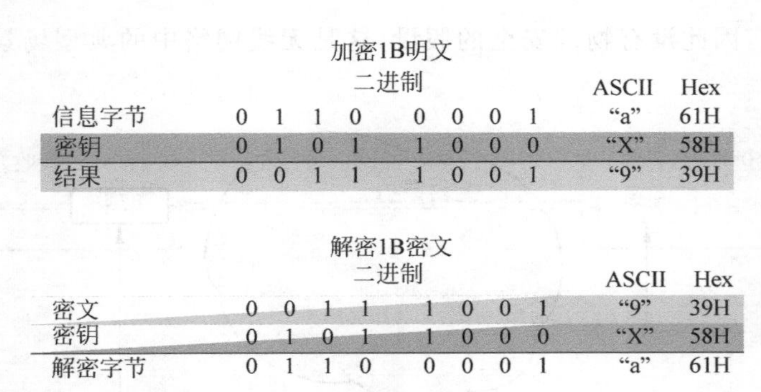

图 6.29 一个简单的异或加密与解密的例子

采用相同的密钥对加密的信息进行异或运算，得到

$$\begin{aligned} M' &= E \oplus K \\ &= (M \oplus K) \oplus K \end{aligned} \tag{6.36}$$

这里代入了加密表达式(6.35)。由表 6.6 可以看出任何二进制值与它本身($A=B$)的异或结果为 0，于是有

$$\begin{aligned} M' &= M \oplus (K \oplus K) \\ &= M \oplus 0 \end{aligned} \tag{6.37}$$

根据表 6.6 可知，一个值与 0(输入 B，$A=0$)的异或结果是它本身，即

$$\begin{aligned} M' &= M \oplus 0 \\ M' &= M \end{aligned} \tag{6.38}$$

因此，解密信息与原始信息完全相同。

其他两种简单的加密方案也经常使用，历史上它们都被用于人类可读的文本(即“字母”)，实际上它们可以用于任意数据。一种是简单的替换密文(Substitution Cipher)，其中一个字母由表中的另一个字母替换(或者更简单地说，由字母表循环旋转形成的表，其中包括所有可能的符号)。这种密文从古代开始就被使用了。另一种方法是将字母分块并重新排序，其本质就是错位密文(Transposition Cipher)。替换密文的逆运算需要知道替换密文的替换表，错位密文则需要知道密文的错位规则。当然，可以组合使用这些方法，图 6.30 演示了对两个简单字母的加密。

这些方法都存在缺点。简单的替换密文很容易遭到统计攻击。如果已知明文是一种特殊的对话类型，如英语文本，那么字母在字母表中出现的频率也就是已知的(或者至少在某个程度上是近似的)。因此，通过简单的替换，对于不同的字母，相对频率将被保留，这将为替换破译提供线索。因此，这种单字母密文(Monoalphabetic Cipher)提供的加密非常弱。

除了统计分析，简单的穷举搜索也是可能的，即使并不总是可行的。如果替换只是对字母表简单的旋转，它很可能被暴力破解。然而，对字母表的完全随机排列将更加困难一些。如果 26 个字母都是可使用的，那么对于第一个字母就会有 26 种可能的替换，对于第二个字母就会有 25 种替换，以此类推，因此对于整个字母表(逐个减少是因为成对替换不会加密消息)就有 26!种可能的排列。

或者，可以使用关键词或词组，使每个字母代表不同的替换起点。在词组中的每个字母可以作为一个新的字母表的起点。一旦所有的字母都被使用过，那么就重复使用密钥。这也叫作多字母密文(Polyalphabetic Cipher)，因为在替换中使用的字母表超过一个。当然，对密钥持续的重复使用会导致密文图样的长度与密钥词组相等。

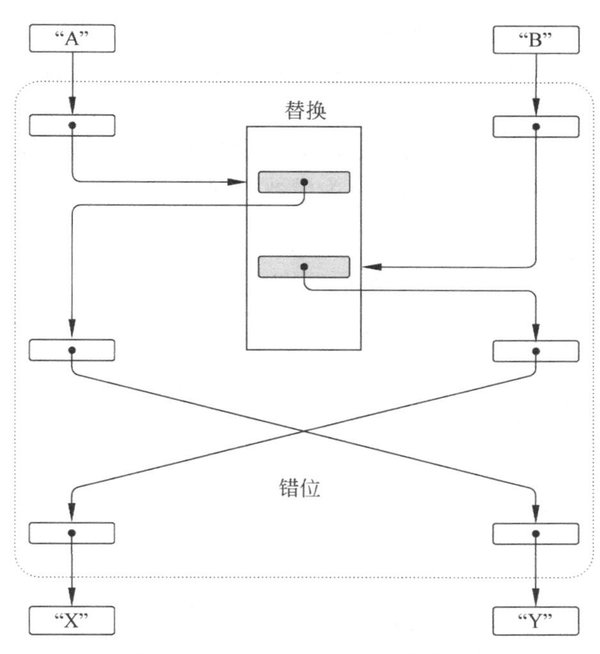

图 6.30 使用替换和错位创造一个更复杂的加密系统

在实际应用中,比上述简易方法更强大的加密操作是必要的。加密过程应标准化,而不是未发布的或专有化的,这也是非常需要的。这使得多个供应商能够生产加密和解密设备(硬件和软件),因为他们知道这些设备将具有互操作性。有了这样的想法,数据加密标准(Data Encryption Standard, DES)就应运而生了(NIST,1999)。在该标准发布后的一段时间内,在加密信息的计算复杂度和暴力破解的难度之间取得了很好的平衡。考虑到计算能力的进步,需要一个更强的密码,DES 现在被高级加密标准(Advanced Encryption Standard,AES)所取代(NIST,2001)。另一个被广泛使用的加密方法是 RC5,在 RFC2040 中提出(Baldwin,et al. ,1996),该方法引入了与数据相关的旋转,中间过程中的旋转基于数据中的其他位(Rivest,1994)。

6.6.3 密钥交换

在迄今为止讨论的每种加密方法中,都存在一个潜在的问题,即如何使双方(或所有必要的人)都知道密钥,而不将其暴露给其他人。如果潜在的通信信道是不安全的,这似乎将成为一个无法解决的问题,实际上在很长一段时间内也确实如此。

密钥交换(或者更普遍地说,密钥分发)问题多年来得到了大量的研究,最著名的方法就是 Diffie-Hellman-Merkle 算法(Diffie,et al. ,1976)。该算法需要使用模运算和整数的幂运算。模代数指计数到一个指定值(模)后,重新置 0。模运算的数值性质对于解密一条加密消息,以及确保某种程度的保密性都是至关重要的。保密性是基于对非常大的数字(可能是成百上千位数字)很难进行因式分解,因此,密钥必须被看成是一个数字。

乘法可以理解为一种单向的数学运算。假设 $r=a \cdot b$,如果给出 a 和 b,这就简化为一个简单的运算。然而,如果只给出了 r,要确定因子 a 和 b 就很困难了。当然,这不是不可能的,尤其是如果只有一个可行解。接下来,假设 $r=a^p$,如果给出 a 和 p,那么计算很简单;但是如果只给出 r 和 a,寻找 p 的问题就变得困难很多，只能反复地尝试各种指数 p。如果使用对数，因为 $p=\log_a r$，就可以直接得到一个数学解。为了让逆运算更加困难，引入模 N 运算，并且令 $r=a^p \bmod N$。这样就不能使用对数直接求解（因为引入了模 N 运算），如果再加入其他参数，确定 p 就更加困难了。

考虑图 6.31，两个对象 A 与 B 想要通过交换密钥实现加密信息的过程，但是假设通信信道是不安全的。双方都同意使用整数 a 为底数和质数 N 为模数。在本例之后，讨论选择 a 和 N 的要求，以及 N 为质数的必要性。

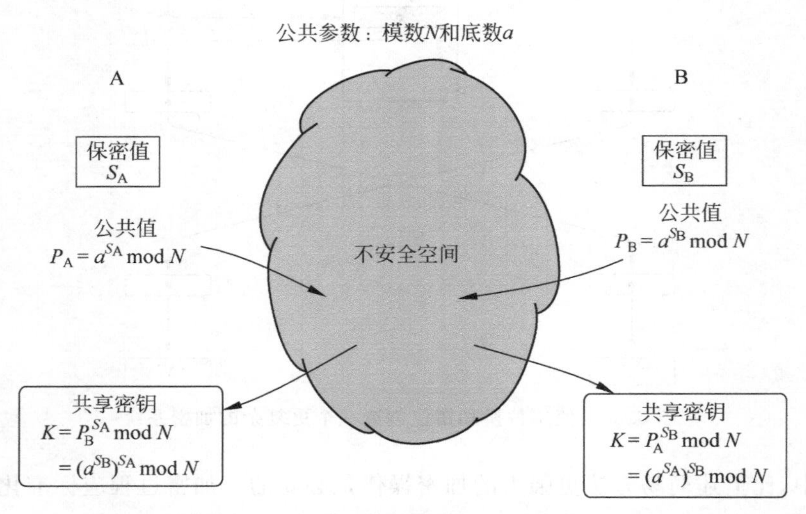

图 6.31 在不安全的传输信道中的密钥交换流程

注：计算参数 P_A 和 P_B 可以是公开的，但 S_A 和 S_B 必须是保密的。

A 的第一步就是产生一个随机整数 S_A，并且对其进行保密。类似地，B 产生一个随机整数 S_B。即使它们都必须是保密的，但必须以某种方式交换密钥（或者更准确地说，计算密钥的值，保证其在通信的双方都是相同的）。为了秘密交换密钥，A 计算

$$P_A=a^{S_A} \bmod N \tag{6.39}$$

并且将其发送给 B。因为假设对 A 来说 S_A 是保密的，那么理想情况下没有任何其他人能算出 P_A，除非通过猜测——但这样的猜测应该无法得到正确答案。由于 P_A 处于一个公共的领域，假设拦截者能够获得它（可能甚至 A 和 B 都不知道）。类似地，B 计算公共值

$$P_B=a^{S_B} \bmod N \tag{6.40}$$

并将其发送给 A。接下来，A 使用自己的保密值 S_A 和公共值 P_B，可以计算出密钥

$$K_A=P_B^{S_A} \bmod N \tag{6.41}$$

通过一种类似的方式，使用公共值 P_A 以及保密值 S_B，B 计算

$$K_B=P_A^{S_B} \bmod N \tag{6.42}$$

K_A 和 K_B 看起来可能会不相同，但是事实上 A 计算

$$\begin{aligned}K_A&=P_B^{S_A} \bmod N\\&=(a^{S_B})^{S_A} \bmod N\end{aligned} \tag{6.43}$$

而 B 计算

$$K_B = P_A^{S_B} \bmod N$$
$$= (a^{S_A})^{S_B} \bmod N \qquad (6.44)$$

因此 $K_A = K_B = K$，即所有密钥 K 都相等。当然，K 对 A 和 B 必须保持隐秘且不能泄露，以此维护其保密性。

在计算密钥中使用模的原因是为了防止对 K 的直接计算。假设计算中不直接使用模 N 运算，在这种情况下，A 中的初始运算就变成了 $P_A = a^{S_A}$，其中 P_A 和 a 已知。因此，$S_A = \log_a P_A$，那么保密值 S_A 就可以被直接计算出来。使用模运算以后，对数运算就不起作用了，直接的逆运算是不可行的。

图 6.32 展示了一个简化的数字实例。为了简化计算，选择了很小的数以便于突出必要的计算。实际应用中，使用的数将会更加大(100 位或更多)。

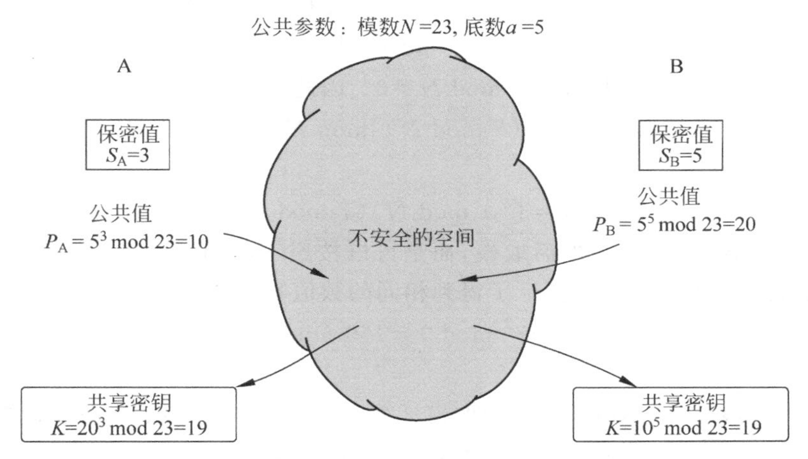

图 6.32 一个简化的密钥交换数字示例

注：参数 $N=23$ 和 $a=5$ 是固定且公开的。A 将计算出来的值 $P_A=10$ 放入公开区域；同样，B 计算出 $P_B=20$ 并放入公开区域。在分开的部分中，A 和 B 都能计算出密钥 $K=19$。因为 S_A 和 S_B 是保密的，其他人无法轻易地算出 K。

假设底数 $a=5$，模量 $N=23$。A 产生一个随机秘密整数 $S_A=3$，然后计算公共值 $P_A=5^3 \bmod 23$，再将其发送至 B。B 产生一个随机秘密整数 $S_B=5$，然后计算公共值 $P_B=5^5 \bmod 23$，再将其发送至 A。因此，双方都使用了公共信息($N=23, a=5$)，以及它们自己的秘密随机数。接下来，使用公共信息和它们各自的秘密整数来得到一个数，以此得到相同的答案(公钥 K)，对双方来说都十分重要。

A 计算出 $K=20^3 \bmod 23=19$，其中使用了公共值 $P_B=20$ 和保密值 $S_A=3$。B 用不同的参数以相似的方法计算出 $K=10^5 \bmod 23=19$，其中使用了公共值 $P_A=10$ 和保密值 $S_B=5$。因此，两边得出相同的值 $K=19$。本质上，双方都是计算 $K=5^{3\times5} \bmod 23=19$。

看起来 $5^{3\times5} \approx 3\times10^{10}$ 是一个很大的数，因此对于一个未知的窃听者，尝试穷举搜索会存在许多可能性。然而，模运算极大地减少了这个空间，减少到最多为 $N-1$，因此 N 取大的值是有必要的。

如果模 N 和保密值 S_A、S_B 都长达几百位，所有可能性的空间是非常大的，那么通过迭代算法求解共享密钥实际上就变得不可能了。当然，说“实际上不可能”是因为它取决于可使用的计算资源。对于“破解”密钥这个任务，如果利用更强的计算能力，那么在任何给定时间内设计好的安全系统也可能变得不安全。此外，算法的缺点或在实际应用中的具体实施方法都可以提供一个可以利用的突破点。

因为计算结果在数值上很大，很有可能会溢出标准的计算寄存器。例如，存储上一个例子中的结果所需的位数估计为$\lceil \log_2 5^{15} \rceil = 35$。然而，实际中使用的值不会这么小。如果$a=37$，保密值为6和8，那么存储该结果需要超过250位。如果要尝试直接实现，所需的大量存储位会产生严重的问题，这是由直接计算$37^{6\times 8}\approx 1.87\times 10^{75}$所决定的。然而，这是个误解，因为浮点格式对于非常大的数字具有固定的精度，典型值是52位。由于确定密钥需要精确的结果，任何因缺乏精度而舍入的结果都会影响最终结果。换句话说，计算后的密钥由于数据溢出有可能不准确。

如何克服这个限制呢？根本问题就是计算涉及大数的高次幂运算。如果直接执行，即求幂后再使用模运算，那么将超过任何处理器的整数限制。解决方法就是先取模将数变小，再进行乘法运算。考虑$[(a \bmod N)(b \bmod N)] \bmod N$，可以通过整数$k_1$和$k_2$定义模运算。

$$\begin{aligned}[(a \bmod N)(b \bmod N)]\bmod N &= (a+k_1N)(b+k_2N)\bmod N \\ &= (ab+k_2aN+k_1bN+k_1k_2N^2)\bmod N \\ &= ab \bmod N\end{aligned} \tag{6.45}$$

最后一行是由于对于任何整数k，都有$kN \bmod N=0$。因此

$$[(a \bmod N)(b \bmod N)]\bmod N = ab \bmod N \tag{6.46}$$

如果$b=a$，那么

$$a^2 \bmod N = [(a \bmod N)(a \bmod N)]\bmod N \tag{6.47}$$

也就是说，不必对一个数求二次方，然后取模，而是可以按照不同的顺序进行计算。首先，对每个数取模，再执行乘法，最后再次取模。这就保证了得到相同的数值答案，而且没有溢出的危险。例如

$$\begin{aligned}13^2 \bmod 9 &= 169 \bmod 9 \\ &= 7\end{aligned}$$

因为$169=18\times 9+7$。改变计算顺序，在每个取模运算后再执行乘法，最后进行模运算，则有

$$\begin{aligned}13^2 \bmod 9 &= ((13 \bmod 9)(13 \bmod 9))\bmod 9 \\ &= (4\times 4)\bmod 9 \\ &= 16 \bmod 9 \\ &= 7\end{aligned}$$

因此，先取模再相乘也是可行的。直接计算$5^{3\times 5} \bmod 23$有

```
mod(5^(3*5),23)
ans =
    19
```

中间结果为$5^{3\times 5}=3.0518\times 10^{10}$，它需要35位来精确表示。更大的中间结果将会造成溢出，因此会得到一个不正确的结果。利用上述幂模理论，可将指数和模改写为一个循环，如下所示。

```
 % 模 N 的幂运算
 % rv = a^ev mod N
 % ev 可以是标量或矢量
function [rv] = expmod(a, ev, N)

 % 指数 ev 为矢量时，进行循环
rv = zeros(length(ev), 1);
for k = 1:length(ev)
```

```
        e = ev(k);

        % 每个阶段的幂模运算——不会溢出
        r = 1;
        for nn = 1:e
            r = mod(r * a, N);
        end
        r = mod(r, N);

        % 保存至矢量结果中
        rv(k) = r;
    end
```

相同的计算可以通过 expmod()函数实现，结果如下。

```
    expmod(5, 3 * 5, 23)
    ans =
        19
```

假设所需的计算为 11^{15}，那么它在 52 位范围内。对 $N=23$ 取模，mod(11^15,23)和 expmod(11,15,23)都能得出相同的结果(为 10)。然而，如果要计算的值变为 13^{15}，由于产生了溢出，结果将会不同。

选择 N 作为质数是前面所提出的要求。此外，a 也不应该随意选择。为了明白为什么要这样，考虑一个攻击者尝试要猜出密钥时进行的穷举搜索。尝试 a 为 $1\sim N-1$ 的所有指数，会产生对 K 的一系列猜测。假设 $a=5$，$N=23$。对于 $a^k \bmod N$ 的猜测将被计算为

```
    a = 5;
    N = 23;

    sort(mod(a.^[1:N-1], N))
    ans =
        1 2 3 4 5 6 7 8 9 10 11 12 13 14 15 16 17 18 19 20 21 22
```

可以观察到结果跨越了 $1\sim N-1$ 的整个范围。对于较大的 a 和 N，可以使用上述所提到的模幂运算，结果如下。

```
    a = 5;
    N = 23;

    sort(mod(a, [1:N-1], N))'
    ans =
        1 2 3 4 5 6 7 8 9 10 11 12 13 14 15 16 17 18 19 20 21 22
```

但假设随机选择 $a=6$ 和 $N=22$，攻击者的重复试验将造成如下结果。

```
    a = 6;
    N = 22;

    sort(mod(a.^[1:N-1], N))
```

```
ans =
    2 2 4 4 6 6 6 6 8 8 10 10 12 12 14 14 16 16 18 18 20 20
```

很显然有大量的重复，从而让搜索空间对于迭代猜测而言变得更小。在这种情况下，N 显然不是一个质数。然而，N 为质数是必要的但不充分条件。再考虑 N 为质数的情况，即 $N=23$，$a=6$，则有

```
a = 6;
N = 23;

sort(mod(a.^[1:N-1], N))
ans =
    1 1 2 2 3 3 4 4 6 6 8 8 9 9 12 12 13 13 16 16 18 18
```

这种情况下也有相当多的重复。第一种情况下，即 $a=5$，$N=23$ 时，a 是 N 的一个原根(Primitive Root)，所以没有重复。

6.6.4 数字签名和哈希函数

基于上面的讨论，保密性包括确保信息的完整性和对发起者的身份验证，这可以通过数字签名(Digital Signature)完成。这是一个独特的有代表性的图样，根据信息而产生，表明信息没有被篡改。扩展这一思想，发送方的身份可以被融合进来以便产生认证签名。

当然，可以使用前面所描述的计算信息校验和的方法。校验和是为了检测在传输中的信息内容的错误。如果认为错误是故意引入的(而不是随机的)，那么问题实际上是相同的，即为每一个信息计算一个独一无二的位图样。当用于确保通信安全的领域时，这种签名也称为信息摘要(Message Digest)。不过，简单的校验和并不真正适合作为信息摘要，因为在了解校验和算法的情况下，可以对数据进行简单的修改，从而保证更改后的信息的校验和不变。

最著名的信息摘要算法是 MD5 算法，记载于 RFC1321(Rivest，1992)。MD5 引入了一个 128 位的信息摘要，或者说信息的指纹(Fingerprint)。生成信息摘要的主要问题是保证结果值的唯一性。这种算法叫作哈希函数(Hashing Function)，用于产生一个摘要或哈希，这是一个在其他领域(如数据库信息检索)中很著名的概念。另一种摘要或哈希算法是安全哈希算法(Secure Hash Algorithm，SHA)，记载于安全哈希标准(NIST，2015)。

签名或哈希函数也被用于质询-响应系统。考虑到在一个可能不安全的通信链接中传输密码的问题，当然希望能够加密密码，但是它很容易受到暴力或字典攻击。即使被加密了，重放相同的加密密码会造成系统受损，即使此时密码本身没有被破解，需要以某种方式阻止这样的重放攻击(Replay Attack)。

解决这些问题的一个方法就完全不需要传输密码。在这种情况下，当客户端希望访问资源时，服务器会发出一个“质询”字符串，该字符串通常是基于伪随机数生成的比特流。此质询将发送给客户端，客户端必须根据质询字符串和身份验证凭据(如密码或 PIN)，通过哈希函数生成响应。因为质询是随机的，因此不可以再次使用。重要的是，密码或凭证本身实际上是不会被传输的，发送的只有计算出来的哈希值。质询-响应握手可在使用摘要授权(Digest Authorization)机制的 HTTP 网页请求中使用，那么密码就不会以明文的形式被发送(Fielding，et al.，1999；Franks，et al.，1999)。

6.6.5　公钥加密

如果加密是一个单向函数,则信息哈希不会被破解,同时也没有人能够解密信息,包括预期的接收者。这不是一个有用的情形,但是可以突出公钥加密的基本观点,即只有目标接收者才能破译信息。在公钥加密中,加密和解密不是使用一个密钥,而是两个:一个用于加密,另一个用于解密。加密密钥是公众已知的,但是解密密钥只有接收者知道。因此,即使发送者也不能解密自己的信息。显然,加密和解密在某种程度上是相关的。不太明显的是,应该不存在根据给定的加密密钥和任意数量的密文或相关明文推断出解密密钥的方法。

RSA 算法解决了这个看起来几乎不可能的问题(Rivest,et al.,1978)。此公钥算法根据其发明者(Ron Rivest, Adi Shamir 和 Leonard Adleman)的名字命名,它的安全性源于分解大的质数(几百位数字或更长)的固有困难。

在公钥加密中,要发送的整个信息会被分成 M 个便于管理的小数据块,当然,任何任意长度的信息都可以通过将其分成小的数据块而被加密。数据块 M 的大小必须小于某个整数 N(其中 N 具有的性质稍后介绍)。产生的密文数据块 C 可能会在一个不安全的信道中传输。

使用 RSA 加密,需要加密密钥 e 和相匹配的解密密钥 d。由于目的是要有一个用于加密的公钥,e 对于所有希望发送信息给确定的接收者都是可用的。接收者必须根据某些规则产生 e,并保持解密密钥 d 的私密性。图 6.33 说明了发送方和接收方的角色,以及公钥和私钥的可用性。图 6.33 中的云表示不被信任的信道,也就是说,假设任何人都可以访问此区域的数据。尽管这样的拦截可能很困难,但良好的安全性意味着必须假设这种最坏的情况。

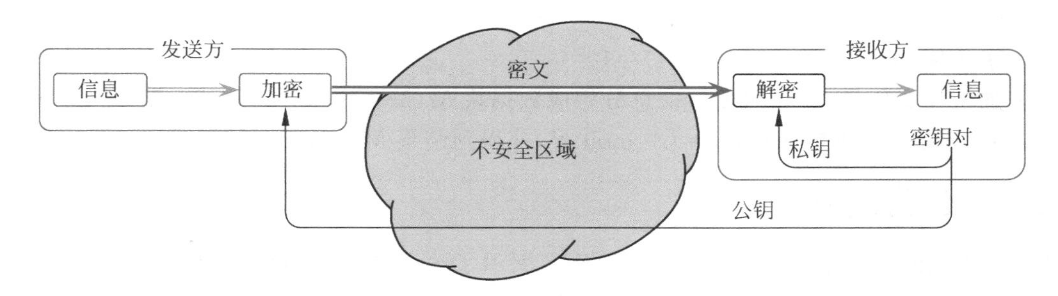

图 6.33　公钥加密流程

注:"云"表示不安全的信道,可能是本地的无线网络,甚至是整个互联网。

为了确定 d 和 e,选择两个很大的随机质数 p 和 q 是很有必要的,并且长度要相同。回想起质数只有 1 和它本身作为因子,而没有其他数。那么,定义 $N=pq$,接收方能够选择公钥 e 且保证 e 与 $(p-1)(q-1)$ 互质。两个数互质意味着它们没有公共的因数,这需要最大公约数(Greatest Common Divisor, GCD)满足

$$\gcd(e,(p-1)(q-1))=1 \tag{6.48}$$

私钥计算为

$$ed \bmod (p-1)(q-1)=1 \tag{6.49}$$

一旦完成加密和解密的设置,发送端就可以使用模幂运算将信息数据块 M 加密为密文 C,采用的方式与前面介绍的密钥交换类似。

$$C=M^e \bmod N \tag{6.50}$$

由于加密参数已经选好了，解密根据

$$M' = C^d \bmod N \tag{6.51}$$

给出原始信息。也就是说，M'是被恢复的信息块，与原始信息块 M 相同。所有的解密数据块一起组成整个信息。

这可能听起来很复杂，因此下面给出一个简化的数字示例。在设置阶段，需要进行以下步骤。

(1) 选择 $p=47, q=79$；

(2) 计算 $n=pq=3713$；

(3) 计算$(p-1)(q-1)=3588$；

(4) 选择 $e=37$，满足 e 与 3588 互质；

(5) 求解 d 使 $37d \bmod 3588=1$，发现 $d=97$ 符合此条件。

为了加密信息块 M，只需要计算

$$C = M^{37} \bmod 3713 \tag{6.52}$$

如果第一个数据块 $M=58$，那么相应的密文 $C=58^{37} \bmod 3713=1671$。为了解密信息，必须要计算

$$M' = C^{97} \bmod 3713 \tag{6.53}$$

根据 $C=1671$ 可以得到 $M'=58$，与原始数据块 M 完全相等。

考虑到加密和解密的过程中，会计算大数的高次幂，那么数字溢出的可能性很大。这个问题在 6.6.3 节讨论过，其中给出了数值解法来规避此问题。

总之，加密和解密的过程中，首先使用以下步骤确定加密公钥 e 和解密私钥 d。

(1) 选择大的随机质数 p 和 q，找到模值 $N=pq$；

(2) 选择 e，使 e 和$(p-1)(q-1)$互质；

(3) 计算 d 使 $ed \bmod (p-1)(q-1)=1$。

接下来加密任意信息，首先需要将信息分解成数据块 $M(M<N)$，并计算 $C=M^e \bmod N$。解密接收到的密文 C 需要在接收端计算 $M'=C^d \bmod N$，并得到结果 $M'=M$。

6.6.6 公钥认证

除了上述提到的加密信息的步骤，RSA 的论文展示了这些方法如何用于身份验证(Authentication)(Rivest, et al., 1978)，如图 6.34 所示。与加密相比，根本的改变就是密钥产生的位置。对于加密而言，密钥是由接收者产生的，而对于身份验证，密钥是由发送者产生的。简单地说，如果信息可以被公钥解密，那么信息一定是使用相匹配的私钥加密的。

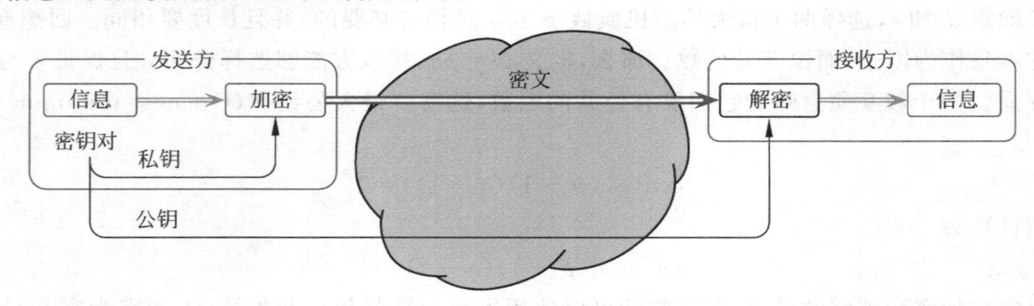

图 6.34 公钥认证流程

注：只有拥有正确私钥的发送者才能生成加密信息，此过程不单独提供保密性。

注意，这并不能解决加密问题，因为根据定义，公钥是公共的并且可以被任何人解密。为了确保保密性（通过加密）和保证身份验证（通过解密），必须独立应用前面的两种算法。

6.6.7 公钥加密的数学基础

本节旨在深刻理解上述公钥方法的数学基础。这涉及了公钥算法的产生，理解它是如何工作以及为什么这样工作，并且过程中涉及了一些细节问题，如加密参数的选择和计算的可行性。如果需要进一步了解细节和例子，推荐阅读原始文献（Rivest，et al.，1978）及其参考文献。

在公钥密码学中需要用到的一个工具是确定有多少个比任意数 N 小的质数。当然可以逐个选出比 N 小的所有数，然后再检测每个数，依次看它是否有任何因数。为了检测每个数，称之为 k，要检查所有小于它的数，即 $2\sim k-1$。当然，k 的因子最大是$\sqrt{k}$，因此仅此一项就大大减少了所需的测试数量。对于公钥加密和密钥交换，它们需要很大的数，从而防止穷举搜索攻击。

从相反的角度来考虑这个问题，假设所有的数都是质数，即从 2 开始，可以标出每个数的所有倍数。这个算法可以追溯到古代，称为埃拉托色尼筛选法。这个方法通过乘法（更简单）而不是除法（更复杂）很快地消除了大量数字。

加密-解密算法的关键是确定有多少个小于 N 的数与 N 互质，称为欧拉函数 $\varphi(N)$。如果 N 是质数，那么 $\varphi(N)=N-1$。但是，这是一种特殊情况。考虑 N 是两个质数乘积的情况。如果选择 $p=3$ 和 $q=7$，那么 $N=pq=21$，框出 7 的倍数如下。

1 2 3 4 5 6 **7** 8 9 10 11 12 13 **14** 15 16 17 18 19 20 [21]

同样地，框出 3 的倍数如下。

1 2 **3** 4 5 **6** 7 8 **9** 10 11 **12** 13 14 **15** 16 17 **18** 19 20 [21]

此时还剩余

1 2 **3** 4 5 **6** **7** 8 **9** 10 11 **12** 13 **14** **15** 16 17 **18** 19 20 [21]

可以看出，3 的倍数有 6 个$(q-1)=7-1=6$，7 的倍数有两个$(p-1=3-1=2)$。因此，总结得到小于 21 且与 21 互质的数的方法如下。首先以 $N-1=21-1=20$ 个数开始，因为不计 21（但是要计 1，因为这就是“互质”的定义）。然后，删除 7 和它的倍数以及 3 和它的倍数。那么可以推断出等式为

$$
\begin{aligned}
\varphi(N) &= (N-1)-(p-1)-(q-1) \\
&= pq-1-p+1-q+1 \\
&= pq-p-q+1 \\
&= (p-1)(q-1)
\end{aligned}
\tag{6.54}
$$

因此，在这种情况下，有$(3-1)\times(7-1)=12$ 个小于 21 的数没有被框住。

DH 密钥交换和 RSA 公钥加密都需要对一个数的幂函数进行模运算。例如，假设 $N=12$，那么比 12 小且与 12 互质的数为 1，5，7，11，因此 $\varphi(12)=4$。假设数 $a=5$ 与 12 互质，然后将 a 与每个互质的数相乘，再将其结果对 12 取模，则可得到以下一连串结果。

$$
\begin{aligned}
1a \bmod 12 &= 5 \\
5a \bmod 12 &= 1 \\
7a \bmod 12 &= 11 \\
11a \bmod 12 &= 7
\end{aligned}
$$

请注意，在取模操作之后，右侧产生的余数与左侧的数在相同的范围内。左侧的数相乘与右侧的数相乘

后结果相等，即

$$1a \cdot 5a \cdot 7a \cdot 11a \bmod 12 = 5 \cdot 1 \cdot 11 \cdot 7 \bmod 12$$

$$a^4 \bmod 12 = 1$$

指数4实际上就是$\varphi(N)$。关键的结果就是右侧总是为1，这为成功解密提供了最重要的依据。

将这个结果一般化，考虑数a与某个余数相乘，结果是整数k与模N相乘之后再加上一个不同的余数，即

$$ar_i = kN + r_j \tag{6.55}$$

或者使用模运算表示如下。

$$ar_i \bmod N = r_j \tag{6.56}$$

根据前面的数值示例，将左侧所有的项相乘，与右侧所有项相乘的结果相等，即

$$\prod_{i \in 互质} ar_i \bmod N = \prod_{j \in 互质} r_j \bmod N \tag{6.57}$$

所以

$$a^{\varphi(N)} \prod r_i \bmod N = \prod r_j \bmod N \tag{6.58}$$

$$a^{\varphi(N)} \bmod N = 1 \tag{6.59}$$

这在RSA公钥算法中是一个重要的结果：若数a的指数为欧拉函数，将幂函数对N取模，结果总是等于1。

现在回到公钥加密，并证明解密总能够得到原始信息。简要回顾一下，对于加密有

$$C = M^e \bmod N \tag{6.60}$$

解密则有

$$M' = C^d \bmod N \tag{6.61}$$

该系统中选择两个大的随机质数p和q并设置

$$N = pq \tag{6.62}$$

比N小且与N互质(欧拉函数)的数的个数为

$$\varphi(N) = (p-1)(q-1) \tag{6.63}$$

选择加密公钥e，使之与$\varphi(N)$互质，那么解密私钥d计算如下。

$$ed \bmod \varphi(N) = 1 \tag{6.64}$$

将密文C替换到解密公式中可得

$$\begin{aligned} M' &= C^d \bmod N \\ &= M^{ed} \bmod N \end{aligned} \tag{6.65}$$

由于选择了ed，则

$$ed \bmod \varphi(N) = 1 \tag{6.66}$$

使用模运算则为

$$k\varphi(n) + 1 = ed \tag{6.67}$$

其中，k为一个整数。因此，解密信息M'为

$$M' = M^{k\varphi(N)+1} \bmod N \tag{6.68}$$

使用欧拉函数，对于任意与N互质的数a，有

$$a^{\varphi(N)} \bmod N = 1 \tag{6.69}$$

因此，接收到的信息为

$$
\begin{aligned}
M' &= M^{k\varphi(N)+1} \bmod N \\
&= M^{k\varphi(N)} \cdot M^1 \bmod N \\
&= (M^{\varphi(N)})^k \cdot M \bmod N \\
&= 1^k \cdot M \bmod N \\
&= M \bmod N \\
&= M
\end{aligned} \tag{6.70}
$$

因此,解密信息 M' 总是与原始信息 M 相等。

6.7　本章小结

下面是本章的要点：

- 使用校验和与 CRC 进行检错；
- 使用汉明码和卷积码进行纠错；
- 密钥加密方法；
- 密钥交换方法；
- 公钥加密方法。

习题 6

6.1　解释纠错和检错之间的区别,从以下概念出发。

(1) 给出误差距离和汉明距离的定义。

(2) 解释如何使用二维奇偶校验进行纠错。

(3) 为了检测 d 个错误,在码字中需要多大的汉明距离？并解释如何得到此答案。

(4) 为了纠正 d 个错误,在码字中需要多大的汉明距离？并解释如何得到此答案。

6.2　汉明码能够用于检测错误,在许多情况下也可用于纠错。

(1) 推导(7,4)汉明纠错码的布尔校验位生成方程。

(2) 计算 4 位信息块 1110 的校验位。

(3) 如果信息被正确接收,计算其伴随位。

(4) 如果信息被错误接收为 1111,计算其伴随位,此时伴随位能否正确识别出错误位置?

(5) 如果信息被错误接收为 1101,计算其伴随位,此时伴随位能否正确识别出错误位置?

6.3　创建一个与表 6.4 类似的表,以证明(15,11)汉明码是可行的。

6.4　关于检错码,回答以下问题。

(1) 解释校验和的含义,什么实际系统使用校验和进行检错?

(2) 解释 CRC 的含义,什么实际系统使用 CRC 进行检错?

6.5　使用 CRC 生成器 1011 和信息 1010 1110,回答以下问题。

(1) 如果没有错误,计算 CRC 余数。通过替换 CRC 余数并再次执行 CRC 除法过程来检查 CRC,以显示余数均为零。

(2) 如果在传输第三位时突然产生一个 3 位错误 111,序列变成 1001 0110 101,演示如何检测到错误。

(3) 如果突发的错误从第 4 位开始且恰好与生成式相同，序列变成 1011 1000 101，演示为什么没有检测到错误。

6.6 图 6.35 展示了一个简单的以 A 为起始节点，H 为终止节点的网格图。每个中间节点都被标记了，并且假设只有两个中间块 $t_1 \to t_2$ 和 $t_2 \to t_3$ 是完全相连的。使用这个简单的拓扑结构，回答以下问题。

(1) 通过跟踪所有可能的路径，确定可能路径的数目及其开销。

(2) 如果添加了另一个中间阶段，那么会有多少条可能的路径？如果添加了两个中间阶段，又会有多少条可能的路径？这是否能证明可能的路径数呈指数增长的说法是正确的？

(3) 证明在每个阶段，根据维特比算法计算出来的累计路径开销 $\begin{pmatrix} C_u \\ C_l \end{pmatrix}$ 是正确的。

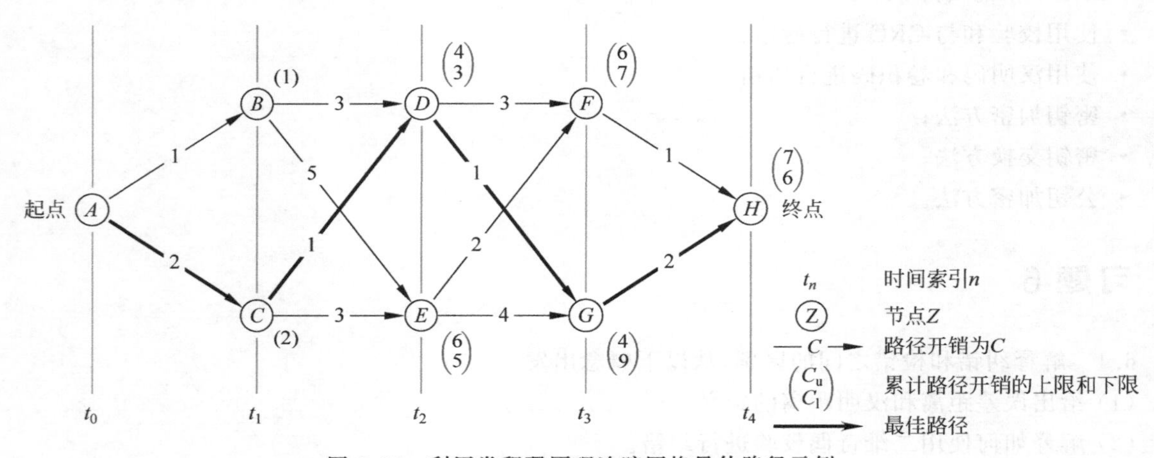

图 6.35 利用卷积码原理追踪网格最佳路径示例

6.7 对于网格图和在 6.5.4 节所提到的相关参数，使用给出的 MATLAB 代码验证是否产生了正确的状态序列和位序列。注意图 6.27 中的网格图使用 0 作为起始状态索引，但在 MATLAB 代码中，假设状态从 1 开始，0 表示“未知状态”。如果在时间 t_1 收到不正确的码字 111 会发生什么？

6.8 关于数据安全性，解释以下术语。

- 保密性
- 完整性
- 身份验证
- 暴力攻击
- 加密密钥
- 公钥加密
- 哈希函数
- 数字签名

6.9 使用 Diffie-Hellman-Merkle 算法的密钥交换以及使用 RSA 算法的公钥加密，都需要计算大数的幂函数。如果实施简单的计算方法，会造成数字溢出。

(1) 使用 MATLAB 计算 11^{15}，通过对这个结果取以 2 为底的对数，估计准确的数学表达需要多少位。对 13^{15} 执行相同的操作。

(2) 使用 MATLAB 内置的 mod()函数计算 11^{15} mod 23,然后使用本章中介绍的 expmod()函数计算。

(3) 使用 MATLAB 内置的 mod()函数计算 13^{15} mod 23,然后使用本章中介绍的 expmod()函数计算。

(4) 解释在这些案例中观察到的差异。

6.10　关于密码的存储与传输,回答以下问题。

(1) 为什么只存储加密密码比较有利?实际应该如何实现?

(2) 解释在质询-握手身份验证中的步骤,它解决了什么问题?

6.11　关于加密方案,回答以下问题。

(1) 单级异或函数是如何执行加密的,这种方法的缺点是什么?

(2) 从数学上证明异或函数可以用于解密被简单异或运算加密的信息。

(3) 公钥加密如何改进?绘制它的系统框图,定义在哪里生成密钥,传输了什么,公开了什么,以及加密了什么。

参 考 文 献

Acharya T, Ray A K,2005. Image Processing-Principles and Applications[M]. New York: Wiley.

Ahmed N, Natarajan T, Rao K R,1974. Discrete Cosine Transform[J]. IEEE Transactions on Computers, C-23(1): 90-93.

Aho A V, Hopcroft J E, Ullman J D,1987. Data Structures and Algorithms[M]. Reading, MA: Addison-Wesley.

Allman M, Paxson V, Blanton E,2009. TCP Congestion Control[S]. RFC5681. DOI:10.17487/RFC5681.

Allman M, Paxso V, Stevens W,1999. TCP Congestion Control[S]. RFC2581. DOI:10.17487/RFC2581.

Armstrong E H, 1921. A New System of Short Wave Amplification[J]. Proceedings of the Institute of Radio Engineers, 9(1): 3-11.

Armstrong E H,1936. A Method of Reducing Disturbances in Radio Signaling by a System of Frequency Modulation[J]. Proceedings of the Institute of Radio Engineers, 24(5): 689-740.

Baldwin R, Rivest R, 1996. The RC5, RC5-CBC, RC5-CBC-Pad, and RC5-CTS Algorithms[S]. RFC2040. DOI:10.17487/ RFC2040.

Barclay L W, 1995. Radiowave Propagation-the Basis of Radiocommunication[C]// Proceedings of the 1995 International Conference on 100 Years of Radio: 89-94.

Barclay L,2003. Propagation of Radiowaves[M]. 2nd edition. London: Institution of Electrical Engineers.

Barnoski M K, Jensen S M,1976. Fiber Waveguides: a Novel Technique for Investigating Attenuation Characteristics[J]. Applied Optics, 15(9):2112-2115.

Barnoski M K, Rourke M D, Jensen S M, et al. , 1977. Optical Time Domain Reflectometer[J]. Applied Optics, 16(9): 2375-2379.

Belshe M, Peon R, Thomson M,2015. Hypertext Transfer Protocol-HTTP/2[S]. RFC7540. DOI:10.17487/RFC7540.

Bennett W R, 1984. Secret Telephony as a Historical Example of Spread-Spectrum Communications [J]. IEEE Transactions on Communications, 31(1): 98-104.

Bennett J, Partridge C, Shectman N, 1999. Packet Reordering is not Pathological Network Behavior[J]. IEEE/ACM Transactions on Networking, 7(6): 789-798.

Berners-Lee T, Fielding R, Frystyk H, 1996. Hypertext Transfer Protocol-HTTP/1.0[S]. RFC1945. DOI: 10.17487/RFC1945.

Braden R, Borman D, Partridge C,1988. Computing the Internet Checksum[S]. RFC1071. DOI:10.17487/RFC1071.

Brandenburg K,1999. MP3 and AAC Explained[C]//Proceedings of 17th International Conference: High-Quality Audio Coding: 17-009.

Burrows M, Wheeler D J, 1994. A Block-Sorting Lossless Data Compression Algorithm [R]. HP Labs Technical Reports.

Carrel R, 1961. The Design of Log-periodic Dipole Antennas[C]// 1958 IRE International Convention Record. DOI: 10.1109/IRECON.1961.1151016.

Carson J R, 1922. Notes on the Theory of Modulation[J]. Proceedings of the Institute of Radio Engineers, 10(1): 57-64.

Chao H J,2002. Next Generation Routers[J]. Proceedings of the IEEE, 90(9): 1518-1558.

Cooley J W, Tukey J W,1965. An Algorithm for the Machine Calculation of Complex Fourier Series[J]. Mathematics of Computation, 19(90): 297-301.

Cooper G R, Nettleton R W, 1978. A Spread-Spectrum Technique for High-Capacity Mobile Communications[J]. IEEE

Transactions on Vehicular Technology,27(4): 264-275.

Costas J P, 1956. Synchronous Communications[J]. Proceedings of the IRE, 44(12): 1713-1718.

Cotton M, Eggert L, Touch J, et al., 2011. Internet Assigned Numbers Authority (IANA) Procedures for the Management of the Service Name and Transport Protocol Port Number Registry[S]. RFC6335. DOI: 10.17487/ RFC6335.

Delp E, Mitchell O, 1979. Image Compression Using Block Truncation Coding[J]. IEEE Transactions on Communications, 27(9): 1335-1342.

Diffie W, Hellman M E, 1976. New Directions in Cryptography[J]. IEEE Transactions on Information Theory,22(7): 644-654.

DuHamel R, Isbell D. 1957. Broadband Logarithmically Periodic Antenna Structures[C]//1958 IRE International Convention Record. DOI: 0.1109/IRECON.1957.1150566.

Elias P,1954. Error-free Coding[J]. Transactions of the IRE Professional Group on Information Theory, 4(4): 29-37.

Farrell D, Oakley A, Lyons R,2005. Discrete-Time Quadrature FM Detection[J]. IEEE Signal Processing Magazine, 22(5): 145-149.

Fielding R, Gettys J, Mogul J, et al., 1999. Hypertext Transfer Protocol-HTTP/1.1[S]. RFC2616. DOI: 10.17487/RFC2616.

Fletcher J G,1982. An Arithmetic Checksum for Serial Transmissions[J]. IEEE Transactions on Communications, 30(1): 247-252.

Floyd S, Jacobson V,1994. The Synchronization of Periodic Routing Messages[J]. IEEE/ACM Transactions on Networking, 2(2): 122-136.

Forster R,2000. Manchester Encoding: Opposing Definitions Resolved[J]. Bell System Technical Journal, 9(6): 278-280.

Frana P L, Misa T J, 2010. An Interview with Edsger W. Dijkstra[J]. Communications of the ACM, 53(8): 41-47.

Franks J, Hallam-Baker P, Hostetle J, et al., 1999. HTTP Authentication: Basic and Digest Access Authentication[S]. RFC2617. DOI: 10.17487/RFC2617.

Fredkin E,1960. Trie Memory[J]. Communications of the ACM, 3(9): 490-499.

Frerking M E, 2003. Digital Signal Processing in Communication Systems[M]. 9th edition. New York: Springer.

Friis H T, 1944. Noise Figures of Radio Receivers[J]. Proceedings of the IRE, 32(7): 419-422.

Fuller V, LI T,2006. Classless Inter-Domain Routing (CIDR): the Internet Address Assignment and Aggregation Plan[S]. RFC4632. DOI: 10.17487/RFC4632.

Gallager R G,1978. Variations on a Theme by Huffman[J]. IEEE Transactions on Information Theory, 24(6): 668-674.

Gast M S,2002. 802.11 Wireless Networks-The Definitive Guide[M]. Sebastopol, CA: O'Reilly.

Giancoli D C, 1984. General Physics[M]. Englewood Cliffs, NJ: Prentice Hall.

Gupta P, 2000. Algorithms for Routing Lookup and Packet Classification[D]. Stanford,CA: Stanford University.

Guru B S, Hiziroğlu H R, 1998. Electromagnetic Field Theory[M]. Boston: PWS.

Hall E A,2000. Internet Core Protocols[M]. Sebastopol, CA: O'Reilly.

Hamming R W, 1950. Error Detecting and Error Correcting Codes[J]. The Bell System Technical Journal, 29(2): 147-160.

Hartley R V L, 1923. Relations of Carrier and Side-Bands in Radio Transmission[J]. Proceedings of the IRE, 1(1): 34-56.

Hartley R V L, 1928. Transmission of Information[J]. Bell System Technical Journal,7(3): 535-563.

Haykin S, Moher M, 2009. Communications Systems[M]. 5th edition. Hoboken, NJ: Wiley.

Hecht J,2004. City of Light-The Story of Fiber Optics[M]. Oxford, UK: Oxford University Press.

Hecht J, 2010. Beam-The Race to Make the Laser[M]. Oxford, UK: Oxford University Press.

Hedrick C,1988. Routing Information Protocol[EB/OL]. https://www.rfc-editor.org/info/rfc1058.

Henry P,1985. Introduction to Lightwave Transmission[J]. IEEE Communications Magazine, 23(5): 12-16.

Huffman D A, 1952. A Method for the Construction of Minimum-Redundancy Codes[J]. Proceedings of the IRE, 40(9): 1098-1101.

IANA, 2002. Special-use IPv4 Addresses[S]. RFC3330. DOI:10.17487/RFC3330.

IEC, 2014. Safety of Laser Products, Standard IEC 60825[S]. International Electrotechnical Commission (IEC).

IEEE, 1997a. IEEE Standard Definitions of Terms for Radio Wave Propagation, Standard IEEE Std 211-1997[S]. Piscataway, NJ: Institution of Electrical and Electronics Engineers.

IEEE, 1997b. IEEE Standard Letter Designations for Radar-Frequency Bands, Standard IEEE Std 521-2002[S]. Piscataway, NJ: Institution of Electrical and Electronics Engineers.

IEEE, 2012. IEEE Standard for Information Technology-Telecommunications and Information Exchange between Systems Local and Metropolitan Area Networks-Specific requirements Part 11: Wireless LAN Medium Access Control (MAC) and Physical Layer (PHY) Specifications, Standard 802.11[S]. Piscataway, NJ: Institution of Electrical and Electronic Engineers.

IEEE, 2013. IEEE Standard for Definitions of Terms for Antennas, Standard IEEE Std 145-2013[S]. Piscataway, NJ: Institution of Electrical and Electronics Engineers.

Isbell D,1960. Log Periodic Dipole Arrays[J]. IRE Transactions on Antennas and Propagation, 8(3): 260-267.

ISO, 2009. Optics and Photonics-Spectral Bands, Standard ISO 20473[S]. International Organization for Standardization.

ITU, n. d. Radiowave Propagation, Standard ITU P Series[S]. International Telecommunication Union.

ITU-R, n. d. ITU Radiocommunication Sector[EB/OL]. [2017-12-31]. http://www.itu.int/ITU-R/index.asp.

Jacobson V,1988. Congestion Avoidance and Control[J]. ACM SIGCOMM Computer Communication Review, 18(4): 314-329.

Jayant N S, Noll P, 1990. Digital Coding of Waveforms: Principles and Applications to Speech and Video[M]. Englewood Cliffs, NJ: Prentice Hall Professional Technical Reference.

Johnson J B,1928. Thermal Agitation of Electricity in Conductors[J]. Physical Review, 32: 97-109.

Kahn D, 1984. Cryptology and the Origins of Spread Spectrum[J]. IEEE Spectrum, 21(9): 70-80.

Kao K C, Hockham G A, 1966. Dielectric-Fibre Surface Waveguides for Optical Frequencies[J]. Proceedings of the Institution of Electrical Engineers, 113(7): 1151-1158.

Karn P, Partridge C,1987. Improving Round-Trip Time Estimates in Reliable Transport Protocols[J]. ACM SIGCOMM Computer Communication Review, 17(5): 2-7.

Kozierok C, 2005. The TCP/IP Guide[M]. No Starch Press,2005.

Kraus J D,1992. Electromagnetics[M]. New York: McGraw-Hill.

Lasorte N, Barnes W J, Refai H H, 2008. The History of Orthogonal Frequency Division Multiplexing[C]// IEEE 2009 Global Communications Conference. Honolulu, Hawaii: 1-5.

Lim H, Kim H G, Yim C, 2009. IP Address Lookup for Internet Routers Using Balanced Binary Search with Prefix Vector[J]. IEEE Transactions on Communications, 57(3): 618-621.

Lyons R G, 2011. Understanding Digital Signal Processing[M]. 3rd edition. Upper Saddle River, NJ: Prentice-Hall.

Magill D T, Natali F D, Edwards G P, 1994. Spread-Spectrum Technology for Commercial Applications[J]. Proceedings of the IEEE, 82(4): 572-584.

Mallory T, Kullberg A, 1990. Incremental Updating of the Internet Checksum[S]. RFC1141. DOI: 10.17487/RFC1141.

Malvar H S, 1990. Lapped Transforms for Efficient Transform/Subband Coding[J]. IEEE Transactions on Acoustics, Speech, and Signal Processing, 38(6): 969-978.

Mathis M, Mahdavi J, Floyd S, et al., 1996. TCP Selective Acknowledgment Options[S]. RFC2018. DOI: 10.17487/ RFC2018.

Maxino T C, Koopman P J, 2009. The Effectiveness of Checksums for Embedded Control Networks[J]. IEEE Transactions on Dependable and Secure Computing, 6(1): 59-72.

Morrison D R, 1968. Patricia-Practical Algorithm to Retrieve Information Coded in Alphanumeric[J]. Journal of the ACM, 15(4): 514-534.

Moy J, 1998. OSPF Version 2[S]. RFC2328. DOI: 10.17487/RFC2328.

Narashima M J, Peterson A M, 1978. On the Computation of the Discrete Cosine Transform[J]. IEEE Signal Processing Magazine, 26(6): 934-936.

Narten T, Huston G, Roberts L, 2011. IPv6 Address Assignment to End Sites[S]. RFC6177. DOI: 10.17487/RFC6177.

NASA, n. d. What Wavelength Goes With a Color? [EB/OL]. [2017-12-31]. http://science-edu.larc.nasa.gov/EDDOCS/Wavelengths_for_Colors.html.

NIST, 1999. Data Encryption Standard (DES), Federal Information Processing Standards (withdrawn) FIPS 46-3[S]. United States National Institute of Science and Technology.

NIST, 2001. Advanced Encryption Standard (AES), Standard FIPS 197[S]. United States National Institute of Science and Technology.

NIST, 2015. Secure Hash Standard (SHS), Standard FIPS 180-4[S]. United States National Institute of Science and Technology.

NIST, 2017. NIST Special Publication 800-63b Digital Identity Guidelines, Draft Standard Special Publication 800-63B [S]. United States National Institute of Science and Technology.

Nyquist H, 1924a. Certain Factors Affecting Telegraph Speed[J]. Journal of the American Institute of Electrical Engineers, 43(2): 124-130.

Nyquist H, 1924b. Certain Topics in Telegraph Transmission Theory[J]. Bell System Technical Journal, 3(2): 324-346.

Nyquist H, 1928. Thermal Agitation of Electric Charge in Conductors[J]. Physical Review, 32: 110-113.

Oberhumer M F, n. d. LZO[EB/OL]. www.oberhumer.com.

Painter T, Spanias A, 1999. A Review of Algorithms for Perceptual Coding of Digital Audio Signals[C]// Proceedings of 13th International Conference on Digital Signal Processing. DOI:10.1109/ICDSP.1997.628010.

Painter T, Spanias A, 2000. Perceptual Coding of Digital Audio[J]. Proceedings of the IEEE, 88(4): 451-515.

Paschotta R, 2008. The Encyclopedia of Laser Physics and Technology[EB/OL]. [2017-12-31]. RP Photonics Consulting GmbH. https://www.rp-photonics.com/encyclopedia.html.

Paxson V, Allman M, Chu J, et al., 2011. Computing TCP's Retransmission Timer[S]. RFC6298. DOI: 10.17487/ RFC6298.

Personick S D, 1977. Photon Probe-an Optical-Fiber Time-Domain Reflectometer[J]. The Bell System Technical Journal, 56(3): 355-366.

Postel J, 1981. Transmission Control Protocol[S]. RFC0793. DOI: 10.17487/RFC0793.

Postel J, 1991. Internet Protocol[S]. RFC0791. DOI:10.17487/RFC0791.

Pozar D M, 1997. Beam Transmission of Ultra Short Waves: an Introduction to the Classic Paper by H. Yagi[J]. Proceedings of the IEEE, 85(11): 1857-1863.

Price R, 1983. Further Notes and Anecdotes on Spread-Spectrum Origins[J]. IEEE Transactions on Communications, 31(1): 85-97.

Princen J P, Johnson A W, Bradley A B, 1987. Subband/Transform Coding Using Filter Bank Designs Based on Time Domain Aliasing Cancellation[C]//International Conference on Acoustics, Speech, and Signal Processing (ICASSP). Dallas, TX: 2161-2164.

Razavi B, 1998. RF Microelectronics[M]. Upper Saddle River, NJ: Prentice Hall.

Rivest R, 1992. The MD5 Message-Digest Algorithm[S]. RFC1321. DOI: 10.17487/RFC1321.

Rivest R L,1994. The RC5 Encryption Algorithm[C]// Proceedings of the 1994 Leuven Workshop on Fast Software Encryption. Leuven, Belgium: 86-96.

Rivest R L, SHAMIR A, ADLEMAN L, 1978. A Method for Obtaining Digital Signatures and Public-key Cryptosystems[J]. Communications of the ACM, 21(2): 120-126.

Scholtz R A, 1982. The Origins of Spread-Spectrum Communications[J]. IEEE Transactions on Communications, 30(5): 822-854.

Schroeder M R, Atal B S, Hall J L,1979. Optimizing Digital Speech Coders by Exploiting Masking Properties of the Human Ear[J]. The Journal of the Acoustical Society of America, 66(6): 1647-1652.

Sedgewick R,1990. Algorithms in C[M]. MA: Addison-Wesley.

Shannon C E, 1948. A Mathematical Theory of Communication[J]. Bell System Technical Journal, 27(3): 379-423.

Sklower K, 1993. A Tree-Based Routing Table for Berkeley Unix[R]. Technical Report. Berkeley: University of California.

Srisuresh P, Holdrege M, 1999. IP Network Address Translator (NAT) Terminology and Considerations[S]. RFC2663. DOI: 10.17487/RFC2663.

Stevens W R, 1994. TCP/IP Illustrated, Volume 1. The Protocols[M]. Boston, MA: Addison-Wesley.

The Fiber Optic Association, n. d. Guide to Fiber Optics & Premises Cabling[EB/OL]. [2017-12-31]. http://www.thefoa.org/tech/ref/basic/fiber.html.

Tierney J, Rader C, Gold B, 1971. A Digital Frequency Synthesizer[J]. IEEE Transactions on Audio and Electroacoustics, 19(1): 48-57.

Ueno Y,Shimizu M,1976. Optical Fiber Fault Location Method[J]. Applied Optics, 15(6): 1385-1388.

van Der Pol B, 1946. The Fundamental Principles of Frequency Modulation[J]. Journal of the Institution of Electrical Engineers-Part Ⅲ: Radio and Communication Engineering, 93(23): 153-158.

van Etten W C, 2006. Appendix F: The Q(_) and erfc(_) Functions[M]// Introduction to Random Signals and Noise. Wiley, 2006. DOI: 10.1002/0470024135.app6.

Viterbi A,1967. Error Bounds for Convolutional Codes and an Asymptotically Optimum Decoding Algorithm[J]. IEEE Transactions on Information Theory, 13(2): 260-269.

Waldvogel M, Varghese G, Turner J, et al., 1997. Scalable High Speed. IP Routing Lookups[C]// Proceedings of the ACM SIGCOMM'97 Conference on Applications, Technologies, Architectures, and Protocols for Computer Communication. Cannes, France: 25-36.

Weaver D Jr, 1956. A Third Method of Generation and Detection of Single-Sideband Signals[J]. Proceedings of the IRE, 44(12): 1703-1705.

Weinstein S B, 2009. The History of Orthogonal Frequency-Division Multiplexing[J]. IEEE Communications Magazine, 47(11): 26-35.

Weinstein S B, Ebert P, 1971. Data Transmission by Frequency-Division Multiplexing Using the Discrete Fourier Transform[J]. IEEE Transactions on Communications Technology, 19(5): 628-634.

Weisstein E W, 2004. Sequence a00797. On-Line Encyclopedia of Integer Sequences[EB/OL]. [2017-12-31]. https://oeis.org/A091704.

Welch T, 1984. A Technique for High-Performance Data Compression[J]. IEEE Computer, 17(6): 8-19.

Woodward P M, Davies I L, 1952. Information Theory and Inverse Probability in Telecommunication[J]. Proceedings of the IEE, 99(58): 37-43.

Wright G R, Stevens W R, 1995a. TCP/IP Illustrated, Volume 2. The Implementation[M]. Boston, MA: Addison-Wesley.

Wright G R, Stevens W R,1995b. Radix tree routing tables[M]// TCP/IP Illustrated, Volume 2. The Implementation. Boston, MA: Addison-Wesley.

Yagi H,1928. Beam Transmission of Ultra Short Waves[J]. Proceedings of the Institute of Radio Engineers, 16(6):

715-740.

Ziv J,Lempel A，1977. A Universal Algorithm for Sequential Data Compression[J]. IEEE Transactions on Information Theory，23(3)：337-343.

Ziv J，Lempel A，1978. Compression of Individual Sequences via Variable-Rate Coding[J]. IEEE Transactions on Information Theory，24(5)：530-536.

附录

APPENDIX

术 语 表

A

Adaptive Prediction	自适应预测
Adaptive Quantization Backwards(AQB)	后向自适应量化
Adaptive Quantization Forwards(AQF)	前向自适应量化
Additive White Gaussian Noise(AWGN)	加性高斯白噪声
Address Resolution Protocol(ARP)	地址解析协议
Advanced Encryption Standard(AES)	高级加密标准
Alphabet	字母表
Alternate Mark Inversion(AMI)	交替反转码
Amplitude	幅度
Amplitude Modulation(AM)	幅度调制
Amplitude-Shift Keying(ASK)	幅移键控
Analog to Digital Converter(ADC)	模数转换器
Analysis-by-Synthesis Approach(ABS)	综合分析法
Angle Modulation	角度调制
Application Layer	应用层
Application Programming Interface(API)	应用程序编程接口
Asymmetric Coder	不对称编码器
Audio Frequency(AF)	音频
Authentication	身份验证
Autocorrelations	自相关
Automatic Gain Control(AGC)	自动增益控制

B

Backtracking	回溯
Bandpass Filter	带通滤波器
Baseband	基带
Basis Images	基图像

Basis Vectors	基矢量
Best Matching Prefix	最佳匹配前缀
Binary Digit	二进制数字
Binary Tree	二叉树
Biphase Mark Encoding	双相符号编码
Bit Error Rate(BER)	误码率
Block Truncation Coding(BTC)	块截断编码
Blockiness	块效应
Blockwise Prediction	分块预测
Byte	字节

C

Carrier Sense Multiple Access with Collision Avoidance(CSMA/CA)	载波侦听多路访问/冲突避免
Carrier Sense Multiple Access with Collision Detection(CSMA/CD)	载波侦听多路访问/冲突检测
Change	变化量
Checksum	校验和
Chip	码片
Chromatic Dispersion	色散
Ciphertext	密文
Circuit Switching	电路交换
Class	类
Classless Interdomain Routing(CIDR)	无类别域间路由
Clear to Send(CTS)	清除发送
Cleartext	明文
Code Division Multiple Access(CDMA)	码分多址
Code Excited Linear Prediction(CELP)	码激励线性预测
Codebook	码本
Collision Detection(CD)	冲突检测
Complex Number	复数
Congestion	拥塞
Congestion Window(CWND)	拥塞窗口
Constellation	星座图
Constructor	构造函数
Convolution	卷积
Convolutional Coding	卷积编码
Copy	副本
Correlate-Integrate	相关积分
Correlation	相关
Cost Function	代价函数

Costas Loop 科斯塔斯环
Critical Angle 临界角
Crosstalk 串扰
Cyclic Redundancy Check(CRC) 循环冗余校验

D

Data Encryption Standard(DES) 数据加密标准
Data Packets 数据分组
Data Structure 数据结构
Datagrams 数据报
Decibel 分贝
Decision 决策
Default Route 默认路由
Delayed-Decision Codes 延迟判决码
Delayed-Decision Decoding 延迟判决译码
Demodulation 解调
Density 密度
Destination IP Address 目的 IP 地址
Destination Port 目的端口
Detection 检测
Deviation Ratio(DR) 偏移比
Dictionary 字典
Difference 差值
Differential Pulse Code Modulation(DPCM) 差分脉冲编码调制
Differentiation 微分
Diffraction 衍射
Digest Authorization 摘要授权
Digital Signal Processor 数字信号处理器
Digital Signature 数字签名
Dipole 偶极子
Direct Digital Synthesizer(DDS) 直接频率合成
Direct Sequence(DS) 直接序列
Direct-Conversion 直接转换
Directed Broadcast 定向广播
Director 导向器
Direct-Sequence Spread-Spectrum(DSSS) 直接序列扩频
Discrete Cosine Transform(DCT) 离散余弦变换
Discrete Fourier Transform(DFT) 离散傅里叶变换
Discrete Multitone(DMT) 离散多音

Distance Vector	距离矢量
Distributed Feedback(DFB)	分布式反馈
Domain Name System(DNS)	域名系统
Double Sideband(DSB)	双边带
Downconversion	下变频
Dynamic Host Configuration Protocol(DHCP)	动态主机配置协议
Dynamic Programming	动态规划

E

Elemental Dipole	基本偶极子
Encryption Key	加密密钥
End-Around Carry	循环进位
Entropy Codes	熵编码
Entropy	熵
Envelope	包络
Error Correction	纠错
Error Detection	检错
Exclusive OR(XOR)	异或
Exhaustive Search	穷举搜索

F

Factor	因子
Far Field	远场
Fast Fourier Transform(FFT)	快速傅里叶变换
Fingerprint	指纹
Flow Label	流标签
Forwarding	转发
Frame Check Sequence(FCS)	帧校验序列
Frames	帧
Free Space	自由空间
Frequency Components	频率成分
Frequency Division Multiplexing(FDM)	频分复用
Frequency Division Multiple Access(FDMA)	频分多址
Frequency Hopping(FH)	跳频
Frequency Modulation(FM)	频率调制
Frequency-Hopping Spread-Spectrum(FHSS)	跳频扩频
Frequency-Shift Keying(FSK)	频移键控
Fundamental	基波

G

Gain	增益
Generator	生成器
Generator Polynomial	生成多项式
Greatest Common Divisor(GCD)	最大公约数
Greatest Common Factor(GCF)	最大公因数

H

Half-Wave Dipole	半波长偶极子
Handle	句柄
Handshake	握手
Hardware Address	硬件地址
Harmonic	谐波
Hartley Modulator	哈特利调制器
Hashing Function	哈希函数
Heterodyne	外差
Histogram	直方图
Hold-Down	保持时间
Homodyne	零差
Hop	跳
Hop Count	跳数
Human Visual System(HVS)	人类视觉系统
Hypertext Transfer Protocol(HTTP)	超文本传输协议

I

Image Frequency	镜像频率
Impulse Response	冲激响应
Impulse	脉冲
Infrared Radiation	红外线
Input/Output Block	输入/输出模块
Instantaneous Decoding	瞬时译码
Instantaneous Frequency	瞬时频率
Instantiated	实例化
Institute of Electrical and Eeltronits Engineers(IEEE)	电气和电子工程师协会
Integration	积分
Intermediate Frequency(IF)	中频
International Telecommunication	国际电信联盟
Internet Protocol(IP)	网际互联协议

Internet Service Provider(ISP)	互联网服务提供商
Inter-Symbol Interference(ISI)	码间干扰
Inverse Discrete Fourier Transform(IDFT)	离散傅里叶逆变换

J

Jitter	抖动

L

Least Frequently Used(LFU)	最少使用频率
Laser Diode(LD)	激光二极管
Light Amplification by Stimulated Emission of Radiatis(LASER)	受激辐射光放大
Least Significant Bit(LSB)	最低有效位
Light-Emitting Diode(LED)	发光二极管
Limited Broadcast	有限广播
Line Code	线路编码
Linear Prediction(LP)	线性预测
Linearly	线性
Link Layer	链路层
Link State	链路状态
Local Area Network(LAN)	局域网
Local Oscillator(LO)	本地振荡器
Localhost	本地主机
Longest Matching Prefix(LMP)	最长匹配前缀
Lookup Table(LUT)	查找表
Loopback	环回
Lossless	无损
Lossy	有损
Lower Sideband(LSB)	下边带

M

Manchester Encoding	曼彻斯特编码
Matched Filter	匹配滤波器
Maximal-Length Sequence	最大长度序列
Maximum Segment Size(MSS)	最大报文段长度
Maximum Transmission Unit(MTU)	最大传输单元
Medium Access Control(MAC)	介质访问控制
Message Digest	信息摘要
Method	方法
Mixing	混频

Modulated Signal 已调信号
Modulation 调制
Modulation Index 调制指数
Modulo Arithmetic 模运算
Monoalphabetic Cipher 单字母密文
Most Significant Bit(MSB) 最高有效位
Multi-Pulse Excitation(MPE) 多脉冲激励

N

Network Address Translation(NAT) 网络地址转换
Network Allocation Vector(NAV) 网络分配矢量
Network Interface Card(NIC) 网络接口卡
Network Layer 网络层
Noise Floor 本底噪声
Noise Shaping 噪声整形
Nonreturn to Zero-Inverse(NRZ-I) 不归零反相编码
Numerical Aperture 数值孔径
Numerically Controlled Oscillator(NCO) 数字控制振荡器

O

Object 对象
Object-Oriented 面向对象
Octet 八位组
On-Off Keying(OOK) 开-关键控
Open Shortest Path First(OSPF) 开放式最短路径优先
Optical Time-Domain Reflectometer(OTDR) 光时域反射仪
Order 阶数
Orthogonal Frequency Division Multiplexing(OFDM) 正交频分复用
Orthogonal Signals 正交信号
Overtones 泛音

P

Packet-Switched Network 分组交换网络
Packet Switching 分组交换
Pass by Reference 引用传递
Pass by Value 值传递
Passband 通带
Payload Length 有效载荷长度
Personal Identification Number(PIN) 个人识别码

Phase Modulation(PM)	相位调制
Phase Quadrature	相位正交
Phase-Locked Loop(PLL)	锁相环
Phase-Shift Keying(PSK)	相移键控
Physical Address	物理地址
Physical Layer	物理层
Place Value	位值
Pointer	指针
Poison Reverse	毒性逆转
Pole	极点
Polyalphabetic Cipher	多字母密文
Population Mean	总体均值
Ports	端口
Prime Number	质数
Primitive Root	原根
Priority	优先级
Probability Density Function(PDF)	概率密度函数
Properties	属性
Protocol Encapsulation	协议封装
Protocol Stack	协议栈
Pseudo-Noise	伪噪声
Pseudo-Random Binary Sequence(PRBS)	伪随机二进制序列
Public-Key Encryption	公钥加密
Pulse Code Modulation(PCM)	脉冲编码调制

Q

Quadrature Amplitude Modulation(QAM)	正交幅度调制
Quadrature Phase Shift Keying(QPSK)	正交相移键控
Quadrature	正交
Quadtree Decomposition	四叉树分解
Quantization	量化

R

Radio Frequency(RF)	射频
Radio Gage	无线电测量仪
Radio-Frequency Interference(RFI)	射频干扰
Radix Search	基数搜索
Reconstruction	重构
Recursive	递归

Reflection Coefficient 反射系数
Reflector 反射器
Regular Pulse Excitation(RPE) 规则脉冲激励
Relatively Prime Number 互质
Replay Attack 重放攻击
Request for Comment(RFC) 互联网请求评论
Request to Send(RTS) 请求发送
Resolution Bandwidth(RBW) 分辨率带宽
Retransmission Timeout(RTO) 超时重传
Root Mean Square(RMS) 均方根
Round-Trip Time(RTT) 往返时间
Routing 路由
Routing Information Protocol(RIP) 路由信息协议

S

Sample Average 样本均值
Secure Hash Algorithm(SHA) 安全哈希算法
Segments 报文段
Selective Acknowledgment 选择性确认
Self-Synchronizing Scrambler 自同步扰码器
Sibling Property 兄弟性质
Sidebands 边带
Signal-to-Noise Ratio(SNR) 信噪比
Single Sideband(SSB) 单边带
Single-Bit Error 单比特错误
Slow-Start 慢启动
Socket 套接字
Source Coding 信源编码
Source IP Address 源 IP 地址
Source Port 源端口
Spectrum Analyzer 频谱分析仪
Split Horizon 水平分割
Spread Spectrum(SS) 扩频
Standing Wave 驻波
State Diagram 状态图
State Table 状态表
Stopband 阻带
Subchannels 子信道
Subnet 子网

Substitution Cipher	替换密文
Superhet	超外差
Superheterodyne	超外差接收机
Switch	交换机
Symbol	符号
Synchronous Demodulation	同步解调
Synthesis	合成

T

Tile	区块
Time Division Multiple Access(TDMA)	时分多址
Topology	拓扑结构
Total Internal Reflection	全内反射
Traffic Class	通信类
Transmission Control Protocol(TCP)	传输控制协议
Transport Layer	传输层
Transposition Cipher	错位密文
Traveling Wave	行波
Trellis Diagram	网格图
Tuned Radio Frequency(TRF)	调谐射频

U

Ultraviolet	紫外线
Unshielded Twisted(UTP)	非屏蔽双绞线
Upconversion	上变频
Upper Sideband(USB)	上边带
User Datagram Protocol(UDP)	用户数据报协议

V

Variable-Word Length Code(VWLC)	可变字长编码
Variance	方差
Vector Quantization(VQ)	矢量量化
Vestigial Sideband(VSB)	残留边带
Video Bandwidth(VBW)	视频带宽
Voltage Standing Wave Ratio(VSWR)	电压驻波比
Voltage-Controlled Oscillator(VCO)	压控振荡器

W

Weaver Modulator	韦弗调制器

Weighted Linear Sum 加权线性和
Weighting 加权
Wide Area Network(WAN) 广域网
Wireless Local Area Network(WLAN) 无线局域网

Z

Zero 零点
Zero-IF 零中频

图书资源支持

感谢您一直以来对清华大学出版社图书的支持和爱护。为了配合本书的使用，本书提供配套的资源，有需求的读者请扫描下方的“书圈”微信公众号二维码，在图书专区下载，也可以拨打电话或发送电子邮件咨询。

如果您在使用本书的过程中遇到了什么问题，或者有相关图书出版计划，也请您发邮件告诉我们，以便我们更好地为您服务。

我们的联系方式：

地　　址：北京市海淀区双清路学研大厦 A 座 701

邮　　编：100084

电　　话：010-83470236　010-83470237

资源下载：http://www.tup.com.cn

客服邮箱：tupjsj@vip.163.com

QQ：2301891038（请写明您的单位和姓名）

教学资源・教学样书・新书信息

人工智能科学与技术
人工智能|电子通信|自动控制

资料下载・样书申请

书圈

用微信扫一扫右边的二维码，即可关注清华大学出版社公众号。